Automatisierungstechnik 1

Springer
Berlin
Heidelberg
New York
Barcelona
Hongkong
London
Mailand
Paris
Singapur
Tokio

Hans-Jürgen Gevatter (Hrsg.)

Automatisierungstechnik 1
Meß- und Sensortechnik

mit 302 Abbildungen und 36 Tabellen

 Springer

Professor Dr.-Ing. **Hans-Jürgen Gevatter**
Technische Universität Berlin
Institut für Mikrotechnik und Medizintechnik
Keplerstraße 4
D-10589 Berlin

Die Deutsche Bibliothek – CIP-Einheitsaufnahme

Automatisierungstechnik / Hrsg.: Hans-Jürgen Gevatter. - Berlin ; Heidelberg ; New York ; Barcelona ; Hongkong ;
London ; Mailand ; Paris ; Singapur ; Tokio : Springer
(VDI-Buch)
Bd. 1. Meß- und Sensortechnik. - 2000
ISBN 3-540-66883-7

ISBN 3-540-66883-7 Springer-Verlag Berlin Heidelberg New York

Springer-Verlag ist ein Unternehmen der Fachverlagsgruppe BertelsmannSpringer
© Springer-Verlag Berlin Heidelberg 2000
Printed in Germany

Einbandgestaltung: Struwe & Partner, Ilvesheim
Satz: MEDIO, Berlin
Gedruckt auf säurefreiem Papier   SPIN: 10749486   68/3020   5 4 3 2 1 0

Vorwort

Das Handbuch Automatisierungstechnik 1 ist ein auszugsweiser und inhaltlich unveränderter Nachdruck aus dem *Handbuch der Meß- und Automatisierungstechnik,* das 1998 im Springer-Verlag erschienen ist. Es beinhaltet die Teile der Meß- und Sensortechnik.

Um dem Leser, der sich nur über Teilgebiete informieren möchte, einen kostengünstigen Zugriff zu bieten, wurde das Handbuch in drei Teilbände mit den Themen

1. Meß- und Sensortechnik
2. Geräte
3. Aktoren

gegliedert.

Das Buch soll dem Leser bei der Lösung von Aufgaben auf dem Gebiet der Entwicklung, der Planung und des technischen Vertriebes von Geräten und Anlagen der Meß- und Automatisierungstechnik helfen. Der heutige Stand der Technik bietet ein sehr umfangreiches Sortiment gerätetechnischer Mittel, gekennzeichnet durch zahreiche Technologien und unterschiedliche Komplexität. Es ist daher einem einschlägigen Fachmann kaum möglich, alle anfallenden Fragestellungen aus seinem naturgemäß begrenzten Kenntnisstand heraus zu beantworten.

Daher geht die Gliederung dieses Buches von den sich ergebenden Problemstellungen aus und gibt dem Leser zahlreiche Antworten und Hinweise, welches Bauelement für die jeweilige Fragestellung die optimale Lösung bietet.

Der hier verwendete Begriff des Bauelementes ist sehr weit gefaßt und steht für

– die am Meßort einzusetzenden Meßumformer und Sensoren,
– die zur Signalverarbeitung dienenden Bauelemente und Geräte,
– die Stellglieder und Stellantriebe,
– die elektromechanischen Schaltgeräte,
– die Hilfsenergiequellen.

Die Kapitel für die Signalverarbeitung, für die Stellantriebe und für die Hilfsenergiequellen sind in die drei gängigen Hilfsenergiearten (elektrisch, pneumatisch, hydraulisch) unterteilt. Für den oftmals erforderlichen Wechsel der Hilfsenergieart dienen die entsprechenden Schnittstellen-Bauelemente (z.B. elektro-hydraulische Umformer).

Alle Kapitel sind mit einem ausführlichen Literaturverzeichnis ausgestattet, das dem Leser den Weg zu weiterführenden Detailinformationen aufzeigt.

Der Umfang der heute sehr zahlreich zur Verfügung stehenden Komponenten machte eine Auswahl und Beschränkung auf die wesentlichen am Markt erhältlichen Bauelemente erforderlich, um den Umfang dieses Buches in handhabbaren Grenzen zu halten. Daher wurden die systemtechnischen Grundlagen nur sehr knapp behandelt. Die gesamte Mikrocomputertechnik wurde vollständig ausgeklammert, da für dieses Gebiet eine umfangreiche, einschlägige Literatur zur Verfügung steht. Den Schluß des Buches bildet ein ausführliches Abkürzungsverzeichnis.

Hans-Jürgen Gevatter   Berlin, im März 2000

Hinweise zur Benutzung

Die in diesem Buch aufgenommenen Abschnitte sind mit denen des Gesamtwerks *Handbuch der Meß- und Automatisierungstechnik* identisch. Die Abschnittsnumerierung wie auch die Querverweise im Text auf andere Abschnitte, auch wenn diese nicht in diesem Einzelband enthalten sind, wurden beibehalten. Dem interessierten Leser helfen diese Strukturmerkmale. Es sind ergänzende, aber für das Grundverständnis des Einzelbandes nicht notwendige Hinweise zu weiteren interessierenden Ausführungen.

Zur Information und besseren Orientierung wurde das vollständige Autorenverzeichnis aus dem Gesamtwerk übernommen. Aus denselben Gründen folgt im Anschluß an das Inhaltsverzeichnis dieses Teilbandes eine Inhaltsübersicht über das Gesamtwerk.

Autoren

Prof. Dr.-Ing. habil. Helmut Beikirch
Universität Rostock

Doz. Dr.-Ing. Peter Besch
01279 Dresden

Prof. Dr.-Ing. Klaus Bethe
Technische Universität Braunschweig

Prof. Dr.-Ing. Gerhard Duelen
03044 Cottbus

Dipl.-Phys. Frank Edler
Physikalisch-Technische Bundesanstalt
Berlin

Prof. Dr.-Ing. Dietmar Findeisen
Bundesanstalt für Materialforschung
Berlin

Prof. Dr.-Ing. Hans-Jürgen Gevatter
Technische Universität Berlin

Dipl.-Ing. Helmut Grösch
72459 Albstadt

Prof. Dr.-Ing. Rolf Hanitsch
Technische Universität Berlin

Dr.-Ing. Edgar von Hinüber
IMAR GMBH, 66386 St. Ingbert

Prof. Dr.-Ing. habil. Hartmut Janocha
Universität des Saarlandes,
Saarbrücken

Dipl.-Phys. Rolf-Dieter Kimpel
SIEMENS Electromechanical Components,
Inc.
Princeton, Indiana 47671

Prof. Dr.-Ing. habil. Ladislaus Kollar (†)
Fachhochschule Lausitz
01968 Senftenberg

Prof. Dr. sc. phil. Werner Kriesel
Fachhochschule Merseburg

Dipl.-Ing. Mathias Martin
Brandenburgische Technische Universität
Cottbus

Prof. Dr.-Ing. habil. Jürgen Petzoldt
Universität Rostock

Dr.-Ing. Tobias Reimann
Technische Universität Ilmenau

Ludwig Schick
91091 Großenseebach

Dr. rer. nat. Günter Scholz
Physikalisch-Technische Bundesanstalt
Berlin

Dipl.-Ing. Gerhard Schröther
SIEMENS AG

Prof. Dr.-Ing. habil. Manfred Seifart
Otto-von-Guericke Universität Magdeburg

Prof. Dr.-Ing. Helmut E. Siekmann
Technische Universität Berlin

Dr. Dieter Stuck
Physikalisch-Technische Bundesanstalt,
Berlin

Prof. Dr.-Ing. Hans-Dieter Stölting
Universität Hannover

Dipl.-Ing. Dietmar Telschow
Hochschule für Technik, Wirtschaft und
Kultur
Leipzig

Prof. Dr.-Ing. habil. Heinz Töpfer
01277 Dresden

Michael Ulonska
Fa. Knick
Berlin

Prof. Dr. rer. nat. Gerhard Wiegleb
Fachhochschule Dortmund

Inhalt

Inhaltsübersicht über das Gesamtwerk

Teil A

Begriffe, Benennungen, Definitionen

1 Begriffe, Definitionen

L. KOLLAR (Abschn. 1.1, 1.2)
H.-J. GEVATTER (Abschn. 1.3–1.5)

1.1 Aufgabe der Automatisierung

Mit Hilfe der Automatisierung werden menschliche Leistungen auf Automaten übertragen. Dazu ordnet der Mensch zwischen sich und einem Prozeß (z.B. technologischen Prozeß) Automaten und weitere technische Mittel (z.B. Einrichtung zur Hilfsenergieversorgung) an (Bild 1.1).

Ein *Automat* ist ein technisches System, das *selbsttätig* ein Programm befolgt. Auf Grund des Programms trifft das System Entscheidungen, die auf der Verknüpfung von Eingaben mit den jeweiligen Zuständen des Systems beruhen und Ausgaben zur Folge haben [DIN 19223].

Zur Realisierung der Funktion eines Automaten ist das Zusammenwirken verschiedener Automatisierungsmittel erforderlich. Sie erstrecken sich auf die

– Informationsgewinnung (Meßmittel),
– Informationsverarbeitung (z.B. Steuereinrichtung, Regler),
– Informationsausgabe (z.B. Sichtgerät),
– Informationseingabe (Tastatur, Schalter),
– Informationsnutzung (Stelleinrichtung) und
– Informationsübertragung (z.B. elektrische oder pneumatische Leitungen).

Die zur Informationsübertragung und zum Betrieb der Automatisierungsmittel benötigte *Hilfsenergie* (s. Abschn. 1.5) kann elektrisch, pneumatisch oder hydraulisch sein. Im Bereich nichtelektrischer Automatisierungsmittel ist oft keine Hilfsenergie erforderlich, weil diese dem zu automatisierenden Prozeß entnommen werden kann (Geräte *ohne* Hilfsenergie). Um die Informationsübertragung zwischen den verschiedenen Funktionseinheiten zu gewährleisten, wurden Einheitssignale und Einheitssignalbereiche festgelegt [VDI/VDE 2188] (s. Abschn. 1.4).

Die Einbeziehung von Mikrokontrollern und Mikrorechnern in die Informationsverarbeitung hat zur Entwicklung von Bus-Verbindungen geführt [VDI/VDE 3689] (s. Teil D).

Ein Bus ist eine mehradrige Leitung, durch die der Aufwand bei der Verkabelung verringert wird.

In Verbindung mit einer entsprechenden Steuerung des Informationsflusses kann eine bestimmte Nachricht allen Teilnehmern (Funktionseinheiten) gleichzeitig angeboten werden. Auf diese Weise ist die Kopplung von verschiedenen Automatisierungsmitteln, z.B. für die Informationsgewinnung über intelligente Meßeinrichtungen mit mikrorechnergestützten Reglern zur Informationsverarbeitung besonders effektiv möglich [1.1].

Von besonderer Bedeutung sind die Koppelstellen (Bild 1.1)

Mensch – Automat
Mensch – Prozeß und
Automat – Prozeß.

Über die Koppelstellen Mensch – Automat sowie Mensch – Prozeß wird dem Menschen die Möglichkeit eingeräumt, auf einen Automaten oder Prozeß entsprechend festgelegter Vorgehensweisen Einfluß zu nehmen (Informationseingabe) oder sich über Aktivitäten des Automaten oder über Parameter einer Prozeßgröße zu informieren (Informationsausgabe). Die u.a. auch dafür entwickelte Leittechnik [DIN 19222] und die Besonderheiten der *Mensch-Maschine-Kommunikation* [1.2] sollen im folgenden nicht näher erörtert werden.

Die von Automaten zu lösenden Aufgaben sind unterschiedlich. Sie werden u.a. wesentlich bestimmt durch die Anforderungen der Automatisierung [1.1], die technische Entwicklung der Geräte und Softwaresysteme [1.3, 1.4] sowie die Einsatz- und Umgebungsbedingungen (s. Kap. 3). Umgebungsbedingungen sind die Gesamtheit einzeln oder kombiniert auftretender Einflußgrößen, die auf Erzeugnisse einwirken und zusammen mit den Erzeugnisei-

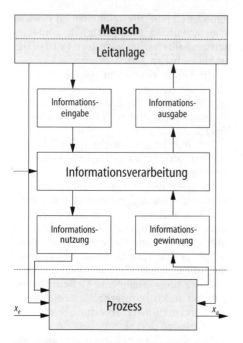

Bild 1.1. Kopplungen im Bereich des Informationsflusses zwischen Mensch und Prozeß

genschaften zu Beanspruchungen und in deren Folge zu Erzeugnisdegradation und Ausfällen führen. Umgebungsbedingungen natürlichen Ursprungs sind statistisch erfaßbar und territorial klassifizierbar [VDI/VDE 3540].

Technische Bauten und Einrichtungen bewirken Veränderungen, die durch Einflüsse aus dem Zusammenwirken von Geräte- und Anlagenfunktionen überlagert werden und die technoklimatischen Umgebungsbedingungen verursachen. Diese sind mit statistischen Verfahren gegenwärtig nicht erfaßbar.

1.2
Methoden der Automatisierung

Im Rahmen der Automatisierung werden automatische Steuerungen mit

- offenem Wirkungsablauf (Steuerungen) und
- geschlossenem Wirkungsablauf (Regelungen) sowie
- Kombinationen aus beiden

eingesetzt [DIN 19226 T.1].

Automatische Steuerungen sind *dynamische Systeme*. Entsprechend der Definition [DIN 19222] gilt dafür: Ein dynamisches System ist eine Funktionseinheit zur Verarbeitung und Übertragung von Signalen (z.B. in Form von Energie, Material, Information, Kapital und anderen Größen), wobei die Systemeingangsgrößen als *Ursache* und die Systemausgangsgrößen als deren zeitliche *Wirkung* zueinander in Relation gebracht werden.

Dynamische Systeme können Wechselwirkungen zwischen einer Ein- und Ausgangsgröße, zwischen mehreren Ein- und Ausgangsgrößen oder auch zwischen mehrstufig hierarchisch gegliederten Mehrgrößensystemen darstellen [DIN 19226 T.1, DIN 19222, 1.5].

Der Anwendungsbereich von Steuerungen und Regelungen ist sehr vielfältig. Zumeist wird die Entscheidung für eine Steuerung oder Regelung von dem Einfluß der *Störgrößen* getroffen, die das Einhalten geforderter Ausgangsgrößen eines dynamischen Systems erschweren.

1.3
Information, Signal

In einer offenen Steuerkette bzw. in einer geschlossenen Regelschleife werden Signale von einem Übertragungsglied zum nächsten Übertragungsglied weitergegeben. Die Signalflußrichtung ist durch die im Idealfall volle *Rückwirkungsfreiheit* des Übertragungsgliedes gegeben. Das heißt, das Ausgangssignal des vorgeschalteten Übertragungsgliedes ist gleich dem Eingangssignal des nachgeschalteten Übertragungsgliedes (Verzweigungs- und Summationsfreiheit vorausgesetzt).

Signale sind ausgewählte physikalische Größen, die sich aus gerätetechnischer Sicht vorteilhaft verarbeiten lassen (s. Abschn. 1.4). Jedoch sind Signale nur Mittel zum Zweck der *Informationsübertragung*. Eine Information, d.h. das Wissen um einen bestimmten Zusammenhang („Know-how") ist ein immaterieller, energieloser Zustand (Negativdefinition: „Information ist weder Materie noch Energie"). Um jedoch Informationen weitergeben zu können, muß ein Signal, ausgestattet mit einem gewissen

Energiepegel, zu Hilfe genommen werden. Die Höhe des erforderlichen Energiepegels richtet sich nach der Höhe des zu beachtenden Störpegels des Übertragungsweges und muß einen hinreichend hohen Störabstand (signal-to-noise ratio, in dB gemessen) haben, um eine sichere Informationsübertragung (d.h. ohne Informationsverlust) zu gewährleisten.

Damit der Empfänger eines Signales die Information entschlüsseln kann, muß zwischen Sender und Empfänger vorher eine Vereinbarung getroffen werden. Dabei kann ein und dasselbe Signal je nach Vereinbarung verschiedenen Informationsinhalt haben. Umgekehrt kann ein und dieselbe Information mit Hilfe unterschiedlicher Signale transportiert werden. So hat z.B. ein elektrischer Temperatur-Meßumformer mit einem Meßbereich von 0/100 °C als Ausgangssignal 4/20 mA, während ein pneumatischer Temperatur-Meßumformer für den gleichen Meßbereich ein Ausgangssignal von 0,2/1,0 bar liefert (s. Abschn. 1.4).

Der für die Signalübertragung erforderliche Energiepegel wird entweder dem Meßort entnommen oder mit Hilfe eines Leistungsverstärkers aus einer *Hilfsenergiequelle* (s. Abschn. 1.5) geliefert. Ein Thermoelement (als Beispiel eines Meßumformers/Sensors ohne Hilfsenergie) entnimmt dem Meßort durch Abkühlung (Temperaturmeßfehler) die Energie, die am Ausgang abgenommen wird.

Mit Hilfe eines als Impedanzwandler geschalteten Operationsverstärkers, der aus einer Hilfsenergiequelle (Netzgerät) gespeist wird, kann dieser Meßfehler vermieden werden.

Somit wird deutlich, daß im allgemeinen Fall ein Übertragungsglied sowohl hinsichtlich der Qualität des Signalflusses als auch der Qualität des Energieflusses beurteilt werden muß (Bild 1.2).

Für Signalumformer am Meßort steht die Qualität des Signalflusses (Meßwertgenauigkeit) im Vordergrund, während der Energiefluß lediglich einen Ausgangsenergiepegel liefern muß, der der Anforderung nach einem hinreichenden Störabstand genügt.

Am Stellort steht die Qualität des Energieflusses (Energiewirkungsgrad) im Vor-

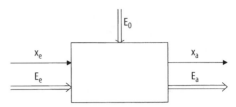

Bild 1.2. Allgemeines Übertragungsglied
x_e Eingangssignal, x_a Ausgangssignal, E_e Eingangsenergie, E_a Ausgangsenergie, E_0 Hilfsenergie

dergrund, insbesondere wenn eine hohe Stellenergie für große Stellantriebe erforderlich ist. Die Qualität des Signalflusses ist am Stellort in einer Regelschleife von untergeordneter Bedeutung. Es muß lediglich die Erhaltung des Signalvorzeichens gewährleistet sein. Kleine Abweichungen von der Signalübertragungsgenauigkeit (z.B. Nullpunktfehler, Nichtlinearitätsfehler) werden in der Regelschleife ausgeregelt.

1.4
Signalarten

Grundsätzlich ist jede physikalische Größe als Signal verwendbar. Es wurden jedoch als Ergebnis der langjährigen Erfahrungen aus der meß- und automatisierungstechnischen Praxis die physikalischen Größen

- pneumatischer Druck,
- elektrische Spannung,
- elektrischer Strom,
- Weg/Winkel,
- Kraft/Drehmoment

bevorzugt. Während die ersten drei Größen für die signalmäßige Verbindung zwischen den Übertragungsgliedern (Geräte) einer Signalflußkette eingesetzt werden, werden die letzten beiden Größen vorzugsweise als geräteinterne Signale verwendet (z.B. wegkompensierende bzw. kraftkompensierende Systeme).

In den primären Sensorelementen (Meßelementen, Meßumformern) werden für die Signalumformung (z.B. mechanische Größe/elektrische Größe) sehr zahlreiche verschiedene physikalische Effekte genutzt, die unterschiedliche Signalarten am Ausgang haben:

– amplitudenanaloge Signale,
– frequenzanaloge Signale,
– digitale Signale.

1.4.1
Amplitudenanaloge Signale

Bei dieser Signalart wird die Information in eine analoge *Amplitudenmodulation* der als Signal verwendeten physikalischen Größe umgeformt. Dabei unterscheidet man vorzeichenerhaltende Amplitudenmodulationen (z.B. –5 V/+5 V Gleichspannung) und nicht vorzeichenerhaltende (nur in einem Quadranten) modulierbare Signale (z.B. 0,2/1,0 bar).

Eine besondere Art der Amplitudenmodulation ist die amplitudenmodulierte *Wechselspannungs-Nullspannung*. Mit dieser Bezeichnung soll zum Ausdruck kommen, daß die ausgangsseitig amplitudenmodulierte Wechselspannung Null ist, wenn das Eingangssignal Null ist. Diese Signalart tritt bei zahlreichen Meßumformer-Bauformen auf, die die eingangssignalabhängige transformatorische Kopplung zwischen einer Primärspule und einer Sekundärspule verwenden (z.B. Differentialtransformator, s. Abschn. B 5.1). Das Ausgangssignal hat den zeitlichen Verlauf

$$u_a(t) = \hat{u}_a \sin(\omega_T t) x_e(t) \qquad (1.1)$$

mit $x_e(t)$ als (normiertes) Eingangssignal, $\hat{u}_a$ als Amplitude der Ausgangswechselspannung und $f_T = \omega_T/2\pi$ als Trägerfrequenz (Bild 1.3).

Das Vorzeichen des Eingangssignals wird auf die Phasenlage des Trägers abgebildet. Positives Vorzeichen bildet die Phasenlage Null des Trägers, negatives Vorzeichen bildet die Phasenlage $\pm\pi$ des Trägers (wegen $-\sin \omega_T t = \sin (\omega_T t \pm\pi)$). Die Rückgewinnung der Einhüllenden $x_e(t)$ erfolgt durch eine phasenempfindliche (vorzeichenerhaltende) Gleichrichtung (Synchrongleichrichtung).

1.4.2
Frequenzanaloge Signale

Bei dieser Signalart wird die *Frequenz* des Ausgangssignales in Abhängigkeit des Eingangssignals moduliert. Der Vorteil dieser Signalart ist die sehr störsichere Übertra-

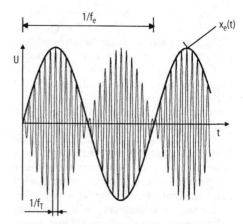

Bild 1.3. Amplitudenmodulierte Wechselspannungs-Nullspannung. Zeitlicher Verlauf des amplitudenmodulierten Ausgangssignals

gung über große Entfernungen (drahtgebunden oder drahtlos). Nachteilig ist jedoch, daß kein Vorzeichenwechsel des Eingangssignales zulässig ist und daß es nur wenige physikalische Effekte gibt, die ein primäres Sensorelement mit frequenzanalogem Ausgang ermöglichen.

1.4.3
Digitale Signale

Das Ausgangssignal ist digital codiert:

– binär 0/1 bzw. Low (L)/High (H),
– inkremental,
– absolut.

Binäre Signale können nur den Zustand Ja/Nein übertragen (z.B. Näherungsschalter). Inkremental codierte Signale bilden eine Impulsfolge. Jeder Übergang von L auf H bzw. von H auf L kennzeichnet einen inkrementalen Schritt des Eingangssignals. Zum Erkennen der Änderungsrichtung des Eingangssignales ist es erforderlich, eine um 1/4 Schritt versetzte zweite Spur einzusetzen.

Außerdem wird die absolute Größe des Eingangssignales nicht übertragen. Jedoch ist es möglich, nach einem „Reset" die Impulsfolge störsicher in einen Zähler zu geben, so daß der jeweilige Zählerinhalt ein pseudo-absolutes Abbild des Eingangssignales ist.

Signalumformer mit einem absolut codiertem Ausgangssignal formen das Eingangssignal entsprechend um, wobei der oben genannte Nachteil des inkrementalen Signales nicht mehr auftritt. Entsprechend größer ist der gerätetechnische Aufwand, um z.b. einen Drehwinkel als Eingangssignal mittels einer n-spurigen optischen Codierscheibe in ein n-bit breites, absolut codiertes Digitalsignal (z.B. in einschrittigen Gray-Code) umzusetzen.

1.4.4
Zyklisch-absolute Signale
Diese Signalart setzt sich aus einem absoluten und einem zyklischen Anteil zusammen (Bild 1.4).

Ein Resolver (Abschn. B 5.1) liefert mit dem Sinus des Eingangssignales α_e zyklisch verlaufende Wechselspannungs-Nullspannungen (Kurve 1). Die Impulsformung der Nulldurchgänge liefert eine inkrementale Impulsfolge (Kurve 2). Innerhalb des Eingangssignalbereiches $\pm\pi/2$ ist das Ausgangssignal eindeutig und absolut/analog interpolierbar. Durch Verwendung von Grob/Fein-Resolverpaaren oder Grob/Mittel/Fein-Resolverdrillingen kann der abso-

lute Eindeutigkeitsbereich wesentlich erweitert werden [1.6].

1.4.5
Einheitssignale
Um die Zusammenschaltung und Austauschbarkeit von Geräten verschiedener Hersteller ohne Anpassungsmaßnahmen funktionssicher vornehmen zu können, wurden verschiedene Einheitssignale vereinbart (Bild 1.5). Daraus folgt, daß ein Einheitssignal-Meßumformer verschiedene Meßgrößen in das gleiche Einheitssignal umformt. Auch innerhalb eines (Einheits-) Gerätesystems werden für die Hintereinanderschaltung innerhalb einer Steuerkette oder Regelschleife dieselben Einheitssignale verwendet. Bei manchen Geräten ist die wahlweise Anwendung verschiedener Einheitssignale eingangs- und/oder ausgangsseitig möglich.

1.5
Hilfsenergie

Man unterscheidet Übertragungsglieder *mit* und *ohne* Hilfsenergie (s. Bild 1.2). Ein Übertragungsglied ohne Hilfsenergie entnimmt die mit dem Ausgangssignal gelieferte Ausgangsenergie dem Eingangssignalpegel. Es hat damit zwangsläufig einen Leistungsverstärkungsfaktor < 1.

Ein Übertragungsglied mit Hilfsenergie entnimmt die Ausgangsenergie zum größten Teil einer Hilfsenergiequelle. Es hat somit einen Leistungsverstärkungsfaktor > 1.

Ein historischer Rückblick zeigt, daß am Anfang die mechanische Hilfsenergie stand (z.B. Wasserkraft, Windkraft, Transmissionswelle). Heute sind die drei typischen Hilfsenergiearten der Automatisierungstechnik

- pneumatische Hilfsenergie,
- elektrische Hilfsenergie,
- hydraulische Hilfsenergie.

Die in die Übertragungsglieder eingespeiste Hilfsenergie wird der jeweiligen Hilfsenergiequelle (s. Teil L) entnommen.

Welche Hilfsenergieart für eine gegebene Automatisierungsaufgabe zu bevorzugen ist, um zu einer gerätetechnisch optimalen Lösung zu kommen, hängt von zahlreichen, unterschiedlich zu gewichtenden

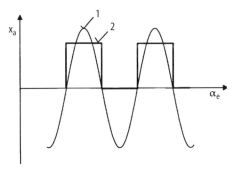

Bild 1.4. Zyklisch-absolutes Signal
Kurve 1: $x_a = \hat{x}_a \sin(\alpha_e + 2n\pi)$; Kurve 2: Impulsfolge der Nulldurchgänge

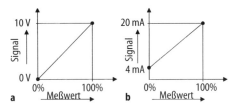

Bild 1.5. Ausgewählte Einheitssignale. **a** 0/10 V eingeprägte Spannung („Dead-Zero"), **b** 4/10 mA eingeprägter Strom („Life-Zero")

Kriterien ab. Ein wesentliches Kriterium ist z.B. der Explosionsschutz (s. Abschn. 3.3), der bei durchgängiger Verwendung der pneumatischen Hilfsenergie problemlos ist. Wenn z.B. hohe Leistungen bei kleinem Gerätevolumen und -gewicht gefordert sind, wird die hydraulische Hilfsenergie bevorzugt. Ist eine anspruchsvolle Signalverarbeitung und/oder eine Signalübertragung über große Entfernungen gefordert, dann ist die elektrische Hilfsenergie zu bevorzugen. Typische *Mischformen* sind z.B. elektrische Hilfsenergie am Meßort und pneumatische oder hydraulische Hilfsenergie am Stellort unter Verwendung elektro-pneumatischer bzw. elektro-hydraulischer Umformer (s. Kap. E 5 bzw. Kap. G 2).

Literatur

1.1 Toepfer H, Kriesel W (1993) Funktionseinheiten der Automatisierungstechnik. 5., überarb. Aufl. Verlag Technik, Berlin. S 19–31

1.2 Johannsen G (1993) Mensch-Maschine-Systeme. Springer, Berlin Heidelberg New York

1.3 Schuler H (1993) Was behindert den praktischen Einsatz moderner regelungstechnischer Methoden in der Prozeßindustrie. atp Sonderheft NAMUR Statusbericht '93. S 14–21

1.4 Schuler H, Giles ED (1993) Systemtechnische Methoden in der Prozeß- und Betriebsführung. atp Sonderheft NAMUR Statusbericht '93. S 22–30

1.5 Unbehauen H (1992) Regelungstechnik, 1. Klassische Verfahren zur Analyse und Synthese linearer kontinuierlicher Regelungen. 7., überarb. u. erw. Aufl. Vieweg, Braunschweig Wiesbaden

1.6 IMAS Induktives Multiturn Absolut-Meßsystem. Firmenprospekt. Baumer Electric

2 Grundlagen der Systembeschreibung

L. Kollar

2.1 Glieder in Steuerungen und Regelungen – Darstellung im Blockschaltbild

Die Aufgabe eines Automaten (Bild 2.1) besteht darin, ein dynamisches System über Eingangsgrößen $\bar{x}_e(t)$ unter Beachtung vorgegebener Führungsgrößen $\bar{w}(t)$ bei der Wirkung von Störgrößen $\bar{z}(t)$ so zu steuern, daß die Wirkung der Störgrößen auf die Ausgangsgrößen $\bar{x}_a(t)$ minimiert wird und daß das dynamische System sich ändernden Führungsgrößen unter Beachtung der Zustandsgrößen $\bar{q}(t)$ optimal folgt. Die verschiedenen Größen, z.B. $x_{e1}, x_{e2}, \dots x_{em}$ wurden zu einem Vektor $\bar{x}_e(t)$ zusammengefaßt, um die Übersichtlichkeit zu verbessern. Somit gilt:

$$\bar{x}_a(t) = f[\bar{x}_e(t); \bar{q}(t); \bar{z}(t)] \qquad (2.1)$$

für die Ausgangsgrößen .

Steuerung

Sind die Eigenschaften des dynamischen Systems bekannt, und darf der Einfluß der Störgrößen auf die Ausgangsgrößen des dynamischen Systems vernachlässigt werden oder gibt es eine dominierende und meßbare Störgröße, so daß ihre Wirkung in einer Steuervorschrift berücksichtigt werden kann, dann wird eine Steuerung angewendet (Bild 2.2a).

Regelung

Sind bei bekannten Eigenschaften des dynamischen Systems mehrere dominierende Störgrößen wirksam und auch nur eine in Abhängigkeit von der Zeit nicht bestimmbar, muß eine Regelung angewendet werden (Bild 2.2b).

Der wesentliche Vorteil einer Regelung im Vergleich zur Steuerung besteht darin, daß der Regeldifferenz (bzw. Regelabweichung) unabhängig von ihrer Entstehungsursache entgegengewirkt wird.

Bei Vergleichen mit dem Wirkungsablauf einer Steuerung zeichnet sich eine Regelung aus durch:

- ständiges Messen und Vergleichen der Regelgröße mit der Führungsgröße,
- den geschlossenen Wirkungsablauf (Regelkreis),
- die Umkehr der Vorzeichen der Signale entsprechend der jeweiligen Regeldifferenz.

Beim Einsatz von digitalen Reglern muß die zumeist analog vorliegende Regelgröße in eine digitale Größe umgesetzt werden (Bild 2.2c). Das gilt auch für die Führungsgröße.

Zur Beschreibung der Beziehung „Ursache – Wirkung" der verschiedensten Er-

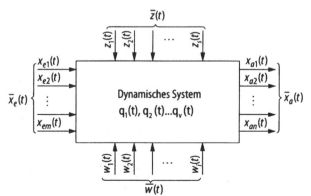

$x_{a1}(t)\dots x_{an}(t)$ Ausgangsgrößen
$\bar{x}_{a1}(t)$ Vektor der Ausgangsgrößen
$x_{e1}(t)\dots x_{em}(t)$ Eingangsgrößen
$\bar{x}_e(t)$ Vektor der Eingangsgrößen
$w_1(t)\dots w_i(t)$ Führungsgrößen
$\bar{w}(t)$ Vektor der Führungsgrößen
$q_1(t)\dots q_v(t)$ Zustandsgrößen
$\bar{q}(t)$ Vektor der Zustandsgrößen
$z_1(t)\dots z_s(t)$ Störgrößen
$\bar{z}(t)$ Vektor der Störgrößen

Bild 2.1. Automat als System

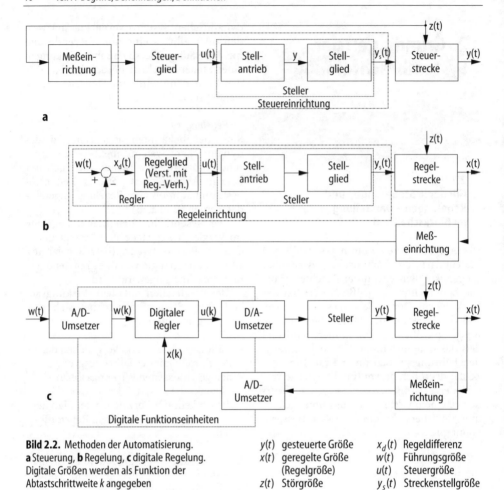

Bild 2.2. Methoden der Automatisierung.
a Steuerung, **b** Regelung, **c** digitale Regelung.
Digitale Größen werden als Funktion der
Abtastschrittweite k angegeben

$y(t)$	gesteuerte Größe	$x_d(t)$	Regeldifferenz
$x(t)$	geregelte Größe	$w(t)$	Führungsgröße
	(Regelgröße)	$u(t)$	Steuergröße
$z(t)$	Störgröße	$y_s(t)$	Streckenstellgröße

scheinungsformen von Objekten und Ge-
bilden ist es oft zweckmäßig, bestimmte
Teilbereiche zu betrachten, die miteinander
in Beziehung stehen.

Eine abgegrenzte Anordnung von Gebil-
den, die miteinander in Beziehung stehen,
wird System genannt [DIN 19226 T.1].

Durch Abgrenzung treten Ein- und Ausgangsgrößen von der bzw. zu der Umwelt
auf (Bild 2.3).

Nicht zum betrachteten System gehören-
de Glieder werden auch Umgebung eines
Systems, die Grenze zwischen Systemen und
Umgebung wird Systemrand genannt. Zwischen einem System und der Umgebung
bestehen Wechselwirkungen. Wirkungen
der Umgebung auf das System sind Ein-

gangsgrößen, Wirkungen des Systems auf
die Umgebung Ausgangsgrößen (Bild 2.3a).

Die Funktion eines Systems ist dadurch
gekennzeichnet, Eingangsgrößen in bestimmter Weise auf Ausgangsgrößen zu
übertragen (Bild 2.3b).

Die Funktion eines Systems ist bei glied-
weiser Betrachtung meistens einfach erkennbar.

Ein *Glied* ist ein Objekt in einem
Abschnitt eines Wirkungsweges, bei dem
Eingangsgrößen in bestimmter Weise Aus-
gangsgrößen beeinflussen.

Die Beschreibung des wirkungsmäßigen
Zusammenhanges eines Systems wird
Übertragungsglied genannt. Ein Übertra-
gungsglied ist ein *rückwirkungsfreies* Glied

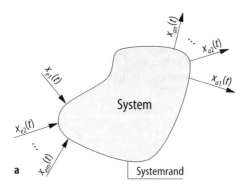

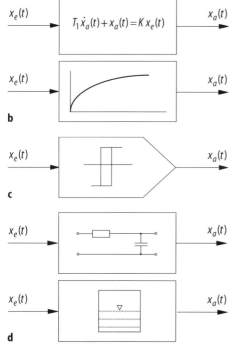

Bild 2.3. Systemkennzeichnung. **a** allgemeines System, **b** Differentialgleichung, **c** nichtlineares Übertragungsglied, **d** Glied, Funktionseinheit

bei der wirkungsmäßigen Betrachtung eines Systems.

Die *Wirkungsrichtung* eines Systems verläuft stets von der verursachenden zur beeinflussenden Größe und wird durch Pfeile entsprechend dem Richtungssinn (Ursache – Wirkung) dargestellt. Der Wirkungsweg ist der Weg, längs dem die Wirkungen in einem System verlaufen. Der Wirkungsweg

ergibt sich aus den Übertragungsgliedern und den sie verbindenden Wirkungslinien, den Pfeilen [DIN 19226, T 1].

Läßt sich der Zusammenhang durch *lineare* Gleichungen beschreiben, dann wird das Übertragungsglied durch ein Rechteck mit einem Ein- und Ausgangssignal und der Kennzeichnung des Zeitverhaltens im Block (z.B. Sprungantwort, Differentialgleichung) dargestellt (Bild 2.3b). Ist der Zusammenhang durch eine lineare Gleichung nicht beschreibbar, wird das Übertragungsglied *nichtlineares* Übertragungsglied genannt und durch ein Fünfeck mit der entsprechenden Kennzeichnung (Kennlinie) dargestellt (Bild 2.3c).

Signale sind gemäß ihrem durch die Pfeilspitze gekennzeichneten Richtungssinn wirksam.

Ein *Signal* ist die Darstellung von Informationen über physikalische Größen als Signalträger, die Parameter über Größen enthalten. Die Werte der Parameter bilden die Zeitfunktionen der Größen ab.

Rückwirkungsfreiheit ist gegeben, wenn durch die Ankopplung eines folgenden Gliedes an den Ausgang des vorangehenden Gliedes das Ausgangssignal des vorangehenden Gliedes nicht verändert wird bzw. eine von außen verursachte Änderung der Ausgangsgröße keine Rückwirkung auf die Eingangsgröße desselben Übertragungsgliedes hat.

Die Beschreibung des gerätetechnischen Aufbaus eines Systems wird Glied oder Bauglied genannt. Durch diese Darstellung wird der innere Aufbau eines Systems gekennzeichnet (Bild 2.3d).

Mehrere zu einer Einheit zusammengesetzte Bauglieder, Bauelemente oder Baugruppen mit einer abgeschlossenen Funktion zur Informationsgewinnung, -übertragung, -eingabe oder -ausgabe oder der Energieversorgung werden *Funktionseinheit* genannt.

2.2
Kennfunktion und Kenngrößen von Gliedern

Ausgewählte Eigenschaften von Systemen werden durch das Übertragungsverhalten beschrieben.

Das *Übertragungsverhalten* ist das Verhalten der Ausgangsgrößen eines Systems in Abhängigkeit von Eingangsgrößen, wobei es eine Beschreibung im Zeit- oder Frequenzbereich, eine Beschreibung von Speicher- und Verknüpfungsoperation analoger oder diskreter Größen sein kann. Das Übertragungsverhalten von Systemen kann durch das Beharrungs- und Zeitverhalten beschrieben werden.

Das *Beharrungsverhalten* (statisches Verhalten) eines Systems gibt die Abhängigkeit der Ausgangs- und/oder Zustandsgrößen von konstanten Eingangsgrößen nach Abklingen aller Übergangsvorgänge an, wobei diese Abhängigkeit für verschiedene Arbeitspunkte durch statische Kennlinien oder Kennlinienscharen darstellbar ist. Somit gilt für das Beharrungsverhalten (Bild 2.4a):

$$x_a = f(x_e). \tag{2.2a}$$

Ein Übertragungsglied wird lineares Übertragungsglied genannt, wenn es durch eine lineare Differential- oder Differenzengleichung beschrieben werden kann; hierzu

gehören auch Übertragungsglieder mit Totzeit [DIN 19227].

Eine funktionale Abhängigkeit entsprechend Gl.(2.2a) wird "lineare Kennlinie" genannt, wenn die Prinzipien
– der Additivität

$$f(x_1 + x_2) = f(x_1) + f(x_2) \tag{2.2b}$$

und
– der Homogenität

$$f(k_1 x_1 + k_2 x_2) = k_1 f(x_1) + k_2 f(x_2) \tag{2.2c}$$

gelten.

Die zumeist nichtlineare Abhängigkeit für das Beharrungsverhalten Gl. (2.2a) kann um einen Arbeitspunkt $(x_{e0}; x_{a0})$ in eine Taylor-Reihe entwickelt werden:

$$x_a = f(x_{e0}) + \frac{\partial f}{1! \partial x_e}\bigg|_{x_e = x_{e0}} (x_e - x_{e0})$$
$$+ \frac{\partial^2 f}{2! \partial x_e^2}\bigg|_{x_e = x_{e0}} (x_e - x_{e0})^2 + \ldots + . \tag{2.2d}$$

Bei kleinen Abweichungen $x_e - x_{e0}$ um den Arbeitspunkt und Vernachlässigung der Terme höherer Ordnung folgt unter Beachtung von

$$x_{a0} = f(x_{e0}) \tag{2.2e}$$

$$x_a \approx x_{a0} + K(x_e - x_{e0}) \tag{2.2f}$$

$$\Delta x_a \approx K \Delta x_e \tag{2.2g}$$

mit

$$\Delta x_a = (x_a - x_{a0}); \Delta x_e = (x_e - x_{e0});$$

$$K = \frac{\partial f}{\partial x_e}\bigg|_{x_e = x_{e0}} . \tag{2.2h}$$

Danach bietet das Beharrungsverhalten eine Möglichkeit, den Zusammenhang zwischen Ursache und Wirkung zu beschreiben. Abweichungen zwischen idealem und realem Verlauf ergeben den Fehler.

Das *Zeitverhalten* (dynamisches Verhalten) eines Systems gibt das Verhalten hinsichtlich des zeitlichen Verlaufs der Ausgangs- und/oder Zustandsgrößen an. Somit gilt:

$$x_a = f(x_e, t). \tag{2.3}$$

Das Zeitverhalten eines Systems beschreibt dessen Eigenschaften, Eingangsgrößenänderungen unmittelbar zu folgen. Das Zeitverhalten ist ein Maß dafür, wie schnell ein

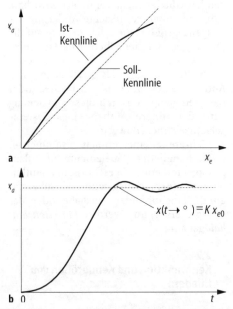

Bild 2.4. Beharrungs- und Zeitverhalten eines Systems. **a** Beharrungsverhalten in der statischen Kennlinie, **b** Zeitverhalten in der Sprungantwort

betrachtetes System auf Änderungen des Eingangssignals reagiert (Bild 2.4b).

Sind Parameter eines Übertragungsgliedes oder Systems zeitinvariant, d.h. sie ändern sich nicht in Abhängigkeit von der Zeit, wird das Glied (System) *zeitinvariantes Glied* (System) genannt.

Ändern sich die Parameter eines Gliedes oder Systems in Abhängigkeit von der Zeit, wird das Glied (System) *zeitvariantes* Glied (System) genannt.

In Abhängigkeit von den Eigenschaften, die für ein betrachtetes System typisch sind und durch das Übertragungsverhalten beschrieben werden, erfolgt die Einteilung der Übertragungsglieder.

Die zeitliche Aufeinanderfolge von verschiedenen Zuständen wird als *Prozeß* bezeichnet. Nach Art des zeitlichen Ablaufs verschiedener Zustände werden Prozesse in kontinuierliche und nichtkontinuierliche eingeteilt.

Zur Beschreibung des Übertragungsverhaltens von Systemen oder Prozessen werden meistens mathematische Modelle verwendet.

Ein *Modell* ist die Abbildung eines Systems oder Prozesses in ein anderes begriffliches oder gegenständliches System, das auf Grund der Anwendung bekannter Gesetzmäßigkeiten einer Identifikation oder auch getroffener Annahmen entspricht [DIN 19226].

2.3
Untersuchung und Beschreibung von Systemen

2.3.1
Experimentelle Untersuchung

2.3.1.1
Voraussetzungen und Testsignale

Eine wesentliche Grundlage zur Untersuchung und Beschreibung von Gliedern ergibt sich aus der Eigenschaft linearer Systeme, Eingangsgrößen in bestimmter Weise auf Ausgangsgrößen zu übertragen. Dadurch ist es möglich, ein lineares Übertragungsglied mit einem definierten Eingangssignal zu beaufschlagen und aus dem gemessenen Ausgangssignal mit Hilfe entsprechender Verfahren [2.1, 2.2] die Kennwerte und Eigenschaften eines Gliedes zu ermitteln.

Voraussetzungen einer experimentellen Untersuchung sind:

- das zu untersuchende System (Glied) befindet sich ursprünglich im Beharrungszustand,
- er wirkt nur das aufgeschaltete Testsignal, alle weiteren Signale sind konstant oder haben den Wert Null,
- die erzwungene Abweichung durch das *Testsignal* von einem Arbeitspunkt ist so klein, daß lineare Verhältnisse zutreffen.

Häufig angewendete Eingangsgrößen zur Untersuchung von Systemen sind die Testsignale:

- Sprungfunktion,
- Impulsfunktion,
- Rampenfunktion und
- Harmonische Funktion.

Mit Hilfe dieser Testsignale lassen sich das Übergangsverhalten (s.a. Abschn. 2.2) und daraus die Parameter zur Systemidentifikation bestimmen.

Systemidentifikationen mit statistischen Methoden [2.3] werden im folgenden nicht behandelt.

2.3.1.2
Sprungantwort, Übergangsfunktion

Die Sprungantwort ergibt sich als Reaktion eines linearen Übertragungsgliedes in Abhängigkeit von der Zeit auf eine sprungförmige Änderung des Eingangssignals (Bild 2.5a). Die Sprungantwort hat die Maßeinheit des Ausgangssignals. Wird das Ausgangssignal auf die Amplitude des Eingangssignals bezogen, entsteht die *Übergangsfunktion h(t)* (Bild 2.5b).

$$h(t) = \frac{x_a(t)}{x_{e0}} \quad \text{für} \quad t \geq 0 \qquad (2.4a)$$

mit

$$x_e(t) = \begin{cases} 0 & \text{für} \quad t < 0 \\ x_{e0} & \text{für} \quad t \geq 0 \ . \end{cases} \qquad (2.4b)$$

Aus Zweckmäßigkeit wird die Höhe des Eingangssignals Gl. (2.4b) auf den Wert Eins normiert und als *Einheitssprungfunktion* definiert:

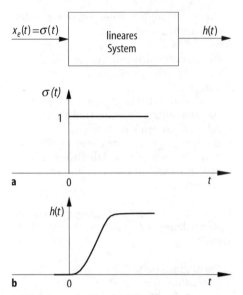

Bild 2.5. Sprungfunktion. **a** Einheitssprung, **b** Übergangsfunktion

$$\sigma(t) = \begin{cases} 0 & \text{für} \quad t < 0 \\ 1 & \text{für} \quad t \geq 0 \ . \end{cases} \tag{2.4c}$$

Daraus folgt:

$$x_e(t) = x_{e0}\sigma(t) \ . \tag{2.4d}$$

Die Sprungfunktion Gln. (2.4b, 2.4c) kann experimentell nur näherungsweise realisiert werden. Elektrische Systeme lassen Anstiegszeiten im Nanosekundenbereich zu. Pneumatische, hydraulische oder mechanische Systeme liegen um Größenordnungen (0,1 … 0,15 s) darüber. Mit Hilfe der Einheitssprungfunktion können Systeme verglichen werden.

2.3.1.3
Impulsantwort, Gewichtsfunktion

Die Impulsantwort ergibt sich als Reaktion eines linearen Übertragungsgliedes in Abhängigkeit von der Zeit auf eine rechteckimpulsförmige Änderung des Eingangssignals. Eine vor allem für theoretische Untersuchungen häufig angewendete Testfunktion ist die δ-Funktion (Bild 2.6a). Die δ-Funktion geht für $t = o$ gegen Unendlich. Außerhalb des Zeitpunktes $t = o$ ist ihr Wert Null. Die durch den Impuls eingeschlossene Fläche hat den Wert 1.

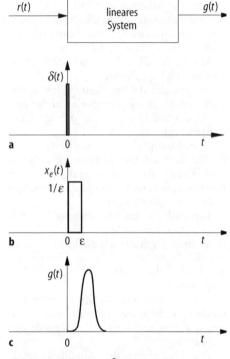

Bild 2.6. Impulsfunktion. **a** δ-Funktion, **b** Rechteckimpuls, **c** Gewichtsfunktion

Es gilt:

$$\int_{-\infty}^{+\infty} \delta(t)dt = 1 \ . \tag{2.5}$$

Für die δ-Funktion folgt daraus die Maßeinheit 1/sec.

Zur experimentellen Untersuchung wird die δ-Funktion als rechteckförmiger Impuls mit der Breite ε und der Höhe 1/ε aus Sprungfunktionen realisiert (Bild 2.6b):

$$\delta(t) = \lim_{\varepsilon \to 0} \frac{1}{\varepsilon}[\sigma(t) - \sigma(t - \varepsilon)] \ . \tag{2.6}$$

Zwischen der δ-Funktion und der Einheitssprungfunktion besteht für $t \geq o$ folgender Zusammenhang:

$$\delta(t) = \frac{d\sigma(t)}{dt} \ . \tag{2.7}$$

Wird das Ausgangssignal eines linearen Übertragungsgliedes auf die Fläche der Impulsfunktion (Breite des Impulses ε, Höhe 1/ε) für den Grenzfall Gl. (2.6) bezogen, ergibt sich die Gewichtsfunktion (Bild 2.6c). Die Gewichtsfunktion $g(t)$ folgt aus der Übergangsfunktion für $t \geq o$ zu:

$$g(t) = \frac{dh(t)}{dt} \qquad (2.8a)$$

sowie

$$h(t) = \int_0^\infty g(t)\,dt \ . \qquad (2.8b)$$

Bei der Auswahl der Impulsfunktion ist eine annähernde Übereinstimmung der Impulsbreite ε (Impulsdauer) mit der Reaktionszeit des untersuchten Systems zu vermeiden, da es in diesem Falle zu unrichtigen Aussagen kommt [2.4]. Aus diesen Gründen wird eine Impulsdauer von rd. 20% der Reaktionszeit des zu untersuchenden Systems empfohlen.

2.3.1.4
Anstiegsantwort, Anstiegsfunktion

Die Anstiegsantwort ergibt sich als Reaktion eines linearen Übertragungsgliedes in Abhängigkeit von der Zeit auf eine mit konstanter Geschwindigkeit sich ändernde Eingangsfunktion [2.4] (Bild 2.7a).
Für die Eingangsfunktion gilt:

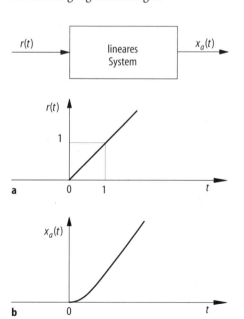

Bild 2.7. Ausstiegsfunktion. **a** Einheitsanstiegsfunktion, **b** Anstiegsantwort

$$x_e(t) = K_I t\,\sigma(t) = \begin{cases} 0 & \text{für } t < 0 \\ K_I t & \text{für } t \geq 0 \end{cases} . \ (2.9a)$$

Für die Anstiegsgeschwindigkeit

$$K_I = \frac{dx_e}{dt} = 1 \qquad (2.9b)$$

ergibt sich die Einheitsanstiegsfunktion:

$$r(t) = t\,\sigma(t) \qquad (2.9c)$$

mit $\sigma(t)$ als Einheitssprungfunktion.

2.3.1.5
Sinusfunktion, Frequenzgang

Der Frequenzgang beschreibt das Übertragungsverhalten linearer Systeme bei harmonischer Erregung (Bild 2.8a) für den Beharrungszustand

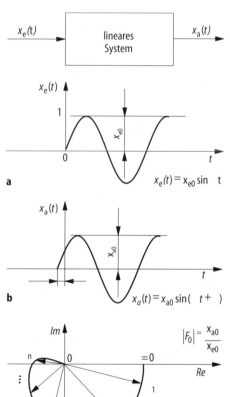

Bild 2.8. Harmonische Funktion. **a** Sinusfunktion, **b** Sinusantwort, **c** Ortskurve

$$F(j\omega) = \frac{X_a(j\omega)}{X_e(j\omega)} = \frac{x_{ai}(j\omega)}{x_{e0}(j\omega)} e^{j\varphi i(\omega)} \quad (2.10a)$$

mit

$$x_e(t) = x_{e0} \sin \omega t$$

$$x_a(t) = x_{a0} \sin (\omega t + \varphi) . \quad (2.10b)$$

Infolge der Systemträgheit ergibt sich die Phasenverschiebung $\varphi(\omega)$ zu (Bild 2.8b):

$$\varphi(\omega) = \varphi_\alpha - \varphi_e . \quad (2.10c)$$

Die Auswertung des Frequenzganges ist die Frequenzgangortskurve (Bild 2.8c). Die Frequenzgangortskurve ist der geometrische Ort eines Zeigers $|F(j\omega)|$, der mit der Kreisfrequenz von $\omega = 0$ bis $\omega \to \infty$ umläuft. Die Ortskurve ergibt sich als Verbindung aller Zeigerspitzen in Abhängigkeit von der Kreisfrequenz ω.

2.3.2
Mathematische Beschreibung

2.3.2.1
Gründe für die mathematische Beschreibung

Die experimentellen Verfahren (Abschn. 2.3.1) beschreiben Prozesse und Glieder eindeutig. Sie lassen in den häufigsten Fällen sichere Aussagen über die Systemeigenschaften zu. Obwohl derartige Aussagen nicht parametrisch sind, werden die experimentellen Verfahren in der Praxis mit guten Erfolgen angewandt [1.5, 2.1].

Der Entwurf von Automaten erfordert darüber hinaus Aussagen, die den Funktionsverlauf eines steuernden Eingangssignals in seiner Wirkung auf ein Ausgangssignal hinsichtlich des Zeitverlaufs und der Änderungsgeschwindigkeit unter Beachtung der Eigenschaften des Systems angeben. Auch bei der Analyse eines Systems, z.B. einer Regelung, kommt es darauf an, die Größen und Parameter zwischen Ausgangssignal und Eingangssignal zu bestimmten Zeiten zu kennen, um die Systemeigenschaften zu quantifizieren. Zur Lösung dieser Aufgaben werden angewendet:

– Differentialgleichung,
– Übertragungsfunktion,
– Frequenzgang,
– Zustandsraumbeschreibung.

2.3.2.2
Differentialgleichung

Mit Hilfe von Differentialgleichungen (Dgln.) läßt sich das Übertragungsverhalten von Systemen rechnerisch bestimmen. Die Differentialgleichungen werden durch Anwendung physikalischer Beziehungen auf die zu beschreibenden Systeme bestimmt. Dabei können sich ergeben:

1. *gewöhnliche* Differentialgleichungen mit konzentrierten Parametern (dynamisches Verhalten wird in einem „Punkt" oder in „Punkten" konzentriert angenommen),
2. *partielle* Differentialgleichungen mit verteilten Parametern (dynamisches Verhalten muß verteilt angenommen werden).

Lineare Übertragungsglieder mit konzentrierten Parametern werden durch Differentialgleichungen der Form

$$a_n x_a^{(n)}(t) + a_{n-1} x_a^{(n-1)}(t) + \ldots$$
$$+ a_2 \ddot{x}_a(t) + a_1 \dot{x}_a(t) + a_0 x_a(t)$$
$$= b_0 x_e(t) + b_1 \dot{x}_e(t) + b_2 \ddot{x}_e(t) + \ldots \quad (2.11a)$$
$$+ b_{m-1} x_e^{(m-1)}(t) + b_m x_e^{(m)}(t)$$

im Zeitbereich beschrieben. In dieser Gleichung n-ter Ordnung wird die Ausgangsgröße $x_a(t)$ und ihre zeitliche Änderung $\dot{x}_a(t)$ mit der Eingangsgröße $x_e(t)$ und deren zeitlicher Änderung $\dot{x}_e(t)$ verknüpft.

Die Koeffizienten a_i und b_i (i = 1, 2, ..., Zählindex) bestimmen die Systemparameter. Einzelne Parameter können Null sein. Wird die Dgl. (2.11a) durch den Koeffizienten a_0 dividiert, ergibt sich:

$$\frac{a_n}{a_0} x_a^{(n)}(t) + \frac{a_{n-1}}{a_0} x_a^{(n-1)}(t) + \ldots$$

$$+ \frac{a_2}{a_0} \ddot{x}_a(t) + \frac{a_1}{a_0} \dot{x}_a(t) + x_a(t)$$

$$= \frac{b_0}{a_0} x_e(t) + \frac{b_1}{a_0} \dot{x}_e(t) + \frac{b_2}{a_0} \ddot{x}_e(t) + \ldots \quad (2.11b)$$

$$+ \frac{b_{m-1}}{a_0} x_e^{(m-1)}(t) + \frac{b_m}{a_0} x_e^{(m)}(t)$$

mit

$$\frac{a_n}{a_0} = T_n^n; \frac{a_2}{a_0} = T_2^2; \frac{a_1}{a_0} = T_1 \qquad (2.11c)$$

Zeitkonstanten (Verzögerungsanteile),

$$\frac{b_m}{a_0} = T_{Dm}^m; \frac{b_2}{a_0} = T_{D2}^2; \frac{b_1}{a_0} = T_{D1} \qquad (2.11d)$$

Zeitkonstanten (differenzierte Anteile),

$$\frac{b_0}{a_0} = K \qquad (2.11e)$$

Übertragungsfaktor.

In der Form Gl. (2.11b) werden Differentialgleichungen zur Systembeschreibung zumeist benutzt, weil sich durch die Zeitkonstanten gut vorstellbare Reaktionen ergeben und der Übertragungsfaktor das Beharrungsverhalten beschreibt.

Bei technischen Systemen ist allgemein die Ordnungszahl n größer oder mindestens gleich der Ordnungszahl m der höchsten Ableitung der Eingangsgröße.

Somit ergibt sich aus der Lösung der ein betrachtetes System beschreibenden Differentialgleichung das Übertragungsverhalten. Die graphische Darstellung der Lösung der Differentialgleichung z.B. für ein sprungförmiges Eingangssignal ergibt die Sprungantwort bzw. für die Einheitssprungfunktion die Übergangsfunktion.

Differentialgleichungen kleiner Ordnungszahl lassen sich mit relativ geringem Aufwand lösen. Bei Differentialgleichungen ab der Ordnungszahl 3 steigt der Aufwand an. Zur Verringerung des Aufwandes wird zweckmäßigerweise die *Laplace*-Transformation angewendet [2.5].

2.3.2.3
Übertragungsfunktion

Die Übertragungsfunktion eines linearen Übertragungsgliedes ergibt sich als Quotient der Laplace-Transformierten des Ausgangssignals zur Laplace-Transformierten des Eingangssignals bei verschwindenden Anfangsbedingungen zu

$$G(s) = \frac{L\{x_a(t)\}}{L\{x_e(t)\}} = \frac{X_a(s)}{X_e(s)} \qquad (2.12a)$$

mit der komplexen Frequenz (Laplace-Operator) $s = \delta + j\omega$.

Somit folgt die Übertragungsfunktion für verschwindende Anfangsbedingungen aus der Differentialgleichung Gl. (2.11a):

$$G(s) = \frac{X_a(s)}{X_e(s)}$$

$$= \frac{b_0 + b_1 s + b_2 s^2}{a_0 + a_1 s + a_2 s^2} \cdots$$

$$\cdot \frac{b_{m-1} s^{m-1} + b_m s^m}{a_{n-1} s^{n-1} + a_n s^n} . \qquad (2.12b)$$

Für ein im Frequenzbereich vorliegendes Eingangssignal ergibt sich bei bekannter Übertragungsfunktion Gl. (2.12b) die einfache Beziehung für das Ausgangssignal im Frequenzbereich:

$$X_a(s) = G(s) X_e(s). \qquad (2.12c)$$

Da der Aufbau von Funktionseinheiten der Automatisierungstechnik aus Gliedern in

- Reihenschaltungen,
- Parallelschaltungen und
- Rückführschaltungen

realisiert wird, lassen sich die entsprechenden Systemübertragungsfunktionen aus den Übertragungsfunktionen der einzelnen Glieder berechnen (Tabelle 2.1).

Mit Hilfe der über das Laplace-Integral vorgenommenen Transformation der Differentialgleichung aus dem Zeitbereich in den Frequenzbereich wird

- die Differentiation bzw. Integration im Zeitbereich durch die algebraische Operation Multiplikation und Division mit dem Laplace-Operator $s = \delta + j\omega$ ersetzt,
- die Differentialgleichung in ein Polynom der komplexen Frequenz s überführt, wobei die Anfangswerte über den Differentiationssatz der Laplace-Transformation zu berücksichtigen sind.

Größerer rechnerischer Aufwand entsteht jedoch bei der Rücktransformation in den Zeitbereich über das Umkehr-Integral der Laplace-Transformation, der durch Anwendung entsprechender Tabellen [2.5] vereinfacht wird.

Tabelle 2.1. Grundschaltungen von Übertragungsgliedern und dazugehörenden Übertragungsfunktionen

Grundschaltung/Signalflußbild	Übertragungsfunktion

Reihenschaltung

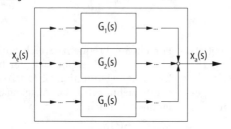

$$G(s) = \frac{X_a(s)}{X_e(s)}$$

$$= \prod_{i=1}^{n} G_i(s)$$

Parallelschaltung

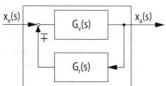

$$G(s) = \frac{X_a(s)}{X_e(s)}$$

$$= G_1(s) + G_2(s) + \cdots$$

$$= \sum_{i=1}^{n} G_i(s)$$

Rückführschaltung

$$G(s) = \frac{X_a(s)}{X_e(s)}$$

$$= \frac{G_v(s)}{1 \pm G_v(s) G_r(s)}$$

2.3.2.4
Frequenzgang

Der Frequenzgang läßt sich aus der Übertragungsfunktion für

$$s = j\omega \tag{2.13a}$$

mit $\delta = 0$ herleiten.

Aus Gl. (2.12b) ergibt sich für den Frequenzgang:

$$F(j\omega) = \frac{X_a(j\omega)}{X_e(j\omega)}$$

$$= \frac{b_0 + b_1 j\omega + b_2(j\omega)^2}{a_0 + a_1 j\omega + a_2(j\omega)^2} \cdots$$

$$\cdot \frac{b_{m-1}(j\omega)^{m-1} + b_m(j\omega)^m}{a_{n-1}(j\omega)^{n-1} + a_n(j\omega)^n} . \tag{2.13b}$$

Die auf der Grundlage der Übertragungsfunktion geltenden Grundschaltungen (Tabelle 2.1) können formal auf den Frequenzgang übertragen werden.

Somit lassen sich Funktionseinheiten und Systeme hinsichtlich ihrer Eigenschaf-

ten experimentell und rechnerisch untersuchen, sowohl bzgl. ihres Einschaltverhaltens (Zeitbereich) als auch ihres Frequenzgangs (Frequenzbereich).

Literatur

2.1 Unbehauen H (1992) Regelungstechnik, 3. Identifikation, Adaption, Optimierung. 6., durchges. Aufl. Vieweg Braunschweig Wiesbaden

2.2 Reinisch K (1974) Kybernetische Grundlagen und Beschreibung kontinuierlicher Systeme. Verlag Technik, Berlin. S 252–216

2.3 Schlitt H (1992) Systemtheorie für Stochastische Prozesse: Statistische Grundlagen, Systemdynamik, Kalman-Filter. Springer, Berlin Heidelberg New York

2.4 Oppelt W (1964) Kleines Handbuch technischer Regelvorgänge. 4., neubearb. u. erw. Aufl. Verlag Technik, Berlin. S 39–125

2.5 Doetsch G (1967) Anleitung zum praktischen Gebrauch der Laplace-Transformation und der Z-Transformation. 3., neubearb. Aufl. Oldenbourg, München Wien. S 23–81

3 Umgebungs-bedingungen

L. Kollar (Abschn. 3.1, 3.3)
H.-J. Gevatter (Abschn. 3.2, 3.4)

3.1
Gehäusesysteme

3.1.1
Aufgabe und Arten

Gehäuse und Gehäusesysteme (z.B. Schrank, Gestell, Kassette, Steckblock) haben die Aufgabe, Bauelemente, Funktionseinheiten und Geräte aufzunehmen und sie vor Belastungen von außen (z.B. Feuchtigkeit, elektromagnetische Strahlung, s. Abschn. 3.4) zu schützen. Gleichzeitig muß über Gehäuse und Gehäusesysteme eine Belastung der Umwelt durch Strahlung und Felder, die infolge des Betriebes von Funktionseinheiten (z.B. freiwerdende Wärme, elektrische und magnetische Energie) vermieden werden [3.1–3.3].

Gehäuse und Gehäusesysteme werden entsprechend den Abmessungen in

– 19 Zoll-Systeme mit 482,6 mm Bauweise [IEC 297] und
– Metrische-Systeme mit 25 mm Bauweise [IEC 917] als ganzzahlige Vielfache/Teile der angegebenen Längen
  sowie entsprechend der Gestaltung in
– universelle Systeme [Beiblatt 1 zu DIN 41454] und
– individuelle Systeme [3.4, 3.5]
eingeteilt.

3.1.2
Konstruktionsmäßiger Aufbau

Bei den universellen Systemen besteht ein modularer Aufbau (Bild 3.1), der in ähnlicher Weise zumeist auch bei individuellen Systemen weitgehend eingehalten wird [3.6–3.9].

Durch die modulare Struktur ergeben sich Lösungen, die hinsichtlich des Einsatzes funktionsoffen sind und von den Anforderungen einer konkreten Anwendung bestimmt werden.

In der Ebene 1 sind Leiterplatte, Frontplatte und Steckverbinder zu einer Baugruppe, z.B. Steckplatte, zusammengefügt.

Die Ebene 2 enthält Baugruppe, Steckplatte, Steckblock und Kassette.

Die Ebene 3 beinhaltet Baugruppenträger, die zur Aufnahme der Baugruppe dienen. Dabei entsprechen die mit Baugruppen bestückten Bauträger einschließlich deren seitliche Befestigungsflansche den Frontplattenmaßen nach DIN 41494 Teil 1.

Die Ebene 4 besteht aus Gehäuse, Gestell und Schrank [Beiblatt 1 zu DIN 41494]. Die Maße zwischen den einzelnen Ebenen korrespondieren. Je nach Konstruktionsart können Gestelle allein oder durch Verkleidungsteile, aufgerüstet zu Schränken, für den Aufbau elektronischer Anlagen verwendet werden. Bei selbsttragenden Schränken sind die Gestellholme mit ihren Einbaumaßen Bestandteil der Schrankkonstruktion. In DIN 41494 Teil 7 sind die Teilungsmaße für Schrank- und Gestellreihen genormt.

Weitere Zusammenhänge hinsichtlich der Konstruktion in den 4 Ebenen sind in entsprechenden Standards genormt (Tabelle 3.1).

Die von Gehäusesystemen zu realisierenden Schutzarten (s. Abschn. 3.3) enthält IEC 529.

Im Zusammenhang mit dem Betrieb von Gehäusen und Gehäusesystemen zu beachtende Sicherheitsanforderungen für die Anwendung im Bereich der Meß- und Regelungstechnik sowie in Laboren gilt IEC 1010-1.

Gehäuse werden aus Metall (z.B. verzinkter Stahl, nichtrostender Stahl verschiedener Legierungen, Aluminium, Monelmetall), Verbundwerkstoff (z.B. formgepreßtes glasfaserverstärktes Polyester, pultrudierte Glasfaser ABS-Blend) und Kunststoff (z.B. Polycarbonat, PVC) hergestellt [3.7, 3.10].

Bezüglich der Einhaltung vorgegebener Temperaturen im Gehäuse oder Schranksystem werden statische Belüftung, dynamische Belüftung und aktive Kühlung angewendet. Dementsprechende überschlägliche Berechnungen der Temperaturverhältnisse sind zumeist ausreichend [3.1, 3.6, 3.9].

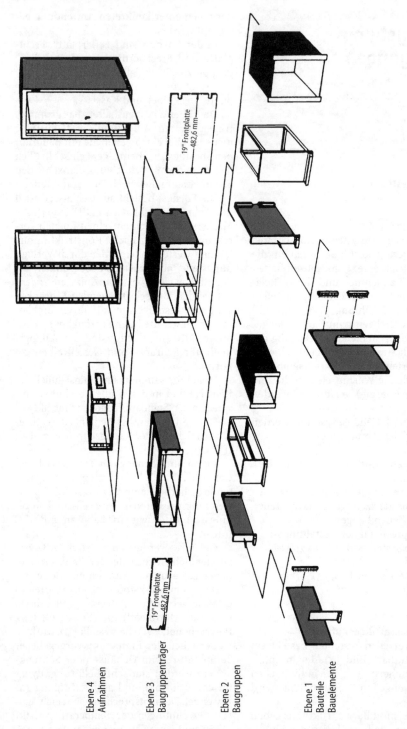

Bild 3.1. Modulare Struktur der Bauweise nach den Normen der Reihe DIN 41494 [Beiblatt 1 DIN 41494]

19" Frontplatte
482,6 mm

19" Frontplatte
482,6 mm

Ebene 4
Aufnahmen

Ebene 3
Baugruppenträger

Ebene 2
Baugruppen

Ebene 1
Bauteile
Bauelemente

Tabelle 3.1. Inhalt der Ebenen 1 bis 4 sowie Normen für den modularen Aufbau von Gehäusen und Gehäusesystemen [Beiblatt 1 DIN 41 494]

Nationale Normen		Inhalt	Korrespondierende internationale Normen
1. Ebene **Bauteile,** **Bauelemente**	Leiterplatte DIN IEC 97	Rastersysteme für gedruckte Schaltungen	IEC 97 : 1991
	Normen der Reihe DIN IEC 249 Teil 2 DIN IEC 326 Teil 3	Gedruckte Schaltungen; Grundlagen, Löcher, Nenndicken	Publikationen der Reihe IEC 249-2 IEC 326-3 : 1980
	DIN 41 494 Teil 2 DIN IEC 326 Teil 3	Leiterplattenmaße Entwurf und Anwendung von Leiterplatten	IEC 297-3 : 1984[1] IEC 326-3 : 1980
	Frontplatte der Baugruppe DIN 41 494 Teil 5 (z.Z. Entwurf)	Baugruppenträger und Bauträger	IEC 297-3 : 1984[1]
	Bauelemente DIN 41 494 Teil 8	482,6-mm-Bauweise, Bauelemente an der Frontplatte	
2. Ebene **Baugruppen**	Steckverbinder nach Normen der Reihe DIN 41 612	Steckverbinder für gedruckte Schaltungen; indirektes Stecken, Rastermaß 2,45 mm	IEC 603-2 : 1988
	Steckplatte DIN 41 494 Teil 5 (z.Z. Entwurf)	Baugruppenträger und Baugruppen	IEC 297-3 : 1984[1]
	Steckblock DIN 41 494 Teil 5 (z.Z. Entwurf)		
	Kassette DIN 41 494 Teil 5 (z.Z. Entwurf)		
3. Ebene **Baugruppenträger**	Frontplatte DIN 41 494 Teil 1	Frontplatten und Gestelle; Maße	IEC 297-1 : 1986[2]
	Baugruppenträger DIN 41 494 Teil 5 (z.Z. Entwurf)	Baugruppenträger und Baugruppen	IEC 297-3 : 1984[1]
4. Ebene **Aufnahmen**	Gehäuse DIN 41 494 Teil 3	Gerätestapelung ; Maße	
	Gestelle DIN 41 494 Teil 1	Frontplatten und Gestelle; Maße	IEC 297-1 : 1986[2]
	Schrank DIN 41 488 Teil 1	Teilungsmaße für Schränke; Nachrichtentechnik und Elektronik	
	DIN 41 494 Teil 7	Schrankabmessungen und Gestellreihen- teilungen der 482,6-mm-Bauweise	IEC 297-2 : 1982[3]

[1] Entspricht mit gemeinsamen CENELEC-Abänderungen dem Harmonisierungsdokument (HD) 493.3 S 1
[2] Identisch mit CENELEC-Harmonisierungsdokument (HD) 493.1 S 1
[3] Identisch mit CENELEC-Harmonisierungsdokument (HD) 493.2 S 1

3.2
Einbauorte

Neben der Beanspruchung durch Transport und Lagerung sind die Umgebungsbedingungen eines Gerätes im wesentlichen durch dessen Einbauort geprägt. Entsprechend sind für jedes Gerät die Schutzarten (s. Abschn. 3.3) auszulegen.

Die Einbauorte kann man durch folgende Gliederung klassifizieren:

– Einbau am Meßort,
– Einbau am Stellort,
– Einbau in der Zentrale.

Die beiden erstgenannten Orte sind im Feld, d.h. z.B. in der Anlage oder im Maschinenraum. Die dadurch verursachten rauhen Umgebungsbedingungen erfordern eine relativ hohe Schutzart. Manchmal liegen Meßort und Stellort nahe beieinander (z.B. Gasdruckregler in einer Unterstation für die Stadtgasversorgung). Dadurch werden besonders kompakte Konstruktionen (z.B. messender Regler ohne Hilfsenergie) ermöglicht.

In umfangreichen Automatisierungssystemen mit zahlreichen im Feld verteilten Meß- und Stellorten werden alle nicht notwendigerweise im Feld anzuordnenden Geräte in der Zentrale zusammengefaßt. Das bietet den Vorteil, alle wesentlichen Funktionen überwachen, steuern und regeln zu können (Prozeßrechner). Außerdem erfordern die Geräte in der Zentrale nur eine relativ niedrige Schutzart.

3.3
Schutzarten

3.3.1
Einteilung und Einsatzbereiche

Meß-, Steuerungs- und Regelungseinrichtungen werden nach DIN/VDE 2180 T. 3 in Betriebs- und Sicherheitseinrichtungen eingeteilt.

Betriebseinrichtungen dienen dem bestimmungsgemäßen Betrieb der Anlage. Der bestimmungsgemäße Betrieb der Anlage umfaßt insbesondere den

– Normalbetrieb,
– An- und Abfahrbetrieb,
– Probebetrieb, sowie
– Informations-, Wartungs- und Inspektionsvorgänge.

Sicherheitseinrichtungen werden in Überwachungseinrichtungen und Schutzeinrichtungen eingeteilt.

Überwachungseinrichtungen signalisieren solche Zustände der Anlage, die einer Fortführung des Betriebs aus Gründen der Sicherheit nicht entgegenstehen, jedoch erhöhte Aufmerksamkeit erfordern. Überwachungseinrichtugen sprechen an, wenn Prozeßgrößen oder Prozeßparameter Werte zwischen „Gutbereich" und „zulässigem Fehlerbereich" annehmen.

Schutzeinrichtungen verhindern vorrangig Personenschäden, Schäden an Maschinen oder Apparaten oder größere Produktionsschäden (Bild 3.2). Schutzeinrichtungen sollen danach das Überschreiten der Grenze zwischen zulässigem und unzulässigem Fehlbereich verhindern.

Da die sicherheitstechnischen Anforderungen sehr unterschiedlich sind, ergeben sich zwangsweise verschiedene Sicherheitsaufgaben für zu realisierende Schutzfunktionen mit dem Ziel, das Risiko hinsichtlich

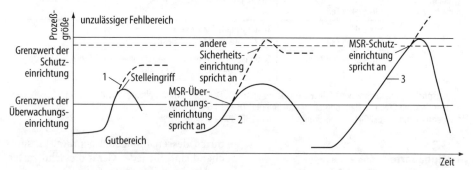

Bild 3.2. Schematische Darstellung der Wirkungsweise von Sicherheitseinrichtungen [nach VDI/VDE 2180]. *Kurvenverlauf 1*: Unzulässiger Bereich wird nicht erreicht. Überwachung mit Stelleingriff ausreichend; *Kurvenverlauf 2*: Gefahr für das Erreichen des unzulässigen Bereichs besteht. Kombination von Überwachungs- und Sicherheitseinrichtung erforderlich; *Kurvenverlauf 3*: Gefahr für das Erreichen des unzulässigen Bereichs besteht. MSR-Schutzeinrichtung erforderlich

Personenschäden stets unter dem Grenzrisiko zu halten.

Das Risiko [DIN V 19250], das mit einem bestimmten technischen Vorgang oder Zustand verbunden ist, wird zusammenfassend durch eine Wahrscheinlichkeitsaussage beschrieben, die

- die zu erwartende Häufigkeit des Eintritts eines zum Schaden führenden Ereignisses und
- das beim Ereigniseintritt zu erwartende Schadensmaß berücksichtigt.

Das *Grenzrisiko* (Bild 3.3) ist das größte noch vertretbare Risiko eines bestimmten technischen Vorganges oder Zustandes. Zumeist läßt sich das Grenzrisiko quantitativ erfassen (Bild 3.2). Es wird durch subjektive und objektive Einflüsse bestimmt und durch Maßnahmen technischer und/oder nichttechnischer Art reduziert, so daß ein Schutz vor Schäden geschaffen wird [DIN V 19250].

Schutz ist die Verringerung des Risikos durch Maßnahmen, die entweder die Eintrittshäufigkeit oder das Ausmaß des Schadens oder beides einschränkt.

Die einzelnen einzuleitenden Schutzmaßnahmen beziehen sich z.B. auf Umgebungsbedingungen (Staub und Feuchtigkeit), mechanische Beanspruchungen, elektrische und elektromagnetische Felder und den Explosionsschutz.

3.3.2
Fremdkörperschutz

Der Schutz vor Fremdkörpern (Staub) und Feuchtigkeit (Wasser) wird den verschiedenen Einsatzbedingungen entsprechend in IP-Kennziffern angegeben [DIN 4050].

Die erste Kennziffer ($x = 0 \ldots 6$) gibt den Schutz vor Fremdkörpern an, die zweite Kennziffer ($y = 0 \ldots 8$) den Schutz vor Feuchtigkeit (Tabelle 3.2).

Mit IP 68 wird z.B. ausgewiesen:
- staubdicht
- Schutz gegen Untertauchen.

Danach ist ein mit diesen Kennziffern bewertetes Gerät staubdicht und es kann auch eine bestimmte Zeit unter Wasser genutzt werden.

Die für das Eintauchen geltenden Vorschriften werden von den Geräteherstellern ausgewiesen [3.12].

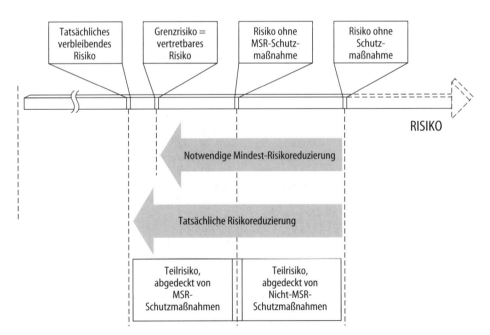

Bild 3.3. Risikoreduzierung durch Nicht-MSR- und MSR-Maßnahmen einer Betrachtungseinheit [VDI/VDE 2180]

Tabelle 3.2. Schutzarten gegen Fremdkörper und Feuchtigkeit [DIN 40050]

x = erste Ziffer für Berührung, Fremdkörperschutz	**y =** zweite Ziffer für Wasserschutz
0 = kein besonderer Schutz	0 = kein besonderer Schutz
1 = Schutz gegen Körper > 50 mm	1 = Schutz gegen senkrechtes Tropfwasser
2 = Schutz gegen Körper > 12 mm	2 = Schutz gegen schräges Tropfwasser
3 = Schutz gegen Körper > 2,5 mm	3 = Schutz gegen Sprühwasser
4 = Schutz gegen Körper > 1 mm	4 = Schutz gegen Spritzwasser
5 = Staubgeschützt	5 = Schutz gegen Strahlwasser
6 = Staubdicht	6 = Schutz gegen Überflutung+ (siehe S. 13)
	7 = Schutz gegen Eintauchen++ (siehe S. 13)
	8 = Schutz gegen Untertauchen+++ (siehe S. 13)

3.3.3
Explosionsschutz

3.3.3.1
Zoneneinteilung

Ein zündfähiges Gemisch (z.B. Gas, Staub-Luft) kann explodieren, wenn

– eine bestimmte Konzentration der einzelnen Anteile und
– die Zündenergie (Zündtemperatur) erreicht sind [VDE 0165].

Um Explosionen zu vermeiden, werden durch entsprechende Schutzmaßnahmen diese Voraussetzungen für eine Explosion unterbunden. Zur Anwendung gelangen

– Maßnahmen des primären Explosionsschutzes und
– Maßnahmen des sekundären Explosionsschutzes.

Durch Maßnahmen im Rahmen des primären Explosionsschutzes wird die Entstehung explosionsfähiger Gemische verhindert oder eingeschränkt. Dazu zählen z.B.:

– Ersatz leicht brennbarer Medien durch nichtbrennbare,
– Befüllen von Apparaten mit nichtreaktionsfähigem, (inerten) Gasen (N_2 oder CO_2),
– Begrenzung der Konzentration.

Kann durch primäre Schutzmaßnahmen das Risiko einer Explosion nicht unter dem Grenzrisiko gehalten werden, sind Maß-nahmen des sekundären Explosionsschutzes erforderlich.

Durch Maßnahmen des sekundären Explosionsschutzes ist die Entzündung explosionsfähiger Gemische zu vermeiden. Da die Entzündung explosionsfähiger Gemische von verschiedenen Bedingungen abhängt, wird diesem Sachverhalt durch eine entsprechende Zoneneinteilung Rechnung getragen.

Durch Gase, Dämpfe oder Nebel explosionsgefährdete Bereiche werden mit einer *einstelligen Ziffer* gekennzeichnet:

Zone 0
umfaßt Bereiche, in denen gefährliche explosionsfähige Atmosphäre ständig oder langzeitig vorhanden ist. Sie erstreckt sich nur auf das Innere von Behältern und Anlagen mit zündfähigem Gemisch.

Zone 1
umfaßt Bereiche, in denen damit zu rechnen ist, daß gefährliche explosionsfähige Atmosphäre gelegentlich auftritt. Sie erstreckt sich auf die nähere Umgebung von Zone 0, z.B. auf Einfüll- oder Entleerungseinrichtungen.

Zone 2
umfaßt Bereiche, in denen damit zu rechnen ist, daß gefährliche explosionsfähige Atmosphäre nur selten und dann auch nur kurzzeitig auftritt. Sie erstreckt sich auf Bereiche, die die Zone 0 oder 1 umgeben sowie auf Bereiche um Flanschverbindungen mit Flanschdichtungen üblicher Bauart bei Rohrleitungen in geschlossenen Räumen.

Durch brennbare Stäube explosionsgefährdete Zonen werden durch *zwei Ziffern* gekennzeichnet:

Zone 10
umfaßt Bereiche, in denen gefährliche explosionsfähige Staubatmosphäre langzeitig oder häufig vorhanden ist. Sie erstreckt sich auf das Innere von Behältern, Anlagen, Apparaturen und Röhren.

Zone 11
umfaßt Bereiche, in denen damit zu rechnen ist, daß gelegentlich durch Aufwirbeln abgelagerten Staubes gefährliche explosionsfähige Atmosphäre kurzzeitig auftritt. Sie erstreckt sich auf Bereiche in der Umgebung staubenthaltender Apparaturen, wenn Staub aus Undichtigkeiten austreten kann und sich Staubablagerungen in gefahrendrohender Menge bilden können.

Zur Kennzeichnung der Zonen von medizinisch genutzten Räumen werden die *Buchstaben G* und *M* verwendet:

Zone G – umschlossene medizinische Gassysteme
umfaßt nicht unbedingt allseitig umschlossene Hohlräume, in denen dauernd oder zeitweise explosionsfähige Gemische in geringen Mengen erzeugt, geführt oder angewendet werden.

Zone M – medizinische Umgebung
umfaßt den Teil eines Raumes, in dem eine explosionsfähige Atmosphäre durch Anwendung von Analgesiemitteln oder medizinischen Hautreinigungs- oder Desinfektionsmitteln nur in geringen Mengen und nur für kurze Zeit auftreten kann.

Zur Kennzeichnung der Gemische dient die *maximale Arbeitsplatzkonzentration* als MAK-Wert. Der MAK-Wert liegt z.B. für Dampf-Luft-Gemische bei 0,1 ... 0,2 der unteren Explosionsgrenze.

An Hand des MAK-Wertes kann nicht auf eine Explosionsgefahr geschlossen werden.

3.3.3.2
Eigensicherheit, Zündschutzarten
Eigensicherheit elektrischer Systeme erfordert den Betrieb von Stromkreisen, in denen die freiwerdende gespeicherte Energie kleiner ist als die Zündenergie der die Stromkreise umgebenden Gas- oder Staub-Gemische. Eigensichere elektrische Betriebsmittel müssen demnach so dimensioniert sein, daß die in Induktivitäten und Kapazitäten gespeicherte Energie beim Öffnen oder Schließen eines Kreises nicht so groß wird, daß sie die sie umgebende explosionsfähige Atmosphäre zünden kann.

In eigensicheren Stromkreisen können somit an jeder Stelle zu beliebigen Zeiten Fehler entstehen, ohne daß es zur Zündung des die Stromkreise umgebenden Gas- oder Staub-Gemisches führt.

Eigensichere elektrische Systeme bestehen zumeist aus:

– eigensicheren elektrischen Betriebsmitteln und
– elektrischen Betriebsmitteln.

Die Anforderungen an die Auslegung eigensicherer elektrischer Betriebsmittel wird durch Sicherheitsfaktoren der Kategorien „ia" und „ib" festgelegt [3.3]:

Kategorie ia
Betriebsmittel der Kategorie ia sind auf Grund ihrer hohen Sicherheit grundsätzlich für den Einsatz in Zone 0 geeignet.

Sie sind eigensicher beim Auftreten von zwei unabhängigen Fehlern. Der gesamte Steuerkreis muß für diesen Einsatz behördlich bescheinigt sein (Konformitätsbescheinigung, Abschn. 3.3.3.4). Damit erfüllen in dieser Kategorie eingeordnete Betriebsmittel auch die sicherheitstechnischen Anforderungen eines Einsatzes in Zone 1 und 2.

Kategorie ib
Im Normalbetrieb und bei Auftreten eines Fehlers darf keine Zündung verursacht werden. Betriebsmittel der Kategorie ib sind für den Einsatz in Zone 1 und 2 zugelassen.

Da elektrische Systeme verschiedenen Einsatzbedingungen ausgesetzt sind, können die sie umgebenden Gas- oder Staub-Luft-Gemische unterschiedliche Mindestzündenergien und Mindestzündtemperaturen haben. Diesem Sachverhalt wird durch

Tabelle 3.3. Temperaturklassen [DIN/VDE 0165]

Temperaturklasse	Höchstzulässige Oberflächentemperatur der Betriebsmittel	Zündtemperatur der brennbaren Stoffe
T1	450° C	> 450° C
T2	300° C	> 300° C
T3	200° C	> 200° C
T4	135° C	> 135° C
T5	100° C	> 100° C
T6	85° C	> 85° C

die Unterteilung der Zündschutzart Eigensicherheit in Explosionsgruppen Rechnung getragen [3.13].

Explosionsgruppe I
Betriebsmittel der Explosionsgruppe I dürfen in schlagwettergefährdeten Grubenbauten errichtet werden. Methan ist das repräsentative Gas für diese Explosionsgruppe.

Explosionsgruppe II
Betriebsmittel der Gruppe II dürfen in allen anderen explosionsgefährdeten Bereichen eingesetzt werden.

In Abhängigkeit von der unterschiedlichen Zündenergie der verschiedenen Gase wird die Gruppe weiter in die Explosionsgruppe II A, II B sowie II C unterteilt. Repräsentative Gase dieser Explosionsgruppen sind:

– Propan in der Gruppe II A,
– Äthylen in der Gruppe II B und
– Wasserstoff in der Gruppe II C.

Außer der Zündung einer entsprechenden Atmosphäre durch Funken, wie in den Explosionsgruppen I und II erfaßt, kann die Zündtemperatur auch durch eine erhitzte Oberfläche (Wand, Gerät) erreicht werden

Bild 3.4. Kennzeichnung für Schlagwetter- und explosionsgeschützte elektrische Betriebsmittel

und eine Explosion verursachen. Die Zündtemperatur eines brennbaren Stoffes ist die in einem Prüfgerät ermittelte niedrigste Temperatur einer erhitzten Wand, an der sich der brennende Stoff im Gemisch mit Luft gerade noch entzündet [DIN/VDE 0165].

Die maximale Oberflächentemperatur ergibt sich aus der höchsten zulässigen Umgebungstemperatur zuzüglich der z.B. in einem Gerät auftretenden maximalen Eigenerwärmung (Tabelle 3.3).

3.3.3.3
Zündschutz durch Kapselung
Mit Hilfe des Einschlusses einer möglichen Zündquelle wird eine räumliche Trennung von der explosionsfähigen Atmosphäre erreicht.
Angewendet werden:
– Ölkapselung „o" [DIN EN 50015]
– Überdruckkapselung „p" [DIN EN 50016]
– Sandkapselung „q" [DIN EN 50017]
– Druckfeste Kapselung „d"[DIN EN 50018]
– Erhöhte Sicherheit „e" [DIN EN 50019]
– Eigensicherheit „i" [DIN EN 50020].

3.3.3.4
Konformitätsbescheinigung
Geräte, die für den Einsatz in explosionsgefährdeter Atmosphäre die sicherheitstechnischen Anforderungen erfüllen, sind an gut sichtbaren Stellen besonders zu kennzeichnen (Bild 3.4).

Die für ein Gerät in Frage kommenden Einsatzbedingungen werden in der behördlich ausgestellten Konformitätsbescheinigung durch die Physikalisch-Technische Bundesanstalt fixiert (Tabelle 3.4).

Tabelle 3.4. Kennzeichnung explosionsgeschützter Betriebsmittel [3.13]. **a)** Elektrische Betriebsmittel, **b)** Konformitäts-bescheinigungsnummer, **c)** Konformitätskennzeichen und Bezeichnung für Betriebsmittel, die EG-Richtlinien entsprechen

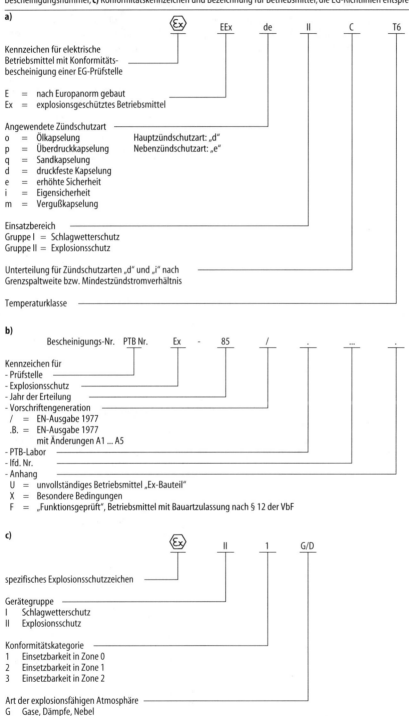

a)

⟨Ex⟩   EEx   de   II   C   T6

Kennzeichen für elektrische
Betriebsmittel mit Konformitätsbescheinigung einer EG-Prüfstelle

E = nach Europanorm gebaut
Ex = explosionsgeschütztes Betriebsmittel

Angewendete Zündschutzart
o = Ölkapselung   Hauptzündschutzart: „d"
p = Überdruckkapselung   Nebenzündschutzart: „e"
q = Sandkapselung
d = druckfeste Kapselung
e = erhöhte Sicherheit
i = Eigensicherheit
m = Vergußkapselung

Einsatzbereich
Gruppe I = Schlagwetterschutz
Gruppe II = Explosionsschutz

Unterteilung für Zündschutzarten „d" und „i" nach
Grenzspaltweite bzw. Mindestzündstromverhältnis

Temperaturklasse

b)

Bescheinigungs-Nr. PTB Nr.   Ex - 85 / . ... .

Kennzeichen für
- Prüfstelle
- Explosionsschutz
- Jahr der Erteilung
- Vorschriftengeneration
  / = EN-Ausgabe 1977
  .B. = EN-Ausgabe 1977
       mit Änderungen A1 ... A5
- PTB-Labor
- lfd. Nr.
- Anhang
  U = unvollständiges Betriebsmittel „Ex-Bauteil"
  X = Besondere Bedingungen
  F = „Funktionsgeprüft", Betriebsmittel mit Bauartzulassung nach § 12 der VbF

c)

⟨Ex⟩   II   1   G/D

spezifisches Explosionsschutzzeichen

Gerätegruppe
I   Schlagwetterschutz
II Explosionsschutz

Konformitätskategorie
1 Einsetzbarkeit in Zone 0
2 Einsetzbarkeit in Zone 1
3 Einsetzbarkeit in Zone 2

Art der explosionsfähigen Atmosphäre
G Gase, Dämpfe, Nebel
D Staub

Durch die Konformitätsbescheinigung wird gleichzeitig ausgewiesen, daß das Zertifikat auch der Europanorm – EN – entspricht. Autorisierte Prüfstellen für explosionsgeschützte elektrische Betriebsmittel gibt es außerhalb der Bundesrepublik in Belgien, Dänemark England, Frankreich, Italien und Spanien. Allgemein gilt, daß Europanormen ohne jede Änderung den Status einer nationalen Norm für die angegebenen Länder annehmen, z.B. DIN EN … in der Bundesrepublik.

Die Kennzeichnung explosionsgeschützter Geräte muß enthalten:

1. Name oder Warenzeichen des Herstellers.
2. Vom Hersteller festgelegte Typenbezeichnung.
3. Daten, z.B. Nennspannung, Nennstrom, Nennleistung.
4. Symbol nach Bild 3.4, wenn für das Betriebsmittel eine Konformitätsbescheinigung ausgestellt wurde.
5. Das Zeichen EEx, wenn das Betriebsmittel den Euronormen für den Explosionsschutz entspricht.
6. Die Kurzzeichen aller angewendeten Zündschutzarten; dabei ist die Hauptschutzart an erster Stelle anzugeben.
7. Explosionsgruppe (I für Schlagwetterschutz, II für Explosionsschutz).
8. Bei Explosionsschutz die eingehaltene Temperaturklasse oder die maximale Oberflächentemperatur.
9. Zusätzlich nach den Euronormen geforderte Angaben.
10. Fertigungsnummer.
11. Angabe der Prüfstelle, Jahr der Prüfung, Bescheinigungsnummer und Hinweise auf besondere Bedingungen.

3.4
Elektromagnetische Verträglichkeit

Die elektromagnetische Verträglichkeit (EMV) ist ein spezielles *Qualitätsmerkmal* elektrischer Geräte. Durch geeignete Maßnahmen bei der Konstruktion eines elektrischen Gerätes muß gewährleistet werden, daß es einerseits gegenüber definierten elektromagnetischen Beeinflussungen aus der Umgebung so unempfindlich ist, daß die zugesagten Eigenschaften gewährleistet sind. Andererseits darf das elektrische Gerät keine solche elektrische Störstrahlung aussenden, daß die Funktion eines anderen Gerätes beeinträchtigt wird [3.14].

EMV-Gesetz

Das deutsche EMV-Gesetz vom 09. 11. 1992 befaßt sich mit der EMV-Problemstellung und regelt die für Hersteller, Händler und Betreiber von elektrischen Geräten einzuhaltenden Vorschriften. Nach einer Übergangszeit wurde dieses Gesetz ab 01.01.1996 für alle Beteiligten verbindlich.

Die wesentlichen, in diesem Gesetz angewandten Begriffe sind:

– *Elektromagnetische Verträglichkeit* ist die Fähigkeit eines Gerätes, in der elektromagnetischen Umwelt zufriedenstellend zu arbeiten, ohne dabei selbst elektromagnetische Störungen zu verursachen, die für andere Geräte unannehmbar wären;
– *Elektromagnetische Störung* ist jede elektromagnetische Erscheinung, die die Funktion eines Gerätes beeinträchtigen könnte. Eine elektromagnetische Störung kann elektromagnetisches Rauschen, ein unerwünschtes Signal oder eine Veränderung des Ausbreitungsmediums selbst sein;
– *Störfestigkeit* ist die Fähigkeit eines Gerätes, während einer elektromagnetischen Störung ohne Funktionsbeeinträchtigung zu arbeiten.

Konformitätstest

Mittels einer EMV-Konformitätsprüfung wird festgestellt, ob ein Gerät die Schutzanforderungen einhält. Diese Konformitätsprüfung wird in einem akkreditierten Prüflabor durchgeführt [DIN EN 45 001]. Die umfangreichen Prüfanforderungen sind je nach Einsatzbereich des Gerätes in entsprechenden Normen für die Störaussendung und die Störfestigkeit festgelegt [3.15].

EG-Konformität

Die EG-Konformität wird durch eine EG-Konformitätserklärung bestätigt, wenn die normgerechte Prüfung der EMV zur Erfüllung des EMVG bestanden wird. Damit wird insoweit das CE-Kennzeichen (Konformitätszeichen) erlangt. In Zukunft dürfen nur noch Geräte mit *CE-Kennzeichen* in Verkehr gebracht werden.

Literatur

3.1 Schroff, Normenübersicht. Prospekt. D 9 CH 11/95 8/10 (39600-205). Schroff, Feldrennach-Straubenhardt

3.2 em shield, Sicherheit durch EMV: Neuheiten '92. Prospekt. 9.997.1229 5'11/92 AWI. Knürr, München

3.3 Heidenreich Gehäuse. Prospekt. Heidenreich, Straßberg (über Albstadt)

3.4 Schroff, propac – das individuelle Systemgehäuse. Prospekt. D 7.5 CH 7.7 3/95 2/15.2 (39600-067). Schroff, Feldrennach-Straubenhardt

3.5 Heidenreich varidesign Elektronik, Gehäuse Bausystem. Prospekt. Heidenreich, Straßberg (über Albstadt)

3.6 Knürr direct, Jahrbuch 96/97. 9.997.232.9 20'PA 3/96 Knürr, München

3.7 Schroff, Katalog für die Elektrotechnik 96/97. D 4/96 1/8 (39600-821). Schroff, Feldrennach-Straubenhardt.

3.8 Schroff, Schränke für die Vernetzungstechnik. Katalog. D(13.5)CH(0.5) 9/95 14/14 (39600-110). Schroff, Feldrennach-Straubenhardt

3.9 19"-Gehäusetechnik: So ordnet man Elektrik und Elektronik. Katalog, 1.9.1994. Heidenreich, Straßberg (über Albstadt)

3.10 Kunststoffgehäuse: So ordnet man Elektrik und Elektronik. Katalog, 1.1.1996. Heidenreich, Straßberg (über Albstadt)

3.11 Polke M (Hrsg.), Epple U (1994) Prozeßleittechnik. 2., völlig überarb. U. Stark erw. Aufl. Oldenbourg, München Wien. S 237–254

3.12 Elektrisches Messen mechanischer Größen: Auswahlkriterien für Druckaufnehmer. Sonderdruck MD 9302. Hottinger Baldwin, Darmstadt

3.13 Kleinert S, Krübel G (1993) Sicherheitstechnik: Elektrische Anlagen im explosionsgefährdeten Bereich. Hrsg. FB Elektrotechnik/Elektronik an der FH Mittweida

3.14 AVT Report Heft 6, April 1993. VDI/VDE-Technologiezentrum Informationstechnik, Teltow

3.15 Altmaier H (1995) EMV-Konformitätsprüfung elektrischer Geräte. Feinwerktechnik, Mikrotechnik, Meßtechnik 103, C. Hanser Verlag, München. S. 388–393

Teil B

Meßumformer, Sensoren

1 Kraft, Masse, Drehmoment

K. Bethe

Einleitung

Masse ist eine Eigenschaft der Materie. Sie manifestiert sich durch die zwei zur Messung heranziehbaren Kraftwirkungen:

- Massen ziehen sich an (Gravitationskraft → „schwere Masse");
- zur Änderung der Bewegung einer Masse ist eine „Beschleunigungskraft" erforderlich → „träge Masse".

Kräfte bewirken Beschleunigungen oder Deformationen. Auf diesen Wirkungen beruhen die technischen Meßaufnehmer für Kräfte und andere „dynamometrische" (d.h. auf Kräfte zurückführbare) Größen (Drehmoment, Druck etc.), s. Bild 1.1:

a) Bei *„kraftkompensierenden"* Systemen wird eine Kompensationskraft F_K aus der anfänglichen, durch die Meßkraft F_x bewirkten mechanischen Deformation des Meßeingangs gewonnen *(D)* und in einem Regelkreis bis zum Gleichgewicht abgeglichen.

b) Beim *Federwaagenkonzept* bildet ein elastischer Körper die Kraft F_x in eine reversible Deformation y ab, die ihrerseits in einem zweiten Schritt durch einen separaten Mechanismus in eine elektrische Größe überführt wird. Diese Detektion der kraftproportionalen Deformation kann durch einen diskreten Geometriesensor oder durch einen integralen Materialeffekt erfolgen.

c) Beim *Resonanzprinzip* bewirkt die zu messende Kraft F_x direkt (ohne Materialgesetz!) eine Zusatzbeschleunigung des Schwingers, die sich in einer Verschiebung seiner Resonanzfrequenz $f_{1;2}$ ausdrückt.

d) Beim „Gyro-Konzept" verursacht die Kraft F_x eine Orthogonalbeschleunigung des mit der Frequenz ω rotierenden Kreisels, die zu seiner Präzession führt. Die Präzessionsfrequenz Ω ist proportional zur Meßkraft. [1.1]

1.1 Kraftmessung [1.2]

1.1.1 Kompensationsverfahren

Der gemäß Bild 1.1a erforderliche Kräftevergleich zwischen der Meßgröße F_x und der kompensierenden Kraft F_K kann nur aufgrund der o.g. Wirkungen von Kräften (Beschleunigung, Deformationen) erfolgen, so daß (wegen unvermeidbarer Parasitär-Deformationen) präziser von „Wegkompensation" zu sprechen ist. Praktisch wird die Vertikalposition des Summenpunktes (+) durch

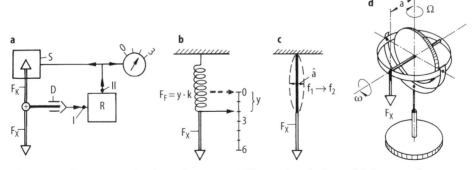

Bild 1.1. Grundkonzepte zur technischen Kraftmessung: **a** Kraftkompensierendes System, **b** Federwaage, **c** Resonatorkonzept (Saite), **d** Kreiselpräzession (Ω)

einen Verlagerungsdetektor D erfaßt. Hierzu werden meist analoge optische Systeme (z.B. Spaltdioden – vgl. Abschn. B5.1.1.2) eingesetzt. Für eine feinere, auch langzeitstabilere Positionsdiskriminierung empfehlen sich kapazitive Differentialsysteme, während induktive Sensoren und magnetostatische Konzepte wegen ihrer Temperaturempfindlichkeit weniger empfehlenswert sind. Eine extreme Positionssensitivität bietet der Tunnelstromsensor [1.3].

Bei den gängigen optischen Nullagen-Detektoren werden Wegauflösungen nahe 10 nm angegeben.

Das am Punkt I (Bild 1.1a) anstehende Nullagen-Fehlsignal wird einem PID-Regler (R) zugeführt, der analog oder digital ausgeführt sein kann. Die ausgangsseitige Stellgröße (an Punkt II) speist das Stellglied (S); sie wird zugleich zur Anzeige gebracht. Das Stellglied (S) hat hier eine der Meßkraft F_x betragsgleiche Kompensationskraft F_K aufzubringen. Hierfür kommt vorrangig das elektrodynamische Prinzip $[\vec{F} = I \cdot (\vec{I} \times \vec{B})]$ infrage. Magnetostriktive sowie piezoelektrische Aktoren weisen sehr hohe störende Federsteifigkeiten und merkliche Hysterese

auf; elektrostatische Kräfte sind wegen des elektrischen Durchschlags um Größenordnungen kleiner und deshalb nur bei sehr kleinen Kräften ($<<$0,1 N) einsetzbar. Übliche Magnetsysteme arbeiten mit etwa 1 N. Es wurden jedoch auch solche mit 50 N realisiert (Volumen ca. 1000 cm³). (Die Begrenzung liegt in einer für Präzisionsmessungen unzulässigen Erwärmung.) Die *magnetisch-„kraftkompensierte"* Waage (Bild 1.2) zeigt den von Lautsprechern bekannten Magnetaufbau. Die auf der Waagschale (7) aufzubringende Last wird durch den „Waagbalken" (10) im Verhältnis $\overline{AB} : \overline{AC}$ heruntergeteilt. Der gezeigte Regler liefert an seinem Ausgang (II) einen pulsbreitenmodulierten Strom.

Heutige Präzisionswaagen erreichen durch spezielle Signalverarbeitungs-/Filterschaltungen [1.4–1.6] Auflösungen von $3 \cdot 10^{-7}$ bei Nennlasten zwischen 3 g und 600 kg (mit Mehrfach-Hebelübersetzung). Einstellzeiten: ca. 3 Sekunden.

Dasselbe Konzept der „Kraftkompensation" wird neben der Massenbestimmung für die Messung von Kraft, Druck und Beschleunigung eingesetzt.

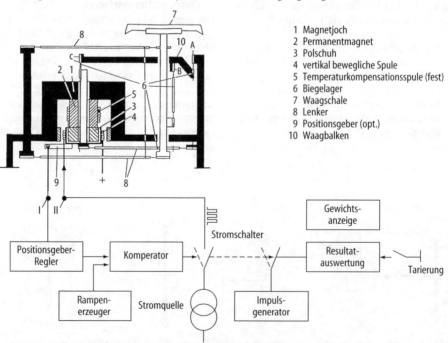

1 Magnetjoch
2 Permanentmagnet
3 Polschuh
4 vertikal bewegliche Spule
5 Temperaturkompensationsspule (fest)
6 Biegelager
7 Waagschale
8 Lenker
9 Positionsgeber (opt.)
10 Waagbalken

Bild 1.2. Aufbauprinzip einer kraftkompensierenden Waage (Magnetstrom pulsdauermoduliert) [Mettler]

Die im PID-Regelkreis auskompensierte Größe ist grundsätzlich die Deformation, also sind – im eingeschwungenen Zustand – Meßweg und vom Meßobjekt geleistete Arbeit gleich Null. Im Gegensatz zu dieser Kompensation steht das (technisch-applikativ weitaus dominierende) Federwaagenkonzept (Bild 1.1b), das gerade einen definierten Meßweg zum Inhalt hat.

1.1.2
Federwaagenkonzept

Das elastische Ausschlagsverfahren nach Bild 1.1b basiert auf einem Federkörper, dessen Deformation elektrisch ausgewertet wird. (Ein frühes Beispiel zeigt Bild 1.3.) Bei einem hybriden Aufbau mit klarer Trennung zwischen Meßfeder und Deformationssensor sind Material und Konstruktion des Federkörpers frei wählbar. Dient das Federmaterial aber zugleich der Gewinnung des elektrischen Ausgangssignals („Integralkonzept"), so bestimmt diese letztgenannte Sensorfunktion den Werkstoff.

1.1.2.1
Hybride Deformations-Kraftaufnehmer

In einem *Federkörper* können, je nach Formgebung und Kraftangriff, alle klassischen Belastungsfälle auftreten: Zug/Druck, Biegung, Scherung, Torsion. Die querschnittsbezogenen Kräfte, die „mechanischen Spannungen (σ; τ_t)", führen zu Ver-

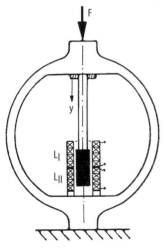

Bild 1.3. Ringdynamometer mit Differentialdrossel als Deformationssensor

formungen ε, die – materialabhängig – bis zu etwa 10^{-3} ideal elastisch, d.h. linear und vollständig reversibel verlaufen:

$$\varepsilon = \sigma \frac{1}{E} \tag{1.1}$$

Abweichungen von diesem *linearen Hookeschen Gesetz* sind geometriebedingt (z.B. verformungsabhängige Änderung von Querschnitt oder Lastarm).

Federmaterialien

Konkrete Materialien unterscheiden sich gemäß Tabelle 1.1 nicht nur in der einzigen Kenngröße des Idealmaterials, dem Elastizitätsmodul E, sondern auch in dem elastischen Nebenkennwert (Querkontraktion ν = „Poisson-Zahl") sowie den im allgemeinen störenden thermischen Parasitäreffekten (Ausdehnung β, E-Modul TK_E, endliche thermische Leitfähigkeit). Hinzu kommen die Abweichungen vom elastischen Idealverhalten, d.h. Hysterese und Anelastizität (elastische Nachwirkung →„Kriechen"). Ein weiterer wichtiger Kennwert ist die Streckgrenze $\sigma_{0,2}$ als Ausdruck des Einsatzes massiver plastischer (bleibender) Verformung.

Elastische Nachwirkung von Federmaterialien bedeutet, daß bei abrupter Laständerung um F_1 (Bild 1.4) die resultierende Dehnung sich aus einer ebenfalls sprunghaften ideal-elastischen Dehnung ε_1 und einem kleinen zeitabhängigen Nachkriechen um $\Delta\varepsilon$ zusammensetzt. Die relative Kriechstärke $\Delta\varepsilon/\varepsilon_0$ ist unabhängig von der Gesamtdehnung ε_0; sie ist bei Be- und Entlastung betragsgleich und vollständig reversibel. Sogenannte „isotherme" Kriechkurven diverser Materialien sind in Bild 1.5 dargestellt. [1.7] Neben diese, als diffusive Redistribution von Störungen im Kristallgitter verstandene „elastische Nachwirkung" [1.8] tritt jedoch noch der „thermoelastische" Effekt: Wegen der Volumenänderung eines durch Uniaxial- oder Biegespannung gestreßten Festkörpers ($\nu < 0,5$, s. Tabelle 1.1) ändert sich grundsätzlich dessen Temperatur (Bild 1.4; unten). Diese adiabatische Temperaturänderung beträgt [1.9]:

$$\Delta T = -\varepsilon \frac{\beta \cdot T \cdot E}{c \cdot \varrho} \tag{1.2}$$

mit ϱ Dichte in g cm^3.

Tabelle 1.1. Federwerkstoffe

Material	I	II	III	IV	V	VI	VII	VIII	IX
1	11,6	39	0,46	207	0,28	– 3,4	1100	1220	7,8
2	10,9	22	0,5	196	0,291	– 3	1100	1270	7,8
3	10,3	24	0,32	186	0,3	– 2,7	1600	1750	8,0
4	7,4	13	0,5	200	0,33	≈ 0	1050	1200	8,0
5	17,0	113	0,42	135	0,31	– 3,9	1250	1480	8,3
6	8,6	7	0,5	110	0,35	– 6	1050	1140	4,4
7	22,7	150	0,9	73	0,34	– 4,4	450	480	2,8
8	2,6	136	0,7	113	0,27…0,4			300/1000	2,3
9	5,3…8	33	0,78	440	0,25…0,3			350/2500	4,0
10	6,6	≈ 28	≈ 0,8	≈ 370	0,23		≈ σ_B	200/2000	3,9
11	0,54	1,4	0,73	72	0,17			60/1100	2,2
12	3,7	1,0	0,76	81	0,19			50/900	2,9
13	75,0	0,16		3,0	0,34		starkes Kriechen!	≈ 60	≈ 1,3

1 Vergütungsstahl (z.B. 36CrNiMo4)
2 Aushärtbarer nichtrostender Stahl (X5CrNiCuNb 17/4/4)
3 Maraging Stahl (hochfest) (X2NiCoMo 18/8/5)
4 „Thermelast" (≙ „Elinvar" ≙ „Ni-Span-C") (≙ NiCrTi 42/5/2)
5 CuBe2
6 TiAl6V4
7 Aushärtbare Al-Legierung (US-Bezeichnung 2024-T81)
8 Silizium (monokristallin)
9 Saphir
10 Al₂O₃-Keramik
11 Quarzglas
12 Hartglas (Schott Bak-50)
13 PVC

I	Thermische Ausdehnung	$\beta/10^{-6} \cdot K^{-1}$
II	Wärmeleitung	$/W \cdot K^{-1} \cdot m^{-1}$
III	Spezifische Wärme	$c/Nm \cdot g^{-1} \cdot K^{-1}$
IV	Elastizitätsmodul	$E/10^3 N \cdot mm^{-2}$
V	Poisson-Zahl ν	
VI	$TK_E/10^{-4}K^{-1}$	
VII	„Elastizitätsgrenze"	$\sigma_{0,2}/N \cdot mm^{-2}$
VIII	Festigkeit (Zug/Druck)	$\sigma_B/N \cdot mm^{-2}$
IX	Dichte	$\varrho/g \cdot cm^{-3}$

Sie liegt bei Metallen bei z.B. 0,3 K für eine typische Meßdehnung von 10^{-3}. Multipliziert mit dem thermischen Ausdehnungskoeffizienten (β) des Federmaterials, ergibt sich somit eine weitere, wegen des Temperaturausgleiches mit der Umgebung zeitabhängige Deformation. Das durch die Addition von isothermer Anelastizität und dieser im allgemeinen viel größeren adiabatischen Zusatzdeformation bewirkte dimensionelle Kriechen eines Stauchstabes zeigt Bild 1.6. [1.10]

Während der Minimalwert des isothermen Kriechens infolge elastischer Nachwir-

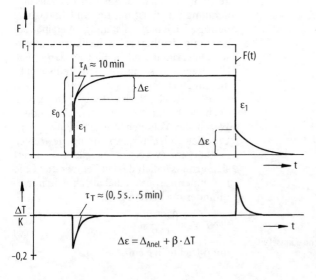

Bild 1.4. Elastische Nachwirkung ($\Delta\varepsilon$) sowie adiabatische Temperaturänderung eines mit Normalspannung beaufschlagten Stauchstabes

$$\Delta\varepsilon = \Delta_{Anel.} + \beta \cdot \Delta T$$

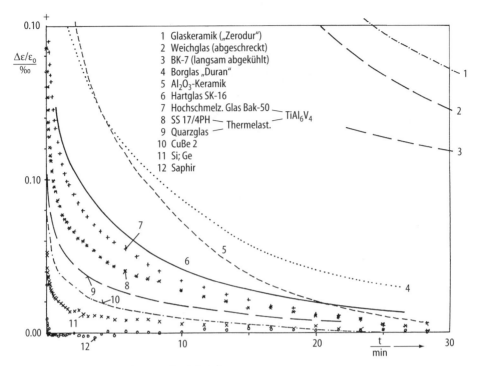

Bild 1.5. Kriechkurven von Federmaterialien ($\varepsilon'' \, 10^{-3}$)

kungen mit der Wahl des Federmaterials festliegt, kann der oftmals dominierende thermoelastische Effekt durch Gestaltung der Meßfeder beeinflußt und sogar zur Kompensation des diffusiven Kriechens eingesetzt werden [1.11]. (Zu Details des isothermen Materialkriechens s. [1.12]). Da Scher- und Torsionsspannungen keine Volumenänderung des Federkörpers verursachen, weisen derart belastete elastische Elemente kein störendes Adiabaten-Kriechen auf. (Einen Scherspannungsaufnehmer zeigt Bild 1.11e).

Der zusammengesetzte, zeitabhängige Deformationsterm $\Delta\varepsilon$ wird oftmals fälschlich als „Hysterese" interpretiert [1.13]: Gemäß Bild 1.7 durchläuft die Dehnung eines Federkörpers bei einem Lastsprung um F_1 verzögerungslos den Dehnungshub ε_1. Wird – wie in Bild 1.4 – erst nach vollständigem (oder teilweisem) Abklingen des zusätzlichen Kriechvorganges ($\Delta\varepsilon$) entlastet, so wird der obere Kennlinienast bzw. der gestrichelte, innerhalb der Hysteresekurve liegende Ast ($t \approx 0{,}5\,\tau_A$) durchlaufen. Vermutlich sind viele technische Hysterese-

Angaben partiell auf diese Effekte zurückzuführen. Andererseits können Versetzungen, Korngrenzen und magnetostriktive Effekte in Ferromagnetika echte Hysterese der σ–ε–Kurve bewirken.

Federkonstruktionen

Die in Bild 1.8 gezeigte, axial durch Zug- oder Druckkraft belastete Säule weist eine über den verjüngten Meßquerschnitt (r_M) homogene mechanische Spannung $\sigma_z = F_z/A_M$ auf. Diese uniaxiale Spannung verursacht im Falle der Druckbelastung eine negative Axialdehnung ε_z sowie eine positive Querdehnung $\varepsilon_r = -\nu \cdot \varepsilon_z$ (vgl.a. Kap. B 5, Bild 5.81). Entsprechend werden zwei Axial-DMS (R_1; R_3) und zwei Zirkumferential-DMS (R_2; R_4) appliziert. Die „Poisson"-Vollbrücke $R_1 \ldots R_4$ weist folgende Meßempfindlichkeit auf:

$$\frac{U_2}{U_0} \approx \frac{1}{2}\,k\,\varepsilon_z(1+\nu)\,. \tag{1.3}$$

Wegen der unsymmetrischen Widerstandsänderung ($|\Delta R_{2;4}| = \nu \cdot \Delta R_{1;3}$) ist die

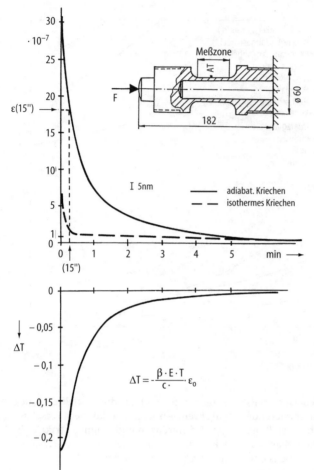

$$\Delta T = -\frac{\beta \cdot E \cdot T}{c \cdot} \cdot \varepsilon_0$$

Bild 1.6. Adiabatisches und isothermisches Kriechen eines Stauchstabes aus Vergütungsstahl sowie thermoelastischer Effekt (ΔT)

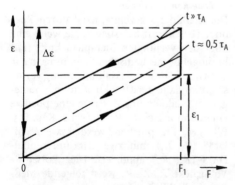

Bild 1.7. Quasihysterese bei Kriecherscheinungen

Ausgangsspannung U_2 nicht exakt linear in ε_z (→degressive Kennlinie).

Es werden *Säulenmeßelemente* mit rundem, quadratischem oder Sechseck-Quer-

schnitt verwendet. Die Säulen können eine zentrische Axialbohrung besitzen. Zur Abfangung parasitärer Querkräfte werden oftmals radiale Stützmembranen eingesetzt (Bild 11a,b). Der Zusammenhang zwischen der Meßgröße F_z und der mechanischen Spannung σ_z ist nicht exakt linear, da sich die lasttragende Querschnittsfläche A_M $= \pi r_M{}^2$ mit $(1+\nu \cdot \varepsilon_z)^2$ ändert. Zur Korrektur dieser und der o.g. elektrischen Nichtlinearität werden bisweilen zusätzliche hochempfindliche Halbleiter-DMS auf dem Stauchstab appliziert und der Poisson-Brücke vorgeschaltet (s. Bild 1.14).

Während die axialbelastete Säule (Stauchstab) im Hochlastbereich eingesetzt wird, ist die Biegebelastung für niedrige Lasten gängig. Das Grundelement ist der in Bild

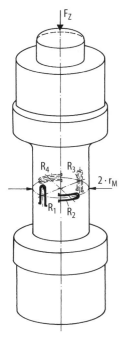

Bild 1.8. Stauch-/Zugstab, mit 4 DMS bestückt (Poisson-Elemente R_2; R_4) [Bethe]

1.9a dargestellte Kragarm. Hier ist die Spannung σ nicht mehr gleichmäßig über den Querschnitt verteilt, vielmehr herrschen auf der oberen und der unteren Balkenoberfläche maximale Dehnungen entgegengesetzten Vorzeichens. Die waagerechte Balkenmittelebene N ist spannungsfrei. Die komplementären Oberflächendehnungen ε_x sind wieder über die Poisson-Zahl ν mit einer Querdeformation ε_z verknüpft: Auf der Balkenoberseite findet man eine positive Längsdehnung ε_x und eine negative Querdehnung, auf der Unterseite sind die Vorzeichen umgekehrt, d.h. der Rechteckquerschnitt ($b \cdot t$) wird zum Trapez deformiert. (Bei dünnen Balken ($b >> t$) wird diese Querdeformation unterdrückt, was zu einer Versteifung des Balkens führt.) Der in Bild 1.9 a gezeigte Balken weist einen längs der x-Achse konstanten Querschnitt ($b \cdot t$) auf. Das somit über der Längskoordinate x konstante Widerstandsmoment W führt gemäß

$$\varepsilon_x = F \cdot \frac{l - x}{E \cdot W} \tag{1.4}$$

zu einer auch in Längsrichtung variablen Dehnung ε_x (Bild 1.9b). Anders der Dreiecksbalken nach Bild 1.9c, dessen Widerstandsmoment W längs der Balkenachse x vom Einspannpunkt ($x = 0$) an linear abfällt und so den ebenfalls linearen Abfall des Biegemoments M kompensiert: Hier ist die Dehnung von x unabhängig, was die Applikation großer DMS o.ä. erlaubt. Der Nachteil des Dreieckbalkens ist eine größere y-Nachgiebigkeit ($\rightarrow$größerer Meßweg, niedrigere Resonanzfrequenz). Die umgekehrte Tendenz weist der Balken nach Bild 1.10c auf: Hier ist die Deformation auf die schmale DMS-Zone konzentriert.

Die einfachste Messung der lastproportionalen Dehnung ε erfolgt beim geraden Balken nach Bild 1.10a auf der Oberseite, nahe dem Einspannpunkt (DMS „ε_1"). Zur Temperaturkompensation wird im einfachsten Fall ein passiver DMS auf der Einspannung (I) oder – besser – auf der Balkenseite in Höhe der mittig liegenden Neutralebene N verwendet (II). Günstiger ist jedoch ein zweiter Aktiv-DMS, also ein Poisson-DMS (ε_2) oder – wenn beide gestreßten Oberflächen beklebt werden können – ein Komplementär-DMS auf der Balkenunterseite. Dieser Optimalfall ist in Bild 1.10b skizziert, wobei je Meßoberfläche zwei DMS appliziert sind, so daß eine vollaktive, symmetrische (und damit lineare) Brückenschaltung aufgebaut werden kann (vgl. hierzu Abschn. B 5.3.1).

Diese anzustrebende Situation, daß komplementäre Dehnungen (ε^+; ε^-) gleichen Betrages zur Detektion herangezogen werden können, kann durch komplexere Federkonstruktionen auch auf einer Balkenoberfläche realisiert werden (Bild 1.11c und d sowie 1.12). – Auch die diametral belasteten Ring-Federelemente in Bild 1.11f und g unterliegen überwiegend einer Biegebelastung. Attraktiv ist hier die Innen-Applikation der DMS ($\rightarrow$Schutz). Rotationssymmetrische Biegeelemente („Kreisplattenfedern") erlauben einen besonders kompakten, flachen und gegen Parasitärkräfte toleranteren Aufnehmerbau. Beispiele hierzu zeigt Bild 1.13.

Zusammenfassend zur Federauslegung: Der Zusammenhang zwischen Last F und mechanischer Spannung ist konstruktions-

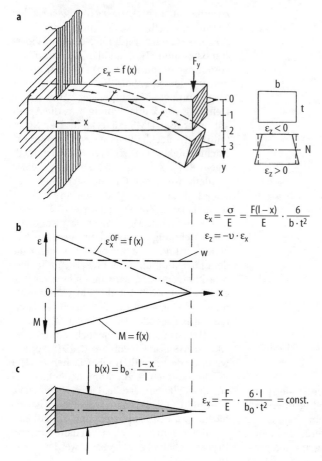

$$\varepsilon_x = \frac{\sigma}{E} = \frac{F(l-x)}{E} \cdot \frac{6}{b \cdot t^2}$$

$$\varepsilon_z = -\upsilon \cdot \varepsilon_x$$

$$b(x) = b_0 \cdot \frac{l-x}{l}$$

$$\varepsilon_x = \frac{F}{E} \cdot \frac{6 \cdot l}{b_0 \cdot t^2} = \text{const.}$$

Bild 1.9. Einfacher Biegebalken („Kragarm") **a** Vertikale und Querschnittsdeformation, **b** Ortsverlauf von Biegemoment M und Dehnung ε_x, **c** „Dreiecksbalken" mit ortsunabhängiger Dehnung ε_x

abhängig. Der Zusammenhang zwischen Spannung und Dehnung ist stets durch das *Hooke'sche Gesetz* gegeben.

Zur *Optimierung* von Federelementen stehen folgende Verfahren zur Verfügung:

– geschlossene Rechnung,
– numerische Berechnung (FEM) [1.14],
– Bau (vergrößerter) Modelle, z.B. aus PVC; Ausmessung mittels Wegtaster, DMS, Reißlack,
– Herstellung von photoelastischen Modellen.

Die auf dem Federelement applizierte DMS-Brücke ist für genauere Messungen noch mit einigen Steuer- und Abgleichwiderständen zu ergänzen (Bild 1.14):

DMS 1 ... 4 Dehnungsdetektierende Brücke
R_5;R_5' Brücken-Nullabgleich, evtl. temperaturabhängig
$R_{V1;2}$ zusätzliche DMS bzw. Widerstandsthermometer (Ni) →Linearisierung bzw. Kompensation von dE/dT
$R_1' ... R_3'$ →Abgleich Brückeneingangswiderstand
$R_{P1;2}$ Shuntwiderstände zur Reduktion der Wirkung von $R_{V1;2}$

Repräsentative Kenndaten von DMS-Aufnehmern sind in Tabelle 1.2 aufgeführt. (Für Sonderfälle sind DMS-Kraftaufnehmer für die Temperaturbereiche –200/+30 °C bzw. –10/+200 °C erhältlich.)

Vergleich von DMS mit alternativen Deformationssensoren:

Tabelle 1.2. Typische Kenndaten von Kraftaufnehmern/Wägezellen

	a induktives System	b Dünnfilm-DMS (unkomp.)	c Folien-DMS (Scherkraft)	d Folien-DMS (Stauchstab)
Meßbereiche (FS)	5 g … 5 kg	30 g … 300 kg	20 kN … 1 MN	20 t … 1 000 t
Umkehrspanne (Hysterese)	"± 0,5 %	< 0,05 %	< 0,02 %	± 0,4 %
Kriechen (30 min)/10^{-4}	–	< 3	± 2	± 6
TK_{Null}/$10^{-4} \cdot K^{-1}$	5	< 0,5	± 0,1	± 0,5
$TK_{Sens.}$/$10^{-4} \cdot K^{-1}$	5	< 0,3	± 0,1	± 1
Temperaturbereich	−30/+100 °C	−10/+85 °C	−10/+70 °C	−10/+70 °C
Meßweg/mm	0,2	–	0,2 … 0,5	0,07 … 0,35
Abmessung/D × h (in mm)	42 × 57	32 × 25	100 … 300 × 55 … 180	82 … 270 × 60 … 240
Masse/kg	0,2	0,31	1, 8 … 57	1, 4 … 86

DMS-Charakteristik:

– sehr enger thermischer Kontakt mit dem Federkörper (→Temperaturkompensation auch bei schnellen Temperaturänderungen)

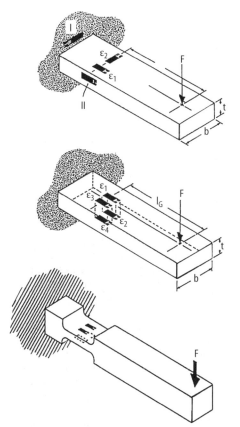

Bild 1.10. Gerader Biegebalken: DMS-Applikation [Micromeasurement]

– viele DMS applizierbar (praktisch bis 48 realisiert) (→gute Mittelung über lokale Dehnungen; sehr hohe geometrische Symmetrie führt zu weitgehender Unempfindlichkeit gegen Parasitärkräfte (eventuell durch separate DMS-Messung von Parasitärkräften/-Momenten; s. Abschn. 1.1.4),

– wirksame Kriechkompensation: Das stets positive Federkriechen wird durch ein gezieltes Negativkriechen des DMS (Ausgestaltung der Mäander-Umkehrpunkte) ausgeglichen. Es werden Kriechwerte bei 20 ppm erreicht! (Allerdings nur in einem relativ engen Temperatur-Intervall.)

– Das relativ niedrige Ausgangssignal (typisch 20 mV FS) ist mit moderner Elektronik auf über 10^6 Schritte auflösbar. [1.27; 1.28] (Dies bedeutet eine Wegauflösung bei 10^{-2} nm!.) Bis etwa 70 000 Schritte reicht Gleichstromspeisung + ADU. – Das langjährige Problem des Feuchteschutzes für DMS ist inzwischen ausreichend gelöst.

Alternative Deformationssensoren erfordern:
Federmaterialien sehr geringen isothermen Kriechens und

a) Federkonstruktionen, die einen schnellen Abbau der adiabatischen Temperaturänderung aufweisen (Biegeelemente mit hohem Dehnungsgradienten, gute Wärmeleitung; optimal: Scherspannungssensor)

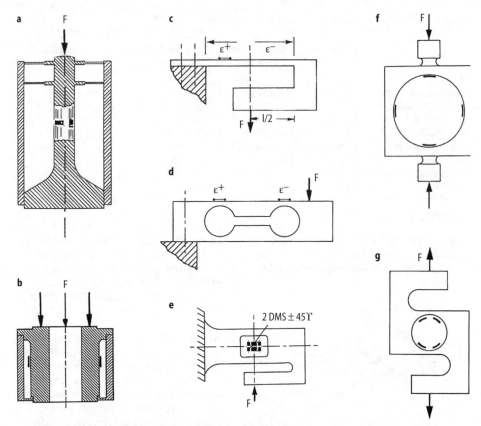

Bild 1.11. Alternative Meßfelder-Konstruktionen. **a, b** Normalbelastung, **c, d** Biegebelastung (S-förmige Verformung), **e** Scherkraftaufnehmer (in der DMS-Region sind beidseitig tiefe Einsenkungen eingebracht, so daß dort der Querschnitt eines Doppel-T-Trägers vorliegt), **f, g** Komplexe Biegebelastung [HBM]

oder

b) Materialien, die zudem extrem geringe thermische Ausdehnung aufweisen (→Quarzglas, Super-Invar). Zu diesem Weg (b) zeigt Bild 1.15 ein gutes kommerzielles Beispiel. Eine interferometrische Deformationsdetektion ist in [1.26] beschrieben.

Fazit: Präzisions-Kraftaufnehmer lassen sich vorzugsweise mit kriechkompensierenden DMS aufbauen. Allen Alternativen zum DMS ist gemeinsam, daß eine vergleichbare Immunität gegen Parasitärkräfte sowie Temperatur-Transienten bisher nicht erreicht wurde.

Bei geringeren Genauigkeitsanforderungen sind Kriecheffekte vernachlässigbar. Dann sind z.B. induktive Wegaufnehmer als

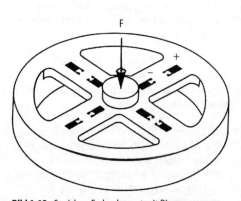

Bild 1.12. Speichen-Federelement mit Biegespannungs-DMS [Bethe]

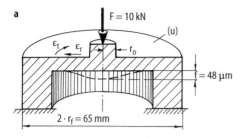

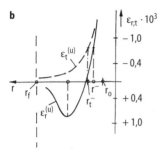

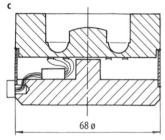

Bild 1.13. Kreisplattenfelder. **a** Grundkonzept, **b** Radiale Abhängigkeit von Radial- und Tangentialdehnung (ε_r; ε_t) auf der Oberseite, **c** Meßzelle mit profilierter Kreisplattenfeder und Überlast-Anschlag [Bethe]

Deformationssensoren akzeptabel (Bild 1.3) (s.a. Tabelle 1.2a); der Vorteil des höheren, robusten Ausgangssignals ist jedoch angesichts moderner Elektronik gering.

Für sehr geringe Kräfte (<0,1 N) empfehlen sich monolithische Si-Sensoren bzw. Halbleiter-Dünnfilm-DMS oder kapazitive oder optische Deformationsfühler in Verbindung mit metallischen oder nichtmetallischen Federelementen.

1.1.2.2
Integrale Deformations-Kraftaufnehmer
a) *Piezoelektrische Aufnehmer* [1.15]
Als „Piezoelektrika" werden Materialien bezeichnet, die bei einer elastischen Deformation eine elektrische Ladung abgeben. Dieser Effekt tritt bei Ionenkristallen ohne Symmetriezentrum auf (verbunden mit einer „polaren Achse").

Charakteristika des *piezoelektrischen Effekts*:

– Die abgegebene Ladung ist linear proportional zur Deformation, also vorzeichenerhaltend. (+F → +Q, aber –F → –Q)
– Der Prozeß ist umkehrbar: Eine angelegte elektrische Spannung erzeugt (vorzeichenerhaltend) eine Deformation.
– Der Effekt ist richtungsabhängig bezüglich der Kristallausrichtung und des Deformationstensors.

Der piezoelektrische Mechanismus ist anhand des in Wurzit-Struktur kristallisierten ZnO verständlich (Bild 1.16):

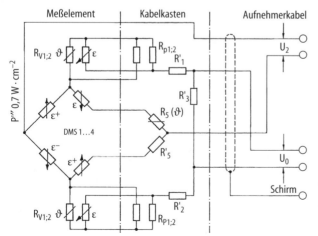

Bild 1.14. Vollständige Schaltung eines Präzisions-Kraftaufnehmers mit Kompensation der Temperaturgänge von Empfindlichkeit (R_{V1}) und Nullpunkt (R'_5) sowie der Nichtlinearität (DMS $R_{V1;2}$)

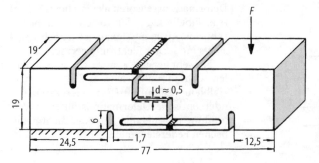

Bild 1.15. Monolithischer kapazitiver Kraftaufnehmer aus Quarzglas. Gute Positionierung der zwei Schweißstellen in der biegemomentfreien Zone der Parallelführung. ($C_0 \approx 4$ pF) [Setra]

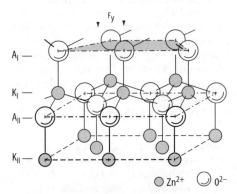

Bild 1.16. Perspektivische Darstellung des piezoelektrischen ZnO-Gitters (Wurzitstruktur)

Eine vertikale Druckkraft F_y drückt die Anionenebene A_I und die quasi starr mit ihr verbundenen Kationen (K_I) in die Tetraederlücken der zweiten Anionenebene A_{II}. Gleichermaßen drückt diese Anionenebene A_{II} die in direkter Linie liegenden Kationen (K_{II}) in die in der nächsten (nicht dargestellten) Anionenebene gegenüberstehenden Tetraederlücken. Diese vertikale Verlagerung des Kollektivs der positiven Ionen gegen die negativen Ionen beinhaltet eine dielektrische Polarisation, die eine an geeignet angebrachten Elektroden abnehmbare Ladung als Meßwert influenziert.

In dem durch Projektion planarisierten Modell nach Bild 1.17 ist die Ionenverlagerung und die dadurch bedingte Aufhebung

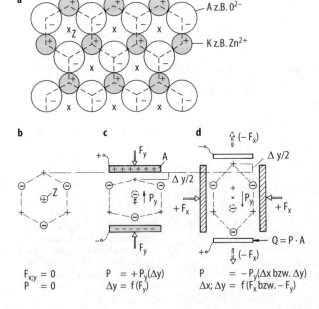

Bild 1.17. Planare Modellierung des piezoelektrischen Effekts: **a** Ionenposition mit Vorzugsrichtung, **b** Einzelne Elementarzelle (undeformiert, daher polarisationsfrei), **c** Longitudinaler Effekt ($F_y \rightarrow P_y$), **d** Transversaleffekt ($F_x \rightarrow -P_y$)

des gemeinsamen Ladungsschwerpunktes dargestellt: Eine unbelastete hexagonale Elementarzelle aus dem Ionenverbund nach Bild 1.17a ist unter b) herausgezeichnet. Man erkennt, daß die Ladungsschwerpunkte der positiven und der negativen Ionen im Zentrum (Z) aufeinanderfallen. Eine Zell-Deformation (Δ_y) infolge einer vertikalen Druckkraft F_y (Bild 1.17c) aber verlagert die Ionen derart, daß die Schwerpunkte der positiven und der negativen Ionen gegeneinander verschoben werden. Die aus diesem lokalen Dipolmoment resultierende dielektrische Polarisation P_y influenziert in den metallischen Elektroden (Fläche A) die (entnehmbare) Ladung Q. Die in Bild 1.17d dargestellte umgekehrte Streckdeformation der Zelle, verursacht durch eine waagerecht angreifende Druckkraft F_x (oder eine vertikale Zugkraft $-F_y$), ergibt wiederum einen in (vertikaler) y-Richtung (!) auftretenden Polarisationsvektor $-P_y$. Dieser in Bild 1.17d dargestellte Mechanismus wird als „transversaler" piezoelektrischen Effekt bezeichnet im Gegensatz zum „Longitudinaleffekt" nach Bild 1.17 c. Die Bilderserie 1.17 läßt auch erkennen, daß die Umkehrung des piezoelektrischen Effektes, d.h. eine elektrisch bewirkte lineare Deformation der Elementarzelle, existiert. In diesem Fall wird durch eine an die Elektroden angelegte elektrische Spannung ein elektrisches Feld E im Piezoelektrikum erzeugt, welches mit der Polarisation P über

$$P = E \cdot \varepsilon_0(\varepsilon_r - 1) \qquad (1.5)$$

zusammenhängt. Die Polarisation ist direkt proportional zur resultierenden Zelldeformation.

Diese umkehrbaren, mechanisch/elektrischen Wechselwirkungen in piezoelektrischen Kristallen müssen wegen der anisotropen elektrischen und elastischen Materialeigenschaften sowie der mehrkomponentigen mechanischen Spannungen σ durch eine tensorielle Schreibweise beschrieben werden:

$$\vec{D} = ((d_{i\mu})) \cdot \vec{\sigma} + ((\varepsilon_D)) \cdot \vec{E} \qquad (1.7)$$

oder besser, weil bezogen auf den Deformationstensor ε:

$$\vec{D} = ((e_{i\lambda})) \cdot \vec{\varepsilon} + ((\varepsilon_D)) \cdot \vec{E} \qquad (1.7)$$

mit der dielektrischen Verschiebungsdichte

$$D = \frac{Q}{A} \qquad (1.8)$$

sowie den Tensoren Dielektrizitätskonstante ε_D und piezoelektrischer Koeffizient d bzw. piezoelektrischer Module.

(Einheiten: $[d] = As \cdot N^{-1}$ bzw. $[\varepsilon] = As \cdot m^{-2}$. Genaueres in [1.15].)

Standardmaterial für die piezoelektrische Meßtechnik ist α-Quarz, der, aufgebaut aus Si-O-Tetraedern, ein Bild 1.16 ähnliches Strukturkonzept aufweist.

Weitere technische Piezoelektrika:
- LiNbO$_3$; Turmalin (Einkristalle, wie Quarz)
- ZnO; AlN (polykristalliner, texturierter Dünnfilm)
- BaTiO$_3$; Pb (Zr,Ti)O3 (gepolte Keramik)
- PVDF; Nylon 11 (Polymerfolie).

Einsatzgebiete piezoelektrischer Materialien:
- allgemeine mechanische Meßtechnik: Quarz (longitudinaler Piezokoeffizient $d_{11} = 2,3$ pAs $\cdot N^{-1}$),
- mechanische Meßtechnik bei hohen Temperaturen: Lithiumniobat,
- bidirektionale mechanische/elektrische Energieumwandlung

Makrotechnik:	Mikrotechnik:
Bleizirkonat-/-titanat-Keramik (Piezokoeffizient d_{eff} ca. 300 pAs $\cdot N^{-1}$!)	Schichten aus ZnO oder AlN

- einfache flächige Taster: PVDF-Folie.

Signalgewinnung:
Standard-Quarzaufnehmer verwenden den piezoelektrischen Longitudinaleffekt. Die Meßempfindlichkeit S ergibt sich aus Gl. (1.6) (für Kurzschlußbetrieb $\rightarrow$E = 0):

$$D_y = d_{11} \cdot \sigma_y \qquad (1.9)$$

$$Q = D_y \cdot A = d_{11} \cdot F_y \qquad (1.10)$$

$$S = \frac{Q}{F_y} = d_{11} \quad (= 2,3 \cdot 10^{-12} As \cdot N^{-1}). \qquad (1.11)$$

Praktische Quarz-Meßaufnehmer:
Als piezoelektrische Meßelemente werden Kreisscheiben oder -ringe („X-Schnitt")

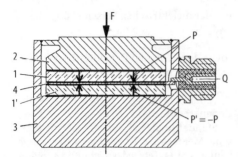

Bild 1.18. Praktischer piezoelektrischer Kraftaufnehmer mit zwei antiparallelen Quarz-Plättchen [Kistler]

von 1 mm bis unterhalb 0,5 mm Dicke verwendet. Die erforderliche lasttragende Fläche A ergibt sich aus der praktischen Quarzbelastbarkeit bei 150 N · mm^{-2}. Mit einer relativen DK von $\varepsilon_r = 4,5$ betragen die Kapazitätswerte 10 … 400 pF.

Einen typischen Aufbau zeigt Bild 1.18: Unter einem massiven metallischen Stempel 2 im Gehäuse 3 befinden sich zwei pfennigförmige, gleichartige Quarzscheiben 1 und 1′. Die Scheibe 1′ ist jedoch umgekehrt eingebaut (+P; –P), vgl. auch Bild 1.17c, so daß auf die mittlere (Ausgangs-)Elektrode (4) von beiden (mechanisch in Reihe geschalteten) Sensorelementen (1; 1′) gleichpolige Ladungen fließen. Damit wird das Meßsignal (Q) verdoppelt und zugleich das Isolationsproblem gelöst.

Signalelektronik

Der piezoelektrische Sensor stellt elektrisch einen mit Q geladenen Kondensator der Kapazität C dar. Die resultierende Spannung U beträgt $U = Q/C$, konkret z.B. $U_{FS} = 10^{-7}$ As/100 pF = 1000 V.

Durch einen parallelgeschalteten Passivkondensator auf z.B. 10 Volt verringert, kann diese Signalspannung durch einen elektronischen Impedanzwandler angezeigt werden. Diese Technik wird wegen des hohen Einflusses von Kabelkapazitäten zwischen Piezokristall und Eingangsschaltung nur für Aufnehmer mit direkt eingebautem, sehr hochohmigem („Elektrometer")Verstärker verwendet. Üblich ist vielmehr der „Ladungsverstärker", ein kapazitiv gegengekoppelter Verstärker (= „Integrierer"). Hier bleibt im Idealfall (Verstärkungsfaktor v = ∞) die Eingangsspannung (= Piezosensor-

spannung U) auf dem Wert Null, so daß weder Nebenkapazitäten noch Eingangswiderstände zu berücksichtigen sind. – Das Eigenrauschen moderner Ladungsverstärker liegt bei 10 fAs, die Drift beträgt relativ etwa 10^{-4}/min. U.a. wegen endlicher Isolationswiderstände ergeben sich Zeitkonstanten von einigen Stunden, so daß „quasistatische" Messungen über Minuten möglich sind [1.15].

Kenndaten von piezoelektrischen Kraftaufnehmern:

Kraft: 10 N (Transversaleffekt!) … 1 MN
relative Auflösung: 10^{-5}
Meßweg (FS): 5 … 30 μm
Betriebstemperatur: (–196)–80°C …
    +150(+240°C)
Abmessung: 10 D × 15 h … 150 mm
    Durchmesser/30 mm hoch
Linearitätsabweichung: ≤0,5%
Hysterese: ≤0,5%
TK_s (Empfindlichkeit): ≈ 5 · 10^{-4} K^{-1}
TK_ϕ (Nullpunkt): stark abhängig von
    der Bauweise. Sehr kritisch sind Temperatur-Gradienten/-Transienten.

Technisch interessant ist der piezoelektrische 3D-Kraftaufnehmer (Bild 1.19b): Drei Quarzplättchen sind – direkt aufeinander montiert – im Kraftfluß $\vec{F}$ mechanisch in Reihe angeordnet (Bild 1.19a): Ein „X-Schnitt", der nur die zur Fläche normale Kraftkomponente F_y anzeigt, sowie zwei schräg aus dem Quarzkristall geschnittene, ausschließlich für Dickenscherkräfte empfindliche Quarzscheiben, die gegeneinander um die y-Achse um 90° verdreht montiert sind. Deren Ladungssignal ist proportional zu den beiden Querkräften F_x und F_z.

Ein weiterer deformationsdetektierender Festkörpereffekt führt zum

b) Magnetoelastischen Kraftaufnehmer:

Da ferromagnetische Erscheinungen extrem stark von interatomaren Abständen und Winkeln abhängen, bewirkt eine elastische Deformation eines Ferromagnetikums stets eine Änderung seiner Domänenstruktur sowie seiner makroskopischen magnetischen Kenndaten (B_r; H_c, μ_r). Eine elegante Anwendung dieser sehr starken, aber nichtlinearen, temperaturabhängigen Erschei-

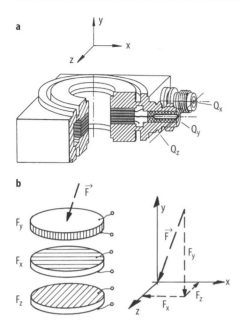

Bild 1.19. 3D-Kraftaufnehmer aus sechs Quarzringen. **a** Gesamtaufbau (jeweils 2 gleiche Quarzringe in Antiparallel-Position), **b** Schnittkonzept: 1 X-Schnit → F_y sowie 2 gleiche scherempfindliche Schrägschnitte, zur Detektion der Orthogonal-Komponenten F_x und F_z gegeinander um 90Y' verdreht [Kistler]

nungen zeigt Bild 1.20: Ein Kubus aus gestapelten Transformatorblechen ist von zwei zueinander orthogonalen Wicklungen durchsetzt (a). Ein Strom durch die Sendespule I erzeugt ein zur Spulennormale symmetrisches Magnetfeld (Bild 1.20b), welches die zu I senkrechte Empfangsspulenfläche (II) nicht schneidet. Somit wird dort keine Spannung induziert. Eine elastische Deformation dieses „Transformatorkerns" aber,

verursacht durch eine Kraft F, hebt die magnetische Isotropie des Kernmaterials auf, die Permeabilität μ_r wird richtungsabhängig; hier wird μ_r quer zur Deformation vergrößert, zu erkennen an dem Ausufern der Flußlinien (Bild 1.20c). Diese Drehung des magnetischen Flusses in die Empfangsspulenfläche führt zu einer etwa linear mit der Belastung F ansteigenden Signalspannung in Spule II. Zur Unterdrückung des erheblichen Temperatureinflusses auf die Meßempfindlichkeit sowie zur Verbesserung der Linearität werden Differentialanordnungen verwendet [1.17]. Die weiterhin auftretende Hysterese und Kriechen sind eine Folge der schlechten Federeigenschaften der verwendeten Magnetmaterialien (FeSi; NiFe).

Anwendungen: Hochlastaufnehmer bei geringen Genauigkeitsanforderungen unter starken mechanischen und elektrischen Umweltbelastungen (z.B. in Walzgerüsten).

Mit dünnen ferromagnetischen Metglas-Bändern wurden experimentelle Niederlast-Sensoren untersucht [1.18, 1.34].

1.1.3
Resonante Kraftsensoren [1.19]

Alle vorgenannten Kraftaufnehmer nach Abschn. 1.1.1 und 1.1.2 bestimmen die Meßgröße F nur *mittelbar*, indem primär die Kraft in eine Deformation abgebildet wird. Diese Abbildung basiert auf einer Materialcharakteristik ($\sigma \approx \varepsilon \cdot E$), die infolge Hysterese, Anelastizität und des adiabatischen Effektes grundsätzlich nur eine endliche Perfektion der Kraftmessung zuläßt. Im Gegensatz zu diesen deformationsbasierten Meßaufnehmern wird bei resonanten Sen-

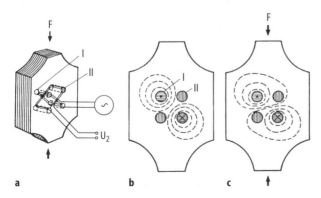

Bild 1.20. Magnetoelastische Kraftmeßdose (Orthogonal-Transformator): Eine elastische Deformation des Magnetkernes bewirkt eine Verzerrung der magnetischen Induktion [Asea]

soren die Meßkraft F *unmittelbar* in das frequenzanaloge Meßsignal umgesetzt, also unabhängig von den o.g. Mängeln eines „elastischen" Materials.

Beispiele für mechanische Resonatoren:
a) homogene Saite (ideal biegeweich):

$$f_{res}^{(1)} = \frac{1}{2l}\sqrt{\left(\frac{F}{A}\right)\cdot\frac{1}{\varrho}} \qquad (1.12)$$

b) beidseitig eingespannter homogenerBalken:

$$f_{res}^{(1)} = f_0\sqrt{1+0,54\left(\frac{F}{A}\right)\cdot\left(\frac{l^2}{Et^2}\right)} \qquad (1.13)$$

mit

$$f_0 = 1,02\left(\frac{t}{l^2}\right)\sqrt{\frac{E}{\varrho}} \qquad (1.14)$$

mit
l Länge, A Querschnitt, t Dicke, ρ Dichte des Schwingers.

(Der Index (1) kennzeichnet die Grundresonanz, hier jeweils eine Transversalschwingung, bei der sich eine stehende Halbwelle ausbildet.) Mathematische Grundlagen z.B. in [1.19].

Charakteristika:
Die Meß-Kennlinie $f_{res} = g(F)$ ist nichtlinear. Beim biegesteifen Balken wird mit geringer werdender Schlankheit (l/t) der Meßeffekt kleiner (aber linearer). Dennoch ist die relative Signalparameteränderung (hier die Resonanzfrequenz) mit typisch 10% weitaus höher als z.B. beim DMS ($\Delta R/R_0 \leq 2\cdot 10^{-3}$ bei Metallen!)

Die Resonanzgüte wird bestimmt durch die innere Dämpfung des Materials, Energieverluste via Lagerstellen und viskose Luftdämpfung. Praktische Gütewerte: Thermelast $\leq 15\,000$; Quarz, Silizium bis 100 000.

Die mechanischen Resonatoren werden über mechanisch/elektrische Wandler mit einem rückgekoppelten Verstärker zu einem Oszillator verschaltet. Die Messung der informationstragenden Frequenz erfordert Zeit!

Die Bilder 1.21 und 1.22 zeigen zwei in kommerziellen Meßaufnehmern verwendete Resonatoren: Einen aus kristallinem Quarz geätzten Einfach-Biegebalken, der über Scherwandler angeregt und ausgekoppelt wird sowie eine Doppelstimmgabel aus „Elinvar" ($\hat{=}$ „Thermelast"). Dort sind

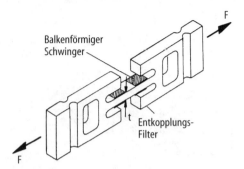

Bild 1.21. Resonanter $\lambda/2$-Biegeschwinger als frequenzanaloger Kraftsensor. Material: kristalliner Quarz, Schwinganregung durch Schwerwandler, aufwendige Entkopplungsfilter. (1 $\approx$ 10 mm) [Paroscientific]

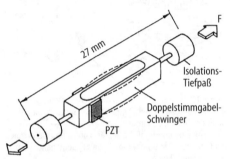

Bild 1.22. Doppelstimmgabel aus „Elinvar" ($f_{res} \approx 6$ kHz; $\hat{F} = 8$ N) [Schinko-Denshi]

separate Piezokeramikwandler aufgekittet. [1.20]

Die besondere Attraktivität des mechanischen Resonators als Kraftmeßelement liegt in der Direktumsetzung ohne Zwischenschaltung des imperfekten Hooke'schen Materialgesetzes. Dieser prinzipielle Vorteil ist jedoch nur bei sehr sorgfältiger Konstruktion realisierbar. Z.B. ist eine Meßbereichserweiterung zu höheren Kräften nur durch Hebelsysteme, jedoch eindeutig nicht durch Parallelschalten von Zusatzmeßfedern zulässig. Übrigens: SAW (Surface Acoustic Wave-Sensor) sind in diesem Sinne keine mechanischen Resonatoren, sondern Deformationssensoren.

Kenndaten eines Waagensensors (einfache Saite, $f_{res} \approx 15$ kHz):

F = 60 N $\rightarrow\Delta f \approx 6$ kHz
Kriechfehler, Hysterese 10^{-4} (FS)
Reproduzierfehler < $5\cdot 10^{-5}$ (FS)
TK_0: ca. $2\cdot 10^{-5}\cdot$ K^{-1}

(Die früher übliche Differentialanordnung von zwei gegensinnig beaufschlagten Saiten zur Linearisierung und zum Unterdrücken des Temperaturganges wird heute durch einen Linearisierungsrechner und einen korrigierenden Temperatursensor ersetzt.)

1.1.4
Mehrkomponenten-Kraftaufnehmer

Unbekannte oder variable Kraftrichtungen erfordern eine dreidimensionale Kraftmessung. Müssen zusätzlich Biegemomente erfaßt werden, so ist ein 6-Komponenten-Aufnehmer notwendig. Grundsätzlich kann man sechs separate Aufnehmer miteinander kombinieren. Eine derartige „zusammengesetzte Konstruktion" ist beispielhaft in Bild 1.23 wiedergegeben: 16 Biegebalken, jeweils mit 2 DMS abgetastet, sind erkennbar. Diese Konstruktionen zeichnen sich durch gute a-priori Trennung der einzelnen Meßkanäle aus. Ihre Herstellung ist jedoch sehr aufwendig wegen der erforderlichen Symmetrien. Weiter weisen sie eine erhebliche, oft störende Nachgiebigkeit auf. Konstruktiv und fertigungstechnisch einfacher, zudem wesentlich steifer sind Einblock-Aufnehmer (etwa eine Kreisplattenfeder, bestückt mit z.B. 12 DMS oder ein Speichenrad nach Bild 1.12). Zur Signalentflechtung der 6 Komponenten ist hier jedoch ein Rechner erforderlich. Weitere Beispiele in [1.22]. –

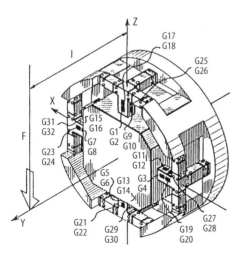

Bild 1.23. 6 Komponenten-Kraft/Momentaufnehmer in zusammengesetzter Bauweise

Ein piezoelektrischer 3D-Kraftaufnehmer ist bereits in Bild 1.19 gezeigt.

Anwendungen: Werkzeugmaschinen, Handhabungsautomaten, Windkanalmodelle, Sport, Protektik, Präzisionskraftmessung.

1.2
Massenbestimmung [1.23]

Die *Wägetechnik* spielt eine wichtige Rolle im Handel, in der Verfahrenstechnik, in der Medizin/Pharmazie, im Verkehrswesen (z.B. Flugzeug-„Trimmung") und bei der Bestimmung von Transportleistungen (zu Abrechnungszwecken). Dabei unterliegen Waagen des Warenverkehrs und der Heilkunde dem Eichgesetz. [1.24]

Mit ganz wenigen Ausnahmen wird die „schwere Masse" bestimmt, d.h. es wird die Gewichtskraft

$$F_G = g \cdot m$$

gemessen - im Prinzip nach den unter 1.1 dargestellten Verfahren. Grundsätzliche Komplikationen ergeben sich bei Präzisionsmessungen durch die örtlich unterschiedliche Fallbeschleunigung (s. Bild 1.24) sowie durch den Luftauftrieb ($\rho_{Luft} \approx 1{,}2$ kg/m³).

Als Beispiel für eine Eichung nach OIML-R60 zeigt Bild 1.25 die „Richtigkeitsprüfung" einer kleinen Plattformwaage, eingeordnet als „Handelswaage" (Genauigkeitsklasse III): Zugelassen auf eine Teilezahl von 3000 d mit einem Eichwert von 5 Gramm dürfen die Abweichungen der Waage im gesamten spezifizierten Temperaturbereich maximal betragen:

0 ... 500 d: ±0,5 d = ±2,5 g
500 d ... 2 000 d: ±1 d = ±5 g
2000 d ... FS (= 15 kg = 3000 d):
±1,5 d = ±7,5 g

(siehe ausgezogene Stufenkurve). Für die Wägezelle allein ist eine reduzierte Fehlermarge vom 0,7fachen der jeweiligen Gesamtabweichung vorgesehen (strichlierte Stufenkurve). Diese Grenzwerte werden von der Wägezelle gut eingehalten, wie die drei Fehlerkurven bei –10 °C, +22 °C und +40 °C zeigen.

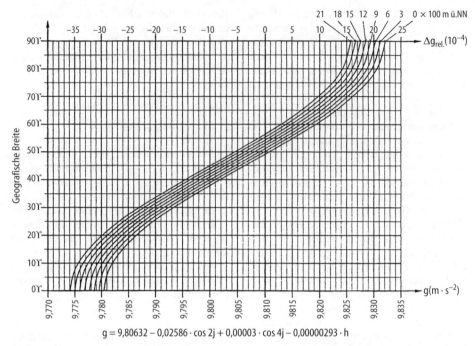

$$g = 9,80632 - 0,02586 \cdot \cos 2j + 0,00003 \cdot \cos 4j - 0,00000293 \cdot h$$

Bild 1.24. Fallbeschleunigung in Abhängigkeit von geografischer Breite sowie Höhe über NN

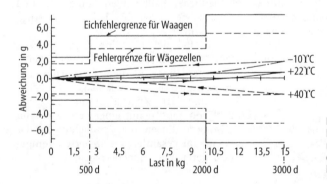

Bild 1.25. Fehlerkurven einer eichfähigen Plattformwaage bei verschiedenen Temperaturen (jeweils Nullung des Anfangpunktes). Eichfehlergrenzkurven gemäß OIML-R60 [HBM]

Weitaus größere Meßfehler als Luftauftrieb und Ortsabhängigkeit von „g" bewirken im praktischen Fall Parasitärkräfte/-momente, die auf den Gewichtskraft-Aufnehmer einwirken. Zur Vermeidung derselben sind umfangreiche Einbaukonzepte bekannt, z.B. Kugelrolltisch als Unterbau oder Pendellager (s. Bild 1.26). In das Gebiet „Meßfehler durch Fehlkomponenten" gehört auch der sogenannte Ecklastfehler, der bei außermittiger Belastung einer Waagschale oder einer einfachen Wägeplattform auftritt (Bild 1.27). Eine Plattformwaage nach Bild 1.28, bestehend aus drei bis vier Wägezellen (WZ) als einzige Unterstützung, ist unempfindlich gegen o.g. Falschpositionierung der Last. Zur Aufnahme eventueller Horizontalkräfte (die die Wägezellen beschädigen können) sind Querlenker (QL) vorgesehen. Eine gefürchtete, später kaum erkennbare Schädigung einer Waage entsteht durch Stoßüberlastung infolge Herabfallen des Meßgutes.

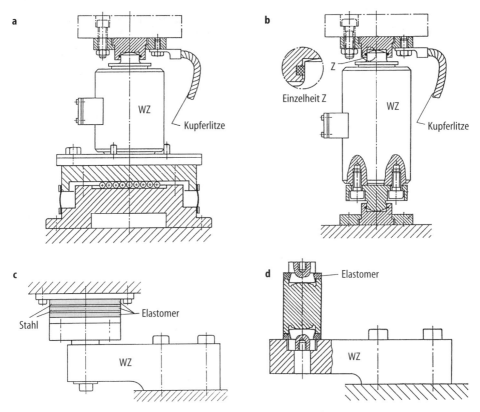

Bild 1.26. Einbau-Konzepte für Wägezellen (WZ) zur Vermeidung parasitärer Kräfte/Momente [HBM]

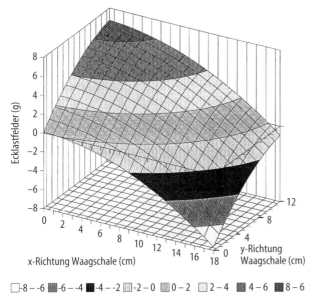

Bild 1.27. Ecklastfehler einer kraft-kompensierenden Waage im Rohzu-stand, d.h. vor mechanischem Eckab-gleich. (Dieser bewirkt eine Verbesse-rung um etwa den Faktor 50!)

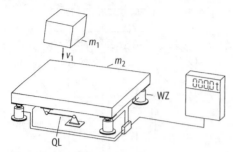

Bild 1.28. Wägeplattform mit vier Wägezellen (*WZ*) und Querlenker (*QL*)

Bei sehr hohen Lasten wird manchmal mit einer hydraulischen Untersetzung gearbeitet (bzgl. Fehlerquellen s. [1.25]).

Neben dem Standardfall der statischen Wägung gilt zunehmendes Interesse dem „dynamischen Wiegen" („motional weighing") eines in stetiger Bewegung befindlichen Meßobjektes, z.B. ein Lkw oder ein Bahnwaggon. Die rechnerische Schätzung des Gewichtes wird durch Federungen des Fahrzeuges sowie Bewegungen des Transportgutes (z.B. einer Flüssigkeit) sehr erschwert [1.29]. Kann die niedrigste Schwingung des Sytems über 75% einer Periode gemessen werden, bevor das Meßobjekt die Wiegeeinrichtung passiert hat, so liegen die Schätzfehler unter 1%.

Eine weitere technisch bedeutsame Wägesituation ist auf einem ungleichförmig bewegten, d.h. beschleunigten Bezugssystem, z.B. einem Schiff, gegeben. Eine beschleunigungsunempfindliche Waage ist die als Briefwaage altbekannte Neigungsgewichtswaage, da hier ein Massenvergleich erfolgt. Moderner ist die Verwendung der vorgenannten üblichen gewichtskraft-detektierenden Waagen in Verbindung mit einem Beschleunigungsaufnehmer und nachfolgende rechnerische Korrektur [1.30].

Das Spektrum alternativer Massenbestimmung über die „träge Masse" ist in [1.30] detailliert diskutiert. Praktische Anwendungen finden *Trägheitseffekte* z.B. bei der Durchfluß-/Ausströmmessung sowie bei der Wägung dünner (aufgedampfter) Schichten mittels Schwingquarz („Microbalance").

Einordnung der alternativen Kraftmeß-/Wägeverfahren

Für hochaufgelöste Kraftmessung/Wägung bis ca. 1 kN/100 kg ist die elektrodynamische Kompensationsmethode (s. Abschn. 1.1.1) das Mittel der Wahl, sofern die Meßzeit von einigen Sekunden akzeptabel ist und die Umweltbedingungen moderat sind (Laborbetrieb). – Schnelle Messungen bis in den unteren Kilohertzbereich, auch unter harten Anforderungen bezüglich Temperatur, Feuchte etc., erlauben die konstruktiv sehr flexiblen Federwaagen/DMS-Aufnehmer in einem weiten Lastbereich von deutlich unterhalb 1 N (monolithische Si-Sensoren oder Dünnfilm) bis zu einigen MN. Das DMS-Konzept (s. Abschn. 1.1.2.1) ist damit dominierend. - Piezoelektrische Aufnehmer (s. Abschn. 1.1.2.2) haben ihr Anwendungsfeld z.B. in Werkzeugmaschinen, im Sport oder in der Ballistik aufgrund ihrer kleinen, insbesondere sehr flachen Bauweise, ihrer hohen Steifigkeit (kleiner Meßweg, hohe Grenzfrequenz) sowie ihrer extremen Temperaturfestigkeit, falls das Fehlen einer echten statischen Meßfähigkeit tolerabel ist. - Einige resonante Kraftsensoren (s. Abschn. 1.1.3) haben erfolgreich Eingang gefunden in der Niederlast-Wägetechnik.

1.3
Messung des Drehmoments

Für eine Reihe von Anwendungsfeldern ist die Messung des Drehmomentes heute nicht befriedigend gelöst. [1.31] Die Besonderheiten der Drehmomentmessung sind aus Bild 1.29 ablesbar:

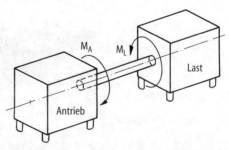

Bild 1.29. Drehmomentmessung an rotierender Welle

a) Der Aufnehmer muß ohne wesentliche Beeinflussung des Maschinenaufbaus eingefügt werden können →Forderungen: kurze Baulänge, geringer Durchmesser, geringes Gewicht.

b) Der Aufnehmer muß tolerant sein gegen unvermeidliche Parasitärbelastung durch Axial- und Querkräfte, Biegemomente; er muß drehzahlfest sein (Zentrifugalkräfte, Unwucht).

c) Er darf den Maschinensatz dynamisch nicht wesentlich beeinflussen →niedriges Massenträgheitsmoment; hohe Drehsteifigkeit, kleiner Verdrill-Winkel.

d) Er sollte im Stillstand meßfähig und damit statisch kalibrierbar sein.

Dieser Anforderungskatalog setzt die übliche Situation nach Bild 1.29, also eine fortwährend rotierende Welle, voraus. Ist dies nicht der Fall, kann u.U. mit konventionellen Kraftaufnehmern gearbeitet werden. Zum mindesten entfällt in diesem Fall das gravierende Problem der Signalübertragung von der rotierenden Welle zum ortsfesten Anzeigegerät. Jedoch sei bezüglich der rotierenden Meßsituation nach Bild 1.29 daran erinnert, daß sich öfter das Reaktionsmoment als ortsfeste Kraft in einem der Fundamente (Antrieb oder Last) zur Messung anbietet (s. alte „Pendelmaschine"). Zur Messung des Drehmomentes in einer rotierenden Welle wird praktisch ausschließlich das Federwaagenkonzept eingesetzt. Als Federkörper bietet sich die Welle selbst an, eventuell örtlich geschwächt (Reduktion des Außendurchmessers oder eine Innenbohrung). Geringere Einbaulängen erfordern spezielle Federelemente wie Speichenräder oder Axialreusen, gekennzeichnet durch mehrere separate Biegebalken (Bild 1.30). Mit diesen speziellen Federelementen können hohe Verdrillwinkel $\Delta\alpha$ realisiert werden. Diese Federn können ausgelesen werden durch Messung der Dehnung (DMS, magnetoelastisches Prinzip) oder des Verdrillwinkels $\Delta\alpha$ (inkremental, Variation einer Transformatorkopplung oder Wirbelstrom, auch kapazitiv oder optisch). Die Signalabnahme von der rotierenden Welle erfolgt vorzugsweise kontaktlos (wegen Verschleiß, Reibmoment, Korrosion!),

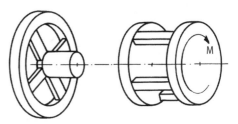

Bild 1.30. Konzentrierte Federelemente für Drehmomentaufnehmer: Speichenrad und Reuse, jeweils mit vier Biegebalken

Wird eine prismatische Welle als Federkörper verwendet, so erhält man für die (unter $\pm 45°$ zur Achse) maximale Oberflächendehnung:

$$|\varepsilon_{45°}| = \frac{M}{2} G W_p \qquad (1.15)$$

mit dem polaren Widerstandsmoment W_p und dem Gleichmodul G

$$G = \frac{E}{2}(1+\nu). \qquad (1.16)$$

Das polare Widerstandsmoment eines Kreisquerschnittes beträgt z.B.

$$W_p^0 = r^3 \frac{\pi}{2}. \qquad (1.17)$$

Die alternativ auswertbare Verdrillung um den Schiebewinkel γ bzw. den Torsionswinkel $\Delta\alpha$ ergeben sich aus

$$\gamma = \frac{M}{W_p} G = 2\,\varepsilon_{45°} \qquad (1.18)$$

$$\Delta\alpha_m = \gamma \frac{l_m}{r}. \qquad (1.19)$$

Bild 1.31 zeigt diese Wellendrillung, gemessen durch zwei optische Inkremental-Winkelaufnehmer. Der Torsionswinkel $\Delta\alpha$ einer Welle ist recht klein, typisch $\ll 0{,}1$ rad.

Praktische Drehmomentaufnehmer:

a) Weitverbreitet ist die Dehnungsdetektion mittels DMS-Vollbrücken, entweder direkt auf der Welle unter $\pm 45°$ zur Achse (Bild 1.32) appliziert oder auf Biegebalken nach Bild 1.30. Vorteilhaft ist hier die Ausnutzung der Scherspannung anstelle der Biegespannung [1.32]. Zur Speisung und Signalabnahme zwischen rotierender Welle und Stator werden anstelle von Schleifringen (Übergangswiderstand, Reibung, Verschleiß, Wartung!) häufig induktive (Drehtransformator) oder kapazitive Kopplungen eingesetzt (z.B. Bild 1.33). An freien Wellenstumpfen können ferner zentrisch angebrachte, axiale

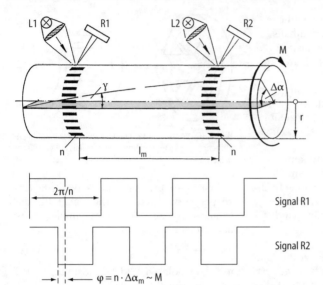

Bild 1.31. Wellenverdrillung als Maß für das Drehmoment. Messung des Drillungswinkels ($\Delta\alpha$) durch zwei optische Inkremental-Winkelaufnehmer

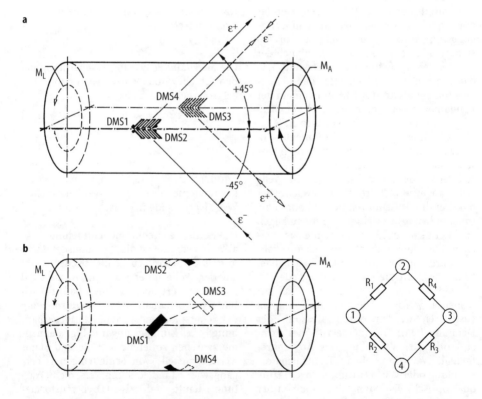

Bild 1.32. Drehmoment-Meßwelle, bestückt mit zwei 90°-Rosetten, um 180° versetzt, **a** bzw. mit vier Einzel-DMS, jeweils um 90° versetzt, **b** (nach HBM)

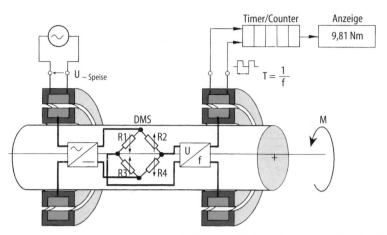

Bild 1.33. DMS-bestückte Drehmoment-Meßwelle mit zwei Drehtransformatoren zur Energiespeisung bzw. Auskopplung des frequenzanalogen Meßsignals [Bosch]

Optostrecken zur Signalauskopplung eingesetzt werden.

Diese Übertragungsprobleme entfallen bei allen Alternativkonzepten, da diese ortsfeste Deformationssensoren benutzen:

b) Der magnetoelastische Effekt (= Dehnungsmessung) kann in der Form des Orthogonaltransformators (Bild 1.34 I,II) (vgl. Abschn. 1.1.2.2.b) oder via Änderung der Permeabilität (in Differentialanordnung, Bild 1.34 III) realisiert werden. [1.33]

Den Torsionswinkel $\Delta\alpha$ kann man als makroskopisches Maß für das Drehmoment nutzen:

c) mittels inkrementaler Verfahren mit zwei ferromagnetischen „Zahnrädern" + Magnetsensoren (s. Abschn. B 5.1.1.2) oder mit optischer Abtastung nach Bild 1.31 (als Nebeneffekt erhält man hier zugleich die Drehzahl!).

d) mittels transformatorischer und Wirbelstromsensoren, bei denen z.B. zwei kammartig geschlitzte koaxiale Metallhülsen eine

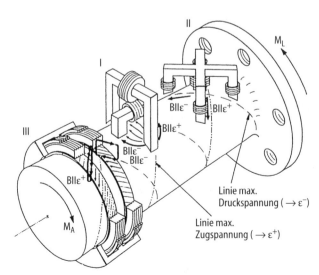

Linie max. Druckspannung ($\rightarrow \varepsilon^-$)

Linie max. Zugspannung ($\rightarrow \varepsilon^+$)

Bild 1.34. Magnetoelastische („magnetostriktive") Drehmomentmessung. Alternativen I und II entsprechen dem (entkoppelten)Orthogonaltransformator. Das transformatische Differentialsystem III basiert auf der Dehnungsabhängigkeit von μ_r

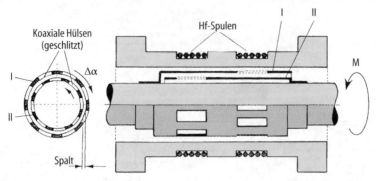

Bild 1.35. Drehmomentaufnehmer: Drillungswinkelerfassung durch gegeneinander verdrehbare Schlitzhülsen (I und II), Auslesung via Wirbelstrom

vom Torsionswinkel $\Delta\alpha$ (~Drehmoment) abhängige Abschirmung bewirken (Bild 1.35). Die beiden gegeneinander um $\Delta\alpha$ verdrehbaren Hülsen I bzw. II sind vor bzw. hinter der torsionsweichen Meßfeder befestigt,

e) mittels „Induktosyn"-Prinzip (s. Abschn. B 5 1.1.2) arbeitenden transformatorischen Aufnehmer.

Typische Kennwerte kommerzieller Drehmomentaufnehmer:

Moment (FS): 5 N · cm … 50 kN · m
Maximale Drehzahl: (50 000) … 15 000 … (4000) U/min
Meßfehler: (0,2) … 0,1 … (0,05)%
Verdrehwinkel (FS): (0,02) … 0,4 … 0,8 grad
TK_{Empf}: $\approx 10^{-4} \cdot K^{-1}$
TK_{Null}: $\approx 10^{-4} \cdot K^{-1}$
Temperaturbereich: +10 … +60 °C
(nach diversen Firmenangaben)

Literatur

1.1 Wöhrl J (1988) Von Maß- und Waagensystemen zur Kreiselwaage sowie weitere Firmenschriften. Wöhwa-Gyroskop, Öhringen

1.2 VDI/VDE-Richtlinie 2638

1.3 Gevatter H (1992) Mikrobeschleunigungs-Sensorsystem mit analog/digitaler Meßwertverarbeitung. Schwerpunktprogramm „Sensorsysteme". (Hg.: H Kunzmann), Abschlußkolloquium 13.–14.4.1994, PTB-Bericht. Braunschweig S 86–92

1.4 Maier R (1989) Integrated digital control and filtering for an electrodynamically compensated weighing cell. IEEE Trans. IM, Vol 38, No 5

1.5 Pfeiffer A (1994) Integrated H$^\infty$ design for filtering and control operations of a high-precision weighing cell. First asian control conf., Tokio

1.6 Firmenunterlagen. Sartorius, Göttingen

1.7 Bethe K (1990) Creep of sensor's elastic elements. Sensors and actuators, A21–A23, S 844–849

1.8 Bergquist B (1986) Pilot tests to determine micro-elastic effects in load cell receptor materials. Proc. 11th conf. of IMEKO-TC3, Amsterdam, S 313–322

1.9 Burbach J (1970) Unvermeidliche Einflüsse der Belastungsgeschwindigkeit auf die Anzeige von Lastzellen. VDI-Berichte Nr. 137, S 83–87

1.10 Bethe K (1980) Creep and adiabatic temperature effects in elastic materials. Proc. 8th Conf. of IMEKO-TC3, Krakau , S 101–104

1.11 Bethe K (1994) After-effects in load cells. Proc. XIII IMEKO world congress, Turin, S 223–228

1.12 Frank J (1991) Dickenabhängigkeit der elastischen Nachwirkung von dünnen Biegebalken. Dissertation, TU Braunschweig

1.13 Spoor M (1986) Improving creep performance of the strain gage based load cell. Proc. 11th conf. of IMEKO-TC3, Amsterdam, S 2930–302

1.14 Schwarz H (1980) Methode der finiten Elemente. Teubner, Stuttgart

1.15 Tichy J (1980) Piezoelektrische Meßtechnik. Springer, Berlin Heidelberg New York

1.16 Schaumburg H (1992) Sensoren 3. Teubner, Stuttgart, S 200–205

1.17 Nordvall J (1984) New magnetoelastic load cells for high precision force measurement and weighing. Proc. 10th conf. of IMEKO-TC3, Kobe, S 5–9

1.18 Seekircher J (1990) New magnetoelastic force sensor using amorphous alloys. Sensors and actuators A21–A23, S 401–405

1.19 Buser R (1989) Theoretical and Experimental Investigations on Silicon Single Crystal Resonant Structures. Dissertation, Universität Neuchatel

1.20 Ueda T (1984) Precision force transducers using mechanical resonators. Proc. 10th conf. of IMEKO-TC3, Kobe, S 17–21

1.21 Jones B (1994) Dynamic characteristics of a resonating force transducer. Sensors and Actuators A41–A42, S 74–77

1.22 Ferrero C (1994) The new 0,5 MN IMGC six-component dynamometer. Proc. XIII IMEKO World congress, Turin, S 205–210

1.23 VDI/VDE-Richtlinie 2637 (in Neubearbeitung)

1.24 Kochsiek M (1988) Handbuch des Wägens. Vieweg, Braunschweig, S 724–744

1.25 Peters M (1993) Influences on the uncertainty of force standard machines with hydraulic multiplication. Proc. 13th conf. on force & mass (IMEKO-TC3), Helsinki, S 11–19

1.26 Jäger G (1983) Elektronische interferentielle Kraftsensoren und ihre Anwendung in Wägezellen. Feingerätetechnik 32, Berlin, S 243–245; sowie Vortrag PTB Braunschweig (1993)

1.27 Kreuzer M (1985) Moderne microcomputergesteuerte Kompensatoren. Meßtechnische Briefe (HBM) 21, S 35–38

1.28 Horn K (1989) Fast, precise and inexpensive AD-converters of a new time-division configuration for intelligent ohmic and capacitive sensors. Proc. IEEE-Conf. „CompEuro", Hamburg, S 3.115–119

1.29 Ono T (1984) Dynamic mass measurement system of displacement and velocity sensing-type. Proc. 10th IMEKO-TC3 conf., Kobe, S 149–161

1.30 Horn K (1988) In: Handbuch des Wägens, Vieweg, Braunschweig; S 65–143

1.31 Zabler E (1994) A non-contact strain-gage torque sensor for automotive serve-driven steering systems. Sensors and Actuators A41–A42, S 39–46

1.32 Quass M (1995) Neues Meßprinzip revolutioniert die Drehmomentmeßtechnik. Antriebstechnik 34:4/76–80

1.33 Garshelis J (1992) Development of a non-contact torque transducer. SAE Technical paper 920 707, Detroit

1.34 Kabelitz H (1994) Entwicklung und Optimierung magnetoelastischer Sensoren und Aktuatoren. Dissertation, TU Berlin

2 Druck, Druckdifferenz

L. Kollar

2.1
Aufgabe der Druckmeßtechnik und Druckarten

2.1.1
Zu den Ausführungen über Druckmeßeinrichtungen

Aufgrund der unterschiedlichen Prozesse in den einzelnen Wirtschaftszweigen, bei denen Drücke gemessen werden müssen, sind vielfältige Konstruktionen für Druckmeßeinrichtungen entstanden. Die verschiedenen Ausführungen haben sich erforderlich gemacht, um für bestimmte meßtechnische Aufgaben möglichst gut den jeweiligen Anforderungen zu genügen. Daraus ergeben sich für jede Lösung sowohl Vorteile als auch Nachteile bei ihrer Anwendung in einem anderen Bereich [2.1–2.14].

Bei der Darstellung des Inhalts über Druckmeßeinrichtungen wäre deshalb eine Einteilung z.B. nach

- Konstruktion der Druckmeßeinrichtungen,
- zu messenden Druckarten,
- physikalischen Prinzipien der Druckaufnahme und Signalumwandlung

möglich.

Obwohl die Kosten für Druckaufnehmer nur rd. 10 bis 20% einer Druckmeßeinrichtung betragen, wird im folgenden eine Einteilung des Stoffs nach den angewendeten *physikalischen Prinzipien* der Druckaufnehmer und der damit verbundenen Druckwandlung anderer Möglichkeiten vorgezogen.

Auf diese Weise lassen sich die Vielfalt von Lösungsmöglichkeiten systematisch darstellen, der Umfang des Stoffes in gestraffter Form an typischen Beispielen aufzeigen und einem Anwender Unterstützung

bei der Entscheidung für die Nutzung der verschiedenen Lösungen geben.

2.1.2
Aufgabe und Druckarten [DIN 23412]

Der Druck ist eine wichtige Zustandsgröße für viele chemische und physikalische Reaktionen. Gegenwärtig werden in der BR Deutschland zur Druckmessung für Drucksensoren rd. 4,9 Mrd. DM pro Jahr aufgewendet, gefolgt von Durchflußsensoren, Temperatursensoren und binären Sensoren [2.10].

Wichtige Gründe für die ausgeprägte Anwendung der Messung von Druck als Zustandsgröße in der Verarbeitungsindustrie, Fertigungsindustrie, Medizin und in zunehmendem Maße in verschiedenen Industriegütern (z.B. Kfz, Waschautomaten) sind:

- Nur bei bestimmten Werten des Drucks ist die Funktion von Apparaturen gewährleistet.
- Viele chemische und technologische Prozesse verlaufen nur in bestimmten Grenzen des Drucks optimal, bzw. es entstehen nur innerhalb vorgegebener Grenzen die geforderten Produkte mit entsprechenden Qualitätskennwerten.
- Druck kann als Maß für die in Behältern gespeicherte Menge oder den Füllstand verwendet werden.
- Drucksicherheitstechnische Aspekte.

Der Druck (Absolutdruck) ergibt sich aus dem Verhältnis der auf eine Fläche A gleichmäßig wirkenden Kraft F zu

$$p = \frac{F}{A}. \qquad (2.1a)$$

Der Druck ist in fluidisch gefüllten Räumen an jedem Ort in allen Richtungen gleich groß. Entsprechend der Wirkung der Schwerkraft nimmt der Druck entgegen der Richtung der Schwerkraft ab. Die Einheit des Drucks ist das Pascal:

$$1\,\frac{N}{m^2} = 1\,Pa. \qquad (2.1b)$$

Diese Einheit ergibt für technische Anwendungen ungewohnte, schwer vorstellbare Zahlenwerte. Deshalb wurde das 10^5fache der Einheit, das bar, eingeführt:

$$1\,\mathrm{bar} = 10^5\,\frac{\mathrm{N}}{\mathrm{m}^2}\,. \qquad (2.1c)$$

In der Meteorologie und bei der Messung kleiner Drücke wird außer dem Pascal auch das Millibar

$$1\,\mathrm{mbar} = 10^2\,\frac{\mathrm{N}}{\mathrm{m}^2} \qquad (2.1d)$$

angewendet.

Zwischen Vakuum und z.B. Berstdruck sind verschiedene Druckarten definiert, die in einem Gerät oder einer Anlage auftreten können und meßtechnisch erfaßt werden müssen (Bild 2.1). Häufig werden als Referenzdruck gewählt [DIN 24312]:

– Atmosphärendruck (Angabe des Druckes als Relativdruck bzw. Über- oder Unterdruck),
– Absolutdruck,
– Druckdifferenz.

Der Atmosphärendruck ist der örtlich und zeitlich vorhandene Druck der Atmosphäre.

Der Absolutdruck ist der Druck im Vergleich zum Druck Null im leeren Raum [DIN 1314].

Die Druckdifferenz ist die Differenz zweier Drücke p_1 und p_2;

$$\Delta p = p_1 - p_2\,. \qquad (2.1e)$$

Der Differenzdruck ist ebenfalls die Druckdifferenz zwischen zwei Drücken, von denen keiner der Atmosphärendruck ist und selbst Meßgröße ist.

Der statische Druck (Druckanteil, statisch) ist die Druckdifferenz aus Gesamtdruck und dynamischem Druck.

Der dynamische Druck (Druckanteil, dynamisch) ist die Druckdifferenz aus Gesamtdruck und statischem Druck.

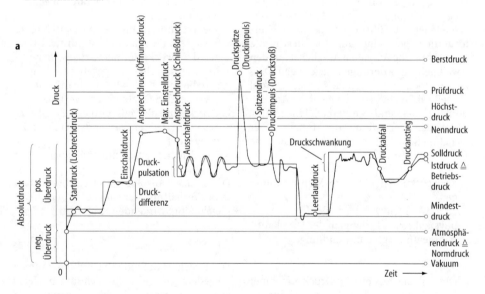

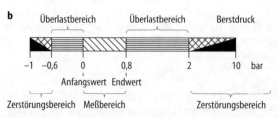

Bild 2.1. Mögliche Druckverläufe und Bezug auf Druckmeßeinrichtungen. **a** Graphische Darstellung und Benennung [DIN 24312], **b** Lage der Überlast- und Zerstörungsbereiche zum Meßbereich von 0 bis 0,8 bar [DIN 16086]

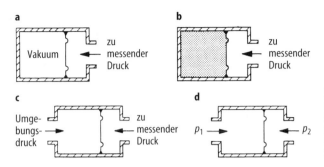

Bild 2.2. Prinzipien der Druckmeßwandler. **a** Absolutdruck, **b** Relativ bzw. Überdruck, **c** Differenzdruck mit atmosphärischem Druck als Bezugsdruck, **d** Differenzdruck mit beliebigen Bezugsdruck (p_1 oder p_2)

Der Gesamtdruck ist die Summe aus statischen und dynamischen Druckanteilen an einem Ort.

Um die verschiedenen Drücke zu messen (s.a. Abschn. 2.5) und daraus auch auf Füllstände in Behältern zu schließen, werden Druckaufnehmer aus zwei Kammern benötigt (Bild 2.2). Die konstruktionsmäßige Gestaltung der Meßkammern moderner Druckmeßeinrichtungen zur Wandlung des Druckes oder der Druckdifferenz ist zumeist so ausgeführt, daß deren mechanische Auslenkung durch entsprechende Beschaltung (z.B. mit Dehnungsmeßstreifen, Piezokristallen) zu einem elektrischen Einheitssignal führt.

Außerdem werden auch Druckmeßeinrichtungen gebaut, die den Druck erfassen und unmittelbar anzeigen (z.B. U-Rohr-Manometer) sowie Druckmeßeinrichtungen, bei denen die Auslenkung mechanisch erfolgt, so daß die Verformung des Wandlers ein Maß für die Größe des sie verursachenden Drucks ist (z.B. Membran-, Federmanometer).

2.1.3
Aufbau von Druckmeßeinrichtungen

Die zu messenden Drücke werden durch einen Druckaufnehmer erfaßt, in eine vorzugsweise elektrische Größe umgeformt und je nach Bedarf verstärkt, angezeigt oder im Rahmen automatischer Steuerungen genutzt (Bild 2.3a). Damit haben Druckmeßgeräte einen für Meßgeräte allgemein üblichen Aufbau. Durch die zunehmende Integration von Bauelementen (z.B. Dehnungsmeßstreifen, Piezokristall, Verstärker) in den Druckaufnehmer, entstanden für Druckmeßgeräte kompakte Funktionseinheiten, die hinsichtlich der Struktur

und Bezeichnung genormt sind [DIN 16086]. Danach gehören zu einem Druckmeßgerät (Bild 2.3b):

– Druckaufnehmerelement, Drucksensorelement,
– Druckaufnehmer, Drucksensor,
– Aktive Signalaufbereitung,
– Druckmeßumformer,
– Druckmeßgerät.

Hinsichtlich der Einteilung von Druckmeßgeräten kann zweckmäßigerweise die Art der Druckaufnahme und Wandlung in ein verwertbares Nutzsignal herangezogen werden. Danach können Druckmeßgeräte eingeteilt werden in (Tab. 2.1):

– mechanische Druckmeßgeräte,
– hydraulische Druckmeßgeräte,
– elektrische Druckmeßgeräte.

Bei den mechanischen Druckmeßgeräten wird die für die elastische Verformung geltende Gesetzmäßigkeit

$$\sigma = \varepsilon E \qquad (2.2a)$$

mit

σ Spannung in N/m²,
ε Dehnung (dimensionslos),
E Elastizitätsmodul in N/m²,

ausgenutzt. So daß aus der Anordnung zur Spannungsmessung die Druckmessung folgt.

Da zwischen der Spannung und der sie verursachenden Kraft gilt:

$$\sigma = \frac{F}{A} \qquad (2.2b)$$

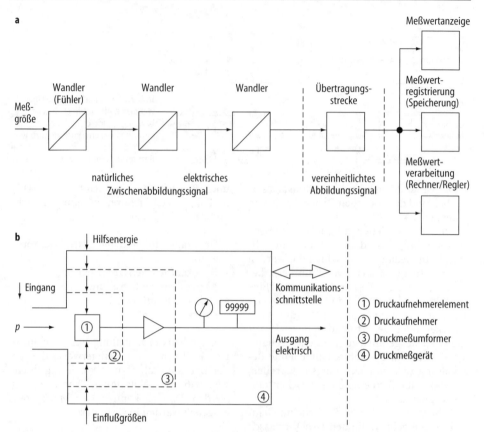

Bild 2.3. Aufbau einer Druckmeßeinrichtung. **a** Meßkanal, **b** Blockschaltbild nach DIN 16086

mit

F Kraft in N,
A belasteter Querschnitt in m^2,

kann die Druckmessung auch aus einer Kraftmessung hervorgehen.

Weitere Druckmeßverfahren nutzen spezifische Effekte aus (s.a. Abschn. 2.2).

2.1.4
Verfahren der Druckmessung

Meßverfahren basieren auf konkreten physikalischen Prinzipien und enthalten auch Hinweise über das Zusammenwirken der Übertragungsglieder im Meßkanal.

Zur Druckmessung werden angewendet:

– das Ausschlagverfahren

und

– das Kompensationsverfahren.

Beim *Ausschlagverfahren* wird der Wert einer Druckgröße direkt oder über Zwischenabbildgrößen in den entsprechenden Ausschlag umgewandelt (Bild 2.4a). Kennzeichnend für das Ausschlagverfahren ist die offene Wirkungskette. Die Übertragungsglieder, die für die Wandlung des Drucks oder Differenzdrucks in ein elektrisches Signal erforderlich sind, befinden sich in einer Reihenschaltung (Bild 2.4b).

Beim *Kompensationsverfahren* wird die Bestimmung der Meßgröße durch eine entgegengesetzt wirkende Größe gleicher Art vorgenommen, wenn das System sich im abgeglichenen Zustand befindet (Bild 2.5).

Ob das Druckmedium unmittelbar auf den Druckwandler oder über eine Mittlerflüssigkeit einwirkt (Bild 2.6), hängt zumeist von den Inhaltsstoffen (z.B. chemisch aggressiv) des Prozeßmediums und von den Möglichkeiten des Einordnens der

Tabelle 2.1. Druckmeßwandler und Einsatzbereiche [2.3]

Art	Prinzip bzw. Verfahren	obere Grenze des Anwendungsbereiches Mpa
	elastische Druckmeßfühler (Ausschlagmethode)	
mechanische Prinzipien	Schlappmembran mit Spiralfeder	0,002
	Plattenfeder (elastische Membran)	2,5...4
	Kapselfeder (auch Dosenfeder)	0,16
	Rohrfeder (oder Spiralfeder)	30
	Schraubenfeder	16 (Stahl bis 400)
	Wellrohrfeder (auch Balgfeder)	0,006
	Wellrohr mit Spiralfeder	0,1
	direkte Kraftmessung (Fundamentalmethode)	
	Tauchglockenmanometer	0,001
	Kolbenmanometer	2000
	Kolbenwaage	500
hydrostatische Prinzipien	U-Rohr-Manometer	0,2
	Gefäßmanometer (und Barometer)	0,2
	Schrägrohrmanometer	0,04
	Ringwaage	0,0025
	Schwimmermanometer	0,025
Verfahren mit elektrischem Ausgangssignal	mittelbare: *elastische Druckmeßfühler, elektrische Messung der Verformung*	
	Plattenfeder: kapazitive Messung der Durchbiegung	2,5...4
	Verformungsmessung mit DMS	2,5...4
	sonstige Druckmeßfühler: induktive Wegmessung	abhängig vom
	kapazitive Wegmessung	Meßfühler
	Schwingsaitenwandler	
	unmittelbare: *druckempfindliche Bauelemente mit elektrischem Ausgangssignal*	
	piezoelektrische Druckmeßfühler (nicht für statische Messung)	1000
	magnetoelastische Druckmeßwandler	> 1000
	Widerstand-Druckmeßfühler (Kohleschichten, Halbleiter, Draht)	3000 (Draht)

Meßzelle in den Druckmeßumformer ab [2.2, 2.10].

2.2
Druck- und Differenzdruckmeß-einrichtungen

2.2.1
Meßeinrichtungen auf der Grundlage mechanischer Prinzipe der Druckwandlung

2.2.1.1
Flüssigkeitsmanometer

Das Meßprinzip beruht auf der Auslenkung einer Flüssigkeitssäule durch den Druck bzw. durch die Druckdifferenz, so daß die Gewichtskraft der Flüssigkeitssäule sich im Gleichgewicht befindet mit der Druckkraft:

$$\rho g h A = \Delta p A \qquad (2.2c)$$

mit

ρ Dichte der Flüssigkeit in kg/m^3 ,
g Erdbeschleunigung in m/s^2,
h Höhe der Flüssigkeitssäule in m,
A Querschnitt der Fläche in m^2,
Δp Druckdifferenz $(p_1 - p_2)$ in N/m^2.

Bei gleicher Querschnittsfläche der Schenkel eines *U-Rohrmanometers* wird die Größe des Druckes bzw. der Druckdifferenz auf eine Länge abgebildet (Tab. 2.2).

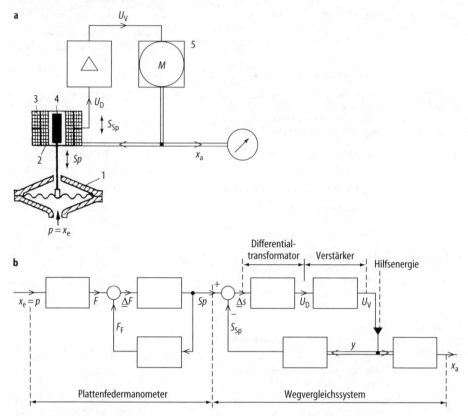

Bild 2.4. Ausschlagverfahren bei der Messung von Relativdruck [2.3]. **a** schematische Darstellung *1* Plattenfedermanometer, *2* Primärspule, *3* Sekundärspulen, *4* Kern, *5* Stellmotor; **b** Signalflußbild

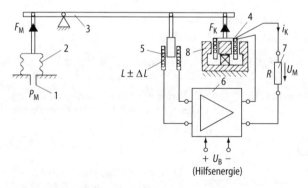

Bild 2.5. Kompensationsverfahren bei der Messung von Relativdruck [2.2]. *1* Druck P_M, *2* Verformungskörper, *3* Hebel, *4* Tauschspule der elektrodynamischen Kraftkompensation, *5* induktiver Wegaufnehmer, *6* Auswerteelektronik, *7* Außenwiderstand, *8* Tauschspule

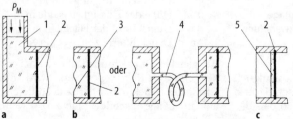

Bild 2.6. Druckaufnehmerelemente und Druckeinleitsysteme [2.2]. **a** nur Trennflüssigkeit; **b** Trennmembran und Trennflüssigkeit; **c** trennende elastische Beschichtung *1* Trennflüssigkeit (z.B. Öl), *2* Verformungskörper mit Wandlerelement, *3* Trennmembran, *4* Leitung, *5* elastische Beschichtung

Tabelle 2.2. Hydraulische Druckmessung nach [2.9] $p_1 - p_2 = \varnothing p$; $p_2 =$ Umgebungsdruck $= p_{amb}$

Bezeichnung	U-Rohr-Manometer	Quecksilber-manometer	Gefäß-manometer	Schrägrohr-manometer	Tauchglocken-manometer	Ringwaage
Prinzip	$\varnothing p=(\rho-\rho^*)gh$	$p_2=\rho gh$ $h_0=h(1-\gamma\vartheta+\alpha p)$ γ term. Ausd.-koeff. α Kompressibil.-koeff. (s. Abschn. 2.1.1)	$\Delta p=h_2\left(1+\dfrac{A_2}{A_1}\rho g\right)$ $h_2\approx\dfrac{\Delta p}{\rho g}\left(1-\dfrac{A_2}{A_1}\right)$	$\varnothing p=\rho g(h_1+h_2)$ $\Delta p=\rho g l_2\left(\dfrac{A_2}{A_1}+\sin\alpha\right)$		$\varnothing pA=\rho gh$ $\alpha=\arcsin\left(\Delta p\,\dfrac{Ar}{mgl}\right)$
Meßbereich in bar	0,01...2			0,0001...0,5		0,01...250
Meßunsicherheit in %	±1			±1		±1
Einstellzeit in s	<1			1	10	10
Vorteile	einfach im Aufbau			große Empfindlichkeit	lineare statische Kennlinie	Ganzmetallausführung, leichte Ablesung
Nachteile	zerbrechlich, schwer ablesbar			Winkelmessung erforderlich	teuer	lotrechte Montage erforderlich
Anwendung	Labormeßtechnik			Messung kleiner Unter- oder Überdrücke in Labor und Industrie		Chemieindustrie, Volumenstrommessung

Der Meßbereich von Flüssigkeitsmanometern wird von der Dichte der verwendeten Flüssigkeiten (z.B. Quecksilber, Alkohol, Wasser) beeinflußt.

Zur Umrechnung der Höhe h der Flüssigkeitssäule auf die Höhe h_0 unter Normalbedingungen gilt:

$$h_0 = h(1 - \gamma\vartheta + \alpha p) \qquad (2.2d)$$

$$\left.\begin{array}{l}\gamma_{Hg} = 0{,}18{\cdot}10^{-3}\,K^{-1} \\ \gamma_{H_2O} = 0{,}2{\cdot}10^{-3}\,K^{-1}\end{array}\right\} \begin{array}{l}\text{thermischer} \\ \text{Ausdehnungs-} \\ \text{koeffizient}\end{array}$$

γ Temperatur

$$\left.\begin{array}{l}\alpha_{Hg} = 0{,}4{\cdot}10^{-10}\,N^{-2}m^2 \\ \alpha_{H_2O} = 5{\cdot}10^{-10}\,N^{-2}m^2\end{array}\right\} \begin{array}{l}\text{Kompressibi-} \\ \text{litätskoeffizient}\end{array}$$

p Druck.

Durch die Neigung des Schenkels bei *Schräg-
rohrmanometern* (Tab. 2.2) wird die Auslenkung der Meßflüssigkeit proportional zum
Sinus des Neigungswinkels vergrößert.

Der Einfluß von Temperaturänderungen
auf den systematischen Fehler ist größer als
der Einfluß von Kompressibilität und Ka-
pillardepression.

Flüssigkeitsmanometer werden zum Messen kleiner Druckdifferenzen im Bereich
von 10^{-1} bis 10^5 Pa bei statischen Drücken
von bis zu $4 \cdot 10^6$ Pa eingesetzt [2.7, 2.8].

Durch fotoelektrisches Abtasten oder
Anordnen von Widerständen bei bestimmten Druckwerten sind die Druckwerte auch
auf elektrische Signale abbildbar.

Infolge der Messung geringer Druckdifferenzen werden Flüssigkeitsmanometer
auch zur Durchflußmessung [2.8] und Füllstandmessung angewendet.

2.2.1.2
Druckwaagen und Kolbenmanometer

Das Meßprinzip beruht auf der Kompensation der auf einen Kolben mit gegebener
Querschnittsfläche oder auf die Sperrflüs-
sigkeit in einem Ringrohr wirkenden
Druckkraft durch eine bekannte zumeist
mit Massen, Federn oder elektrodynamisch
realisierten Gegenkraft.

Kolbendruckwaagen werden zum Mes-
sen sehr hoher Drücke bis zu $10 \cdot 10^6$ Pa eingesetzt.

Die Fehlerklasse der Druckwaagen liegt
im Bereich von 0,02 [2.8].

Ringwaagen werden zur Druckdifferenz-,
Druck- und Absolutdruckmessung für
Druckbereiche zwischen 10 Pa bis zu $3 \cdot 10^3$
Pa zumeist im Rahmen der Volumenstrom-
messung angewendet [2.7, 2.8].

Aus dem Gleichgewicht zwischen der
durch die Druckdifferenz $p_1 - p_2$ auf die
Kreisringfläche A einwirkenden Kraft und
der ihr entgegenwirkenden Massenkraft
$\rho g h A$ (Tab. 2.2) folgt:

$$(p_1 - p_2)A = \rho g h A. \qquad (2.3a)$$

Die durch $p_1 - p_2$ verursachte Auslenkung
ergibt sich zu

$$\alpha = \arcsin\left[(p_1 - p_2)\frac{AD}{mgl}\right] \qquad (2.3b)$$

mit

D mittlerer Ringrohrdurchmesser in m,
l Hebelarm in m.

Die Fehlerklasse kann zwischen 1 und 0,5
liegen [2.3]. Lagerreibung sowie Verformung des Ringrohres sind die Ursachen für
Fehler.

Auch bei Ringwaagen können der Auslenkung proportionale elektrische Signale
erzeugt werden.

Für die Durchflußmessung werden Ringwaagen darüber hinaus mit Radizierglie-
dern versehen.

2.2.1.3
Federmanometer

Das Meßprinzip beruht auf der elastischen
Verformung einer Rohr-, Membran-, Plat-
ten- oder Balgfeder. Die dabei infolge der
Druckkraft entstehende Verformung der Federelemente wird in Einheiten kalibriert, die
dem Druck proportional sind, so daß sich
aus der Federauslenkung der Druck ergibt.

Bei Rohrfedern sind die mit zumeist el-
liptischem Querschnitt geformten Federn
(Bourdon-Rohr) kreisförmig gebogen (Tab.
2.3). Rohrfedern sind aus Kupferlegierun-
gen oder Stahl hergestellt. Bei diesem
Meßprinzip kann der Temperatureinfluß
bedeutend sein.

Membran- und Plattenfedermanometer
werden aus konzentrisch geformten Meßelementen aufgebaut. Dadurch entstehen lineare statische Kennlinien mit eindeutiger

Tabelle 2.3. Kolben- und Federmanometer nach [2.9]

Bezeichnung	Kolbenmanometer	Rohrfeder (Bourdonrohrfeder)	Membranfeder (Plattenfeder)	Wellrohrfeder (Balgfeder)	Kapselfeder
Prinzip					
Meßbereich in bar	0,1...10000	0,1...10000		0,01...2	0,01...0,1
Meßunsicherheit in %	±0,01	±0,5..2,0	±0,5...1,0	±0,5...1,5	±1,5
Einstellzeit in s	30	<1		1,0...1,5	<1
Vorteile	große statische Meßgenauigkeit	robust, billig, universell einsetzbar, kleine Abmessungen			
Nachteile	für dynamische Messungen ungeeignet	bei Überlastung bleibende Verformung			
Anwendung	Kalibrier- und Eichmanometer	Chemieindustrie, Energietechnik, Nahrungsmittelindustrie, Maschinenbau, Fahrzeugausrüstung			

Nullpunktposition. Sie werden zur Messung kleiner Drücke als Rohrfedermanometer angewendet. Bedingt durch die kleineren Auslenkungen sind diese Geräte mit größeren Meßunsicherheiten behaftet.

Da ein Federbalg im Vergleich zur Federmembran mehrere verformbare Federn aufweist, ist die Auslenkung der Anzeige bei gleichem Druck größer.

2.2.1.4
Ausgewählte Eigenschaften von Meßeinrichtungen auf der Grundlage mechanischer Prinzipe der Druckwandlung

Flüssigkeitsmanometer sind kalibrierfähig, was für Federmanometer nicht gilt. Daraus ergibt sich der Einsatz von Flüssigkeitsmanometern hauptsächlich zur Überprüfung und Einstellung anderer Druckmeßeinrichtungen.

Federmanometer eignen sich infolge ihres Meßprinzips besser zum Einsatz in der Prozeßtechnik als Flüssigkeitsmanometer (Tab. 2.2, 2.3).

Die für die Druckeinleitung üblichen Systeme sind in Bild 2.6 dargestellt.

2.2.2
Meßeinrichtungen auf der Grundlage elektrischer Prinzipe der Druckwandlung
2.2.2.1
Druckaufnehmer mit Metall-Dehungsmeßstreifen

Bei Metall-Dehungsmeßstreifen (Bild 2.7) wird die mit der Dehnung verbundene Widerstandsänderung von Metallen zum Nachweis der Belastung durch Druck ausgenutzt [2.2, 2.3]. Dazu wird eine Membran durch den Druck verformt. Die Dehnungsmeßstreifen können auf beiden Seiten der Membran aufgeklebt werden. Entsprechend der Beanspruchung der Membranoberfläche werden sie gedehnt oder gestaucht. Die relative Widerstandsänderung $\Delta R/R$ wird durch eine Meßbrücke in elektrisch aktive Signale (Spannung) umgeformt.

Die relative Widerstandsänderung $\Delta R/R$ ergibt sich zu:

$$\frac{\Delta R}{R} = \frac{\Delta l}{l}\left(1 + \frac{\dfrac{\Delta \rho}{\rho}}{\dfrac{\Delta l}{l}} - 2\frac{\dfrac{\Delta d}{d}}{\dfrac{\Delta l}{l}}\right) \tag{2.4a}$$

mit

R Grundwiderstand des Dehnungsmeßstreifens,

l Länge des mechanisch unbelasteten Dehnungsmeßstreifens,

ρ spezifischer Widerstand des mechanisch unbelasteten Dehnungsmeßstreifens,

d Durchmesser des kreisförmig angenommenen Querschnitts des Dehnungsmeßstreifens,

Δ Änderung der Ausgangswerte von R, l, d und ρ infolge Belastung.

Der Quotient

$$-\frac{\dfrac{\Delta d}{d}}{\dfrac{\Delta l}{l}} = \mu \tag{2.4b}$$

ist die Poisson-Zahl. Sie ist ein Maß für die geometrische Formänderung des belasteten Dehnungsmeßstreifens.

Wird in Gl. (2.4a) die Poisson-Zahl eingesetzt, folgt für $\Delta R/R$

$$\frac{\Delta R}{R} = \varepsilon K . \tag{2.4c}$$

Hierin sind ε die Dehnung

$$\varepsilon = \frac{\Delta l}{l} \tag{2.4d}$$

und K der Dehnungsfaktor

$$K = 1 + \frac{\dfrac{\Delta \rho}{\rho}}{\dfrac{\Delta l}{l}} + 2\mu . \tag{2.4.e}$$

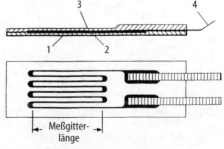

Bild 2.7. Aufbau eines Dehnungsmeßstreifens. *1* Trägerschicht, *2* Meßwiderstand, *3* Deckschicht, *4* Anschlußleitung

Die relative Widerstandsänderung $\Delta R/R$ (Gl. 2.4d) setzt sich zusammen aus den Anteilen:

$$\left.\begin{array}{l} \dfrac{\Delta l}{l} \quad \text{Dehnung} \\[2mm] 2\mu \quad \text{Formänderung} \end{array}\right\} \begin{array}{l}\text{geometrie-}\\\text{abhängiger}\\\text{Anteil}\end{array}$$

$$\left.\begin{array}{l} \dfrac{\Delta\varrho}{\varrho} \quad \text{Gefügeänderung} \\[1mm] \quad\ \ \text{(piezoresistiver} \\[1mm] \dfrac{\Delta l}{l} \quad \text{Effekt)} \end{array}\right\} \begin{array}{l}\text{gefüge-}\\\text{abhängiger}\\\text{Teil.}\end{array}$$

Bei Metall-Dehnungsmeßstreifen überwiegt der Einfluß des geometrischen Anteils auf die relative Widerstandsänderung, bei Halbleiter-Dehnungsmeßstreifen (s.a. Abschn. 2.2.4) und keramischen Drucksensorelementen der gefügeabhängige Anteil [2.15].

2.2.2.2
Druckaufnehmer mit Dünnfilm-Dehnungs-meßstreifen

Die Fertigung von Druckaufnehmern mit Dünnfilm-Dehnungsmeßstreifen hat erst vor rd. 20 Jahren den industriellen Durchbruch erreicht, weil dazu hohe Investitionskosten und spezielles Wissen aus der Fertigung integrierter Schaltkreise benötigt wird [2.9, 2.11, 2.13]. Gleichzeitig sind große Stückzahlen von Druckaufnehmern Voraussetzung einer wirtschaftlichen Fertigung. Da Druckaufnehmer jedoch in vielen Bereichen der Wirtschaft eingesetzt werden, die Halbleitertechnologie und die Technologie der integrierten Schaltkreise gute Möglichkeiten einer wirtschaftlichen Fertigung von Druckaufnehmern mittels Dünnfilm-Dehnungsmeßstreifen zulassen, werden folgende Verfahren angewendet[2.4-2.6, 2.9, 2.11, 2.21]:

– das thermische Aufdampfen,
– die Kathodenzerstäubung (auch Sputtern genannt)

und

– das CVD-Verfahren (Chemical Vapour Deposition).

Im Vergleich zu Druckwandlern mit Metall-Dehnungsmeßstreifen werden für Dünnfilm-Druckwandler in [2.11] folgende *Vorteile* angegeben:

– kleinere Nenndrücke realisierbar,
– Miniaturisierung möglich,
– hohe Brückenwiderstände realisierbar,
– sehr gutes Kriechverhalten,
– für große Losgrößen gut geeignet,
– gute Langzeitstabilität durch künstliche Alterung erreichbar,
– hohe Genauigkeit,
– geringe Temperaturabhängigkeit von Nullpunkt und Kennwert,
– Feuchteunempfindlichkeit durch Abdecken der Dehnungsmeßstreifen,
– Einsatz bei hohen Temperaturen möglich.

Nachteile von Dünnfilm-Druckwandlern sind z.B.:

– komplizierte Technologie,
– sichere Beherrschung der Fertigung erfordert umfangreiches Know How,
– hohe Investitionskosten,
– nur bei großen Stückzahlen wirtschaftlich,
– hoher Aufwand an Vorrichtungen für die Fertigung der Druckaufnehmer.

2.2.2.3
Druckaufnehmer mit Dickfilm-Dehnungs-meßstreifen

Für Dickfilm-Dehnungsmeßstreifen wird zumeist Keramik als Druckaufnehmerelement verwendet [2.4-2.6, 2.13, 2.15].

Die Strukturierung wird mit Hilfe der Maskentechnik vorgenommen. Unmittelbar auf die Keramik wird mittels niederohmiger leitender Flüssigkeit die Leiterbahnenstruktur, darauf in einer zweiten Maske die Dickschicht-Dehnungsmeßstreifen als leitfähige Paste im Siebdruckverfahren und falls erforderlich, in einer dritten Schicht das integrierte Abgleichnetzwerk gelegt.

Die Zusammensetzung der zweiten Schicht ist zumeist unbekannt, da die verschiedenen Hersteller durch spezifische Zusammensetzungen der Paste ganz bestimmte gewünschte Eigenschaften (z.B. Dehnungsfaktor, Hafteigenschaften, Temperaturabhängigkeit) der Druckaufnehmer erzeugen und diese nicht preisgeben. Der wie beschrieben aufgebaute und behandelte Druckaufnehmer wird anschließend thermisch getrocknet, in einem Aushärteprozeß „gebacken". Dabei wird er nacheinander unterschiedlichen Temperaturen ausgesetzt.

Der keramische Druckaufnehmer wird mit der ebenfalls aus Keramik bestehenden Vakuumreferenzkammer (z.B. Absolutdruckaufnehmer) im Siebdruckverfahren hergestellt. Druckaufnehmer und Referenzkammer werden durch Glasschichten verbunden und durch thermische Behandlung zu einem Druckmeßwandler verschmolzen. Die Dickschicht-Dehnungsmeßstreifen des Druckaufnehmers können mit Hilfe einer sie abdeckenden Glasschicht vor Feuchtigkeit geschützt werden.

Bedingt durch das Herstellungsverfahren und die Eigenschaften der Keramik kommen hauptsächlich nur ebene Elemente als Druckaufnehmer (z.B. kreisförmige Membran, Biegebalken) zur Anwendung [2.4, 2.11, 2.15]. Bearbeitung der Druckaufnehmer nach dem „Backen" scheidet auf Grund der Sprödheit der Keramik aus, so daß die erforderlichen Anschlüsse und elektronischen Komponenten noch vor der thermischen Behandlung angebracht werden. Auf diese Weise entsteht zumeist ein kompakter Druckmeßumformer.

Da die Gehäuse für die Druckmeßumformer zumeist aus Metall sind und einen anderen thermischen Ausdehnungskoeffizienten haben als der Druckaufnehmer, sind beim Einsatz in Prozessen mit großen Temperaturbreiten Undichtigkeiten und mechanische Spannungen nicht auszuschließen [2.11].

Wichtige *Vorteile* von Dickschicht-Druckaufnehmern sind [2.11]:

- gute Korrosionsbeständigkeit (Medienverträglichkeit),
- gute Temperaturstabilität,
- geringe Empfindlichkeit gegen Feuchte,
- geringes Kriechen,
- gute Möglichkeit der Kombination mit Hybridelektronik gegeben (gleiche Technologie).

Als *Nachteile* werden angegeben [2.11]:

- geringe Überlastbarkeit,
- Verbindung Druckaufnehmer (Keramik)–Gehäuse (Metall) problematisch, Dichtigkeitsprobleme,
- Druckaufnehmer relativ groß,
- großer E-Modul, deshalb zu Metall-Dehnungsmeßstreifen vergleichsweise geringe Dehnung (s.a. Gl. (2.1)) und kleineres Ausgangssignal,
- thermische Hysterese ist größer als bei Metall- und Dünnfilm-Dehnungsmeßstreifen.

2.2.2.4
Druckaufnehmer mit Halbleiter-Dehnungsmeßstreifen

Ausgewählte Eigenschaften

Auch bei Halbleiter-Druckaufnehmern liegt der Druckmessung eine Änderung des Halbleiterwiderstandes infolge von mechanischer Spannung zugrunde (Gl. 2.4a). Dieser bei Halbleitern im Jahre 1954 entdeckte Effekt, *piezoresistiver Effekt* genannt, kann als Grundlage für den Aufbau von widerstandsändernden Druck-, Kraft- und Beschleunigungsaufnehmern angesehen werden [2.19]. Der Begriff „piezoresistiv" ergibt sich aus dem Griechischen „piezien" → drücken und „resistiv" → elektrischer Widerstand. Der piezoresistive Effekt, z.B. bei p- oder n-dotiertem Silizium, wird durch äußere Belastungen verursacht. Dabei ergibt sich aus der skalaren Zuordnung von elektrischer Feldstärke E und Stromdichte j eine tensorielle Verknüpfung zu [2.2]:

$$(E) = ((\rho))(j) \qquad (2.5)$$

Der Tensor des spezifischen Widerstands $((\rho))$ ist vom Tensor der mechanischen Spannung und den piezoresistiven Koeffizienten $\pi_{i,k}$ (i, k Indizes) abhängig. Die piezoresistiven Eigenschaften werden durch die Koeffizienten π_{11}, π_{12} und π_{44} beschrieben. Zu den elektrischen Feldgrößen parallel und senkrecht wirkende mechanische Spannungen werden durch π_{11} und π_{12} und Scherspannungen durch π_{44} beschrieben [2.2, 2.15].

Piezoresistive Aufnehmer benötigen *Hilfsenergie*, sie sind passiv. Im Gegensatz zu den piezoelektrischen Aufnehmern, die deshalb auch als aktive Aufnehmer bezeichnet werden.

Während der gefügeabhängige Anteil bei Metall-Dehnungsmeßstreifen nur geringen Einfluß auf die Widerstandsänderung eines Wandlers ausübt, überwiegt dieser Anteil bei Halbleitern und Keramikwerkstoffen (Gl. 2.4c).

Der Dehnungsfaktor K ist bei Halbleitern wesentlich größer als bei Metallen, was zur Verbesserung des Verhältnisses von Nutzsignalamplitude zu Störsignalamplitude beiträgt.

Bei gleicher Störsignalamplitude, die hauptsächlich prozeßbedingt ist, hat ein Halbleiterdruckaufnehmer im Vergleich zu einem Aufnehmer aus Metall-Dehnungsmeßstreifen den entscheidenden Vorteil der größeren Nutzsignalamplitude bei gleicher äußerer Belastung. Die sich daraus ergebende bessere Auswertbarkeit des Meßsignals führte zur kontinuierlichen Entwicklung der Druckaufnehmer mit Halbleitern.

Leider ist der Temperatureinfluß auf Halbleiter nicht zu vernachlässigen. Die starke Temperaturabhängigkeit von Halbleiterdruckaufnehmern erfordert besondere Maßnahmen zur Kompensation der Temperaturauswirkung. Das kann bereits durch entsprechende Dotierung, durch zusätzlich in die Meßschaltung eingeordnete Kompensationswiderstände oder durch Konstantstromspeisung der Meßbrücke erfolgen [2.11, 2.15, 2.19, 2.20].

Um Silizium-Druckwandler herzustellen, die ähnlich gutes Verhalten wie Druckwandler mit Metall-Dehnungsmeßstreifen hinsichtlich des Temperaturverhaltens haben, sind zusätzliche Maßnahmen erforderlich, weil elektrischer Widerstand R und Dehnungsfaktor K von Halbleitern stark temperaturabhängig sind. Eine Abschätzung des Temperatureinflusses wird in [2.19] als Näherung empfohlen, die auch gut mit Meßergebnissen übereinstimmt [2.15]. Danach gilt für den Widerstand R

$$R = R_0(1 + \alpha \Delta T) \tag{2.6}$$

und für den Dehnungsfaktor K

$$K = K_0(1 + \beta \Delta T) \tag{2.7}$$

mit R_0, K_0 Werte bei 20 °C, ΔT der Abweichung der Temperatur vom Bezugswert sowie den Temperaturkoeffizienten α und β.

Für eine Spannung der Meßbrücke (Bild 2.8) mit Konstantstrom ergibt sich das Ausgangssignal zu:

$$U = U_e \frac{\Delta R}{R} = IRK\varepsilon. \tag{2.8a}$$

Werden für R und K die Beziehungen (Gln. (2.6 und 2.7)) in Gl. (2.8a) eingesetzt und der nichtlineare Term $\alpha\beta\Delta T^2$ vernachlässigt, folgt für das Ausgangssignal

$$U_a = IR_0K_0[1 + (\alpha - \beta)\Delta T...]\varepsilon. \tag{2.8b}$$

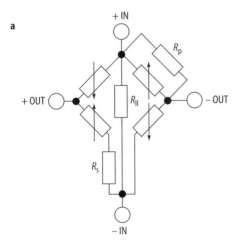

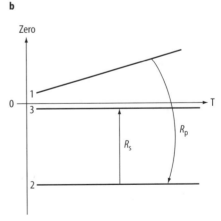

Bild 2.8. Kompensation des Nullpunktes und der thermischen Nullpunktverschiebung (nach [2.19]). **a** Grundschaltung; **b** Einfluß des Widerstandes R_p und R_s, Kurvenverlauf: 1 ohne Kompensation, 2 Auswirkung von R_p, 3 Auswirkung von R_p und R_s

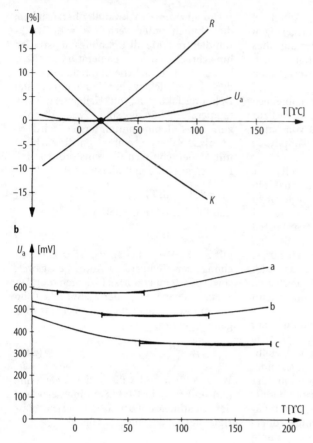

Bild 2.9. Einfluß von Temperatur, Dehnungsfaktor und der Dotierung auf das Ausgangssignal eines Druckwandlers [2.19]. **a** Widerstand $R = f(T)$, Dehnungsfaktor $K = f(T)$; **b** Ausgangssignal $U_a = f$ (Dotierung; T), a, b, c = zunehmende Dotierung

Bei einem Dotierungsniveau von $p \gg 3 \cdot 10^{17}$ cm^{-3} eines Silizium-Druckaufnehmers sind die Koeffizienten $a \approx b$ und das Ausgangssignal U_a ist nur noch geringfügig von der Temperatur abhängig (Bild 2.9a). Gleichzeitig besteht über die Änderung der Dotierung die Möglichkeit, die Ausgangsspannung entlang der Temperaturachse zu verschieben.

Eine Vergrößerung der Dotierung von $2{,}5 \cdot 10^{17}$ cm^{-3} auf $3{,}5 \cdot 10^{17}$ cm^{-3} führt zu einer Verringerung des Ausgangssignals und zu der bereits angeführten Verschiebung auf der Temperaturachse (Bild 2.9b). Der Funktionsverlauf $U_a = f(T)$ wird im Uhrzeigersinn gedreht und gleichzeitig gesenkt.

Der Temperatureinfluß auf Meßbrücken mit konstant-spannungsgespeisten Halbleiter-Druckwandlern wird zumeist mittels laserabgeglichenen, extern angeordneten Präzisionswiderständen kompensiert [2.15, 2.19, 2.20].

Der Temperatureinfluß auf die Meßbrücke kann schaltungstechnisch kompensiert werden, indem ein Widerstand R_{II} mit vergleichbarem Temperaturkoeffizienten entweder innerhalb oder außerhalb des Halbleiter-Druckwandlers parallel zur Meßbrücke geschaltet wird (Bild 2.8a). Der von ΔT abhängige Term (Gl. (2.8b)) wird unwirksam, weil unter der Voraussetzung $R_{II} \gg R_o$ gilt [2.19]:

$$\alpha = \frac{R_{II} - R_0}{R_{II} - 2R_0}\beta. \qquad (2.8c)$$

Um den Temperatureinfluß zu minimieren, ist eine Einzelkompensation erforderlich. Dazu wird der Widerstand R_p parallel zu einem Druckaufnehmer und der Widerstand R_s in die Meßbrücke der Druckaufnehmer geschaltet (Bild 2.8a). Die Ergänzung der Schaltung mit diesen Präzisionswiderständen ermöglicht die Beeinflussung des Null-Signals (Nullpunkt) und die thermische Nullpunktverschiebung [2.19].

Mit R_p wird der effektive Temperaturkoeffizient des Brückenzweiges verändert. Bei richtiger Dimensionierung von R_p entsteht eine Asymmetrie derart, daß die thermische Nullpunktverschiebung kompensiert wird (Bild 2.8b).

Im allgemeinen führt R_p zur Vergrößerung der Nullpunktverschiebung (Bild 2.8b, Kurvenverlauf 2). Mit Hilfe des Widerstandes R_p kann die Nullpunktverschiebung in einen für den Druckwandler zulässigen Bereich verlegt werden. Würden diese schaltungstechnischen Maßnahmen unterbleiben, ergäbe sich die mit wachsender Temperatur ändernde Größe des Ausgangssignals (Bild 2.8b, Kurvenverlauf 1).

Ein Ausweis des Temperatureinflusses auf Halbleiter-Dehnungsmeßstreifen in Abhängigkeit von der Temperatur ist stark nicht linear, der Anstieg kann sogar das Vorzeichen wechseln (Bild 2.10).

Weitere Kennwerte zur Bewertung des Temperaturverhaltens sind z.B. Nenntemperaturbereich, Referenztemperatur und Nullsignaländerung [DIN 16086].

Piezoresistive Wandler transportieren den elektrischen Strom auf der Grundlage von Majoritätsträgern. Sie sind verhältnismäßig sicher gegen Strahlung und haben hohe Temperaturbeständigkeit und sehr gute mechanische Eigenschaften, insbesondere monokristallines Silizium z.B. bis 500 °C [2.15]. Monokristalle aus Silizium haben darüber hinaus sehr gutes Verhalten ohne erkennbare Hysterese und bleibende plastische Verformung. Weitere *Vorteile* von piezoresistiven Aufnehmern auf der Basis von Silizium sind unter Beachtung der angeführten Schaltungsmaßnahmen [2.19]:

– hohe Lebensdauer auch unter Wechselbeanspruchung,
– ausgezeichnete Konstanz der Betriebsparameter,
– gute Reproduzierbarkeit der Meßwerte,
– kleine Abmessungen,
– unempfindlich gegen Vibration und Stoß,
– hohe Ausgangssignale,
– hohe Eigenfrequenz.

Um für Massenanwendungen kostengünstige Lösungen zu erreichen, werden z.B. alle vier Dehnungsmeßstreifen einer Meßbrücke (Wheastone-Brücke) auf der Oberfläche eines Halbleiter-Kristalls eindiffundiert, wobei der Kristall gleichzeitig die Funktion der Membran ausübt. Da die Membran sehr klein ausgeführt werden kann, lassen sich mit derartigen Wandlern Drücke bis zu 1000 bar messen [2.21]. Die Dehnung erreicht Werte von nur 1 mm/m.

Da aufgeklebte Dehnungsmeßstreifen bei Wechselbelastungen infolge des Aufklebers nicht kriechfrei sind, ihre Applikation recht zeitintensiv und damit teuer ist, wurden Verfahren der *Schaltkreisintegration* zur Herstellung von Druckmeßwandlern entwickelt [2.4–2.6, 2.9, 2.11]. Zur industriellen Anwendung bei der Herstellung piezoresistiver Druckwandler kommen

– Dünnfilm-Dehnungsmeßstreifen,
– Dickfilm-Dehungsmeßstreifen,
– einkristallines Silizium.

Dehnungsmeßstreifen aus monokristallinem Silizium können sehr große Dehnungsfaktoren erreichen [2.18].

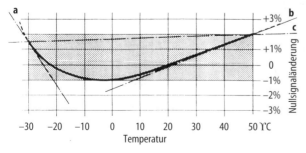

Bild 2.10. Einfluß der Temperatur auf die Empfindlichkeit eines Druckwandlers [2.19]. Kurvenverlauf: **a** Temperaturkoeffizient bei −30 ℃: 0,3%/℃; **b** Temperaturkoeffizient im Bereich 50 ℃: 0,07%/℃; **c** Temperaturkoeffizient im Bereich −30 ℃ bis 50 ℃: 0,06%/℃

Da monokristallines Silizium auch hervorragende Elastizitätskennwerte bei höheren Temperaturen aufweist, lag es nahe, das Druckaufnehmerelement, den Dehnungsmeßstreifen und den Druckaufnehmer, das elastisch verformbare Element aus Silizium herzustellen [2.11]. Dadurch gelingt es, mit der hochentwickelten Epitaxi die Abmessungen zu minimieren, die Möglichkeit der Massenfertigung zu erschliessen und den Preis je Druckwandler zu senken.

Ein weiterer Grund für den Einsatz dieser Druckaufnehmer ist der erreichbare hohe Dehnungsfaktor. Wenn bei praktisch realisierten Druckwandlern auch nur Werte zwischen 5 und 40 erreicht werden, ist das doch noch das 2,5- bis 20fache von Metall-Dehnungsmeßstreifen [2.11].

Ein weiterer Vorteil dieser Druckaufnehmer liegt in der *Miniaturisierung*.

2.2.2.5
Eigenschaften ausgewählter Druckaufnehmer

Membran als Druckaufnehmer
Die Membran ist ein in der Druckmeßtechnik oft angewendetes Bauglied (s.a. Tab. 2.3). Sie wird bei Metall-Dehnungsmeßstreifen, Dünnfilm-Dehnungsmeßstreifen, Dickfilm-Dehnungsmeßstreifen und bei Halbleiter-Dehnungsmeßstreifen angewendet [2.22–2.33]. Entsprechend der Ausprägung bestimmter Eigenschaften werden z.B. Topfmembran, Boßmembran und Giebmembran hergestellt [2.11].

Die Membran läßt sich verhältnismäßig einfach fertigen und ist für Drücke von 10 bis 2000 bar einsetzbar. Mit ihr können Abweichungen der Linearität von 0,2 bis 0,3 erreicht werden [2.11, 2.19].

Unter Einwirkung der Druckdifferenz Δp wird eine Membran verformt und mit mechanischer Spannung beaufschlagt.

Die sich ergebende Radialspannung σ_r und Tangentialspannung σ_t ist abhängig von der Membrandicke s und dem Abstand r vom Membranmittelpunkt bis zum Erreichen der Einspannstelle r_0 (Bild 2.11).

In [2.19] wird an der Oberfläche der Membran bei kleinen Auslenkungen Δh für die Radialspannung angegeben:

$$\sigma_r = \frac{3\Delta p r_0^2}{8 m s^2}\left[(3m+1)\frac{r^2}{r_0^2}-(m+1)\right] \quad (2.10)$$

und für die Tangentialspannung:

$$\sigma_t = \frac{3\Delta p r_0^2}{8 m s^2}\left[(m+3)\frac{r^2}{r_0^2}-(m+1)\right] \quad (2.11)$$

mit

r_0 aktiver Radius der Membran,
s Dicke der Membran,
m Kehrwert der Poisson-Zahl μ.

Die Spannungsverteilung über der Membran ist nichtlinear . Auf der oberen Seite der Membran verursacht der herrschende Druck Δp im mittleren Bereich Druckspannung, im Bereich der Einspannung der Membran Zugspannung. Die Spannungen σ_r und σ_t wechseln bezogen auf den Membrandurchmesser örtlich getrennt ihre Vorzeichen. An der Stelle $r \approx 0,8\,r_0$ ist $\sigma_t \approx 0$. An dieser Stelle liegt einachsige radiale Zugspannung vor gemäß der Beziehung

$$\sigma_r(r = 0,8 r_0) = 0,3\Delta p \,\frac{r_0^2}{s^2}. \quad (2.12)$$

Die maximale Spannung σ_r liegt an der Stelle $r = r_0$.

Wird für die obere Grenze des Druckbereichs eine Spannung $\sigma_r = 0,4\,\sigma_{max}$ zugelassen, beträgt die relative Widerstandsänderung 5%, was zu einer Ausgangsspannung von 50 mV/Volt der Erregerspannung führt [2.19].

Bei festgelegtem Radius r_0 kann die Dicke s der Membran aus Gl. (2.12) zu

$$s = 0,2\sqrt{\Delta p}\,r_0 \quad \Delta p \text{ in bar} \quad (2.13)$$

berechnet werden [2.19].

Die Verformung Δh der Membran wird dabei

$$\Delta h = 0,16\,\frac{\Delta p\, r_0^4}{E\, s^3} \quad (2.14)$$

mit

E Elastizitätsmodul.

Als Belastungsfaktor q ergibt sich

$$q = \frac{\Delta h}{s} = \frac{\Delta p\, r_0^4}{E\, s^4} \leq 2. \quad (2.15)$$

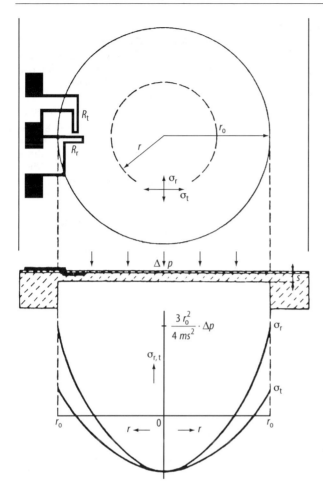

Bild 2.11. Spannungsverlauf in radialer und tangentialer Richtung an der Oberfläche einer am Umfang eingespannten, durch Druck (Δp) beaufschlagten Membran

Wird $q > 2$, ist eine Membran für Meßzwecke ungeeignet [2.19]. In diesem Falle muß zwischen Membran und Druckbereich gelten:

$$Dp \leq \frac{2Es^4}{r_0^4}. \tag{2.16}$$

Diese Gleichung setzt eine untere Grenze für den Druckbereich, der für die oben angegebenen Werte zwischen 0,5 und 1 bar liegt.

Die im allgemeinen kleinen Abmessungen einer Membran und der verhältnismäßig große Wert des Elastizitätsmoduls (vergleichbar mit der Steifigkeit einer Feder) haben günstigen Einfluß auf die Eigenfrequenz ω_0.

Die Eigenfrequenz ist dem Verhältnis s/r und die Spannung dem Verhältnis s^2/r^2 proportional. Eine proportionale Verkleinerung aller Abmessungen verändert nicht das Ausgangssignal und die Empfindlichkeit. Die Eigenfrequenz jedoch wird erhöht [2.19].

Andere Druckaufnehmer

Biegebalken, Biegesäulen und Zugelemente sind Kraftaufnehmer. Um den Druck in eine Kraft zu wandeln und messen zu können, sind elastische, abgestützte Membranen oder Balge an sie anzukoppeln (Bild 2.12).

Biegebalken sind sehr empfindlich. Sie haben – verglichen mit Membranen – sehr niedrige Eigenfrequenz, hohe Beschleunigungsempfindlichkeit und auch Hysterese.

Biegesäulen bieten die Möglichkeit, die Dehnungswiderstände seitlich so anzuordnen, daß der longitudinale und transversale piezoresistive Effekt ausgenutzt werden kann [2.3, 2.8, 2.20]. Durch entsprechenden Abstand zu den Einspannlagern können die Dehnungsmeßstreifen so angeordnet werden, daß sie in Bereichen von einachsiger Spannung angeordnet sind. Auf diese Weise beschaltete Wandler können Eigenfrequenzen von mehreren Hundert Kilohertz erreichen.

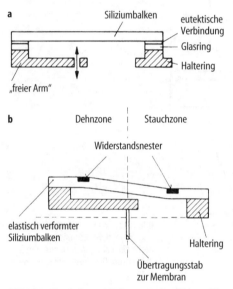

Bild 2.12. Biegebalken mit Dehnungsmeßstreifen aus Silizium als Druckwandler [2.11]. **a** Schnitt durch den Biegebalken; **b** Belasteter Biegebalken und Lage der Dehnungsmeßstreifen

2.2.2.6
Induktive Druckaufnehmer

Induktive Druckaufnehmer sind seit mehr als 50 Jahren im Einsatz. Sie entstanden u.a. aus den Anforderungen, den Druck in Prozessen im Feldbereich zu messen und nach einer Fernübertragung in Leitwarten anzuzeigen oder zur Prozeßbeeinflussung (z.B. Steuerung) zu verwenden. Aus diesen Gründen werden in der Druckmeßtechnik bewährte Druckaufnehmer, z.B. Membran, Rohrfeder, Bourdonrohr mit einer *Differentialdrossel* oder einem *Differentialtransformator* (s. Kap. B 5.1.1) gekoppelt (Bild 2.13).

Das elektrische Ausgangssignal ergibt sich infolge der Änderung des komplexen Widerstandes des Spulensystems, die dadurch entsteht, daß der starr mit dem Aufnehmer (z.B. Membran) gekoppelte Kern sich entsprechend der Druckänderung verschiebt. Somit wird die Auslenkung des Aufnehmers, der Weg, gemessen.

Außer dem außenliegenden Spulensystem (Bild 2.13) werden auch Druckmeßumformer mit innenliegenden Spulensystemen gebaut. Bei Systemen mit innenliegenden Spulensystemen wird die Membran mit der Differentialdrossel gekoppelt (Bild 2.14). Es entsteht ein Zweikammer-Differenzdruck-Meßumformer. Das Öl zwischen Meßmembran und Trennmembran ist als hydraulische Kopplung erforderlich.

Bei diesen Druckmeßwandlern wird der Meßbereich durch die Membrandicke und die Membranvorspannung festgelegt.

Eine Auslenkung des Aufnehmers von nur 0,001 mm kann bereits zum Vollaus-

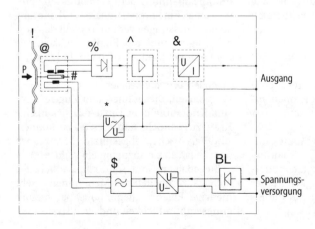

Bild 2.13. Druckaufnehmer mit Plattenfeder und Differentialtransformator 4 API-50 [2.29]. *1* Plattenfeder, *2* induktiver Wegaufnehmer, *3* Kern des Differentialtransformators, *4* Oszillator, *5* Gleichrichter, *6* Verstärker U=0...10 V, *7* Spannungsstromwandler, *8* Gleichrichter, *9* Spannungsregler, *10* Verpolungsschutz

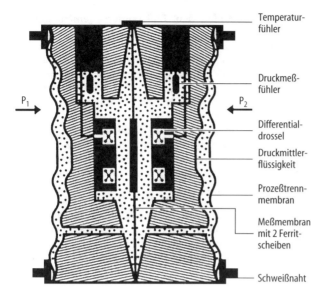

Temperatur-
fühler

Druckmeß-
fühler

Differential-
drossel

Druckmittler-
flüssigkeit

Prozeßtrenn-
membran

Meßmembran
mit 2 Ferrit-
scheiben

Schweißnaht

Bild 2.14. Differenzdruck-Meßaufneh-
mer mit induktivem Abgriff [2.5]

schlag eines nachgeschalteten Verstärkers führen [2.11, 2.14]. Deshalb sind induktive Druckaufnehmer zur Messung kleinster Drücke geeignet.

Um die Druckaufnehmer kalibrieren zu können, wird oft ein Empfindlichkeitstrimmer vorgesehen. Dadurch kann einem vorgegebenen Nenndruck eine definierte elektrische Größe als Ausgangssignal, z.B. 10 mV/V, zugeordnet werden.

Als Ausgangssignale werden Spannungen von 0 bis 10 V und Ströme von 0/4 bis 20 mA genutzt.

Die Anpassung an verschiedene Nenndrücke erfolgt durch entsprechende Dimensionierung der Aufnehmerelemente (z.B. Membran, Bourdonrohr). Dadurch können für eine Baureihe die gleichen Wandlerbaugruppen (Spulensystem) eingesetzt werden. Da die nach dem Induktionsprinzip arbeitenden Druckwandler aus temperaturbeständigem Material aufgebaut sein können, ergeben sich für derartige Meßgeräte Anwendungsgebiete bis zu Temperaturen von 350 °C [2.11, 2.14]. Aus Kostengründen werden jedoch auch für diese Meßgeräte weniger teure Werkstoffe eingesetzt. Die zulässigen Temperaturen betragen dann rd. 100 °C [4.6].

Wesentliche *Vorteile* dieser Druckmeßwandler sind [2.11, 2.14]:

– einfacher und robuster Aufbau,
– hohe Überlastbarkeit,
– kleinste Nenndrücke meßbar bei hohem Ausgangssignal,
– geringe Investitionskosten für Fertigungseinrichtungen.

Zur Reduzierung der Nullpunktdrift infolge Temperatureinfluß sind aufeinander abgestimmte Materialien erforderlich. Da die Auslenkung des Druckaufnehmers sehr klein ist, schränken Temperaturschwankungen die Genauigkeit ein. Bedingt durch das Wirkprinzip sind einer Miniaturisierung Grenzen gesetzt.

Zum Betrieb der Druckmeßwandler ist z.B. eine Wechselspannung von rd. 10 kHz erforderlich [2.2].

2.2.2.7
Kapazitive Druckaufnehmer
Die Wirkung kapazitiver Druckaufnehmer beruht auf der Kapazitätsänderung eines als Kondensator aufgebauten Druckaufnehmers. Derartige Druckaufnehmer werden vorzugsweise zur Messung von Differenzdruck angeboten [2.4].

Für die Kapazität C eines Kondensators gilt:

$$C = \frac{A\varepsilon_0\varepsilon_r}{h} \tag{2.18}$$

mit

A Fläche der gegenüberliegenden Platten in m²,
h Abstand der Platten in m,
ε_0 Feldkonstante in $^{As}/_{Vm}$,
ε_r Dielektrizitätszahl des zwischen den Platten vorhandenen Mediums, z.B. Öl.

Aufgrund dieser Beziehung (Gl. (2.18)) lassen sich Änderungen von A, h und ε_r zur Druckmessung nutzen (s. Kap. B 5.1.1).

Bei den gegenwärtig auf dem Markt angebotenen Druckwandlern überwiegen Produkte mit Abstandsänderung zwischen den Platten eines *Ein-* oder *Zweikammerkondensators*. Die Einkammersysteme entsprechen in ihrer Wirkung dem einfachen Kondensator mit Abstandsänderung h oder Flächenänderung A [2.22, 2.25]. Dabei kann die Kapazitätsänderung in der Meßzelle (innenliegendes Abgriffsystem [2.23]) oder außerhalb der Meßzelle (außenliegendes Abgriffsystem [2.22]) vorgenommen werden (Bild 2.15).

Wird bei Einkammersystemen [2.25, 2.26] durch eine Druckdifferenz über den Abstand die Kapazität des Kondensators geändert, gilt:

$$p_1 - p_2 \sim \frac{1}{C_1} - \frac{1}{C_2} \sim \frac{1}{d} \qquad (2.19a)$$

mit

$$C_1 + C_2 = \text{konstant} \qquad (2.19b)$$

d Plattenabstand.

Außer den Einkammersystemen werden auch Zweikammersysteme angewendet [2.27–2.29]. Diese arbeiten als Differentialkondensator. Hierbei können z.B. die beiden mit Öl gefüllten Meßkammern durch eine Membran getrennt sein (Bild 2.16). Infolge einer Druckänderung in einer Kammer wird die Membran verschoben. Es ergibt sich in der Meßkammer mit größer werdendem Abstand eine Kapazitätsverringerung und in der Meßkammer mit kleiner werdendem Abstand eine Kapazitätszunahme.

Soll mit Hilfe eines Differentialkondensators eine Spannungsänderung aufgrund einer Druckänderung gemessen werden, dann gilt, wenn nur der Plattenabstand als Abbildgröße Berücksichtigung findet [1.2]:

$$\Delta u = 2u_0 \frac{\Delta d}{d} \qquad (2.20a)$$

mit

u_0 Anpassungsspannung vor der Belastung,
Δd Abstandsänderung.

Soll die Kapazitätsänderung über eine Strommessung ausgewertet werden, so folgt für diesen Fall [2.2, 2.4]:

$$C_1 - C_2 = \frac{\Delta d}{d} - \left(\frac{\Delta d}{d}\right)^3 - \left(\frac{\Delta d}{d}\right)^5 - \dots \qquad (2.20b)$$

mit

Δd Änderung des im Kondensator wirksamen Abstandes.

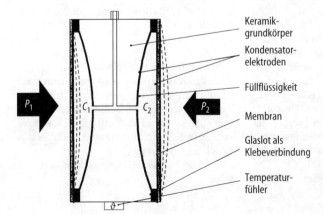

Keramikgrundkörper

Kondensatorelektroden

Füllflüssigkeit

Membran

Glaslot als Klebeverbindung

Temperaturfühler

Bild 2.15. Druckaufnehmer für Kapazitätsänderung der Einkammer-Keramikmeßzelle [2.26]. P_1, P_2 Druck auf die Membran 1 und 2, C_1, C_2 Kapazität des Kondensators

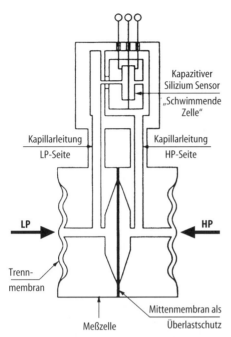

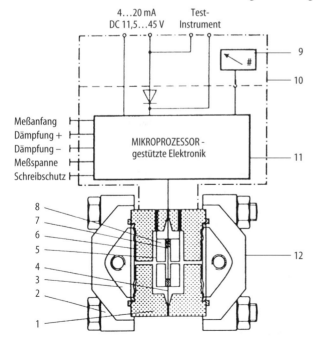

Da die Meßwege bei kapazitiven Druckwandlern sehr klein sind, werden die Wandler von vielen Herstellern aus keramischem Material hergestellt [2.4]. Dadurch ist jedoch auch die Gefahr des Verspannens der Meßzelle infolge Temperatureinfluß und Montage nicht auszuschließen. Aus diesem Grunde werden von einigen Herstellern die Meßzellen *schwimmend* gelagert. Derartige Druckwandler sind über flüssigkeitsgefüllte Kapillaren mit Aufnehmerzellen verbunden. Der auf den Wandler über die Aufnehmerzellen einwirkende Druck wird über Kammern und Kapillaren von außen übertragen (Bild 2.16).

Plus- und Minusdruck trennt eine vorgespannte Überlastmembran, die bei Überschreiten der zulässigen Auslenkung nachgibt. Die Trennmembranen (trennen Meßzelle von Prozeßmedium) können sich an den Meßkörper anschmiegen. Dadurch wird eine Membranüberlastung infolge Druckanstieg unterbunden.

Die meßtechnischen Eigenschaften werden durch die schwimmende Anordnung der Meßzelle in einer Flüssigkeit positiv beeinflußt.

Ähnlich ist die Anordnung der Meßzelle bei Druckmeßwandlern [2.32] mit innenliegendem Abgriffsystem (Bild 2.17). Dadurch

Bild 2.16. Druckaufnehmer für Kapazitätsänderung mit „schwimmend" angeordneter Meßzelle [2.31], **LP** Low Pressure, **HP** High Pressure

Bild 2.17. Meßumformer für Kapazitätsänderung „schwimmend" angeordneter Meßzelle [2.21]. *1* Meßzelle, *2* Kappe, *3* Membrankammer (Meßzelle), *4* Überlastmembran, *5* Füllflüssigkeit, *6* Trennmembran, *7* Meßmembran, *8* Meßkapsel mit Abgriffsystem, *9* Digitales Anzeigeelement (Option), *10* Gehäuse mit Bedienelementen, *11* Elektronik mit Mikroprozessor, *12* Differenzdruckmeßwerk

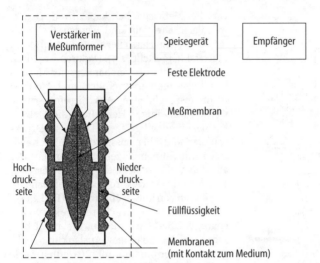

Feste Elektrode

Meßmembran

Hoch-
druck-
seite

Nieder-
druck-
seite

Füllflüssigkeit

Membranen
(mit Kontakt zum Medium)

Bild 2.18. Blockschaltbild eines Druckmeßumformers [2.28]

wird die Meßzelle von mechanischen Spannungen, die nicht von der Meßgröße verursacht werden, entkoppelt. Dabei wird der
Differenzdruck über die Trennmembran
und Füllflüssigkeit auf die Meßmembran
übertragen. Infolge der Auslenkung der
Membran verändert sich die Kapazität des
Druckaufnehmers. Diese Kapazitätsänderung wird durch eine Elektronik ausgewertet, einem Verstärker zugeführt und in einen
eingeprägten Gleichstrom umgewandelt.

Der Druckmeßwandler ist *symmetrisch*
aufgebaut (Bild 2.18) und so dimensioniert,
daß Fehler aufgrund von Temperaturänderungen und Änderungen des statischen
Drucks ausgeschlossen sind [2.28]. Bei
Druckstößen schmiegt sich die Meßmembran an das Kapselgehäuse an, wodurch eine
Überbeanspruchung der Meßmembran ausgeschlossen wird. Die Meßgröße wird über
die Kapazitätsänderung in einen eingeprägten
ten Strom (4–20 mA) gewandelt (Bild 2.19).

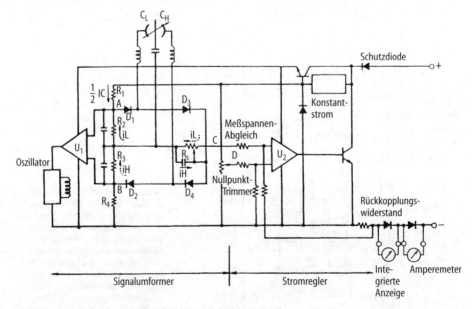

Bild 2.19. Signalflußbild zum Druckmeßumformer nach Bild 2.18 [2.28]

Die *Vorteile* kapazitiver Druckwandler werden wie folgt zusammengestellt [2.4, 2.11, 2.21]:

- Einsatzgebiet bis zu rd. 350 °C,
- hohe Empfindlichkeit bei großer Genauigkeit,
- guter Überlastschutz einfach realisierbar,
- gleichermaßen gut für dynamische und statische Messungen bei kleinsten Drücken (z.B. Luftdruckmessung).

Als *Nachteile* werden angegeben [2.11]:

- nur mit hoher Trägerfrequenz zu betreiben, was zur Spezialverkabelung führt,
- Staub- und Feuchteempfindlichkeit erfordern Kapselung des Druckwandlers,
- bei räumlicher Trennung von Druckwandler und Elektronik eingeschränkte Langzeitinstabilität nicht auszuschließen.

2.2.2.8
Piezoelektrische Druckaufnehmer

Die Wandlung von Druck mit Hilfe piezoelektrischer Materialien (z.B. Quarz, Turmalin, Bariumtitanat, Bleizirkonattitanat-Mischkeramik) beruht auf der *Verschiebung* positiver und negativer Ladungen der Kristalle, wenn sie mechanisch verformt werden (Bild 2.20). Entsprechend den Polarisierungen können die Ladungen an der Oberfläche eines Kristalls in der Verformungsrichtung (piezoelektrischer Längseffekt), quer zur Verformungsrichtung (piezoelektrischer Quereffekt) und durch Schubwirkung entlang der auf Schub beanspruchten Flächen (piezoelektrischer Schereffekt) entstehen und meßtechnisch ausgewertet werden.

Die sich durch die Verformung an den entsprechenden Flächen ergebende Ladung Q ist der mechanischen Kraft F direkt proportional. Es gilt:

$$Q = nkF \qquad (2.21a)$$

mit

- n Faktor (Scheibenanzahl beim Longitudinaleffekt, Verhältnis Höhe/Breite beim Tranversaleffekt),
- k Piezokoeffizient, z.B. für Quarz $2{,}3 \cdot 10^{-12}\,As/N$

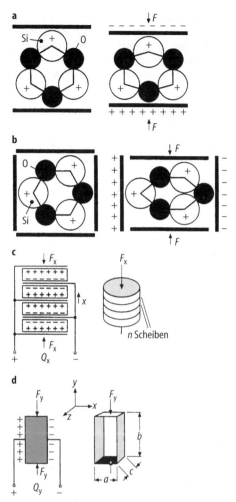

Bild 2.20. Zur Entstehung piezoelektrischer Ladungen (nach [2.15, 2.35]). **a** Longitudinaleffekt, **b** Transversaleffek **c** Anordnung der Piezowandler beim Longitudinaleffekt, **d** Anordnung der Piezowandler beim Transversaleffekt

Bariumtitanat $250 \cdot 100^{-12}\,As/N$
Bleizirkonattitanat-Mischkeramik $700 \cdot 10^{-12}\,As/N$.

Da die Ladung Q (Gl. (2.21a)) von der auf den Kristall einwirkenden Kraft und dem Piezokoeffizienten abhängt, ist der aufzunehmende Druck über die Fläche in eine Kraft zu überführen.

Der piezoelektrische Wandler wirkt wie ein *Kondensator*, der seine Ladung durch Verformung ändert, mit dem Unterschied, daß er nicht von außen aufgeladen wird, sondern von innen durch die Polarisation infolge der Verformung [2.34–2.36]. Mit der Kapazität C eines elektrischen Druckaufnehmers folgt daraus die Spannung

$$U = \frac{1}{C} Q = n \frac{k}{C} F. \qquad (2.21b)$$

Infolge der Leitfähigkeit des Kristalls eines piezoelektrischen Druckwandlers entlädt sich die an den Oberflächen angelagerte Ladung über den Innenwiderstand des Kristalls, weil ein Strom

$$I = \frac{dQ}{dt} \qquad (2.21c)$$

fließt. Die Zeit, in der dieser Strom fließt, ergibt sich aus dem Produkt der Kapazität C und dem Innenwiderstand R_i des Kristalldruckwandlers.

Die Zeitdauer, während der gemessen werden kann ohne daß zu große Meßunsicherheiten entstehen zu, hängt von der Ladung Q, von dem Innenwiderstand und vom zulässigen Meßfehler ab [2.34]. Für piezoelektrische Standard-Druckaufnehmer (Meßbereich von 250 bar) werden 0,001 bar/s angegeben, so daß in einem Druckbereich von 100 bar die Meßzeit ca. 900 Sekunden beträgt. Aus diesen Gründen ist beim Einsatz von piezoelektrischen Druckwandlern darauf zu achten, daß ein angeschlossenes Spannungsmeßgerät einen Eingangswiderstand hat, der größer ist als der Innenwiderstand R_i des piezoelektrischen Druckwandlers.

Von verschiedenen Möglichkeiten der Beschaltung piezoelektrischer Druckwandler erfüllen Ladungsverstärker die meßtechnischen Anforderungen als Vorverstärker (Bild 2.21) am besten [2.35].

Für den Fall, daß die Differenzspannung zwischen den Eingängen Null ist, gilt (Bild 2.21):

$$U_2 = U_C = -\frac{\Delta Q}{C_f} \qquad (2.22a)$$

mit

ΔQ Ladungsdifferenz zwischen den Platten des Kondensators C_f.

Da die Kondensatoren C_f und C_k parallel geschaltet sind, ist die Ladungsdifferenz ΔQ des Kondensators C_f gleich der durch den

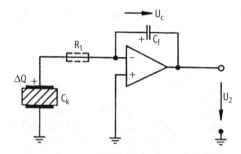

Bild 2.21. Piezowandler mit Ladungsverstärker [2.35]

äußeren Druck vom piezoelektrischen Druckwandler erzeugten Ladungsdifferenz. Der Widerstand R_1 dient der Schaltungssicherheit. Für die obere Grenzfrequenz gilt annähernd [2.36]:

$$f_0 \approx \frac{1}{R_1 C_k}. \qquad (2.22b)$$

Als *Vorteile* piezoelektrischer Druckaufnehmer werden angegeben [2.11]:

– sehr gut geeignet für die Erfassung sich schnell verändernder Drücke (z.B. in Kompressoren, Motoren),
– nahezu wegelose Messung bei hoher Eigenfrequenz,
– hohe Überlastbarkeit und hohe Nenndrücke,
– Einsatz auch bei hohen Temperaturen.

Der wesentliche *Nachteil* dieser Druckaufnehmer besteht in dem Ladungsabfluß. Trotz aufwendiger Schaltungen (Bild 2.22) sind sie für statische Messungen nicht geeignet.

2.2.3
Druckwandlung auf der Grundlage mechanisch-pneumatischer Prinzipe

Zur Verbesserung der meßtechnischen Eigenschaften im Zusammenhang mit dem Kompensationsverfahren wurden Meßeinrichtungen mit *pneumatischer Hilfsenergie* erfolgreich eingesetzt. Obwohl nur noch rund 10% von der Gesamtzahl der verkauften Druckmeßumformer nach diesem Prinzip arbeiten [2.5], erscheint eine Darstellung dazu gegenwärtig noch gerechtfertigt.

Verglichen mit Meßeinrichtungen auf der Grundlage elektrischer Prinzipe der Druck-

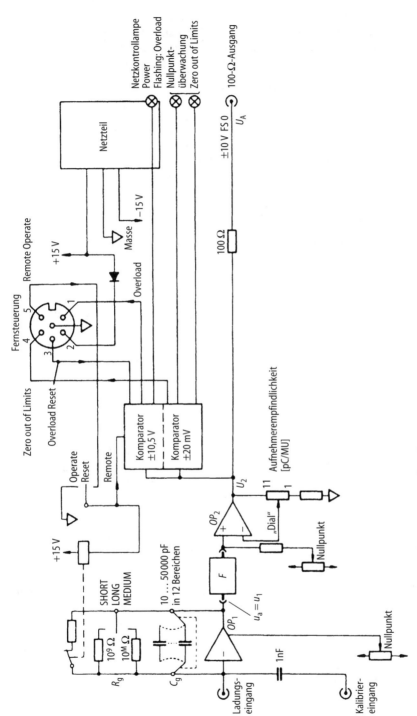

Bild 2.22. Prinzipschaltung eines piezoelektrischen Druckmeßwandlers [2.37]

wandlung besteht der Vorteil der mechanisch-pneumatischen Druckwandlung in einer permanenten Durchströmung des Druckwandlers mit gefilterter trockener Luft, so daß Störungen durch Schmutz und Feuchte nahezu ausgeschlossen sind. Darüber hinaus bieten derartige Druckwandler gute Eigenschaften für den Einsatz in *explosionsgefährdeten Anlagen.*

Die verschieden konzipierten Geräte dienen der Messung von Druck und zur Wandlung des Druckes in ein pneumatisches Einheitssignal von 0,2 bis 1,0 bar. Die Druckmeßumformer eignen sich für flüssige, gas- und dampfförmige Meßstoffe. Ihre Meßspanne beträgt nach [2.23] 0,016 bis 100 bar. Sie werden auch zur Füllstandmessung in drucklosen Behältern angewendet.

Bedingt durch das überlastsichere Membranmeßelement (4) sind Druckspitzen ohne Folgen auf die Meßsicherheit (Bild 2.23).

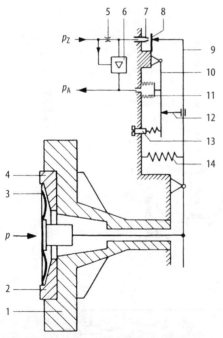

Bild 2.23. Pneumatischer Flansch-Meßumformer für Druck (nach [2.33]). *p* Meßdruck, p_A Ausgangssignal, p_Z Hilfsenergie, *1* Anschlußflansch, *2* Gehäuse, *3* Metall-Membran, *4* Membran-Meßelement, *5* Düsenstock, *6* Verstärker, *7* Auslaßdüse, *8* Prallplatte, *9* Waagebalken, *10* Kompensationshebel, *11* Kompensationsbalg, *12* Druckstück mit Feststellschraube, *13* Nullpunkteinstellschraube, *14* Feder für die Meßanfangverschiebung

Der zu messende Druck *p* erzeugt über die Fläche der Membran (3) eine Kraft, die in ein dem Druck *p* proportionales Ausgangssignal p_A umgeformt wird.

Der Druck p_z der Hilfsenergie beträgt 1,4 bar. Der Luftverbrauch liegt im Bereich $\leq 0,15\ \mathrm{m_n^3/h}$, im Beharrungszustand. Die Abweichung von der linearen Kennlinie liegt unter 0,5% der Festpunkteinstellung. Die Hysterese beträgt $\leq 0,4\%$ in Abhängigkeit von der Meßspanne. Die zulässige Umgebungstemperatur kann –10 °C bis +120 °C und die Betriebstemperatur des Meßmediums –10 °C bis +150 °C betragen [2.33].

2.2.4
Intelligente Druckmeßeinrichtungen und Meßsignalverarbeitung

Die Bezeichnung intelligente Meßeinrichtung ist nicht standardisiert [2.2, 2.38]. Sie wird bei Druckmeßeinrichtungen angewendet, um im Vergleich zu traditionellen Meßeinrichtungen (Ausgabe des zumeist analogen Meßwertes im standardisierten Signalbereich 4 … 20 A) auf zusätzliche Eigenschaften hinzuweisen [2.39–2.58]. Diese zur Grundfunktion des Messens zusätzlichen Eigenschaften erstrecken sich z.B. auf die Meßwertverarbeitung, Parameteranpassung und Kommunikation Mensch-Maschine (Bild 2.24). Die mit der Meßwertgewinnung gekoppelten Funktionen, z.B. Linearisierung der Kennlinie, Kompensation von unerwünschten Einflüssen, Verstärkung des Meßsignals, Verschiebung der Kennlinie werden von traditionellen und auch von intelligenten Druckmeßeinrichtungen realisiert [2.39, 2.41, 2.45, 2.46, 2.48]. Die wesentlichen Vorteile intelligenter Druckmeßeinrichtungen ergeben sich aus der durchgängigen Nutzung gemessener und digitalisierter Prozeßgrößen – von der Meßwertaufnahme bis zur Signalauswertung in unterschiedlichen Hierarchieebenen – über ein standardisiertes *Bussystem* [2.43, 2.45–2.47] (s. Teil D). Die dabei bisher eingesetzten Meßeinrichtungen mit analogen Schaltungen zur Meßwerterfassung und Signalkodierung werden durch innere, überwiegend rechentechnische Mittel ergänzt (Bild 2.25).

Ausgewählte *Vorteile*: Neben der aus der Digitalisierung des Meßsignals sich erge

Bild 2.24. Funktionen einer intelligenten Druckmeßeinrichtung [2.41]

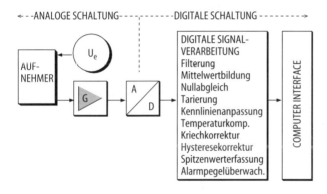

Bild 2.25. Struktur intelligenter Meßeinrichtungen [2.56]. Umsetzung analoger Prozeßinformationen und digitale Signalverarbeitung

benden vorteilhaften Informationsverarbeitung bietet die Anwendung intelligenter Druckmeßwandler auch bezüglich verschiedener Möglichkeiten der Bedienung z.B. folgende *Vorteile* [2.45, 2.49, 2.59]:

– Parametrierung von Feldgeräten aus dem Leitstand,
– Fehlerdiagnose,
– aktive Anpassung des Ausgangssignalbereichs an sich ändernde Prozeßbedingungen.

Dazu wird von mehreren Druckmeßgeräteherstellern das HART(Highway Addressable Remonte Transducer)-*Kommunikations-Protokoll* eingesetzt [2.5, 2.45, 2.49]. Dieses Protokoll basiert auf dem Kommunikationsstandard Bell 202 und überträgt die Signale nach dem Prinzip der *Frequenzumta-*

stung (Frequency Shift Keying, FSK-Technik). In der HART-Nutzergruppe wirken gegenwärtig nahezu 60 Firmen auf internationaler Ebene mit [2.46].

Das HART-Kommunikations-Protokoll ermöglicht gleichzeitig eine analoge und digitale Kommunikation. Über die analogen Signale (4 … 20 mA) wird die Prozeßinformation und über das digitale Signal die bidirektionale Kommunikation, z.B. zwischen dem Prozeßleitstand und einem Feldgerät, gewährleistet.

Bedingt durch die Übertragung der analogen Prozeßsignale können zwischen Druckwandler und Ort der Signalnutzung auch mit analogen Signalen arbeitende Einrichtungen angewendet werden.

Die mit dem HART-Kommunikations-Protokoll übertragbare Datenrate kann

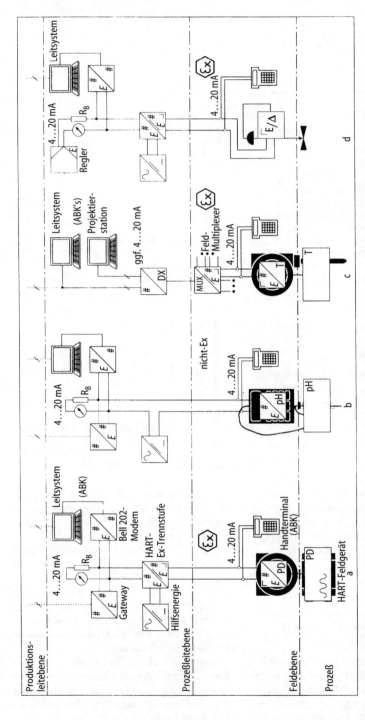

Bild 2.26. Betriebsart Punkt-zu-Punkt mittels HART-Kompensationsprotokoll [2.46]. ABK Anzeige-Bedien-Komponente, R_B Gesamtbürde im Kommunikationskreis

1200 bit/s erreichen. Bis zu Entfernungen von 1500 m sind 0,2 mm² und bis zu Entfernungen von 3000 m 0,5 mm² einfach geschirmte Zweidraht-Adernpaare zulässig. Die Gesamtbürde im Kommunikationskreis soll im Bereich von 230 bis 1100 Ω liegen (Bild 2.26). Die Reaktionszeit für eine Bedienkommunikation beträgt 500 ms pro Feldgerät. Außer der Punkt-zu-Punkt-Betriebsart ist auch eine Betriebsart *Multidrop* möglich (Bild 2.27). Diese Betriebsart erfordert ein Adernpaar sowie gegebenenfalls eine Extrennung und eine Hilfsenergieversorgung für bis zu 15 Feldgeräte [2.46]. Damit besteht auch die Möglichkeit Geräte über Telefonverbindungen kommunizieren zu lassen, was eine Verbindung Leitsystem-Feldgerät zuläßt.

Außer dem HART-Kommunikations-Protokoll werden zur Kommunikation Standard-Schnittstellen, z.B. RS 232, RS 422, RS 485 und IEE 448 [2.5] sowie der DIN-Meßbus [2.54, 2.55], angeboten (Kap. D 1.4).

Ausgewählte Vorteile intelligenter Druckmeßeinrichtungen werden im folgenden anhand der Druckmeßumformer LD 301 [2.45, 2.48] und ST 3000 [2.2, 2.52, 2.53] aufgezeigt. Beide Druckmeßumformer sind zur Differenzdruck-, Überdruck-, Absolutdruck-, Füllstand- und Durchflußmessung geeignet. Darüber hinaus verfügen sie über die Möglichkeit, Regelungen mittels PID-Regelalgorithmus auszuführen [2.48, 2.53]. Das Prozeßmedium kann Flüssigkeit, Dampf oder Gas sein. Die dafür geeigneten Bauteile, die mit dem Prozeßmedium in Berührung kommen, werden aus entsprechenden Werkstoffen bereitgestellt.

Beim Druckmeßumformer LD 301 wird ein kapazitiver Druckwandler eingesetzt (Bild 2.15). Die Membran wird durch den sich ändernden Prozeßdruck ausgelenkt. Ist der Bezugsdruck ein beliebiger zweiter Prozeßdruck, wirkt der Druckwandler als Differenzdruckwandler. Ist der Bezugsdruck der atmosphärische Druck, entsteht

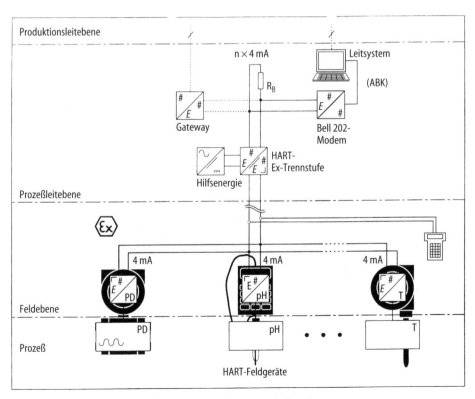

Bild 2.27. Betriebsart Multidrop mittels HART-Kommunikationsprotokoll [2.46]

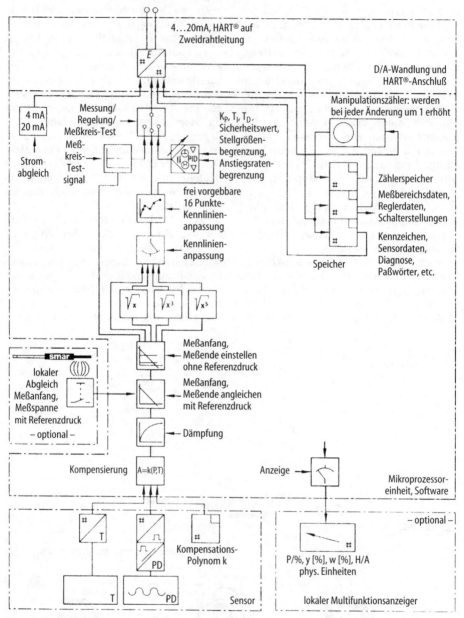

Bild 2.28. Blockschaltbild des Druckmeßumformers LD 301 [2.46]

ein Überdruckwandler und bei Vakuum als Bezugsdruck wird er zum Absolutdruckwandler.

Zur *Füllstandmessung* ist der Prozeßdruckanschluß des Druckwandlers mit einem speziellen Flansch (DIN 2501 oder ANSI B 16.5) zu versehen, wobei die Bezugsdruckseite offen bleiben und dem atmosphärischen Druck oder dem Druck oberhalb des Füllstandes eines Behälters ausgesetzt sein kann.

In der Meßzelle des Druckmeßwandlers befindet sich außer dem kapazitiven Wandler ein integrierter Temperaturfühler und ein Datenspeicher für sämtliche Daten zur kontinuierlichen Kompensation (Bild 2.28). Dadurch, daß die infolge einer Druckänderung entstehende Kapazitätsdifferenz die Grundfrequenz eines Impulserzeugers beeinflußt, entsteht unmittelbar ein der Druckänderung zuzuordnendes Frequenzsignal. Dieses Signal wird vom Mikroprozessorsystem verarbeitet. Die von dem Temperaturmeßfühler erfaßte Temperatur des Druckwandlers wird durch den Mikroprozessor zur Temperaturkompensation des Drucksignals genutzt. Die anschließenden Verarbeitungseinheiten legen lediglich fest, wie das Einsatzsignal 4 bis 20 A am Ausgang des Druckmeßwandlers das Drucksignal wiedergeben soll [2.48].

Weitere Einflußmöglichkeiten auf das Meßsignal ergeben sich durch Einstellen und Abgleichen des Meßbereichs, wodurch der Bezug zwischen Druck und Ausgangsstrom hergestellt wird. Dazu dient ein Einstellwerkzeug oder bei Verwendung des HART-Kommunikations-Protokolls ein Handterminal. Bei anliegendem Referenzdruck wird das Ausgangssignal auf 4 mA oder 20 mA gesetzt. Damit ist der Druckmeßumformer abgeglichen [2.45, 2.48].

Bei Nutzung des HART-Kommunikations-Protokolls sind darüber hinaus die gespeicherten Daten, z. B. über Meßanfang, Meßende, Dämpfung, Reglerkonstanten, mathematische Funktionen und Kennzeichnung, verwendbar. Die Daten über die Kennzeichnung dienen der Identifikation und Dokumentation des Druckwandlers.

Kennlinienanpassungen sind z.B. bei Durchflußmessungen in Rohren, offenen Gerinnen, bei Füllstandmessungen für verschieden geformte Behälter mit vorprogrammierten Funktionen sowie bei der freien 16-Punkt-Anpassung möglich, um lineares Verhalten des Ausgangssignals zu erreichen [2.48].

Die einstellbare PID-Regelfunktion ersetzt in einfachen Regelkreisen den Regler (Bild 2.29). Der gemessene Druck ist am lokalen Anzeiger alternierend mit dem Stellsignal abzulesen. Über eine einzige HART-Anschaltung werden Sollwert, Istwert und Stellwert in der Warte zur Veränderung bzw. Überwachung verfügbar [2.48]. Noch größer sind die Einsparungen an Installationen und entsprechendem Material bei

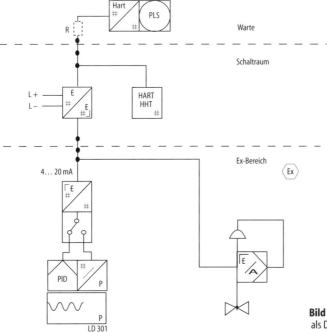

Bild 2.29. Druckmeßumformer LD 301 als Druckmeßglied und Regler [2.48]

Einsatz des Druckmeßumformers im exfreien Feld durch die Betriebsart Multidrop bei gleichzeitiger Realisierung von Reglerfunktionen (Bild 2.30). Auch beim Druckmeßumformer ST 3000 (SMART TRANSMITTER) wird ein amplitudenanaloges Stromsignal im Bereich von 4 bis 20 mA für die Nutzung eines Zweileiter-Adernpaares bereitgestellt [2.52, 2.53, 2.60]. Ein piezoresistiver Multimeßwandler erfaßt die Meßgröße Druck, den statischen Druck und die auf den Druckwandler einwirkende Temperatur als Einflußgröße zur Kennlinienkorrektur (Bild 2.31a). Meßmembran und Meßelemente sind aus Silizium mit Hilfe der Planartechnologie hergestellt. Die Meßzelle wird im Rahmen der Fertigung auf die Kennwerte der Linearität, des Einflusses von statischem Druck und Temperatur vorprogrammiert, so daß mittels einer Korrekturrechnung ein sehr genaues und gut reproduzierbares Signal des Druckes erreicht wird. Die hauptsächlich bei der Fehlergrenze, beim Temperaturverhalten, bei der Abhängigkeit vom statischen Druck und bei der

zeitlichen Stabilität des Druckmeßumformers erreichten Kennwerte ergeben – im Vergleich zu traditionellen Druckmeßumformern – in der Summe eine Verbesserung der Meßgenauigkeit (Bild 2.31b) unter typischen Einsatzbedingungen um den Faktor drei bis fünf im Vergleichszeitraum eines Jahres [2.52].

Im *Pulsmodulator* (Bild 2.32) werden die amplitudenanalogen elektrischen Zwischenabbildsignale in pulsweitenmodulierte Digitalsignale umgesetzt. Dabei erfolgt eine automatische Verstärkungsänderung, um das hohe Auflösungsvermögen der Einheitssignale in Verbindung mit dem großen Meßbereichsumfang von 400 : 1 zu gewährleisten [2.2, 2.52].

Bei konventionellen Druckmeßwandlern wird zumeist ein Meßbereichsumfang von 6 : 1 realisiert.

Hinsichtlich der Einstellung und Anpassung verfügt der ST 3000 über ähnliche Möglichkeiten, wie sie beim LD 301 dargestellt wurden. Der dazu verwendete Smart-Field-Communicator (SFC) ist eine Dialog-

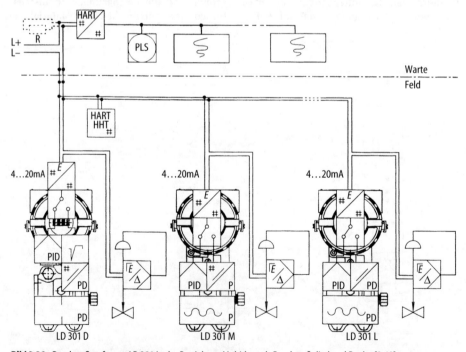

Bild 2.30. Druckmeßumformer LD 301 in der Betriebsart Multidrop als Druckmeßglied und Regler [2.48]. *HARTHHT* = HART-Handterminal, *R* = Bürdenwiderstand

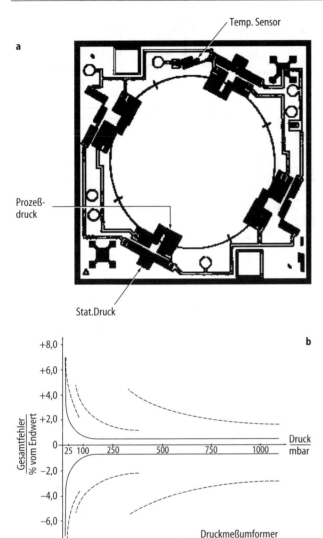

Temp. Sensor

a

Prozeß-
druck

Stat.Druck

Bild 2.31. Multimeßwandler des Druckmeßwandlers ST 3000 [2.60].
a Meßgrößen und Anordnung der Meßelemente auf der Membran,
b Gesamtfehler der Baureihe ST 3000 für maximalen Meßbereich-Endwert 1 bar im Vergleich zu konventionellen Druckmeßumformern

—— Druckmeßumformer Baureihe ST3000
- - - - Heutige Druckmeßumformer

Einheit, die ebenfalls über Zweidrahtleitung aufgeschaltet werden kann [2.52, 2.53].

2.2.5
Meßanordnungen zur Druckmessung

Für die zu messenden Drücke (s.a. Bild 2.2):
- Absolutdruck,
- Relativdruck, Überdruck,
- Differenzdruck

werden auch entsprechende Geräte bereitgestellt [2.3-2.6].

Moderne Geräte (s.a. Abschn. 2.2.4) ermöglichen durch entsprechende Beschaltung oder Ausrüstung mit ergänzenden Funktionseinheiten außer der Druckmessung auch das Messen von Füllständen und Durchflüssen.

Absolutdruckaufnehmer messen den Druck gegen einen idealen konstanten Bezugsdruck oder gegen ein Vakuum. Bei der Anwendung eines Bezugsdruckes sind besondere Maßnahmen zur Temperaturkom-

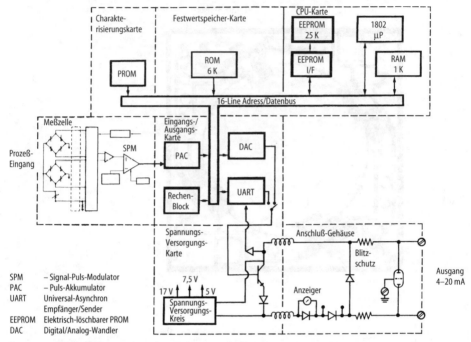

Bild 2.32. Signalverarbeitung im Druckmeßumformer ST 3000 [2.60]

pensation erforderlich, um die temperatur-bedingten Druckschwankungen auszugleichen.

Differenzdruckaufnehmer können als Bezugsdruck haben [2.19]:

– atmosphärischen Druck

oder

– Druck innerhalb eines gegebenen Bezugsbereichs.

Differenzdruckaufnehmer, bei denen der Bezugsdruck der atmosphärische Druck ist, werden Relativdruckaufnehmer genannt.

Absolutdruckaufnehmer werden zur Luftdruckmessung verwendet. Sie wirken als Barometer.

Relativdruckaufnehmer werden z.B. zur Füllstandmessung, Drucküberwachung in Anlagen, Einstellung von Brennstoffeinspritzanlagen und in Wasserkraftanlagen eingesetzt.

Sie werden nur für Drücke bis 10 bar benötigt. Für höhere Drücke können Absolutdruckaufnehmer eingesetzt werden, weil

bei hohen Drücken der durch den atmosphärischen Druck verursachte Fehler allgemein vernachlässigbar ist.

Zur Druckdifferenzmessung – insbesondere wenn die Meßpunkte nicht beieinander liegen – ist es oft günstiger, zwei Absolutdruckaufnehmer anstelle eines Differenzdruckaufnehmers einzusetzen. Dadurch entfallen lange Leitungsverbindungen, um beide Drücke an den Meßort zu bringen. Darüber hinaus ist mit längeren Leitungen eine Verschlechterung des dynamischen Verhaltens des Meßsystems verbunden [2.19]. Auch erübrigt sich beim Einsatz von Absolutdruckaufnehmern zur Differenzdruckmessung mitunter die Notwendigkeit eines Überdruckschutzes.

Soll z.B. eine Druckdifferenz von 20 bar bei einem gemeinsamen Bezugsdruck von 80 bar gemessen werden, können zwei Absolutdruckaufnehmer für 100 bar verwendet werden [2.19]. Der gemeinsame Bezugsdruck kann mittels einer entsprechenden Nullpunktunterdrückung auf dem Verstärker elektrisch eingestellt werden. Durch eine geeignete Verstärkereinstellung kann ein Vollausschlag bei 20 bar erreicht werden. Sollte der Druck an einem Meßpunkt auf Null absinken, kann nichts zerstört werden (evtl. geht der Verstärker in die Sättigung). Ein Differenzdruckaufnehmer für ± 20 bar würde ohne besondere Überdrucksicherung durch derartige Schwankungen zerstört werden [2.19].

Zur Messung von Drücken in gasförmigen, flüssigen oder dampfförmigen Medien (Tab. 2.4) werden zumeist symmetrische Anordnungen der erforderlichen Geräte und Armaturen gewählt [2.2]. Die Meßleitungen zum Meßumformer sollen bei Flüssigkeiten und Gasen ein Gefälle von 8 … 10 cm/m aufweisen, damit bei Flüssigkeiten Gasblasen und bei Gasen Flüssigkeitstropfen in den Leitungen vermieden werden [2.61]. Die Leitungen sind darüber hinaus parallel nebeneinander zu montieren, um Unterschiede durch Temperatureinflüsse zu vermeiden.

Hinsichtlich der Möglichkeiten zur Reduzierung von Fehlern gilt [2.61]:

– symmetrischer Aufbau, insbesondere bei Differenzdruckumformern, ist anzustreben,
– Vermeidung von temperaturspeichernden Masseanhäufungen im Leitungsbereich,
– Minimieren der Volumina von Mittlerflüssigkeiten.

Weiterhin sind zu berücksichtigen [2.61]:

– statischer Druck (üblicher Zusatzfehler ±0,36 % der Meßspanne je 10 Mpa),
– Schwankungen der Versorgungsenergie (üblicher Zusatzfehler ±0,05% der Spanne je 10% Änderung der Versorgungsenergie),
– Bürdenänderung (Zusatzfehler ist vom Signalpegel abhängig).

Bei der Wahl des Meßortes für Druckmessungen ist zu beachten:

– Die Rohrwand muß in der Nähe der Meßstelle innen hydraulisch glatt sein und die Meßstelle soll auf einem gradlinigen Rohrstück der Länge $l > 10\ D$ (D

Rohrdurchmesser) angebracht sein.
– Im Falle nicht eindeutiger Strömungsverhältnisse sind mehrere Meßstellen zur Bestimmung eines Mittelwertes erforderlich.
– Alle Meßleitungen sind so kurz wie möglich zu halten.

Bewährte Meßanordnungen sind in VDI/VDE 3512 Bl. 3 für verschiedene Meßstoffe zusammengestellt und sollen hier nicht weiter behandelt werden.

2.2.6
Meßanordnungen zur Füllstandmessung

Die bei der Füllstandmessung in Behältern zu bestimmende Größe, gegeben durch die Höhe des Meßstoffspiegels über einer vorgegebenen Bezugsebene, wird „Füllstand" genannt. Die Einheit für die Messung ist das Meter oder ein dezimaler Teil davon [VDI/VDE 3519 Bl. 1].

Der Meßbereich liegt zwischen einem definierten Anfangs- und Endwert, oder auch Meßanfang und Meßende (Tab. 2.5).

Der hydrostatische Druck (s.a. Abschn. 2.1.1 Gl. (2.1)) eines Meßstoffs (z.B. Flüssigkeit) ist ein Maß für den Füllstand. Der Anfangswert ist durch die Einbauhöhe h_0 des Meßwertaufnehmers oder durch den unteren Anschlußstutzen am Behälter festgelegt.

Bei *offenen Behältern* wird der hydrostatische Druck als Druck p gegen die Atmosphäre gemessen [2.61–2.66]. Dabei wird der atmosphärische Druck an der Oberfläche oder der Druck von Gasschichten nicht berücksichtigt [VDI/VDE 3519 Bl. 1].

Bei bekannter Dichte ρ_1 des Meßstoffes im Behälter ergibt sich für die Höhe h_x des Füllstandes ab Anfangswert h_0 (Tab. 2.5):

$$h_x = \frac{p}{g\rho_1} \qquad (2.23)$$

mit

p hydrostatischer Druck in Pa,
ρ_1 Dichte des Meßstoffes in kg/m³,
g Erdbeschleunigung 9,81 m/s² .

Zur Füllstandmessung in *geschlossenen Behältern* ist eine Differenzdruckmessung notwendig. Es sind zwei Druckentnahmestellen erforderlich (Tab. 2.5), weil auf den

Tabelle 2.4. Anordnung von Differenzdruckmeßumformern zur Meßstelle [2.2]
1 Rohrleitung; *2* Druckmeßumformer; *3* Absperrventil; *4* Entwässerungsgefäß; *5* Ausblasventil; *6* Entlüftungsgefäß; *7* Kondensgefäß; *8* Meßleitung; *9* Ventilbatterie

Unterhalb der Meßstelle	Oberhalb der Meßstelle

Für gasförmige Meßmedien

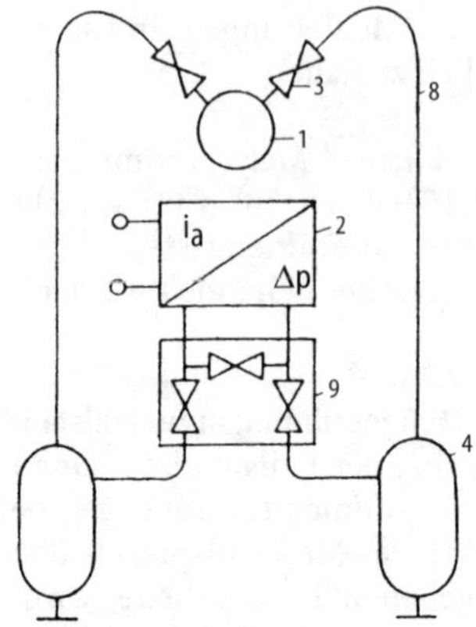

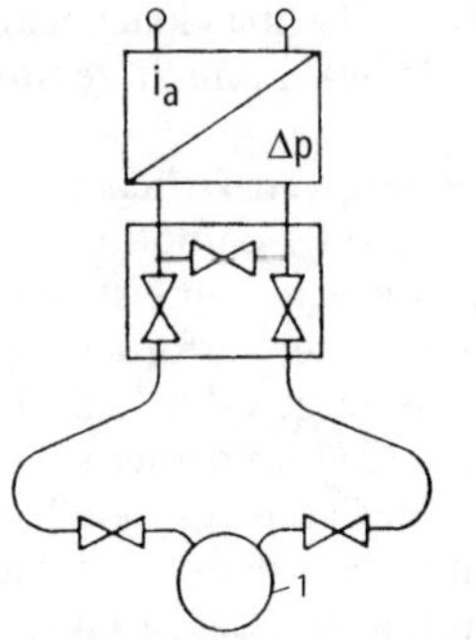

Für flüssige Meßmedien

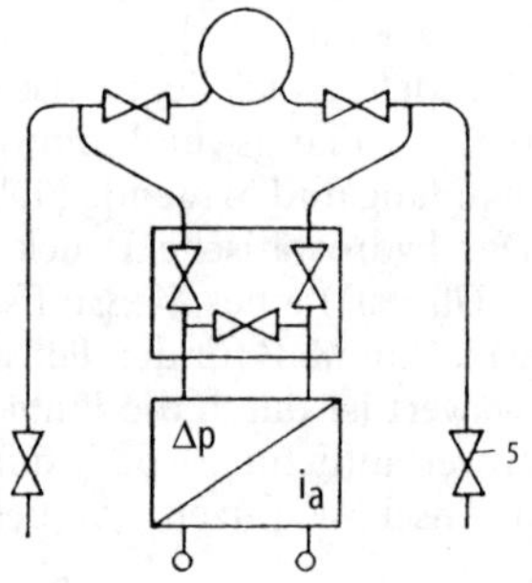

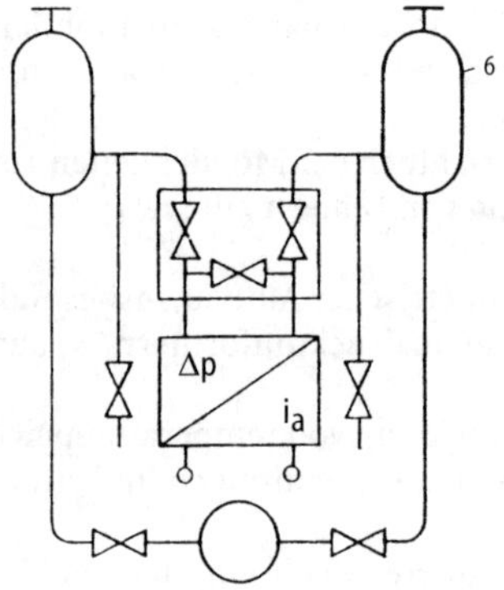

Für dampfförmige Meßmedien

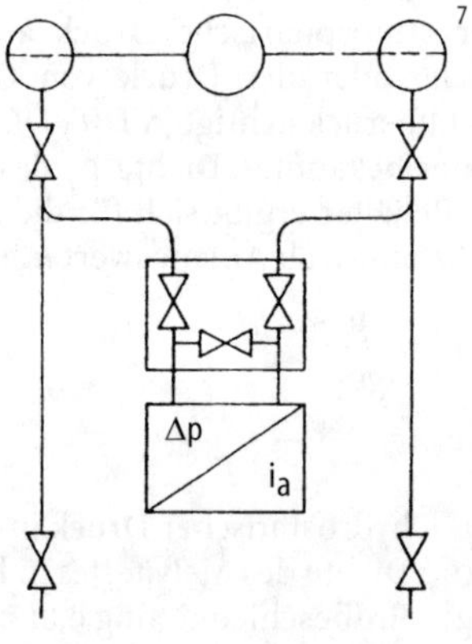

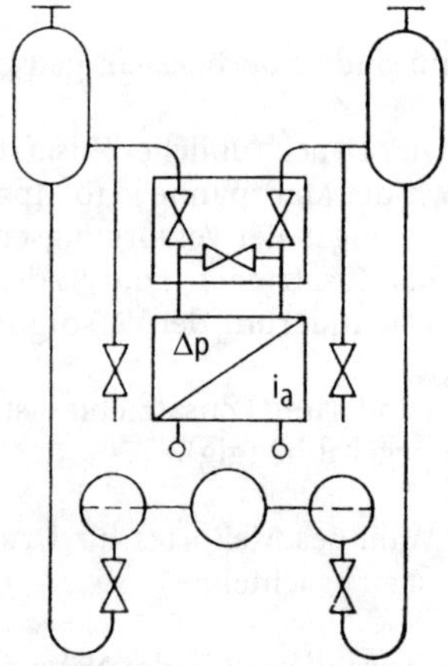

Tabelle 2.5. Prinzip der Füllstandmessung nach [VDI/VDE 3519 Bl. 1]

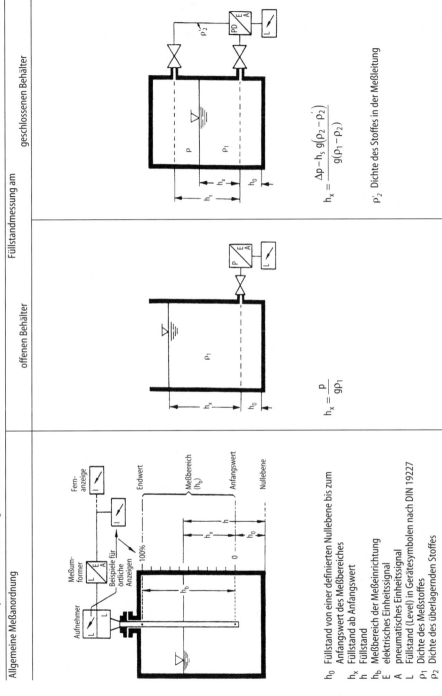

Füllstandmessung am

Allgemeine Meßanordnung | offenen Behälter | geschlossenen Behälter

$$h_x = \frac{p}{g\rho_1}$$

$$h_x = \frac{\Delta p - h_s\, g(\rho_2 - \rho_2')}{g(\rho_1 - \rho_2)}$$

ρ_2' Dichte des Stoffes in der Meßleitung

h_0 Füllstand von einer definierten Nullebene bis zum Anfangswert des Meßbereiches
h_x Füllstand ab Anfangswert
h Füllstand
h_b Meßbereich der Meßeinrichtung
E elektrisches Einheitssignal
A pneumatisches Einheitssignal
L Füllstand (Level) in Gerätesymbolen nach DIN 19227
ρ_1 Dichte des Meßstoffes
ρ_2 Dichte des überlagernden Stoffes

Behälterboden der Gesamtdruck aus dem hydrostatischen und überlagerten Druck wirkt [2.63, VDI/VDE 3519 Bl. 1]. Hierfür gilt (Tab. 2.5):

$$h_x = \frac{\Delta p - h_s g(\rho_2 - \rho_2')}{g(\rho_1 - \rho_2)} \qquad (2.24)$$

mit

Δp	Druckdifferenz,
h_s	Abstand zwischen den Meßpunkten in m,
ρ_1, ρ_2	Dichte der Meßstoffe in kg/m³,
r¢2	Dichte des Meßstoffes in der Meßleitung in kg/m³,
g	Erdbeschleunigung .

Eine umfassende Zusammenstellung für mögliche Anordnungen zur Füllstandmessung in offenen und geschlossenen Behältern wird in der VDI/VDE 3519 Bl. 1 angegeben. Darüber hinaus sind in den Datenblättern der Druckmeßwandler zumeist ausführliche Beispiele für den Einsatz zur Füllstandmessung angegeben. Die Datenblätter enthalten auch Kalibriervorschriften.

Literatur

2.1 Töpfer H (1988) Funktionseinheiten der Automatisierungstechnik: elektrisch, pneumatisch, hydraulisch. 5. stark bearb. Aufl., Verlag Technik, Berlin

2.2 Pfeifer G, Wertschützky R (1989) Drucksensoren. Verlag Technik, Berlin

2.3 Hart H (1989) Einführung in die Meßtechnik. 5. durchges. Aufl., Verlag Technik, Berlin

2.4 Strohrmann G (1993) atp-Marktanalyse Druckmeßtechnik (Teil 1). atp – Automatisierungstechnische Praxis 35/6:337–348

2.5 – (1993) atp-Marktanalyse Druckmeßtechnik (Teil 2). atp – Automatisierungstechnische Praxis 35/7:386–401

2.6 – (1993) atp-Marktanalyse Druckmeßtechnik (Teil 3). atp – Automatisierungstechnische Praxis 35/8:467–475

2.7 – (1985) atp-Marktanalyse: Meßumformer für Druck und Druckdifferenz. atp – Automatisierungstechnische Praxis 27/1:6-16

2.8 – (1985) atp-Marktanalyse : Meßumformer für Druck und Druckdifferenz. atp – Automatisierungstechnische Praxis 27/2:57-63

2.9 Hoffmann D (1986) Handbuch Meßtechnik und Qualitätssicherung. 3. Aufl., Verlag Technik, Berlin S 349–362

2.10 Benez Hj (1994) Bedeutung moderner Sensorenentwicklung für die Wirtschaft. atp – Automatisierungstechnische Praxis 36/6:9–10

2.11 Hellwig R (1986) Übersicht über verschiedene Aufnehmerprinzipien für elektrische Druckmessung. In: Sensoren: Meßaufnehmer 1986, Bonfig KW (Hrsg), (Symposium 10.-12. Juni 1986), Technische Akademie Esslingen, Ostfildern, S 2.1–2.29

2.12 Wuest W (1992) Messung hydrostatischer und hydrodynamischer Größen. In: Handbuch der industriellen Meßtechnik, Profos P, Pfeifer T (Hrsg), 5. völlig überarb. und erw. Aufl., Oldenbourg, München Wien S 771–795

2.13 Weißler GA (1990) Ein neuer Druckaufnehmer mit Meßelement in CVD-Technik. In: Handbuch zur Druckmeßtechnik. 3. Aufl., Imo Industrie, Reichelsheim S 5.1–5.16

2.14 Paetow J (1988) Druckmeßgeräte nach dem induktiven und dem Dehnungsmeßstreifen-Prinzip. In: Technische Druck-und Kraftmessung, Bonfig KW (Hrsg), (Kontakt Studium 254), expert, Ehningen S 29–45

2.15 Schaumburg H (1992) Sensoren (mit Tabellen). Werkstoffe und Bauelemente der Elektronik 3, Teubner, Stuttgart

2.16 Vaughan J (1978) Anwendungen von B- und K-Geräten für Dehnungsmessungen. Brüel und Kjaer, Naerum (Dänemark)

2.17 Hoffmann K (1986) Dehnungsmeßstreifen, ein universelles Hilfsmittel der experimentellen Spannungsanalyse: Darstellung der Bauformen, Applikationsverfahren und Eigenschaften nach Gesichtspunkten einer zweckdienlichen Typenwahl, Hottinger B (Hrsg), Meßtechnik GmbH, Darmstadt

2.18 Jäntsch O, Poppinger M (1993) Piezowiderstandseffekt. In: Sensorik. Hrsg.: Heywang, W. 4. neubearb. Aufl., Springer, Berlin Heidelberg New York. S 95–118

2.19 Winteler HR, Gautschi GH, Piezoresistive Druckaufnehmer. Sonderdruck: Theoretische Grundlagen, Konzepte und Anwendungen piezoresistiver Halbleiter-Druckaufnehmer, Kistler, Winterthur (Schweiz)

2.20 Schmidt N (1986) Integration von Elektronik in Sensoren für Druck und Temperatur. Beitrag AFK '86 (Aachener Fluidtechnisches Kolloquium, 1986)

2.21 Obermeier H (1989) Kapazitive Abgriffsysteme auf keramischer Basis. In: Sensoren: Meßaufnehmer 1989, Bonfig KW (Hrsg). (Symposium 30.5.–1.6.1989), Technische Akademie Esslingen S 3.1–3.26

2.22 Sieber P (1988) Druckmeßumformer für industriellen Einsatz. In: Technische Druck- und Kraftmessung Bonfig KW (Hrsg), (Kontakt und Studium 254), expert, Ehningen S 91–123

2.23 Wespi T (1992) Elektronische Druckmessung: Welcher Sensor für welche Anwendung? Sonderbericht aus MSR Magazin 3–4 / Haenni, Stuttgart

2.24 Haase H-J (1986) Industrieller piezoresistiver Druck-Meßumformer. - In: Sensoren: Meßaufnehmer 1986, (Symposium 10.–12.6. 1986), Technische Akademie Esslingen S 4.1–4.6

2.25 Cerabar – Überlastfester Drucktransmitter für Gase, Dämpfe, Flüssigkeiten und Stäube. Systeminformation SI 004/00/d/ 05.91 / Endress und Hauser, Maulburg

2.26 VEGADIF 42. VEGADIF 43. TIB Technische Information/Betriebsanleitung, VEGA Grieshaber, Schiltach

2.27 Typenreihe 1151: Elektrische Meßumformer für Differentialdruck–Druck–Absolutdruck. Datenblatt PDS 2256/57/58/60/61 Rev. 4/93 / Rosemount, Weßling

2.28 Uni \Delta MARK II: Elektronischer Differenzdruck-Meßumformer. Bulletin 1 C5A2-D-H), Yokogawa Deutschland, Ratingen

2.29 Druckmeßumformer mit Plattenfeder Typ 4 API-50. Typenblatt 13.250. In: Druckmeßtechnik. JUMO Mess- und Regeltechnik/ Juchheim, Fulda

2.30 FC X Smart Traditional Convertible Transmitters (Prospekt). PMV Meß- und Regeltechnik, Kaarst (FUSI Elektric. ECVO:605a. Fuji Instrumentund Control, 1992)

2.31 DPX Meßumformer für Differenzdruck, Druck, Durchfluß und Füllstand (Prospekt). Fischer und Porter, Göttingen

2.32 Contrans P - Meßumformer ASK 800 für Differenzdruck, Durchfluß und Füllstand. Gebrauchsanweisung 42/15-990-2, Schoppe und Faeser, Minden

2.33 Pneumatischer Flansch-Meßumformer für Druck: Typ 814. Typenblatt T 7554, zugehöriges Übersichtsbl. T 7500 Ausg. Juli 1988, Samson Meß- und Regeltechnik, Frankfurt/Main

2.34 Martini KH (1988) Piezoelektrische und piezoresistive Druckmeßverfahren. In: Technische Druck- und Kraftmessung, Bonfig KW (Hrsg) (Kontakt und Studium, 254), expert, Ehningen S 46–89

2.35 Gutnikov VS, Lenk A, Mende U (1984) Sensorelektronik. Verlag Technik, Berlin

2.36 Schnell G (Hrsg) (1991) Sensoren in der Automatisierungstechnik. Viehweg, Braunschweig

2.37 Kail R, Mahr W (1984) Piezoelektrische Meßgeräte und ihre Anwendungen. Messen und Prüfen, Sonderdruck aus 20:7–12, Kistler, Ostfildern

2.38 Hauptmann P (1987) Sensoren – Entwicklungsstand und Tedenzen. Wissenschaft und Forschung 37:4/90–91

2.39 Scholz W, Balling H (1993) Interkama '92 : Intelligente Meßumformer für die Prozeßmeßtechnik. tm – Technisches Messen 60:4/157–161

2.40 Hills (1993) F Intelligente und smarte Sensoren integrieren sich in industrielle Netzwerke. - In: Sensoren und Mikroelektronik : Wegweisende, serienreife neue Produkte und Verfahren Bonfig KW (Hrsg.) expert-Verl., Ehningen S. 93-125 (Sensorik ; 3)

2.41 Töpfer H (1992) Auf dem Wege vom einschleifigen Regelkreis zur universellen Leittechnik. atp – Automatisierungstechnische Praxis 34:11/611–616

2.42 Produkt-Übersicht (1991) Druck- und Differenzdruckmeßtechnik. Rosemount, Weßling

2.43 Preuss A (1992) Smart/HART-Kommunikation für Prozeßmeßgeräte. tm – Technisches Messen 59:9/361–366

2.44 Raab H (1991) Zur Struktur der Anzeige-Bedienoberfläche digitaler Sensorsysteme. atp – Automatisierungstechnische Praxis 33:2/166–173

2.45 Hesbacher A (1994) Prompte Bedienung: Neue Bedienphilosophien für Feldgeräte. Chemie Technik 23:2/24–26

2.46 HART Feld-Kommunikations-Protokoll: Einführung für Anwender und Hersteller (1992). HART-Nutzergruppe, Eden Prairie, Minn., USA

2.47 Stewen C: Intelligenz bis in die Sensorik: Trends der industriellen Kommunikation im Feldbereich. Einhefter Fa. Pilz, Ostfildern, Lesedienst-Kennziffer 53

2.48 Die Reihe LD 301: Intelligente Meßumformer für Differenzdruck, Überdruck, Absolutdruck und Füllstand mit Software-Regler (Prospekt) (1992), smar Meß- und Regeltechnik, Mainz

2.49 Schneider H-J (1995) Digitale Feldgeräte: Vorteile, Probleme und Anforderungen aus Anwendersicht. atp – Automatisierungstechnische Praxis 37:4/50–54

2.50 Cerabar S - Intelligenter Drucktransmitter mit Smart- Bedienkomfort und überlastfesten Meßzellen. Promotion SP 008P/00/d (1994), Endress und Hauser, Weil am Rhein

2.51 Elektrischer Differenzdruck-Meßumformer Typ K-SC. Datenblatt. S.15.S03/D Rev. A, Asea Brown Boveri, Kent, Taylor, Lenno (Italien)

2.52 Bradshaw A (1983) ST 3000 – „Intelligente" Druckmeßumformer. rtp – Regelungstechnische Praxis 25:12/531–535

2.53 ST 3000 Digitaler Meßumformer: Technische Spezifikation. D3V-55.4 (1989). Honeywell, Offenbach

2.54 DIN – Meßbus – Sensoren und Systemlösungen: DIN 66348 (1993). Burster Präzisionsmeßtechnik, Gernsbach

2.55 Raab H (1994) Ausfallinformation bei Digitalen Meßumformern mit analogem Ausgangssignal: Vereinheitlichung des Signalpegels. atp – Automatisierungstechnische Praxis 36:7/30–35

2.56 Kreuzer M: Neue Strukturen bei Meßverstärkern. Sonderdruck MD 9202, Hottinger Baldwin Meßtechnik, Darmstadt

2.57 Philipps M: Industrielle Meßwerterfassung, Dezentrale Signalverarbeitung in SPS-Systemen. Sonderdruck aus: Der Konstrukteur 6/93 MD 9306. Hottinger Baldwin Meßtechnik, Darmstadt

2.58 Kehrer R: Präzision im Industrie-Design. Sonderdruck MD 9203, Hottinger Baldwin Meßtechnik, Darmstadt

2.59 Hesbacher A (1994) Feldbus: Lösung in Sicht? Chemie Technik 23:11/76–78

2.60 Eine fortschrittliche Meßumformer-Linie ST 3000. Persönliche Informationen (1994): ICP-Programm, Druckmeßumformer. Honeywell, Premnitz

2.61 Götte K, Hart H, Jeschke G (Hrsg) (1982) Taschenbuch Betriebsmeßtechnik. 2. stark bearb. Aufl., Verlag Technik, Berlin S. 293–325

2.62 Auswahlkriterien für Druckaufnehmer. Sonderdruck MD 9302. Hottinger Baldwin Meßtechnik, Darmstadt

2.63 Differenzdruck-Meßumformer mit selbstüberwachender Keramikzeile und Prozeßanschluß nach DIN 19213. VEGADIF 30. TIB – Technische Information/Betriebsanleitung. VEGA Grieshaber, Schiltach

2.64 Deltabar – Meßumformer zur Messung von Differenzdruck, Durchfluß und Füllstand mit selbstüberwachender Meßzelle. System-Information SI 015 P/oo/d. Endress und Hauser, Maulburg

2.65 Contrans P – Meßumformer ASL 800 für Füllstand und Durchfluß. Gebrauchsanweisung 42/15–933. Schoppe und Faeser, Minden

2.66 Contrans P – Intelligente Meßumformer AS 800 für Druck, Differenzdruck, Durchfluß, Füllstand (Prospekt). Schoppe und Faeser, Minden

3 Beschleunigung

E. v. Hinüber

3.1
Einleitung

Die meßtechnische Erfassung von *translatorischen* und *rotatorischen* Beschleunigungen ist mit einer Vielzahl unterschiedlicher Sensorprinzipien möglich. Während die Bestimmung der auf einen bewegten Körper wirkenden Beschleunigung nach dem Stand des Wissens nur gemäß den Newtonschen Axiomen über die durch sie auf diesen Körper oder eine Hilfsmasse ausgeübte Kraft ermittelt werden kann, können zur Bestimmung der absoluten *Winkelgeschwindigkeit* (Drehrate) oder *Winkelbeschleunigung* sehr unterschiedliche physikalische Wirkmechanismen verwendet werden.

Um dem Anwender die Auswahl von für seinen Einsatz geeigneten Beschleunigungs- und Drehratensensoren zu erlauben, wird zunächst auf einige physikalische Randbedingungen eingegangen, bevor eine systematische Beschreibung einzelner Meßwertaufnehmer folgt.

Beschleunigung und Drehrate sind im hier betrachteten Kontext sogenannte absolute Meßgrößen. So erfaßt ein hinreichend genauer Drehratensensor, wenn seine sensitive Achse parallel zur Nord-Süd-Achse der Erde gerichtet ist, die Erddrehrate gegenüber dem ruhenden Fixsternsystem und somit wird trotz einer erdoberflächenfesten Montage des Sensors eine Drehrate von 15,04 deg/h gemessen, die sich aus der Eigendrehung der Erde und der Drehung der Erde um die Sonne zusammensetzt, was bei entsprechenden Applikationen gegebenenfalls berücksichtigt werden muß. Beim Einsatz von Beschleunigungsaufnehmern sind die Möglichkeiten von Störeinflüssen auf das Meßergebnis ebenfalls sorgfältig zu analysieren. So wirkt auf jeden Beschleunigungsaufnehmer stets die Gravitationsbeschleunigung, die in Erdnähe mit $g = 9,81$ m/s² angenähert werden kann. Wird ein Beschleunigungsaufnehmer um eine horizontale Achse im Erdschwerefeld während der Messung gedreht, so ist beispielsweise zu beachten, daß dann sein Ausgangssignal mit der Erdschwere g moduliert ist und diese gegebenenfalls kompensiert werden muß. Ebenfalls muß bei Präzisionsmessungen berücksichtigt werden, daß der Wert der Erdschwere in erster Näherung mit 3 μm/s² je Höhenmeter abnimmt. [3.17]

3.2
Messung translatorischer Beschleunigung

Alle Beschleunigungsaufnehmer (*engl.*: accelerometer) arbeiten nach demselben physikalischen Grundprinzip, das durch die *Newtonschen Axiome* beschrieben wird:

- Ein Körper, an dem keine äußeren Kräfte angreifen, befindet sich in Ruhe oder in gleichförmiger Bewegung.
- Eine äußere Kraft auf einen Festkörper konstanter Masse bewirkt eine Geschwindigkeitsänderung über der Zeit, die der Kraft proportional ist.

Ein körperfest montierter Beschleunigungsaufnehmer kann daher die Beschleunigung nur mittelbar über eine Kraftmessung ermitteln. Dabei wird die Kraft gemessen, die aufgrund der Beschleunigung auf eine Probemasse, die sogenannte seismische Masse, ausgeübt wird.

Technisch unterscheidet man zwischen Beschleunigungsaufnehmern in *Open-loop*-(Ausschlag-) und *Closed-loop*-(Kompensations-)Technik [3.1]. Konventionelle Open-loop-Beschleunigungsaufnehmer (vgl. Abschn. 3.2.1) bestehen aus einer Feder-Masse-Dämpfer-Anordnung. Wirkt über eine Beschleunigung eine Kraft auf die seismische Masse, so wird die Feder ausgelenkt und die Auslenkung, die sensorisch erfaßt wird, ist für kleine Auslenkungen proportional zur einwirkenden Beschleunigung. Solche Open-loop-Systeme zeichnen sich durch Robustheit, Überlastfestigkeit, hohe

Bandbreite und vergleichsweise geringe Fertigungskosten aus, jedoch ist die mit ihnen erreichbare Genauigkeit beispielsweise für Anwendungen in der Inertialmeßtechnik (Trägheitsnavigation), wo die Bewegungsbahn eines Körpers aus den auf ihn wirkenden Beschleunigungen bestimmt werden soll, nicht ausreichend. Fordert der Anwender eine hohe Linearität des Aufnehmers über einen großen Meßbereich, so sind Beschleunigungsaufnehmer nach dem Kompensationsverfahren einzusetzen, bei denen im geschlossenen Regelkreis (daher die Bezeichnung Closed-loop-Aufnehmer) aus der Auslenkung der seismischen Masse eine Kompensationskraft abgeleitet wird, die der Auslenkung entgegenwirkt und sie zu Null macht (Abschn. 3.2.2).

Während alle Sensoren nach dem Kompensationsverfahren in der Lage sind, auch konstante Beschleunigungen zu erfassen, ist es für den Konstrukteur wichtig, die bei einigen Realisierungen nach dem Ausschlagverfahren physikalisch bedingte untere Grenzfrequenz zu beachten (vgl. piezoelektrische Aufnehmer).

3.2.1
Beschleunigungsaufnehmer nach dem Ausschlagverfahren (Open-loop-Aufnehmer)
Jeder Beschleunigungsaufnehmer kann vereinfacht gemäß Bild 3.1 durch eine *seismische* Masse dargestellt werden, die über ein Federelement und ein Dämpferelement

an das Gehäuse angekoppelt ist. Außerdem ist ein Sensor erforderlich, mit dem die Relativbewegung zwischen der seismischen Masse und dem Gehäuse des Beschleunigungsaufnehmers gemessen werden kann. Beschleunigungsaufnehmer nach dem Ausschlagverfahren zeichnen sich dadurch aus, daß die Auslenkung der seismischen Masse detektiert und als Meßwert verwendet wird; sie werden daher auch als Open-loop-Aufnehmer bezeichnet, da die Auslenkung nicht wie beim Closed-loop-Aufnehmer zur aktiven Einspeisung einer Kompensationskraft auf die seismische Masse zurückgekoppelt wird (vgl. Abschn. 3.2.2). Nach dem eingesetzten Sensorprinzip unterscheidet man zwischen passiven Aufnehmern, bei denen beispielsweise ein ohmsches oder induktives Sensorelement verwendet wird, und aktiven Aufnehmern, beispielsweise mit einem piezoelektrischen Sensorelement.

3.2.1.1
Passive Beschleunigungsaufnehmer
Bei den passiven Beschleunigungsaufnehmern wird die durch die Beschleunigungskraft verursachte Auslenkung der seismischen Masse durch ein Wegmeßsystem in eine elektrische Größe umgesetzt. Daher sind sie in der Lage, auch statische Beschleunigungen zu messen. Verwendung finden dabei ohmsche Wegaufnehmer wie metallene oder Halbleiter-Dehnungsmeßstreifen in Halb- oder Vollbrückenschal-

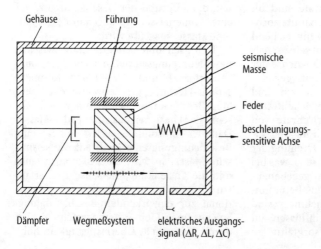

Bild 3.1. Prinzipieller Aufbau eines Aufnehmers für translatorische Beschleunigungen

tung. Zu dieser Klasse gehören auch die piezoresistiven Beschleunigungsaufnehmer, bei denen die durch die Beschleunigung verursachte Kraft der seismischen Masse in einem speziellen Halbleitermaterial eine Widerstandsänderung bewirkt. Außerdem werden induktive Aufnehmer dort eingesetzt, wo eine sehr hohe Meßempfindlichkeit bei gleichzeitig großer Überlastfestigkeit gefordert ist. Alternativ hierzu können auch kapazitive Wegaufnehmer verwendet werden [3.5].

Der Betrieb der passiven Beschleunigungsaufnehmer erfordert eine Hilfsenergie zur Messung der Widerstands-, Induktivitäts- oder Kapazitätsänderung.

Open-loop-Beschleunigungsaufnehmer werden in vielfältigen Varianten produziert. Als *mikromechanische* Sensoren sind sie in großen Stückzahlen vergleichsweise kostengünstig zu fertigen. Bild 3.2 zeigt einen solchen Sensor mit Differentialkondensator als Wegmeßsystem, bei dem die seismische Masse anisotrop aus einem Siliziumsubstrat herausgeätzt ist. Dabei gewährleistet die mechanische Eigenschaft des Siliziums, im elastischen Verformungsbereich keinen Ermüdungsbruch zu erleiden, eine hohe Lebenserwartung. Solche Sensoren werden z.B. für Airbag-Systeme eingesetzt.

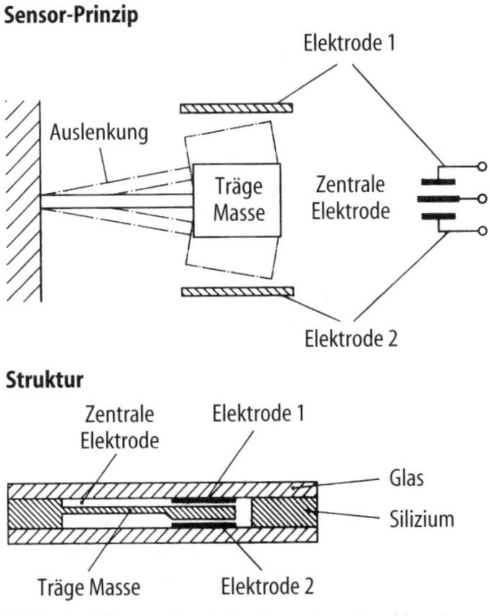

3.2.1.2
Aktive Beschleunigungsaufnehmer

Piezoelektrische Beschleunigungsaufnehmer gehören zur Gruppe der aktiven Sensoren; sie erzeugen ohne Hilfsenergie eine Meßspannung oder eine Meßladung. Bei einer Beschleunigung der seismischen Masse des Aufnehmers übt diese eine proportionale Druckkraft auf den piezoelektrischen Wandler aus und erzeugt damit an dessen Oberflächen eine der Beschleunigung proportionale elektrische Ladung. Zur Weiterverarbeitung dieses Meßsignals sind spezielle Ladungsverstärker mit hinreichend großen Eingangswiderständen erforderlich [3.5].

Infolge der vergleichsweise hohen *Systemeigenfrequenz* von 30 ... 50 kHz sind piezoelektrische Beschleunigungsaufnehmer besonders für hochfrequente Vorgänge im Bereich bis zu ca. 10 kHz und darüber geeignet. Zur Messung *statischer* Beschleunigungen ist ein solcher Aufnehmer ungeeignet, denn eine konstante Beschleunigung führt zu einer konstanten Ladung an der Oberfläche des piezoelektrischen Wandlers und diese Ladungstrennung nimmt durch die technisch bedingt nur endlichen Eingangs- und Isolationswiderstände von Verstärker, Sensor und Verkabelung über der Zeit exponentiell ab. Untere Grenzfrequenzen moderner piezoelektrischer Beschleunigungsaufnehmer liegen im Bereich von etwa 0,2 ... 2 Hz.

Die seismische Masse piezoelektrischer Beschleunigungsaufnehmer erfährt aufgrund der hohen Steifigkeit der Piezokeramik, die zugleich auch Feder und Dämpfer in sich vereinigt, nur eine äußerst geringe Wegauslenkung bis zu wenigen Mikrometern. Da sie daher dem Meßobjekt nur extrem wenig Hilfsenergie entziehen und somit weitestgehend rückwirkungsfrei arbeiten und sich außerdem durch große Bandbreite, niedriges Gewicht sowie geringe Abmessungen auszeichnen, liegen ihre Anwendungsgebiete im Messen von Vibrationen und Stoßvorgängen wie z.B. bei Crashtests im Automobilbereich, Rück-

Sensor-Prinzip

Struktur

Bild 3.2. Mikromechanischer Open-loop-Beschleunigungsaufnehmer. Oben links: Prinzip-Darstellung, oben rechts: Elektr. Ersatzschaltbild, unten: Struktur-Darstellung (nach Mannesmann-Kienzle)

schlagmessungen an Waffen oder der Schock- und Vibrationsprüfung von Bauteilen und Geräten [3.5].

3.2.1.3
Schwingstab-Beschleunigungsaufnehmer

Obwohl der physikalische Effekt, der diesem Beschleunigungsaufnehmer zugrunde liegt, seit langer Zeit bekannt ist, sind wirtschaftliche Realisierungen erst mit den technologischen Fortschritten der Mikromechanik möglich geworden. Das Meßprinzip kann folgendermaßen plausibel gemacht werden.

Stellt man sich ein mit kleiner Amplitude frei schwingendes Pendel im Schwerefeld der Erde vor, so ist seine Schwingfrequenz f_o neben der Pendellänge auch von der auf die seismische Pendelmasse wirkenden Erdschwerebeschleunigung g_o abhängig. Wird das frei schwingende Pendel zusätzlich in Lotrichtung mit einer Nutzbeschleunigung a_n nach oben beschleunigt, so ändert sich seine Frequenz gemäß

$$f_n = f_0 \sqrt{\frac{g_0 + a_n}{g_0}} \qquad (3.1)$$

und diese Frequenz kann als Maß für die wirkende Beschleunigung a_n verwendet werden. Technisch wird ein solcher Beschleunigungsaufnehmer durch zwei mikromechanische Doppel-Schwingstäbe aus mono- oder polykristallinem Silizium (*engl.*: Vibrating Beam Accelerometer) realisiert, die im Druck-Zug-Modus eine seismische Masse führen und durch jeweils einen kristallgesteuerten Oszillator auf konstante Amplitude geregelt werden (Bild 3.3). Die Differenzfrequenz beider Schwing-stäbe ist der Beschleunigung proportional. Das Sensorprinzip zeichnet sich durch hohe Zuverlässigkeit, große Überlastfestigkeit und die Verfügbarkeit eines frequenzanalogen und daher unmittelbar digitalisierbaren Ausgangssignals aus [3.3].

3.2.2
Beschleunigungsaufnehmer nach dem Kompensationsverfahren (Closed-loop-Aufnehmer)

Ist eine sehr hohe Kennlinien-Linearität des Beschleunigungsaufnehmers bei gleichzeitig großem Meßbereich gefordert, sind Aufnehmer nach dem Ausschlagverfahren im allgemeinen ungeeignet. Hierfür gibt es mehrere Gründe:

– Das Hookesche Gesetz, das einen linearen Zusammenhang zwischen Federkraft und Federauslenkung beschreibt, gilt nur für sehr kleine Auslenkungen, bei denen anelastisches Verhalten und Hysterese des Federelementes vernachlässigbar sind, hinreichend genau.
– Für einen Meßbereich von 20 m/s² und einer Auflösung von 5 µm/s² müßte ein Wegmeßsystem hinreichender Linearität mit einer Meßdynamik von über 7 Dekaden verfügbar sein. Als Vergleich aus der makroskopischen Längenmeßtechnik stelle man sich eine Meßschraube mit einer Auflösung von 10 µm vor, deren Meßbereich dann 80 m betragen müßte.
– Die sensitive Masse müßte über den gesamten Verschiebungsbereich nahezu reibungsfrei gelagert sein.

Da diese Anforderungen wirtschaftlich-technisch nicht erfüllbar sind, werden für hochgenaue Meßaufgaben Beschleunigungsaufnehmer mit Closed-loop-Struktur eingesetzt, die auch als *Servobeschleunigungsaufnehmer* bezeichnet werden und nach dem Kompensationsmeßverfahren arbeiten. Ihr Aufbau ist den Open-loop-Systemen prinzipiell ähnlich (vgl. Bild 3.1), jedoch ist zusätzlich ein Stellglied vorhanden, mit dem eine Kompensationskraft auf die seismische Masse aufgebracht werden kann (Bild 3.4). Sobald nun eine auch nur geringfügige beschleunigungsbedingte Auslenkung Δs der seismischen Masse aus der

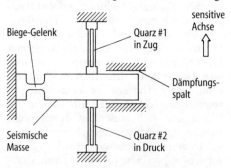

Bild 3.3. Prinzipdarstellung eines Schwingstab-Beschleunigungsaufnehmers (nach Sundstrand/AlliedSignal)

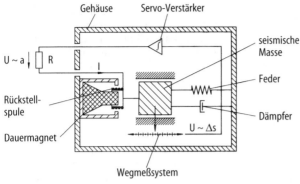

Bild 3.4. Prinzipdarstellung eines
Servobeschleunigungsaufnehmers

Nullage über den optisch, kapazitiv oder induktiv arbeitenden Wegaufnehmer detektiert wird, gelangt dieses Verschiebungssignal über einen integrierenden Servo-Verstärker auf das elektromagnetisch arbeitende Stellglied, das die seismische Masse unmittelbar wieder in die Ruhelage zwingt. Der Ausgangsstrom des integrierenden Verstärkers, dem die Kompensationskraft und damit die auf die seismische Masse wirkende Beschleunigung direkt proportional ist, dient gleichzeitig als Meßgröße. Die Spannung, die an einem von diesem Strom durchflossenen externen Meßwiderstand abfällt, ist der Beschleunigung somit proportional. Der Skalenfaktor zwischen Ausgangsspannung und Beschleunigung kann in weiten Grenzen direkt über die Wahl des Wertes des Meßwiderstandes eingestellt werden. In mikromechanischen Realisierungen wird technologisch bedingt in der Regel statt des elektromagnetischen ein kapazitives Stellglied eingesetzt [3.4].

Bedingt durch den internen Regelkreis ist die obere Grenzfrequenz des Servobeschleunigungsaufnehmers deutlich höher als diejenige eines Open-loop-Systems. Sie liegt bei Standardaufnehmern bei etwa 500 Hz und erreicht bei den besten heute kommerziell verfügbaren Aufnehmern etwa 1,2 kHz.

Alternativ zur analogen Rückführung kann auch eine *digitale Rückführung* vorgesehen werden. Dies kann z.B. durch die Quantisierung des Rückstellstromes in definierte Strom-Zeit-Segmente erfolgen, womit durch Auszählen der entsprechenden Strompulse ein digitaler Servobeschleunigungsaufnehmer verfügbar wäre.

In technischen Realisierungen wird die seismische Masse gewöhnlich als Pendel mit *einem* rotatorischen Freiheitsgrad ausgeführt. Vorteile ergeben sich durch eine nur sehr geringe Querempfindlichkeit und äußerst geringe Lagerreibung. Ausführungsbeispiele sind die Servobeschleunigungsaufnehmer der Q-FLEX Serie von AlliedSignal (ehemals Sundstrand). Ihr Aufbau und ihre technischen Eigenschaften sind vielfach in der Literatur beschrieben [3.1]. Eine mathematische Modellbildung findet man z.B. in [3.7].

Servobeschleunigungsaufnehmer werden in vielfältigen Varianten produziert. Als mikromechanische Sensoren sind sie vergleichsweise kostengünstig zu fertigen, da weitgehend die für die Herstellung mikroelektronischer Schaltungen verwendeten Fertigungsprozesse Anwendung finden können. Der mikromechanische Closed-loop-Aufnehmer arbeitet ähnlich wie der entsprechende Open-loop-Aufnehmer (Bild 3.2), allerdings wird zusätzlich auf den Differentialkondensator eine Ladung derart aufgebracht, daß durch die wirkenden elektrostatischen Kräfte die seismische Siliziummasse (Masse von etwa 0,1 µg) weniger als 10 nm ausgelenkt wird. Die Auswerteelektronik kann dabei unmittelbar auf dem Sensorchip integriert werden [3.6].

Ein großer Vorteil der Closed-loop-Sensoren liegt in der *Selbsttest*-Möglichkeit, denn durch die aktive Krafteinleitung auf die seismische Masse können wirkende Beschleunigungen simuliert und somit die Funktion des Sensors im Betrieb getestet werden. Dies ist eine wichtige Eigenschaft für Sensoren, die in sicherheitsrelevanten Bereichen eingesetzt werden.

3.2.3
Daten typischer Beschleunigungs-aufnehmer

In Tabelle 3.1 sind die charakteristischen Daten von typischen Beschleunigungsaufnehmern wiedergegeben. Die angegebenen Werte sind jedoch erheblich von der jeweils eingesetzten Technologie abhängig und daher nur für eine grobe Orientierung zu verwenden. Mit Spezialausführungen einzelner Klassen sind deutlich bessere Daten erreichbar, während Low-cost-Systeme entsprechend schlechtere Leistungsdaten aufweisen können.

3.3
Aufnehmer für rotatorische Beschleunigungen

Zur Messung absoluter Drehbewegungen werden üblicherweise Kreisel (*engl.*: gyroscope oder gyro) eingesetzt. Dabei hat sich der Begriff „Kreisel" auch als Synonym für die Vielzahl von Winkelgeschwindigkeits- und Winkelbeschleunigungssensoren erhalten, bei denen ein rotierendes („kreiselndes") Element überhaupt keine Verwendung findet. Im folgenden sollen die wichtigsten Prinzipien und Realisierungen, die heute Marktrelevanz besitzen, vorgestellt werden.

Auf militärische Entwicklungen, die teilweise auch dem im zivilen Bereich tätigen Konstrukteur interessante Problemlösungen bieten könnten, kann hier aus Platzgründen nicht näher eingegangen werden. Auch nicht erläutert werden hier Systeme wie etwa der nordsuchende bandgehängte Kreisel, da diese Spezialanwendungen den Rahmen dieser Darstellung

sprengen würden. Hierzu sei auf die einschlägige Literatur verwiesen (z.B. [3.8, 3.9]). In der Fachliteratur sind ebenfalls die physikalischen Ursachen und mathematischen Beschreibungsmöglichkeiten der Kreiseldrift zu finden; hier soll es genügen, die einen Kreisel spezifizierende Drift zu quantifizieren.

3.3.1
Mechanische Kreisel – Drallsatz

Das Funktionsprinzip des mechanischen Kreisels beruht auf dem Drehimpulserhaltungssatz. Dabei wird ausgenutzt, daß eine von außen aufgeprägte Rotation des Kreisels mit der Drehrate, die senkrecht zur Drehachse (*engl.*: spin axis) der mit dem Drehimpuls $\underline{H}$ rotierenden Kreisel-Schwungmasse wirkt, ein Moment $\underline{M}_a$ erzeugt, das senkrecht zu $\underline{\omega}_k$ und $\underline{H}$ gerichtet ist ($\underline{M}_a = \underline{H}\,\underline{\omega}_k$). Da bei technischen Kreiseln die Spin-Frequenz $\underline{\omega}_s$ wesentlich größer ist als die zu messende Drehrate $\underline{\omega}_k$, ist das Moment der zu messenden Drehrate proportional. Mit einem entsprechend konstruierten Kreisel ist es möglich, unter Verwendung einer rotierenden Kreiselmasse in zwei Meßfreiheitsgraden Drehraten zu erfassen.

Der dynamisch abgestimmte Kreisel (*engl.*: dynamical tuned gyro, DTG) besteht also im wesentlichen aus einer schnell rotierenden Masse, dem Rotor, der durch einen starr im Gehäuse eingebauten Elektromotor angetrieben wird. Die Bewegungsmöglichkeit für den schwenkbaren Rotor wird nicht wie beim Wendekreisel durch Kugellager, sondern durch wartungsfreie Federelemente hergestellt, die eine weitestgehend drehmomentenfreie Aufhängung des Rotors im Gehäuse gewährlei-

Tabelle 3.1. Typische Daten von Beschleunigungsaufnehmern

	Passiver Beschleunig.-aufnehmer	Aktiver Beschleunig.-aufnehmer	Schwingstab-Aufnehmer	Servo-Beschleunig.-aufnehmer
Meßbereich	±2000 g	±500 g	±70 g	±25 g
Auflösung	0,1 g	0,01 g	10 µg	<1 µg
Bandbreite	0 ... 5000 Hz	1 ... 10 000 Hz	0 ... 400 Hz	0 ... 800 Hz
Linearitätsfehler	<1 %	<1 %	<175 ppm[1]	<125 ppm[1]
Bias	<50 g	–	<2 mg[1]	<100 µg[1]
Schock	10 000 g	5.000 g	250 g	150 g
Gesamt-Masse	1 gr	25 gr	10 gr	80 gr

[1] Werte nach Korrektur mit polynomialem Fehlermodell

sten. Ein induktiv wirkender Winkelaufnehmer sensiert jede Relativschwenkung zwischen Schwungmasse und Gehäuse, die über einen Regelkreis sofort wieder zu Null geregelt wird; als Aktoren dienen starke Torquermagnete, die die Schwungmasse allen Schwenkbewegungen des Gehäuses folgen lassen. Der Torquerstrom ist somit dem wirkenden Moment und damit der zu messenden Drehrate unmittelbar proportional und dient als Meßsignal. Die Bezeichnung „dynamisch abgestimmter Kreisel" verdeutlicht die Tatsache, daß die momentenfreie Aufhängung nur bei einer genau abgestimmten Rotordrehzahl arbeitet [3.8].

Moderne DTG sind Präzisionsgeräte der Feinwerktechnik, die über Jahrzehnte hinweg optimiert wurden. Sie erreichen bei Spinfrequenzen im deutlich hörbaren Bereich von 200... 300 Hz (12000 ... 18000 min^{-1}) Kreiseldriften von weniger als 1 deg/h und sind damit beispielsweise den vibrierenden Kreiseln oder auch den Faserkreiseln noch deutlich überlegen. Prinzipbedingt wird das Meßsignal dieser Kreisel jedoch durch translatorische Beschleunigungen und Winkelbeschleunigungen beeinflußt. Folgende Größen charakterisieren das Driftverhalten des mechanischen Kreisels im wesentlichen.

– Massenunbalance, Quadratur (deg/h/g): Beschleunigungsproportionale Kreiseldrift, die dadurch verursacht wird, daß Schwerpunkt und Aufhängepunkt des Rotors nicht exakt identisch sind. Sie ist bei Kenntnis des orthogonal zur Spinachse wirkenden Beschleunigungsvektors korrigierbar.
– Anisoelastizität (deg/h/g^2): Kreiseldrift, die dadurch verursacht wird, daß die Aufhängung des Rotors nicht ideal biegesteif realisierbar ist. Sie führt in vibrierender Umgebung zu einem Gleichrichteffekt aufgrund ihrer quadratischen Abhängigkeit von der Beschleunigung.
– Thermische Drift (deg/h/K): Durch den meßgrößenproportionalen Torquerstrom ändert sich die Verlustleistung in der Torquerspule und damit die Temperatur des Kreisels in Abhängigkeit von der Drehrate. Dadurch sind Skalenfak-

torfehler und Drift umgebungstemperatur- und signalabhängig.
– Winkelbeschleunigungsabhängige Drift (deg/h/deg/s^2): Eine wirksame Winkelbeschleunigung um die Spinachse ändert den momentanen Drehimpuls des Rotors und damit das Meßsignal.

Die meisten dieser Fehlereinflüsse können durch Verwendung entsprechender Kalibrier- und Korrekturmethoden weitgehend algorithmisch kompensiert werden, wenn die translatorisch wirkenden Beschleunigungen durch zusätzliche Sensoren mit erfaßt werden. Typische Werte kommerzieller DTG sind in Tabelle 3.2 angegebenen.

3.3.2
Optische Kreisel – Sagnac-Effekt

Optische Kreisel verzichten auf rotierende Massen als sensitives Element und nutzen stattdessen den Sagnac-Effekt zur Bestimmung von Drehbewegungen. Ihr Vorteil wird hiermit schon unmittelbar deutlich: Die Meßwerte optischer Kreisel sind von Beschleunigungseinflüssen praktisch unabhängig. In den o.a. Fehlermodellen können somit, falls die optische Strahlführung hinreichend steif gebaut ist, alle Terme mit beschleunigungsabhängigem Einfluß auf die Kreiseldrift vernachlässigt werden. Ihre vergleichsweise große Bandbreite und ihr großer Meßbereich eröffnen außerdem die Möglichkeit, die Sensoren beispielsweise in Anwendungen der Inertial-Navigation nicht kardanisch von den Bewegungen eines Fahrzeugs entkoppeln zu müssen, sondern sie in *Strap-down-Technik* (*engl.*: strap-down: angeschnallt) fest auf diesem zu montieren. Bei den wirtschaftlich verfügbaren optischen Kreiseln unterscheidet man heute im wesentlichen zwei Arten:

1. Interferometrischer Faserkreisel (*engl.*: Fiber Optical Gyro, FOG),
2. Ringlaserkreisel (*engl.*: Ring Laser Gyro, RLG).

Der Sagnac-Effekt, der allen optischen Kreiseln zugrunde liegt, soll am Beispiel des *Faserkreisels* erläutert werden [3.10, 3.11]. In Bild 3.5 ist schematisch ein faseroptischer Kreisel dargestellt. Er besteht aus

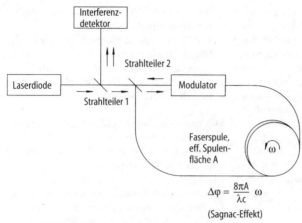

$$\Delta\varphi = \frac{8\pi A}{\lambda c}\,\omega$$

(Sagnac-Effekt)

Bild 3.5. Aufbau eines Faserkreisels in vereinfachter Darstellung

einer lichtemittierenden Halbleiterlaser- oder Superluminiszenzdiode, Strahlteilern, einem Modulator, der Glasfaserspule, die in n Windungen die effektive Fläche A umschließt, und einem Interferenzdetektor. Durch die Anordnung der Strahlteiler wird erreicht, daß das von der Laserdiode emittierte Licht der Wellenlänge λ in zwei Lichtbündel geteilt wird, die beide die Faser durchlaufen, wobei einer im Uhrzeigersinn und der andere entgegen dem Uhrzeigersinn verläuft. Rotiert nun die gesamte Anordung um den Normalenvektor der Faserspulenebene mit der Winkelgeschwindigkeit ω (Drehrate), so verkürzt sich der Weg für das eine Lichtbündel, während er sich für das andere entsprechend verlängert. Die hieraus aufgrund der unterschiedlichen Laufzeit resultierende *Phasenverschiebung* zwischen beiden Lichtwellenzügen wird vom Interferenzdetektor erkannt und ist ein Maß für die Winkelgeschwindigkeit. Faserkreisel sind als Serienprodukt verfügbar.

Da die Interferenzfunktion kosinusförmig verläuft, wäre der Faserkreisel im Bereich kleiner Drehraten sehr unempfindlich. Durch eine entsprechende Phasenverschiebung im Modulator kann erreicht werden, daß die Intensität der überlagerten Lichtstrahlen am Interferenzdetektor dem Verlauf der Sinusfunktion folgt. [3.16]

Ordnet man eine He-Ne-Laserstrecke direkt in dem die Fläche umschließenden Strahlengang an, so kommt man zum prinzipiellen Aufbau des *Ringlaserkreisels*. Auch hier umlaufen zwei Lichtwellenzüge die Fläche A gegensinnig. Bei Rotation des ge-

samten Ringlasers ändert sich entsprechend die wirksame Ringresonatorlänge, was zu einer Änderung der Licht-Frequenzen der beiden Laser führt. Die *Frequenzdifferenz* zwischen beiden umlaufenden Wellenzügen ist der Drehrate direkt proportional. Da thermische Einflüsse eine gleichsinnige Längenänderung des Ringresonators für beide Laser zur Folge haben, bleibt die Frequenzdifferenz beider Lichtstrahlen und damit das Meßergebnis hiervon in guter Näherung unbeeinflußt. Aufgrund seines Frequenzausgangs ist der Ringlaserkreisel ein Sensor mit originär digitaler Meßwertausgabe [3.11, 3.12]. Der RLG gehört zu den derzeit genauesten Drehratensensoren für Strapdown-Anwendungen. Nachteilig wirkt sich jedoch der *Lock-in-* oder *Mitnahmeeffekt* aus: Dieser beschreibt das Verhalten, daß zwei gekoppelte, selbsterregte Oszillatoren – in diesem Fall die beiden gegensinnig umlaufenden Wellenzüge – dazu neigen, auf einer gemeinsamen Mittenfrequenz zu schwingen, wenn die Eigenfrequenzen beider Oszillatoren eng benachbart sind. Dieser Effekt ist umso ausgeprägter, je enger die Kopplung ist. Beim RLG ist die physikalische Ursache der Kopplung im wesentlichen in der Rückstreuung an den Spiegeln des Laserkreisels zu sehen. Da die Frequenzen der beiden umlaufenden Wellenzüge bei Null-Drehrate identisch sind, tritt der Lock-in-Effekt bei Drehraten unterhalb einer kritischen Drehrate ω_L auf, wodurch für $|\omega| < \omega_L$ ohne geeignete konstruktive Maßnahmen kein korrekter Meßwert des Kreisels verfügbar wäre. Durch Aufprägen periodischer Bewegungen um die sensitive Achse des RLG (sog. Dither-Methode), kontinuierliche Rotation mittels einer kardanischen Aufhängung (sog. Rate-Bias-Methode) oder das Einbringen magnetooptischer Biaselemente (Magnetspiegel) zur Erzielung steuerbarer Frequenzdifferenzen kann dieses Problem jedoch wirkungsvoll überkommen werden. [3.18]

3.3.3
Oszillierende Kreisel – Coriolis-Effekt
Oszillierende Kreisel nutzen die Coriolis-Beschleunigung als Meßgröße. Nach dem *Coriolis-Theorem* erfährt ein Körper mit der Geschwindigkeit $\underline{v}$, auf den eine Drehrate $\underline{\omega}$ senkrecht zur Geschwindigkeit wirkt, eine Beschleunigung $\underline{a}$, die zu $\underline{v}$ und $\underline{\omega}$ orthogonal ist. Wird nun ein Beschleunigungsaufnehmer in einer zu seiner sensitiven Achse orthogonalen Richtung harmonisch mit der Geschwindigkeit v bewegt, so kann man mit ihm eine Drehbewegung messen. Realisiert werden diese oszillierenden Kreisel zum Beispiel als mikromechanisch gefertigte schwingfähige Strukturen aus monokristallin-piezoelektrischem Quarz in Form einer Doppel-Stimmgabel. Diese Kreisel zeichnen sich durch eine hohe Schockfestigkeit und ihre große Lebensdauer aus [3.13].

3.3.4
Magnetohydrodynamische Kreisel
Mit dem magnetohydrodynamischen Kreisel (MHD-Kreisel) ist ein rein passiver Winkelbeschleunigungsaufnehmer verfügbar, der durch seinen miniaturisierten und mechanisch einfachen Aufbau gekennzeichnet ist. Der MHD-Kreisel wird in großen Stückzahlen gefertigt und bietet bei niedrigen Kosten für dynamische Meßaufgaben mittlerer Genauigkeit dem Konstrukteur eine Alternative zu den bisher dargestellten Aufnehmern. Bild 3.6 zeigt den prinzipiellen Aufbau eines solchen Aufnehmers.

Ein elektrisch leitendes Fluid hoher Dichte ist in einem Torus eingeschlossen, der an seiner Innen- und seiner Außenfläche Elektroden trägt. Der Torus wird in axialer Richtung von einem konstanten Magnetfeld durchsetzt. Wird der Torus nun um die Axialrichtung winkelbeschleunigt, so kommt es durch die Trägheit des Fluids zu einer Relativbewegung der leitenden Fluidteilchen im Magnetfeld und aufgrund der Lorentzkraft durch die Orthogonalität von Magnetfeld und Fluid-Geschwindigkeit zu einem elektrischen Feld zwischen den Elektroden, dessen Stärke der Winkelbeschleunigung proportional ist. Durch einen nachgeschalteten Integraltransformator steht am Ausgang eine drehratenproportionale Spannung zur Verfügung. Da eine konstan-

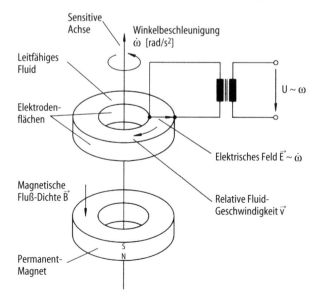

Bild 3.6. Prinzipdarstellung eines MHD-Kreisels

te Winkelgeschwindigkeit keine Relativgeschwindigkeit zwischen Fluid und Torus bewirkt, zeigt der MHD-Sensor eine untere Grenzfrequenz bezüglich der meßbaren Drehrate. Durch seinen vergleichsweise einfachen Aufbau und seine geringe Masse kann er jedoch hochgradig schockfest realisiert werden und zeichnet sich auch durch eine lange Lebensdauer aus.

3.3.5
Daten typischer Drehratenaufnehmer

In Tabelle 3.2 sind die charakteristischen Daten von typischen Drehratenaufnehmern wiedergegeben. Die angegebenen Werte sind jedoch erheblich von der jeweils eingesetzten Fertigungstechnologie abhängig und daher nur für eine grobe Orientierung zu verwenden. Mit Spezialausführungen einzelner Klassen sind deutlich bessere Daten erreichbar, während Low-cost-Systeme entsprechend schlechtere Leistungsdaten aufweisen können. Auch zu den Sensorkosten können keine allgemeingültigen Aussagen getroffen werden, da die Sensoren teilweise erst seit kurzer Zeit dem zivilen Markt zur Verfügung stehen und sich derzeit noch kein stabiles Marktgefüge bzgl. Angebot und Nachfrage ausgebildet hat.

3.4
Integralinvariante Digitalisierung

Die Wahl eines angepaßten Quantisierungsverfahrens stellt ein zentrales Problem für die Digitalisierung von analogen Beschleunigungs- und Drehratensignalen dar, wenn daraus durch Integration in einem Digitalrechner Geschwindigkeiten und Wege oder Drehwinkel berechnet werden sollen. Man vergegenwärtige sich dazu das Quantisierungsverhalten eines nach der Methode der *sukzessiven Approximation* oder des *Parallelumsetzers* arbeitenden Analog-Digital-Umsetzers (sog. Open-loop-Umsetzer): Der Eingangswertebereich U_o wird in N äquidistante Stufen unterteilt, jede mit einer Breite von $\Delta U_{LSB} = U_o/N$. Das heißt aber, daß der Ausgangswert des Umsetzers mit einer maximal möglichen Unsicherheit von $\delta U = \frac{1}{2}\Delta U_{LSB}$ behaftet ist. Für einen Meßbereich eines Beschleunigungsaufnehmers von ± 20 m/s² ($a_o = 40$ m/s²) mit einer Auflösung von $b = 16$ Bit ($\delta a = \frac{1}{2}\Delta a_{LSB} = a_o/2^{16} = 305$ μm/s²) ergibt sich nach einer Meßdauer von $T = 10$ s durch zweifache Integration über die quantisierte Beschleunigung somit für dieses Beispiel ein möglicher Positionsfehler von

$$\delta s = \frac{1}{2}\delta a T^2 = 15,3 \text{ mm} \qquad (3.2)$$

der quadratisch mit der Meßdauer wächst (Bild 3.7).

Es zeigt sich also, daß mit gewöhnlichen Analog-Digital-Umsetzern die technischen Eigenschaften insbesondere der hochauflösenden Servobeschleunigungsaufnehmer nicht einmal näherungsweise genutzt werden können, da entsprechend genaue Umsetzer nur mit sehr niedrigen Abtastraten arbeiten.

Daher muß für Servobeschleunigungsaufnehmer und Kreisel mit analogem Sig-

Tabelle 3.2. Typische Eigenschaften von Drehratensensoren

	Mechanischer, dynamisch abgestimmter Kreisel	Faseroptischer Kreisel	Ringlaser-Kreisel	Oszillierender Kreisel	Magnetohydrodynamischer Kreisel
Meßbereich	±100 °/s	±800 °/s	±400 °/s	±1000 °/s	±5000 °/s
Auflösung	0,05 °/h	0,1 °/h	0,0002 °	5 °/h	k.A.
Bandbreite	0 ... 100 Hz	0 ... 500 Hz	0 ... 300 Hz	0 ... 100 Hz	0,5 ... 1000 Hz
Linearitätsfehler	<0,1%	<500 ppm	<10 ppm	<0,5%	<0,1%
Bias	<1 °/h	<10 °/h	<0,005 °/h	<0,2 °/s	k.A.
g-abhängige Drift	<10 °/h/g[1]	keine	keine	0,06 °/s/g	<1 °/s/g
Schock	60 g	60 g	40 g	200 g	1000 g
Gesamt-Masse	100 gr[2]	800 gr	1000 gr	60 gr	6 gr

[1] Störgröße durch Fehlermodell kompensierbar, [2] ohne Fessel-Elektronik

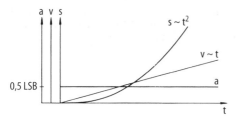

Bild 3.7. Verhalten von Geschwindigkeits- und Positionsfehler über der Zeit bei Open-loop-Quantisierung der Beschleunigung

nalausgang ein Quantisierungsverfahren eingesetzt werden, dessen mittlerer Quantisierungsfehler über einer hinreichend großen Meßdauer zu Null wird. Quantisierungsverfahren mit dieser Eigenschaft werden als A-D-Umsetzer in Closed-loop-Struktur bezeichnet.

Umsetzern in Closed-loop-Struktur ist also die Eigenschaft gemeinsam, daß ein Quantisierungsfehler, der im $k$ten Abtastintervall auftritt, im $(k+1)$ten Intervall möglichst gut korrigiert wird; der dort verbleibende Restfehler wird im $(k+2)$ten Intervall kompensiert usw. In Bild 3.8 ist dieses Verhalten graphisch dargestellt.

Analog-Digital-Umsetzer, die dieses Kriterium des über der Zeit verschwindenden mittleren Quantisierungsfehlers erfüllen, müssen das analoge Eingangssignal ständig, d.h. ohne Unterbrechung, beobachten und werden auch als „echt integrierende Umsetzer" bezeichnet. Die Verwendung sog. Abtast-Halte-Glieder ist dann nicht erforderlich, womit aber auch ein *Multiplexen* mehrerer Analogsignale zur Analog-Digital-Umsetzung auf einem gemeinsamen A-D-Umsetzer prinzipbedingt nicht zulässig ist [3.14].

Abschließend sei erwähnt, daß auch eine Bandbegrenzung eines Drehraten- oder Beschleunigungssignals zu erheblichen Fehlern nach einer Integration dieser Signale

führen kann. Es gibt allerdings Methoden, entsprechende Anti-Aliasing-Filter mit einer integralinvarianten Übertragungs-Charakteristik auszulegen (sog. IIV-Filter) und somit den Fehlereinfluß durch Bandbegrenzung zu minimieren [3.15].

Literatur

3.1 McLaren I (1976) Open and Closed Loop Accelerometers. AGARDograph 160/6

3.2 Serridge M, Licht T (1987) Piezoelectric Accelerometer and Vibration Preamplifier Handbook. Brüel & Kjær

3.3 Norling BL (1991) An Overview of the Evolution of Vibrating Beam Accelerometer Technology. In: Proceedings of the Symposium Gyro Technology, Stuttgart

3.4 Gevatter H-J, Grethen H (1989) Kennlinie eines Beschleunigungssensors mit elektrostatischer Kraftkompensation. tm 56/2:93-98

3.5 Profos P und Pfeifer T (1992) Handbuch der industriellen Meßtechnik. Oldenbourg, Essen

3.6 Goodenough F (1991) Airbags Boom when IC Accelerometer sees 50 g. Electronic Design, 8:

3.7 Schröder D (1992) Genauigkeitsanalyse inertialer Vermessungssysteme mit fahrzeugfesten Sensoren. Dissertation, München

3.8 Fabeck W v (1980) Kreiselgeräte. Vogel, Würzburg

3.9 Magnus K (1971) Kreisel. Springer, Berlin

3.10 Auch W (1985) Optische Rotationssensoren. tm, 52/5:199–207

3.11 Büschelberger H-J (1988) Der Ringlaser als Kreisel. Laser-Magazin 6:28–34

3.12 Rodloff R (1983) Modellvorstellungen zum Laserkreisel. Flugwissenschaften und Weltraumforschung, 7/6:362–372

3.13 Nakamura T (1990) Vibration Gyroscope Employs Piezoelectric Vibrator. JEE, 9:99–104

3.14 Hinüber E v, Janocha H (1993) Analog-Digital-Umsetzung integralsensitiver Meßgrößen. In: Elektronik, (2)

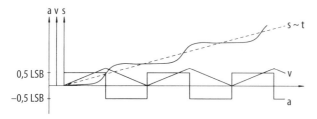

Bild 3.8. Verhalten von Geschwindigkeits- und Positionsfehler über der Zeit bei Closed-loop-Quantisierung der Beschleunigung

3.15 Hinüber E v, Janocha H (1994) 24 Bit mit 1 ppm bei 4 kHz. Design & Elektronik, 6:80

3.16 Hinüber E v (1997) Faserkreisel für Industrieanwendungen. In: Sensortechnik (Design & Elektronik) 10/97 S 45–48

3.17 Hinüber E v (1996) Hochgenaue Kreisel und Beschleunigungssensoren. In: Elektronik 1: S 56–59

3.18 Hinüber E v (1996) Werkzeugmaschinen mit Laserkreiseln präzise vermessen. In: Design & Elektronik – Sensortechnik 4:8

4 Winkelgeschwindigkeitsund Geschwindigkeitsmessung

R. Hanitsch

4.1 Einleitung

In vielen Bereichen der Antriebstechnik ist die Messung der *Geschwindigkeit* bei linearen Antrieben oder der *Winkelgeschwindigkeit* bei rotierenden Antrieben unverzichtbar, um die Antriebsaufgabe in der gewünschten Qualität zu lösen. Bei Servoantrieben wird zusätzlich zur Winkelgeschwindigkeit auch noch die Rotorposition gemessen. Die Anforderungen an die Meßeinrichtung sind je nach Anwendung recht unterschiedlich. Sie reichen vom Billigdrehzahlsensor mit geringer Auflösung bis zur Präzisionsdrehzahlmessung mit höchster Auflösung.

Folgender Katalog von *Anforderungen* an die Meßeinrichtung ist als Hilfestellung für die Sensorauswahl gedacht:

– Unempfindlichkeit gegen Umwelteinflüsse, z.B.: Staub, Kondensatbildung, Temperaturwechsel, Temperaturhöhe, Seewasser, Dämpfe von Chemikalien, Fremdfelder (EMV),

– Höhe der Auflösung von 1 Impuls/Umdrehung bis 12000 Impulsen/Umdrehung,
– Gute Dynamik,
– Linearität für beide Drehrichtungen (Symmetrie der Kennlinie),
– Langzeit-Konstanz des Signalverhaltens (keine Degradation des Meßsignals),
– Einfache Montage und ggf. Unempfindlichkeit gegenüber Montagefehlern,
– Vielfalt in den Montagemöglichkeiten,
– Einfache Kalibriermöglichkeit.

4.2 Sensor-Parameter

Für die regelungstechnische Betrachtung von Servoantrieben ist es wichtig, eine Information über die Linearität und Symmetrie der Sensorcharakteristik zu haben (Bild 4.1).

4.2.1 Linearität

Wie aus Bild 4.1 zu ersehen ist, ist die Winkelgeschwindigkeit des Antriebsmotors die Ausgangsgröße und der Sollwert der Winkelgeschwindigkeit ist die Eingangsgröße des Regelkreises. Für das Servosystem kann ein *Verstärkungsfaktor* definiert werden:

$$V = \frac{\text{Winkelgeschwindigkeitssignal}}{\text{Sollwert-Signal}}$$

Die Linearität ist ein Maß für die Proportion zwischen Sollwert-Signal U und Winkelgeschwindigkeit des Motors (Bild 4.2).

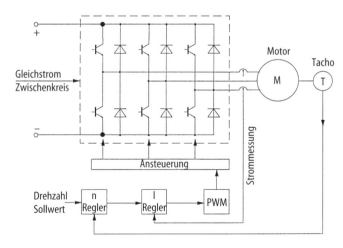

Bild 4.1. Servoantriebssystem

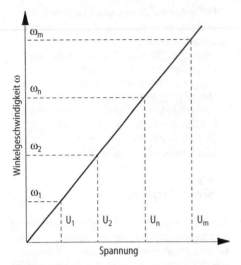

Bild 4.2. Linearität

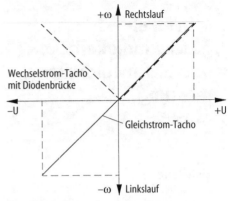

Bild 4.3. Symmetrie

Zur Ermittlung der Linearität geht man wie folgt vor: Über den vollen Drehzahlbereich wird für eine Anzahl von N Meßpunkten das Verhältnis von Winkelgeschwindigkeit/Drehzahlsollwert bestimmt und dann der Mittelwert berechnet.

$$\left(\frac{\omega}{U}\right)_{MW} = \frac{1}{N} \sum_{i=1}^{N} \left(\frac{\omega_i}{U_i}\right). \qquad (4.1)$$

Im nächsten Schritt wird die relative Abweichung des Meßpunkts vom Mittelwert berechnet und in Prozent angegeben.

$$a_i = \frac{\dfrac{\omega_i}{U_i} - \left(\dfrac{\omega}{U}\right)_{MW}}{\left(\dfrac{\omega}{U}\right)_{MW}} \cdot 100\% . \qquad (4.2)$$

Als Linearitätsfehler wird $a_{i,\,max}$ bezeichnet, der die größte Abweichung gemäß Gl. (2) ergibt.

4.2.2
Symmetrie

Die Kennlinie $\omega = f(U)$ sollte punktsymmetrisch zum Ursprung sein, d.h. sowohl für die positive und negative Drehrichtung soll der gleiche Proportionsfaktor gelten (Bild 4.3)
Durch einen geringen „offset" bei den Operationsverstärkern und durch kleinste Verschiebungen der Bürsten bei Gleich-

stromtachomaschinen wird in der Praxis nie eine völlige Symmetrie auftreten.

Für die positive und die negative Drehzahl wird getrennt der Mittelwert aus den jeweiligen Meßwerten berechnet, um dann den Mittelwert für beide Drehrichtungen angeben zu können:

$$\frac{\overline{\omega}}{U} = 0,5 \left[\left(\frac{\omega}{U}\right)_{MW}^{+} + \left(\frac{\omega}{U}\right)_{MW}^{-} \right]. \qquad (4.3)$$

Bei Wechselstromtachomaschinen geht durch die Diodenbrücke (Bild 4.3, 4.6a) die Drehrichtungsinformation verloren und durch die Schwellspannung der Dioden ist keine Linearität bei Schleichdrehzahlen gegeben.

4.3
Winkelgeschwindigkeitsmessung

Zunächst werden die klassischen Tachomaschinen behandelt. Aus Gründen der Vollständigkeit wird auch auf die Schlupfmessung und das Stroboskop eingegangen, um dann die digitalen Verfahren zu behandeln.

4.3.1
Gleichstromtachogeneratoren

Bei Gleichstromtachogeneratoren handelt es sich um permanenterregte Gleichstrommaschinen unterschiedlicher Bauart mit sehr guten dynamischen Eigenschaften und einer Welligkeit in der Spannung in der Größenordnung von 0,5 bis 1%. Der Forderung nach einer vernachlässigbaren Degradation und einer möglichst linearen Charakteristik der Kennlinie $U = f(n)$ werden die Hersteller gerecht durch eine künstliche

Alterung des eingesetzten Permanentmagnetwerkstoffs. Für die Leerlaufspannung bzw. induzierte Spannung der Gleichstrommaschine gilt:

$$U_0 = \bar{c}_1 \omega \Phi = \bar{c} n \Phi. \tag{4.4}$$

Mit $\Phi = $ const. erhält man:

$$U_0 = c_1 \omega = cn. \tag{4.5}$$

Ist die Tachospannung U_0 in einem Servoregelkreis mit kleiner Zeitkonstante zu verarbeiten oder ist durch Differentiation die Drehbeschleunigung zu ermitteln (Bild 4.4), so sollten die der Gleichspannung überlagerten *Oberschwingungen* möglichst hochfrequent sein. Aus wirtschaftlichen Gründen können jedoch für die Gleichstrommaschine die Pol-, Nuten- und Lamellenanzahl nicht beliebig hoch gewählt werden. Im einzelnen errechnen sich die Frequenzen zu:

– Umdrehungsfrequenz $f_U = pn$,
– Polfrequenz $f_p = 2pn$,
– Nutenfrequenz $f_n = Nn$, $\qquad$ (4.6)
– Lamellenfrequenz $f_L = kn$

mit

n $\qquad$ Drehzahl in 1/s,
$2p$ $\qquad$ Polzahl (p Polpaarzahl),
N $\qquad$ Nutenzahl,
k $\qquad$ Lamellenzahl.

Steht die Drehzahl in 1/min zur Verfügung, so sind die Gln. (4.6) umzuschreiben gemäß $f = c_i/60$ mit $c_i = p; 2p; N; k$.

Durch eine präzise Verbindung zwischen Motorwelle und Tachomaschine können die typischen *Anbaufehler* wie Parallelversatz oder/und Winkelfehler vermieden werden.

Oszillographiert man zu Kontrollzwecken die Tachospannung, so erscheint beim Parallelversatz die Oberschwingung mit der Drehzahlfrequenz, während beim Winkelfehler eine Oberschwingung mit doppelter Drehzahlfrequenz auftritt.

Der *Temperaturgang* des Standard-Permanentmagnetmaterials liegt bei ca. 3‰ pro 10 K Temperaturerhöhung. Die Reduktion der magnetischen Induktion mit steigender Temperatur ist bis etwa +100 °C reversibel. Bei Anwendungen im Hochtemperaturbereich kann durch eine gezielte Temperaturkompensation die Tachomaschine auch für diesen Einsatzbereich ertüchtigt werden.

Auf dem Typenschild der Tachomaschinen wird vom Hersteller der zulässige *Belastungsstrom* angegeben, der mit Rücksicht auf den Linearitätsfehler infolge der Ankerrückwirkung nicht überschritten werden sollte (Bild 4.5).

4.3.2
Wechselstromtachogeneratoren

Ist betriebsbedingt der Einsatz der bürstenbehafteten Gleichstromtachomaschinen nicht erwünscht, so sind die Wechselstromtachogeneratoren eine Alternative.

Gemäß Aufbau sind es mehrphasige, hochpolige Innenpol-Synchronmaschinen mit Permanentmagnet-Erregung und integrierter Diodenbrückenschaltung. Durch die Gleichrichtung der induzierten Spannung geht leider die *Drehrichtungsinformation* verloren. Hinzu kommt, daß durch die Schwellspannung der Dioden die Linearität der Kennlinie bei niedrigen Drehzahlen nicht mehr gegeben ist.

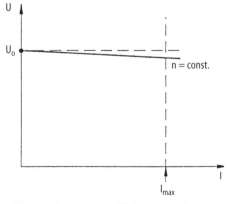

Bild 4.5. Tachospannung $= f$ (Belastungsstrom)

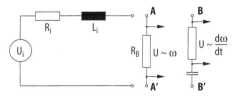

Bild 4.4. Gleichstromtachomaschine

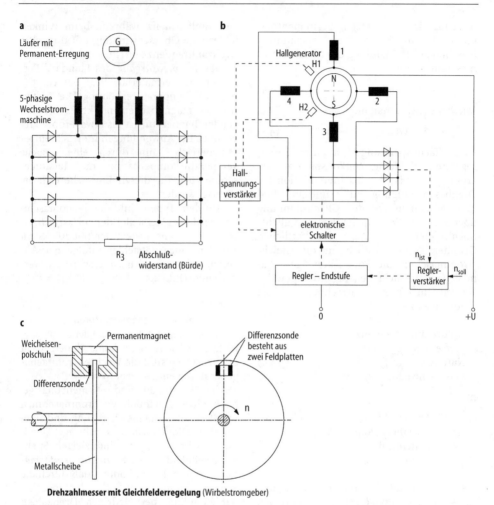

a Läufer mit Permanent-Erregung

5-phasige Wechselstrom-maschine

R3   Abschluß-widerstand (Bürde)

b Hallgenerator

Hall-spannungs-verstärker

elektronische Schalter

Regler – Endstufe

Regler-verstärker

c Weicheisen-polschuh   Permanentmagnet   Differenzsonde besteht aus zwei Feldplatten

Differenzsonde

Metallscheibe

Drehzahlmesser mit Gleichfelderregelung (Wirbelstromgeber)

Bild 4.6. Wechselstrom-Tachomaschine.
a Fünfphasige Wechselstrommaschine; **b** Bürstenloser Gleichstrommotor; **c** Ferraris-Prinzip

Bild 4.6a zeigt die Schaltung für eine fünfphasige, achtpolige Maschine mit Temperaturkompensation. Wie beim Gleichstromtachogenerator wird eine Ausgangsspannung mit möglichst geringem Oberschwingungsgehalt gefordert, wobei die Oberschwingungen eine möglichst hohe Frequenz aufweisen sollten. Mit Sonderbauformen wie einer 20poligen Klauenpoltachomaschine mit zwei um 30° versetzten Drehstromwicklungen und einer Doppeldrehstrombrückenschaltung lassen sich diese Anforderungen realisieren.

Technische Daten von Wechselspannungstachogeneratoren liegen etwa in folgenden Grenzen:

spezif. Spannung $(10–30\,V)/1000\ min^{-1}$
max. Drehzahl $1000–15000\ min^{-1}$
Linearität $0,5–1,5\%$ v.E.

Eine spezielle integrierte Lösung des Wechselstromtachogenerators ist bei den Kleinmotoren vom Typ „bürstenloser Gleichstrommotor" anzutreffen. Anstelle einer separaten Tachomaschine, die zu einer Baulängenvergrößerung führen würde, werden die in den nicht stromführenden Wicklungen induzierten Spannungen als Drehzahlistwert ausgewertet.

Wie aus Bild 4.6b zu ersehen ist, werden Dioden zu einem Gatter zusammengeschaltet. Da bei den in Stern geschalteten Wicklungen nur ein Strang den Strom führt, wird der rotierende Permanentmagnet Spannungen in den unbestromten Strängen induzieren. Die Spannung wird in der Regel noch geglättet, ehe sie dem Drehzahlregler als Istwert zugeführt wird [4.15, 4.16].

Eine Tachomaschine nach dem Ferraris-Prinzip zeigt Bild 4.6c. Das Feld des Permanent-Magneten ruft in der drehenden elektrisch gut leitenden Scheibe Wirbelströme hervor. Die Stärke dieser Wirbelströme und deren Magnetfeld ist der Drehzahl proportional. Durch zwei Sonden (Feldplatten oder Hallsonden) wird das Feld erfaßt und ein elektrisches Signal generiert, das somit der Drehzahl proportional ist.

In der Medizintechnik werden bisweilen Ergometer eingesetzt, bei denen die gemessene Drehzahl proportional zur Leistung des Herzens ist. Ein Proband bewegt über ein einfaches Getriebe eine Metallscheibe. Das treibende Drehmoment ist proportional der Leistung: $M_{mech} = k_0 P$.

Dieses Moment dreht die Metallscheibe durch das Feld eines Permanentmagneten. Dabei entstehen Wirbelströme in der elektrisch gut leitenden Scheibe, die die Bewegung zu hindern suchen. Das Bremsmoment M_{BR} ist bei Wahl geeigneter Abmessungen proportional zur Drehzahl n: $M_{Br} = k_B n$. Die beiden Momente halten sich das Gleichgewicht $M_{mech} = M_{Br}$. Die resultierende Drehzahl, leicht mit einer Gleichstromtachomaschine gemessen, ist proportional zur Leistung des Probanden: $n = (k_0/k_B) P$.

Aus Gründen der Vollständigkeit sei darauf hingewiesen, daß dieses Ferraris-Prinzip auch bei den Induktionszählern zur Anwendung kommt. In diesem Fall wird das treibende Drehmoment auf die elektrisch leitende Scheibe von den magnetischen Flüssen einer Spannungsspule (Spannungseisen) und einer Stromspule (Stromeisen) erzeugt:

$$M = c_1 \Phi_U \cdot \Phi_I \cos(90°-\beta)$$
$$= U I \cos \varphi$$
$$M_{Br} = k_B n.$$

Dabei ist der Winkel β der Winkel zwischen den beiden Flüssen. Das Drehmoment beschleunigt die Aluminiumscheibe bis zu der Drehzahl, wo das Bremsmoment durch den Permanentmagneten gleich dem Antriebsmoment ist. Das Reibungsmoment sei vernachlässigbar. Die Drehzahl ist somit der Leistung im Verbraucherstromkreis proportional: $n = 1/k_B\, U I \cos \varphi$. Die elektrische Arbeit erhält man durch Integration der Drehzahl über einen Zeitintervall:

$$\int_{T_1}^{T_2} n\, dt = c \int_{T_1}^{T_2} U I \cos\varphi \, dt = W .$$

Auf der Basis des Ferraris-Prinzips läßt sich auch ein Winkelbeschleunigungsmesser realisieren.

4.3.3
Stroboskop

Läßt man periodisch Lichtimpulse auf eine rotierende Achse oder Kupplung fallen, so entsteht der Eindruck einer stehenden Anordnung, wenn die Lichtimpulsfrequenz gleich der Umdrehungsfrequenz ist. Stroboskope nutzen dieses Prinzip aus, indem durch feinfühliges Einstellen der Lichtblitzfrequenz die rotierende Welle des Prüflings zum scheinbaren Ruhen gebracht wird. Die Frequenz der Lichtblitze ist ein unmittelbares Maß für die Drehfrequenz.

Beispielsweise werden Stroboskope gerne benutzt, um die Drehfrequenz von Plattenspielern genau einzustellen.

Bei hohen Drehzahlen liefert das Stroboskop recht genaue Drehzahlinformationen, jedoch im Bereich von wenigen Umdrehungen pro Minute sollten andere Meßmethoden zur Anwendung kommen.

4.3.4
Schlupfspule

Der Schlupf einer Asynchronmaschine ist ein Maß für die Rotordrehzahl

$$s = \frac{n_{syn} - n}{n_{syn}} \quad \text{mit} \quad n_{syn} = \frac{f}{p} \qquad (4.7)$$
$$n = n_{syn}(1 - s) .$$

Bei der Schlupfspule wird der Effekt ausgenutzt, daß der Rotorstrom der Asynchronmaschine ein Streufeld erzeugt, dessen Frequenz $f_2 = sf$ direkt dem Schlupf proportional ist. Nur bei Werten von s >6% bestimmt man den Schlupf aus der gemessenen Motordrehzahl [4.1].

Die Schlupfspule besteht z.B. aus einer ringförmigen Spule von etwa 700 bis 800 Windungen eines 1 mm starken Runddrahtes und hat einen mittleren Windungsdurchmesser von ca. 60 cm. Man führt die Spule axial dicht an die Maschine heran. Sie kann in allen vorkommenden Fällen, also bei der Prüfung offener und geschlossener Asynchronmotoren und solcher mit Schleifring- oder Kurzschlußläufer verwendet werden. Das an die Schlupfspule angeschlossene Drehspulgerät schlägt im Takt der Schlupfperiodenzahl nach links und rechts aus. Man zählt die Ausschläge nur nach einer Seite, indem man mit Null zu zählen beginnt. Ohne weitere Rechnung erhält man bei 50 Hz Netzfrequenz den Schlupf in Prozent, wenn man die Ausschläge während 20 s abzählt und diese Zahl durch 10 teilt. Hat man z.B. in 20 s 30 Ausschläge gezählt, so beträgt der Schlupf eines 50 Hz-Asynchronmotors 3,0%.

Dieses einfache Verfahren eignet sich für die betriebliche Praxis. Allgemein kann der Schlupf bestimmt werden, indem man in der gestoppten Zeit von T Sekunden N Ausschläge nach einer Seite abzählt und die Netzfrequenz f berücksichtigt:

$$s = \frac{N}{T} \cdot \frac{100}{f} \text{ in } \%. \qquad (4.8)$$

Der Ausdruck N/T wird als Schlupffrequenz bezeichnet.

Da die Netzfrequenz der Versorgungsspannung Schwankungen unterliegt, die in der Größenordnung von ±50 mHz liegen, können leicht größere Fehler in der Schlupfbestimmung auftreten. Es ist daher sinnvoll, die tatsächliche Netzfrequenz zu berücksichtigen. Ein Beispiel für eine Schlupfmessung zeigt Bild 4.7, in dem ein Zähler benutzt wird, dessen Toröffnungszeit über die tatsächliche Netzfrequenz gesteuert wird und das zu verarbeitende Signal von einem Inkrementalgeber geliefert wird. Häufig ist es sinnvoll, die Anzahl der Impulse mit Hilfe einer PLL-Schaltung um den Faktor 4 zu erhöhen und die Torzeit durch Wahl einer entsprechenden Zählerzeitbasis um das Vielfache der Netzperiodendauer zu verlängern. Nach Ablauf der Meßperiode wird der Zählerstand in einem Register abgelegt. Er ist proportional zum Schlupf.

Die Methode der Quotientenbildung (Messung von Dreh- und Netzfrequenz) ist bei hohen Genauigkeitsforderungen der Periodendauermessung (bei Annahme einer konstanten Netzfrequenz) vorzuziehen.

4.3.5
Digitale Winkelgeschwindigkeitsmessung
Bei der Stroboskop-Methode und der Schlupfspule wird das *Massenträgheitsmo-*

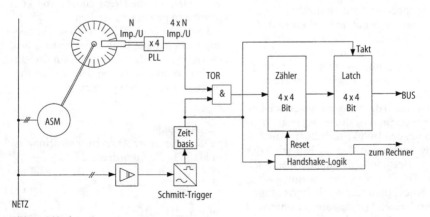

Bild 4.7. Schlupfmessung

ment des Prüflings nicht verändert. Großmotoren erfahren eine vernachlässigbare Erhöhung des Trägheitsmoments durch eine angebaute Tachomaschine. Im Bereich der Klein- und Kleinstmotoren sind jedoch Tachomaschinen keine optimale Lösung zur Drehzahlmessung, da die Meßeinrichtung selbst schon eine Last für den Kleinmotor darstellt. Eine *berührungslose* Drehzahlmessung umgeht diese Problematik. Folgende Methoden bieten sich an:

a) Anwendung reflektierender Markierungen auf der Welle des Prüflings
b) Anwendung von dünnen geschlitzten Scheiben auf der Welle des Prüflings, wobei sowohl optoelektronische als auch magnetische Verfahren je nach Scheibentyp eingesetzt werden können.

Bei diesen Verfahren wird die Drehfrequenz des Motors berechnet aus der Zeit zwischen zwei Impulsen oder die Anzahl der Impulse für eine vorgegebene Zeitspanne (Torzeit T) wird ausgezählt, um dann die Drehfrequenz auszurechnen

$$f = \frac{N}{T} \quad \text{bzw.} \quad \omega = 2\pi f.$$

Sind m Marken gleichmäßig am Umfang verteilt und ist n die Drehzahl in U/min, so kann für den Zählerstand N geschrieben werden:

$$N = \frac{mT}{60} n.$$

Drehzahl und Zählerstand N stimmen zahlenmäßig überein, wenn gilt:

$$\frac{mT}{60} = 1.$$

Typische Kombinationen von Torzeit T und Markenanzahl m sind:

m	T in s	Drehzahl
60	1	$N = n$ in U/min
100	0,6	
600	0,1	
1000	0,06	

Geht man von einer Quarz-Referenzfrequenz von 10 MHz und einer Meßzeit von 1 s aus, so kann für den Quantisierungsfehler folgende Aussage gemacht werden.

Unter 1 kHz Meßfrequenz ist die Periodendauermessung und über 10 kHz ist die Frequenzmessung günstiger, da sie zum kleineren Quantisierungsfehler führt [4.2, 4.3].

Diese digitale Drehfrequenzbestimmung läßt sich sowohl für Klein- und Kleinstmotoren als auch für Industrieantriebe anwenden [4.5, 4.6, 4.8].

4.3.5.1
Optische Inkremental-Geber
Ein optischer Inkremental-Geber besteht aus folgenden Subsystemen: der Lichtquelle, dem Lichtempfänger, der Schlitzscheibe und der elektronischen Impulsverarbeitung. Das Bild 4.8 zeigt das Schema eines derartigen Inkremental-Gebers.

Als Lichtquelle wird typischerweise eine Leuchtdiode (LED) eingesetzt und als Lichtempfänger Phototransistoren, die hinter der Schlitzscheibe angeordnet werden, wobei verschiedene Konstruktionen möglich sind, um das Licht zu führen. Die Lichtleistung von LED verändert sich recht stark mit der Temperatur (Bild 4.9) und degradiert mit der Zeit. Diesen Effekt kann man kompensieren, indem man zwei Phototransistoren auf der Schlitzspur nebeneinander

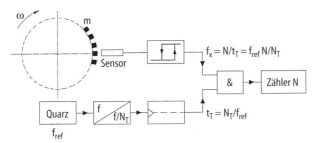

Bild 4.8. Optischer Inkrementalgeber

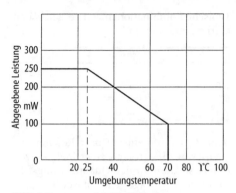

Bild 4.9. Temperatureinfluß bei LED

so anordnet, daß sie eine elektrische Phasendifferenz von 180° aufweisen. Beide Signale werden in einen Komparator geführt,
um saubere rechteckförmige Impulse zu erhalten.

Bei anderen Ausführungsformen ist die
Schlitzscheibe so gestaltet, daß neben den
inkrementalen Einzelimpulsen auch noch
nach jeder vollen Umdrehung ein sogenannter *Nullimpuls* geliefert wird. Die
grundsätzliche Struktur eines derartigen
optischen Inkremental-Gebers zeigt Bild
4.10. In dem gewählten Beispiel haben die
Impulsreihen *A* und *B* eine Phasenverschiebung von 90°. Durch eine elektronische
Verarbeitung der Signale *A* und *B* kann die
Drehrichtung eindeutig erkannt werden.

Der Inkremental-Geber produziert eine
Impulskette. Um zur Information über die
Drehfrequenz oder die Drehzahl zu gelangen, müssen die Impulse weiter verarbeitet
werden.

a) Um zu einem analogen Signal für die
Drehzahl zu gelangen, ist es notwendig,
die Impulse mit Hilfe eines *f/U*-Wandlers

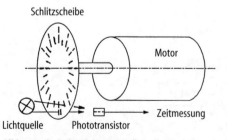

Bild 4.10. Optischer Geber mit Nullimpuls

(Frequenz/Spannungs-Wandler) umzu-
formen. Probleme treten bei sehr niedrigen Drehzahlen auf, so daß dann von
einer elektronischen *Vervielfachung* der
Impulse Gebrauch gemacht wird. Üblich
ist eine Vervierfachung der Impulse mit
am Markt erhältlichen integrierten Bau-
steinen. Bild 4.11 zeigt ein Blockschaltbild
eines Drehzahlregelkreises unter Verwendung eines Frequenz-Spannungs-
Wandlers.
b) Die Anzahl der Impulse ist proportional
zum Drehwinkel der Motorachse. Den
Absolutwert des Drehwinkels erhält man
durch *Aufsummieren* der Einzelimpulse
(Winkelinkremente) mit Hilfe eines
Zählers.

Beim Einsatz von optoelektronischen Gebern sollten abgeschirmte Leitungen zum
Einsatz kommen und auf eine sichere
Stromversorgung der Elektronik ist unbedingt zu achten, um einen eindeutigen
Drehzahlistwert für den Drehzahlregelkreis
zu haben [4.8–4.11].

Optoelektronische Impulsgeber haben
als untere Grenzfrequenz 0 Hz und die
obere Grenzfrequenz liegt je nach Empfän-
gertyp bei 200 kHz (Fototransistor) oder
etwa 500 kHz (Fotodiode).

4.3.5.2
Absolut-Geber
In ihrem grundsätzlichen Aufbau ähneln
die absoluten Geber den inkrementalen.
Der Unterschied liegt darin, daß auf einer
Vielzahl von konzentrischen Kreisen die
„Schlitze" angebracht sind, die den Bits entsprechen. Am äußersten Rand ist das unter-
ste Bit angeordnet. Bild 4.12 zeigt ein Beispiel einer Scheibe für einen Absolut-Geber,
wobei 360° ≙ 1024 Impulsen entsprechen.

Die Codevarianten, die zur Verfügung
stehen, lassen sich grob unterteilen in:

Binär-Code: Natürlicher Binär Code
               Zyklischer Binär Code
               (Gray-Code)   und
BCD-Code.

Bild 4.13 zeigt einen Ausschnitt für den
Gray-Code. Mittels Code-Umsetzer ist es
möglich, bei gegebener Code-Scheibe in

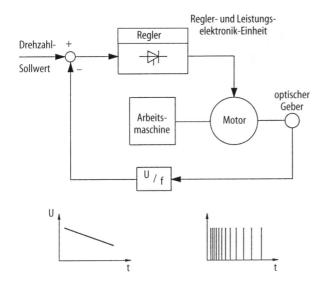

Bild 4.11. Frequenz-Spannungs-Wandler bei der Drehzahlerfassung

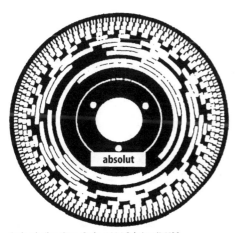

Codescheibe: Gray-Code, 1024 Schritte/360°

Bild 4.12. Codescheibe für Gray-Code (Ein-Strich-Code für Absolutgeber)

einen anderen Code zu wechseln, z.B. vom zyklischen Binär-Code in den natürlichen Binär-Code.

Der Vorteil des Absolut-Gebers ist, daß er die absolute Position des Rotors sofort angibt und auch im Störungsfall diese Information nicht verloren geht. Er ist recht störsicher, da die Winkelposition unmittelbar in digitaler Form vorliegt.

Nachteilig ist, daß der Miniaturisierung der Code-Scheibe, aufgrund der notwendi-

gen Anzahl der Code-Ringe, Grenzen gesetzt sind und daß die Anzahl der Zuleitungen mit steigender Auflösung wächst.

Ein wichtiger Aspekt beim Aufbau einer Drehzahlregelung ist die Gewährleistung der *Datensicherheit* bei der Kommunikation zwischen Drehzahlgeber und Regelstrecke. Auf Datenleitungen können leicht kapazitive Störspannungen eingekoppelt werden, so daß Datenleitungen verdrillt und geschirmt ausgeführt werden sollten (EMV).

Zur Vermeidung von Erdschleifen ist es besser, beide Seiten des Schirms gemeinsam über den Nulleiter eines Geräts der Regelstrecke zu erden. Dazu wird in geringem Abstand zu den Datenleitungen ein niederohmiges Erdkabel geführt, das mit dem jenseitigen Schirmende verbunden ist.

4.3.5.3
Magnetische Geber

Magnetische Inkremental-Geber bestehen aus den Subsystemen: weichmagnetische Scheibe oder weichmagnetische Scheibe mit hartmagnetischen Erregeranordnungen (Permanentmagnete) und Sensorelementen wie z.B. Hallsonde, magnetoresistiver Sensor, Wiegand-Sensor, Feldplatte oder Meßspule.

Magnetische Drehzahlgeber lassen sich wie folgt charakterisieren:

Abgewickelter Gray-Code

10	9	8	7	6	5	4	3	2	1	Schritte
0	0	0	0	0	0	0	0	0	0	0
0	0	0	0	0	0	0	0	0	1	1
0	0	0	0	0	0	0	0	1	1	2
0	0	0	0	0	0	0	0	1	0	3
0	0	0	0	0	0	0	1	1	0	4
0	0	0	0	0	0	0	1	1	1	5
0	0	0	0	0	0	0	1	0	1	6
0	0	0	0	0	0	0	1	0	0	7
0	0	0	0	0	0	1	1	0	0	8
0	0	0	0	0	0	1	1	0	1	9
0	0	0	0	0	0	1	1	1	1	10
0	0	0	0	0	0	1	1	1	0	11
0	0	0	0	0	0	1	0	1	0	12
0	0	0	0	0	0	1	0	1	1	13
0	0	0	0	0	0	1	0	0	1	14
0	0	0	0	0	0	1	0	0	0	15
0	0	0	0	0	1	1	0	0	0	16
0	0	0	0	0	1	1	0	0	1	17
0	0	0	1	0	0	0	0	0	0	127
0	0	1	1	0	0	0	0	0	0	128
0	1	0	0	0	0	0	0	0	0	511
1	1	0	0	0	0	0	0	0	0	512
1	1	0	0	0	0	0	0	0	1	1022
1	0	0	0	0	0	0	0	0	0	1023
0	0	0	0	0	0	0	0	0	0	

Gray-Code, tabellarisch

Bild 4.13. Abgewickelte Codescheibe

– einfacher, robuster Aufbau,
– recht unempfindlich bei Staubentwicklung, Dampf, Kondensatbildung,
– hohe Auflösung erreichbar, d.h. 1000 bis 4000 Impulse pro Umdrehung sind als Standard zu bezeichnen,
– die hartmagnetischen Subsysteme sind vor Umgebungs-Temperaturen von über 150 °C zu schützen,
– beim Auftreten von starken Fremdfeldern ist der Sensor gut abzuschirmen, um die Funktion sicherzustellen,
– bei Eindringen von ferromagnetischen Pulvern kann es zur Fehlfunktion kommen, so daß dann eine angepaßte Schutzart anzuwenden ist.

Wie aus Bild 4.14 zu ersehen ist, können zwei Grundtypen als magnetischer Geber wirken.

a) Der äußere Ring aus hartmagnetischem Material ist abwechselnd aufmagnetisiert und der Sensor ist auf die Magnetfläche des Außenrings ausgerichtet. Ein vergleichbarer Effekt läßt sich mit einem axial magnetisierten hartmagnetischen Zylinder und einem außen angeordneten

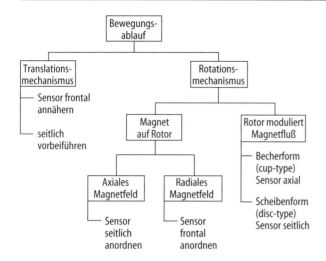

Bild 4.14. Übersicht über Sensor-anordnungsmöglichkeiten

Zahnkranz aus weichmagnetischem Material erzielen.

b) Beim zweiten Typ ist der Sensor vor der Stirnseite der Magnetscheibe angeordnet, ähnlich wie bei den optischen Gebern.

Wie bereits angedeutet, sind die Temperatureinflüsse auf die hartmagnetischen Sensorsubsysteme und die Aufnehmer gesondert zu betrachten [4.17].

Hallsonden und magnetoresistive Sensoren sind temperaturempfindlich und bewirken folglich Drifterscheinungen des Ausgangssignals. Abhilfe bringen Brückenschaltungen zur Temperaturkompensation.

Am Beispiel eines *magnetoresistiven Sensors* soll aufgezeigt werden, wie das zu verarbeitende Ausgangssignal entsteht (Bild 4.15). Bildteil a zeigt die normierte Charakteristik für drei Sensoren: Der elektrische Widerstand ändert sich bei Einwirken eines magnetischen Feldes. Die quadratische Charakteristik bewirkt, daß nicht zwischen Nord- und Südpol unterschieden werden kann.

Eine Vormagnetisierung des Sensors durch ein flaches Magnetplättchen schafft Abhilfe. In Bild 4.15b wird die Signalentstehung gezeigt. Bildteil c zeigt das Sensorschema.

Der *Wiegand-Draht* besteht aus einem weichmagnetischen Kern, der von einem Material mit höherer Koerzitivfeldstärke umgeben ist. Wird der Draht durch die

Annäherung eines Permanentmagneten aufmagnetisiert, so kippt zuerst der Kern und dann der magnetisch härtere Mantel in die Richtung des äußeren Magnetfeldes [4.3].

Bei jedem dieser sehr schnell ablaufenden Vorgänge wird in einer um den Draht gewickelten Spule ein Spannungsimpuls induziert. Der Impuls, der bei der Magnetisierungsrichtungsänderung des Kerns entsteht, ist der größere. Die Zeit zwischen zwei Groß-Impulsen ist ein Maß für die Geschwindigkeit des rotierenden oder translatorisch bewegten Körpers. Auch bei Schleichdrehzahlen liefert der Sensor, je nach Auslegung der Spule, noch Spannungsimpulse in der Höhe von einigen Volt und ca. 10 µs Dauer.

Neben der Drehzahl- und Geschwindigkeitsmessung findet der Wiegand-Sensor auch Einsatz als berührungsloser Endlagenschalter.

Die *Magnetgabelschranke* ist eine typische Anwendung für die Hallsonde. Der Aufbau ist ähnlich der Gabellichtschranke, wobei die Leuchtdiode durch einen Permanentmagneten und der Phototransistor durch den Hallsensor ersetzt werden. Wird die Magnetgabelschranke von einer weichmagnetischen Fahne durchfahren, so wird die Hallsonde abgeschirmt und die Ausgangsspannung ist Null. Ohne die weichmagnetische Fahne liefert die Sonde die volle Ausgangsspannung. Die Flanken der Spannungsimpulse liegen im Bereich von 1–2 µs.

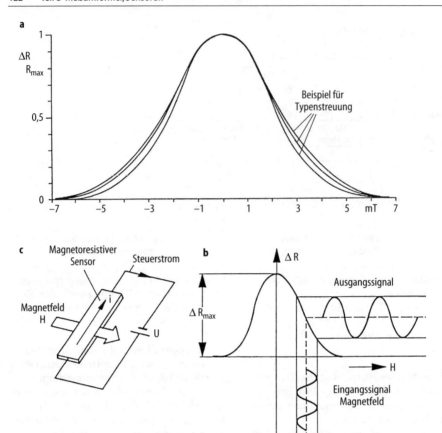

Bild 4.15. Magnetoresistive Sensoren. **a** Sensor-Charakteristiken; **b** Ausgangssignal-Entstehung; **c** Schema

Dieses Prinzip ist natürlich als Drehzahlgeber und auch zur Geschwindigkeitsmessung geeignet. Von Nachteil ist die Temperaturabhängigkeit der Hallsonden, so daß ggf. eine Temperaturkompensation zur Anwendung gebracht wird [4.1].

Die untere *Grenzfrequenz* bei den magnetischen Impulsgebern liegt bei o Hz und die obere bei 100 kHz je nach Sensortyp.

Anstelle der temperaturempfindlichen magnetischen Sensoren können auch einfache Meßspulen bei der Drehzahlmessung eingesetzt werden, wobei Faradays Gesetz zur Anwendung kommt.

Ein gutes Beispiel für einen derartigen elektromagnetischen Drehzahlmesser ist die *variable Reluktanz-Drehzahlmeßeinrichtung*, die in Bild 4.16 gezeigt wird.

Auf der Motorwelle sitzt eine gezahnte weichmagnetische Scheibe. Ein Permanent-magnet mit einem weichmagnetischen Polschuh leitet den magnetischen Fluß zur Zahnscheibe. Auf dem Permanentmagneten sitzt eine Prüfspule, in der die Flußänderungen bei drehender Scheibe eine Spannung induzieren. Die Höhe der induzierten Spannung hängt von dem verwendeten Magnetmaterial, dem Luftspalt und dem magnetischen Widerstand der Zahnscheibe und den Spulenparametern ab. Näherungsweise läßt sich der resultierende Fluß beschreiben, wenn m die Anzahl der Zähne auf der Scheibe ist.

$$\Phi = c_0 + c_1 \cos(m\varphi) \qquad (4.9)$$

mit

c_0	mittlerer Fluß,
c_1	Amplitude der Flußänderung,
φ	Drehwinkel.

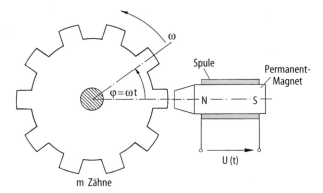

Bild 4.16. Variable Reluktanz-Drehzahlmeßeinrichtung

Die induzierte Spannung läßt sich dann berechnen zu:

$$U = -\frac{d\Phi}{dt} = -\frac{d\Phi}{d\varphi}\frac{d\varphi}{dt} \qquad (4.10)$$

$$U = c_1 m \sin(m\,\varphi)\,\omega$$
$$U = U_0 \sin(m\,\omega t) \qquad (4.11)$$

mit

$U_0 = c_1 m \omega$ als Amplitude und
$f = m\omega / 2\pi$ als Frequenz des Signals.

Will man die Winkelgeschwindigkeit ermitteln, so kann man die Amplitude oder die Frequenz des Signals analysieren. Die Zählung der Impulse für eine vorgegebene Torzeit ergibt ein digitales Signal, das der Winkelgeschwindigkeit entspricht. Ein Beispiel für eine derartige Signalverarbeitung zeigt Bild 4.17 [4.14].

Bei induktiven Impulsgebern liegt die untere *Grenzfrequenz* bei ca. 1,5 Hz und die obere bei etwa 10 kHz.

4.4 Geschwindigkeitsmessung

Die Geschwindigkeitsmessung von unterschiedlichem Walzgut (Bleche, Drähte), Werkstücken, Aufzugskabinen, Kunststoffolien, Papierbahnen, Textilbahnen, Schüttgütern, aber auch Fahrzeugen erfolgt je nach den Gegebenheiten berührungsbehaftet oder berührungslos.

Einige Prinzipien, die bei der Winkelgeschwindigkeitsmessung zur Anwendung kommen, können auch bei der Messung von Linearbewegungen eingesetzt werden wie zum Beispiel optische und magnetische Verfahren.

Für die Messung von niedrigen Geschwindigkeiten im Bereich von mm/min wird das elektrodynamische Prinzip ausgenutzt. Ein langgestreckter Permanentmagnet wird durch eine ihn umschließende Tauchspule geführt. Dabei entsteht eine Spannung gemäß :

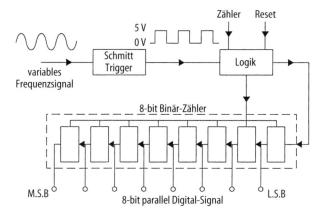

Bild 4.17. Frequenzwandlung in ein digitales Signal

$$u \sim Bl\frac{ds}{dt} = Blv\,.$$

Für eine gegebene Anordnung, bei der künstlich gealterte Permanentmagnete die konstante Flußdichte sicherstellen, ist die unbekannte Geschwindigkeit der induzierten Spannung proportional.

Für die Geschwindigkeitsmessung stehen Einfach- oder Doppel-Abtastsysteme zur Verfügung. Die zuletzt genannten generieren zwei phasenversetzte Ausgangssignale, so daß die Bewegungsrichtung eindeutig erkannt werden kann [4.12, 4.13].

Neben diesen Verfahren finden bei der berührungslosen Geschwindigkeitsmessung folgende Prinzipien eine Anwendung:

– Verfahren nach dem Dopplereffekt, speziell Laser-Dopplerverfahren,

– Ortsfrequenz-Filterverfahren,
– Laufzeitkorrelationsverfahren.

Die drei oben genannten Verfahren haben eine größere praktische Bedeutung. Grundsätzlich geht es bei dem Doppler-Effekt um die Bestimmung der Geschwindigkeit bewegter Strahlungsquellen relativ zu einem festen Bezugssystem durch Messung der scheinbaren Veränderung ihrer Schwingungsfrequenz gegenüber dem Ruhezustand.

Neben der Radar-Technologie und der Ultraschall-Technologie werden verstärkt Laser bei diesem Verfahren eingesetzt. Bild 4.18 zeigt die Prinzipschaltung eines Geräts nach dem Doppler-Effekt und das Blockdiagramm eines Einfrequenz-Laserinterferometers.

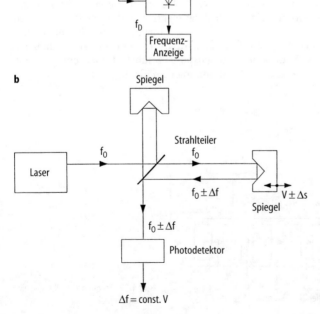

Bild 4.18. Dopplerverfahren.
a Prinzipschaltung; **b** Blockdiagramm eines Einfrequenz-Laserinterferometers

4.4.1
Dopplerverfahren

Die Bestimmung der Geschwindigkeit eines bewegten Körpers, z.B. eines Linearmotors, durch einen ruhenden Beobachter erfolgt aus der Zeit, die der Körper braucht, um eine definierte Wegstrecke zu durchlaufen. Ist es nicht möglich, die Meßstrecke festzulegen, so läßt sich die Geschwindigkeit unter Ausnutzung des Doppler-Effekts bestimmen. Wesentlich für die Anwendbarkeit dieses Verfahrens ist, daß der Körper als Schallquelle wirkt und nicht nur ein Geräusch, sondern einen oder mehrere Töne, z.B. Nutharmonische, gleichzeitig aussendet.

Man unterscheidet:

– konstante Geschwindigkeit des Körpers und konstante Frequenz des ausgesandten Tons,
– gleichmäßige Beschleunigung des Körpers und konstante Frequenz des ausgesandten Tons,
– gleichmäßige Beschleunigung des Körpers bei gleichzeitiger Proportionalität zwischen Geschwindigkeit und Tonhöhe.

Nach dem Doppler-Effekt liefert eine bewegte Schallquelle eine Frequenz f_1, wenn sie sich auf einen ruhenden Beobachter zubewegt und eine Frequenz f_2, wenn sie sich von ihm wegbewegt. Ist f die von der Schallquelle erzeugte Frequenz, v ihre Geschwindigkeit und c die Schallgeschwindigkeit im umgebenden Medium, so gilt:

$$f_1 = \frac{f}{1 - v / c},$$
$$f_2 = \frac{f}{1 + v / c},$$

$$\tag{4.12}$$

$$\alpha = \frac{f_1}{f_2}. \tag{4.13}$$

Die Division der beiden Gleichungen liefert unter Verwendung von Abkürzung (4.13):

$$v = c \frac{\alpha - 1}{\alpha + 1}. \tag{4.14}$$

Das Verhältnis der beiden Frequenzen wird auch als Tonintervall bezeichnet.

Bei genauen Messungen wird die Abhängigkeit der Schallgeschwindigkeit von der Lufttemperatur und dem mittleren Feuchtigkeitsgehalt der Luft berücksichtigt.

Bei v = const. genügt es, mit nur einem Mikrophon zu arbeiten. Auch im Fall einer beschleunigten Bewegung kann man noch gute Ergebnisse erzielen, solange der vom bewegten Körper (Fahrzeug) abgegebene Ton sich in seiner Höhe während der Messung nicht ändert.

Bei Proportionalität zwischen Geschwindigkeit und Tonhöhe sind zwei Mikrophone einzusetzen. Man zeichnet gleichzeitig beide Töne auf einem geeigneten Tonträger auf und führt die Auswertung mit einem Tonfrequenzgenerator durch.

4.4.2
Laufzeitkorrelationsverfahren

Dieses Verfahren beruht darauf, daß die Geschwindigkeitsmessung auf eine Laufzeitmessung zurückgeführt wird. Einen typischen Aufbau zeigt Bild 4.19. Von zwei Aufnehmern, die in einem bekannten Abstand s hintereinander in Geschwindigkeitsrichtung angeordnet sind, werden zufällige Änderungen der *Oberflächeneigenschaften* des bewegten Guts erfaßt. Dies können sein:

– Temperatur,
– optisches Reflexionsvermögen,
– Dichte,
– elektrische Leitfähigkeit,
– Helligkeit u.a.

Da Rauschsignale verarbeitet werden, spielen Eigenschaften der Sensoren wie Linearität, Drift und Verstärkung nur eine geringe Rolle.

Mittels eines Korrelators wird die *Kreuzkorrelationsfunktion* der stochastischen Eingangssignale berechnet und das Hauptmaximum bestimmt. Aus dessen Lage kann die Prozeßlaufzeit T_0 und die während der Beobachtungsdauer T_B gemittelte Geschwindigkeit als Quotient von Aufnehmerabstand und Laufzeit berechnet werden.

$$\bar{v} = \frac{s}{T_0}. \tag{4.15}$$

Eine Auswahl von verschiedenen Sensortypen eignen sich für dieses Meßverfahren [4.12]:

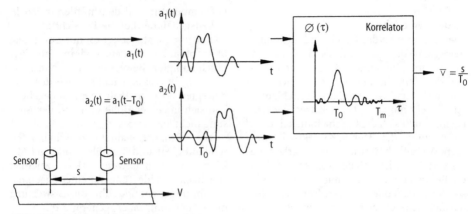

Bild 4.19. Prinzip des Laufzeitkorrelationsverfahrens

- optische Sensoren,
- induktive Sensoren,
- thermische Sensoren,
- Ultraschallsensoren.

Meßabweichungen des Sensorabstands s und der korrelativen Laufzeitmessung von T_0 führen zu nichtlinearen Abweichungen von der Geschwindigkeit.

Unter den Bedingungen der betrieblichen Praxis läßt sich beobachten, daß die gemessenen Laufzeiten entweder sehr nahe am richtigen Wert liegen oder etwa ±10% von ihm abweichen.

Abhilfe bringt eine Erhöhung der Beobachtungsdauer T_B oder eine Mittelwertbildung über mehrere Meßwerte. Die Aussagekraft des Meßergebnisses kann auch durch den Einsatz von modifizierten *Kalman-Filtern* verbessert werden [4.13].

Literatur

4.1 Nürnberg W, Hanitsch R (1987) Die Prüfung elektrischer Maschinen. Springer, Berlin Heidelberg New York

4.2 Borucki L, Dittmann J (1971) Digitale Meßtechnik. Springer, Berlin Heidelberg New York

4.3 Schrüfer E (1984) Elektrische Meßtechnik. Hanser, München

4.4 Federn K (1977) Auswuchttechnik Bd 1. Springer, Berlin Heidelberg New York

4.5 Tränkler HR (1992) Taschenbuch der Meßtechnik. Oldenbourg, München

4.6 Hofmann D (1983) Handbuch Meßtechnik und Qualitätssicherung. Vieweg, Braunschweig

4.7 Förster H, Hanitsch R (1990) Magnetische Werkstoffe. TÜV Rheinland

4.8 Niebuhr J, Lindner G (1994) Physikalische Meßtechnik mit Sensoren. Oldenbourg, München

4.9 Profos P, Pfeifer T (1993) Grundlagen der Meßtechnik. Oldenbourg, München

4.10 Profos P, Domeisen H (1993) Lexikon und Wörterbuch der industriellen Meßtechnik. Oldenbourg, München

4.11 Rohrbach Chr (1967) Handbuch für elektrisches Messen mechanischer Größen. VDI, Düsseldorf

4.12 Ziesemer H (1985) Sensoren für die korrelative Geschwindigkeitsmessung. Messen Prüfen Automatisieren 5:236–241

4.13 Janocha H, Kohlrusch J (1994) Einsatz eines modifizierten Kalman-Filters für das Laufzeit-Korrelationsverfahren. Technisches Messen 61:33–39

4.14 Franke HJ, Bielfeldt U, Lachmayer R et al. (1994) Entwicklung eines robusten berührungslosen Drehzahl-Drehmoment-Meßsystems. Antriebstechnik 33/8:3–57

4.15 Hanitsch R (1991) Design and performance of electromagnetic machines based on Nd-Fe-B magnets. Journal of Magnetism and Magnetic Materials, p 271–275

4.16 Hanitsch R (1992) Permanent Magnets in Motors and Actuators. Proc. of Intl. Aegean Conf. on Electrical Machines and Power Electronics, Kusadasi, Vol. II, p 430–438

4.17 Coey JMD (Ed.) (1996) Rare-earth Iron Permanent Magnets, Clarendon Press, Oxford

5 Längen-/Winkelmessung

K. Bethe

Einleitung

Die beiden geometrischen Meßgrößen Länge (x) und Winkel (φ) lassen sich nach den gleichen Prinzipien in elektrische Signale umformen. Bei der Meßgröße „Füllstand" kommen einige spezielle Verfahren sowie einige Probleme hinzu. Geschwindigkeit/Winkelgeschwindigkeit bzw. die jeweiligen Beschleunigungen ergeben sich durch Differentiation (z.B. $\omega = d\varphi/dt$). Daneben gibt es direkte Meßverfahren für lineare und rotatorische Geschwindigkeiten (Kap. B 4) oder Beschleunigungen (Kap. B 3). Umgekehrt können Wege und Winkel auch aus einer Beschleunigungsmessung und zweifacher Integration bestimmt werden („Trägheitsnavigation").

Über diese genannten Konzepte der relativen Wegmessung als Abstand zweier Punkte in einem beliebigen Koordinatensystem hinaus gewinnt neuerdings für größere Wege die Absolutmessung als Differenz zweier definierter „Positionen" an Bedeutung (z.B. Transportsysteme, Robotik): Durch die zivile Verfügbarkeit der Satelliten-Navigation (GPS = Global Positioning System) sind hier Meßfehler unter einigen Zentimetern möglich (ortsfester Referenzpunkt: Differential-GPS).

5.1 Analoge Verfahren

5.1.1 Amplituden-analoge Weg-/Winkelmessung

5.1.1.1 Parametrische Sensoren

Die Meßgröße x_e (Weg x oder Winkel φ) wird in einen Widerstandswert, eine Induktivität oder eine Kapazität – allgemeiner in eine komplexe Impedanz $\underline{Z}$ – abgebildet.

Das heißt, ein veränderbarer passiver 2-Pol(Widerstand/Spule/Kondensator) dient als Weg-/Winkelsensor. Der *passive* Signal-Parameter R, L oder C wird durch eine *Hilfsenergie* P_H in ein *aktives* Signal x_a (elektrischer Strom bzw. Spannung) umgesetzt. Als Hilfsenergie können eine Gleichspannung/-strom (DC) oder eine Wechselgröße (AC) beliebigen Zeitverlaufs dienen. Für induktive und kapazitive Sensoren kommen nur Wechselgrößen – vorzugsweise Sinussignale (Frequenz f) – infrage. Ohmsche Aufnehmer können zur Herabsetzung der Jouleschen Erwärmung vorteilhaft mit einem Pulssignal kleinen Tastverhältnisses gespeist werden.

Der kennzeichnende Parameter eines ohmschen Widerstandes, einer Induktivität bzw. einer Kapazität (R, L bzw. C) hängt von der jeweiligen relevanten Materialgröße (ρ, μ_r, ε_r) sowie von der Feldstruktur (Geometriefaktor G_i) ab (Zeile III in Bild 5.1). Im Falle eines homogenen elektrischen bzw. magnetischen Feldes ergeben sich die einfachen Geometriefaktoren nach Zeile IV. Die zusätzlichen Faktoren in Spalte 2 und 3 (n_L^2 bzw. n_c –1) berücksichtigen die jeweiligen Flußverstärkungen durch die n_L Windungen einer Spule bzw. durch die Anzahl n_c der Kondensatorplatten eines Kondensatorstapels. In Zeile V sind die jeweiligen typischen Sensorprinzipien aufgelistet.

Potentiometrische Sensoren. Sehr weit verbreitet ist eine Anordnung, bei der ein mit dem Meßweg/-Winkel (x_e) verschiebbarer Schleifkontakt einen Teil R_2 eines Festwiderstandes R_0 abgreift und so die an R_0 anliegende Speisespannung U_H aufteilt (Bild 5.2a,b):

$$U_2 = U_H \frac{R_2}{R_0}. \qquad (5.1)$$

Für den üblichen Fall eines gleichmäßigen Widerstandsbelages ($R = k \cdot X_e$) wird der Meßweg X_e linear in U_2 abgebildet (Kurve $R_0/R_L = 0$ in Bild 5.2c). Vorsicht: Bei Belastung dieses „linearen" Wegpotentiometers durch einen festen Lastwiderstand R_L wird die Kennlinie $U_2/U_H = f(x/l_0)$ zunehmend nichtlinear (Bild 5.2c). Weiter zeigt Bild 5.2c den resultierenden absoluten und relativen Linearitätsfehler E_{abs} bzw. E_{rel} (s.a. Bild 5.2d).

Potentiometrische Weg-/Winkelsensoren können auch leicht mit gezielt *nichtlinearer*

Parametrische Sensoren
(Variation eines komplexen Widerstandes $\underline{Z}$)

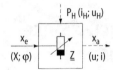

$P_H (i_H; u_H)$

$x_e \rightarrow$ $\square$ $\rightarrow x_a$

$(X; \varphi)$ $\underline{Z}$ $(u; i)$

1. Ohmscher Sensor	2. Induktiver Sensor	3. Kapazitiver Sensor

I. $\underline{Z} = R$
II. $P_H : DC; AC$
III. $R = \rho \cdot G_i$
IV. $R_{hom} = \rho \cdot l/A$

I. $\underline{Z} = j\omega L + R$
II. $P_H : AC$
III. $L = \mu_r \cdot G_i$
$L_{hom} = \mu_r \cdot \mu_0 \cdot A/l \cdot n_L^2$

I. $\underline{Z} = 1/j\omega C$
II. $P_H : AC$
III. $C = \varepsilon_r \cdot G_i$
$C_{hom} = \varepsilon_r \cdot \varepsilon_0 \cdot A/l \cdot (n_c - 1)$

	Tauchkern- und Queranker-Systeme mit	Geometrieveränderte Kondensatoren:
V. a) Wegpotentiometer	a) Ferromagnet. Kern	a) Abstandsänderung
b) Dehnungsmeßstreifen	b) Wirbelstrom – Kern	b) Flächenänderung
c) Thermowiderstandskette	c) Geometrie – variable Spulen	c) Einschub eines Dielektrikums
(3-dimensionale und Planar-Systeme)	(3-dimensionale und Planar-Systeme)	(Ebene und koaxiale Systeme)

Bild 5.1. Geometriemessung durch modulierte passive Zweipole

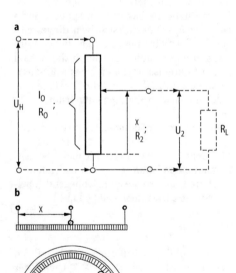
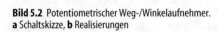

Bild 5.2 Potentiometrischer Weg-/Winkelaufnehmer.
a Schaltskizze, **b** Realisierungen

Kennlinie $R = f(x_e)$ realisiert werden: Draht-gewickelte Widerstände werden mit ortsva-riabler Steigung gewickelt, planare Wider-stände erhalten eine nicht-rechteckige Kon-tur (s. Bild 5.3).

Da die Potentiometerschaltung nach Bild 5.2a das klassische *Differentialprinzip* ent-hält, entfällt theoretisch jeder Temperatur-einfluß (sofern das gesamte Potentiometer sich auf ein und derselben – beliebigen – Temperatur befindet).

Widerstandsmaterialien: Konstantan und edelmetallhaltige Legierungen wie AgPd (in Drahtform), RuO_{2-x}-Dickfilme, „Leitpla-stik" (mit Graphit oder Ruß gefüllte Kunst-stoffe), z.B. [5.1]. Die Schleifer, z.B. aus CuBe, sind meist mehrfach ausgeführt (Übergangswiderstand!).

Der Meßweg ist bei geraden Potentiome-tern etwa gleich der Baulänge. Als Winkel-Potentiometer findet man solche, die auf Meßwinkel bis 360° begrenzt sind sowie so-genannte Wendelpotentiometer, z.B. 10×360°. Für große Meßwege werden untersetzende Seilzug- oder Zahnradgetriebe vor einem Winkelpotentiometer, z.B. einem 10-fach-Wendelpotentiometer, angeordnet.

Typische Kenndaten
– Meßweg:
1 ... 30 cm, unter Zwischenschaltung eines Getriebes bis ca. 10 m; n · 360°

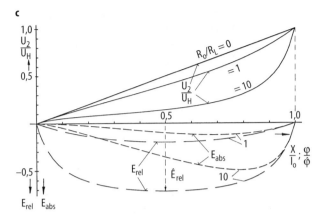

Bild 5.2c. Potentiometrischer Wegsensor, belastet mit unterschiedlichen Lastwiderständen R_L: Lastkennlinie, absoluter und relativer Fehler

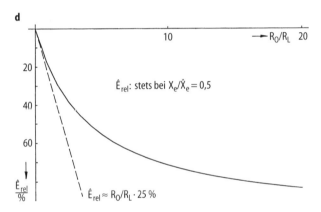

Bild 5.2d. Belastetes Potentiometer: Relativer maximaler Fehler als Funktion des Belastungsverhältnisses R_O/R_L

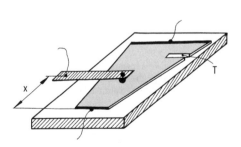

Bild 5.3. Planar-Potentiometer mit nichtlinearer Charakteristik (T = Trimmspur)

– Auflösung:
Bei drahtgewickelten Potentiometern gemäß Draht-Durchmesser. Bei homogenen Widerstandsbahnen ca. 0,1 mm (wegen Hysterese/Stick-slip).

– Nicht-Linearität:
ca. 1% FS (unbelastet)
– Lastspiele:
$>10^8$
– Einsatztemperatur:
–50/+100 °C (Kunststoff) bzw.
+250 °C (Metall)

Charakteristik
Vorteile
– Einfache Hilfsenergie $\rbrace$ keine
(DC) $\rbrace$ Elektronik
– hohe Signalleistung $\rbrace$ erforderlich
– lineare Kennlinie (auch beliebige Nichtlinearität modellierbar, trimmfähig)
– großer Meßweg/-winkel

Nachteile
– Berührung des Meßobjektes (→mechanische Rückwirkung)

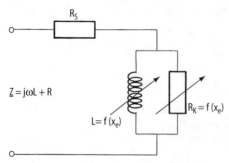

$$Z = j\omega L + R$$

$$L = f(x_e)$$

$$R_K = f(x_e)$$

Bild 5.4. Elektrisches Ersatzschaltbild eines induktiven Wegsensors mit Kern ($\rightarrow R_K$)

– Reibung ($\rightarrow$Hysterese, Verschleiß)
– Korrosion/Verschmutzung der Widerstandsbahn ($\rightarrow$Kontaktprobleme)
– begrenzte Auflösung
– hohe Leistungsaufnahme

Typische Anwendungsgebiete
– Kfz, Industrieanlagen, Kompensationsschreiber

Induktive Sensoren. Induktive Wegaufnehmer bestehen aus einer Spule aus Cu, Al, Ag oder Au, deren endliche Leitfähigkeit zu einem Serienwiderstand R_S führt. Weiterhin treten Verluste in dem ferromagnetischen bzw. dem leitfähigen „Wirbelstrom"-Kern auf, die in dem Ersatzschaltbild (Bild 5.4) durch einen Widerstand R_K repräsen-

tiert werden, obgleich in ferromagnetischen Materialien zwei Verlustmechanismen wirksam sind (Hysterese, Wirbelstrom). Sowohl R_S wie R_K weisen erhebliche Frequenzabhängigkeit auf: R_S infolge Skin- und Proximity-Effekt; R_K: Hystereseverlustleistung $\sim f$, Wirbelstromverluste $\sim f^2$, beide sind u.U. durch Feldverdrängung ($\hat{=}$ Skineffekt) zusätzlich frequenzabhängig. Infolge dieser Verluste muß hier von einer komplexen Impedanz $\underline{Z} = j\omega L + R$ mit Gütewerten $Q = (\omega L / R)$ bei etwa 20 ausgegangen werden, wobei stets sowohl L als auch R von der Kernstellung ($\sim x_e$) abhängen und also – einzeln oder auch gemeinsam – zur Messung herangezogen werden können.

Das Grundkonzept induktiver Wegaufnehmer verdeutlicht Bild 5.5: In eine ein- oder mehrlagige Zylinderspule wird ein „Kern" gemäß dem Meßweg x eingeschoben. Ist das Kernmaterial ferro-/ferrima-

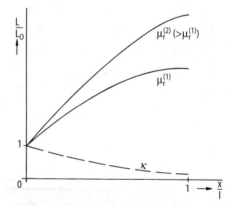

Bild 5.6. Induktiver Wegsensor, alternativ mit zwei Magnetkernen unterschiedlicher Permeabilität μ_r oder einem leitfähigen „Wirbelstrom-Kern" κ

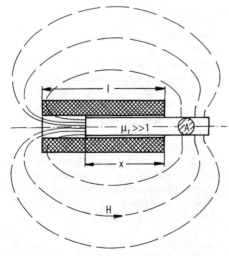

Bild 5.5. Zylinderspule mit ferromagnetischem Tauchanker

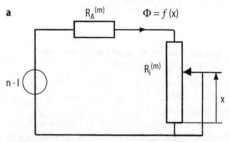

Bild 5.7a. Magnetisches Ersatzschaltbild eines induktiven Wegsensors mit Magnetkern

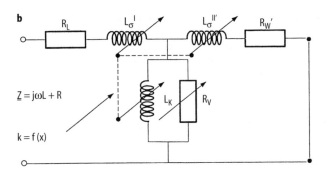

$\underline{Z} = j\omega L + R$

$k = f(x)$

Bild 5.7b. Elektrisches (Transformator-)Ersatzschaltbild eines induktiven Wegsensors mit leitfähigem, aber unmagnetischem Anker („Wirbelstrom-Sensor")

gnetisch ($\mu_r >1$), so tritt eine Erhöhung der Spuleninduktivität auf (vgl. Bild 5.1, Zeile IV). Unter Vernachlässigung des Magnetfeldes außerhalb der Spule erhält man für $\mu_r \gg 1$ als Folge des über die Länge x im Ferromagnetikum geführten Feldes

$$L \approx \mu_0 \frac{A}{I-x} n_L^2. \tag{5.2}$$

Andererseits: Besteht der Kern aus einem elektrisch leitfähigen, aber unmagneti-

schen Material (z.B. Cu), so werden in diesem Wirbelströme induziert, die (gemäß Lenzscher Regel) dem Ursprungs-Magnetfeld der stromdurchflossenen Spule entgegenwirken. Das heißt, der magnetische Fluß Φ in dieser Kernzone wird geschwächt, also die Induktivität ($L = n \cdot \Phi/I$) verringert. Im Falle geringer Eindringtiefe δ des Stromes (z.B. f = 50 kHz $\rightarrow \delta_{Cu} \approx$ 0,3 mm) ist das Kerngebiet nahezu feldfrei. In Bild 5.6 sind diese beiden Kern-Fälle gezeigt. Bild 5.7

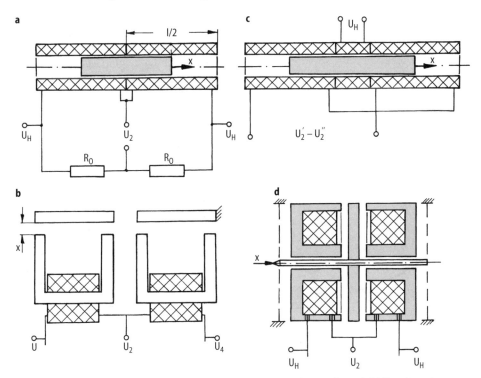

Bild 5.8. Induktive Wegsensoren. **a** Differentialdrossel mit Tauchkern. Brückenanordnung, **b** U-I-Kern-Querankersensor mit festem Referenzsystem, **c** Differential-Transformator, **d** Queranker-Differentialdrossel aus zwei Ferrittopfkernen

verdeutlicht die beiden unterschiedlichen Kern-Konzepte in Ersatzschaltbildern: 5.7a zeigt das *magnetische* Ersatzschaltbild für magnetische Kernmaterialien mit variablem magnetischen Widerstand $R_i^{(m)}$ des Spulen-Innenraumes mit dem (meist zu vernachlässigenden) magnetischen Widerstand $R_a^{(m)}$ des äußeren Spulenfeldes. Bild 5.7b zeigt den wahren Charakter des Wirbelstrom-Sensors: Es handelt sich um einen sekundärseitig kurzgeschlossenen *Transformator* variabler Kopplung k, die sich in einer durch den Meßweg x verursachten Verschiebung des Gewichtes zwischen Streuinduktivität L_σ und der Hauptinduktivität L_k ausdrückt.

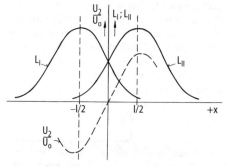

Bild 5.9. Differentialdrossel, Tauchkern-Typ. Variation der Einzelinduktivitäten L_I; L_{II} mit der Position x des Tauchkerns. Relatives Brückenausgangssignal U_2/U_0 über der Kernposition x.

Magnetische Kerne sind zur Vermeidung einer Überlagerung mit dem 2. Effekt, der Feldverdrängung (→hohe Temperatur- und Frequenzabhängigkeit!) vorzugsweise aus weichmagnetischem Ferrit herzustellen.

Neben dem in Bild 5.5 skizzierten „Tauchkernsystem" (oftmals mit äußerer magnetischer Abschirmung – zugleich Rückschluß) finden „Querankersysteme" – ebenfalls mit weichmagnetischem oder Wirbelstrom-Joch – Verwendung (Bild 5.8). Bild 5.8b zeigt zwei einfache U-Kerne (z.B. Dynamoblech-Packet) mit ebensolchem Joch. Nur das linke System dient als Sensor für den Meßweg x; das rechte System weist einen festen Jochabstand auf und dient als temperaturkompensierende *Referenz*. In Bild 5.8d ist ein sehr einfach zu realisierender, bis in den Nanometerbereich auflösender Rauhigkeitssensor gezeigt, der aus zwei handelsüblichen Ferrit-Topfkernen aufgebaut ist.

Zur Vermeidung der erheblichen *parasitären Einflüsse* von Temperatur und Feuchte auf die Induktivität werden meist *Differentialanordnungen* verwendet (Bilder 5.8a–5.8d). Hier wirkt sich die Meßgröße x über den *beiden Spulen gemeinsamen Kern* gegensinnig auf die beiden Induktivitäten aus wie Bild 5.9 zeigt (Gegentaktsignal!). Ergänzt man diese „Differentialdrossel" durch zwei Widerstände zur Vollbrücken-

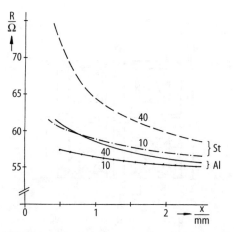

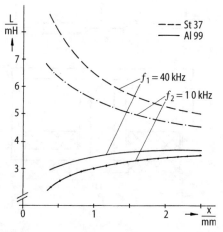

Bild 5.10. Einzelner Ferrittopfkern (N22; 25 mm Durchmesser) mit Gegenscheibe (Stahl bzw. Al). (vgl. Bild 5.8d), $\underline{Z} = R + j\omega L$

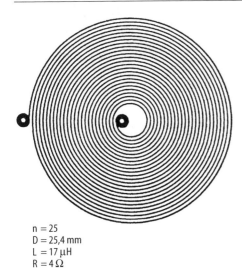

$n = 25$
$D = 25,4\ \text{mm}$
$L = 17\ \mu\text{H}$
$R = 4\ \Omega$

$$L\ (\text{nH}) \approx 14\,n^2 \cdot \frac{(r_a + r_i)^2}{2{,}14 \cdot r_a - r_i}\ ;\quad [5.2]$$

Bild 5.11. Planare Schneckenspule, geätzt aus Platinenmaterial (25 µm Cu)

Schaltung (Bild 5.8a), so ergibt sich die in Bild 5.9 gezeigte, fast lineare Kennlinie. (Differentialanordnungen bewirken stets *Linearisierung und Unterdrückung von (Gleichtakt)-Umweltstörungen* – sowohl thermisch wie elektrisch).

Ein typischer Verlauf der Klemmen-Ersatzgrößen *L* und *R* über dem Meßabstand *x* zwischen der Front eines Ferrit-Topfkernes und einer massiven felddeformierenden Gegenplatte aus Stahl bzw. Aluminium ist in Bild 5.10 bei zwei verschiedenen Frequenzen wiedergegeben.

Neben dreidimensionalen (gewickelten) Spulen können auch planare Schneckenspulen – z.B. in Dickfilmtechnik – als induktiver Sensor verwendet werden. Bild 5.11 zeigt eine typische Schnecke, aus einer Cukaschierten Platine geätzt [5.2]. Rückseitige Belegung mit einer Ferritplatte würde die Induktivität *L* nahezu verdoppeln und als magnetische Abschirmung dienen.

Typische Kenndaten
(Tauch- und Queranker)
– Meßweg:
0,1 … 10 cm (halbe Baulänge einer Differentialdrossel)

– Auflösung:
bis herab zu einigen Nanometern
– Abweichung von Ideal-Kennlinie (Gerade bzw. Hyperbel:
einige % FS
– Lastspiele:
nahezu beliebig
– Einsatztemperatur:
–150/+150 °C (+800 °C)

Charakteristik
Vorteile
– berührungslose Messung (keine Reibung, kein Verschleiß, Messung an bewegten Objekten möglich)
– magnetische Rückwirkungskraft sehr klein
– keine Beeinträchtigung durch Schmutz, Staub …
– sehr hohe Auflösung

Nachteile
– Speisung mit Wechsel- einfache
spannung erforderlich Elektronik
(50 Hz, 5 kHz) erforderlich
– mäßige Signalleistung
– erhebliche Nichtlinearität
– keine Möglichkeit für maßgeschneiderte Kennlinie
– nur für kleine Wege
– erhebliche Temperatur- und Feuchteabhängigkeit.

Typische Anwendungsgebiete
Tauchankersysteme als Standardaufnehmer der Labortechnik, z.B. für Kfz, in der Werkstoffprüfung (Zugversuch), Bauingenieurwesen. Als Wegsensor in Druck- und Kraftaufnehmern, als Füllstandsmeßgerät weitverbreitet, in der Fertigungsautomatisierung, im CD-Optokopf (Autofocus-Regelkreis). Querankersysteme (magnetisch und Wirbelstrom) als Endschalter, in der Werkstoffprüfung (Schichtdicke, Rißprüfung, Bestimmung des Flächenwiderstandes), hochauflösend in Rauhigkeitsmeßgeräten.

Eine Sonderanwendung des induktiven Weg-Sensorkonzepts stellt eine zylindrische Spiralfeder dar: Axiale Belastung streckt diese Feder, steigert somit deren Feldlinienlänge *l* und reduziert damit die Induktivität (s. Bild 5.1, Spalte 2, Zeile IV); Anwendung in einem Stoßdämpfer [5.3].

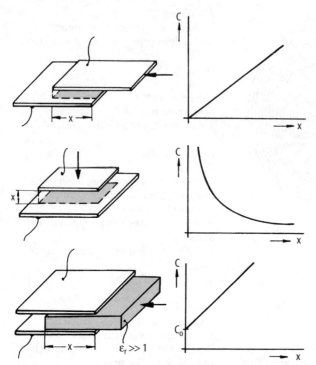

Bild 5.12. Kapazitive Wegsensoren: Parallelverschiebung – Normalverschiebung – Einschub eines Dielektrikums

Ähnliche Aufgaben erfüllt ein axialer Wirbelstrom-Langwegaufnehmer (Vibrometer).

Auswerteschaltungen für induktive 2-Pol-Sensoren:

a) Trägerfrequenzbrücke, typisch 5 kHz, Messung von L, R oder $\omega L/R$.

b) Oszillatorschaltung, Messung von f_{res} ($\rightarrow L$) oder Schwingstrom ($\rightarrow R$).

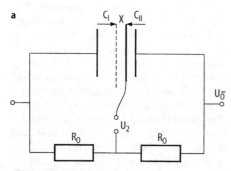

Bild 5.13a. Differential-Plattenkondensator (mit Brückenergänzung)

Eine hochwertige Auswerteschaltung ist in [5.4] beschrieben.

Kapazitive Weg-/Winkelsensoren. Gemäß Bild 5.1, Spalte 3 gehen in den Kapazitätswert C eines Kondensators die Fläche A der Platten, deren gegenseitiger Abstand l sowie die relative Permittivität ε_r des im Feldraum befindlichen Dielektrikums ein. Alle drei Größen können durch die Meßgröße x bzw. φ zu Sensorzwecken verändert werden. Es ergeben sich dann die Kennlinien gemäß Bild 5.12. Da die mit einfachen Kondensatoren erreichbaren Kapazitätswerte i.a. deutlich unter 100 pF liegen, wird bisweilen auf eine Stapelbauweise zurückgegriffen. Ne-

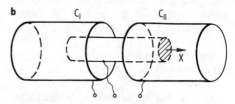

Bild 5.13b. Koaxialer Differentialkondensator

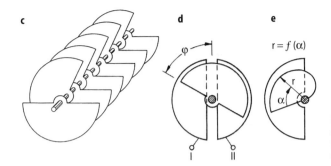

Bild 5.13c-e. Kapazitiver Winkel-aufnehmer: **c** Gestapelter Drehkondensator, **d** Differential-Drehkondensator, **e** Nichtlinearer Drehkondensator

ben dem Parallelplattenkondensator nach Bild 5.12 werden koaxiale Ausführungen (Bild 5.13b) verwendet. Bei dieser Bauweise ist die Invarianz gegenüber *parasitären Radialbewegungen* ($dC/dr \approx 0$) vorteilhaft. Wegen des üblicherweise geringen Luftspalts koaxialer Kondensatoren können diese als abgewickelter Plattenkondensator berechnet werden.

Die Attraktivität kapazitiver Sensoren resultiert aus dem sehr einfachen Aufbau, mehr noch aus der Tatsache, daß mit dem üblichen Dielektrikum Luft ($\varepsilon_r = 1 + 0{,}00055 \cdot p/bar$) im Gegensatz zu ohmschen und induktiven Sensoren (ρ, μ_r!) praktisch keine Materialkennwerte wirksam werden. Damit entfallen wesentliche Ursachen für Fertigungsstreuungen, Alterung und Temperaturabhängigkeit. Problematisch bleibt die Luftfeuchte, besonders Betauung. Der Temperaturgang von Luftkondensatoren resultiert nur aus der thermischen Dilatation der Konstruktionsmaterialien (Elektroden, Isolatoren). Für Präzisionsanwendungen empfiehlt sich z.B. Quarzglas mit Dünnfilm-Elektroden aus Au und das Differentialprinzip (Bild 5.13a). Muß stattdessen nur mit festem Referenzkondensator gearbeitet werden, so sollte dieser weitestgehend baugleich dem Meßkondensator sein (vgl. Bild 5.8b). Abweichungen von den Idealkennlinien nach Bild 5.12 ergeben sich durch Streufelder und Zuleitungskapazitäten sowie durch Unebenheiten/Nichtparallelität der Elektroden. Gegen die beiden erstgenannten Einflüsse empfehlen sich potential-gesteuerte *Schutzelektroden* (guard-ring). Diese nicht in den Signalfluß einbezogenen feldsteuernden Zusatzelektroden können auch zu einer Feldfokussierung herangezo-

gen werden [5.5–5.7]. Ist ein Meßobjekt nur einseitig zugänglich, so werden auch Lateral-Plattenkondensatoren eingesetzt.

Typische Kenndaten
- Meßweg:
  0,1 … 3 cm (halbe Baulänge eines koaxialen Differentialkondensators)
- Auflösung:
  bis unterhalb 0,1 nm! [5.8, 5.9]
- Abweichung von der Ideal-Kennlinie:
  einige % FS
- Lastspiele:
  nahezu beliebig
- Einsatztemperatur:
  Tieftemperatur bis ca. +800°C (Isolation!)

Charakteristik
Vorteile
- berührungslose Messung (keine Reibung, kein Verschleiß)
- Rückwirkungskraft extrem gering
- sehr geringer Leistungsbedarf
- Kennlinie maßschneiderbar
- extrem hohe Auflösung und Langzeit-Stabilität
- geringer Temperatur-Koeffizient
- hochtemperaturgeeignet

Nachteile
- Speisung mit Wechsel- ⎱ hoch-
  spannung erforderlich, ⎬ wertige
  z.B. 50 kHz   ⎰ Elektronik
- geringe Signalleistung ⎭ erforderlich
- Nichtlinearitäten,
- empfindlich gegen Schmutz, Feuchte, Staub, Elektrodenkorrosion.

Typische Anwendungsgebiete
Präzisions-Weg-/Winkelmessung, weitverbreitet in Druckaufnehmern (auch Kfz), Va-

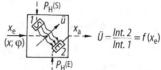

Modulation des Übertragungsmaßes Ü
(4-Pole)

$$\ddot{U} - \frac{Int.\,2}{Int.\,1} = f(x_e)$$

| Transformator | Perm.-Magnet/Magnetsensor | Lichtquelle/Photodetektor |

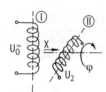

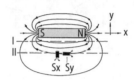

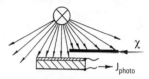

$$\ddot{U} = \frac{U_2}{U_0} = f(X;\varphi)_{I;\,II}$$

$$U_2 = n_{II} \cdot \frac{d\Phi_{II}}{dt}$$

$$\frac{U_2}{U_0} = \frac{n_{II}}{n_I} \cdot \left(\frac{\Phi_{II}}{\Phi_I}\right)_{\varphi_{I;\,II}=0} \cdot \cos\varphi_{I;\,II}$$

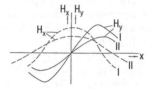

• Glühlampe
• LED
• LD
• HeNe-Laser

• Photowiderstand
• Photodiode
• Spaltdiode
• PSD
• CCD

• Hallgenerator
• Magneto-Widerstand
• Impulsdraht, Reedschalter

Bild 5.14. Geometriemessung durch Vierpole

kuummeßgeräten, Badezimmerwaagen; zur Füllstandsmessung (vgl. Bild 5.97)

Auswerteschaltungen für kapazitive Sensoren z.B. [5.10, 5.11]
Trägerfrequenzbrücken:
– Ausschlagverfahren und selbstabgleichend
– Frequenzanalog:
  harmonische Oszillatoren, frequenzabhängige Brücke +PLL, Relaxationsoszillatoren
– Digital:
  Digitale Kompensatoren mit synthetischen Sinusspannungsquellen oder integrierenden ADU. Es wurden Auflösungen bis 10^{-20} F erreicht!

5.1.1.2
Modulatorische Sensoren

Die Meßgröße x_e (Weg oder Winkel) verändert („moduliert") die Intensität einer (u.U. nicht-elektrischen) Signalübertragung von einem „Sender S" zu einem „Empfänger E" (Bild 5.14). Die Energie des Ausgangssignals x_a entstammt entweder dem Sender $P_H^{(s)}$ oder wird aus einer Empfänger-Hilfsenergie $P_H^{(E)}$ gewonnen.

Transformatorprinzip. Vergleichbar dem Wirbelstrom-Sensor (Bild 5.7b) wird die Kopplung zwischen Primärwicklung (S) und Sekundärwicklung (E) durch Variation des Spulen-Abstandes bzw. der Position eines Magnetkernes ($\rightarrow x$) oder durch Verdrehen der Spulenachsen gegeneinander ($\rightarrow\varphi$) verändert. Entsprechend der Meßgröße x_e ändert sich die Amplitude der sekundärseitig induzierten Ausgangsspannung U_2.

Ausführungsformen:
a) Der *Differentialtransformator* (Linear Variable Differential Transformer = „LVDT") entspricht der Tauchkern-Differentialdrossel (Bild 5.8c): Hier werden durch eine Primärwicklung, gespeist mit der Wechselspannung U_H, in den beiden symmetrischen Sekundärwicklungen zwei gegenphasige Spannungen (U_2'; U_2'') induziert, die sich demgemäß bei mittiger Kernlage ($x = 0$) zum Wert Null summieren, d.h. die Brückenergänzung gemäß Bild 5.8a entfällt. Bei gleicher Grundfunktion, Anwendung und vergleichbaren Kenndaten wie die Differentialdrossel besteht ein gewisser Vorteil des LVDT darin, daß der primärsei-

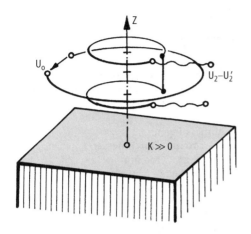

Bild 5.15. Transformatorischer Differentialsensor zur Leitfähigkeits-/Temperaturmessung

tige ohmsche Verlustwiderstand R_S hier durch die ausschließliche Erfassung der von L_k induzierten Sekundärspannung umgangen wird (vgl. Bild 5.7b).

b) Dieser Effekt (Eliminierung von R_S) spielt eine viel wesentlichere Rolle bei transformatorischen Mehrspulensystemen zur Schichtdicken-, Leitfähigkeits- oder

Rißprüfung in Wirbelstromanordnung. Beispielhaft zeigt Bild 5.15 eine 3-*Spulen-Differentialsonde* zur Leitfähigkeitsmessung. Die enge Verwandtschaft zum LVDT ist offensichtlich.

c) Die drei Synonyme „Resolver", „Drehmelder" oder „Synchro" stehen für einen zur Winkelmessung weitverbreiteten mehrphasigen *Drehtransformator*. Die Bezeichnung „Synchro" spiegelt das Bauprinzip wider: Wie bei einem Synchron-Generator induziert eine einachsige Rotor-Wicklung in zwei oder drei um 90° bzw. 120° gegeneinander versetzten Stator-Wicklungen Spannungen, deren Amplituden und Vorzeichen den Winkel α zwischen Stator und Rotor widerspiegeln (Bild 5.16a) [5.12, 5.13]. Wegen der für transformatorische Systeme typischen hohen Signalleistung kann ein zweiter, vorzugsweise baugleicher Resolver gemäß Bild 5.16b mit dem „Winkelgeber" gekoppelt werden: Dieser „Empfangsresolver" nimmt die gleiche Winkelposition α ein. Mit dieser „elektrischen Welle" sind Winkelgleichlauffehler unter 0,03 Winkelgraden erreicht worden. Für die Verwendung eines Resolvers zur direkten Winkelmessung wurden spezielle „Synchro-Digi-

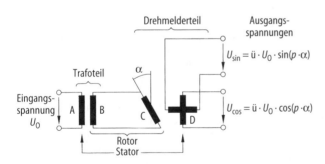

Bild 5.16a. Drehwinkelsensor nach dem Resolverprinzip (Speisung des Rotors über Drehtransformator) (Siemens)

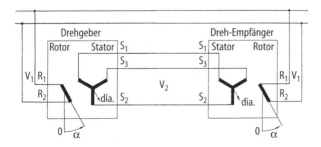

Bild 5.16b. „Elektrische Welle" mit zwei Resolvern (120°)

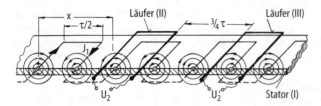

Bild 5.17. „Induktosyn"-Konzept
(≡ transformatorischer Inkrementalaufnehmer)

talumsetzer" entwickelt [5.14] (Abschn. C
8.2) Speist man den *einphasigen Rotor* (wie
in 5.16b, links), so entstehen im Stator Spannungen gleicher Phase, aber unterschiedlicher *Amplitude*. Speist man hingen den Stator mit einem *3-Phasen-Wechselstrom*, so
wird im Rotor eine Spannung induziert, die
betragsmäßig konstant bleibt, aber den
Stellwinkel α in der *Phase* abbildet.

d) Die unter dem Handelsnamen „Inductosyn" vertriebenen *linearen Wegmeßsyste-
me* arbeiten nach dem gleichen (hier abge-
wickelten) Prinzip wie der Resolver:

Nach Bild 5.17 induziert ein mäanderför-
miger Primärleiter I (entsprechend der
einachsigen Rotorwicklung) in zwei Emp-
fangs„wicklungen", den zwei Mäanderab-
schnitten II und III (entsprechend dem
mehrspuligen Stator) Spannungen, die bei
Verschiebung der beiden Mäandersysteme
gegeneinander ein periodisches Signal-
Doublett mit Teilungs- und Richtungsinformation liefern. Anstelle der innerhalb
$\alpha < 360°$ eindeutigen 3poligen Feldstruktur
des 120°-Resolvers ist hier eine hohe Polteilung (bis zu 2000 Pole) vorhanden. Damit
ist das Inductosyn – linear oder rotatorisch
– engstens mit dem Inkrementalmaßstab
(Abschn. 5.2.1.1) verwandt. Es unterscheidet
sich von diesem lediglich in der Auslesung
der Maßstabteilung: Dort optisch, magnetisch, eventuell auch galvanisch, hier per Induktionsgesetz. In beiden Systemen ist eine
analoge (zyklisch-absolute) Interpolation
des jeweiligen Inkrements zur Auflösungs-
erhöhung üblich.

*Typische Kenndaten, charakteristische
Anwendungen*
a) Differentialtransformator (Tauchkernsystem): s. Differentialdrossel
b) Zahlreiche Spezialkonstruktionen,
   keine allgemeinen Angaben möglich
c) Resolver:

Abmessungen:
12 … 70 mm Durchmesser/
Länge: 25 … 100 mm
- Meßwinkel:
  360° (umlaufend)
- Auflösung:
  bis zu 10^{-5} Umdr. [5.14]
- Nichtlinearität:
  typisch 0,5 … 2%
- Einsatztemperatur:
  −200/+100 °C (500 °C)
d) Transformatorische Inkrementalmaß-
   stäbe „Inductosyn" o.ä.
- Abmessungen:
  Einzelmaßstäbe von je 250 mm Länge
  kaskadierbar, Polteilung $\tau = 1…2$ mm
- Meßweg:
  bis ca. 1,5 m
- Auflösung/Nichtlinearität:
  bis herab zu 1 μm (beim Winkel-Inducto-
  syn bis zu etwa zwei Bogensekunden!)
- Einsatztemperatur:
  +5 … +150 °C (−200 … +500 °C).

Magnetostatische Sensoren. Bei dem in Bild
5.14 unter 1) „Transformatorische Sensoren"
dargestellten Konzept wird das (*zeitvarian-
te*) Magnetfeld der Primärspule (I) durch
eine Induktionsspule II nach Größe und
Richtung erfaßt. Wird das primäre Magnetfeld durch einen Permanentmagneten erzeugt, so sind zur Bestimmung dieses *statischen Feldes* Hallsensoren oder Magnetowi-
derstandselemente erforderlich. Im Sonderfall der rein binären Erfassung können
auch Reedschalter oder Impulsdraht-
(„Wiegand"-)Sensoren eingesetzt werden.
Wiederum erhält man aus dem aktuellen
Feldvektor eine Information über die relative Position von „Feldsender S" zum „Feld-
empfänger E", also einen Weg- oder Winkel-
sensor. Die Leistung des Sensorsignals x_a
entstammt hier einer Hilfsquelle P_H^E, da sie
dem magnetostatischen Feld nicht entnommen werden kann. Bild 5.14(b) zeigt das

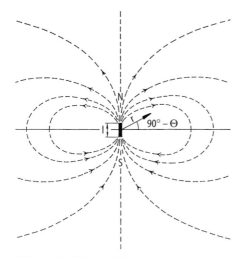

Bild 5.18. Fernfeld eines Stabmagneten

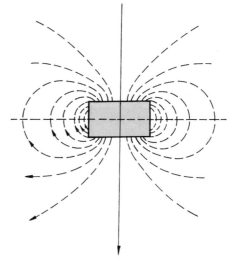

Bild 5.19. Feld eines scheibenförmigen Magneten

Feldbild eines Stabmagneten zusammen mit den Feldintensitäten auf den zwei Meßlinien I und II (parallel zur Magnetachse), zu messen durch die Sensoren S_x und S_y. Es empfiehlt sich, die zur Magnetachse senkrechte Feldkomponente H_y zu benutzen, die zwischen den Meßorten $\pm x_0$ monoton in x verläuft. Unter zusätzlicher Verwendung der achsparallelen Komponente H_x kann auch noch über diesen Meßbereich $\pm x_0$ hinaus eine eindeutige Position bestimmt werden, etwa als Quotient H_y/H_x. Zur Berechnung der jeweiligen Feldstruktur bedient man sich geschlossener Näherungslösungen (s. Bild 5.18 u. 5.19) [5.15, 5.16] oder der FEM, z.B. Programm „ANSYS" (Bild 5.19). Für das Fernfeld ($r \gg l$) eines magnetischen Stabes (Bild 5.18) gilt:

$$(5.3)$$

mit

B_0 Flußdichte an der Magnet-Stirnfläche,
A Magnetquerschnitt,
l Magnetlänge.
Über hartmagnetische Werkstoffe gibt Tabelle 5.1 Auskunft.

Die Entmagnetisierungs-Kennlinien zeigt Bild 5.20; Bild 5.21 illustriert alternative Magnetmaterialien bei optimaler Formgebung der Permanentmagnete.

Für die kontinuierliche Magnetfelddetektion stehen die auf den gleichen magnetogalvanischen Mechanismus zurückgehenden Halbleiter-Hall-Sensoren und Magnetowiderstände zur Verfügung, wie Bild 5.22 erläutert: Infolge der *Lorentzkraft* F_L weichen die Drift-Bahnen der Ladungsträger von der elektrostatischen Kraftrichtung F_E um den „Hallwinkel" φ_H ab; sie werden somit länger ($\rightarrow$Widerstandserhöhung) und bewirken

Tabelle 5.1 Permanentmagnetmaterialien

Material	T_C/ºC	$(B \cdot H)_{max}$ kJ·m⁻³	TK_{Br} %·K⁻¹	TK_{Hc} %·K⁻¹	T_{max} ºC	Kostenfaktor Preis: $(B \cdot H)_{max}$
NdFeB	310	290	−0,1	−0,5	150 (−10%)	3,2
Sm₂Co₁₇	800	215	−0,03	−0,23	300 (−2,5%)	7
SmCo₅	720	200	−0,04	−0,25	250 (−2,5%)	7
AlNiCo-500	850	40	−0,02	+0,02	500	3,3
Ferrit (anisotrop)	450	33	−0,2	+0,4	250	1
Ferrit (isotrop)	450	7,7	−0,2	+0,4	250	

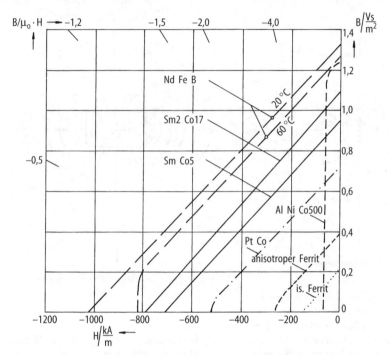

$B/\mu_0 \cdot H \longrightarrow$ −1,2   −1,5   −2,0   −4,0 $B\left/\dfrac{Vs}{m^2}\right.$

Nd Fe B

20 °C

Sm2 Co17

60 °C

−0,5

Sm Co5

Al Ni Co500

Pt Co

anisotroper Ferrit

is. Ferrit

−1200   −1000   −800   −600   −400   −200   0

$H\left/\dfrac{kA}{m}\right. \longleftarrow$

Bild 5.20. Entmagnetisierungs-Kennlinie von Permanentmagnetmaterialien

zudem die transversale Hallspannung U_{Hall}. Der Hallwinkel φ_H tritt ungestört nur nahe den Speise-Elektroden I; II auf. In der Mitte wird er durch U_{Hall} kompensiert: φ_H (max) = arctan ($\mu_n B$). Technisch einsetzbare Effek-

NdFe B
P
$V = 0{,}30\ cm^3$

Sm Co 5
P
$V = 0{,}86\ cm^3$

Ferrit (anis.)
P
$V = 25{,}4\ cm^3$

Alnico 500
$V = 19{,}5\ cm^3$
P

⊢ 5 mm

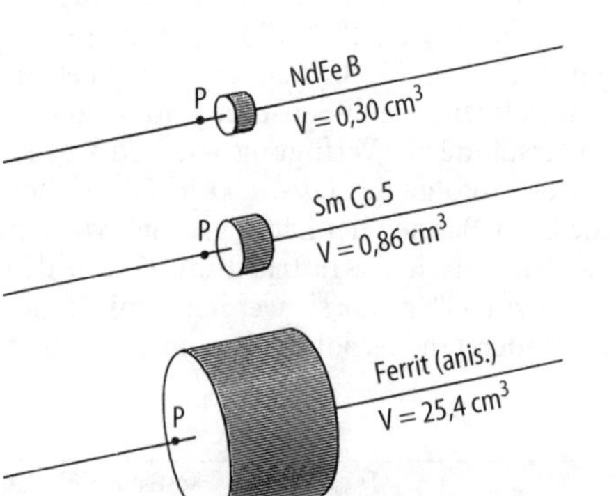

Bild 5.21. Alternative Magnete gleicher Flußdichte (B = 100 mT) im Aufpunkt P (5 mm vor der Polfläche)

te finden sich in Halbleitern (hohe Beweglichkeit, niedrige Trägerdichte) sowie in hochpermeabelen Metallegierungen wie NiFe („Permalloy") oder NiCo.

Die erhebliche Magnetowiderstands-Modulation in beiden letztgenannten *Ferromagnetika* basiert nicht auf der Lorentzkraft, sondern ist eine Folge einer richtungsselektiven Elektronenstreuung an den magnetischen Spinmomenten der Atome, welche hier innerhalb einer makroskopischen „magnetischen Domäne" spontan parallel gestellt sind. In den genannten weichmagnetischen Werkstoffen können alle Domänen durch sehr geringe äußere Magnetfelder ausgerichtet werden. Für die Leitungselektronen bedeutet dies eine sehr große lokale Magnetisierungsänderung, d.h. Modulation des Streumechanismus, die zu relativen Widerstandsänderungen von typisch 5% führt.

Technische Magnetfeldsensoren.
a) Hallgeneratoren:
Es werden die besonders hochempfindlichen III/V-Halbleiter InSb und InAs in ein-

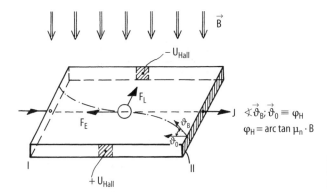

$$\sphericalangle \vec{\vartheta}_B; \vec{\vartheta}_0 \equiv \varphi_H$$

$$\varphi_H = \arctan \mu_n \cdot B$$

Bild 5.22. Magnetogalvanischer Effekt→ Magnetowiderstand sowie Hall-Sensor

kristalliner Form sowie als polykristalliner Dünnfilm verwendet. Daneben sind die durch geringere Meßempfindlichkeit, aber bessere Temperaturstabilität gekennzeichneten einkristallinen Materialien Si und GaAs im Einsatz. Die theoretisch so attraktive Möglichkeit, im Si-Chip zugleich einige Elektronik mit zu integrieren, scheiterte bis vor kurzem meist an Prozeß-Unzulänglichkeiten (mechanische Spannungen →piezoresistiver Effekt!) [5.17–5.19].

b) Magnetowiderstände:
Hier werden neben InSb die *ferromagnetischen Dünnfilme* NiFe bzw. NiCo eingesetzt. Im ersten Fall ist die Hallspannung kurzzuschließen, um maximalen Hallwinkel (→Umweg) zu erhalten. Aus diesem Grunde enthalten diese InSb „Feldplatten-Sensoren" feine, quer zum elektrischen Primärfeld liegende hoch-leitfähige Nadeln aus NiSb (Bild 5.23). Eine typische Kennlinie zeigt Bild 5.24a. Diese in B quadratische Charakteristik weist zwei Nachteile auf:

- Die Empfindlichkeit (dR/dB) ist aussteuerungsabhängig und verschwindet für B →Null.
- Die Widerstandsänderung enthält keine Information über die Feldrichtung.

Diese Nachteile lassen sich durch eine (konstante!) magnetische Vorspannung (B_V) vermeiden (Bild 5.24b). Kenndaten von Halbleiter-Magnetowiderstandssensoren sind in Tabelle 5.2a aufgelistet. – Wegen des erheblichen TK_R des Einzel-Sensors empfiehlt sich die Verwendung von „Differential-Feldplatten", d.h. ein in Brückenschaltung arbeitendes Magnetowiderstands-Paar (auf einem Chip). Die Temperaturempfindlichkeit wird hierdurch um etwa eine Größenordnung verringert.

Bei magnetoresistiven Sensoren aus ferromagnetischen Metall-Dünnfilmen (z.B. 30 nm NiFe) ist der Widerstand abhängig von dem Winkel zwischen Magnetisierung M und Strom I. (Minimal- bzw. Maximalwiderstand R_0 für I parallel M: NiFe bzw. NiCo). Eine Verdrehung (φ) der makroskopischen spontanen Magnetisierung M_x durch ein in der Ebene des Dünnfilms wirksames äußeres (zu messendes) Magnetfeld B_y führt zu der gewünschten Widerstandsmodulation (Bild 5.25a). Man verwendet langgestreckte Permalloy-Streifen, die infolge ihrer Formanisotropie ohne äußeres Magnetfeld eine spontane Parallelstellung aller magnetischen Lokalmomente ($→M_x$) in Streifenrichtung aufweisen. Fließt der Meßstrom I längs der Streifenachse (= x-Richtung), so ist die Kennlinie R = $f(B_y)$ wieder quadratisch in B_y. Wie bei

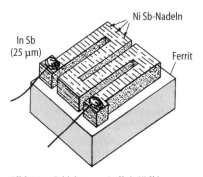

Bild 5.23. Feldplatte aus In Sb (+Ni Sb)

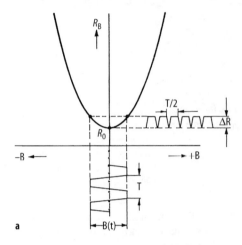

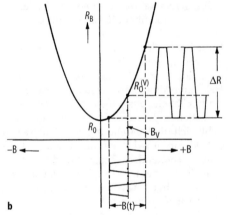

Bild 5.24. Magnetowiderstand **a** ohne bzw. **b** mit konstantem magnetischen Vorfeld B_V

Tabelle 5.2a. Feldplatten unterschiedlichen Materials. Kennlinie $R_B = f(B)$ sowie Temperatur-Koeffizient des Widerstandes R_B (Siemens): $R_B/R_0 \approx 1 + a_2 (B/T)^2$

Material-Typ		TK$_R$ in % · K^{-1}		
	a_2	$B = 0T$	$0,3T$	$1,0T$
D	24	−1,8	−2,7	−2,9
L	8	−0,16	−0,38	−0,54
N	6	+0,02	−0,13	−0,26

InSb- „Feldplatten" ist durch ein konstantes äußeres „Bias"-Feld eine Arbeitspunktverschiebung zu höheren Empfindlichkeiten möglich (vgl. Bild 5.24b). Ein weiterer Vorteil dieser Vormagnetisierung ist die Eliminierung der magnetischen Hysterese. – Eine

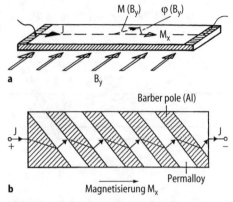

Bild 5.25. a Magnetoresistiver NiFe-Dünnfilmsensor, **b** Barber-Pol-Elektrodenstruktur

vorteilhafte Weiterentwicklung der einfachen Struktur nach Bild 5.25a verwendet zusätzliche schrägverlaufende Hilfselektroden („Barber-Pole", Bild 5.25b), die eine 45°-Winkelstellung zwischen M_x und I (bei $B_y =$ 0) bewirken [5.20, 5.21].

Beide magnetoresistiven Metallfilm-Sensorkonzepte werden meist als *Gegentakt-Vollbrücke* auf einem Chip realisiert: Bei den rein axialen Elementen (I parallel M_x) durch orthogonale Widerstandsmäander, im zweiten Fall durch orthogonale Anordnung der Barber-Pole-Kurzschluß-Streifen (Bild 5.26).

Die aus Halleffekt- oder Magnetowiderstands-Sensoren anfallende analoge Information über die lokale Magnetfeldstärke wird in vielen Fällen elektronisch lediglich in Form eines Schwellwertes ausgelesen, z.B. als linearer „Anschlag" oder zur Bestimmung der Drehgeschwindigkeit einer Zahnscheibe (→ABS, ASR). Für solche einfachen *Binärentscheidungen* stehen weiterhin „Impulsdraht-Sensoren" und Reed-Schalter zur Verfügung:

a) Impulsdraht- (≈„Wiegand"-)Sensoren bestehen aus einem etwa 0,1 mm dicken/15 mm langen magnetisch weichen Draht (z.B. FeCo50), der durch eine metallische Umhüllung unter einer konstanten Zugspannung steht, so daß sich magnetisch eine Ein-Domänen-Struktur ausbildet. Parallel zu diesem „Wiegand-Draht" liegt ein ebenfalls sehr schlanker Permanentmagnet, dessen

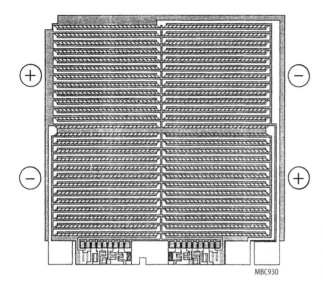

MBC930

Bild 5.26. Vollaktive magnetoresistive Brückenschaltung (orthogonale Barber-Pol-Struktur). Am unteren Chiprand: Diskrete Trimmwiderstände

Koerzitivfeldstärke H_K ca. das 10fache der des Impulsdrahtes beträgt. Ein vorbeiwanderndes „Rücksetzfeld" kehrt die Magnetisierungsrichtung des Impulsdrahtes um, ohne den härteren Permanentmagneten zu beeinflußen. Ein nachfolgendes umgekehrtes Magnetfeld führt zu einem Rückkippen der Impulsdraht-Magnetisierung in die ursprüngliche Parallellage. Dieser kollektive Richtungsumschlag der Magnetisierung induziert in der umgebenden Zylinderspule (ca. 1000 Wdg) einen etwa 15 µs langen Spannungsimpuls von typisch 3 Volt [5.22, 5.87].

b) Als Reed-Schalter bezeichnet man magnetisch betätigte Kontakte, die in einer schlanken Glasampulle (12 bis 50 mm lang) eingeschmolzen sind (Bild 5.27). Die beiden Zungen aus einem ferromagnetischen Feder-Material ziehen sich im Magnetfeld an und schließen den/die meist edelmetallbelegten Kontakt/e. Weiter findet man Wolframkontakte (lichtbogenfest) sowie Hg-benetzte Kontakte (prellfrei). Den relativ hohen Ansprechfeldstärken bei z.B. 20 A/cm (entsprechend 2,5 mT) steht u.a. ein sehr niedriger „On"-Widerstand von z.B. 200 mΩ/200 mA gegenüber.

Tabelle 5.2b vergleicht die Kenndaten von Magnetosensoren. Bild 5.28 gibt einige sensorische Anwendungsbeispiele.

Optische Geometriesensoren. Die optoelektronische Erfassung mechanischer Größen ist durch die Verfügbarkeit preiswerter und zuverlässiger Sender- und Empfänger-Bauelemente zu zentraler Bedeutung gelangt.

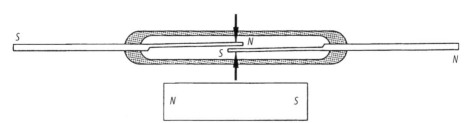

Bild 5.27. Reed-Schalter mit permanentem Steuermagnet

A	Signalform	Anordnung	Bemerkung	Anwendung
a 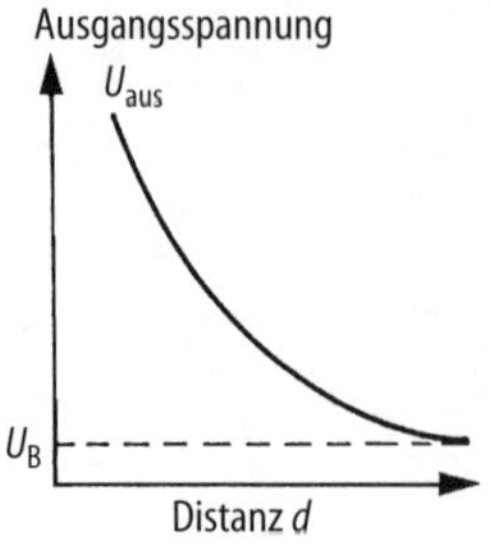	Ausgangsspannung U_{aus} / Distanz d	**a1** 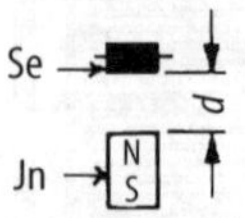 Se, Jn (N S)	Indikator magnetisiert ($U_B = 0$)	Näherungsschalter Wegmessung nichtlinear
		a2  Fe (N S)	Indikator nicht magnetisiert $U_{aus} > U_B$ (auch für $d = \infty$)	
b 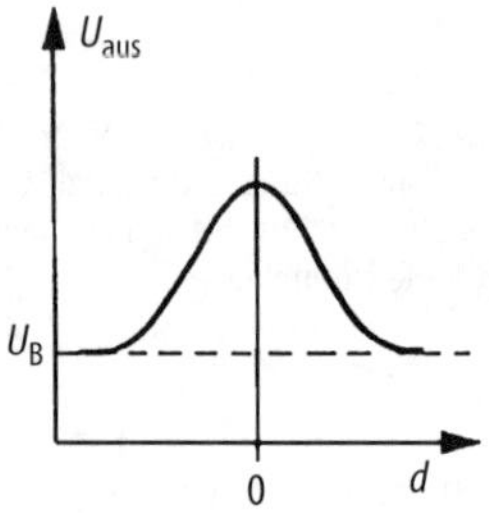	U_{aus} / U_B / 0 d	**b1** 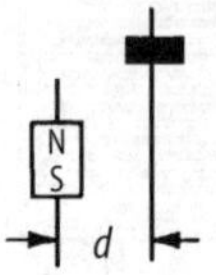 (N S)	Indikator magnetisiert ($U_B = 0$)	Anwesenheitsmelder
		b2 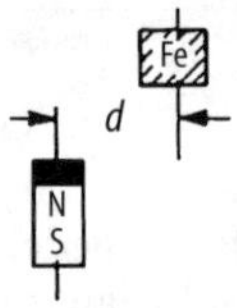 Fe (N S)	Indikator nicht magnetisiert $U_{aus} > U_B$ (auch für $d = \infty$)	
c 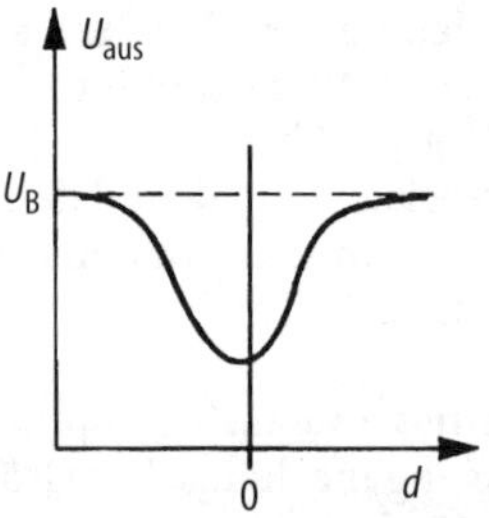	U_{aus} / U_B / 0 d	**c1** 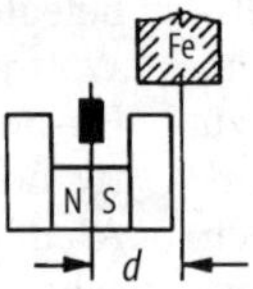 Fe (N S)	Indikator nicht magnetisiert $U_B > U_{aus} \neq 0$	Anwesenheitsmelder
		c2 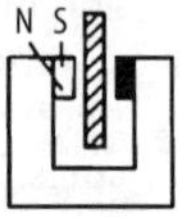 (N S)	Indikator nicht magnetisiert $U_B > U_{aus} > 0$	
		c3 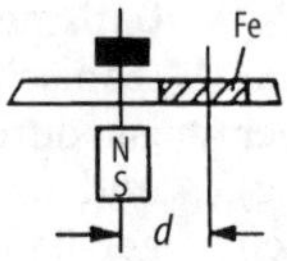 Fe (N S)	Indikator nicht magnetisiert $U_B > U_{aus} > 0$	
d 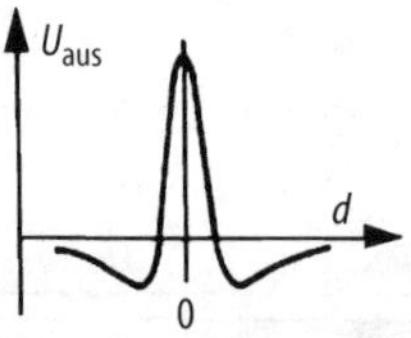	U_{aus} / 0 d	**d1** (N S) (S N)	Ansteuerung mit Magnetpaar	Anwesenheitsmelder hoher Steilheit

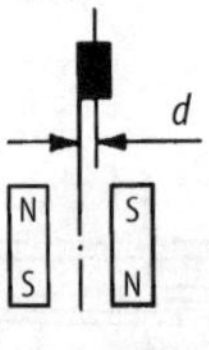

Bild 5.28. A Anwendungen von magnetostatischen Sensoren.

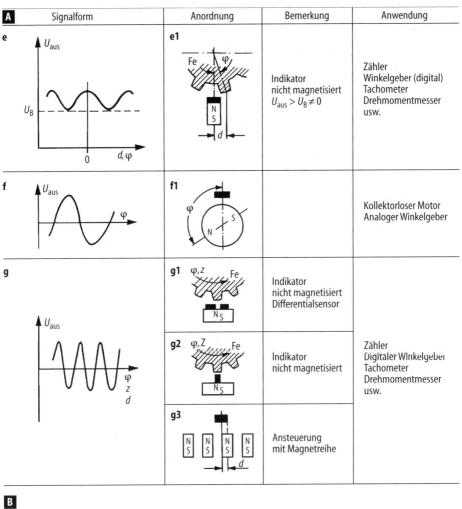

A Signalform	Anordnung	Bemerkung	Anwendung
e	**e1** Fe φ	Indikator nicht magnetisiert $U_{aus} > U_B \neq 0$	Zähler Winkelgeber (digital) Tachometer Drehmomentmesser usw.
f	**f1**		Kollektorloser Motor Analoger Winkelgeber
g	**g1** φ, z Fe	Indikator nicht magnetisiert Differentialsensor	
	g2 φ, z Fe	Indikator nicht magnetisiert	Zähler Digitaler Winkelgeber Tachometer Drehmomentmesser usw.
	g3	Ansteuerung mit Magnetreihe	

B

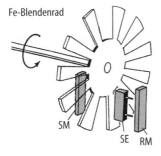

SM   Schaltmagnet
RM   Rücksetzmagnet
SE   Sensorelement

Bild 5.28. Fortsetzung **A**; **B** Drehgeschwindigkeitsmessung mit Schaltdraht- („Wiegand"-)Sensor (SE)

Tabelle 5.2b. Vergleich von Magnetfeldsensoren

	GaAs (KSY 14)	InSb (SBV 603)	Feldpl. (FP30L100E)	NiFe-Dünnfilm (KMZ 10A)	Wiegand-Draht	Reed-Schalter
1	−40/+175	−20/+80	−40/+110	−40/+150	−200/+180	+200
2	5	50	10	5	0 (!)	bis 1 A
3	200	5	500 (bei 0,2T)	12 000	ca.20 mT(Schwelle)	ca.2,5 mT (Schwelle)
4	100	25	–	–	ca. 3000	Schaltcharakt.
5	+0,2% (0,5T)	<1%	quadratisch	4% (0,5kA·m^{-1})	Schaltcharakt.	
6	>2	>2	>1	±0,6 mT		
7	1000	7	≈ 100	1000	50	≪1
8	−0,05%·K^{-1}	−0,1	−3	−0,4	–	

1: $T_{Betrieb}$/℃
2: Steuerstrom/mA
3: Empfindlichkeit/V·A^{-1}T^{-1}
4: $U_{out/mv}$ (0,1 T)
5: Nichtlinearität
6: Sättigung/T
7: R_i/Ω
8: TK(U_{out})

Komponenten optischer Sensorsysteme z.B. [5.23–5.26]

a) Lichtquellen
Glühlampen finden nur noch selten Einsatz in Meßsystemen. Der Grund liegt in relativ hoher Leistungsaufnahme (→Erwärmung) sowie Alterung/Ausfall. Für kleine Niedervolt-Lampen 1 … 5 W werden folgende Daten angegeben:

Vakuum: 2500 K;   9 lm/W
Krypton: 2700 K;   11 lm/W
Halogen: 2900 K;   14 lm/W
Lebensdauer jeweils 500 h

Den Zusammenhang zwischen den Größen Leistung P, Lichtstrom Φ_L und der Lebensdauer L zeigt das bekannte Bild 5.29. Diese Wolframfaden-Glühlampen wurden verdrängt durch die *Lumineszenzdioden* („LED"), die auf einer Umkehrung des „Inneren Photoeffekts" in geeigneten Halbleitern beruhen:
Bei einem in Durchlaßrichtung gepolten p/n-Übergang werden die komplementären Ladungsträger in die Raumladungszone getrieben und „rekombinieren" dort, d.h. die freien Elektronen werden wieder in die lokalisierte Bindung des Kristallgitters eingebaut. Die dabei je Ladungsträgerpaar freiwerdende Energie ist im wesentlichen gleich dem Bandabstand W_G des jeweiligen

Halbleiter-Materials. Während bei den geläufigen Element-Halbleitern Si und Ge diese Energie aus Gittern abgegeben wird (→Erwärmung), wird bei einem „direkten Übergang Valenzband ↔ Leitungsband" diese Energie in Form eines Lichtquants $hf \approx W_G$ emittiert: „Rekombinationsleuchten bei Trägerinjektion" (=„Lumineszenz"). Durch die Auswahl eines Halbleiters mit geeignetem Bandabstand W_G kann die gewünschte Emissionswellenlänge realisiert werden. Für geometrische Optosensoren interessiert nur der langwellige sichtbare Spektralbereich („VIS") bis hin ins nahe Infrarot („NIR") →LED = light emitting diode bzw. IRED = infrared emitting diode. Hier dominiert heute das Ternärsystem $Ga_{1-x}Al_xAs$, wobei mittels Teil-Substitution des Ga durch Al der Bandabstand (→λ) eingestellt werden kann:

$$W_G \approx (1,42 + 1,25x)\,\text{eV} \tag{5.4}$$

mit $x <$ 0,43.

Gängig sind die zwei NIR-Strahler bei 950 und 880 nm sowie „Hyper-Red"-LED bei 660 nm. Diese beiden IRED-Typen passen wellenlängenmäßig sehr gut zu Si-Photodioden (Bild 5.30). Die Licht-Emission ist nicht monochromatisch, sondern weist eine Linienbreite von 20 … 80 nm (entsprechend 3 … 9%) auf. Die nutzbare Lichtausbeute liegt mit wenigen lm/W unter der von

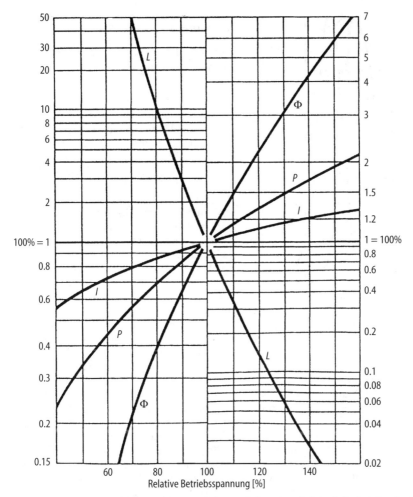

Bild 5.29. Wolframfaden-Glühlampen:Diagramm Leistungs-/Lebensdauer (L: linke Skala; Φ, *P*, *J*: rechte Skala)

Klein-Glühlampen. Die Abstrahlcharakteristik des einfachen Chips (Oberflächenstrahler) gehorcht gut dem Lambertschen Gesetz: $\Phi(\varphi) \sim \cos \varphi$ mit einem Halbwertswinkel von $2 \cdot 60°$. Durch Linsen läßt sich der Öffnungswinkel auf unter 6° verringern (Bild 5.31).

Die maximalen Modulationsfrequenzen liegen im oberen MHz-Bereich, bei modernen Doppel-Hetero-Strukturen wurde 1 GHz erreicht.

In Tabelle 5.3 sind Kenndaten zusammengestellt.

Laserdioden:

Ein großer Durchlaßstrom bewirkt in einer sehr hoch („entartet") dotierten Lumineszenzdiode eine sogenannte *Besetzungsinversion*, also einen Nicht-Gleichgewichtszustand, gekennzeichnet durch die Existenz freier Leitungselektronen bei gleichzeitig unvollständig gefülltem Valenzband. Diese potentielle Energie der Leitungselektronen kann wieder unter Freisetzung etwa der Bandabstandsenergie W_G als Lichtquant abgegeben werden. Dies kann jedoch in Form der stimulierten Emission erfolgen, d.h. das stimuliert emittierte Photon ist phasenstarr

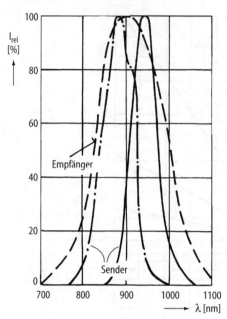

Bild 5.30. Lichtschranke aus GaAs- bzw. GaAlAs (880 nm)-LED und Si-Diode (Siemens)

Tabelle 5.3. Repräsentative Kenndaten von LED/IRED. GaAlAs-Lumineszenzdioden (950 nm; 880 nm; 660 nm)

I_f/mA	U_f/V	T/°C	$\Delta\lambda$/nm	φ0,5	τ/ns
1...100	1,3...2,1	-40/+100	20...80	8...150°	<100

zugleich als rückkoppelnder Fabry-Perot-Resonator (Bild 5.32).

Die Wellenlänge des abgestrahlten Lichtes wird nur sehr grob durch den verschmierten(!) effektiven Bandabstand vorgegeben und erst durch den Resonator fein-selektiert. Dieser enthält bei einer typischen Chip-Länge von 0,1 mm etwa 1000 Halbwellen (n ≈ 3,6!) und ist entsprechend vieldeutig.

Der longitudinale FP-Resonator wird durch zwei gegenüberliegende Chipflächen gebildet, die – mit optischer Oberflächenqualität – planparallel zueinander zu liegen haben; die beiden anderen, hierzu orthogonal liegenden Chipflächen werden aufgerauht.

Das Laserlicht tritt aus der nur ca. 0,5 µm dünnen aktiven Inversions-Schicht um den p/n-Übergang bei den beiden Resonatorspiegeln aus; es weist infolge Beugung einen vertikalen Öffnungswinkel φ von ca. 40° auf.

Moderne Laserdioden (DH-Index) besitzen nur einen sehr schmalen Aktivzonenstreifen (ca. 5 µm), so daß das abgestrahlte Lichtbündel auch senkrecht zur Bildebene (Bild 5.32) stark divergent ist. Schließlich sei auf die üblicherweise integrierte Licht-Monitordiode linksseitig, am stärker reflektierenden Spiegel hingewiesen.

mit dem auslösenden Primärphoton gekoppelt (→kohärente Strahlung). Die für diesen Vorgang des „Lasens" erforderliche hohe Photonendichte entsteht durch

– ausreichend hohe Besetzungsinversion (→Verstärkung),
– Ausbildung einer stehenden Lichtwelle im p/n-Medium: Der Halbleiterchip dient

A	Signalform	Anordnung	Bemerkung	Anwendung
e	U_{aus} ... U_B ... 0 ... d, φ	**e1** Fe φ N S d	Indikator nicht magnetisiert $U_{aus} > U_B \neq 0$	Zähler Winkelgeber (digital) Tachometer Drehmomentmesser usw.
f	U_{aus} ... φ	**f1** φ S		Kollektorloser Motor Analoger Winkelgeber

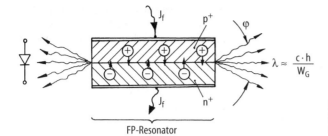

$$\lambda \approx \frac{c \cdot h}{W_G}$$

FP-Resonator

Bild 5.32. Querschnitt durch eine Laserdiode (links: Integrierte Referenzdiode zur Amplitudenstabilisierung)

Aufgrund der geringen Abmessungen der Licht-Austrittsfläche (typ. $0,5 \times 5$ µm²) läßt sich die divergente LD-Strahlung sehr gut kollimieren: Mit einem dreilinsigen Kollimator betragen die Abmessungen des eliptischen Lichtfleckes (TEM_{oo}) in 50 m Entfernung etwa 10×35 mm². Die Eliptizität ist durch „anamorphische" Prismen- oder Linsensysteme korrigierbar.

Heute werden für den Dauerstrich-Betrieb geeignete Laserdioden ab 635 nm Wellenlänge angeboten (GaAlAsP). Sehr preiswert sind die in CD-Abtastsystemen verwendeten GaAlAs-Dioden (780 nm). Reines GaAs liefert 830 nm. Die Ausgangsleistungen betragen 0,5 bis ca. 400 mW bzw. bis zu einigen Watt (gekoppelte LD-Arrays). Infolge der Temperaturabhängigkeit der effektiven Länge des frequenzbestimmenden Fabry-Perot-Resonators beträgt der TK_λ bis zu 0,3 nm/K. Dieser Temperaturgang kann zur Feinabstimmung oder Frequenzstabilisierung eingesetzt werden ($d\lambda/dI_f \approx +6$ nm/A). Die minimale Linienbreite soll etwa 10 MHz betragen entsprechend $4 \cdot 10^{-8}$ relativer Breite (erhebliche Verbreiterung z.B. durch in den Laser rückreflektiertes Licht, so daß mit typisch 0,2 nm zu rechnen ist). Kohärenzlänge: 2 bis 10 m. Polarisation linear, E-Vektor parallel zur aktiven Zone. Direkte Strommodulation: bis ca. 100 MHz, darüber (bis einige GHz) aufwendig. Typische Abmessungen: Einzeldiode 9 mm Durchmesser, Höhe 6 mm. Mit Kollimator: 12 mm Durchmesser, Länge 40 mm.

Das typische Verhalten einer Laserdiode ist aus Bild 5.33 ersichtlich: Die Betriebskennlinie Bild 5.33a zeigt einen Knick oberhalb 40 mA. Für geringere Vorwärtsströme als dieser Schwellenwert wird nur schwaches inkohärentes Lumineszenzlicht erzeugt. Andererseits, je weiter man den Strom über den Schwellenwert steigert, umso höher wird die Verstärkung im Medi-

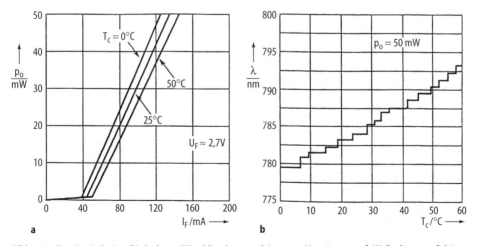

Bild 5.33. Charakteristik eines Diodenlasers (Hitachi): **a** Ausgangsleistung vs. Vorwärtsstrom, **b** Wellenlänge vs. Gehäusetemperatur

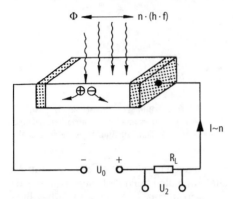

Bild 5.34. Trägerpaarbildung im Photowiderstand. Signalabgriff (U_2) an R_L

um, also umso ausgeprägter der Laser-Mechanismus: Spektrale Reinheit, Kohärenz und Polarisationsgrad nehmen zu.

Wie Bild 5.33b ausweist, ist der Temperaturgang der emittierten Wellenlänge λ nicht kontinuierlich, sondern es treten hysteresebehaftet Modensprünge auf.

Bei *HeNe-Gaslasern* wird, wie beim Halbleiterlaser, eine Besetzungsinversion erzeugt. Die Teilbesetzung eines energetisch höhergelegenen Niveaus bei gleichzeitiger Existenz eines teilentleerten, also aufnahmebereiten Niederenergieniveaus liefert wieder den erforderlichen Verstärkungsmechanismus. Dieser Nicht-Gleichgewichtszustand wird hier durch eine Gasentladung aufrechterhalten. Wegen der im Niederdruck-Gas sehr scharfen Energieniveaus bestimmen diese beim HeNe-Laser die Linienbreite der Emission. Der externe Fabry-Perot-Resonator dient der Rückkopplung und der Selektion der gewünschten Spektrallinie. Für die geometrische Meßtechnik wird die stärkste sichtbare Linie mit $\lambda = 632{,}8$ nm verwendet. Die Halbwertsbreite dieser Ne-Emission beträgt infolge Dopplerverbreiterung etwa 1500 MHz. Mit einer relativ großen Taille des emittierten Lichtstrahls von 0,5 bis 1 mm ist dessen Divergenz sehr gering (0,9 ... 2 mrad). Durch Verwendung von Brewsterfenstern kann man einen hohen Polarisationsgrad von 500 : 1 erhalten. Die Ausgangsleistungen liegen zwischen 0,5 und 20 mW bei einer DC-Speisung mit 1000 ... 2400 V/4 ... 6,5 mA. Abmessungen des Laserkopfes (ohne Netzgerät): 30 ... 50 mm Durchmesser, Länge 170 ... 660 mm.

Für meßtechnische Anwendungen wichtige *Stabilitätsdaten* des HeNe-Lasers:
– Amplitudenrauschen   30 Hz ... 10 Mhz
  0,1 ... 1%
– Amplitudendrift (8 h)
  ±0,3 ... 3%
– Richtungsinstabilität des Strahls:
  0,01 ... 0,5 mrad.

b) Optische Detektoren
Photowiderstände und *Photodioden* beruhen beide auf dem inneren photoelektrischen Effekt: Einfallende Strahlung wird oberhalb einer kritischen Quantenenergie vom Halbleiter absorbiert, indem ein lokalisiertes Valenzelektron in den Kristall als Leitungselektron freigesetzt wird. Es entsteht neben diesem Leitungselektron ein positives Defektelektron im Valenzband ($\rightarrow$Trägerpaarbildung). Bei diesen hier ausschließlich interessierenden Photodetektoren ist demnach das elektrische Ausgangssignal proportional zur Anzahl (n) der einfallenden Lichtquanten. Die beschriebene beleuchtungsgesteuerte Generation freier Ladungsträger führt nur bei Halbleitern zu verwertbaren elektrischen Effekten. Bei Metallen hingegen überdeckt die hohe Grunddichte von freien Elektronen diesen Photoeffekt vollständig. Neben der einfachen Anhebung von Valenzelektronen ins Leitungsband (intrinsischer Photoeffekt; $hf > W_G$) kommt in Sonderfällen (IR) der extrinsische Effekt zum Einsatz; hier entstammen die lichtgenerierten Leitungselektronen ortsgebundenen Störstellen.

Bild 5.34 zeigt die Situation des Photowiderstandes („LDR" = light dependent resistor): Eine dünne Schicht eines Halbleiters ist mit zwei sperrfreien Kontakten versehen. Die einfallende Lichtenergie Φ entspricht n Photonen der Quantenenergie $h \cdot f$. Für $hf > W_G$ er-

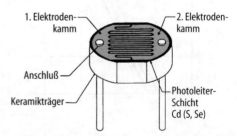

Bild 5.35. CdS-Photowiderstand ($\rightarrow$ VIS) mit Interdigital-Elektrodenkämmen

zeugt jedes Photon ein Ladungsträgerpaar, das zu einem Stromfluß I beiträgt. Am Lastwiderstand R_L wird das Nutzsignal U_2 abgegriffen. Optimale Bemessung von RL:

$$R_0 \cdot \sqrt{1 - \frac{\Delta R}{R_0}} \qquad (5.5)$$

R_0 Dunkelwiderstand,
ΔR Widerstandsänderung infolge Beleuchtung) [5.27].

Ohne Beleuchtung bleibt allerdings eine Rest-Leitfähigkeit des Halbleiters infolge thermisch bedingter Eigenleitung (→Dunkelstrom). Praktisch werden für den Bereich

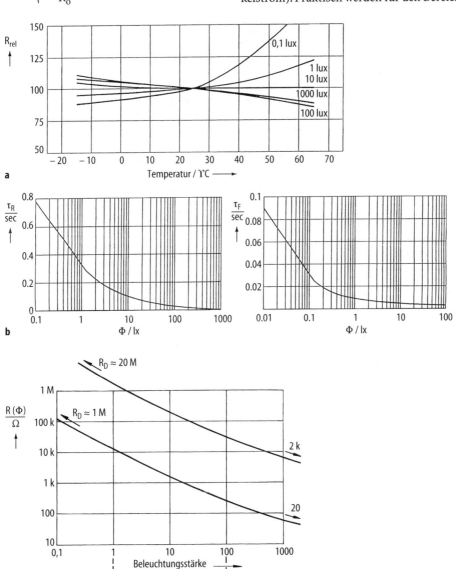

Bild 5.36. Kenndaten eines CdS-Photowiderstandes. **a** Temperaturgang des Widerstandwertes (relativ), **b** Anstiegs-(τ_R) und Abfallzeitkonstanten (τ_F) als Funktion der Beleuchtungsstärke, **c** Kennlinien von Photowiderständen (EG & E)

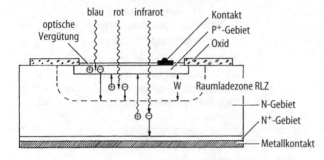

Bild 5.37. Querschnitt durch eine Si-Photodiode (Werkbild Siemens)

des sichtbaren Lichtes nur die II/VI-Halbleiter CdS und CdSe verwendet. Halbwerts-Spektralbereich: 500 bis 680 nm bzw. 650 bis 770 nm. Bild 5.35 zeigt die typische enge Interdigitalstruktur der aufgedampften Metallelektroden auf dem rd. 20 µm dicken polykristallinen Halbleiterfilm, um trotz der Flächenwiderstände von einigen MΩ$^\square$ Anschlußwerte von 3 kΩ ... 500 KΩ (10 Lux) zu erreichen. Die sensitive Fläche hat einen Durchmesser von etwa 3 ... 25 mm.

Daneben sind auch rechteckförmige II/VI-Photowiderstände erhältlich.

Da die Lebensdauer der Elektronen-Lochpaare ein Vielfaches der Trägerlaufzeit zwischen den eng benachbarten Elektroden beträgt, ergibt sich im Photowiderstand eine *Stromverstärkung G* in der Größenordnung 10^4. Dieser hohe G-Wert ist der Grund für die extreme Meßempfindlichkeit (nahe SEV) wie auch für die den Photodioden kaum nachstehende Detektivität bis zu D* $\approx 10^{12}$ cm $\cdot$ Hz$^{1/2}$. W^{-1} – trotz des hohen Rekombinationsrauschens der polykristallinen Halbleiterschicht.

Die wesentlichen *Vorteile* von Photowiderständen:

– hohe Empfindlichkeit (Mondlicht ausreichend),
– weiter Meßbereich (bis direktes Sonnenlicht),
– Gleich- oder Wechselspannung verwendbar,
– Maximalspannung bis 300 V (direkter Netzbetrieb mit Relais als Last),
– großflächige Detektoren,
– sehr preiswert.

Nachteilig sind:
– relativ schmales Spektrum,
– erhebliche Temperaturabhängigkeit,

– Maximal-Temperatur 75°C,
– Zeitkonstanten im oberen Millisekundenbereich.

Repräsentative LDR-Kenndaten sind in Bild 5.36 wiedergegeben.

Photodioden, die wichtigste Gruppe der Sperrschicht-Photodetektoren, stellen im Gegensatz zum passiven Photowiderstand optisch gesteuerte *Spannungsquellen* dar:

Die von Lichtquanten erzeugten Elektronen-Loch-Paare werden durch die am p/n-Übergang anstehende Diffusionsspannung getrennt. Die Eindringtiefe des Lichtes ist wellenlängenabhängig (Bild 5.37). Die Lastkennlinie eines „Photoelements" (hier eine Si-Solarzelle im vollen Sonnenlicht) zeigt Bild 5.38. Die Leerlaufsättigungsspannung $\hat{U}_0$ ist material- und dotierungsabhängig. Stets gilt:

$$\hat{U}_0 < \frac{W_G}{e}.$$

Die Abhängigkeit der Leerlaufspannung von der Beleuchtungsstärke gehorcht im wesentlichen einem logarithmischen Gesetz

$$U_0(\Phi) \sim \ln \frac{\Phi}{\Phi_0}.$$

Der Kurzschlußstrom $I_K = S \cdot A$ dagegen ist linear proportional zur Beleuchtungsstärke (Bild 5.39). Für die geometrische Meßtechnik werden wegen dieses linearen Zusammenhanges ($IK \sim \Phi$) Photodioden üblicherweise im Kurzschluß betrieben. Vorteilhaft ist weiter die Verwendung einer Sperr-Vorspannung, welche eine Verbreiterung ($\rightarrow W$) der ladungsträger-trennenden Raumladungszone bewirkt sowie für einen schnellen Abtransport der optisch generierten Trägerpaare sorgt ($\rightarrow \tau$) (Bild 5.40). Die typische U/I-Kennlinienschar einer

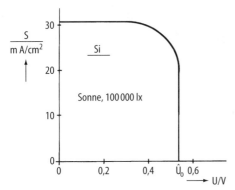

Bild 5.38. Lastkennlinie einer Solarzelle im vollen Sommer-Sonnenlicht

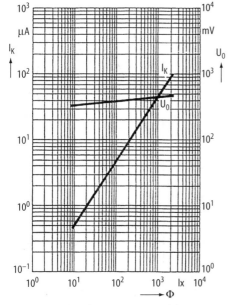

Bild 5.39. Kurzschlußstrom I_K und Leerlaufspannung U_0 als Funktion der Beleuchtungsstärke (Siemens BPX-90; 5,5 mm²)

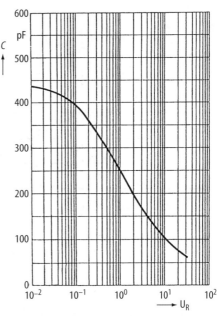

Bild 5.40. Sperrschichtkapazität als Funktion der Sperrspannung (Siemens BPX-90)

bleme, da sie für alle vorgenannten Lichtquellen eine gute Empfindlichkeit aufweisen.

Typische Kennwerte von Sperrschicht-Photodetektoren (Si: $\lambda_{grenz} \approx$ 1100 nm)

– Außenabmessungen:
  TO 18 (5 mm Durchmesser, 25 × 15 Flachgehäuse)
– Chipfläche:
  0,2 ... 100 mm²
– Temperaturbereich:
  –55/+100 °C (hermetisches Metallgehäuse),
  –40/+80 °C (Epoxi-Gießharz-Flachgehäuse)
– Empfindlichkeit S*:
  0,2 ... 0,6 A/W
– Temperaturkoeffizient des Kurzschlußstromes:
  0,12 ... 0,20%·K⁻¹
– Zeitkonstante τ:
  5-30 µs (Elementbetrieb: U_0 = 0),
  ca. 2 µs (p/n-Diode, Kurzschlußstrombetrieb, U_0 ca. –5 V),
  ca. 15 ns (PIN-Diode, Kurzschlußstrombetrieb, U_0 ca. –10 V)

Photodiode bei verschiedenen Beleuchtungspegeln (Bild 5.41) zeigt, daß sowohl ohne Vorspannung als mit Sperrspannung sich zu dem sehr geringen minoritätsbedingten Dunkelstrom (Bild 5.42) der volle Photostrom addiert.

Die nach langen Wellenlängen durch die Quantenbedingung $hf > W_G$ begrenzte Sensitivitätskurve üblicher Si-Dioden ist in Bild 5.43 gezeigt: Diese Si-Photo-Dioden eignen sich sehr gut für alle geometrischen Meßpro-

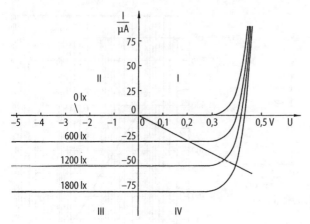

Bild 5.41. Dioden-Kennlinie (BPX-90) bei verschiedenen Beleuchtungsstärken

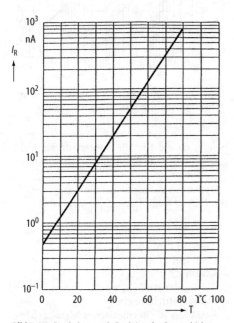

Bild 5.42. Dunkelstrom als Funktion der Sperrschichttemperatur (Siemens BPX-90)

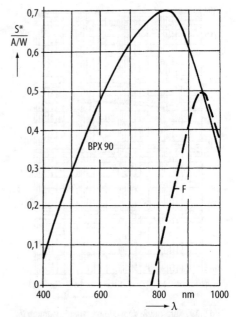

Bild 5.43. Sensitivitätskurve einer repräsentativen p/n-Siliziumdiode (BPX90-F: mit Tageslichtsperrfilter)

- Dunkelstromdichte:
  -100 nA/mm² (Elementbetrieb),
  5 pA/mm² ... 1 nA/mm²(Kurzschlußstrombetrieb)
- Detektivität D*:
  10^{12}... $5 \cdot 10^{13}$ cm · Hz$^{1/2}$ · W^{-1}
- Halbwerts-Empfangswinkel ≈ 2 × 60°;
  mit integrierter Linse:
  2 × 15° ... 2 × 80°.

Von den Photodetektoren mit integriertem Verstärkungseffekt ist für die mechanische Meßtechnik nur der Phototransistor/-Photodarlington von Bedeutung: Im *Phototransistor* wird das Photodiodensignal unmittelbar durch den monolithisch integrierten Bipolartransistor (Emitterschaltung) verstärkt. In dem Aufbau (Bild 5.44) dient die (sperrgepolte) Basis/Kollektor-Strecke (→RLZ) als photoempfindliche Diode, die (positive) Defektelektronen in

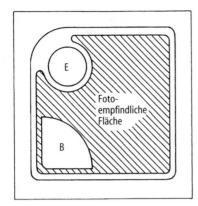

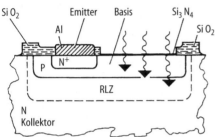

Bild 5.44. Phototransistor: Aufsicht und Schnitt durch den Emitter

Tabelle 5.4. Kenndaten von Optodetektoren: Kurzschlußstrom I_K bei 0,5mW/cm^2 bei λ_{opt} und Ansprechzeit τ

Photodiode	Phototransistor	Photodarlington
5 µA	2 mA	5 mA
10 ns (PIN)	9 µs	15 µs
1 µs (p/n)		

Schließlich sind als Empfänger, z.B. in Lichtschranken, Spezial-Opto-IC der Konsumerelektronik von Interesse (Verfügbarkeit, Preis!). Als Beispiel: Siemens SFH 505A, ein IR-Empfänger/Tf-Demodulator mit einer Schaltempfindlichkeit von 40 nW/cm^2. Mit einer gepulsten GaAs-LED als Sender können 30 m überbrückt werden.

Auf der Basis der Photodiode lassen sich neben den vorgenannten optischen Intensitätsdetektoren auch ortsauflösende Sensoren aufbauen:

Positionsdetektoren und bildgebende Sensoren
Beiden gemeinsam ist die Eigenschaft, neben der integralen Lichteinfall-Messung (s.o.) auch eine Information über die lokale Beleuchtungsverteilung auf der Empfangsfläche zu geben. Positionsdetektoren geben nur die Lage eines kleinen Lichtpunktes auf dem Sensor als Analogsignal wieder, während bei Bildsensoren die Empfangsfläche in viele ortsfeste, diskrete Bildpunkte (bis zu $24 \cdot 10^6$ „Pixel") aufgeteilt ist und somit eine mosaikartige Information gewonnen wird.

Für optische Positionsensoren bieten sich zwei Konzepte an:

a) Segmentierte Detektoren:
Unterteilung einer lichtempfindlichen Fläche in zwei oder vier orthogonal zueinander angeordnete Einzeldioden (→Differentialdioden, 4-Quadranten-Dioden). Bild 5.45 verdeutlicht die Funktion der Spalt- oder Differentialdiode: Die zwei nur durch einen engen Spalt getrennten, möglichst gleichen Dioden D_I und D_{II} ($|\Delta S_{I;II}|S^*|<5\%$) werden von einem kleinen Lichtfleck L getroffen. Bei einer Horizontalablage x erhalten die beiden Dioden unterschiedliche Lichtmengen, die Differenz der beiden elektrischen Ausgangssignale $I_I - I_{II}$ liefert das Maß für die Ablage. In Bild 5.45b ist der re-

die Basis/Emitter-Strecke einspeist. Am Kollektor wird somit dieser primäre Photostrom, um den Stromverstärkungsfaktor vergrößert, auftreten. Mit einer Stromverstärkung von einigen Hundert erhält man Empfindlichkeitswerte über 100 A/W. Ein in sogenannter Cascode-Schaltung nachgeschalteter weiterer, ebenfalls monolithisch integrierter Transistor ergibt den „Photodarlington" mit einer weiteren Empfindlichkeitssteigerung. Die typischen Nachteile dieser Opto-IC wie schlechtere Linearität und eine obere Grenzfrequenz bei nur 100 kHz fallen für die Anwendung in der mechanischen Meßtechnik kaum ins Gewicht, wohl aber u.U. die ebenfalls erhöhte Temperaturempfindlichkeit.

Tabelle 5.4 vergleicht die Lichtempfindlichkeit von Photodiode, Phototransistor und Photodarlington anhand von drei typischen Sensoren, jeweils mit Sammellinse (Bildwinkel ca. 2 × 10°) und einer aktiven Oberfläche bei 0,15 mm^2 (Strahlungsdichte 0,5 mW/cm^2).

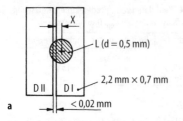

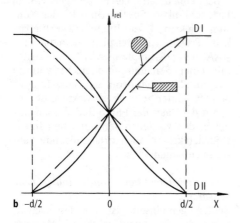

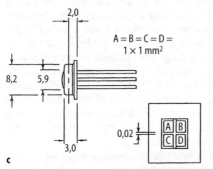

Bild 5.45. a Spaltdiode, asymmetrisch verlagerter Leuchtfleck *L* (Durchmesser d), **b** Ausgangsströme der zwei Dioden über der Leuchtfleck-Position *x* (Runder und Rechteckfleck), **c** Technische 4-Quadranten-Diode

lative Kurzschlußstrom (~Φ) der beiden Dioden für einen kreisförmigen Lichtfleck sowie für einen Rechteckspalt angegeben (Meßbereich ±*d*/2!). Gleichermaßen arbeitet die 4-Quadranten-Diode (Bild 5.45c). Problematisch sind zeitliche Änderungen der Intensitätsverteilung im Lichtfleck durch Modensprünge! Massenanwendung im Abtastkopf von CD-Spielern; in Autofocus- und Autokollimationssystemen (vgl. Bild 5.69).

Lichtintensität und Temperaturgang der Dioden lassen sich eliminieren durch:

$$\frac{I_I - I_{II}}{I_I + I_{II}} \rightarrow \text{Position } x. \tag{5.6}$$

Gleiches gilt für die auch Lateral-Positionsdetektor genannte

b) PSD (Position Sensitive Diode) z.B. [5.28]
Gemäß Bild 5.46a handelt es sich um eine homogene Photo-Diode (PIN), deren niedrig dotierte, also hochohmige p-leitende Oberschicht durch *zwei* parallele Randelektroden *A* und *B* kontaktiert ist. Ein in Position x einfallender Lichtstrahl erzeugt wieder Ladungspaare, die als Strom an den Elektroden *A* und *B* abgenommen werden können. Der relativ hohe Flächenwiderstand der p-Schicht führt, wie das Ersatzschaltbild 5.46b erläutert, zu einer ungleichen Aufteilung des entnehmbaren Stromes auf die Elektroden *A* und *B*. Man erhält mit

$$\frac{I_A - I_B}{I_A + I_B} = 1 - \frac{2x}{l} \tag{5.7}$$

durch Normierung auf den Gesamtstrom eine in *x* lineare Kennlinie mit geringer Parasitärempfindlichkeit gegen Temperatur- und Lichtschwankungen. Form und Fluktuationen des Lichtflecks sind im Gegensatz zu vorgenannten Segment-Dioden (a) ohne Einfluß.

Entsprechend den Spalt- bzw. 4-Quadranten-Dioden für eine ein- bzw. zweidimensionale Positionsbestimmung werden PSD auch mit vier Abnahmeelektroden (zwei Orthogonalsysteme) gebaut, so daß die Lage des Lichtpunktes in den zwei Koordinaten *x* und *y* bestimmbar ist. Zwei Bauformen dieser x-y-PSD werden angeboten: „Duo-Lateraleffekt-Positionsdetektor", gekennzeichnet durch die Anbringung der jeweiligen Elektrodenpaare (A,B bzw. C,D) auf Ober- bzw. Unterseite des Chips (Bild 5.47) und die einfachere „Tetra-Struktur", bei der alle vier Elektroden ausschließlich auf der Oberseite plaziert sind (Bild 5.48, mit Auswerteschaltung). Im Gegensatz zum linear-abbildenden „Duo"-Aufbau treten bei „Tetra"-Elektrodenstrukturen erhebliche Kissenverzeichnungen auf (Bild 5.49).

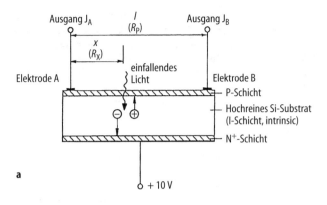

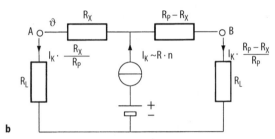

Bild 5.46. a Einachsen-PSD (Querschnitt), **b** Einachsen-PSD: Ersatzschaltbild ($R_L \ll R_P$)

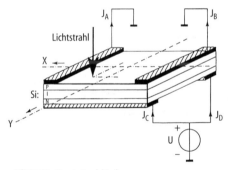

Bild 5.47. Duo-Lateral-Diode

Alle PSD sind im Prinzip nur in der Lage, die Position eines einzigen Lichtpunktes anzuzeigen. Mehrere Lichtpunkte können allerdings durch Lichtmodulation voneinander unterscheidbar gemacht werden.

Kenndaten dieser analogen Positionsdetektoren:

- Sensorfläche: 2,5 ... 30 mm Länge bzw. 2 × 2 ... 20 × 20 mm (x – y),
- Widerstand$_{A;B}$: 10 ... 100 kΩ,
- Posit.-Nichtlinarität: ±0,1 bzw. ±0,3% (x- bzw. x-y-Anordnung),

- Spektralbereich: 400 ... 1100 nm,
- Empfindlichkeit: 0,6 A/W,
- max. Modulationsfrequenz: 500 kHz
- max. Betriebstemperatur: 70 °C,
- Temperaturfehler der rel. Position: 40 ppm/K.

Bildgebende Sensoren vermögen im Gegensatz zum vorherigen sehr viele Lichtpunkte zu erfassen: Ein Array von heute bis zu 2000 × 1200 Photodioden (je 7 × 7 bis 10 × 10 µm³ groß) setzt die einfallende zweidimensionale Lichtverteilung (aufprojizierte Objektabbildung) in ein örtlich diskretisiertes Ladungsmuster („Pixel") um. Dieses parallel anstehende, helligkeitsproportionale lokale Ladungsmuster wird über spezielle („charge coupled") Schieberegister Bildpunkt für Bildpunkt, Zeile für Zeile seriell ausgelesen, z.B. im 20 MHz-Takt. Dieses einkanalige Videosignal enthält die Information über die jeweilige lokale Lichtintensität in analoger Form, während die Ortsinformation sehr exakt zeitcodiert vorliegt. Neben dieser TV-üblichen sequentiellen Bildauslesung der Photodioden-Matrix sind auch Anordnungen zur arbiträren

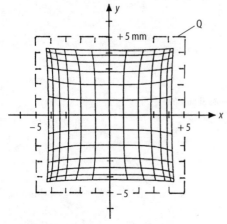

Bild 5.49. Ein äquidistant aufgeteiltes Quadrat Q (5 × 5 mm²) (strichliert) wird im elektrischen Ausgangssignal einer „Tetra"-PSD am Rande stark verzerrt wiedergegeben (→ kissenförmiges Raster)

x-y-Pixeladressierung bekannt [5.29–5.31]. – Außer zweidimensionalen Arrays werden auch Einzelzeilen mit bis zu 6000 Px hergestellt (Massenanwendung im FAX). Wieder können einzelne Objektpunkte durch Lichtmodulation hervorgehoben werden.

Optoelektronische Geometrie-Messung
Infolge seiner sehr kurzen Wellenlänge und seiner feinen Fokussierbarkeit bietet Licht einmalige Möglichkeiten für die rückwirkungsfreie Präzisionsmessung von ein- bis dreidimensionalen Geometriedaten. Die laterale Auflösung kann die Größenordnung der verwendeten Wellenlänge, also z.B. 0,5 µm erreichen. Die Tiefenauflösung kann bei wellenoptischen Verfahren sogar noch etwa einen Faktor 100 höher getrieben werden.

Optische Geometriesensoren basieren auf folgenden klassischen Eigenschaften des Lichtes:

– geradlinige Ausbreitung,
– sehr geringe Beugung an Kanten,
– Absorption und Streuung material- und winkelabhängig,
– Lichtbrechung und Reflexion →Fokussierbarkeit,
– Wellencharakter (→Phaseninformation, Interferenz).

Die in der Optoelektronik eingesetzten Grundkonzepte entstammen alle der klassischen Optik:

a) Abschattung eines Empfängers durch das Meßobjekt,
b) Winkelabhängigkeit der Streuung an matten Oberflächen,
c) Triangulation,
d) Laufzeitverfahren,
e) Interferenz.

Die Konzepte a, b und c werden – wie im Auge – in TV-Kameras zusammengefaßt und mit dem Computer ausgewertet →

f) digitale Bildverarbeitung.

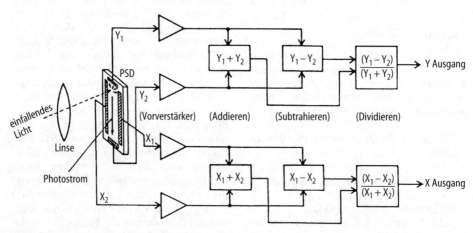

Bild 5.48. Tetra-Lateral-Diode + Auswerteschaltung

Die Verfahren a) bis e) liefern grundsätzlich ein- oder zweidimensionale Geometriedaten (vgl. Bild 5.50):

a) die Querschnittsabmessungen des Objekts (meist aber nur als Eintauchtiefe eindimensional ausgewertet),

b) den Winkel zwischen Sender und Empfänger,

c) den Abstand zum Meßobjekt, im Falle spiegelnder Reflexion zugleich(!) den Winkel S/E,

d) und e) den Abstand.

Lediglich beim Verfahren f) steht, wie beim biologischen Sehen, der gesamte dreidimensionale Bildinhalt der gezielten, ganz spezialisierten Auswertung zur Verfügung, z.B. ein Zielpunkt, eine Kante, alle Kanten, Stufentiefen, Schrägen in der Tiefe, Abweichung von einer vorgegebenen Form ... Neben dem der Natur entlehnten Aufbau

mit mindestens zwei TV-Kameras (→stereoskopisches Sehen) kann in bestimmten Situationen (z.B. Fehlen steiler Kanten) mit dem sogenannten *Streifenprojektionsverfahren* gearbeitet werden. Hier wird ein Lichtgitter-Raster auf die Probe projeziert und mit nur einer TV-Kamera schräg zum Lichteinfall beobachtet [5.32]. – Beide 3D-Verfahren erfordern einen hohen Rechenaufwand, z.B. zur Bestimmung der Position eines vorgegebenen Körpers im Raum. Es sind sechs Freiheitsgrade zu bestimmen.

Dreidimensionale Geometrieinformationen lassen sich auch mittels der tiefensensierenden Verfahren *Triangulation* oder *Laufzeitverfahren* erhalten, indem die Meßobjekt-Oberfläche abgescannt wird. Die erforderliche zweiachsige x-y-Ablenkung wird meist durch eine Drehspiegelablenkung in einer Koordinate und Verfahren des Meßobjektes in der zweiten, orthogona-

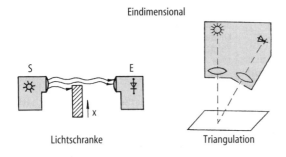

Eindimensional

Lichtschranke

Triangulation

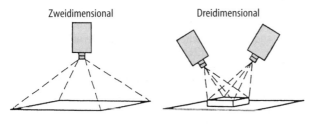

Kamerameßtechnik

Zweidimensional

Dreidimensional

Bild 5.50. Optoelektronische Geometriemeßtechnik

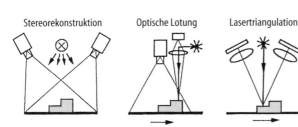

Stereorekonstruktion

Optische Lotung

Lasertriangulation

Bild 5.51. Alternativen der 3D-Geometrievermessung; siehe Tab. 5.5 (b und c erfordern Probenverschiebung o.ä.)

Tabelle 5.5. Vergleich von drei Verfahren zur 3D-Szenenvermessung

	Stereorekonstruktion	Optische Lotung	Lasertriangulation
Arbeitsprinzip	2D-Bildaufnahme mit 2-3 FS-Kameras, Stereorekonstruktion durch Triangulation	Optische Lotung mit Laserabtaster, Grauwertbild mit 1 FS-Kamera Objektbewegung	Triangulation mit Laserabtaster und 2 PSD-Elementen, Objektbewegung
Abtastvolumen	adaptierbar durch Wechsel der Kameraobjektive	400x400x400 mm^3	25x25x25 mm^3 100x100x100 mm^3
Aufnahmezeit	50-60 ms pro Bildaufnahme	bis 130.000 Oberflächenkoordinaten pro Sekunde	bis 500.000 Oberflächenkoordinaten pro Sekunde
Auflösung	256x256 Pixel	256x256 Voxel ca. 1,6x1,6x1,6 mm^3	256x256 Voxel ca. 0,1 bzw.0,5 mm^3
Ergebnis der Verarbeitung	Position X, Y, Z, Orientierung im Raum (Phi, Psi, Theta)	Position X, Y, Z, Kipplage (+/-20°), Orientierung in der X-Y-Ebene	Position X, Y, Z, Orientierung im Raum (Phi, Psi, Theta)
Eigenschaften des Systems	Dynamik: 64:1 + Kamera (Summe ca. 56 dB), diffuse Beleuchtung erforderlich	Dynamik: 10.000:1 (80 dB) Grauwertbild: diffuse Beleuchtung erforderlich	Dynamik: 2.000:1 (66 dB)
Schwerpunkt der Anwendungen	Robotik und Fertigungssteuerung: - Teilevereinzelung und -zuführung - Montagesteuerung - Vollständigkeitskontrolle	Manipulationsaufgaben bei der Automatisierung in der Kraftfahrzeugindustrie, Vollständigkeitskontrolle	Kopplung CIM und CAD, FBG-Bestückung prüfen, 3D-Erkennung von Werkstücken

len Achse realisiert. Auch Kombinationen der Techniken nach c) oder d) mit einer TV-Kamera wurden untersucht. Einen Siemens-Vergleich der drei Alternativkonzepte nach Bild 5.51 gibt die Tabelle 5.5 wieder [5.33]. Ein elektronisches Analogon zur holografischen Interferometrie ist in [5.34] skizziert. Weitere Quellen zu diesem eigenständigen Spezialgebiet: [5.35]

Nicht-abbildende optoelektronische Geometrie-Sensoren
Die beiden amplitudenanalogen, strahlengeometrischen Meßverfahren Lichtschranke und Triangulation werden im folgenden detailliert, während das als Laser-Radar bezeichnete Licht-Laufzeitverfahren in Abschnitt 5.1.2 dargestellt wird. Der Interferometrie ist ein eigener Abschnitt (5.2.2) gewidmet.

Das Prinzip der Lichtschranke ist bereits in Bild 5.14 gezeigt: Eine Lichtquelle beleuchtet vollflächig einen ausgedehnten Photosensor (Photowiderstand, Solarzelle).

Das nicht-transparente Meßobjekt schattet, abhängig von seiner Position x, einen Teil des Photosensors ab. Ist die führende Front dieses Meßobjekts eine gerade, senkrecht zur Verfahrrichtung x verlaufende Kante, so erhält man bei rechteckiger Empfangsfläche des Photosensors idealisiert eine lineare Kennlinie. Bei vielen Applikationen des Lichtschrankenkonzepts wird die kontinuierliche Kennlinie durch Setzen eines Schwellwertes S zu einer Binärentscheidung (hell oder dunkel) ausgewertet (Bild 5.52).

Bei amplitudenanalogen optoelektronischen Sensoren werden drei Grundkonzepte unterschieden (Bild 5.53):

a) Durchlicht- oder Einweg-Lichtschranke (I),
b) Reflexions-Lichtschranke (II und III),
c) Reflexions-Lichttaster, besser als Rückstreutaster bezeichnet (IV).

Bei der Einweg-Lichtschranke a) sind Sender und Empfänger räumlich voneinander

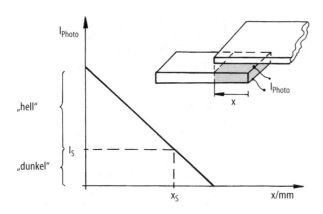

Bild 5.52. Idealisierte Kennlinie eines analogen Opto-Verlagerungssensors (durch einen Schaltpunkt I_S vereinfacht zur binären Lichtschranke)

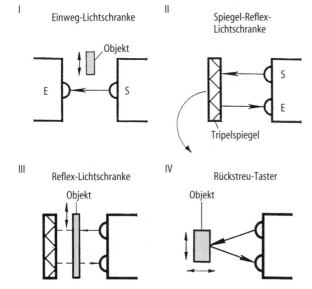

Bild 5.53. Lichtschranken-Konzepte (Pepperl & Fuchs)

durch die Durchlicht-Strecke getrennt. Sie stehen einander exakt gegenüber. Ein Objekt kann, wie in Bild 5.14, den Empfänger teilweise oder ganz abschatten und so z.B. einen Schaltvorgang auslösen.

Bei den beiden Alternativkonzepten b) und c) befinden sich Sender und Empfänger, meist nebeneinander, in einem Gehäuse; der Lichtweg wird gefaltet, daher die Bezeichnung „Reflex …". Im Fall b), der Reflexions-Lichtschranke, bewirkt ein gegenüber dem Sende-/Empfangskopf angebrachter, nahezu idealer Reflektor (Tripelspiegel) eine Strahlumkehr in den Empfänger. Wieder führt ein Abfall des empfangenen Lich-

tes durch Entfernen des Tripelspiegels (Bild 5.53 II) oder Einbringen eines Meßobjektes (Bild 5.53 III) in den Strahlengang zu einer Variation des Ausgangssignals, vielfach nur als Schaltschwelle ausgewertet.

Der Reflexions-Lichttaster c) (Bild 5.53 IV) gewinnt sein Empfangssignal nur aus der diffusen Rückstreuung des Meßobjektes selber. Sehr problematisch sind hier dunkle Objekte, durchsichtige Objekte, metallisch-blanke plane Objekte (da sie bei Schräglage alles Licht neben den Empfänger spiegeln) und blanke Kugeln/Zylinder (extrem kleine wirksame Reflexionsfläche).

Tabelle 5.6. Reflexionsvermögen technischer Objekte (für Lichttaster) (Pepperl & Fuchs)

Material	Reflexionsvermögen
Testkarte Standardweiß	90%
Testkarte Standardgrau	18%
Papier, weiß	80%
Zeitung, bedruckt	55%
Pinienholz, sauber	75%
Kork	35%
Holzpalette, sauber	20%
Bierschaum	70%
Plastikflasche, klar	40%
Plastikflasche, transparent, braun	60%
Plastik, undurchsichtig, weiß	87%
Plastik, undurchsichtig, schwarz	14%
Neopren, schwarz	4%
Teppichschaumrücken, schwarz	2%
Autoreifen	1,5%
Aluminium, unbehandelt	140%
Aluminium, gebürstet	105%
Aluminium, schwarz eloxiert	115%
Aluminium, schwarz eloxiert, gebürstet	50%
Edelstahl, rostfrei, poliert	400%

Tabelle 5.7. Korrekturfaktoren für Lichtschranken im technischen Einsatz (Pepperl & Fuchs)

Umgebungsbedingungen	KFu
saubere Umgebung, keine Schmutzwirkung auf Linsen	1,5x
leichte Verschmutzung, Linsen werden regelmäßig gereinigt	5x
mässige Verschmutzung (Dunst, Staub, Öl), Linsen werden wenn nötig gereinigt	10x
starke Verschmutzung, Linsen werden selten gereinigt	50x

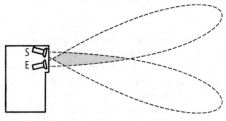

Bild 5.54. Streulicht-Taster mit begrenztem Meßvolumer (Schnittmenge)

Störfaktoren:
In allen genannten Verfahren a)-c): Ölnebel, Rauch, Staub sowie Fremdlicht. In den Verfahren nach Bild 5.53 I und III spielen weiterhin die oben unter c) genannten opti-

schen Eigenschaften des Objektes eine wesentliche Rolle. Über das Reflexionsvermögen technischer Objekte im Bereich VIS, NIR informiert Tabelle 5.6. Die Umwelteinflüsse werden grob durch Korrekturfaktoren erfaßt (Tabelle 5.7).

Die unsichere Situation des Rückstreutasters (Bild 5.53 IV) einerseits infolge sehr unterschiedlicher Rückstreu-Wirkungsgrade, die neben genannten optischen Eigenschaften auch noch von der Größe des Objektes und seiner Oberflächenstruktur abhängen, andererseits wegen eines unbekannten, eventuell stark reflektierenden Hintergrundes wird gern durch eine Abstandsselektivität wesentlich verbessert. Eine einfache Lösung ist in Bild 5.54 skizziert: Die beiden schmalen, im Winkel gestellten Richtkeulen von Sender und Empfänger ergeben nun ein nach hinten begrenztes Sensitivitätsvolumen. Noch weiter läßt sich diese Tiefenselektion durch Verwendung eines winkel-sensitiven Detektors treiben. Diese „elektronische Hintergrundunterdrückung" verwendet Triangulationsverfahren, die im folgenden Kapitel erläutert werden.

Bei Spiegelreflexschranken nach Bild 5.53 III können blanke oder hellweiße Objekte keinen genügenden Kontrast gegenüber dem Hintergrund-Tripelspiegel erbringen. Hier hilft ein gekreuzter Polarisationsfilter-Satz gemäß Bild 5.55. Der Kunststoff-Tripelspiegel dreht die Polarisationsebene des Lichtes, so daß bei Abwesenheit eines Meßobjektes im Strahlengang der Empfänger „high" anzeigt. Da aber die parasitäre Reflektivität des blanken Meßobjektes keine Drehung des optischen Polarisationsvektors bewirkt, wird vom Meßobjekt reflektiertes Licht den zweiten Polarisator nicht durchdringen. – Auf ähnliche Weise lassen sich durchsichtige Objekte, z.B. Glas, detektieren.

Zur *Unterdrückung von Fremdlicht* werden alle Lichtschrankentypen vorzugsweise mit gepulsten Lichtquellen betrieben (Tastverhältnis 1 : 1 bis 1 : 500, Frequenz 25 Hz ... 5 kHz). Bei Reflexionskonzepten kann der Empfänger in den Tastpausen gesperrt werden. Weiter werden bei NIR-Schranken gern sogenannte *Tageslichtfilter* vor dem üblichen Phototransistor- oder Photodar-

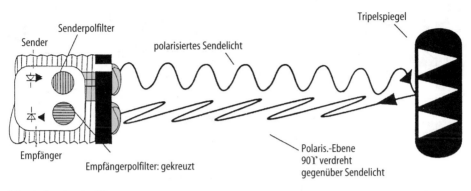

Spiegelreflexschranke: EIN

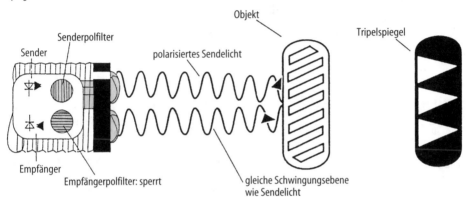

Spiegelreflexschranke: AUS

Bild 5.55. Reflexlichtschranke mit gekreuzten Polarisatoren

lington-Empfänger angebracht. Zwei typische Reichweitenkurven sind in Bild 5.56 wiedergegeben:

a) industrieller Rückstreutaster (2,5 m),
b) Einweglichtschranke aus einfachen Bauelementen aufgebaut.

Ein *Tripelreflektor* aus metallisiertem Kunststoff besitzt eine Vielzahl von Tripelspiegeln, bestehend jeweils aus drei zeltförmig zueinander angeordneten planen Spiegelflächen. In einem Winkelbereich von etwa ±15° werfen diese Tripel einfallendes Licht exakt in die Senderichtung zurück (Bild 5.57). Typische Reflektorgrößen 4–100 cm².

Kenndaten von Lichtschranken sind in Tabelle 5.8 zusammengestellt.

Eine größere Anzahl von Einweg-Lichtschranken, in einer Reihe angeordnet, führt zum sogenannten *Lichtgitter* (Bild

5.58). Die bis zu 400 Opto-Strecken werden meist seriell aktiviert, so daß – mit einer Auflösung von 2,5 bis 25 mm – eine Information über die Position und Querschnittsabmessung („Data") des Objektes vorliegen. Lichtgitterhöhe h bis 7 m, Breite b bis rd. 3 m.

Sende- und Empfangslicht können neben der vorgenannten Freiluftübertragung auch durch *Lichtleiter* bis zum Objekt geführt werden. Bild 5.59 zeigt, wie zwei Lichtleiter an einen konventionellen Reflex-Lichtschrankenkopf angeschlossen zu einem analog die Objekthöhe anzeigenden Durchlicht-System erweitert werden. Das erforderliche schmale, hohe Lichtband entsteht durch Linear-Deformation des ursprünglich runden Lichtleiter-Bündels. Diese Lichtleiter-Bündel bestehen aus z.B. zehn, ca. 0,5 mm dicken Einzel-Lichtleitern aus Kunststoff. Bei höheren Temperaturen (bis 300 °C) werden Stua

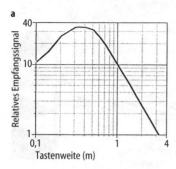

b

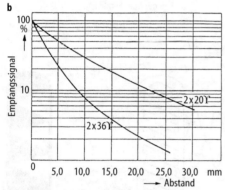

Bild 5.56. Reichweitenkurven eines Streulichttasters (**a**) und einer einfachen Geradeaus-Lichtschranke (LED + Phototransistor) für zwei unterschiedliche Breiten der Strahlungs-/Empfangs-Keule (**b**)

fenindex-Glasfasern (25–100 μm) im Bündel verwendet. Schutzummantelung: PVC bzw. Metall-Wellschlauch. Einfache LWL-Bündel zeigt Bild 5.60. Beachte: Öffnungswinkel sende- und empfangsseitig rd. 68°. Für Sonderfälle sind Glas-LWL mit 21° Öffnungswinkel erhältlich.

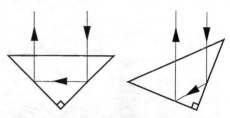

Bild 5.57. Ebene Darstellung des Tripelspiegel-Prinzips (auch bei Verkippung wird das Licht zum Ausgangsort zurückgespiegelt)

Vorteile der bis herab zu 0,5 mm Durchmesser üblichen LWL-Bündel-Sensoren:

– sehr feiner Meßfleck,
– hochtemperaturfest,
– Ex- und EMV-sicher.

Einige Anwendungsfälle erläutert Bild 5.61.

Die Triangulations-Abstandsmessung
Ein auf der Meßlinie a bewegter Punkt $P_{1;2}$ (s. Bild 5.62) erscheint vom abseits gelegenen Beobachtungspunkt B unter dem variablen Winkel $\beta_{1;2}$. In der Vermessungskunde wird dieser Winkel β als Maß für die zu bestimmende Strecke $\overline{AB}$ durch einen Null-Abgleich bestimmt. Optoelektronische Trigonometer verwenden dagegen an der Beobachtungsstelle B ein Ausschlagsverfahren mit einem ortsauflösenden Detektor (PSD oder CCD); der Meßort P wird durch einen Lichtfleck von A aus markiert (LD, LED). Die Kennlinie ist aufgrund der Winkelbeziehungen nichtlinear (Bild 5.63). Aus Bild 5.64 ist ersichtlich, daß die diffuse optische

Tabelle 5.8. Typische Kenndaten von Lichtschranken

Einweg-Lichtschranke	Spiegelreflex-Lichtschranke	Reflex-Lichtschranke	Rückstreutaster
Größte Reichweite LED: ≤ 50 m Laser: einige 100 m	LED: ≤ 12 m	LED: ≤ 10 m	Geringste Reichweite ≤ 2,5 m
Minimalabmessungen: Zylinder: 2mm ⌀/ 40 mm Länge Quader:		5 mm Durchmesser, 60 mm Länge od. 10 x 10 x 25 mm	
Montage aufwendiger. Achsausrichtung kritisch. Auch für sehr kleine oder dünne Objekte geeignet.	Nur für größere Einzelobjekte, z.B. Tore, Schutzgitter.	Abdeckendes Meßobjekt muß größer sein als der Reflektor.	Rückstreuung stark objektabhängig (Größe, Form, Material).

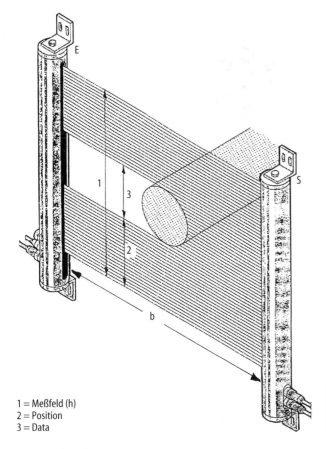

1 = Meßfeld (h)
2 = Position
3 = Data

Bild 5.58. Multi-Lichtschranken-Lichtgitter bestimmt diskretisiert Position und Querschnittsabmessung des Objektes (Baumer electric)

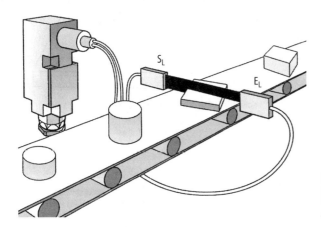

Bild 5.59. LWL-Durchlicht-Schranke. Die Höhe der Objekte auf dem Förderband wird durch ein Vertikal-Lichtband analog angezeigt (Oriel)

Streuung auf der Oberfläche des Meßobjektes verwendet wird. Probleme treten demnach bei plan-blanken Oberflächen (für die das Spiegelgesetz gilt) sowie bei transparenten Stoffen auf (vgl. Bild 5.65). Für Spiegeloberflächen mit streng gerichteter Reflexion muß mit einem Strahlengang nach Bild 5.66 operiert werden [5.36]. Nun aber führt nicht

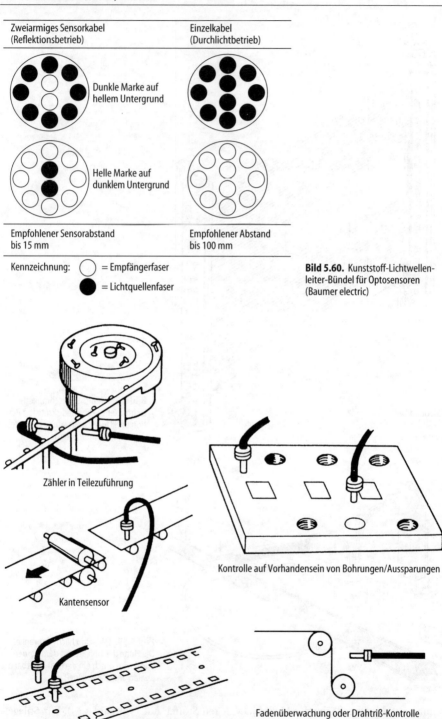

Zweiarmiges Sensorkabel
(Reflektionsbetrieb)

Einzelkabel
(Durchlichtbetrieb)

Dunkle Marke auf
hellem Untergrund

Helle Marke auf
dunklem Untergrund

Empfohlener Sensorabstand
bis 15 mm

Empfohlener Abstand
bis 100 mm

Kennzeichnung: ○ = Empfängerfaser
● = Lichtquellenfaser

Bild 5.60. Kunststoff-Lichtwellen-leiter-Bündel für Optosensoren
(Baumer electric)

Zähler in Teilezuführung

Kontrolle auf Vorhandensein von Bohrungen/Aussparungen

Kantensensor

Filmpositionierung

Fadenüberwachung oder Drahtriß-Kontrolle

Bild 5.61. Applikationsbeispiele für LWL-Lichtschranken (Oriel)

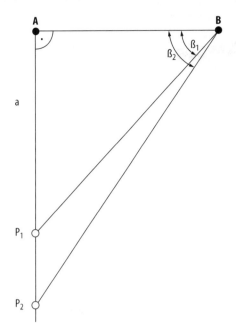

Bild 5.62. Triangulations-Geometrie

nur die Meßgröße Δh (d.h. die Abstandsänderung), sondern auch eine Verkippung φ zu einem Meßsignal! Abhilfe z.B. durch Doppel-Detektor.

Über den realitiven Meßfehler derzeitiger Triangulationssensoren mit unterschiedlicher Ausstattung gibt Bild 5.67 Auskunft [5.37].

Bild 5.68 zeigt eine 3D-Szenenbeobachtung durch zweidimensionale Triangulation im Lichtschnitt-Verfahren.

Bild 5.69 zeigt einen einfachen, aber hochauflösenden Abstandssensor nach dem *Autofocusprinzip*. Dieses, aus dem Abtastkopf des CD-Abspielgerätes entwickelte Tastgerät löst einen Meßbereich von 500 μm … 5 μm auf 5 · 10⁻⁴ auf. Typische Meßdaten: 100 Messungen/s [5.38].

5.1.2
Laufzeitverfahren [5.39]
Eine elektromagnetische Welle oder ein Schallimpuls pflanzt sich mit einer charakteristischen Ausbreitungsgeschwindigkeit v fort. Die Laufzeit τ zur Überbrückung eines Weges l ist:

$$\tau = l \,/\, v. \tag{5.8}$$

Für Licht und Mikrowellen gilt im Vakuum ($\approx$ Luft):

$$v \approx c = 2{,}998 \cdot 10^8 \text{ m}/\text{ s}. \tag{5.9}$$

Schallwellen breiten sich mit einer 5 bis 6 Zehnerpotenzen niedrigeren, stark mediumabhängigen Geschwindigkeit aus:

Luft: 332 m/s · $(T/273 \text{ K})^{1/2}$
Wasser: 1480 m/s
Stahl: 5920 m/s.
Allgemein bekannte Anwendungen der Abstandsbestimmung über die Laufzeit eines

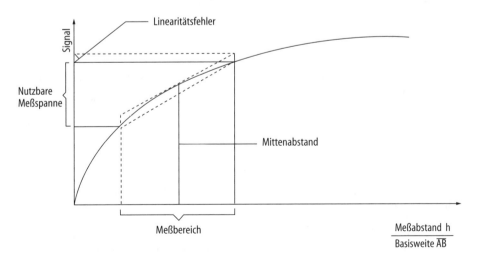

Bild 5.63. Kennlinie des optoelektrischen Triangulationssensors

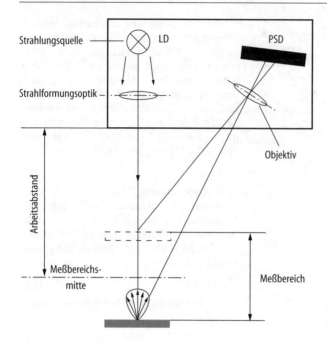

Bild 5.64. Optisches Konzept eines Triangulations-Anstandssensors

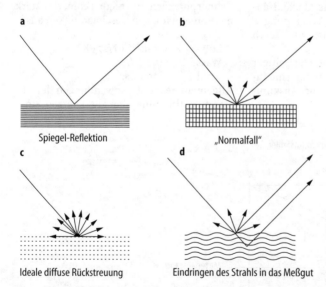

Bild 5.65. Unterschiedliches Reflexionsverhalten von Oberflächen. **a** Plan-blanke, undurchlässige Oberfläche, z.B. Metall, **b** Matte, undurchlässige Oberfläche: ungerichtete Rückstreuung, **c** Mischzustand a/b, **d** Teildurchlässiger, opaker Körper

kurzen Impulses sind das *Echolot* und das *Impulsradar*. Beide Geräte verwenden relativ hohe Sendeleistungen (einige Watt bis kW). Wegen der bei industriellen Anwendungen erforderlichen geringen Reichweiten (einige Meter) reichen hier jedoch einige Milliwatt aus.

Bei diesem Impulslaufzeit-Meßverfahren bestimmt die minimale Pulslänge die Entfernungsauflösung. Mikrowellenoszillatoren lassen sich mit typisch 10 ns pulsen. Laserdioden erreichen 10 ps und darunter. Für Ultraschallwandler findet man z.B. 2 MHz/6 Schwingungen = 3 µs (minimale Impuls-

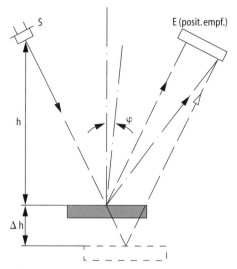

Bild 5.66. Triangulationsverfahren an Spiegeloberflächen

Tabelle 5.9. Kenndaten-Spektrum von Triangulations-Sensoren

Auflösung	0,01 ∝m	10 ∝m	0,1 mm
Meßunsicherheit	±0,08 ∝m	±10 ∝m	+1 mm
Meßbereich	160 ∝m	100 mm	1000 mm
Arbeitsabstand	7 mm	150 mm	5000 mm

Abmessungen 10 cm³ bis ca. 100 x 200 x 400 mm³

länge infolge endlicher Wandlerdämpfung). Der resultierende, auflösbare Abstand (l) zwischen Sende-/Empfangskopf und reflektierendem Meßobjekt:

MW: $l = t_{min} \cdot c/2 = 1{,}5$ m
Laserdiode: $= 1{,}5$ mm
US: $= 0{,}5$ mm.

Durch Signalfilterung läßt sich die Tiefenauflösung des Ultraschallsignals um mehr als eine Größenordnung verbessern. Hochfrequente Ultraschallsignale erlauben wegen ihrer kurzen Wellenlänge die Erzeugung vorzüglicher 3D-Bilder (mechanisches Schwenken der Strahlungskeule oder phased-array Vielfach-Wandler). Technisch hochinteressant ist das sehr viel einfachere Verfahren, das Ultraschallecho bezüglich seines Zeitprofils auszuwerten [5.39].

Mikrowellen (9–90 GHz)- und Lichtsensoren können – in der Frequenz oder Amplitude moduliert – auch im Dauerstrich („CW") betrieben werden:

a) FM-CW-Radar

Der Mikrowellensender (Frequenz F_s) wird (vorzugsweise linear) über der Zeit mit einen Frequenzhub $\pm\Delta F$ mit der Modulati-

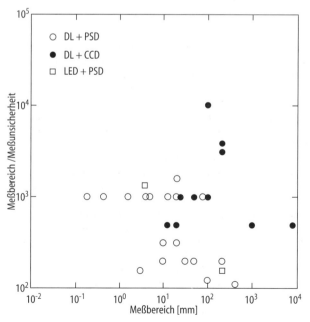

Bild 5.67. Leistungsdaten kommerzieller Triangulationssensoren (unter Berücksichtigung der eingesetzten optischen Komponenten)

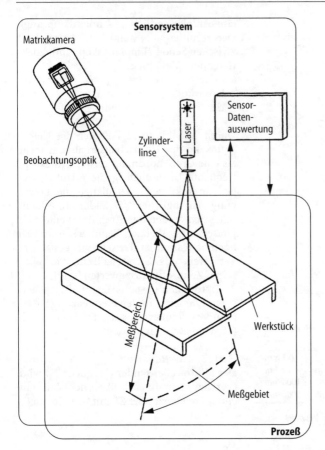

Bild 5.68. 3D-Geometrievermessung durch Lichtschnittt-Triangulation [5.35]

onsfrequenz f_m um seine Mittenfrequenz F_0 gewobbelt (Bild 5.70a). Das Echosignal F_E weist infolge seiner Laufzeit τ einen Frequenzversatz F_{SE} auf gemäß

$$F_{SE} = 4\Delta F\,\frac{\tau}{T_m}. \qquad (5.10)$$

Diese, hinter einem Frequenzmischer anstehende niedrige Frequenz $F_{SE} = |F_S - F_E|$ ist – von kurzen Übergängen abgesehen – für ansteigende wie abfallende Sendefrequenz gleich (Bild 5.70b). Weist das signalreflektierende Meßobjekt relativ zum Sende-/Empfangskopf eine Eigengeschwindigkeit v_0 auf, so verschiebt sich die Empfangsfrequenz F_E um die Dopplerfrequenz f_D.

$$f_D = F_0\,\frac{v_0}{c} \quad \text{für } v_0 \perp \overline{SE} \qquad (5.11)$$

(s. Bild 5.70c). Das FM-CW-Radar erlaubt also die Bestimmung des Objektabstandes

sowie dessen Änderungsgeschwindigkeit. Die typische Genauigkeit der FM-CW Abstandsmessung mit Mikrowellen nach Mittelung liegt im Zentimeterbereich. Für Licht ist das FM-Verfahren nicht anwendbar, da eine sprungfreie, lineare Wellenlängenmodulation bei Laserdioden nicht realisierbar ist!

b) AM-CW

Moduliert man die ausgehende elektromagnetische Welle (Mikrowelle oder Licht) in ihrer Amplitude mit einer niedrigeren Frequenz f_m, so weist das mit der Laufzeitverzögerung τ empfangene Signal einen modulationsseitigen Phasenunterschied gegen die als Referenz dienende Modulation der Sendewelle auf. Nach Demodulation der beiden Trägersignale erhält man ein Phasensignal, das in $\lambda_m = c/f_m$ periodisch ist. Mit der heute erreichbaren Licht-Modulationsfrequenz von 500 MHz beträgt damit

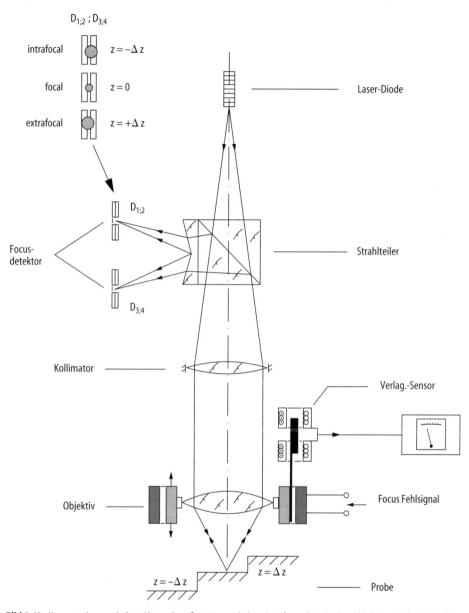

Bild 5.69. Konzept eines optischen Abstandsmeßgerätes nach dem Autofocus-Prinzip: Das Objektiv wird durch ein elektrodynamisches Verstellsystem auf die Probe focussiert. Dieser Zustand „focal" wird durch die zwei Spaltdioden $D_{1;2}$ und $D_{3;4}$ erkannt (s. links oben). (Nach Rodenstock-Unterlagen)

der Eindeutigkeitsbereich 30 cm. Es werden durch digitale Phasenmessung Tiefenauflösungen mit diesem sogenannten „Lidar" bei etwa 10 μm erreicht [5.40–5.42].

Dasselbe AM-Verfahren wird im Mikrowellenbereich mit vergleichbaren Daten eingesetzt.

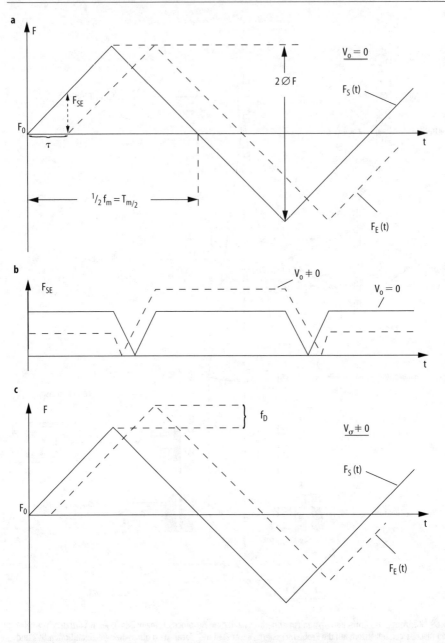

Bild 5.70. Abstands- und Geschwindigkeitsmessung durch FM-CW-Radar (F_E=aktuelle Frequenz des empfangenen Signals, verschoben über die Laufzeit τ). **a** Zielgeschwindigkeit $v_0 = 0$, **b** Differenzfrequenz $F_{SE} = |F_S - F_E|$ bei Festziel ($v_0 = 0$), **c** Zielgeschwindigkeit v_0 endlich

Zur Marktsituation:
Preiswerte Klein-Radarsensoren sind bei Frequenzen von 9 GHz und 77 GHz erhältlich [5.43, 5.44]. Sie vermögen beliebige

Nichtleiter, z.B. Holz, Kunststoff, Keramik, zu durchdringen. NIR-Impuls-Abstandsmeßgeräte mit 1 mm Auflösung und einigen km Reichweite werden angeboten. Ultra-

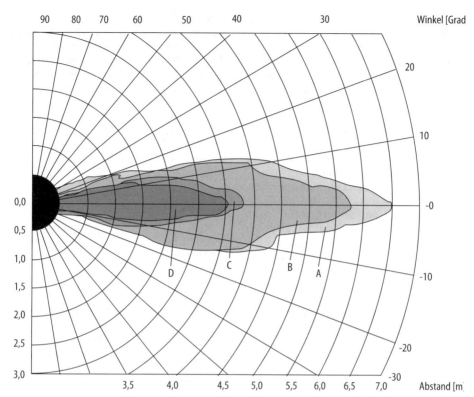

Bild 5.71. Ansprechdiagramm eines Ultraschall-Echosensors für unterschiedliche Objekte. Blinder Nahbereich (0,5m): schwarz. (Pepperl & Fuchs)
A; B : Ebener Metallreflektor 700 x 700 bzw. 100 x 100 mm²
C : Filzrohr ∅ 160
D : Rundstab ∅ 25

schall-Impulsechosensoren sind seit langem marktgängig. Sie werden als analoge Wegsensoren wie auch im einfachen Schaltbetrieb eingesetzt. Auch Einweg-Schaltschranken sind erhältlich. Neben einem elektrostatischen Wandler (Polaroid), der auch industriell angeboten wird, finden üblicherweise Piezokeramiken als mechanisch/elektrische Wandler Verwendung. Im Luftschallbereich werden Frequenzen bis rd. 400 kHz eingesetzt. In der Materialprüfung (auch Echolot) sind einige MHz gängig. Wird im üblichen Impuls-Echobetrieb mit einem einzigen universellen Sende-/ Empfangswandler gearbeitet, so ist wegen der endlichen Ausschwingzeit des Wandlers nach Ende des elektrischen Sendeimpulses in einer Zeitspanne von 0,3 bis 5 ms kein Empfang möglich. Dies führt in Luft zu einem blinden Nahbereich zwischen 6 und

80 cm. (Abhilfe: Getrennte Sende- und Empfangswandler). Typische Ansprechkurven für unterschiedliche Reflektoren zeigt Bild 5.71. Ebene Reflektoren (Kurven A und B) sind offenbar am wirkungsvollsten, jedoch nur, wenn sie sorgfältig auf den Sende-/ Empfangskopf ausgerichtet sind. Bereits Richtfehler des Plan-Reflektors von 3° können bei größeren Abständen (wie bei Lichttastern) zum Versagen des US-Sensors führen, während Schielwinkel des Sensorkopfes etwa 10° betragen dürfen. Anwendungsbeispiele zeigt Bild 5.72.

Typische Kenndaten von US-Impuls-Echosensoren (Freiluft) [5.45–5.49]:

– Reichweite (ebenes Meßobjekt
  10×10 cm²)   30 cm ... 6 m
– Blinder Nahbereich   6 cm ... 80 cm

- Auflösung   ≥0,2 mm
- Meßabweichung   ca. ±1%
- Temperaturbereich   −25 … +75°C
- Abmessungen:
   Zylinder: ≥15 mm Durchmesser/
                            60 mm lang
   Quader: 10 … 1000 cm³.

Magnetostriktiver Ultraschall-Langweg-sensor

Während die vorgenannten Laufzeitverfahren mit elektromagnetischen oder akustischen Wellen im freien Luftraum operieren, basiert der magnetostriktive Ultraschall-Abstandssensor auf der *geführten Schallausbreitung* in einem Metallzylinder. Der Sensor besteht nach Bild 5.73 aus einer Koaxialleitung mit einem Innenleiter aus einer magnetostriktiven NiFe-Legierung. Über dieser ortsfesten Leitung ist ein Ringmagnet verschiebbar. Die vom Sender S in die Koaxialleitung periodisch abgegebenen Stromimpulse erzeugen in dieser ein zirkumferentiales, achsialhomogenes Magnetfeld B_φ. Unter dem Ringmagneten (B_r) in Position x überlagern sich die beiden Magnetfelder. Dieser zeitliche Magnetfeld-

sprung am zu messenden Ort x bewirkt im magnetostriktiven NiFe-Draht eine lokale Torsion, die sich als Ultraschallwelle in beiden Richtungen ausbreitet und nach einer Laufzeit τ die Empfangsspule L am Leitungsanfang erreicht. Aus der bekannten Ausbreitungsgeschwindigkeit v_s (ca. 2800 m/s) ergibt sich die Meßstrecke x.

Diese magnetostriktiven US-Sensoren sind wegen ihrer hermetisch geschlossenen Bauweise sehr robust (Beschleunigung bis 50 g; 200 bar; −40/+150 °C)

Kenndaten:

- Meßwege: 0,1 … 2,5 m
- Auflösung: 0,1 mm
- Meßrohr-Durchmesser: z.B. 8 mm
- Meßrohr-Länge   = Meßweg.

5.2
Digitale geometrische Meßverfahren

In der analogen Meßtechnik wird die Meßgröße in eine andere physikalische Größe abgebildet. Beide Abbildungskoordinaten, Meßgröße und Bildgröße, weisen im allge-

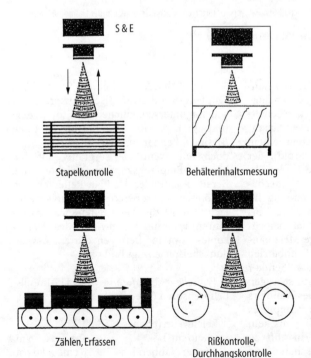

Stapelkontrolle   Behälterinhaltsmessung

Zählen, Erfassen   Rißkontrolle,   **Bild 5.72.** Anwendungen von US-
                         Durchhangskontrolle   Echosensoren

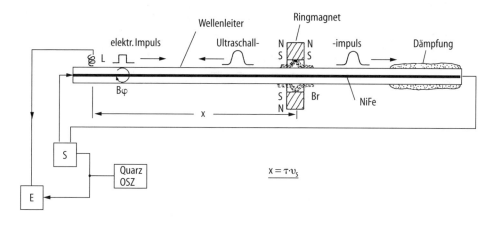

Bild 5.73. Magnetostriktiver US-Langwegsensor

meinen ein Wertekontinuum auf. Dagegen arbeitet die diskretisierte Meßtechnik mit einer endlichen Anzahl gleichgroßer und damit abzählbarer Inkremente, im Falle der geometrischen Meßtechnik also mit kleinen Längen- oder Winkelelementen. Die erforderlichen Inkremente können in Form eines dinglichen Rasters stationär abgelegt sein oder aber durch den periodischen Wechsel zwischen konstruktiver und destruktiver Interferenz von Lichtwellen generiert werden.

5.2.1
Dingliche Maßstäbe [5.50]
5.2.1.1
Inkrementale Weg-/Winkelaufnehmer
Gemäß Bild 5.74 weist ein Inkrementalmaßstab alternierend gleichbreite Zonen ($T/2$) unterschiedlicher Eigenschaften (hier schwarz/durchsichtig) aus. Diese, durch das jeweilige Detektorsystem zu unterscheidenden Eigenschaften können sein: optisch durchsichtig/undurchlässig, reflektierend/nicht reflektierend, ferromagnetisch/unmagnetisch, magnetisiert/unmagnetisiert, elektrisch leitfähig/isolierend. Das äquidistant aufgeteilte Rasterlineal wird in Bild 5.74 durch eine Transmissions-Lichtschranke L_1/D_1 abgetastet; man erhält bei konstanter Verfahrgeschwindigkeit Rasterlineal gegen Lichtschranke einen Signalzug 1. Zur Bestimmung der Bewegungsrichtung ist eine zweite Schranke erforderlich. Diese, räum-

lich um $T/4$ gegen Schranke 1 versetzt, ergibt einen bezüglich Amplitude und Periodenlänge gleichen Signalzug 2, welcher jedoch um 90° gegen das Signal 1 versetzt ist. Dieser Phasenversatz ist abhängig von der jeweiligen Bewegungsrichtung: +90° bei Linealbewegung in Richtung x^+ (nach links), –90° bei Linealbewegung in Richtung x^- (nach rechts). Das vorzeichenrichtige Abzählen der durchlaufenen Inkremente kann nun durch einen Vorwärts-/Rückwärtszähler erfolgen, wobei Schranke 1 die Zählimpulse liefert, während der Phasenvergleich Schranke 1 gegen Schranke 2 die Vorzeicheninformation ergibt. Praktische Teilungen T: von 1 mm bis herab zu 10 µm. Abweichend von Prinzipbild 5.74 erfolgt technisch die optische Abtastung im allgemeinen großflächig, indem auf den Optoempfänger ein kurzes, feststehendes Raster gleich dem abzutastenden, beweglichen projiziert wird. Nun werden – bei Verschiebung des Rasterlineals – gleichzeitig mehrere Fenster durchsichtig (Jalousie-Effekt), was sowohl eine Vervielfachung des Lichtsignals als auch eine Mittelung über mehrere Rasterperioden bewirkt. Bild 5.75a zeigt den technischen Aufbau eines Inkremental-Linearmaßstabes: Die von der Lichtquelle (LED oder Unterspannungs-Glühlampe) ausgehenden Lichtstrahlen werden durch einen Kondensor parallelgerichtet, durchlaufen die mit der Maßstabteilung identischen vier Felder der Abtastplatte und den

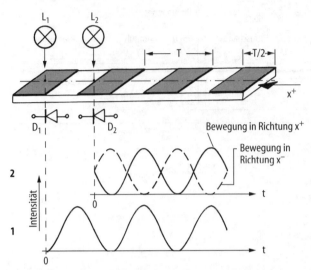

Bild 5.74. Inkrementalmaßstab, Durchlichtverfahren

Inkrementalmaßstab, um schließlich auf den Photodetektoren in elektrische Signale umgesetzt zu werden. Die vier gegeneinander jeweils um $T/4$ optisch verschobenen Felder der Abtastplatte erzeugen bei einer Verlagerung x des Maßstabes vier Sinuszüge (s. Bild 5.75b) mit den Phasenwinkeln 0 (a), 180° (b), 90° (c), 270° (d). Die Subtraktion der DC-behafteten Signale a, b bzw. c, d liefert die nullsymmetrischen Sinussignale S_1 und S_2. Komparatoren erzeugen hieraus die Impulsfolgen h und i. Durch Zählen aller vier in einer Periode T auftretenden Flanken erhält man die Zählschrittweite $\Delta = T/4$, also bei der minimalen Teilungsweite $T = 10\ \mu m$ eine Auflösung von 2,5 μm.

Zur weiteren Erhöhung der Auflösung wird innerhalb einer Teilung T anhand des Sinusverlaufes $S_{1;2} = f(x)$ interpoliert:

– amplitudenanalog: $S_1/S_2 = \tan \varphi$ (unabhängig von Signalamplitude!),
– durch Frequenzvervielfachung mittels Widerstandsnetzwerksummierer.

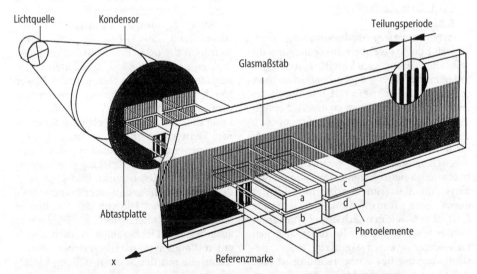

Bild 5.75. a Durchlichtabtastung eines linearen Inkrementalmaßstabes (Glas/Chromschicht) (Heidenhain)

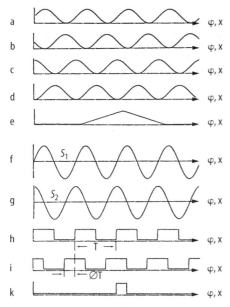

a φ, x
b φ, x
c φ, x
d φ, x
e φ, x
f S_1 φ, x
g S_2 φ, x
h $|\!\!\leftarrow T \rightarrow\!\!|$ φ, x
i $\rightarrow|\;|\!\leftarrow \varnothing T$ φ, x
k φ, x

Bild 5.75. b Photodetektorsignale beim Inkrementalmaßstab (a bis d); Referenzmarke: e. S_1 bzw. S_2: Zusammenfassung der Komplementärsignale a/b bzw. c/d
(Pepperl & Fuchs)

Diese Analogverfahren ergeben praktisch
eine Auflösungsverbesserung auf $T/100$.

– Eine digitale Interpolation der Arcustan-
gens-Funktion durch „look-up-table" ergibt eine Auflösung von $T/1000$. Die
höchste Auflösung erreicht man beim In-
krementalprinzip durch Übergang von
der Strahlenoptik (Schattenwurf) zur
Wellenoptik: Der Inkrementalmaßstab
wirkt als optisches Gitter; ein Interfe-
renz-Phasenvergleich zwischen dem geraden Strahl (Beugung nullter Ordnung)
und dem gebeugten Licht in der ersten
Ordnung liefert z.B. bei einem Meßweg
von 220 mm eine Auflösung von 1 nm!

Völlig analog zur Glas-Durchlichttechnik
erfolgt die optische Abtastung undurch-
sichtiger *Stahlmaßstäbe*. Dort wechseln
sich hochglänzende Goldschichten und
mattierte Stahlregionen ab, die im Reflex
ausgewertet werden. Diese Technik wird für
frei verlegbare Inkremental-Maßbänder
eingesetzt; geschlossene Anbau- und Ein-
bau-Aufnehmer bevorzugen meist die

Durchlichttechnik. Inkrementalaufnehmer
besitzen eine oder auch mehrere (dann po-
sitionscodierte) Referenzmarken.

Während die optische Abtastung für hochauflösende Meßtechnik – linear oder als Win-
kelwert – konkurrenzlos ist, werden bei geringen Auflösungsanforderungen oftmals
magnetische Abtastungen bevorzugt, da sie
weitaus robuster und preiswerter sind (s. Bild
5.76) oder [5.53]. – Eine transformatorische
Abtastung eines in Inkremente eingeteilten
Maßstabes stellt das „Induktosyn-Konzept"
(s. Bild 5.17) dar. Kapazitive Inkrementalsy-
steme finden sich in den modernen Digital-
Meßschiebern für den Werkstattbereich.

Der inkrementale Weg-/Winkelaufneh-
mer liefert (seriell) eine Anzahl (= „Menge") von gleichwertigen Impulsen, die erst
durch einen separaten Zähler aufgezählt (=
integriert) werden und so als eine Zahl im
Sinne des Zahlensystems ausgegeben werden können. Diese rein dynamische Umsetzung kann keine *absolute Ortsinformation*
garantieren, im Gegensatz zu:

5.2.1.2
Absolut codierte Weg-/Winkelaufnehmer
Code-Lineale/Scheiben enthalten die zu
messende Position als codierte Zahl, die
demnach statisch ausgelesen werden kann.
Die verwendeten Codes – Dual und Gray –
zeigt Bild 5.77. Der Dualmaßstab kann als
Staffelung von n Inkremental-Maßstäben
mit jeweils verdoppelter Teilungsweite verstanden werden, wobei das LSB (2^0) die
Auflösung, das MSB (2^{n-1}) die Eindeutigkeit
repräsentiert. Im Gegensatz zum Dualcode
besitzen die einzelnen Spuren im Graycode
keine feste Wertigkeit. Dessen Bildungsge-
setz lautet: Beginn wie Dualcode, dann: Bei
Wechsel des Zustandes einer gröberen
Bahn werden alle davorliegenden Codewör-
ter gespiegelt wiederholt. Dies führt zu dem
symmetrischen Erscheinungsbild. Der Vorteil dieses Graycodes ist seine „Einschrittig-
keit", d.h. nur eine Bahn wechselt jeweils
ihren Zustand, im Gegensatz zum Dualcode, bei dem z.B. beim Übergang der Zahl
7 zur Zahl 8 die Spuren 2^0, 2^1 und 2^2 auf logisch Null fallen, während die Spur mit der
Wertigkeit 2^3 auf „high" geht, also alle vier
Spuren schalten. Dies kann bei nicht-exak-
ter Ausrichtung der vier Lichtschranken in

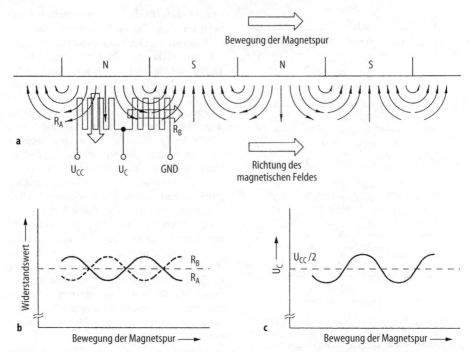

Bild 5.76. Magnetostatischer Inkrementalmaßstab. Abtastung durch Metallfilm-Magnetowiderstand (Sony)

der Nähe des Schaltpunktes zu ganz erheblichen Sprüngen in der Kennlinie führen. Demgegenüber beträgt der Fehler bei Graycodierung maximal eine Einheit. Offensichtlicher Nachteil des Graycodes ist das Fehlen einer Bahnwertigkeit, so daß eine D/A-Umsetzung hier über einen speziellen Codeumsetzer erfolgen muß.

Die etwas aufwendige übliche Behebung des mit seiner Mehrschrittigkeit verbundenen Problems des Dualcodes zeigt die in Bild 5.77 eingetragene (redundante) *V-Abtastung*: Von den alternativen Schranken A_i und B_i wird die B_i-Schranke ausgewertet, wenn die nächstniedrigere Spur (i-1) auf logisch Null steht; umgekehrt wird die Schranke A_i verwendet, wenn die vorhergehende Spurauswertung (i–1) logisch „1" anzeigt.

Das seltener vorzufindende BCD-Lineal (Bild 5.77) eignet sich für numerische Anzeigen.

Winkelaufnehmer mit inkrementaler wie mit absolut-codierter Maßverkörperung dienen der Messung der Winkelposition innerhalb des 360°-Vollkreises. Die sogenannten *Multiturn-Codeaufnehmer* hingegen werden zur Messung größerer Wege verwendet (vgl. „Multiturn-Potentiometer" in Abschn. 5.1.1.1): An einen primären Code-Drehwinkelaufnehmer werden vergleichbare Sekundäraufnehmer über Untersetzungsgetriebe angekoppelt (Bild 5.78). Der Primäraufnehmer durchläuft n-fach seinen 360°-Vollwinkel, die Sekundäraufnehmer $SA_{I;II}$ zeigen mittels untersetzt angetriebener Kreisteilungen die Anzahl der Umläufe an. Der zu messende Verschiebeweg wird durch ein Spindel/Mutter-Konzept über Zahnstange/Ritzel eingekoppelt. Beispielsweise läßt sich eine Linearverlagerung auf $2^{22} \approx 4,2$ Mio auflösen, indem der Drehwinkel mit $2^{12} = 4096$ Schritten und die Anzahl der Umdrehungen mit 2^{10} erfaßt werden. Die 22-bit-Weginformation dieses Multiturn-Codeaufnehmers wird üblicherweise seriell übertragen (Übertragungszeit ca. 40 μs).

Vergleich zwischen inkrementaler und absolut-codierter Maßverkörperung:

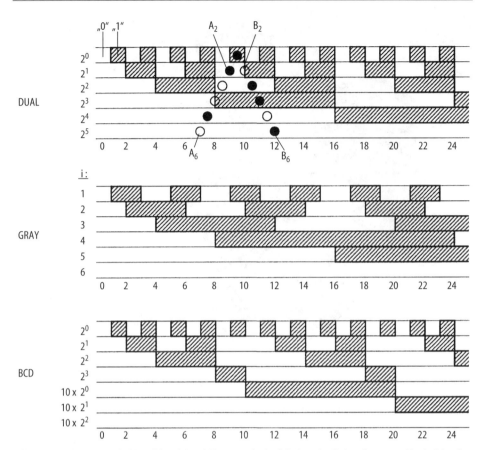

Bild 5.77. Dual-, Gray- und BCD-Codelineal. Die V-Abtastung des Dual-Codes zeigt die jeweils auszuwählende Schranke (schwarz)

Inkremental
Vorteile:
– höhere Auflösung,
– einfacherer, damit kleinerer und kostengünstigerer Aufbau,
– beliebige Nullpunktverschiebung,
– beliebige Zählrichtung.

Nachteile:
– zählt eventuelle elektrische Störimpulse,
– verliert den Meßwert bei Ausfall der Energieversorgung.

Absolut-codiert
Vorteile:
– statisch auslesbar, auch nach Spannungsausfall oder Maschinenstillstand,
– störsicher, da beliebig lange, wiederholbare Auslesung.

Nachteile:
– geringere Auflösung,
– komplizierter, empfindlicher Aufbau,
– vorgegebener Nullpunkt,
– vorgegebene Zählrichtung,
– erforderliche Spurenzahl steigt mit Vergrößerung der relativen Auflösung.

Typische Kenndaten, z.B. nach [5.51, 5.52] sind in Tabelle 5.10 zusammengestellt.

5.2.2
Interferometer [5.54, 5.55]
Bei der Überlagerung von zwei stationären, kohärenten Wellenzügen, z.B. von Licht, entsteht ein örtlich-stehendes *Intensitätsraster*, verursacht durch lokale Addition bzw. Subtraktion der beiden Signalamplituden. Der Abstand zweier benachbarter

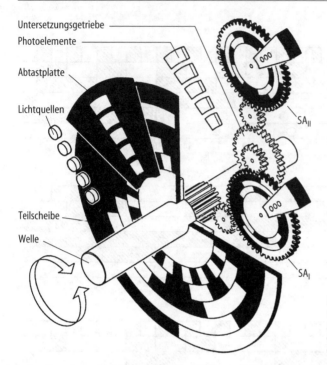

Untersetzungsgetriebe

Photoelemente

Abtastplatte

Lichtquellen

SA_{II}

Teilscheibe

Welle

SA_{I}

Bild 5.78. Multiturn-Code-Winkelaufnehmer (Vordergrund: Primärer 360°-Aufnehmer; im Hintergrund: zwei Umdrehungszähler SA_I und SA_{II}) (nach Heidenhain)

Tabelle 5.10a. Repräsentative Kenndaten von digitalen Wegmeßaufnehmern eines deutschen Herstellers. Linearsysteme

	Taster (Inkremental)	Einbau (Inkremental)	Einbau (Beugung)
Meßweg l	10…100 mm	…30.000	120…1000
Auflösung	0,1 μm	1	0,01
Genauigkeit	0,5 (0,1) μm	±5	0,2
Temperaturbereich	0/+50°C	0/+50	0/+40
max. Verfahrgeschwindigkeit	30 m/min	<360	<12
max. Beschleunigung (Vibration/Schock)	10/100 g	10/50	1/10
Abmaße	30 x 30 x 21mm³	50 x 50 x 1	40 x 40 x 1
Masse	0,8 kg	-	-

Intensitätsmaxima oder -minima entspricht einem Phasenunterschied von 2π. Das klassische Michelson-Interferometer (Bild 5.79) besteht aus einem Laser als Lichtquelle mit großer Kohärenzlänge, dem teildurchlässigen Strahlteilerspiegel S_t, den beiden, die Meßarme l_1 und l_2 abschließenden Vollspiegeln S_1 und S_2 und dem Photodetektor zur Abtastung des örtlichen Interferenzmusters nach der Strahlenvereinigung. Intensitätsmaxima treten

auf für $l_1 = l_2 + n \cdot \lambda/2$ (wegen Doppeldurchlaufs der Meßstrecke l_1). Das entstehende Hell-/Dunkel-Raster entspricht dem dinglichen Inkrementalmaßstab und hat eine Periode T von z.B. $\Delta x = 316{,}4$ nm (HeNe-Laser, orange Grundlinie). Bei einer x-Verschiebung des Meßspiegels S_1 um $n_i \cdot \Delta x$ treten n_i sinusartige Halbwellen im Detektor auf, die wie beim Inkrementalmaßstab je nach Bewegungsrichtung vorzeichenbewertet zu zählen sind. Die erforderliche

Tabelle 5.10b. Repräsentative Kenndaten von digitalen Winkelmeßaufnehmern eines deutschen Herstellers. Rotatorische Systeme

	Inkremental	Beugung	Code
Meßweg/-winkel	360°	360°	360°
Teilung/Auflösung	(18 000)/10^{-3} Grad	(3 600)/10^{-5}	($2^{19} \approx 520\,000$)
Genauigkeit	±5"	±0,2"	±5"
Temperaturbereich	-20/+70°C	+10/+30	-40/+80
max. Verfahrgeschwindigkeit	3 000 Umdr./min	100	3 000
max. Beschleunigung (Vibration/Schock)	10/100 g	5/100	10/100
Abmaße	90 mm∅	170	100
Masse	1 kg	4	0,7

Ausgangssignal bei rotatorischen Aufnehmern bei Auflösungen ≥14 bit meist synchron-seriell

Richtungsinformation wird wieder durch ein um 90° phasenverschobenes Referenzsignal aus einem zweiten Photodetektor gewonnen. Zum Beispiel kann durch leichtes Verkippen eines der Vollspiegel S_1; S_2 ein Interferenz-Streifenmuster erzeugt werden mit Streifenabständen von typisch 0,7 mm. Dort werden vorzugsweise vier Photodetektoren plaziert mit den Phasenwinkeln 0°, 90°, 180°, 270°. Jeweils zwei – mit einem Phasenunterschied von 180° – werden, wie beim Inkrementalmaßstab, zur Eliminierung des Gleichspannungsan-

teils als ein Kanal zusammengefaßt. Ebenfalls übernommen werden kann die 4-Flanken-Auswertung beider 90°-Kanäle, so daß eine binäre Auflösung von λ/8 entsteht. Mittels *analoger Interpolation* innerhalb einer Interferenzperiode kann die Auflösung auf ca. 0,01 μm gesteigert werden. – Maximale Verfahrgeschwindigkeiten werden mit z.B. 100 m/s angegeben (ohne Interpolation).

Bei dem beschriebenen Einfrequenz-Interferometer liegt die zu zählende Weginformation in Form eines Intensitätsmusters

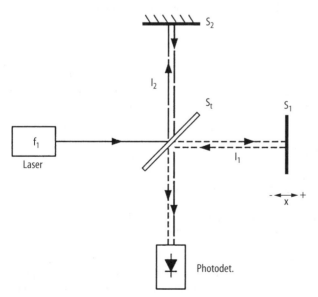

Bild 5.79. Michelson-Interferometer (Prinzip)

vor (Amplitudenmodulation). Wesentlich störsicherer ist das 2-Frequenz-Interferometer, das beim Durchlaufen des Meßweges $x_1 \to x_2$ ein niederfrequentes Dopplersignal (FM) abgibt. Dessen integrale Auswertung erlaubt Auflösungen unter 0,5 nm – allerdings bei mäßigen Verfahrgeschwindigkeiten, z.B. unter 1 m/s.

Alle Interferometer vergleichen den Meßweg mit der *optischen Wellenlänge* λ. Diese hängt mit der fundamentalen Frequenz f_1 des Laseroszillators (HeNe oder Laserdiode, stabilisiert) über die effektive Lichtgeschwindigkeit zusammen:

$$\lambda = \frac{c_0}{n} f. \qquad (5.12)$$

Für absolute Messungen, insbesondere über weitere Entfernungen (bis über 100 m!), muß demnach der Luft-Brechungsindex *n* exakt bekannt sein.

Lösungswege:
a) Referenzstrecke (Refraktometer),
b) Rechnerisch über Edlén-Formel (Parameterverfahren durch separate Messung der Einflußgrößen Temperatur, Luftdruck, Luftzusammensetzung).

Richtwerte der Einflußfaktoren:
Lufttemperatur: –0,92 µm/m/K
Luftdruck: 0,27 mµ/m/kPa
Luftfeuchte: 0,01 µm/m/%R.F.

Interferometrische Verfahren erlauben eine hochpräzise Messung von Wegen, Wegdifferenzen, Winkeln und Rechtwinkligkeit. Ein Aufbau zur Bestimmung kleiner Winkelwerte (bis 5°) ist in Bild 5.80 unten dargestellt. Beide Interferometer in Bild 5.80 arbeiten mit Tripelspiegeln, die sich gegenüber Planspiegeln durch wesentlich geringere Empfindlichkeit gegen Nick- und Gierfehler auszeichnen.

Die extrem hochauflösenden Geometrie-Meßverfahren nach Abschn. 5.2 erfordern einen sehr sorgfältigen Meßaufbau, damit Temperatureinflüsse auf das Meßobjekt das Meßergebnis nicht „ad absurdum" führen!

Laser-Interferometer sind als Baukasten, als Kompaktgeräte, als LWL-Tastkopf und als Meßtaster erhältlich.

5.3
Dehnungsmessung

5.3.1
Dehnungsmeßstreifen (DMS)

Ein elektrischer Widerstand ändert seinen Leitwert unter mechanischer Belastung: Nach Bild 5.81 bewirkt die einachsige Dehnung $\varepsilon_x (= \Delta l/l)$ zugleich die Querkontraktionen $\Delta w/w$ und $\Delta t/t$. Infolge elastischer, also reversibeler Geometrieänderung ergibt sich – unabhängig von der Querkontraktionszahl µ – die relative Widerstandsänderung exakt zu [5.56, 5.57]:

$$\frac{\Delta R}{R_0} = 2\varepsilon_x. \qquad (5.13)$$

Neben diese rein geometrisch bedingte Widerstandsänderung tritt noch ein festkörperphysikalischer Effekt, der auf den Einfluß der Variation der interatomaren Abstände (ε-Tensor) auf den elektrischen Leitfähigkeitstensor zurückgeht. Sowohl die Ladungsträgerdichte als auch ihre effektive Masse (→Beweglichkeit) kann durch die elastische Gitterdeformation *richtungsabhängig* moduliert werden. Dieser zweite, „piezoresistive" Effekt hängt stark vom jeweiligen Leitermaterial ab; er ist bei Halbleiter-Materialien sehr ausgeprägt und – im Gegensatz zu den Metallen – theoretisch erklärbar [5.58]. In Tabelle 5.11a, b ist der Empfindlichkeitsfaktor *k* (*engl.*: gage factor) gemäß

$$k = \frac{\Delta R / R}{\Delta l / l} \qquad (5.14)$$

angegeben [5.59].

Schreibt man die relative Widerstandsänderung als Summe von Geometrieänderung (gem. Bild 5.81) und Festkörpereffekt

$$\frac{\Delta R}{R} = 2 + k_{FK} \cdot f(\varepsilon) = k\varepsilon, \qquad (5.5)$$

so weisen nur wenige Legierungen (*, s. Tabelle 5.11a) einen vernachlässigbaren Wert von k_{FK} auf. Da der Festkörpereffekt (k_{FK}) aber naturgemäß temperaturabhängig und nichtlinear in ε ist, kommen für Präzisionsanwendungen demnach nur die Legierungen (*) mit $k_{ges} \approx 2$ zum Einsatz.

Bei dem in Bild 5.81 skizzierten Standardfall des longitudinalen DMS-Effekts liegen Grunddehnung $\bar{e}_x$ und elektrische Feldstär-

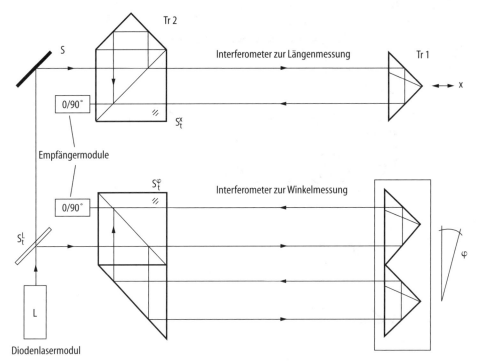

Bild 5.80. Kombinations-Interferometer (oben = Weg; unten = Winkel)

ke $\overline{E}$ parallel. Der Transversaleffekt ($\overline{\varepsilon}\perp \overline{E}$) andererseits wird auch in Halbleitern kaum genutzt, spielt aber als Parasitäreffekt in elektronischen Schaltungen – oft übersehen – eine problematische Rolle.

Für *technische Dehnungsmeßstreifen* werden die folgenden Technologien eingesetzt:

a) Freidraht,
b) Metallfolien auf Kunststoffträger (aufzukleben),
c) Einkristalline Si-Miniatur-DMS (aufzukleben),
d) Dünnfilme aus Metall oder Halbleiter, polykristallin,
e) Dickfilme, gedruckt,
f) Monolithisch integrierter Silizium-Sensor.

a) Dünne Konstandrähte, wie eine Violinsaite zwischen den beiden Meßpunkten aufgespannt, werden nur noch selten verwendet. Gründe: Niedriger Widerstand, schlechte Abfuhr der Jouleschen Wärme, extremer externer Temperatureinfluß, ver-

schiedene Meßbereiche (δ_{max}) kaum realisierbar.

b) Metallfolien-DMS stellen die bei weitem bedeutendste Realisierungsform dar. Gemäß Bild 5.82 trägt eine dünne Kunststoffolie eine ca. 5 μm starke Lage aus Konstantan oder einer NiCr-Legierung. Diese Widerstandsschicht ist mittels Photolithographie mäanderförmig strukturiert. Derartige DMS werden von zahlreichen Herstellern in sehr unterschiedlichen Strukturen (Beispiele in Bild 5.83) angeboten. Zum Aufkleben dieser DMS auf eine Meßfeder sind Reaktionskleber (Cyanoacrylat-, Epoxi- oder Phenolharzsysteme) geeignet. Die hierzu empfohlenen Prozeduren sind sorgfältig einzuhalten! [5.60]

Der DMS-Widerstand als Signalparameter hängt nicht nur von der Meßgröße Dehnung ε, sondern auch von der *Temperatur als Störgröße* ab. Das temperaturbedingte Störsignal wird – in eine Dehnung umgerechnet – als scheinbare Dehnung ε_{sch} bezeichnet:

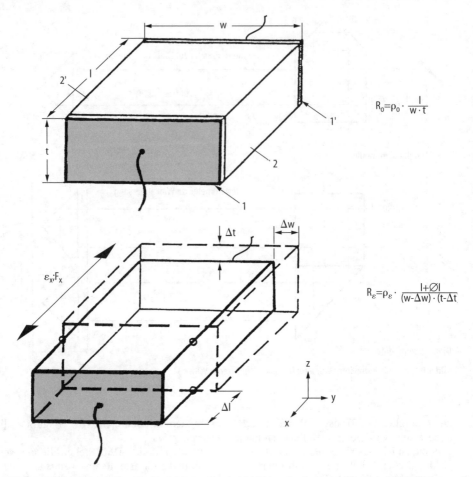

$$R_0 = \rho_0 \cdot \frac{l}{w \cdot t}$$

$$R_\varepsilon = \rho_\varepsilon \cdot \frac{l + \varnothing l}{(w - \Delta w) \cdot (t - \Delta t)}$$

Bild 5.81. Sperrfrei und widerstandslos kontaktierter, elektrisch leitfähiger Quader (2.) Longitudinaler DMS-Effekt geometriebedingt, unter Einschluß der $\rho(\varepsilon)$-Abhängigkeit

$$\varepsilon_{sch} = \left(\frac{TK_R}{k} + (\beta - \alpha) \right) \Delta T. \qquad (5.16)$$

Tabelle 5.11a. Longitudinale Dehnungsempfindlichkeit von Metallen (k-Faktor)

Material	k
– reine, nicht-ferromagnetische Metalle (Al, Cu, Pt, Ta)	2,9…4,4
– Ni	-8,5…-11
– Widerstandslegierungen: Konstantan, NiCr, CrSi (*)	1,9…2,1
Manganin	0,56
Zeranin	1,05
Pt W 10	4,5…5,5

Hier erfaßt der erste Term die Temperaturabhängigkeit des spezifischen Widerstandes (des freiliegenden DMS), der zweite Term beschreibt die thermische Zwangsdehnung des mit dem Meßkörper (β) starr verbundenen DMS (α). Zur Minimierung dieses Effektes ist ein für das jeweilige Meßkörpermaterial angepaßter DMS zu verwenden.

Typische Kenndaten von Folien-DMS:
- Meßgitterabmessungen:
  $0{,}2 \times 0{,}25 \dots 90 \times 7 \text{ mm}^2$
- Trägerfolienabmessungen:
  $5 \times 3 \dots 100 \times 10 \text{ mm}^2$
- Kennwiderstand:
  $(50) \dots 100 \dots 350 \dots (5000)\ \Omega$

Tabelle 5.11b. Longitudinale Dehnungsempfindlichkeit von Halbleitern (k-Faktor)

Material		Einkristalline Halbleiter; Dehnung und Strom in Richtung:		
		(100)	(111)	(110)
n-Si	$\rho \geq 5\Omega \cdot cm$ bzw.	-135 (-110)	-14	−53 (-24)
p-Si	$(\rho = 10^{-2}\,\Omega \cdot cm$ $\triangleq 10^{19}\,cm^{-3})$	+8,6 (+8)	+175 (+105)	+120 (+45)
n-Ge		-5,3	+102	-105
p-Ge	$\rho \geq 5\Omega \cdot cm$	-10,9	-157	+65
n-GaAs		-3,2	-8,9	-6,7
p-GaAs	$\rho \geq 2\Omega \cdot cm$	-12	+38	+21

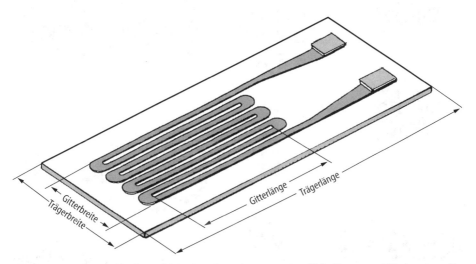

Bild 5.82. Folien-DMS, Kunststoffträgerfolie (Polyimid, Epoxi) ca. 50 ∝m, Metallfolie (Konstantan, NiCr+) ca. 4 ∝m, Klebeschichtdicke (zumObjekt) 5–20 ∝m

– Betriebstemperatur:
  –10/+80 °C; (–196 … +316 °C)
– Auflösung:… 10^7(!)

c) Für Sonderanwendungen sind aus einkristallinem Si gefertigte hochempfindliche Miniatur-DMS ($|k| = 50 … 130$) erhältlich, entweder ebenfalls auf Kunststoffträger (wie b) oder als ungeschützter, extrem zerbrechlicher Streifen von z.B. 6 mm Länge × 0,25 mm × 0,007 mm. Die Ruhe-Widerstandswerte liegen zwischen 100 und 1000 (10000) Ω.

Für die beiden Dotierungstypen sind die piezoresistiven Kenndaten, jeweils für die sensitivste Kristallrichtung (vgl. Tabelle 5.11b), in Bild 5.84 zusammengestellt: Die Meßempfindlichkeit k, deren Temperaturkoeffizient TK_k sowie der Temperaturkoeffizient des Widerstandes TK_R (beide TK in der Nähe der Raumtemperatur). Mit steigender Dotierung nehmen alle drei Kennwerte ab, bleiben aber stets mindestens einen Faktor 20 über den Werten von Metallegierungen. Bild 5.85 gibt die Dehnungs-/Widerstands-Kennlinie des meistverwendeten p-Si (111) wieder: Der Zusammenhang ist merklich nichtlinear, für Stauchung stärker als für Zugbelastung. Dies gilt insbesondere für niedrig dotiertes Material [5.61].

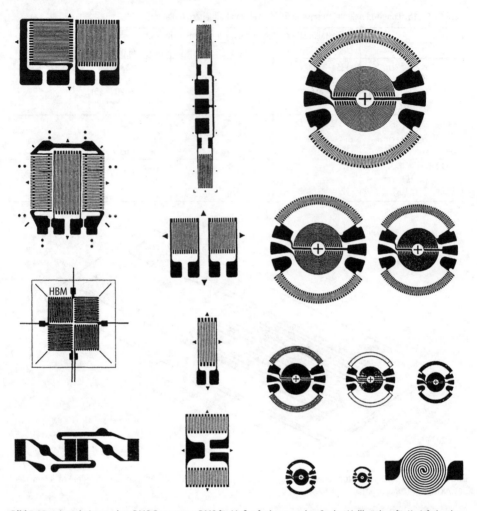

Bild 5.83a. Ausschnitt aus dem DMS-Programm: DMS für Meßaufnehmer, rechte Spalte: Vollbrücken für Kreisfederplatten (z.B. Druck).

d) Während die DMS nach Pos. b) und c) fertig strukturiert auf dem Meßkörper aufgeklebt (für Hochtemperatur: aufgeschweißt) werden, erfolgt die Herstellung von Dünnfilm-DMS direkt auf der Meßfeder. Auf deren polierter Oberfläche werden nacheinander drei Dünnfilme deponiert (Bild 5.86): Eine Isolatorschicht aus SiO_2, MgO oder Al_2O_3 + eine dehnungsempfindliche Widerstandsschicht aus einer ternären NiCr-Legierung, aus CrSi oder (polykristallin!) aus den Halbleitern Si bzw. Ge + eine Kontaktierungsschicht aus Al oder Au (a). Dieses Sandwich wird in zwei Photolithographieschritten auf der Meßfeder zum Dehnungsmeßwiderstand strukturiert (b). Deposition durch Hochvakuumaufdampfen, Kathodenzerstäubung, (Plasma-) CVD, vorzugsweise auf nur einer planen Fläche [5.62–5.65].

e) Grundkonzept ähnlich d), Federkörper aus emailliertem Metall oder Keramik wird mit Widerstands-Dickfilmpasten (RuO_{2-x}) strukturiert bedruckt. Der relativ hohe k-Faktor von 9 bis 13 beruht im wesentlichen auf Korngrenz-Effekten. Er ist deshalb stark technologieabhängig und zeigt erhebliche Toleranzen/Alterung [5.66–5.68].

f) Der monolithisch integrierte Si-Sensor besteht aus einem einkristallinen, n-leiten-

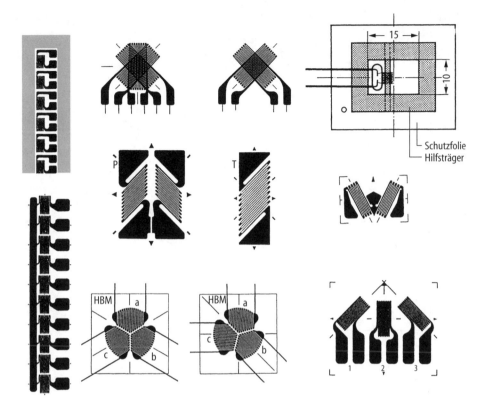

Schutzfolie
Hilfsträger

Bild 5.83b. Ausschnitt aus dem DMS-Programm: DMS zur Spannungsanalyse, rechts oben: Pt/W-Hochtemperatur-Sensor

den Si-Körper, der als Meß-Federkörper dient und in welchen langgestreckt p-Zonen eindotiert sind. Typische Dotierungen: Federkörper $N_D = 10^{15}$ cm^{-3}, Piezowiderstände $N_A = 10^{19}$ cm^{-3}. Die zu erwartenden Charakteristika sind aus Tabelle 5.11b und den Bildern 5.84 und 5.85 ersichtlich [5.69].

Die DMS-Technologien d), e) und f) zeigen hohe Transversalempfindlichkeiten, die bei Dünn- und Dickfilmen bei 50% liegen. Bei Piezowiderständen monolithischer Si-Sensoren kann gemäß Tabelle 5.11b der transversale k-Faktor – je nach kristallografischer Richtung – sogar den Longitudinaleffekt übersteigen.

Bei den miniaturisierungsgeeigneten Technologien d) und f) ist zu beachten, daß geometrisch sehr kleine Widerstände zusätzliches $1/f$-Rauschen aufweisen.

Alle Einzel-DMS besitzen einen schlechten Störabstand zwischen Nutzsignal und der durch Temperaturänderung bewirkten Widerstandsvariation („scheinbare Dehnung"). Zum Beispiel beträgt der relative Meß-Widerstandshub eines Metall-DMS ($k = 2$) bei einer Maximaldehnung von $2 \cdot 10^{-3}$ nur $4 \cdot 10^{-3}$. Bei einem effektiven TK_R von 10 ppm $\cdot$ K^{-1} erzeugt aber eine Temperaturänderung von 4 K bereits eine Meßabweichung von 1% („scheinbare Dehnung"). Deshalb werden im allgemeinen Dehnungsmeßstreifen paarweise appliziert, wobei der Referenz-DMS entweder einer Komplementärdehnung auszusetzen ist oder aber unbelastet bleibt (Bild 5.87). Im letztgenannten Fall der „$^1/_4$-aktiven Brücke" ist der Zusammenhang $U_2 = f(\Delta R)$ nicht exakt linear:

$$\frac{U_2}{U_o} \approx \frac{1}{4} \frac{\Delta R_1}{R_1}\left(1 - \frac{\Delta R_1}{R_1}\right). \qquad (5.17)$$

Für die bezogene Ausgangsspannung der üblichen Voll-Brückenschaltung erhält man:

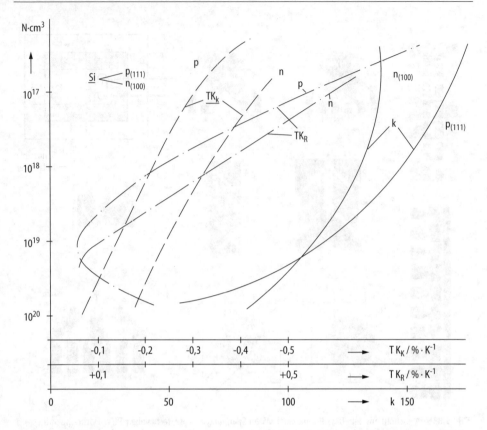

Bild 5.84. Einkristalline Si-DMS: Empfindlichkeitsfaktor *k*, Temperatur-Koeffizient des Widerstandes und Temperatur-Koeffizient des *k*-Faktors in Abhängigkeit von der Dotierungskonzentration

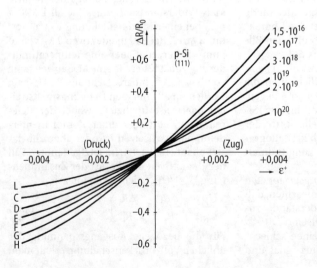

Bild 5.85. Widerstandsänderung von monokristallinen Si-DMS als Funktion der Dehnung. Parameter: Dotierung (nach Kulite)

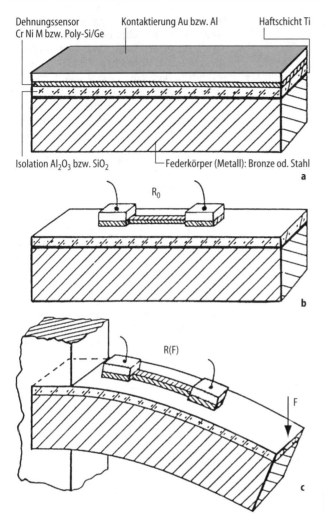

Dehnungssensor
Cr Ni M bzw. Poly-Si/Ge

Kontaktierung Au bzw. Al

Haftschicht Ti

Isolation Al$_2$O$_3$ bzw. SiO$_2$

Federkörper (Metall): Bronze od. Stahl

a

R$_0$

b

R(F)

F

c

Bild 5.86. Kraftsensor mit Dünnfilm-DMS

$$\frac{U_2}{U_0} \approx \frac{1}{4}\left(\frac{\Delta R_1}{R_1} - \frac{\Delta R_2}{R_2} - \frac{\Delta R_3}{R_3} + \frac{\Delta R_4}{R_4}\right). \quad (5.18)$$

Tabelle 5.12 zeigt die wesentlichen Daten der vorbeschriebenen DMS-Technologien.

5.3.2
Faseroptische Dehnungssensoren
[5.70–5.74, 5.83, 5.84]

Faseroptische Sensoren werden als „intrinsic" bezeichnet, wenn der Lichtwellenleiter (LWL) selber von der Meßgröße beeinflußt wird. Dies ist bei LWL-Dehnungssensoren der Fall, indem die Glasfaser wie ein DMS mit dem Meßobjekt mittels eines Klebers starr verbunden wird, so daß die Faser

ebenfalls eine Längsdehnung erfährt. (Mit dieser Faserdehnung verbunden ist eine Brechungsindex-Änderung.) Die Gesamtdehnungsempfindlichkeit einer typischen Stufenindex-Faser liegt etwa bei einer Phasendrehung von 0,5 ... 0,8° je Millimeter LWL-Länge für eine Dehnung von 10^{-6}.

Da eine amplituden-analoge Auslesung der LWL-Längung wegen zahlreicher Instabilitäten (Lichtquelle, Licht-Einkopplung/ Auskopplung, Faserdämpfung, usw.) nicht praktikabel ist (fehlende „Streckenneutralität"), wird das Interferenzkonzept verwendet (vgl. Abschn. 5.2.2). Den einfachsten Aufbau liefert das Fabry-Perot-Prinzip, in Reflexion oder Transmission einsetzbar

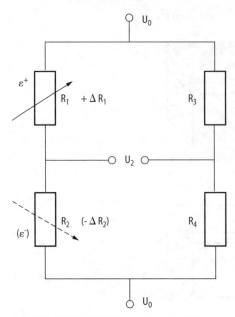

Bild 5.87. DMS (R_1;R_2) in Widerstandsbrücke. Referenz-DMS (R_2) passiv oder mit Komplementärdehnung (ε^-) beaufschlagt

(Bild 5.88a) (Realisierung der Teilverspiegelung durch Luftspalt oder Beschichtung Al; TiO$_2$). Da jedoch beim LWL-Dehnungssensor (wie bei ohmschen DMS) Temperaturänderungen ein starkes, von dem Meßsignal nicht unterscheidbares Störsignal liefern, ist wieder ein Referenzsensor vorzusehen, entweder passiv oder mit der komplementären Meßgröße beaufschlagt. Dann empfehlen sich die zweiarmigen Interferometer-Prinzipien nach Mach-Zehnder oder nach Michelson (Bilder 5.88b,c). Die Deformationslängen betragen üblicherweise 0,5 ... 30 mm.

Der Kontrast zwischen Maxima und Minima im Interferenzmuster ist bei LWL-Interferometern, insbesondere beim FP-Typ, oft weitaus geringer als bei Freistrahl-Anordnungen. Dies ist die Folge von Polarisationsdrehungen in der Faser (→polarisationserhaltende LWL verwenden).

Die Signalauswertung kann, wie bei allen Interferometern, durch *Abzählen* durchlaufener Maxima erfolgen. Eine analoge Auswertung beruht auf einem *Kompensationsverfahren*, indem das Interferometer stets mittels einer Regelung im Arbeitspunkt maximaler Empfindlichkeit (Quadraturpunkt) erhalten wird. Als „Stellglied" kön-

Tabelle 5.12a. Vergleich alternativer DMS-Technologien

Technologie	Meßempfindlichkeit		Genauigkeit I Temp.-Koeffizient (R; k) II Langzeitstabilität III Linearität/Hysterese	Robustheit I Maximale Temperatur II Chemische Stabilität III Beschleunigung/Festigkeit
b	2mV/V		I sehr klein II gut III sehr gut	I 130°C II schlecht III mittel
c	50...130mV/V		I groß II gut III schlecht	I 100°C II schlecht III gut
d	Metall	2mV/V	I sehr klein II sehr gut III sehr gut	I 250°C II mittel III sehr gut
	Poly-Si; Ge	25mV/V	I mittel II gut III gut	I 150°C II mittel III sehr gut
e	9...13mV/V		I mittel II mittel III gut	I 150°C II mittel III gut
f	40...100mV/V		I mittel II gut III mittel	I 100°C II schlecht III sehr gut

Tabelle 5.12b. Vergleich alternativer DMS-Technologien

Technologie	Entwurfsfreiheit	Optimale Losgröße	Kosten I Investition II Fertigung
b	Universell: beliebige Meßgröße und Meßbereich. Keine Miniaturisierung	klein/mittel	I sehr gering (Zukauf DMS) II hoch
c	Universell: beliebige Meßgröße und Meßbereich. Eingeschränkte Miniaturisierung	klein/mittel	I sehr gering (Zukauf DMS) II hoch
d	Beliebige Meßgröße, aber nur kleine Sensoren. Miniaturisierung möglich.	mittel/groß	I hoch II mittel/gering
e	Beliebige Meßgröße, aber nur kleine Sensoren. Keine Miniaturisierung.	klein/mittel	I mittel II mittel
f	Nur für Druck und Beschleunigung. Nur sehr kleine Sensoren.	sehr groß	I sehr hoch II gering

nen verwendet werden: Eine piezoelektrische Längenänderung im Referenzzweig oder eine Frequenzänderung des Lasers (Laserdiode).

Der Einsatz dieser, nur als Labormuster existierender LWL-Dehnungssensoren ist nur in Sonderfällen zu erwägen: Im Ex-Bereich, bei extremen EMV-Forderungen, bei starker radioaktiver Strahlung, bei hohen Temperaturen. Interessante Sonderanwendung: Einbettung in faserverstärkten Konstruktionsmaterialien, z.B. CFK.

5.3.3
Resonante Dehnungssensoren [5.85]
Eine Saite (im Gegensatz zum „Stab" ideal biegeweich) weist als Grundresonanz eine Transversalschwingung der Frequenz f_r auf:

$$f_r = \frac{1}{2l}\sqrt{\frac{F}{A\varrho}} \approx \frac{1}{2l}\sqrt{\frac{\varepsilon E}{\varrho}} \qquad (5.19)$$

l Länge ,
E Elastizitätsmodul der Saite,
ρ Dichte.

Mit dieser, von der Dehnung ε abhängigen Eigenfrequenz läßt sich ein *frequenzanaloger Dehnungssensor* bauen. Die Saite als passiver Resonator kann gemäß Bild 5.89 entweder intermittierend oder kontinuier-

lich angeregt werden. Im ersten Fall wird die Saite durch kurze Pulse angestoßen und das Ausschwingen frequenzmäßig ausgewertet. Alternativ kann der Saitenresonator, durch einen Verstärker entdämpft, zum frequenzbestimmenden Element eines Oszillators werden. Wieder wird die Frequenz ausgezählt. Diese liegt bei makroskopischen Aufnehmern meist nahe 1 kHz. Die druckwasserfest gekapselten Aufnehmer (bis 250 mm lang) zeigen Dehnungen bis etwa $2 \cdot 10^{-3}$ mit einer Ungenauigkeit bei 1% an. Sie werden im Bereich Bau und Geologie gern zur Fernmessung eingesetzt.

Das Konzept des resonaten Sensors hat durch die *Mikrotechnik* (Si, Quarz, Glas) neuen Auftrieb erfahren.

5.4
Dickenmessung

Bei der Dickenbestimmung von Folien, Platten oder Blechen sind beide Oberflächen zugänglich. Andererseits muß die Messung einer Beschichtung auf einem Träger im allgemeinen von einer Oberfläche her erfolgen. In den meisten Fällen ist das Meßobjekt in Bewegung, z.B. bei der Lackbeschichtung einer Papierbahn.

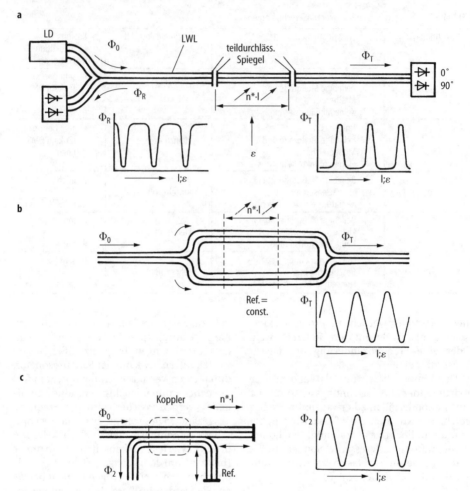

Bild 5.88. Faseroptische Interferometer. **a** Fabry-Perot. **b** Mach-Zehnder. **c** Michelson

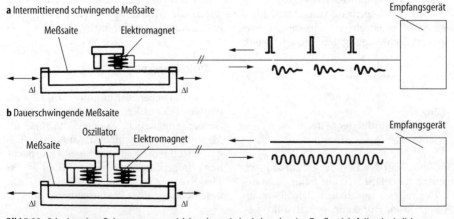

Bild 5.89. Schwingsaiten-Dehnungssensoren (elektrodynamische Ankopplung). **a** Zupfbetrieb, **b** Kontinuierliche Schwingung (nach Maihak, Hamburg)

5.4.1
Bestimmung der totalen Dicke
5.4.1.1
Direkte Bestimmung der mechanischen Dicke

Nach Bild 5.90 läßt sich mit einem C-förmigen Bügel als Befestigungsrahmen der beiden Wegsensoren S_1 und S2 das Meßobjekt beidseitig antasten. Die gesuchte Dicke d erhält man durch Differenzbildung.

Als Wegsensor sind alle in den Abschn. 5.1 und 5.2 genannten Konzepte anwendbar, wobei alle elektromagnetischen Verfahren mit einem dinglichen Taster in Form eines Stempels, einer Kufe oder Rolle (z.B. aus Hartmetall) die beiden Oberflächen verfolgen. Berührungsfrei kann nach den Laufzeitverfahren und mit optischen Geräten gemessen werden. Zur Ultraschallmessung kann u.U. eine Wasserstrahl-Ankopplung verwendet werden.

Ein kritischer Punkt ist die *thermische Ausdehnung* des C-förmigen Meßbügels, da oftmals an heißen Objekten zu messen ist. Zur Vermeidung gravierender Meßfehler ist entweder der Meßbügel aus einem Material geringster thermischer Ausdehnung herzustellen (z.B. Invar) oder der Meßbügel ist konstant zu temperieren (Wasser). Eine Notlösung stellt die separate Temperaturmessung und rechnerische Korrektur dar (wegen eventuell ungleicher Temperaturverteilung).

5.4.1.2
Berührungslose elektromagnetische Meßverfahren

Außer den optischen und den Laufzeitverfahren sind auch diverse elektromagnetische Techniken berührungsfrei einsetzbar, jedoch gehen hier die jeweils relevanten *Materialparameter* extrem stark in das Meßergebnis ein. Aus diesem Grunde sind diese nachfolgenden Verfahren nur bei exakt bekannten und während des Prozesses invarianten Materialeigenschaften anwendbar. Es ist zu unterscheiden zwischen elektrischen Nichtleitern (Dielektrizitätszahl ε_r), elektrischen Leitern (Leitfähigkeit κ) und magnetisch nicht neutralen Werkstoffen, insbesondere Ferro-/Ferrimagnetika (Permeabilität μ_r). Die letztgenannte Materialkenngröße μ_r ist komplex (verlustbehaftet) und frequenzabhängig. Sämtliche Materialdaten sind temperaturabhängig!

a) Induktive Verfahren:

– *Wirbelstromverfahren*: In definiertem und exakt konstantem (!) Abstand zum Meßobjekt befindet sich eine Spule, deren komplexe Impedanz durch ein elektrisch oder/und magnetisch leitfähiges Objektmaterial verändert wird. Die Meßfrequenz ist so zu wählen, daß die (rechnerische) Eindringtiefe des elektromagnetischen Wechselfeldes wesentlich größer ist als die Dicke des Meßobjektes. Die problematische Abstandsabhängigkeit ist durch getrennte Abstandsmessung (z.B. optisch) zu unterdrücken.

– *Transformatorisches Verfahren*: An den Positionen S_1 und S_2 in Bild 5.90 befindet sich jeweils eine Spule. Wird eine derselben von einem vorgegebenen Wechselstrom durchflossen, so wird in der zweiten eine elektrische Spannung induziert. Deren Amplitude und Phasenlage wird neben dem Axialabstand der Spulen

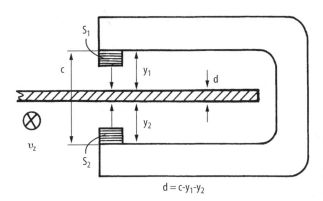

Bild 5.90. Dickenbestimmung durch Differenzmessung zweier Wegsensoren S_1; S_2. Das Meßgut (Dicke d) kann sich mit v_z durch den C-förmigen Trägerbügel bewegen.

$$d = c - y_1 - y_2$$

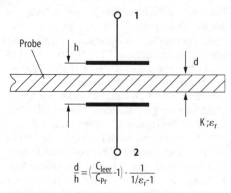

Bild 5.91. Kapazitive Dickenmessung (C_{leer}/C_{Pr} = Kapazität $C_{1;2}$ ohne/mit Probeplatte (Dicke d))

durch die Dicke (und elektrisch/magnetischen Eigenschaften) des dazwischenliegenden, teilweise abschirmenden Meßobjektes bestimmt. Die Frequenzwahl unterliegt hier nicht o.g. Skineffekt-Restriktion. Die parasitäre Abstandsabhängigkeit entfällt hier.

b) Magnetostatisches Verfahren
Ist das Meßobjekt nicht magnetisch neutral (d.h. $\mu_r \neq 1$), so kann seine magnetostatische Abschirmwirkung verwendet werden. Beispielsweise werden auf beiden Seiten des Meßobjektes – etwas entfernt – Permanentmagnete angebracht, vorzugsweise gegensinnig, d.h. abstoßend. Das magnetische Meßobjekt deformiert dieses resultierende Magnetfeld nach Maßgabe seiner Dicke (und μ_r!). Es besteht nahezu keine Abstandsempfindlichkeit.

c) Kapazitive Verfahren
Alle Materialien (Dielektrika, Leiter, Magnetika) können durch eine Anordnung nach Bild 5.91 in ihrer Dicke bestimmt werden. Bei höheren ε_r-Werten und allen leitfähigen Materialien ist der Störeinfluß der Materialparameter verschwindend gering. (Bei leitfähigen Materialien ist er gleich null zu setzen.) Keine Abstandsabhängigkeit, jedoch sensitiv gegen Feuchte, Öl, Staub und Beläge.

5.4.1.3
Radiometrische Dickenbestimmung [5.76]
γ-Strahlen = Röntgenstrahlen vermögen auch große Schichtdicken zu durchdringen (Bild 5.92). Die Schwächung der Strahlen gehorcht dem Gesetz:

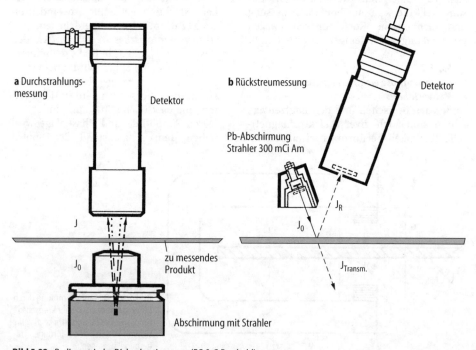

Bild 5.92. Radiometrische Dickenbestimmung (EG & G Berthold)

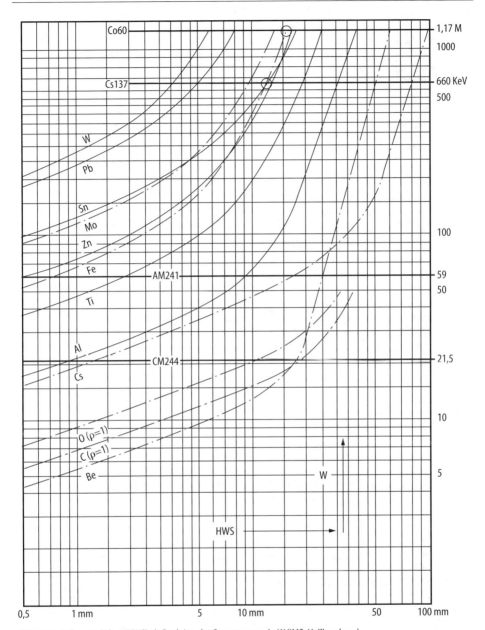

Bild 5.93. Halbwertsdicken (HWS) als Funktion der Quantenenergie *W* (IMS, Heiligenhaus)

$$\frac{I}{I_0} = e^{-\mu^* \varrho d} = e^{-0,693 \cdot d/HWS}. \qquad (5.20)$$

(I_0 bzw. I ist die Intensität beim Eintritt bzw. am Austritt der Strahlung durch ein Objekt der Dicke d mit den Materialgrößen ϱ = Dichte und μ^* = Massenabsorptionskoeffi-zient. Anschaulicher ist die Verwendung der Halbwertsdicke *HWS*.) Der Massenabsorptionskoeffizient bzw. die Halbwertsdicke ist nur von der jeweiligen Atomsorte (Massenzahl Z) und der Strahlungs-Wellenlänge abhängig, nicht aber von strukturabhängigen Kollektiveffekten wie elektrische Leitfähig-

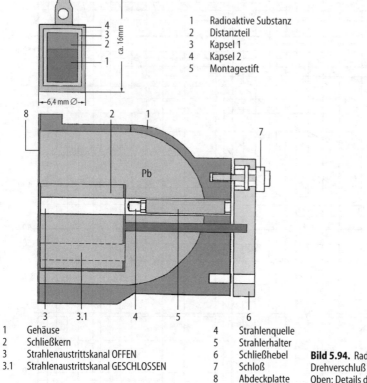

1	Radioaktive Substanz
2	Distanzteil
3	Kapsel 1
4	Kapsel 2
5	Montagestift

1	Gehäuse	4	Strahlenquelle
2	Schließkern	5	Strahlerhalter
3	Strahlenaustrittskanal OFFEN	6	Schließhebel
3.1	Strahlenaustrittskanal GESCHLOSSEN	7	Schloß
		8	Abdeckplatte

Bild 5.94. Radioaktive Quelle mit Drehverschluß der Abschirmung. Oben: Details des Strahlers (4) (IMS)

keit κ oder ε_r oder μ_r. Als Strahlungsquellen kommen sowohl Röntgenröhren als auch radioaktive Präparate zur Anwendung. Letztgenannte haben den Vorteil zuverlässig vorhersagbarer Emission und des Fehlens einer Energieversorgung – allerdings gepaart mit dem Nachteil nicht abschaltbarer Strahlung sowie umweltpolitischen Besorgnissen.

Bild 5.93 zeigt die Halbwertsdicken einiger Elemente in Abhängigkeit von der Quantenenergie W, gegeben durch die Beschleunigungsspannung der Röntgenröhre bzw. durch die spezifische Emission des radioaktiven Elementes. Die Halbwertsdicken von Eisen z.B. betragen 16 mm bzw. 12 mm und 0,75 mm für die Quellen Kobalt, Cäsium, Ameritium. Der HWS-Wert für die weiche Curium-Strahlung (21,5 keV) beträgt 45 μm. Entsprechend wird Cs für Stahl über 7

mm Stärke, darunter Am eingesetzt. Am- und Cm-Strahler sind besonders geeignet, um den Gehalt eines Elementes hoher Ordnungszahl in einer Matrix aus Elementen niedriger Ordnungszahl zu bestimmen (z.B. Pb in TiO_2). – Für organische Materialien werden die β-Strahler SR-90 oder KR-85 (2,3 MeV bzw. 0,67 MeV) eingesetzt. Als Detektor werden Szintillationszähler (z.B. NaJ/Tl) + SEV oder Ionisationskammern verwendet. Durchstrahlungsverfahren erreichen Meßfehler unter 1% [5.77, 5.78].

Ist das Meßgut nicht beidseitig zugänglich, so muß auf das Rückstreuverfahren nach Bild 5.92b zurückgegriffen werden. Während ein Teil der eingestrahlten Leistung im Meßobjekt absorbiert, ein Teil hindurchgelassen wird, tritt ein weiterer Teil der Primärstrahlung wieder auf der bestrahlten Oberfläche aus. Diese Rückstreuung wird maximal bei unendlicher Probendicke d_∞; sie ist somit auch als Maß für die Probendicke d einsetzbar.

$$I = I_\infty(1 - e^{-\mu^* \varrho d}). \tag{5.21}$$

Praktisch kann für d_∞ etwa 10 · HWS gesetzt werden.

Einen typischen Aufbau einer radioaktiven Quelle zeigt Bild 5.94.

5.4.2
Messung von Oberflächenschichten

Elektrisch leitfähige Schichten auf einem schlechter leitenden Untergrund (z.B. Ag auf MS) lassen sich durch *Wirbelstromverfahren* – vorzugsweise nach dem Transformator-Konzept – gut vermessen, wenn die Leitfähigkeit bekannt ist. Sonst ist eine Kalibrierung (siehe unten) erforderlich. Ist der Unterbau ferromagnetisch, so sind auch die magnetostatischen Verfahren anwendbar. Isolierende Deckschichten (Lack, Email, Eloxal) werden vorzugsweise *kapazitiv* vermessen. Zur Erzielung einer definierten Elektrodensituation an der Oberfläche ist die Deck-Elektrode durch leitfähigen Elastomer oder durch eine leitfähige Flüssigkeit (z.B. Wasser) zu realisieren. *Ultraschall-Pulsecho-Verfahren* erlauben Dickenauflösungen von 1 μm. Radiometrische Methoden, vorzugsweise im Rückstreuverfahren – sind sehr effektiv, insbesondere wenn die zu messende Deckschicht eine höhere Massenzahl Z aufweist als der Unterbau. Besonders gute Selektivität Deckschicht/Unterbau ergibt die wellenlängen- oder energieselektive *Röntgenfluoreszenz-Detektion*.

Für statische Messungen, insbesondere zu Kalibrierzwecken, ist die *Wägetechnik* sowie *Schrägschliff-/Kugelschliff-Beobachtung* im

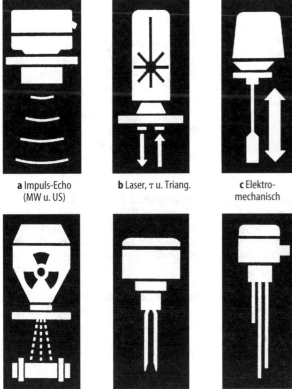

a Impuls-Echo (MW u. US)   **b** Laser, τ u. Triang.   **c** Elektromechanisch

d Radiometrisch   **e** Vibration   **f** Konduktiv

Bild 5.95. Füllstandsmeßtechnik-Konzepte (Vega, Schiltach)

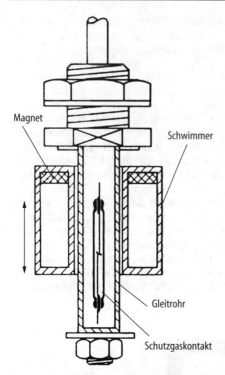

Magnet

Schwimmer

Gleitrohr

Schutzgaskontakt

Bild 5.96. Füllstandsschalter (Schwimmer) und magnetisch betätigter Reed-Schalter (Kobold, Hofheim)

Licht- oder Rasterelektronenmikroskop sehr zuverlässig. (Präzisionswaagen erlauben eine Massenauflösung von 10^{-7}!)

5.5
Füllstandsmessung

5.5.1
Echte Bestimmung der Füllmenge

Zielgröße der sogenannten Füllstandsmessung ist eigentlich die *Füllmasse* eines Behälters. Eine exakte Bestimmung dieser relevanten Größe ist nur durch Wägung des Behälters, z.B. durch Aufbocken auf Wägezellen möglich (Vorsicht: Feuchte). Als nächste Ersatzgröße kann das *Füllvolumen* nach einem in der Flug- und Weltraumtechnik angewandten Verfahren bestimmt werden: Einpumpen eines definierten Gasvolumens ΔV erhöht den Druck des überlagerten Gaspolsters von p_0 um Δp. Nach Boyle-Mariotte ergibt sich das für die Messung konstante Gesamtgasvolumen V_0 im Behälter zu

$$\frac{V_0}{\Delta V} = \frac{p_0}{\Delta p}. \tag{5.22}$$

Das Verfahren, das Inkompressibilität des Füllmediums voraussetzt, eignet sich für Schüttgüter und aufschäumende Flüssigkeiten (z.B. beim Sieden).

5.5.2
Füllstand [5.79–5.82]

Der Füllstand eines Behälters ist ein Maß für sein Füllvolumen, wenn folgende Probleme eliminiert oder vernachlässigt werden können:

- Füllkegel/-krater bei Schüttgütern,
- Schaum oder überlagerte Fremdsubstanz (z.B. Öl auf H_2O),
- Bodensatz/Feststoffablagerung an Wänden,
- Gasblasen beim Sieden,
- Hohlräume bei Schüttgütern,
- unscharfe Grenzschicht wegen Dampf oder Staub.

5.5.2.1
Mechanische Messung (Bild 5.95c)

Antasten der Oberfläche des Füllgutes durch einen Schwimmer/Auftriebskörper:
a) Ein Schwimmer, eventuell durch eine Zugfeder entlastet, folgt der Flüssigkeitsoberfläche. Seine Höhenverlagerung wird durch einen Wegsensor nach Abschn. 5.1 oder 5.2 (s. Bild 5.96) gemessen und mit dem eventuell höhenabhängigen Behälterquerschnitt multipliziert.
b) Durch einen Elektromotor wird ein Gewicht abgespult. Die Entlastung beim Berühren des Füllgutes (flüssig oder körnig) führt zum Auslösen des Rücklaufes. Die Länge des abgespulten Seiles ist ein Maß für die Füllstandshöhe.

5.5.2.2
Konduktives Verfahren (Bild 5.95f)

Beim Kontakt einer leitfähigen Flüssigkeit mit der Fühl-Elektrode wird der Stromkreis geschlossen und der Schaltvorgang ausgelöst. Nur als *Grenzwertschalter* geeignet.

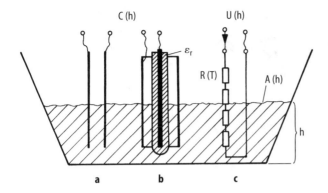

Bild 5.97. Füllstandsmessung. **a** in isolierender Flüssigkeit (Plattenkondensator), **b** in leitfähiger Flüssigkeit (Koaxialkondensator), **c** Kette von überheizten Widerstandsthermometern

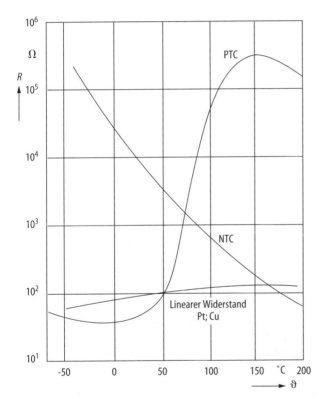

Bild 5.98. Widerstands-/Temperaturkennlinie von resistiven Temperatursensoren

5.5.2.3
Kapazitives Verfahren

Ein ausgedehnter, offener Platten- oder Koaxialkondensator ragt in das Meßmedium. Ist dieses nichtleitend, so wirkt es als Dielektrikum in dem teilgefüllten Kondensator. Für leitfähige Medien wird eine der Kondensatorelektroden mit einer Isolierschicht versehen. Nun wirkt das Meßmedium als Gegenelektrode (Bilder 5.97a und b).

5.5.2.4
Wärmeableitverfahren

Führt man einem elektrischen Widerstand eine konstante elektrische Leistung zu, so wird dieser unter konstanten Umgebungsbedingungen (Medium, Relativbewegung) eine feste Endtemperatur einnehmen. Taucht dieser beheizte Widerstand aus dem flüssigen Meßmedium infolge Füllstandsabsenkung auf, so wird er im überlagerten

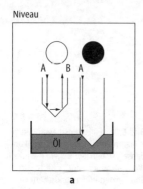
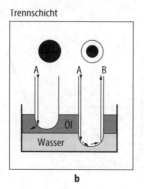

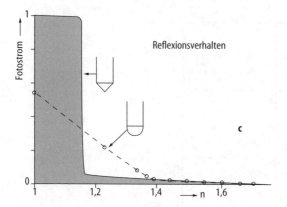

Bild 5.99. Lichtleiterstab als Füllstandswächter. **a** und **b** Brechzahl-sensitiv (s. **c**)

Luftraum eine deutlich erhöhte Temperatur annehmen. Diese Temperaturstufe bei Überschreiten der Grenzfläche Luft/Flüssigkeit wird vorzugsweise durch einen *temperaturabhängigen* Widerstand detektiert, der z.B. von einem Konstant-Heizstrom durchflossen wird. Die größte Widerstandsänderung ist gem. Bild 5.98 bei PTC-Widerständen erhältlich. Dieser, als Überfüllsicherung für Öltanks übliche Grenzwertschalter kann durch eine ganze Kette solcher PTC zu einer diskretisierten Füllstandsanzeige erweitert werden (Bild 5.97c).

5.5.2.5
Optische Verfahren

a) Eine waagerechte Lichtschranke kann einen Grenzwert detektieren (Flüssigkeiten und Schüttgüter).
b) Die Reflexion eines Lichtstrahls an der Flüssigkeitsoberfläche kann per Triangulation zur Füllstandsmessung herangezogen werden. Bei größeren Tanks ist auch das Laufzeitverfahren (τ) applikabel (Bild 5.72).
c) Grenzwertsensoren mit geführtem Licht: Ein stabförmiger Lichtleiter, z.B. aus Quarzglas, ist an seinem Unterende so geformt, daß das von oben kommende Licht infolge Totalreflexion den Stab nicht verlassen kann, sondern nach oben reflektiert wird (Bild 5.99). Taucht jedoch diese Spitze in eine Flüssigkeit (Brechungsindex $n > 1,15$), so wird die Totalreflexion des Endstückes aufgehoben und das Licht geht in der Flüssigkeit verloren. Während die Kegelspitze einen abrupten Zusammenbruch der Totalreflexion liefert, kann mit Kugelspitzen auch noch eine Brechungsindex-Unterscheidung erreicht werden [5.86].

5.5.2.6
Vibrations-Sensoren (Bild 5.95e)

Die piezoelektrisch erzeugte Schwingung einer Gabel wird durch die Berührung mit

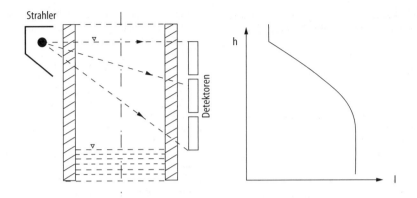

a Anordnung mit Mehrfachdetektor

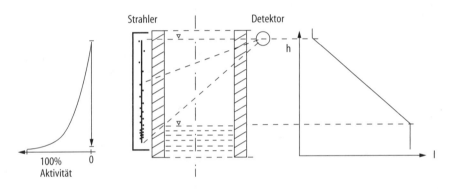

b Anordnung mit Stabstrahler

Bild 5.100. Radiometrische Füllstandsmessung, **a** Durchstrahlverfahren. **b** Der Stabstrahler besitzt zur Linearisierung der Kennlinie eine ortsabhängige Aktivität (Berthold)

dem Füllgut gedämpft und führt zur Auslösung eines Schaltbefehls.

5.5.2.7
Laufzeitverfahren (Bild 5.95a)
Die Mikrowellen- und Ultraschallverfahren nach Abschn. 5.1.2 werden zur „Antastung" der Füllmediums-Oberfläche eingesetzt. Beim Ultraschall empfiehlt es sich, durch einen ortsfesten zusätzlichen Reflektor eine bekannte Referenzstrecke zur Eliminierung der unsicheren Schallgeschwindigkeit zu etablieren. Mikrowellen können nichtleitende Wände (Kunststoff, Glas, Keramik) durchdringen! US-Signale sind staubempfindlich!

5.5.2.8
Radiometrisches Verfahren
Die Absorption von γ-Strahlung durch das Füllgut läßt sich sowohl im Durchstrahlverfahren als auch im Rückstreuverfahren zur Füllstandsmessung heranziehen. (Bild 5.100a,b). Diese berührungslose Meßtechnik durch jegliche Behälterwand hindurch eignet sich besonders für gefährliche Substanzen sowie für hohe Drücke oder Temperaturen.

5.5.2.9
Hydrostatisches Druckmeßverfahren
Aus der Messung des hydrostatischen Bodendruckes durch einen Druckaufnehmer berechnet sich der Füllstand in Flüssigkei-

ten bei bekannter Dichte. Zur Eliminierung des Binnendruckes ist ein Differenzdruckaufnehmer einzusetzen.

Wertung der alternativen Füllstandsmeßverfahren:

– Oberflächenausgleich gegen Schüttkegel/-krater:
  5.5.1, 5.5.2 -.7, -.8
– Universeller Einsatz (Flüssigkeiten und Schüttgüter):
  5.5.1, -.1, (-.3), -.5ab, -.6, -.7, -.8
– Detektion über- oder unterlagerter Schichten:
  -.7 (Ultraschall)
– Vermeidung zusätzlicher Behälteröffnungen:
  5.5.1, -.7 (MW), -.8, (-.9)
– Staub-/Schaumfest:
  5.5.1, -.1, (-.3), (-.4), (-.6), (-.7 MW), -.8, -.9
– Gasblasen-/Hohlrauminvariant:
  5.5.1, -.8, -.9.

Literatur

5.1 NN. Meßpotentiometer; Firmenschrift: Novotechnik, Ostfildern

5.2 Zinke O (1982) Widerstände, Kondensatoren, Spulen und ihre Werkstoffe. Springer, Berlin

5.3 Kohn D (1986) Untersuchung eines induktiven Spiralsensors als Wegmeßaufnehmer. Reihe 8, Nr. 120. VDI-Verlag, Düsseldorf

5.4 Richter H (1992) Signalverarbeitungskonzepte für Differentialsensoren. tm 59:479–481

5.5 Herold H (1989) Architekturen kapazitiver Sensoren mit Schutzschirmtechnik. msr, S 56–61

5.6 Schmidt W (1993) Modellbildung und experimentelle Grundlagen zur Messung mit dem elektrischen Feld (kapazitive Sensorik). DFG-Bericht 935/1–1

5.7 Kegler A (1989) Ein kapazitives Verfahren zur berührungsfreien Mikroprofilmessung an metallischen Oberflächen. Dissertation D83, TU Berlin

5.8 NN. Neue Möglichkeiten in der Halbleiter-Industrie durch Nanopositionierung/ Kapazitive Sensoren. Firmenschrift: Physik Instrumente, Waldbronn

5.9 NN. Sensoren und Sensorsysteme. Firmenschrift: Micro-Epsilon-Meßtechnik, Ortenburg

5.10 Yang W (1992) Konzept für die Auswerteelektronik kapazitiver Aufnehmer. tm 59:470–474

5.11 Pfeifer G (1988) Nichtlinearität elektronischer Auswerteschaltungen für kapazitive Sensoren. Bericht der TU Dresden

5.12 Dajcar R (1987) Inductosyn. Ein Präzisions-Wegmeßverfahren für Werkzeugmaschinen. SGA-Zeitschrift 4:31–35

5.13 Seippel R (1983) Transducers, Sensors & Detectors. Reston Publish, Virginia. p 64

5.14 Walcher H (1985) Winkel- und Wegmessung im Maschinenbau. VDI-Verlag, Düsseldorf

5.15 Koch J (1983) Permanentmagnete. Firmenschrift: Valvo, Hamburg

5.16 Strassacker G (1993) Analytische und numerische Methoden der Feldberechnung. Teubner, Stuttgart

5.17 NN (1989) Magnetic Sensors. Firmenschrift Siemens, München

5.18 NN (1995) Integrated Hall Effect Circuits. Firmenschrift: Siemens, München

5.19 Heidenreich W (1994) Präzise in die Zukunft mit neuen Magnetfeldsensoren. Siemens Components 32; 3:71–75

5.20 NN (1995) Semiconductor Sensors. Firmenschrift: Philips, Hamburg

5.21 Schaumburg H (1992) Sensoren. Teubner, Stuttgart

5.22 NN (1990) Magnetische Sensoren. Firmenschrift: VAC, Hanau

5.23 Paul R (1992) Optoelektronische Bauelemente. Teubner, Stuttgart

5.24 NN (1994) Si-Foto-Detektoren und IR-Luminiszenzdioden. Datenbuch Siemens

5.25 NN. Optoelektronik. Firmenschrift: Laser 2000, Weßling

5.26 NN. Photodiodes. Firmenschrift: Hamamatsu Photonics, Herrsching

5.27 NN. Photoconductive Cells. Firmenschrift: EG&G Vactec, St. Louis (USA)

5.28 NN. PSD. Firmenschrift: Laser Components, Olching

5.29 Knop K (1992) In: Sensors, Vol. 6, VCH, Weinheim S 233–252

5.3 Graf H (1995) Elektronisch sehen. Elektronik 3:52–57

5.31 Gallagher P (1994) Novel CCD design challenge imaging technologies. Laser Focus World 3:57–64

5.32 NN (1995) Streifenprojektionssystem. Firmenschrift: Zeiss Jena, Jena

5.33 Bellm H (1992) Optisches Multisensorsystem für die industrielle 3D-Werkstückerkennung. tm-Sonderheft „sensoren '92", S 66–71

5.34 Schwarte R (1994) Ein 3D-Kamerakonzept für die schnelle, präzise und flexible Formerfassung. Vortrag DGZfP/GMA

5.35 Scharf P (1992) Sensoren bestimmen die weitere Entwicklung in der Fertigungsautomatisierung. Sensor Magazin 3:22–28

5.36 Zittlau D (1991) Entfernungsmessung auf Glas. Sensor Technik, in: Markt und Technik, S 6–8

5.37 Brandenburg W (1994) Triangulationssensoren. Sensor report 4:28-33

5.38 Brodmann R (1985) Optical Roughness Measuring Instrument. Optical Engineering 24/3, S 408–413

5.39 Magiori V (1994) Ultraschallsensorik. Siemens Zeitschrift, F&E Spezial, S 12–17

5.40 NN (1994) Laseroptische Abstandssensoren. Firmenschrift: SenTec, Siegen

5.41 Höfler H (1994) Three Dimensional Contouring by an Optical Radar System. Proc. SPIE (Photonics for Industrial Applications), Boston

5.42 Höfler H (1994) Abstandsmessung und Formerfassung mittels des Optischen Radars. AMA-Mitteilungen 1

5.43 Ruhkopf G (1993) Radarsensorik. Sensormagazin 3:6-9

5.44 Lohninger G (1994) Mikrowellensensor in der Sanitärtechnik. Sensor praxis 3:17– 19

5.45 Feldner U (1990) Ultraschallsensoren für Industrieroboter. und-oder-nor 4, S 38–41

5.46 NN (1995) Ultraschallsensoren. Firmenschrift: Baumer electronic, Frauenfeld (CH)

5.47 NN (1994) Ultraschallsensoren. Firmenschrift: Pepperl&Fuchs, Mannheim

5.48 Fiedler O (1992) Ultraschall-Distanzsensoren unter hoher Störschallbelastung. tm-Sonderheft „Sensoren '92", S 44–46

5.49 NN: Präzisionsdickenmesser. Firmenschrift Panametrics, Hofheim (1994)

5.50 Ernst A (1995) Digitale Längen- und Winkelmessung. Verlag moderne industrie, Landsberg

5.51 NN. Längen- und Winkelmeßsysteme. Firmenschriften: Heidenhain, Traunreut

5.52 N. Kleinster absoluter Winkelcodierer. Firmenschrift: Deutsche Aerospace-Gelma, Bonn

5.53 Grigo U (1993) Berührungslos Längen messen. F&M 101:166–168

5.54 GMA Dokumentation: Laserinterferometrie in der Längenmeßtechnik. (1985) VDI-Verlag, Düsseldorf

5.55 Abou-Zeid A (1992) Diodenlaser in der industriellen Meßtechnik. Technische Mitteilungen 85/1:34–43

5.56 Arlt G (1978) Sensitivity of strain gages. JAP 49/7:4273–4276

5.57 Bethe K (1984) Transversalempfindlichkeit von Dünnfilm-DMS. VDI-Berichte Nr. 509, S 213–215

5.58 Zerbst M (1963) Piezoeffekt in Halbleitern. Festkörperprobleme 2. Vieweg, Braunschweig

5.59 Bethe K (1989) The Scope of the Strain Gage Principle. Proc. IEEE Comp Euro Conference, Hamburg, 3:31–38

5.60 Hoffmann K (1987) Eine Einführung in die Technik des Messens mit DMS. Firmenschrift: HBM, Darmstadt

5.61 NN (1991) Semiconductor strain gage manual. Firmenschrift: Kulite Semiconductor Prod., Leonia (USA)

5.62 Bethe K (1980) Thin film strain gage transducers. Philips techn. Rev. 39/3:94–01

5.63 Bethe K (1987) Dehnungsmeßstreifen in Dünnfilm-Technologie. SGA-Zeitschrift, 7/4:4–9

5.64 Bethe K (1982) Niederdruck-Meßaufnehmer aus Halbleiter-Dünnfilm-DMS. NFG-Berichte 79:177–181

5.65 Bethe K (1982) Sensoren mit Dünnfilm-DMS aus metallischen und halbleitenden Materialien. NTG-Berichte 79:168-176

5.66 Masoero A (1986) Flicker noise in thick film resistors. In: Noise in Physical Systems. Elsevier, Amsterdam, S 327–330

5.67 Prudenziati M (1987) Screen-printed sensors for physical and chemical quantities. Proc. Transducers, Tokio, S 85–90

5.68 Prudenziati M (1994) Thick Film Sensors. (Handbook of Sensors & Actuators, Vol. 1). Elsevier, Amsterdam

5.69 Erler G (1992) Piezoresistive Silizium-Elementardrucksensoren. Sensor Magazin 1:10–16

5.70 Martens G. Faseroptische Sensoren, Fortschritte in der Meß- und Automatisierungs-Technik 14 (Interkama Kongress '86), Springer, Berlin Heidelberg New York, S 77–82

5.71 Jackson DA (1985) Monomode optical fiber interferometers for precision measurement. J. Phys. E: Sci. Instrum., 18:981–1001

5.72 Kersey AD, Corke M, Jackson DA (1984) Linearised polarimetric optical fiber sensor using a „heterodyne-type" signal recovery scheme. Electronics Letters, vol. 20/5:209–211

5.73 Imai M, Kawakita K (1990) Measurement of direct frequency modulation characteristics of laser diodes by Michelson interferometry. Applied Optics, 29/3:348–353

5.74 Lee CE, Atkins RA, Taylor HF (1988) Performance of a fiber-optic temperature sensor from –200 to 1050C. Optics Letters, 13/11:1038–1040

5.75 Vaughan JM (1989) The Fabry-Perot Interferometer. Adam Hilger, Bristol

5.76 Heier K (1990) Radiometrische Füllstandsmeßverfahren. In: Bonfig: Technische Füllstandsmessung. expert, Ehningen, S 124

5.77 Mengelkamp B (1990) Radiometrie. Firmenschrift: Isotopen, Heiligenhaus

5.78 NN (1994) Flächengewichtsmessung. Firmenschrift: Berthold, Bad Wildbad

5.79 GMA: Füllstandsmessung von Flüssigkeiten und Feststoffen. (1994) VDI/VDE Richtlinie 3519

5.80 NN (1993) Vega-Füllstand-Meßgeräte für Industrie- und Anlagenbau. Firmenschrift: VEGA, Schiltach

5.81 NN (1994) Niveauüberwachung. Firmenschrift: Kobold, Hofheim

5.82 NN (1990) Füllstandsmeßtechnik. Firmenschrift: Endress und Hauser, Maulburg

5.83 Valis T (1991) Localized and Distributed Fiber-Optic Strain Sensors Embedded in Composite Materials. Univ. Press, Toronto

5.84 Valis T, Hoff D, Measures RM (1990) Fiber-Optic Fabry-Perot Strain Gauge. IEEE Photonics Technology Letters, 2/3:227–228

5.85 Buser RA (1989) Theoretical and Experimental Investigations on Silicon Single Crystal Resonant Structures. Dissertation, Neuchatel

5.86 Omet R (1987) Optoelektronik in der Füllstandmessung. Elektronik 12, Sonderdruck

5.87 Gevatter H-J, Merl W A (1980) Der Wiegand-Draht, ein neuer magnetischer Sensor. Regelungstechnische Praxis 3/80:81–85

6 Temperatur

F. EDLER

6.1
Einleitung

Die *thermodynamische Temperatur T* ist eine der 7 Basisgrößen des Internationalen Einheitensystems (SI). Sie kennzeichnet neben Volumen und Druck als eine Haupt-Zustandsgröße der Thermodynamik den thermodynamischen Zustand eines Systems. Ihre Praxisrelevanz zeigt sich darin, daß viele Vorgänge und Reaktionen in der Natur, im Labor und in nahezu allen industriellen Bereichen durch die Temperatur beeinflußt werden.

Grundlage der *Temperaturmessung* ist die von Stoffeigenschaften unabhängige *thermodynamische Temperaturskale* mit der Einheit Kelvin (K), deren Nullpunkt mit $T = 0$ K festgesetzt ist. Die 13. Generalkonferenz für Maß und Gewicht hat 1967/68 festgelegt, daß 1 Kelvin der 273,16te Teil der thermodynamischen Temperatur des Tripelpunkts des reinen Wassers ist ($T_{tr} = 273,16$ K) [DIN 1301, Teil 1]. Häufig benutzt man zur Darstellung von Temperaturen auf der thermodynamischen Temperaturskale basierende Temperaturdifferenzen. Beispielsweise wird die Celsius-Temperatur *t* (Einheit: Grad Celsius, °C) so definiert, daß der Nullpunkt der damit verbundenen Skale 0,01 Grad unterhalb der thermodynamischen Temperatur des Tripelpunkts des Wassers liegt. Zwischen den Zahlenwerten der Celsius Temperatur *t* und der thermodynamischen Temperatur *T* gilt die Beziehung:

$$\{t\} = \{T\} - 273,15 . \tag{6.1}$$

Da die Realisierung der thermodynamischen Temperaturskale sehr aufwendig ist, hat man die thermodynamische Temperatur in einem weiten Bereich durch eine einfacher darstellbare Temperaturskale angenähert. Die *Internationale Temperaturskale* von 1990 (ITS-90) erstreckt sich von 0,65 K bis zu den höchsten Temperaturen, die praktisch mit Hilfe des Planckschen Strahlungsgesetzes meßbar sind. Sie beruht auf 17 definierten Fixpunkten, die mit großer Reproduzierbarkeit thermodynamische Gleichgewichtszustände liefern, denen bestimmte Temperaturen zugeordnet sind. Temperaturen zwischen den Fixpunkten werden aus Kalibrierungen von festgelegten Normalinstrumenten an diesen Punkten mittels definierter mathematischer Beziehungen bestimmt [6.1].

Geräte oder Einrichtungen zur Messung von Temperaturen, deren Ausgangssignale grundsätzlich alle von der Temperatur abhängige Größen sein können, werden als *Thermometer* bezeichnet. Einen Überblick über die gebräuchlichsten Temperaturmeßgeräte und Meßbereiche, sowie über den Charakter der Ausgangssignale, die nach dem Wertevorrat der Informationsparameter analog und nach ihrer zeitlichen Verfügbarkeit kontinuierlich sind, vermittelt Tabelle 6.1 [VDI/VDE 3511].

Der Schwerpunkt bei der Beschreibung der Temperatursensoren liegt auf den Sensoren, die im für die technische Temperaturmessung interessanten Bereich von –100 °C bis 2000 °C eingesetzt werden. Die Gliederung erfolgt nach dem Charakter der Ausgangssignale.

6.2.
Temperaturmeßgeräte mit elektrischem Ausgangssignal

6.2.1
Sensoren

6.2.1.1
Thermoelemente

Meßprinzip. Ein Thermoelement besteht aus zwei thermoelektrisch verschiedenen elektrischen Leitern, die an ihren Enden miteinander verbunden sind. Befinden sich in diesem geschlossenen Kreis die Verbindungsstellen auf unterschiedlichen Temperaturen T_1 und T_2, entsteht eine Gleichspannung, $U_T = f(T_1, T_2)$, die an einer beliebigen Stelle in diesem Kreis meßbar ist. Die als Thermospannung bezeichnete Gleichspan-

Tabelle 6.1. Temperaturmeßgeräte und -verfahren

Meßgerät/-verfahren		Ausgangssignal	Temperaturbereich in °C
1. Berührungsthermometer			
Thermoelemente		**elektrisch**	
Fe-CuNi	Typ L und J	Spannung	−200 − 900
NiCr-Ni	Typ K und N		0 − 1300
PtRh10/0	Typ S		0 − 1760
PtRh30/6	Typ B		0 − 1820
Widerstandsthermometer		**elektrisch**	
Platin-Widerstandsthermometer		Widerstand	−250 − 1000
Heißleiter-Widerstandsthermometer			−100 − 400
Kaltleiter-Widerstandsthermometer			5 − 200
Silizium-Widerstandsthermometer			−70 − 175
Ausdehnungsthermometer		**mechanisch**	
Flüssigkeits-Glasthermometer		Volumenänderung	−200 − 1000
Flüssigkeits-Federthermometer		Volumenänderung	−35 − 500
Bimetallthermometer		Längenänderung	−50 − 400
Dampfdruck-Federthermometer		pneumatisch, Druck	−200 − 700
2. Strahlungsthermometer		**elektrisch**	
Spektralpyrometer		in Abhängigkeit vom Empfänger:	20 − 5000
Bandstrahlungspyrometer		− Widerstand,	−100 − 2000
Gesamtstrahlungspyrometer		− Spannung	−100 − 2000
Thermografiegeräte		− elektrische Polarisation	−50 − 1500
3. Besondere Temperaturverfahren			
Quarzthermometer		**elektrisch,** Frequenz [a]	−80 − 250
Flüssigkristalle		**optisch,** Wellenlänge	bis 3300
Faseroptische Luminiszenzthermometer		**optisch,** Wellenlänge	bis 400
Rauschthermometer		**elektrisch,** Spannung	−269 − 2000

[a] zeitdiskretes Signal

nung U_T ist ein Maß für die Temperaturdifferenz zwischen den Verbindungsstellen. Unter der Voraussetzung, daß das jeweilige Material thermoelektrisch homogen ist, gilt:

$$U_T = \int_{T_1}^{T_2} S(T)\, dT \qquad (6.2)$$

mit
S   Seebeck-Koeffizient (temperaturab-
       hängig)
und

T_1, T_2 Temperaturen der Verbindungsstellen.

Die der zu messenden Temperatur T_1 ausgesetzte Verbindungsstelle wird als *Meßstelle* bezeichnet, die in einer homogenen Temperaturzone liegen sollte, und die sich auf einer bekannten Temperatur T_2 befindende Verbindungsstelle wird *Vergleichsstelle* genannt (Bild 6.1).

Materialien. Häufig wird die Thermospannung eines Materials gegen ein Referenzmaterial, meist gegen Platin angegeben. Geordnet ergibt sich daraus (in Analogie zur elektrochemischen Spannungsreihe) eine thermoelektrische Spannungsreihe. Aus der Vielzahl möglicher Materialkombinationen haben sich in der Praxis nur eine begrenzte Anzahl durchgesetzt (Tabelle 6.1), die den allgemeinen Anforderungen für einen Einsatz von Thermoelementen zur Temperaturmessung am besten genügen [DIN IEC 584/1].

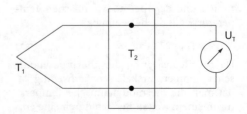

Bild 6.1. Thermopaar

Statische Übertragungskenngrößen. Die Beziehung zwischen der Thermospannung als Ausgangsgröße und der Temperaturdifferenz als Eingangsgröße, die statische Kennlinie, wird im allgemeinen durch ein oder mehrere Polynome höherer Ordnung beschrieben, wobei deren Koeffizienten materialabhängige Größen sind. Aus der Nichtlinearität der statischen Kennlinie ergibt sich, daß der Übertragungsfaktor bezogen auf die Eingangsgröße nur differentiell angegeben werden kann. Die *Grundwertreihen* der gebräuchlichsten Thermopaare, d.h. ihre Kennlinien bei Festsetzung der Vergleichsstellentemperatur auf 0 °C, sowie die zugehörigen Interpolationsgleichungen zur Berechnung der Thermospannungs-Temperatur-Abhängigkeiten und die Grenzen der Einsatzbereiche sind in der DIN IEC 584/1 zu finden. Für Thermoelemente nach DIN IEC 584/1 gelten die Grenzabweichungen nach den Genauigkeitsklassen 1, 2 oder 3 entsprechend DIN IEC 584/2. Diese liegen bei den am häufigsten verwendeten Thermoelementen in Abhängigkeit vom Typ und den Einsatztemperaturen zwischen 1 °C und 4 °C (Klasse 1) und zwischen 1 °C und 9 °C (Klasse 2 und 3).

Dynamisches Verhalten. Bei einer Temperaturmessung ist in der Regel der direkte Kontakt zwischen Meßmedium und Sensor bzw. vorhandener Schutzelemente erforderlich. Das *Zeitverhalten* eines Thermometers charakterisiert die Verzögerung der Signaländerung auf eine vorherige Änderung der Temperatur des Meßobjektes. Die physikalische Ursache für diese Verzögerung ist der zeitabhängige Wärmetransport vom Meßobjekt zum Sensor, der von thermometerspezifischen Kenngrößen und vom Wärmeübergang zwischen Sensor und zu messendem Medium abhängt. Für Berechnungen des Zeitverhaltens muß die Bestimmung des Wärmeübergangskoeffizienten im betreffenden Anwendungsfall vorhergehen. Das kann z.B. mit Hilfe von Nomogrammen erfolgen, die in der Richtlinie VDI/VDE 3522 angegeben sind.

Häufig wird das Zeitverhalten mit der *Sprungantwort* $T(t)$ gekennzeichnet. Sie ist das Ausgangssignal des Thermometers auf eine sprunghafte Änderung der Temperatur

des Meßobjektes um einen definierten Wert $\Delta T = T_2 - T_1$. Wird die Änderung $T(t) - T_1$ auf die Sprunghöhe bezogen, so erhält man die *Übergangsfunktion*

$$\eta(t) = \frac{(t) - T_1}{\Delta T}, \qquad (6.3)$$

deren Bestimmung entsprechend der Richtlinie VDI/VDE 3522 erfolgen kann. Zum Vergleich und zur Beschreibung verschiedener Thermometer verwendet man die zu bestimmten diskreten Werten der Übergangsfunktion $\eta(t)$ gehörenden *Übergangszeiten*:

$$\eta = 0{,}5 \rightarrow \text{Halbwertzeit } t_{0,5}$$
$$\eta = 0{,}9 \rightarrow {}^{9}/_{10}\text{-Wertzeit } t_{0,9}.$$

Bei einer Messung der Sprungantwort eines Thermometers erhält man einen Verlauf (Bild 6.2), dessen mathematische Beschreibung durch eine unendliche Summe von Exponentialfunktionen

$$\eta(t) = 1 - \sum a_i \exp\left(\frac{-t}{\tau_i}\right) \qquad (6.4)$$

möglich ist. Die Konstanten a_i und τ_i sind vom Thermometeraufbau und den Wärmeübertragungsbedingungen abhängig, τ_i wird als *Zeitkonstante* des Thermometers bezeichnet [6.2].

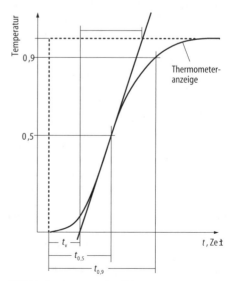

Bild 6.2. Sprungantwort eines Thermometers

Näherungsweise lassen sich aus der Wendetangente (Bild 6.2) die Zeitkonstante τ und die Verzugszeit t_V abschätzen. Für die Übergangsfunktion ergibt sich die vereinfachte Gleichung:

$$\eta(t) = 1 - \exp\left(-\frac{t - t_v}{\tau}\right), \qquad (6.5)$$

mit deren Hilfe die Einstellzeit bei Temperaturänderungen abgeschätzt werden kann. Die relative Temperaturänderung nach Ablauf einer Zeit von 3 Zeitkonstanten beträgt beispielsweise ca. $1 - \exp(-3\tau/\tau) \approx 95\%$.

Für Thermoelemente in keramischen Schutzrohren mit Durchmessern von z.B. 11 mm sind in Luft bei Strömungsgeschwindigkeiten von 1 m/s $^9/_{10}$-Wertzeiten t_{90} von 320 bis 500 Sekunden zu erwarten, für Thermoelemente mit einem Schutzrohrdurchmesser von z.B. 15 mm ist mit einer Verdopplung dieser Zeit zu rechnen. Bei den häufig eingesetzten Mantelthermoelementen mit geringeren Durchmessern, z.B. 3 mm, sind unter den gleichen Bedingungen $^9/_{10}$-Wertzeiten von nur 70 – 90 Sekunden zu erwarten [VDI/VDE 3511/2].

Bauarten. Aufgrund des einfachen Aufbaus ist das Thermoelement das den jeweiligen Meßbedingungen am leichtesten anzupassende und in der industriellen Temperaturmessung am weiten verbreitetste Meßinstrument. Um Fehler durch Störungen des Temperaturfeldes des zu messenden Mediums durch den Sensor selbst vernachlässigbar gering zu halten, müssen die Thermoelemente den Meßbedingungen möglichst gut angepaßt werden, was in einer großen Vielfalt von Bauarten mündet.

Man unterscheidet zwei Ausführungen von Thermoelementen: Ummantelte und nicht ummantelte oder lose Thermoelemente. Lose Thermoelemente werden häufig für Prüfzwecke und zur Weitergabe der Temperatur entsprechend ITS-90 verwendet [6.3]. In der industriellen Meßtechnik werden vorwiegend ummantelte Thermoelemente eingesetzt, die einen besseren Schutz gegen mechanische Beschädigungen und andere Einflüsse aus den Meßumgebungen bieten. Zusätzlich werden auswechselbare *Schutzrohre* eingesetzt. Bei der Auswahl müssen ihre Eigenschaften hinsichtlich

chemischer Beständigkeit und mechanischer Stabilität sorgfältig berücksichtigt werden. Unedle Metalle werden in wenig korrodierenden Umgebungen eingesetzt; in aggressiven Umgebungen müssen Kunststoffe sowie emaillierte oder mit Kunststoffen überzogene Schutzrohre verwendet werden. Bei höheren Temperaturen (>1200 °C) werden keramische Werkstoffe eingesetzt, die eine höhere Temperaturbeständigkeit aufweisen. Ihre mechanische Festigkeit und Temperaturwechselbeständigkeit sind jedoch geringer als die metalliner Rohre [6.4, Abschn. 6].

Eine spezielle Ausführung von ummantelten Thermoelementen sind *Mantelthermoelemente*. Sie können durch Drahtziehtechniken mit Außendurchmessern von 0,25 bis 10 mm hergestellt werden und besitzen aufgrund ihrer geringen Masse gute dynamische Eigenschaften.

Zur Verlängerung von Thermodrähten werden aus Kostengründen in der industriellen Praxis, wo häufig größere Entfernungen zwischen Meßort und Vergleichsstelle zu überbrücken sind, *Ausgleichsleitungen* benutzt. Diese bestehen aus billigeren Ersatzwerkstoffen, die im Temperaturbereich bis 200 °C vergleichbare thermoelektrische Eigenschaften wie die Thermodrähte aufweisen. Die Verbindung zwischen Vergleichsstelle und Anzeigegerät wird über Kupferleitungen realisiert. In einigen Fällen ist es vorteilhaft, zur sicheren Signalübertragung elektronische Vergleichsstellen und Signalwandler (Meßumformer) bereits im Anschlußkopf des Thermoelements oder in nächster Nähe zu installieren.

Fehlerquellen/Meßunsicherheiten. Die Temperaturmessung mit Thermoelementen unterliegt einer Reihe spezifischer Unsicherheiten, deren quantitativer Einfluß häufig nur abgeschätzt werden kann.

Die Ursachen vieler Fehler sind oft in der Meßanordnung zu finden. Grundsätzlich sollten große Temperaturgradienten über Verbindungs- und Ausgleichsleitungen vermieden werden, da *Inhomogenitäten*, d.h. örtlich begrenzte Änderungen der chemischen Zusammensetzung oder der Struktur, Störspannungen (parasitäre Thermospannungen) induzieren. Das gilt insbesondere für Anschlußstellen von Thermodrähten oder Ausgleichsleitungen, deren jeweilige Drahtpaare an der Verbindungsstelle stets auf der gleichen Temperatur liegen sollten. Bei längeren Verbindungsleitungen können durch elektrostatische und elektromagnetische Einstreuungen Fehler auftreten, die durch geeignete Maßnahmen zu minimieren sind (z.B. Verdrillung der Leitungen zum Schutz gegen niederfrequente magnetische Einstreuungen, Einbau von Tiefpaßfiltern gegen eingestreute 50 Hz-Wechselspannungen, Abschirmungen gegen hochfrequente Einstreuungen) [6.5]. Grundsätzlich ist durch eine sorgfältige Auswahl geeigneter Thermopaare sicherzustellen, daß Einflüsse aus der Meßumgebung, wie ionisierende Strahlung oder Beanspruchungen thermischer, chemischer oder mechanischer Art, keine Auswirkungen auf das Meßergebnis haben.

Weitere Fehler können aus Schwankungen der Vergleichsstellentemperatur, der Verringerung des Isolationswiderstandes zwischen den Thermodrähten und dem Schutzrohr bei höheren Temperaturen (Isolationswiderstände >5 MΩ erlauben im allgemeinen sichere Messungen [VDI/VDE 3511/2]) und durch Wärmeableitung längs des Thermoelements bei ungenügenden Einbautiefen auftreten.

Eine weitere Fehlerquelle sind Inhomogenitäten in den Thermodrähten, wenn diese in Bereichen von Temperaturgradienten liegen. Sie sind durch eine Änderung der Lage des Thermoelements im Temperaturgradienten nachweisbar und u.U. aufgrund ihres teilweise reversiblen Charakters durch gezielte Wärmebehandlung zu beseitigen, im allgemeinen jedoch nach längerem Gebrauch des Thermoelements eine der Hauptfehlerquellen für die Temperaturmessung.

6.2.1.2.
Widerstandsthermometer mit Metall-Meßwiderständen

Meßprinzip. Bei Widerstandsthermometern mit Metall-Meßwiderständen wird die temperaturabhängige Änderung des elektrischen Widerstandes eines Leiters zur Temperaturmessung ausgenutzt. Die Messung

des Widerstandes erfolgt in einem elektrischen Meßkreis, der im einfachsten Fall aus einem Meßfühler R_T, einem Anzeigegerät M, einer Hilfsenergiequelle und Verbindungsleitungen besteht (Bild 6.3).

Materialien. Für technische Temperaturmessungen wird vorrangig Platin, in Ausnahmefällen auch Nickel oder Kupfer, als Werkstoff für den temperaturabhängigen Widerstand eingesetzt. Diese Metalle besitzen einen großen *Temperaturkoeffizienten* (Übertragungsfaktor) und weisen gleichzeitig eine hohe thermische und mechanische Stabilität auf. Die Sensoren bestehen häufig aus feinsten Drähten oder Bändern auf oder in Keramikträgern; können aber auch als geätzte Metallfolien oder auf Glas- oder Keramiksubstrate aufgedampfte Metallschichten ausgeführt sein. Sie werden mit Zuleitungen versehen und sind in Metall-, Keramik- oder Glasschutzrohren eingebaut.

Statische Übertragungskenngrößen. Der Zusammenhang zwischen dem elektrischen Widerstand und der Temperatur wird durch folgende allgemeine Beziehung beschrieben:

$$R(T) = R(T_0)[1 + A(T-T_0) + B(T-T_0)^2 + C(T-T_0)^3 + \ldots].$$
(6.6)

$R(T)$ ist der Widerstand in Ω bei der Meßtemperatur T in °C, $R(T_0)$ der Widerstand in Ω bei einer Bezugstemperatur T_0 in °C und A, B und C ... sind Werkstoffkonstanten. Der *Übertragungsfaktor* kann nur in einem begrenzten Temperaturbereich und bei eingeschränkter Genauigkeit als konstant betrachtet werden. Er beträgt bei Raumtemperatur für 100 Ω-Meßwiderstände aus Platin (Pt 100) ca. 0,4 Ω/K und für 100 Ω-Meßwiderstände aus Nickel ca. 0,6 Ω/K.

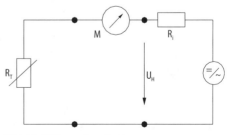

Bild 6.3. Widerstandsmeßkreis

Industrielle Widerstandsthermometer werden vorwiegend im Temperaturbereich von –200 bis +600 °C, im Druckbereich bis 400 bar und bei Strömungsgeschwindigkeiten bis 5 m/s in Flüssigkeiten und 40 m/s in Gasen eingesetzt. Angaben zur Kennlinie und zu Toleranzklassen für Platin-Widerstandsthermometer sind in der DIN IEC 751 und für Nickel-Widerstandsthermometer in der DIN 43760 zu finden.

Dynamisches Verhalten. Die im Abschnitt 6.2.1.1 gemachten allgemeinen Ausführungen zum dynamischen Verhalten von Berührungsthermometern sind auch für Widerstandsthermometer zutreffend. Hier ist mit Übergangszeiten zu rechnen, die 10% bis 25% größer sind als bei vergleichbar aufgebauten Thermoelementen [VDI/VDE 3511/2].

Bauarten. Bild 6.4 zeigt den prinzipiellen Aufbau eines industriellen Widerstandsthermometers. Der Meßwiderstand (1), der über isolierte Innenleitungen (2), die durch ein Einsatzrohr (3) verlaufen, mit den Anschlußklemmen (4) an einem Anschlußsockel (5) verbunden ist, bildet einen austauschbaren, genormten *Meßeinsatz* [DIN 43762, DIN IEC 751]. Dieser ist in einem

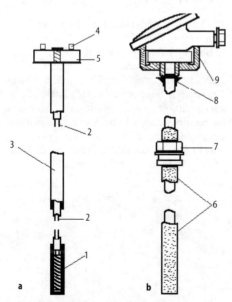

Bild 6.4. Aufbau eines industriellen Widerstandsthermometers **a** Meßeinsatz, **b** Schutzrohr

Schutzrohr (6) [DIN 43763, DIN 43771] mit Einschraubzapfen (7) eingebaut, an dessen Hals (8) sich der Thermometeranschlußkopf (9) [DIN 43729] befindet. Thermometer in der Schutzart Ex(d), die für einen Einsatz in explosionsgefährdeten Bereichen geeignet sind, sind mit einer druckfesten Kapselung ausgerüstet.

Der beschriebene grundsätzliche Aufbau ist in Abhängigkeit von den Einsatzbedingungen (mechanische und chemische Einflüsse, regelungstechnische Forderungen, wirtschaftliche Aspekte) konstruktiv variierbar (geometrische Abmessungen der Meßwiderstände, Form und Material der Schutzrohre, Isolationswerkstoffe und elektrische Schaltungen).

Fehlerquellen/Meßunsicherheiten. Bei der Temperaturmessung mit Widerstandsthermometern sind neben den allgemeinen Forderungen bezüglich der thermischen Ankopplung des Sensors an das Meßmedium einige Grundsätze zu beachten, um die hohe Genauigkeit dieses Temperaturmeßverfahrens optimal ausnutzen zu können.

Um einen Widerstand zu messen, ist immer ein *Meßstrom* erforderlich, der im Meßwiderstand eine zusätzliche Erwärmung verursacht, die eine Erhöhung der Temperaturanzeige (Erwärmungsfehler) zur Folge hat. Der Erwärmungsfehler ist von der umgesetzten Leistung, der Oberfläche des wärmeabführenden Mediums, dem Wärmeübergangskoeffizienten zwischen Thermometer und Medium und den inneren Wärmeleitwiderständen des Thermometers abhängig. Zur Beurteilung dieses Fehlers dient der *Eigenerwärmungskoeffizient* E_k (mW/°C), der die Leistung angibt, die zu einer bestimmten Temperaturerhöhung führt. Danach berechnet sich der maximal zulässige Thermometerstrom I_M für einen vorgegebenen maximal zulässigen Temperaturfehler ΔT zu:

$$I_M = \sqrt{\Delta T \frac{E_k}{R(T)}} \qquad (6.7)$$

mit

$R(T)$ Widerstand des Thermometers in Ω bei der Temperatur T in °C.

Parasitäre Thermospannungen entstehen im Meßkreis an allen Verbindungsstellen unterschiedlicher Leiter-Werkstoffe, wenn diese untereinander Temperaturdifferenzen aufweisen. Dadurch bedingte Fehler lassen sich vermeiden oder verringern, wenn Widerstandsmessungen mit Wechselstrom ausgeführt werden oder mit großen Meßströmen gearbeitet wird (Nachteil: hohe Eigenerwärmung).

Zu berücksichtigen sind weiterhin Isolationswiderstände, die parallel zu Meßwiderständen liegen und bei nicht ausreichender Größe zu tiefe Temperaturanzeigen bewirken. Mindestisolationswiderstände von industriellen Platin-Widerstandsthermometern sind in der DIN IEC 751 zu finden und betragen z.B. im Temperaturbereich 100 °C – 300 °C 10 MΩ.

Die *genormten Grundwerte* mit den zulässigen Abweichungen gelten nur für die Meßwiderstände einschließlich ihrer kurzen Anschlußdrähte. Somit beeinflussen alle weiteren Widerstände im Meßkreis als zusätzliche Widerstände die Meßergebnisse, wenn sie nicht berücksichtigt oder durch geeignete Schaltungen kompensiert werden (Drei- oder Vierleiterschaltung).

Zusätzliche Meßunsicherheiten rufen plastische oder elastische Verformungen des Meßelementes hervor, die durch unterschiedliche Ausdehnungskoeffizienten von Trägermaterial und Meßwiderstand, unzweckmäßige Montagetechniken oder andere mechanische Beanspruchungen entstehen können. Chemische Einflüsse, z.B. die Eindiffusion von Fremdstoffen in das Meßelement, können zu nicht reversiblen Änderungen der elektrischen Kenngrößen führen.

6.2.1.3
Widerstandsthermometer mit Halbleiter-Meßwiderständen

Meßprinzip. Auch bei Halbleiter-Widerstands-thermometern dient die temperaturabhängige Änderung des elektrischen Widerstandes zum Messen der Temperatur, so daß prinzipiell die gleichen Meßanordnungen wie bei Widerstandsthermometern mit Metall-Meßwiderständen verwendet werden können (Bild 6.3).

Materialien. Halbleiter-Meßwiderstände für *Heißleiter* (Thermistoren) bestehen aus polykristallinen Mischoxidkeramiken, z.B. aus Fe_3O_4, Zn_2TiO_4 oder $MgCr_2O_4$ mit Zusätzen von NiO, CuO oder Li_2O, die bei hohen Temperaturen gesintert wurden. Sie weisen innerhalb bestimmter Temperaturintervalle einen negativen Temperaturkoeffizienten auf, und werden deshalb auch als NTC-Widerstände bezeichnet [IEC-Publication 40408, DIN 44070 – DIN 44073].

Meßwiderstände für *Kaltleiter* sind Sinterkeramiken auf der Basis von polykristallinem Bariumtitanat ($BaTiO_3$), das mit verschiedenen Zusätzen von Metalloxiden und -salzen versehen ist, um bestimmte Eigenschaften zu erhalten. Sie weisen einen positiven Temperaturkoeffizienten auf und werden auch als PTC-Widerstände bezeichnet [DIN 44080].

Weiterhin besitzen auch sperrschichtfreie, n-dotierte Siliziumkristalle positive Temperaturkoeffizienten. Die temperaturbedingte Änderung des Ausbreitungswiderstandes (spreading resistance) wird hier zur Temperaturmessung herangezogen [6.6].

Weit verbreitet als kostengünstige Temperaturaufnehmer im Temperaturbereich – 50 °C bis 150 °C sind Halbleiter in Transistorschaltungen (npn). Sie liefern einen temperaturlinearen *Konstantstrom* von einigen 100 μA mit äquivalenten Meßgenauigkeiten von 0,1 °C bis 2 °C [6.6].

Statische Übertragungskenngrößen. Für den Kennlinienverlauf von Heißleitern, die vorwiegend im Temperaturbereich zwischen −110 °C und 300 °C eingesetzt werden, gilt näherungsweise:

$$R(T) = R(T_0) \exp B\left(\frac{1}{T} - \frac{1}{T_0}\right). \qquad (6.8)$$

T ist die Temperatur in Kelvin, T_0 die Bezugstemperatur in Kelvin, $R(T)$ der Widerstand bei der Temperatur T, $R(T_0)$ der Nennwiderstand bei der Bezugstemperatur T_0 und B eine temperaturabhängige Materialkonstante. Neben der Nichtlinearität der statischen Kennlinie ist auch die Temperaturabhängigkeit des Temperaturkoeffizienten

$$\alpha_R = \frac{dR}{R\,dT} = -\frac{B}{T^2} \qquad (6.9)$$

von Nachteil, wobei die Materialkonstante B nur in einem schmalen Temperaturintervall als konstant betrachtet werden kann [6.7]. Für bereits abgeglichene, sogenannte thermolineare Thermistoren gilt in einem eingeschränkten Arbeitstemperaturbereich von z.B. –5 °C bis 45 °C:

$$R = at + b \qquad (6.10)$$

mit der Temperatur t in °C und a, b als typspezifischen Konstanten.

Kaltleiter weisen in einem eingeschränkten Temperaturbereich einen sehr großen positiven Temperaturkoeffizienten auf (7 – 70%/°C). In Datenblättern werden für bestimmte Bezugstemperaturen (25 – 180 °C) der Widerstand, die Sprungtemperatur und die maximale Betriebsspannung angegeben. Ihre Bedeutung in der technische Temperaturmessung ist nur gering. Sie werden vorwiegend zur Grenzwertüberwachung eingesetzt.

Silizium-Meßwiderstände, die mit Grenzabweichungen von 1% zu erhalten sind, besitzen einen positiven Temperaturkoeffizienten von ca. 0,75%/°C des Widerstandes beim Betrieb mit Konstantstrom (z.B. 1 mA). Ihr Vorteil gegenüber Heißleitern besteht in der guten Langzeitstabilität, dem relativ hohen Temperaturkoeffizienten und der nur leicht positiv gekrümmten Kennlinie, deren Krümmung durch einen optimierten Parallelwiderstand bei Stromeinspeisung kompensiert werden kann. Damit lassen sich Linearitätsabweichungen von besser als ±0,2 °C in einem Meßbereich von 0 bis 100 °C erreichen. Silizium-Meßwiderstände werden im Temperaturbereich zwischen –70 und +160 °C eingesetzt.

Weitere Angaben zu meßtechnischen Eigenschaften von Halbleiter-Meßwiderständen sind den Datenblättern der Hersteller zu entnehmen.

Bauarten. Da neben den verwendeten Werkstoffen auch die äußere Form eines Heißleiters sein elektrisches Verhalten und seine meßtechnischen Eigenschaften bestimmt, sind verschiedene Bauformen üblich:

scheibenförmige
Heißleiter   (3 mm × 5,5 mm ∅)
stabförmige
Heißleiter   (7 mm × 1,6 mm ∅)
Miniatur-Heißleiter,
z.B. perlförmig (0,2 – 1 mm ∅).

Scheiben- und stabförmige Heißleiter können direkt zur Temperaturmessung verwendet werden, während Miniatur-Heißleiter armiert und als Temperaturfühler in Hand- und Einbauthermometern verwendet werden. Zur Einhaltung vorgegebener Widerstands-Kennlinien werden sie mit temperaturunabhängigen Zusatzwiderständen beschaltet. Aufgrund ihrer geringen Masse und der Vielfalt der geometrischen Ausführungen der Sensoren sind Heißleiter als „schnelle" Fühler besonders bei Temperaturmessungen auf Oberflächen geeignet.

Fehlerquellen/Meßunsicherheiten. Aufgrund des gleichen Meßprinzips sind bei Widerstandsthermometern mit Halbleitersensoren vergleichbare Fehlerquellen und Ursachen für Meßunsicherheiten zu berücksichtigen, die jedoch auf Grund der Größe des zu messenden Widerstandes nur einen geringeren Einfluß auf das Meßergebnis besitzen als bei Widerstandsthermometern mit Metall-Meßwiderständen (Abschn. 6.2.1.2).

6.2.1.4
Strahlungsthermometer/Thermografiegeräte

Anwendungskriterien. Die berührungslose Bestimmung der Temperatur bietet gegenüber der Temperaturmessung mit Berührungsthermometern dann Vorteile, wenn Meßbedingungen vorliegen, die einen Einsatz von Berührungsthermometern schwierig oder unmöglich machen. Dazu gehören:

– Messungen von Oberflächentemperaturen,
– Messungen relativ hoher Temperaturen, bei denen ein Einsatz von Thermoelementen u.U. schwierig ist,
– Messungen an sich bewegenden Objekten,
– Messungen von Körpern mit schlechter Wärmeleitfähigkeit oder kleiner Wärmekapazität,

– Messungen von kleinen Objekten (z.B. dünne Drähte) oder
– Messungen von Objekten mit schnellen Temperaturänderungen.

Der Vorteil der berührungslosen Temperaturmessung liegt vor allem in der rückwirkungsarmen Messung der Temperatur. Ein Einsatz von Strahlungsthermometern setzt jedoch voraus, daß am Ort der Temperaturmessung der Emissionsgrad des Meßobjektes bekannt ist.

Grundlagen. Jede feste, flüssige oder gasförmige Substanz mit einer Temperatur oberhalb des absoluten Nullpunktes sendet eine elektromagnetische Strahlung aus, die mit einem Energietransport verbunden ist und deren Intensität und Wellenlängenverteilung von der Temperatur und von Stoffparametern abhängt. Meßgeräte, mit denen sich innerhalb des Wellenlängenbereiches der Temperaturstrahlung (0,4 – 30 μm) die mittlere Temperatur von Meßobjekten bestimmen lassen, werden als *Strahlungspyrometer* bezeichnet; Geräte, die zur Bestimmung von Temperaturverteilungen auf Meßobjekten dienen, werden *Thermografiegeräte* genannt.

Eine wichtige physikalische Größe zur pyrometrischen Temperaturbestimmung ist die Strahldichte L, die die von einem Flächenelement dA in den Raumwinkel $d\Omega$ unter dem Winkel ϑ (Winkel zwischen der Flächennormalen und der Strahlungsrichtung) ausgehende Strahlungsleistung $d\Phi$ charakterisiert:

$$L = \frac{d^2\Phi}{dA\,\cos\vartheta\,d\Omega} \; . \tag{6.11}$$

Sie kann zur Temperaturbestimmung durch Messung in einem engen Spektralbereich (bei Spektralpyrometern), in einem breiten spektralen Band (bei Bandstrahlungspyrometern), im gesamten energetisch wirksamen Spektralbereich (bei Gesamtstrahlungspyrometern) oder durch Messung der spektralen Strahldichteverteilung (bei Verhältnispyrometern) herangezogen werden. Zur Kennzeichnung der spektralen Verteilung wird die Strahldichte auf einen differentiellen Bereich d_λ der Wellenlänge λ bezogen:

$$L_\lambda = \frac{dL}{d\lambda} \; . \tag{6.12}$$

Trifft ein Strahlungsfluß auf eine Empfängeroberfläche, wird er teilweise reflektiert, absorbiert oder hindurchgelassen. Ein Körper wird als schwarzer Körper bezeichnet, wenn er alle auftreffende Strahlung absorbiert. Für einen solchen Körper gilt, daß er gleichzeitig auch die größtmögliche Strahlung bei einer gegebenen Temperatur emittiert (2. Kirchhoffsches Strahlungsgesetz). Man bezeichnet ihn deshalb auch als *Schwarzen Strahler* oder *Planckschen Strahler*. Zur Eichung und Kalibrierung von Strahlungsthermometern ist die Realisierung des Schwarzen Strahlers mit bekanntem Emissionsvermögen von Bedeutung.

Die spektrale Strahlung eines beliebigen Meßobjektes ist schwächer oder höchstens gleich der Strahlung eines Schwarzen Strahlers. Das Verhältnis der spektralen Strahldichte L_λ des Meßobjektes zur spektralen Strahldichte $L_{\lambda s}$ des Schwarzen Strahlers gleicher Temperatur und Wellenlänge heißt spektraler Emissionsgrad ε:

$$\varepsilon = \frac{L_\lambda}{L_{\lambda s}} \leq 1 \; . \tag{6.13}$$

Er beschreibt eine thermophysikalische Materialeigenschaft, die von der chemischen Zusammensetzung des Materials, der Oberflächenstruktur, der Emissionsrichtung, der Wellenlänge und der Temperatur des Meßobjektes abhängig ist. Für technische Temperaturmessungen an homogenen Oberflächen und bei $\vartheta < 45°$ kann der Emissionsgrad ε als nur noch von der Wellenlänge λ und der Temperatur T des Meßobjektes abhängig betrachtet werden, so daß aus Gl. (6.13) abgeleitet, für viele Anwendungen gilt:

$$L_\lambda(\lambda, T) = \varepsilon(\lambda, T) \cdot L_{\lambda s}(\lambda, T) \; . \tag{6.14}$$

Die spektrale Strahldichte eines Schwarzen Strahlers $L_{\lambda s}$, die nur von der Wellenlänge λ und der Temperatur T abhängt, und die bei jeder Temperatur ein Maximum besitzt genügt folgender Gleichung (Plancksches Gesetz):

$$L_{\lambda s} = \frac{C_1}{\pi\,\Omega_0\,\lambda^5} \cdot \frac{1}{\exp\left(\dfrac{C_2}{\lambda T}\right) - 1} \tag{6.15}$$

C_1, C_2 Strahlungskonstanten mit
       C1 = 3,741832 · 10⁻¹⁶ Wm²,
       C2 = 1,438786 · 10⁻² m · K,
Ω_0 Raumwinkel des Halbraumes
       dividiert durch 2π.

Für technische Temperaturmessungen gilt als Näherung des Planckschen Gesetzes das Wiensche Gesetz in der folgenden Form:

$$L_{\lambda s} = \frac{C_1}{\pi \Omega_0 \lambda^5} \cdot \frac{1}{\exp\left(\dfrac{C_2}{\lambda T}\right)},\qquad (6.16)$$

wobei für $\lambda T \leq 3000$ µm K der Fehler ≤1% ist.

Durch Integration der spektralen Strahldichte $L_{\lambda s}$ über alle Wellenlängen erhält man die Abhängigkeit der Strahldichte L_s eines Schwarzen Strahlers von der Temperatur (Stefan-Boltzman-Gesetz):

$$L_s = \frac{\sigma T^4}{\pi \Omega_0}\qquad (6.17)$$

mit
$\sigma = 5,67032 \cdot 10^{-8}$ Wm⁻²K⁻⁴
(Stefan-Boltzmann-Strahlungskonstante).

Eine Differenzierung der Gl. (6.15) führt zum Zusammenhang zwischen der Temperatur T und der Wellenlänge λ_m, bei der die spektrale Strahldichte ein Maximum aufweist (*Wiensches Verschiebungsgesetz*):

$$\lambda_m = \frac{2898}{T}\ \mu m \quad (T \text{ in K}).\qquad (6.18)$$

Aus den angeführten Strahlungsgesetzen wird deutlich, daß die Strahldichte proportional der 4. Potenz der Temperatur ist, und sich das Maximum der Strahlung bei nied-

rigen Temperaturen zu größeren Wellenlängen (Infrarot) verschiebt.

Meßprinzip. Zur Messung der Temperatur einer Oberfläche wird der von ihr ausgehende Strahlungsfluß einem Empfänger zugeführt, der einen Teil dieser Strahlung in ein elektrisches Signal umformt. Bild 6.5 zeigt die schematische Darstellung eines Strahlungsthermometers vor einem Schwarzen Strahler. Die Temperaturstrahlung Φ gelangt über ein Objektiv und einen Filter zum Strahlungsempfänger, wo die verbleibende Strahlung in ein elektrisches Signal S_D umgesetzt wird.

Die Größe des Meßfeldes eines Strahlungsthermometers ist von der Meßentfernung, der optischen Auslegung des Objektivs und der Größe der Empfängerfläche abhängig. Der auf den Empfänger auftreffende spektrale Anteil wird durch die wellenlängenabhängige Durchlässigkeit des Objektivs, den Filter und die wellenlängenabhängige Umsetzung der Strahlung im Strahlungsempfänger bestimmt.

Im Fall des Schwarzen Strahlers ist das Detektorausgangssignal S_D abhängig von der Temperatur T des Strahlers, vom Wellenlängenbereich und von der Temperatur T_G des Strahlungsempfängers. Falls $T = T_G$ gilt:

$$S_D = S(T) - S(T_G) = 0 .\qquad (6.19)$$

Wird die Temperatur T des Schwarzen Strahlers zwischen zwei Bereichsgrenzen T_1 und T_2 geändert und ordnet man den zugehörigen Signalen einer Auswerteschaltung die Werte 0 und 1 zu, so erhält man für das Ausgangssignal S_A:

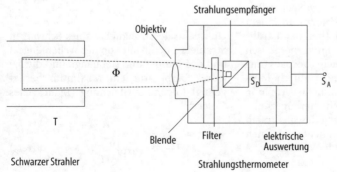

Strahlungsempfänger

Objektiv

Φ

S_D

S_A

T

Blende   Filter   elektrische Auswertung

Schwarzer Strahler

Strahlungsthermometer

Bild 6.5. Meßanordnung mit Strahlungsthermometers

$$S_A = \frac{S(T) - S(T_1)}{S(T_2) - S(T_1)} \quad . \tag{6.20}$$

Die Signale $S(T)$ sind bei einer linearen Umsetzung der vom Empfänger absorbierten Strahlung in elektrische Signale und bei weiterer linearer Verarbeitung den zugehörigen Strahldichten $L_{\lambda s}(\lambda, T)$ proportional. Es gilt:

$$S_A = \frac{L_{\lambda s}(\lambda, T) - L_{\lambda s}(\lambda, T_1)}{L_{\lambda s}(\lambda, T_2) - L_{\lambda s}(\lambda, T_1)} \quad . \tag{6.21}$$

Das Ausgangssignal kann an einem Meßgerät angezeigt oder in einem Peripheriegerät weiterverarbeitet werden, wobei der Wert $S(T_1)$ dem Nullpunkt und $S(T_2)$ dem Vollausschlag des Meßinstrumentes entspricht. Die Signaltemperaturcharakteristik ist nur von der spektralen Strahldichte $L_{\lambda s}$ abhängig und kann mit Hilfe der Strahlungsgesetze ermittelt werden.

Bei praktischen Temperaturmessungen ist der Schwarze Strahler durch ein Meßobjekt (realer Strahler) ersetzt und die Strahldichten in Gl. (6.21) müssen mit Hilfe der spektralen Empfindlichkeit $R(\lambda)$ modifiziert werden:

$$R(\lambda) = \tau_0(\lambda) \, \tau_F(\lambda) \, s(\lambda) \tag{6.22}$$

mit

$\tau_0(\lambda)$ spektraler Transmissionsgrad der Optik,

$\tau_F(\lambda)$ spektraler Transmissionsgrad des Filters,

$s(\lambda)$ spektrale Empfindlichkeit des Strahlungsempfängers.

Die jeweiligen Strahldichten des realen Strahlers, die in Gl. (6.21) einzusetzen sind, erhält man durch Integration des Produktes $R(\lambda) \cdot L_{\lambda s}(\lambda, T)$ über dλ [VDI/VDE 3511/4].

Das Funktionsprinzip von Thermografiegeräten entspricht dem Meßprinzip von Strahlungsthermometern. Hierbei wird in geeigneter Weise eine Fläche abgetastet und durch die Ausgangssignale die Helligkeit eines Displays so beeinflußt, daß verschiedene Strahldichtewerte auf der abgetasteten Fläche verschiedene Grau- bzw. Farbwerte ergeben.

Detektoren. Wichtigste Bauelemente von Strahlungsthermometern und Thermogra-

fiegeräten sind die *Strahlungsempfänger* (Detektoren), die die auftreffende Meßstrahlung in elektrische Signale umsetzen. Aufgrund ihrer verschiedenen Wirkungsweisen kann man fotoelektrische und thermische Strahlungsempfänger unterscheiden.

Bei *fotoelektrischen Detektoren* werden die Elektronen durch die Wechselwirkung mit Energiequanten der auftreffenden Strahlung auf Bänder mit höherem Energieniveau gehoben (*innerer* fotoelektrischer Effekt) oder vollständig aus ihrem Verband gelöst (*äußerer* fotoelektrischer Effekt). *Fotozellen* und *Fotomultiplier* sind Strahlungsempfänger mit äußerem Fotoeffekt; *Fotowiderstände* und *Sperrschichtfotoleiter* gehören zu den fotoelektrischen Strahlungsempfängern mit innerem Fotoeffekt. Ungekühlte fotoelektrische Detektoren werden bei Wellenlängen $\lambda < 5$ µm für Temperaturmessungen oberhalb von 100 °C eingesetzt, gekühlte Detektoren bis zu Wellenlängen von 14 µm und für Temperaturmessungen ab –100 °C.

Bei *thermischen Strahlungsempfängern* verursacht die einfallende Strahlung auf eine kleine geschwärzte Fläche eine Temperaturerhöhung, die die Änderung einer temperaturabhängigen physikalischen Größe zur Folge hat. Am verbreitetsten sind Bolometer, bei denen eine Widerstandsänderung als Maß für die einfallende Strahlung genutzt wird, Thermoelemente, die eine temperaturabhängige Spannungsänderung aufweisen und pyroelektrische Detektoren, bei denen die Temperaturänderung eine Änderung der elektrischen Polarisation bewirkt. Thermische Strahlungsempfänger sind für Temperaturmessungen zwischen –100 °C und 1000 °C verwendbar.

Dynamisches Verhalten. Im Vergleich zu Berührungsthermometern sind Strahlungsthermometer verzögerungsarme Meßgeräte, da die durch Strahlung transportierte Energie trägheitslos übertragen wird. Damit sind sie besonders für die Registrierung schneller Aufheiz- und Abkühlprozesse geeignet. Einschränkungen ergeben sich von gerätetechnischer Seite, wenn die Strahlung über Hilfsstrahler gemessen wird, die als materielle Wärmeübertragungsglieder Verzögerungen bewirken können. Auch die Strahlungsempfänger selbst wirken infolge ihrer Fühlermassen als Verzögerungsglieder, so daß die Zeitkonstanten von Pyrometern mit thermoelektrischen Detektoren zwischen einigen hundertstel bis zu wenigen Sekunden liegen [6.4]. Diese Zeitkonstanten sind jedoch erheblich kleiner als die der entsprechenden Berührungsthermometer (Thermoelemente oder Widerstandsthermometer), da deren Schutzrohre im allgemeinen die Ursache thermischer Verzögerungen sind. Strahlungsthermometer mit fotoelektrischen Detektoren besitzen Zeitkonstanten von nur einigen Mikro- bis zu wenigen Millisekunden, da bei ihnen die Strahlungsenergie auf nicht materieller Basis in elektrische Signale umgewandelt wird. Werden die Ausgangssignale der Strahlungsempfänger weiterverarbeitet, so muß das Zeitverhalten der dazu notwendigen Gerätekomponenten berücksichtigt werden [6.8].

Bauarten/Kennzeichnung. Ein Kriterium zur Kennzeichnung von Strahlungsthermometern ist die spektrale Empfindlichkeit, nach der Gesamtstrahlungspyrometer, Spektralpyrometer, Bandstrahlungspyrometer und Verhältnispyrometer unterschieden werden. Daneben wird eine Unterscheidung hinsichtlich typischer Anwendungsbereiche und technischer Ausführungsformen vorgenommen. In Bezug auf die Geräteausführung unterscheidet man im wesentlichen drei Gerätetypen:

- Gesamt-, Spektral- oder Bandstrahlungspyrometer,
- Verhältnispyrometer und
- Glühfadenpyrometer.

Gesamtstrahlungspyrometer sind Geräte, die zur Temperaturmessung den gesamten energetisch wirksamen Spektralbereich erfassen, wobei 90% der ausgesandten Gesamtstrahlung im Wellenlängenbereich liegt, der vom 0,7- bis 4fachen der Wellenlänge reicht, bei der das Strahlungsmaximum auftritt. Die Abhängigkeit des Ausgangssignals von der Temperatur wird in Gl. (6.23) beschrieben, in der die Strahl-

dichten $L_{\lambda s}$ für die Temperaturen T, T_1 und T_2 nach dem Stefan-Boltzmann-Gesetz berechnet wurden:

$$S_A = \frac{T^4 - T_1^4}{T_2^4 - T_1^4} \ . \tag{6.23}$$

Spektralpyrometer sind in einem engen Spektralbereich empfindlich, so daß ihnen eine von der Temperatur unabhängige Wellenlänge λ zugeordnet werden kann. Zur Darstellung des Ausgangssignals S_A werden die Strahldichten in Gl. (6.21) für die Temperaturen T, T_1 und T_2 nach dem Planckschen-Gesetz (6.15) oder dem Wienschen Gesetz (6.16) berechnet. Für die Wiensche Näherung gilt:

$$S_A = \frac{\left[\dfrac{1}{\exp\left(\dfrac{C_2}{\lambda T}\right)} - \dfrac{1}{\exp\left(\dfrac{C_2}{\lambda T_1}\right)} \right]}{\left[\dfrac{1}{\exp\left(\dfrac{C_2}{\lambda T_2}\right)} - \dfrac{1}{\exp\left(\dfrac{C_2}{\lambda T_1}\right)} \right]} \ . \tag{6.24}$$

Beim *Bandstrahlungspyrometer*, das in einem breiteren Spektralbereich empfindlich ist, kann für kleine Temperaturbereiche Gl. (6.24) genutzt werden, wobei für λ eine effektive Wellenlänge λ_e eingesetzt wird.

Beim *Verhältnispyrometer* wird die Temperatur aus dem Verhältnis zweier Signale ermittelt, indem die Strahldichte bei zwei Wellenlängen λ_1 und λ_2 bzw. in zwei Wellenlängenbereichen gemessen wird.

$$S(T) = \frac{L_{\lambda s}(\lambda_1, T)}{L_{\lambda s}(\lambda_2, T)} \ . \tag{6.25}$$

Da die bei der Messung verwendeten Wellenlängen $\lambda < 3$ µm sind, gilt nach dem Wienschen Gesetz (6.16):

$$S(T) = \left(\frac{\lambda_2}{\lambda_1}\right)^5 \exp\left(\frac{C_2}{\lambda_v T}\right) \tag{6.26}$$

mit $1/\lambda_v = (1/\lambda_2) - (1/\lambda_1)$. Für die Abhängigkeit des Ausgangssignals S_A von der Temperatur gilt Gl. (6.24) mit $\lambda = \lambda_v$ [6.9].

Die so gemessene Temperatur T ist die eines schwarzen Körpers; beim Verhältnispyrometer ist es jedoch die wahre Temperatur, wenn der Emissionsgrad bei beiden Wellenlängen die gleiche Größe besitzt.

Glühfadenpyrometer sind Spektralpyrometer, die zur Messung von Temperaturen oberhalb 650 °C durch visuellen Vergleich mit der Glühfadentemperatur einer Wolframbandlampe eingesetzt werden. Aufgrund des notwendigen manuellen Abgleiches sind Glühfadenpyrometer für Automatisierungszwecke nicht geeignet.

Bezüglich spezifischer Anwendungsbereiche sind Präzisions- und Normalpyrometer als driftarme Spektralpyrometer bekannt, deren Detektorsignal über einen weiten Bereich (einige Zehnerpotenzen) proportional zur Strahldichte des Meßobjektes ist. Sie werden in Forschungseinrichtungen und metrologischen Staatsinstituten u.a. zur Darstellung und Weitergabe der ITS-90 oberhalb des Erstarrungspunktes von Silber (961,78 °C) verwendet [6.1].

Strahlungsthermometer für Laboranwendungen bestehen aus einer Meßsonde und einem Auswertegerät. Die Meßsonde ist mit verschiedenen Objektiven und Filtern ausgerüstet, die der Auswahl des Spektralbereiches, in dem der Strahlungsfluß optimal ist, dienen. Bei der Auswahl der Filter sind der Transmissionsgrad der Übertragerstrecke, der Emissionsgrad des Objekts und die spektrale Empfindlichkeit des Empfängers zu berücksichtigen. Im Auswertegerät befinden sich Verstärker mit verschiedenen Einstellfunktionen, Baugruppen zur Berücksichtigung verschiedener Signal-Temperatur-Charakteristika und eine Analog- oder Digitalanzeige der Temperatur oder Strahldichte. Ähnlich aufgebaut sind batteriebetriebene Strahlungsthermometer für den mobilen Einsatz, die häufig vom Anzeigegerät abgesetzte Meßsonden besitzen.

Thermografiegeräte werden nach der Art der Detektoren und der Anzahl der Detektorelemente sowie deren Kühlung, nach ihrer spektralen Empfindlichkeit und nach Bildeigenschaften unterschieden.

Als Detektorelemente werden gekühlte Quantendetektoren, die auf Energiequanten ansprechen und infolge der Absorption infraroter Strahlung ihren elektronischen Zustand in atomaren Bereichen des Kristallgitters ändern, eingesetzt. Weitere Detektoren sind Nicht-Quantendetektoren (thermische Detektoren), die auf Strahlungsleistung ansprechen und dadurch ihren inneren oder äußeren Energiezustand im Kristallgitter ändern oder pyroelektrische

Detektoren, die eine temperaturabhängige spontane Polarisation verbunden mit der Erzeugung von Oberflächenladungen aufweisen [6.10]. Neben Einzelelementdetektoren, bei denen die Bildrasterung unter Einsatz einer Zweiachsen-Steuerung (x-y-Tisch) erfolgt, sind Detektorzeilen, mit denen eine Rasterung in eine Koordinatenrichtung ausreichend ist (Line-scanner) oder aber zweidimensionale Matrixdetektoren verfügbar. Die Kühlung der häufig in Dewargefäße eingebauten Detektoren erfolgt mit verschiedenen Flüssiggasen bis auf 4,2 K, mit mehrstufigen Peltierelementen bis −100 °C, mit Kältemaschinen oder durch Ausnutzung des Joule-Thomson-Effekts.

Nach ihrer spektralen Empfindlichkeit können Thermografiegeräte als Bandstrahlungspyrometer betrachtet werden. Ihre Spektralempfindlichkeit kennzeichnet die Größe des Photosignals je Einheit der Strahlungsleistung einer vorgegebenen Wellenlänge oder der, bei welcher der Detektor optimal empfindlich ist [6.10].

Nach der *Bildaufbauzeit* lassen sich langsam abtastende (Bildaufbauzeit $\geq$1 Sekunde), schnell abtastende (Bildaufbauzeiten von 1/25 Sekunden für ein Viertelbild) und sehr schnell abtastende Geräte (Bildaufbauzeiten von 1/50 Sekunde für ein Halbbild) unterscheiden. Im engen Zusammenhang mit Bildaufbauzeiten steht die *Bilddarstellung*. Thermogramme von Thermografiesystemen der ersten Gruppe können bei einer Wiedergabe am Bildschirm nicht direkt beobachtet werden und müssen weiterverarbeitet werden. Schnellabtastende Thermografiesysteme liefern direkte Monitorbilder und Systeme der dritten Gruppe entsprechen der Standard-Videonorm (CCIR oder NTSC) [VDI/VDE 3511/4].

Fehlerquellen/Meßunsicherheiten. Einflüsse auf die Genauigkeit der Temperaturmessung mit Strahlungsthermometern haben der Emissionsgrad ε, dessen Wert bei realen Meßobjekten i.a. kleiner ist als bei den zur Kalibrierung verwendeten Schwarzen Strahlern, die Umgebungstemperatur, falls die Eigenstrahlung der Umgebung einen meßbaren Anteil im genutzten Wellenlängenbereich des Strahlungsthermometers hat, sowie der Transmissionsgrad von Zwischenmedien.

Der *Emissionsgrad* eines Materials ist theoretisch nur schwierig zu berechnen oder vorherzusagen. Man ist deshalb auf Tabellenwerte, Angaben von Pyrometerherstellern oder eigene Messungen angewiesen. Eigene Messungen haben den Vorteil, daß bei der Bestimmung von ε das Strahlungsthermometer verwendet werden kann, das später zur Temperaturmessung eingesetzt wird. Einfache Verfahren sind z.B. in der VDI/VDE 3511/4 aufgezeigt. Die spektrale Empfindlichkeit des Meßgerätes sollte immer in dem Bereich liegen, in dem das zu messende Material einen möglichst hohen Emissionsgrad besitzt, um ähnliche Bedingungen wie bei der Temperaturmessung mit einem Schwarzen Körper zu realisieren. Methoden zur Berechnung des Einflusses der Umgebungstemperatur auf die zu messende Temperatur sind ebenfalls in der VDI/VDE 3511/4 zu finden.

Die Anzeige von Strahlungsthermometern wird durch eine Schwächung der Meßstrahlung durch absorbierende Medien wie Staub, Wasserdampf oder Kohlendioxid im Strahlengang verfälscht. Durch Strahldichtemessungen in Spektralbereichen, in denen diese Gase einen hohen Transmissionsgrad aufweisen, können diese Meßunsicherheiten reduziert werden. Zur Messung von Temperaturen oberhalb 1000 °C eignen sich Wellenlängen im sichtbaren oder nahen Infrarotbereich um 1 µm, für Temperaturen zwischen 200 °C und 1000 °C Spektralbereiche 1,1 ... 1,7 µm, 2 ... 2,5 µm oder 4,5 ... 5,5 µm und zur Messung von Temperaturen unterhalb von 200 °C der Spektralbereich von 8 bis 14 µm [VDI/ VDE 3511/4].

6.2.2
Analoge Temperaturmeßverfahren

6.2.2.1
Spannungsmessungen

Für die Messungen von Spannungen sind zwei Verfahren bekannt: Das Ausschlag- und das Kompensationsverfahren. Beim *Ausschlagverfahren* steuert die Spannung direkt oder über einen Verstärker das Meßinstrument aus, wobei die dafür notwendige Leistung dem Meßkreis entnommen

wird. Damit ist die Anzeige von den Meßkreiseigenschaften abhängig. *Kompensationsverfahren* sind dagegen nahezu unabhängig von den Instrumenteneigenschaften. Am Beispiel der Messung von Thermospannungen sollen die beiden Meßverfahren beschrieben werden.

Ausschlagverfahren. Bild 6.6 zeigt eine Thermoelement-Meßeinrichtung nach dem Ausschlagverfahren mit Drehspulmeßinstrument und Vergleichsstellenthermostaten. Der Ausschlag α des Meßinstrumentes ist das Maß der Temperatur, abgebildet durch die Thermospannung U_T, und dem durch seine Spule fließenden Strom I. Es gilt:

$$\alpha \sim I = \frac{U_T}{R_i + R_L} \qquad (6.27)$$

mit
R_i Innenwiderstand des Meßgerätes und
R_L Leitungswiderstände.

Um wiederholbare Temperaturmessungen durchführen zu können, muß der Gesamtwiderstand des Meßkreises, der aus der Summe der Leitungswiderstände R_L der Thermodrähte, Ausgleichs- und Verbindungsleitungen sowie des Innenwiderstandes des Anzeigegerätes gebildet wird, konstant bleiben. Da sich die Leitungswiderstände R_L infolge der Temperaturabhängigkeit des Leitungswiderstandes und von Oxidationsprozessen ändern können, sollte

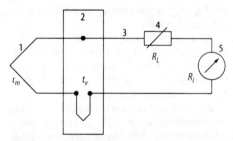

Bild 6.6. Ausschlagverfahren mit Drehspulmeßinstrument.
1 Thermoelement (Thermodrähte bis zur Vergleichsstelle)
2 Vergleichsstelle mit Thermostat,
3 Verbindungsleitungen aus Kupfer,
4 Leitungswiderstand R_L mit Abgleichmöglichkeit,
5 Drehspulmeßinstrument mit Innenwiderstand R_i
t_m Meßtemperatur,
t_m Vergleichsstellentemperatur

der Innenwiderstand R_i des Spannungsmessers möglichst groß gegenüber der Summe der Leitungswiderstände sein. Systematische Fehler können nahezu vermieden werden, wenn die Leitungswiderstände bei der Kalibrierung des Meßgerätes berücksichtigt werden. Häufig ist der einzukalibrierende Widerstand R_L, z.B. 20 Ω, auf der Instrumentenskala angegeben [DIN 43709].

Dem Ausschlagverfahren äquivalent sind Analog/Digital-Wandler + Vorverstärker mit sehr hohen Eingangswiderständen ($\approx$GΩ) (s. Abschn. 6.2.3 und Teil C), bei deren Einsatz Meßunsicherheiten durch sich ändernde Leitungswiderstände kaum noch eine Rolle spielen.

Kompensationsverfahren. Bei höheren Genauigkeitsanforderungen wird die Thermospannung U_T mit Hilfe eines Kompensationsverfahrens bestimmt. Sie wird mit einer bekannten Spannung U_R verglichen, die so eingestellt ist, daß in einem, zwischen Meß- und Vergleichskreis geschaltetem Galvanometer kein Ausgleichsstrom fließt. In Abhängigkeit von der Erzeugung der Referenzspannung U_R unterscheidet man zwischen dem *Strommeßverfahren nach Lindeck-Rothe* (Bild 6.7) und dem Potentiometerverfahren nach Poggendorf. Beim Strommeßverfahren wird die Referenzspannung U_R als Spannungsabfall eines veränderbaren Stromes I an einem konstanten Einstellwiderstand R_V erzeugt. Im abgeglichenem Zustand gilt für die zu messende, der Meßtemperatur t_m entsprechenden Thermospannung U_T, Gl. (6.28):

$$U_T = I\,R_V. \qquad (6.28)$$

Da der Strommesser zur Temperaturanzeige seine Leistung einer *Hilfsspannungsquelle* entnimmt, kann er auch für kleinere Feh-lergrenzen ausgelegt werden als ein direktanzeigendes Millivoltmeter.

Beim *Potentiometerverfahren nach Poggendorf* kann anstelle des Null-Galvanometers ein Nullverstärker eingesetzt werden, der im dargestellten Fall mit einem motorischem Nachlaufsystem verbunden ist (Bild 6.8). Damit erhält man einen selbstabgleichenden Kompensator, wie er für Linienschreiber eingesetzt werden kann. Der im nicht abgeglichenen Zustand fließende Ausgleichsstrom wird nach Verstärkung einem Stellmotor zugeführt, der mit dem Potentiometerabgriff gekoppelt ist und diesen verstellt, bis die Hauptwicklung praktisch stromlos wird und der Abgleich erreicht ist. Gleichzeitig ist damit eine Temperaturanzeige gekoppelt.

Meßverstärker. Mit elektrischen Meßgeräten lassen sich die von Berührungsthermometern erhaltenen Signale, die häufig von geringer Leistung sind, nur schwer unmittelbar erfassen. Man sieht daher zur Meßwertanpassung elektrische Verstärker vor, die bei Thermoelementen zur Verstärkung der Thermospannung zwischen Vergleichsstelle und Ausgeber angeordnet sind. Als Verstärkerelemente dienen vorwiegend Transistoren. Die Eigenschaften der Meßverstärker, insbesondere Nullpunktstabilität und Konstanz des Verstärkungsfaktors, bestimmen wesentlich die Genauigkeit der gesamten Meßeinrichtung (s. Kap. C3). Als Ausgangssignal eines Meßverstärkers steht ein eingeprägter Strom oder eine eingeprägte Spannung zur Verfügung. Bild 6.9 zeigt als Beispiel die schematische Anordnung einer Thermoelementmeßeinrichtung mit gegengekoppeltem Meßverstärker.

Hierbei wird die Differenz aus gemessener Thermospannung U_T und dem Spannungsabfall des Stromes I am Gegenkopplungswiderstand R_k dem Verstärker

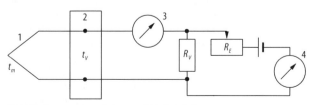

Bild 6.7. Kompensationsschaltung nach Lindeck-Rothe

1 Thermoelement,
2 Vergleichsstelle,
3 Nullgalvanometer,
4 Strommesser zur Temperatur-
　anzeige,
t_m Meßtemperatur,
t_v Vergleichsstellentemperatur,
R_V Vergleichswiderstand,
R_E Einstellwiderstand

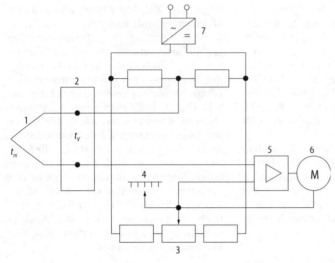

Bild 6.8. Potentiometerverfahren nach Poggendorf
t_m Meßtemperatur,
t_V Vergleichsstellentemperatur,
1 Thermoelement,
2 Vergleichsstelle,
3 Brückenabgleich,
4 Temperaturanzeige,
5 Servoverstärker,
6 Stellmotor,
7 Brückenspeisung

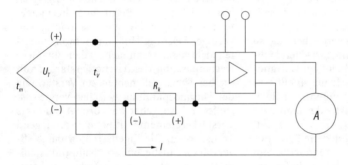

Bild 6.9. Gegengekoppelter Meßverstärker
t_m Meßstellentemperatur,
t_V Vergleichsstellentemperatur,
U_T Thermospannung,
R_k Gegenkopplungswiderstand,
I Stromfluß

zugeführt. Unter Einbeziehung des Verstärkungsfaktors F (Dimension: A/V) gilt:

$$(U_T - I R_k) F = I \tag{6.29}$$

und

$$U_T = I\left(R_k + \frac{1}{F}\right) . \tag{6.30}$$

Für große Verstärkungsfaktoren $F(1/F \ll R_k)$ gilt die gleiche Beziehung wie beim Strommeßverfahren (6.28), so daß ein gegengekoppelter Meßverstärker aus meßtechnischer Sicht als Kompensator betrachtet werden kann.

Meßumformer. Mit einer Automatisierung des Strommeßverfahrens gelangt man unmittelbar zu einem Meßumformer für die Meßgröße Temperatur. Die Gesamtheit von Kompensations- und Hilfsschaltungen sowie Verstärkerbauelementen werden entsprechend der Richtlinie VDI/VDE 2600/3

als Meßumformer für Temperatur bezeichnet. Die Eingangsgröße Temperatur wird unter Verwendung von Hilfsenergie in eine elektrische Ausgangsgröße umgewandelt (DIN 19320: 4 – 20 mA, 0 – 20 mA oder DIN 19232: 0 – 10 V, 1 – 5 V). Dabei soll das Ausgangssignal direkt proportional der Temperatur sein.

Bild 6.10 zeigt als Beispiel das Blockschaltbild eines Meßumformers mit galvanischer Trennung zwischen Meß- und Ausgangsstromkreis [6.11].

Die vom Thermoelement (1) generierte Thermospannung wird im Eingangsverstärker (2) auf ein störunempfindliches Signalniveau verstärkt. Durch Linearisierungsbausteine (3) kann die nichtlineare Abhängigkeit der Thermospannung von der Temperatur in eine lineare Abhängigkeit umgeformt werden. Nach der galvanischen Trennung (4) wird das verstärkte Meßsig-

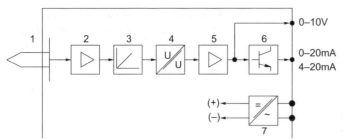

Bild 6.10. Blockschaltbild eines Meßumformers

nal auf den Ausgangsverstärker (5) geführt, von dem das Eingangssignal für die Endstufe (6), die den eingeprägten Gleichstrom entsprechend DIN 19320 liefert, abgeleitet wird. Die galvanisch getrennte Spannungsversorgung der einzelnen Bauteile erfolgt über ein Netzteil (7).

Ein Meßumformer für Temperatur muß neben der Temperaturproportionalität weitere Forderungen erfüllen. Dazu zählen die Austauschbarkeit von Meßbereichseinheiten, das Vorhandensein von Fühlerbruchüberwachungen und galvanischen Trennungen zwischen Eingangs- und Ausgangssignal sowie zwischen Netzversorgung und Eingangs- und Ausgangskreis. Eine *Fühlerbruchüberwachung* kann durch eine Zusatzschaltung realisiert werden. Dabei wird ein Hilfsstrom eingespeist, der bei Unterbrechung des Thermoelementes das Ausgangssignal auf einen Extremwert steuert (z.B. auf $\leq$4 mA oder $\geq$20 mA bei einem Ausgangssignal von 4 … 20 mA).

Einen Meßumformer in *Zweileitertechnik* zeigt Bild 6.11. Der in den Zuleitungen fließende Gesamtstrom I_G ist die Summe aus dem der Meßgröße entsprechenden Ausgangsstrom ΔI (o … 16 mA) und einem Hilfsstrom $I_H = 4$ mA.

Solche Meßumformer sind in explosionsgefährdeten Bereichen einsetzbar, da der Ausgangsstrom vom Meßumformer selbst eingeprägt wird und die dem Temperaturaufnehmer zugewandte Seite *eigensicher* ausgeführt werden kann (Zenerbarrieren zur Abtrennung).

Vergleichsstellen. Da mit Thermopaaren Temperaturdifferenzen gemessen werden, ist die Thermospannung neben der Größe der zu messenden Temperatur auch von der Temperatur der Vergleichsstelle abhängig. Häufig entspricht die *Vergleichsstellentemperatur* t_V nicht der Bezugstemperatur t_b der Grundwertreihe, so daß zur Bestimmung der Meßtemperatur t_m ein Betrag ΔU zur angezeigten Spannung U_T unter Berücksichtigung der Nichtlinearität der Kennlinie addiert werden muß (Bild 6.12). Der Korrekturbetrag ΔU ist mit der Unsicherheit der entsprechenden Toleranzklasse sowie der Unsicherheit der Bestimmung der Vergleichsstellentemperatur t_V behaftet.

Mit temperaturabhängigen Brückenschaltungen (z.B. Widerstandsthermometer in Wheatston-Brücke), die für bestimmte Bezugstemperaturen ausgelegt sind, werden von diesen Temperaturen abweichende Vergleichsstellentemperaturen näherungsweise korrigiert und Temperaturschwankungen an der Vergleichsstelle nahezu unwirksam.

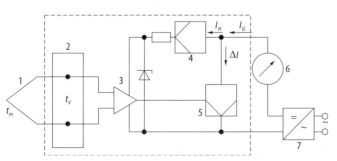

Bild 6.11. Meßumformer in Zweileitertechnik
t_m Meßtemperatur,
t_V Vergleichsstellentemperatur,
1 Thermoelement,
2 Vergleichsstelle,
3 Verstärker,
4,5 Stromregler,
6 Anzeigegerät,
7 Hilfsenergieversorgung
I_G Gesamtstrom
I_H Hilfsstrom

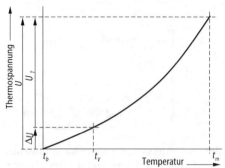

Bild 6.12. Temperaturbestimmung bei von der Bezugstemperatur t_b abweichender Vergleichsstellentemperatur t_v
U auf t_b bezogene Thermospannung,
U_T gemessene Thermospannung,
ΔU auf t_v bezogene Thermospannung,
t_b Bezugstemperatur der Grundwertreihe,
t_v Vergleichsstellentemperatur,
t_m Meßstellentemperatur

Meßstellenumschalter. Mit Meßstellenumschaltern (Scanner) lassen sich mehrere Thermoelemente nacheinander auf dasselbe Meßgerät schalten. Die verwendeten Umschalter sollten zweipolig ausgeführt sein, um über niedrige Isolationswiderstände, vor allem bei höheren Temperaturen, keine Fehler durch gegenseitige Beeinflussung zuzulassen. Weiterhin dürfen an den Kontaktstellen keine veränderlichen Übergangswiderstände oder störende sekundäre Thermospannungen auftreten. Für elektronische Umschalter sollten thermospannungsarme Relais eingesetzt werden. Eine Umschaltung ohne mechanische Kontakte ist mit monolithischen Multiplexer-Bausteinen möglich, wobei hier keine völlige galvanische Trennung der Kanäle erreicht wird, so daß auf gute Isolation der Thermoelemente untereinander und gegen Masse zu achten ist.

6.2.2.2
Widerstandsmessungen
Die nachfolgend beschriebenen Meßverfahren sind auf Fühlerarten anwendbar, bei denen die zu messende Temperaturveränderung eine Widerstandsänderung bewirkt. Dazu zählen die in den vorherigen Abschnitten beschriebenen Metall- und Halbleitermeßwiderstände, aber auch Bolometer, die als thermische Strahlungsempfänger verwendet werden. Da Widerstände passive Bauelemente sind, werden zu ihrer Messung in geeigneter Weise Meßströme eingespeist. Man unterscheidet nach dem Meßverfahren:

– Brücken-Ausschlagsverfahren,
– Brücken-Nullverfahren,
– Spannungsvergleichsverfahren,
– Verfahren mit Meßumformern und
– Verfahren mit Wechselstrom-Meßbrücken

sowie nach der Anzahl der Zuleitungen zum Meßfühler:

– Zweileiter-Schaltungen,
– Dreileiter-Schaltungen und
– Vierleiter-Schaltungen.

Brückenausschlags-Verfahren. Bei der Messung des Widerstandes mit einer Brückenschaltung (Grundschaltung Wheatstone-Brücke) ist die Brückendiagonalspannung ein Maß für die Widerstandsänderung ΔR_T und damit der Meßtemperatur t_m. Für derartige nicht abgeglichene Brücken ist eine Konstantspannungs- bzw. Konstantstromquelle erforderlich, da die Speisung direkt proportional der Anzeige ist. Ist der Meßwiderstand über zwei Leitungen mit dem Anzeigeinstrument verbunden (Bild 6.13), so beeinflussen die Leitungswiderstände die Messungen. Deshalb muß ein bestimmter Leitungswiderstand (z.B. 10 Ω nach DIN 43701) einkalibriert werden, und die Zuleitungen auf diesen Wert abgeglichen sein. Änderungen der Zuleitungswiderstände aufgrund ihrer Temperaturabhängigkeit bewirken einen zusätzlichen Fehler f. Dieser läßt sich nach Gl. (6.30) abschätzen [VDI/VDE 3511/3]:

$$f \approx \frac{R_L \Delta t}{R_0} \qquad (6.31)$$

mit
f Anzeigefehler in °C,
R_L Widerstand der Zuleitungen,
R_0 Nennwiderstand des Thermometers,
Δt Differenz der mittleren Temperatur der Zuleitungen von der Temperatur beim Abgleich.

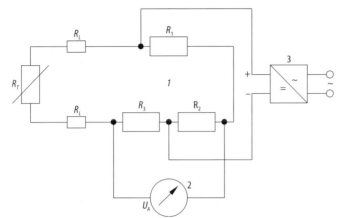

Bild 6.13. Brückenschaltung,
Zweileiter-Schaltung
R_T Meßwiderstand,
R_L Leitungswiderstände,
R_{1-3} Brückenwiderstände,
U_A Brückendiagonalspannung,
1 Meßbrücke,
2 Anzeigegerät,
3 Konstantspannungsquelle

Sind die Zuleitungen großen Temperaturschwankungen ausgesetzt, verwendet man häufig *Dreileiterschaltungen* (Bild 6.14). Wenn diese symmetrisch aufgebaut sind ($R_1 = R_2$), verringert sich der Fehler durch Temperaturschwankungen erheblich, da sich Widerstandsänderungen in gleichem Maße sowohl auf den Meß- als auch den Vergleichskreis auswirken. Bei Anwendung von Meßverstärkern vor dem Anzeigegerät können kleinere Meßbereiche realisiert werden und es kann mit niedrigen Meßströmen (≤1–2 mA) gearbeitet werden, wodurch sich der Eigenerwärmungsfehler verringert.

Brücken-Nullverfahren. Die am meisten verwendete Widerstandsmeßeinrichtung nach dem Nullverfahren ist die vollständig abgeglichene Wheatstone-Brücke. Zur Messung des unbekannten Thermometerwiderstandes R_T wird ein Brückenwiderstand (z.B. R_1 in Bild 6.13) solange verändert, bis die Diagonalspannung der Brücke Null wird. Nach dem Abgleich mittels des veränderbaren Widerstandes R_1 ist

$$R_T = R_1 \frac{R_2}{R_3} \qquad (6.32)$$

mit
R_2, R_3 Festwiderstände (Schaltung entsprechend Bild 6.13).

Damit geht beim Nullverfahren – im Gegensatz zum Ausschlagverfahren – die Speisespannung nicht in das Meßergebnis ein, und der zu messende Widerstand R_T wird auf einen sehr genau darstellbaren Widerstand zurückgeführt. Bei selbstabgleichenden Brücken wird der Nullabgleich automatisiert.

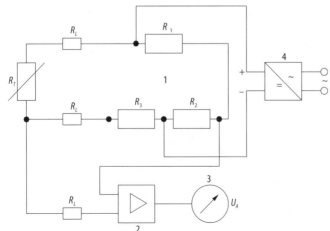

Bild 6.14. Brückenschaltung,
Dreileiter-Schaltung
mit Verstärker
R_T Meßwiderstand,
R_L Leitungswiderstände,
R_{1-3} Brückenwiderstände,
U_A Brückendiagonalspannung,
1 Meßbrücke,
2 Differenzverstärker,
3 Anzeigegerät,
4 Konstantspannungsquelle

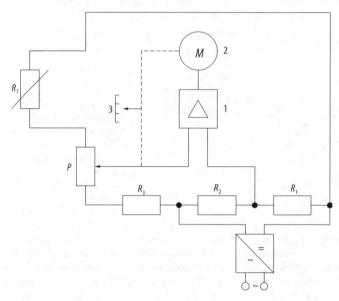

Bild 6.15. Selbstabgleichende
Meßbrücke
in Zweileiter-Schaltung.
R_T Meßwiderstand,
R_{1-3} Brückenwiderstände,
P Potentiometer,
1 Differenz-Servoverstärker,
2 Servomotor,
3 Temperaturanzeige,
4 Konstantspannungsquelle

Bild 6.15 zeigt das Prinzip einer selbstabgleichenden Schaltung nach dem Brücken-Nullverfahren. Ein Verstärker liefert ein Signal an
ein motorgetriebenes Potentiometer mit dem
der Nullabgleich erfolgt.

Spannungsvergleichsverfahren. Aufgrund des
Ohmschen Gesetzes läßt sich eine Wider-
standsmessung auf eine Spannungsmes-
sung zurückführen. Verwendet man neben
dem Meßwiderstand R_T einen bekannten
Referenzwiderstand R_R und läßt beide
Widerstände von einem eingeprägten
Strom I durchfließen (Bild 6.16), so gilt:

$$R_T = \frac{U_T}{U_R} R_R \ . \tag{6.33}$$

Die Widerstände der Zuleitungen und der
Umschaltkontakte beeinflussen in einer
Vierleiterschaltung die Messung nicht. Ist
der Strom I hinreichend konstant, kann
u.U. auf den Referenzwiderstand und das
Umschalten verzichtet werden, so daß U_T
direkt ein Maß für die Temperatur ist.

Verfahren mit Meßumformern. Meßumformer
für Widerstandsthermometer wandeln den
Widerstand in einem bestimmten Wider-
standsbereich in ein elektrisches Einheitssignal um, das entweder widerstands- oder
temperaturlinear sein kann (Bild 6.17).

Verfahren mit Wechselstrom-Meßbrücken.
Wechselstrom-Meßbrücken besitzen gegenüber Gleichstrombrücken den Vorteil, das
parasitäre Thermospannungen an Kontakten und Umschaltern das Meßergebnis
nicht verfälschen. Zur Widerstandsmessung benötigt man nur einen Vergleichswiderstand. Der Abgleich erfolgt durch
Ändern des Übersetzungsverhältnisses
eines oder mehrerer Übertrager in gegen-

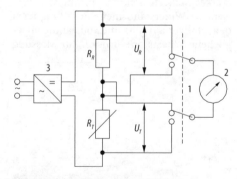

Bild 6.16. Spannungsvergleichsverfahren
in Vierleiter-Schaltung
R_T Meßwiderstand,
R_R Referenzwiderstand,
U_T Spannungsabfall am Meßwiderstand,
U_R Spannungsabfall am Referenzwiderstand,
1 Umschalter,
2 Spannungsmesser (hochohmig)

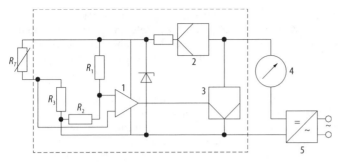

Bild 6.17. Meßumformer für
Widerstandsthermometer
in Zweileitertechnik
R_T Meßwiderstand,
$R_{1\text{-}3}$ Leitungswiderstände,
1 Differenzverstärker,
2,3 Stromregler,
4 Anzeigegerät,
5 Hilfsenergieversorgung

überliegenden Brückenzweigen. Präzisionsmeßbrücken arbeiten mit geringen Frequenzen (<100 Hz), so daß induktive und kapazitive Widerstandsanteile des vom Wechselstrom durchflossenen Meß- und Vergleichswiderstandes gegenüber dem Ohmschen Widerstandsanteil vernachlässigbar gering sind. Als Meßverstärker kommen driftarme Wechselspannungsverstärker zum Einsatz.

Zu beachten ist, daß infolge der verwendeten Wechselspannung eine höhere Empfindlichkeit gegenüber Einstreuungen in die Zuleitungen besteht. Deshalb sind möglichst kurze und abgeschirmte Meßleitungen zum Meß- und Vergleichswiderstand zu verwenden.

Meßstellenumschalter. Mehrere Widerstandsthermometer können über einen Meßstellenumschalter an ein Meßgerät angeschlossen werden. Die Umschaltung sollte drei- oder vierpolig erfolgen, um zusätzliche Fehler durch unterschiedliche Übergangs- und Leitungswiderstände zu minimieren. Während der Unterbrechung des Meßkreises wird die Spannungsquelle für die Brücke abgeschaltet, um eine Überlastung des Instruments beim Umschalten zu vermeiden.

6.2.3.
Digitale Temperaturmeßverfahren

Digitale Meßtechnik und rechnergesteuerte Meßwerterfassung und -auswertung haben bereits in großen Umfang Eingang in die Temperaturmessung gefunden. Die Notwendigkeit der Ablösung der analogen Temperaturmeßwertdarstellung durch eine digitale Darstellung ergibt sich aus dem Bestreben einer weiteren Automatisierung vielfältigster Produktionsprozesse. Digitale Meßwerte können im Gegensatz zu analogen direkt einer weiteren Verarbeitung zugeführt oder für eine Prozeßsteuerung genutzt werden.

Da eine direkte digitale Temperaturmessung nicht möglich ist, erfolgt die Temperaturmessung auch bei digital anzeigenden Geräten mit den bisher beschriebenen Temperatursensoren, deren temperaturproportionale Ausgangsgröße in eine andere physikalische Größe, die sich quantisieren läßt, umgewandelt werden muß. Dazu werden die Ausgangsgrößen durch Meßumformer in eine weiterverarbeitbare elektrische Größe (Spannung, Strom) umgewandelt, die einem Analog/Digital-Umsetzer (Kap. C11) zugeführt wird, der an seinem Ausgang einen der gemessenen Temperatur entsprechenden Zahlenwert ausgibt (Bild 6.18). Andere Meßumformer liefern Frequenzen

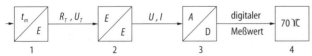

Bild 6.18. Digitale Temperaturmeßeinrichtung
t_m Meßtemperatur,
E elektrisch weiterverarbeitbare Größen,
R_T, U_T, U, I analoge Zwischengrößen,

1 elektrisches Thermometer,
2 Meßumformer,
3 Analog/Digital-Umsetzer,
4 Digitale Anzeige (weiterverarbeitbares digitales Signal)

oder pulsbreitenmodulierte Rechteckspannungen, die durch elektronische Zähl- bzw. Zeitmeßverfahren in digitale Meßwerte umgewandelt werden.

Die Digitalisierung erfolgt mit Analog/Digital-Umsetzern, die Funktionseinheiten in Form integrierter Schaltungen sind. Für Temperaturmessungen relevante Umsetzverfahren sind das Integrations-, das Kompensations- und das Zählverfahren.

Die bisher beschriebenen Temperatursensoren erzeugen analoge Ausgangsgrößen, die zur digitalen Messung in zählbare Signale umgewandelt werden müssen. Eine Ausnahme stellt die Frequenz dar, die als analoge Größe ohne Umwandlung zum Zählen geeignet ist. Als Beispiel für einen Fühler mit frequenz-analogem Ausgang ist das Quarzkristallthermometer zu nennen. Das mit diesem Thermometer verbundene Temperaturmeßverfahren beruht auf der Eigenschaft eines Quarzkristalls, seine Resonanzfrequenz temperaturabhängig zu ändern. Ein Temperaturmeßsystem auf Basis eines Schwingquarzes ist in [6.12] beschrieben.

Der Sensor besteht aus einem Schwingquarz als Sensorelement und einer Sensorelektronik. Über einen geeignet orientierten Quarzkristall wird eine hohe Empfindlichkeit in der Temperaturabhängigkeit der Resonanzfrequenz erreicht ($100 \cdot 10^{-6}/°C$). Die Quarzfrequenz von 16,8 MHz wird in der Sensorelektronik, deren wesentlichen Bestandteile ein Oszillator zur Schwingungsanregung und ein Zähler sind, in ein über weite Strecken (bis zu 1 km) sicher übertragbares Signal umgewandelt. Im Zähler werden ca. 8 Millionen Schwingungen gezählt, so daß ca. alle 0,5 s ein Stromimpuls (Länge: 100 μs, Höhe: 90 mA) über eine Zweidrahtleitung zur Auswerteeinheit gesendet wird. Bei höheren Temperaturen erhöht sich die Schwingungsfrequenz, so daß die Stromimpulse nach jeweils 8 Millionen Zählungen in kürzeren Abständen ausgesendet werden. Bei diesem Verfahren beinhaltet der Impulsabstand die gesamte Temperaturinformation.

In der Auswerteelektronik ist die Sensorzuleitung durch einen DC/DC-Wandler galvanisch entkoppelt und über einen Optokoppler werden die Stromimpulse dem

internen Zähler eines Mikroprozessors zugeführt. Als Referenz befindet sich in der Auswerteeinheit ein hochstabiler AT-Quarz, der neben dem Sensorquarz die genauigkeitsbestimmende Komponente des Gesamtsystems darstellt.

Mit der Signalübertragung in Form des Impulsabstandes kann bei Zählraten von 1 MHz und einem Impulsabstand von 0,5 s eine Auflösung von 20 mK erreicht werden, wobei deutlich wird, daß die Auflösung nur von der Zählrate, nicht aber vom Sensor abhängig ist. Der Meßbereich des beschriebenen Temperaturmeßsystems liegt zwischen –40 °C und 300 °C mit Systemgenauigkeiten von ±0,1 °C bis 100 °C und ±0,1% im übrigen Meßbereich.

Ein Vorteil digitaler Temperaturmeßeinrichtungen ist die Anwendung einfacher Rechen- bzw. Vergleichsoperationen mit Hilfe von Mikroprozessoren zur *Linearisierung* des Zusammenhangs zwischen Eingangs- und Ausgangsgröße nach einer Analog/Digitalumsetzung der Ausgangsspannung eines linear arbeitenden Verstärkers/Meßumformers. Dabei sind verschiedene Verfahren gebräuchlich, die mit unterschiedlichen Genauigkeiten verbunden sind:

- iterative Temperaturberechnung auf Grundlage der mathematischen Darstellung der Fühlerkennlinie (minimaler Linearisierungsfehler),
- Ablage der inversen Kennlinie im Speicher in Schritten des Quantisieres; seine Ausgangszahl ist die Adresse für den Speicher, die jeweilige Ausgangszahl der angesprochenen Speicherzelle die Meßtemperatur,
- lineare Interpolation zwischen einigen Stützstellen der inversen Kennlinie (Restfehler von Anzahl der Stützstellen abhängig).

6.3
Temperaturmeßgeräte mit mechanischem Ausgangssignal

Zu dieser Gruppe von Temperaturaufnehmern zählen vorwiegend *Ausdehnungsthermometer*, bei denen die thermische Ausdehnung eines Feststoffes, einer Flüssigkeit oder eines Gases direkt zur Messung herangezogen wird (Längenänderung), oder aber Thermometer, bei denen die „Ausdehnung" eines temperaturempfindlichen Materials indirekt zur Temperaturmessung, beispielsweise durch eine Druckänderung, herangezogen werden kann.

6.3.1
Flüssigkeits-Glasthermometer

Meßprinzip. Bild 6.19 zeigt den schematischen Aufbau eines *Flüssigkeits-Glasthermometers*. Bei diesen Thermometern wird die thermische Ausdehnung einer in einem Glasgefäß befindlichen thermometrischen Flüssigkeit zur Temperaturmessung ausgenutzt. Infolge der unterschiedlichen thermischen Ausdehnung der Glaskapillare und der in ihr enthaltenen Flüssigkeit ändert sich die Länge des Flüssigkeitsfadens mit der Temperatur. Als Temperaturanzeige dient das Ende der Flüssigkeitssäule, das an einer mit der Kapillare verbundenen Skale ablesbar ist. Die Empfindlichkeit eines Flüssigkeits-Glasthermometers hängt von den

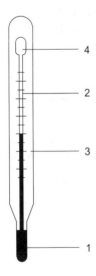

Bild 6.19. Flüssigkeits-Glasthermometer (Stabthermometer)
1 Thermometergefäß,
2 Meßkapillare,
3 Skale,
4 Expansionserweiterung

Eigenschaften der verwendeten Flüssigkeit, vom Kapillardurchmesser und dem Gefäßvolumen ab [6.4, 6.13].

Materialien. Die zur Herstellung von Flüssigkeits-Glasthermometern verwendeten Gläser müssen thermisch möglichst nachwirkungsfrei und chemisch beständig sein. Die höchsten Verwendungstemperaturen liegen bei den meisten Gläsern bei 400 bis 460 °C, bei Supremax-Glas bei 630 °C und bei Quarzglas bei 1100 °C.

Bei den verwendeten thermometrischen Flüssigkeiten unterscheidet man benetzende (organische) und nicht benetzende (metallische) Flüssigkeiten, wobei mit letztgenannten geringere Meßunsicherheiten erreichbar sind. Im Temperaturbereich −38 °C bis 800 °C wird Quecksilber (z.T. mit Zusätzen) verwendet, oberhalb dieser Temperaturen kommen Sonderlegierungen, z.B. Galliumlegierungen, zum Einsatz. Für die Messung tieferer Temperaturen wird eine Quecksilber-Thallium-Legierung verwendet (−38 °C bis −58 °C), unterhalb dieser Temperaturen müssen benetzende Flüssigkeiten verwendet werden, z.B.: Pentan, Alkohol, Toluol.

Bauarten. Flüssigkeits-Glasthermometer werden nach ihrer konstruktiven Form als Stab- oder Einschlußthermometer unterschieden. Bei *Einschlußthermometern* befindet sich die Skale auf einem von der Kapillare getrennten Skalenträger, bei den *Stabthermometern* befindet sie sich direkt auf der Meßkapillare. Bei beiden befindet sich in der Regel am oberen Ende der Kapillare eine Expansionserweiterung zur Vermeidung einer Zerstörung des Thermometers bei Meßbereichsüberschreitungen.

Flüssigkeits-Glasthermometer werden für viele Anwendungen gefertigt, sind aber nur bedingt in der Automatisierungstechnik einsetzbar.

Für einfache Temperaturregelungen können *Kontaktthermometer* als Schaltinstrumente, die bei einer bestimmten Temperatur einen Stromkreis schließen, verwendet werden. Dabei ist das Quecksilber in Kontakt mit einem im Thermometergefäß eingebauten metallischen Draht. In der Thermometerkapillare befindet sich ein festeingeschmolzener oder höhenverstellbarer zweiter metallischer Kontakt. Durch Steigen oder Sinken der Quecksilbersäule können somit Schaltvorgänge ausgelöst werden, die zu Regelzwecken verwendbar sind. Aufgrund der geringen Durchmesser der Schaltkontakte und der Quecksilbersäule lassen sich nur geringe Schaltleistungen realisieren, so daß als Schaltverstärker Relais mit induktionsfreiem Steuerkreis, deren Leistungsaufnahme den zulässigen Grenzwert nicht übersteigt, empfohlen werden. [6.14]

Fehlerquellen/Meßunsicherheiten. Bei Flüssigkeits-Glasthermometern ist neben der allgemeinen Forderung bezüglich einer guten thermischen Ankopplung an das Meßmedium folgendes zu beachten:

Schnelle Temperaturänderungen können Fehlanzeigen bewirken, wenn infolge thermischer Nachwirkungen die mit der Temperaturänderung verbundene Volumenänderungen des Gefäßmaterials nachlaufend erfolgt. Besonders bei raschen Abkühlungen von Temperaturen oberhalb 100 °C liefern Thermometer zu niedrige Anzeigen, die sich am besten am Eispunkt bestimmen lassen („Eispunktdepression", i.a. $\leq$0,05 °C). Die thermischen Nachwirkungen sind von der Glasart abhängig und klingen nach wenigen Tagen wieder ab.

Für das dynamische Verhalten von Flüssigkeits-Glasthermometern gelten die im Abschn. 6.2.1.1 gemachten Ausführungen, wobei z.B. für mit Quecksilber gefüllte Thermometer in Luft (Gefäßlänge 12 mm, Durchmesser 6 mm) 9/10-Wertzeiten von ca. 150 s zu erwarten sind.

Die Fehlergrenzen geeichter Thermometer sind in der Eichordnung (1988) Anlage 14: Temperaturmeßgeräte zu finden. Sie sind vom betrachteten Temperaturbereich, von der verwendeten Thermometerflüssigkeit und dem Skalenwert (kleinster Strichabstand) abhängig. Die einhaltbaren Meßunsicherheiten mit Flüssigkeits-Glasthermometern sind bei Berücksichtigung aller Fehlerquellen kleiner als die in der Eichordnung angegebenen Eichfehlergrenzen. Sie liegen im Temperaturbereich zwischen –58 °C und 630 °C bei ganz eintauchend justierten Thermometern mit nicht benetzender Flüssigkeit in der Größenordnung der Skalenwerte.

6.3.2
Zeigerthermometer
6.3.2.1
Stabausdehnungs- und Bimetallthermometer

Meßprinzip/statisches Verhalten. Bei *Stabausdehnungsthermometern* sind zwei stab- oder zylinderförmige Werkstoffe mit unterschiedlichen Ausdehnungskoeffizienten an einem Ende fest miteinander verbunden. Am anderen, frei beweglichem Ende dient die registrierte Längendifferenz zwischen beiden als Maß für eine Temperaturänderung.

Bei *Bimetallthermometern* sind zwei etwa gleich dicke Metallschichten mit unterschiedlichem Ausdehnungskoeffizienten über die gesamte Länge direkt miteinander verbunden. Eine Temperaturänderung bewirkt somit eine Verformung des Sensors, die auf einen Zeiger übertragen wird oder einen Schaltkontakt auslöst. Die Kennzeichnung der Bimetalle erfolgt durch die spezifische Ausbiegung δ, für die bei gleicher Materialdicke und gleichem Elastizitätsmodul der beiden Komponenten gilt:

$$\delta = \frac{\sqrt{3}}{2}(\alpha_1 - \alpha_2) \tag{6.34}$$

mit

α_1, α_2 Ausdehnungskoeffizienten der beiden Komponenten [6.15].

Für die Ausbiegung f eines einseitig eingespannten Bimetallstreifens (Bild 6.20) der Länge L und der Dicke s nach einer Temperaturänderung dt gilt:

$$f = \frac{L^2}{s}\delta\,\mathrm{d}t \ . \tag{6.35}$$

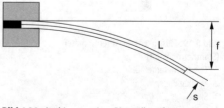

Bild 6.20. Ausbiegung eines Bimetallstreifens

Die spezifische Ausbiegung δ ist nur über einen begrenzten Temperaturbereich linear von der Temperatur abhängig, so daß sich auch f nur in einem eingeschränkten Bereich linear mit der Temperatur ändert.

Die Fehlergrenzen bei Stabausdehnungs- und Bimetallthermometern liegen bei etwa 1 bis 3% des Anzeigebereichs.

Materialien/Bauarten. Bei Stabthermometern dienen als Werkstoffe für Stäbe mit geringen Ausdehnungskoeffizienten Invar, Quarz oder Keramik, die in metallischen, dünnwandigen Rohren mit großem Ausdehnungskoeffizienten auf geeignete Weise befestigt sind (Bild 6.21a). Als Rohrmaterialien werden z.B. Messing (bis 300 °C), Nickel (bis 600 °C) oder Chrom/Nickel-Stahl (bis 1000 °C) verwendet. Die bei Stabthermometern auftretenden großen Stellkräfte werden direkt für Regelzwecke genutzt. Stabthermometer können mit elektrischen Kontakten zur Zweipunktregelung ausgestattet sein oder an hydraulische oder pneumatische Regler angeschlossen werden.

Für Bimetallthermometer werden Eisen-Nickel-Legierungen bevorzugt, wobei die Legierung mit dem geringeren Ausdehnungskoeffizienten Zusätze von Mangan enthält. Der temperaturempfindliche Teil kann eine Spiral- oder Schraubenfeder sein, die aus einem Bimetallstreifen gefertigt ist und sich bei Temperaturänderungen auf- oder abwickelt. Der Ausschlag eines mit der Feder verbundenen Zeigers ist ein Maß für die erfolgte Temperaturänderung (Bild 6.21b).

6.3.2.2
Federthermometer

Meßprinzip. Bei Federthermometern wird die Temperatur über den Druck mit Hilfe elastischer Meßglieder gemessen, deren Stellung durch die relative thermische Ausdehnung einer flüssigen oder gasförmigen Substanz, die sich in einem geschlossenen System befindet, bestimmt wird.

Materialien/Bauarten. Nach der Art des verwendeten temperaturempfindlichen Füllmaterials unterscheidet man *Flüssigkeits-, Dampfdruck-* oder *Gasdruck-Federthermometer.* Der grundsätzliche Aufbau ist bei allen Varianten gleich. Das Thermometergefäß aus Metall oder Glas, in dem sich das Übertragungsmedium befindet, wird der zu messenden Temperatur ausgesetzt. Es ist über eine dünne Kapillarleitung (Innendurchmesser 0,1 bis 0,3 mm, Länge bis zu 30 m) mit dem elastischen Meßglied verbunden, das auf Druckänderungen der thermometrischen Substanz reagiert und mittels Übertragungsglieder den Meßzeiger bewegt. Ihr Einsatz in der Automatisierungstechnik beschränkt sich auf einfache Regelungsaufgaben.

Bei *Flüssigkeits-Federthermometern* (Bild 6.22a) ist das Thermometergefäß in Abhängigkeit vom Meßbereich mit Quecksilber, Quecksilber-Thallium-Legierungen,

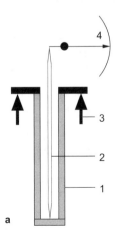

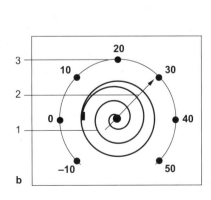

Bild 6.21.
a Stabausdehnungsthermometer
1 Rohr, fest,
2 beweglicher Stab,
3 Rohrbefestigung,
4 Anzeigeeinrichtung;

b Bimetallthermometer,
1 Bimetallstreifen,
2 Zeiger,
3 Skale

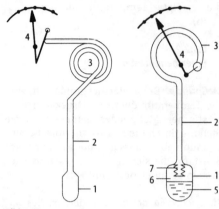

Bild 6.22.

a Flüssigkeits-Federthermometer
1 Thermometergefäß,
2 Kapillare,
3 elastisches Meßglied,
4 Anzeigemechanismus;

b Dampfdruck-Federthermometer
1 Thermometergefäß,
2 Kapillare,
3 elastisches Meßglied,
4 Anzeigemechanismus,
5 Thermometerflüssigkeit,
6 Dampf,
7 Faltenbalg

Xylol oder Toluol vollständig gefüllt. Die Volumen- und Druckänderung als Maß für die Temperaturänderung wird von der Meßfeder aufgenommen, und kann als nahezu linear betrachtet werden. Der Meßbereich liegt in Abhängigkeit von der verwendeten Flüssigkeit zwischen –55 °C und 500 °C. Die Einstellzeiten sind aufgrund der Bauart sehr gering, wodurch eine Nutzung von Flüssigkeits-Federthermometern für einfache Steuer- und Regelungsaufgaben durch Anbringung von Meßkontakten am Meßwerk möglich wird.

Bei *Dampfdruck-Federthermometern* ist das Thermometergefäß nur teilweise mit einer leicht siedenden Flüssigkeit gefüllt, so daß neben der flüssigen Phase auch der Dampf der thermometrischen Flüssigkeit existiert. Als Übertragungsbauteil zwischen Thermometergefäß und Kapillare mit Meßglied wird häufig ein Drucküberträger (z.B. Faltenbalg) eingesetzt, der ein Austreten und Kondensieren der Thermometer-

flüssigkeit außerhalb des Thermometergefäßes verhindern soll (Bild 6.22b). Der Sättigungsdruck der thermometrischen Flüssigkeit ist nur von der Höhe der Temperatur, nicht aber von der Flüssigkeitsmenge im Thermometergefäß abhängig. Er steigt nahezu *exponentiell* mit der Temperatur, so daß nichtlineare Skalen erforderlich sind. Von Vorteil ist die hohe Auflösung (Empfindlichkeit) in einem eingeschränkten Temperaturbereich, wodurch u.U. kleine Regelabweichungen abgeleitet werden können.

Bei *Gasdruck-Federthermometern* ist das ganze System konstanten Volumens mit einem Gas (z.B. Stickstoff oder Helium) gefüllt, dessen temperaturabhängige Druckänderung auf eine Meßfeder zur Temperaturanzeige übertragen wird. Der mechanische Aufbau und die Skalencharakteristik entsprechen denen der Füssigkeits-Federthermometer, wobei nur geringere Verstellkräfte auftreten. Von Vorteil ist das Gasdruck-Federthermometer dann, wenn eine lineare Anzeige über einen weiten Temperaturbereich gefordert wird.

Fehlerquellen/Meßunsicherheiten. Die Umgebungstemperatur beeinflußt bei vollständig mit Flüssigkeit oder Gas gefüllten Federthermometern die Temperaturanzeige über die thermometrischen Substanzen, die sich in den Kapillaren oder Meßgliedern befinden und nicht der zu messenden Temperatur ausgesetzt sind. Besonders bei längeren Kapillarleitungen sind Federthermometer häufig mit Kompensationseinrichtungen zum Ausgleich des Außentemperatureinflusses versehen. Desweiteren sind auch die elastischen Eigenschaften der Meßfeder temperaturabhängig. Wärmeleitungsprozesse über die Kapillare sind wie bei allen Berührungsthermometern zu berücksichtigen und durch geeignete Einbaubedingungen zu minimieren. Unterschiede in der Anzeige bei steigenden oder fallenden Temperaturen (Hysterese) können durch mechanische Behinderungen (Reibung) auftreten.

Die Fehlergrenzen bei Federthermometern liegen im Bereich von 1 bis 2% vom Anzeigebereich.

6.4.
Temperaturmeßgeräte mit optischem Ausgangssignal

Optische Temperaturmeßverfahren nutzen physikalische Effekte, bei denen sich optische Eigenschaften bestimmter Stoffe aufgrund von Temperaturänderungen verändern. In der Automatisierungstechnik werden zunehmend *faseroptische Thermometer* eingesetzt.

Grundbestandteile dieser Thermometer sind Lichtquellen, Lichtleitfasern, die teilweise als Sensor präpariert sind und Fotodetektoren mit elektronischer Signalaufbereitung. Der Konstruktion faseroptischer Sensoren kann eine Vielfalt physikalischer Prinzipien zugrunde gelegt werden [6.16].

Ein faseroptischer Temperatursensor, der den Effekt ausnutzt, daß sich die *Brechzahl* eines optischen Mantels des Lichtleiters, und damit die Lichttransmission in einer definierten Faserkrümmung mit der Temperatur ändert, wird in [6.17] vorgestellt. Das in einer Lichtleitfaser geführte Licht wird in einer U-förmigen Faserkrümmung teilweise aus dem Leiter ausgekoppelt. Die Intensitätsänderung des weiter zum Detektor geführten Lichtes ist ein Maß für die Temperatur. Instabilitäten der Lichtquelle oder Dämpfungsschwankungen der Lichtleiterverbindungsstellen oder -zuleitungen verfälschen das Meßsignal und müssen kompensiert werden. Dazu kann über einen Lichtleiter-Y-Verzweiger ein optischer Referenzkanal zu einem zweiten Empfänger geschaltet werden. Unter Nutzung der charakteristischen Kennlinienverläufe der Sensorelemente können dann die Meßfehler verursachenden Intensitätsschwankungen der Lichtquelle durch elektronische Vergleichs- und Auswerteschaltungen kompensiert werden.

Mit diesen als Berührungs- oder Eintauchthermometer zu nutzenden faseroptischen Sensoren können bei Verwendung von Stufenindexfasern in einem nahezu linearen Meßbereich von etwa –50 °C bis +200 °C Temperaturen mit einer Empfindlichkeit von ca. 0,1 °C gemessen werden.

Typische Anwendungsgebiete liegen insbesondere dort, wo verarbeitbare Meßsignale erforderlich sind, elektronische Temperaturmeßtechnik jedoch nicht oder nur problematisch einsetzbar ist, z.B. in starken elektromagnetischen Feldern und in explosiver oder aggressiver Umgebung.

Ein weiteres Beispiel für faseroptische Thermometer sind *Lumineszenzthermometer*, die die Temperaturabhängigkeit der Lumineszenz eines Sensormaterials zur Temperaturmessung nutzen. Dabei werden die Wellenlängenverschiebung des Lumineszenzlichtes oder die temperaturabhängige Abklingzeit der Lumineszenz nach Anregung mit einem kurzem Lichtimpuls genutzt.

Die Arbeitsweise eines Temperaturmeßsystems auf Basis der Lumineszenzabklingzeit wird in [6.18] beschrieben. Das Licht einer Wellenlänge (600 nm) wird über ein Optikteil in einen Lichtwellenleiter eingekoppelt. Am anderen Ende regen diese Lichtimpulse einen Chrom-dotierten YAG-Kristall zur Lumineszenz an, wobei die Cr^{3+}-Ionen in Abhängigkeit von der Temperatur verschiedene Energieniveaus besetzen. Ein Teil des Lumineszenzlichtes, das nach der Anregung längere Wellenlängen besitzt, wird in den Optikteil zurückgeführt, spektral gefiltert und mit einer Photodiode detektiert. In der Auswerteelektronik wird die Abklingzeit als Maß für die absolute Temperatur T am Ort des Sensorkristalls, die von den besetzten angeregten Energieniveaus abhängt, bestimmt und der entsprechende Temperaturwert angezeigt. Die galvanische Trennung zwischen Meßobjekt und Gerät durch den Einsatz von Lichtwellenleitern erlaubt einen problemlosen Einsatz in explosionsgefährdeten Bereichen oder in HF- und Hochspannungsanlagen. Mit dem beschriebenen Lumineszenzthermometer erreicht man im Temperaturbereich –50 °C bis 400 °C Genauigkeiten von 0,5 °C.

6.5
Besondere Temperatursensoren und Meßverfahren

6.5.1
Rauschthermometer

Bei der Temperaturmessung aus dem *thermischen Rauschen* wird die ungeordnete, statistische Wärmebewegung der Elektronen im Leitungsband (z.B. von metallischen Leitern) zur Messung herangezogen. Diese Bewegungen machen sich als Spannungsschwankungen an den Enden eines elektrischen Widerstandes bemerkbar und sind eine Funktion der absoluten Temperatur T. Quantitativ beruht die Rauschthermometrie auf einer von Nyquist 1928 aus allgemeinen thermodynamischen Überlegungen abgeleiteten Beziehung, die unter der Voraussetzung, daß $kT \gg hf$ ist, wie folgt beschrieben werden kann:

$$\overline{U^2} = 4kT\,R\,\Delta f \quad . \tag{6.36}$$

Es sind:
$\overline{U^2}$ mittleres Rauschspannungsquadrat im Frequenzband Δf,
R frequenzunabhängiger, ohmscher Widerstand,
T thermodynamische Temperatur,
k Boltzmannkonstante
h Planck-Konstante.

Aus Gl. (6.36) läßt sich über geeignete Meßverfahren direkt die thermodynamische Temperatur bestimmen. Um Absolutmessungen der in der Größenordnung des Eigenrauschens von Verstärkern liegenden Rauschspannung des Widerstandes zu vermeiden, können die Meßverfahren als Vergleichsverfahren und Nullmethode ausgeführt werden. Ein Vorteil der Rauschthermometrie liegt darin, daß die Bestimmung der Temperatur unabhängig von allen Umgebungseinflüssen ist, die bei konventionellen Temperaturmeßverfahren die Temperaturcharakteristik der Meßfühler unkontrollierbar ändern. Im Temperaturbereich zwischen 300 und 1700 K wurden relative Meßunsicherheiten von 1‰ erreicht [6.19].

6.5.2
Akustische Thermometer
Bei akustischen Thermometern wird die Abhängigkeit der Schallgeschwindigkeit von der Temperatur genutzt. Man unterscheidet resonante Meßsysteme (z.B. Quarzresonator) und nichtresonante Meßsysteme (z.B. Schall-Laufzeit-Messung). Im ersten Fall sind die Ausgangssignale Frequenzen und im zweiten Fall Zeitintervalle, die leicht in digitale Signale umsetzbar sind.

Die Temperaturabhängigkeit der Schallgeschwindigkeit in Gasen zeigt die folgende Gleichung:

$$c(T) = c_0 \sqrt{\left[\frac{T}{T_0}\right]} \tag{6.37}$$

mit
T absolute Temperatur,
T_0 beliebige Bezugstemperatur und
c_0 Schallgeschwindigkeit bei T_0.

Nach dem Puls-Echo-Prinzip kann mit rohrförmigen Eintauchsensoren aus beliebigen Materialien, in denen sich das Gas befindet, die Temperatur bis zur thermischen Belastbarkeit dieser Rohre mit Unsicherheiten von weniger als 1 K bestimmt werden [VDI/VDE 3511/1]. Bei sehr hohen Temperaturen können auch Festkörper, z.B. Wolframdrähte, eingesetzt werden, bei denen Querschnittsänderungen die Sensorstrecke begrenzen.

Literatur

6.1 Preston-Thomas H (1990) The International Temperature Scale of 1990 (ITS-90). Metrologia 27:3–10
6.2 Huhnke D (1987) Das Zeitverhalten von Berührungsthermometern. In: Weichert L (Hrsg) Temperaturmessung in der Technik. 4. Aufl. expert-Verlag, Sindelfingen
6.3 NN (1990) Techniques for Approximating the International Temperature Scale of 1990. Pavillon de Breteuil, F-92310 Sèvres
6.4 Lieneweg F (1976) Handbuch der technischen Temperaturmessung. 1. Aufl., Vieweg, Braunschweig
6.5 Pelz L (1989) Anforderungen an die Störfestigkeit von Automatisierungseinrichtungen in der Chemischen Industrie. Automatisierungstechnische Praxis atp 31
6.6 Weichert L (1987) Widerstandsthermometer. In: Weichert L (Hrsg) Temperaturmessung in der Technik. 4. Aufl. expert-Verlag, Sindelfingen
6.7 Hofmann D (1977) Temperaturmessungen und Temperaturregelungen mit Berührungsthermometern. 1. Aufl. Verlag Technik, Berlin
6.8 Ruhm K (1974) Thermometrie. In: Profos P (Hrsg) Handbuch der industriellen Meßtechnik. 1. Aufl. Vulkan-Verlag, Essen
6.9 Mester U (1987) Temperaturstrahlung und Strahlungsthermometer. In: Weichert L (Hrsg), Temperaturmessung in der Technik. 4. Aufl. expert-Verlag, Sindelfingen

6.10 Stahl K, Miosga G (1980) Infrarottechnik. 1. Aufl. Hüthig, Heidelberg

6.11 NN (1994) Temperaturmeßumformer. JUMO Mess- und Regeltechnik, Juchheim, Fulda

6.12 NN (1989) Temperaturmeßsystem Quat, Heraeus Sensor GmbH Quarzthermometer, Hanau

6.13 Rahlfs P, Blanke W (1967) Flüssigkeits-Glasthermometer. PTB-Prüfregel 14.01

6.14 NN (1990/91) Kontaktthermometer. Typenblatt 20.010, Blatt 1, JUMO Mess- und Regeltechnik, Juchheim, Fulda

6.15 Brenner R (1963) Verbesserung der Formel für die spezifische Ausbiegung der Thermobimetalle. Z. angew. Phys. 15/2:178–180

6.16 Hök B, Ovrén Ch, Jonsson L (1986) Faseroptische Sensorfamilie zur Messung von Temperatur, Vibration und Druck. Technisches Messen tm, 53/9

6.17 Willsch R, Schwotzer G, Haubenreißer W, et al. (1986) Faseroptische Sensoren für die Prozeßrefraktometrie und Temperaturmessung auf der Basis gekrümmter Lichtleitfasern. Technisches Messen tm, 53/9

6.18 NN (1991) Faseroptisches Temperaturmeßsystem auf der Basis der Lumineszenzabklingzeit. Sensycon, Gesellschaft für industrielle Sensorsysteme und Prozessleittechnik mbH, Hanau

6.20 Brixy H (1986) Kombinierte Thermoelement-Rauschthermometrie. Forschungszentrum Jülich GmbH, Jül-2051

7 Durchfluß

H. E. SIEKMANN, D. STUCK

7.1
Einleitung

Mengen- und Durchflußmessungen von Fluiden haben z.B. im Bereich der Verfahrenstechnik und der Wasserwirtschaft eine große Bedeutung. Die Mengenmessung wird bevorzugt zur Bilanzierung und Abrechnung von Stoffströmen herangezogen. Verfahrenstechnische Regelparameter dagegen werden vom Durchfluß der beteiligten Stoffe im betrachteten Prozeß abgeleitet.

Die Hauptkriterien bei der Auswahl eines Mengen- oder Durchflußmeßgerätes sind seine Fehlergrenze und seine Meßbeständigkeit. Berücksichtigt werden müssen aber auch die Eigenschaften der Strömung an der Meßstelle wie z.B. die Durchflußkonstanz, die Aggressivität des Fluids oder die Art und die Änderung der Umgebungsbedingungen. Weitere beachtenswerte Parameter bei der Geräteauswahl können sein

– die Einstelldauer des Meßgerätes,
– sein Meßbereich,
– das Verhalten des Meßgerätes unter der Einwirkung von Einflußgrößen (Temperatur, Feuchte, Luftdruck, elektromagnetische Felder, usw.).

Die Angaben der Hersteller bezüglich der *Fehlergrenzen* für Menge und Durchfluß sind sehr sorgfältig und kritisch zu lesen. Für einige der später zu beschreibenden Durchflußmeßgeräte werden typische Fehlergrenzen von 0,2% bis 1% vom Meßwert angegeben [7.1]. Die meisten Meßgeräte werden auf werkseigenen Prüfeinrichtungen beim Hersteller justiert. Die Fehlergrenzen dieser Prüfeinrichtungen müssen dann um den Faktor 5 bis 10 kleiner sein als diejenigen des zu justierenden Meßgerätes (d.h.

0,04% ... 0,2%). Die Fehlergrenzen dieser Prüfeinrichtungen wiederum müssen überprüfbar sein mit den nationalen Volumen- oder Durchflußnormalen der Physikalisch-Technischen Bundesanstalt (PTB). In einer Veröffentlichung der PTB [7.2] werden für Messungen in Wasser typische Fehlergrenzen von 0,1% und für Prüfungen mit Luft ebenfalls 0,1% angegeben. Die optimistischen Angaben über die Fehlergrenzen ihrer Geräte von seiten der Hersteller beruhen möglicherweise auf der Annahme, daß die Kunden diese nicht nachprüfen können.

In diesem Artikel wird keine Unterscheidung von Mengen- und Durchflußgeräten für *geschlossene Rohrleitungen* bzw. für *offene Gerinne/Freispiegelleitungen* vorgenommen. In beiden Anwendungsfällen werden Geräte gleicher Bauart eingesetzt, so daß deren Behandlung nur einmal erforderlich ist (Bild 7.1).

Die Unterscheidung von Mengen- bzw. Durchflußgeräten ist ausschließlich historisch begründet. Denn bei den heutigen i.a. elektronisch arbeitenden Geräten bestimmt allein die Aufgabenstellung (z.B. Mengenmessung) den zum Einsatz kommenden Gerätetyp. Ob von einem Gerät ein Meßsignal proportional zum Volumenstrom ausgegeben und einem Regelprozeß zugeführt wird oder ob das o.a. Ausgangssignal erst zeitlich integriert wird und als Volumensignal zur Bilanzierung eines Prozesses dient, ist dabei unerheblich. Zur wirkungsmäßigen Darstellung des Weges eines Meßsignals vom Moment der Aufnahme der Meßgröße durch den Aufnehmer bis hin zur Bereitstellung des Ausgangssignals (Meßwertausgabe) dient eine Meßkette. Mittels Meßumformer bzw. -verstärker wird daraus ein normiertes elektrisches Signal gebildet (z.B. 0 mA bzw. 4 mA bis 20 mA) und der Meßwertausgabe oder dem Steuergerät zugeführt [DIN 1319, Teil 1] (s. Teil A).

7.2
Aufnehmer für Volumina

7.2.1
Unmittelbare Aufnehmer

Die Arbeitsweise der unmittelbaren Aufnehmer mit beweglichen Kammerwänden (Verdrängungszähler) ist charakterisiert

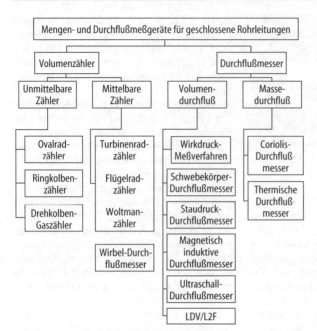

Bild 7.1. Mengen- und Durchflußmeßgeräte (Übersicht)

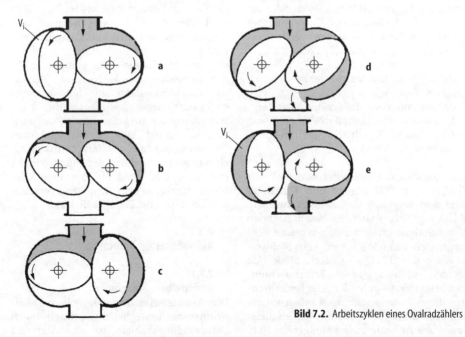

Bild 7.2. Arbeitszyklen eines Ovalradzählers

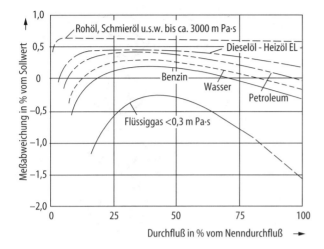

Bild 7.3. Fehlerkurven eines Ovalradzählers (Parameter: Viskosität)

durch die Quantisierung des zu messenden
Volumens. Die Kammerwände schließen
eine Folge von Teilvolumina ab, die in
einem Zählwerk zum Gesamtvolumen ad
diert werden. Verdrängungszähler entnehmen die Antriebsenergie dem zu messenden Fluid. Typische Vertreter zur Messung
von Flüssigkeiten sind Ovalrad- (7.2.1.1)
und Ringkolbenzähler (7.2.1.2). Zur Gasmessung werden bevorzugt Drehkolbenzähler (7.2.1.3) eingesetzt.

7.2.1.1
Ovalradzähler
Der Volumenaufnehmer besteht aus zwei
verzahnten, ineinandergreifenden, drehbar
gelagerten Ovalrädern, deren Oberflächen
aufeinander abrollen. Während einer vollen
Umdrehung eines Ovalrades werden vier
Teilvolumina V_i gebildet, die von der Ein-
laß- auf die Auslaßseite gefördert werden,
(Bild 7.2). Im ersten Teilbild von 7.2 ist zu erkennen, daß die Kraft der strömenden Flüssigkeit auf das links angeordnete Ovalrad
wirkt. Aus dem dritten Teilbild läßt sich
entnehmen, daß die Kraftwirkung auf das
rechte Ovalrad ausgeübt wird. Die Momente, die auf das jeweils in der Waagerechten
orientierte Ovalrad wirken, heben sich auf.
Die Meßabweichungen eines Ovalradzählers sind durch sie sogenannte Spaltströmung bedingt. Sie werden um so kleiner, je größer der Volumenstrom und je

niedriger die Viskosität der Flüssigkeit ist,
(Bild 7.3). Das Ausgangssignal des meß-
größenempfindlichen Elementes ist die
Drehzahl.

7.2.1.2
Ringkolbenzähler
Zwei konzentrische, durch einen Steg mit
einander verbundene Zylinder bilden die
Meßkammer des Ringkolbenzählers (Bild
7.4). Geführt vom inneren Zylinder und
einem Zapfen läuft der geschlitzte Ringkolben in der Meßkammer um. Dabei füllen
sich abwechselnd der Innenraum des Ring-
kolbens und der äußere Zwischenraum
zwischen Ringkolben und Meßkammer-
wand. Angetrieben durch die Flüssigkeit
transportiert dabei der Ringkolbenzähler
die Teilvolumina V_1 bzw. V_2 von der Einlaß-
seite E auf die Auslaßseite A. Der Verlauf
der Fehlerkurven von Ringkolbenzählern
ist demjenigen der Ovalradzähler ähnlich.
Auch hier werden die Fehlerkurven beeinflußt von der Viskosität der Flüssigkeit und
durch die Spaltströmung. Das Ausgangssignal des meßgrößenempfindlichen Elementes ist die Drehzahl.

7.2.1.3
Drehkolbenzähler
Für die Gasmessung sind Drehkolbenzähler
die geeigneten Geräte, die vom sogenannten Roots-Prinzip abgeleitet wurden. Zwei

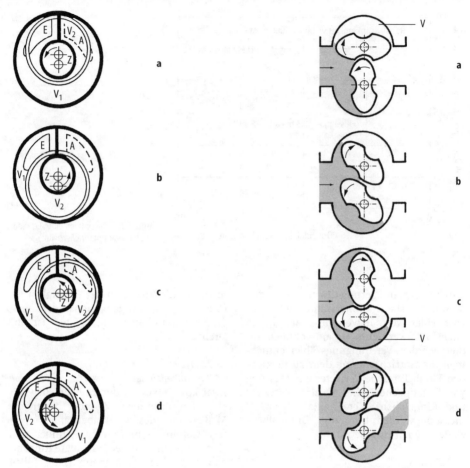

Bild 7.4. Arbeitszyklen eines Ringkolbenzählers

Bild 7.5. Arbeitszyklen eines Drehkolbenzählers

an der Oberfläche glatte, mit Wälzlagern gelagerte Drehkolben in Lemniskatenform werden vom zu messenden Gasstrom angetrieben (Bild 7.5). Die Drehkolben sind durch ein Getriebe synchronisiert und werden daran gehindert, sich während der Drehbewegung zu berühren. Das erste Teilbild 7.5 zeigt, wie die Druckdifferenz auf den oberen, waagerecht angeordneten Ovalkolben wirkt und ihn im Uhrzeigersinn bewegt. Aus dem dritten Teilbild von 7.5 läßt sich entnehmen, welche Kraftwirkungen die Strömung auf den unteren Drehkolben ausübt. Die Momente auf den jeweils senkrecht stehenden Drehkolben heben sich auf. Im unteren bzw. oberen Teil

des Gehäuses werden sichelförmige Teilvolumina gebildet und zur Ausgangsseite transportiert. Nach einem vollständigen Umlauf eines Drehkolbens sind vier Teilvolumina durch die Meßkammer befördert worden. Drehkolbenzähler werden für Gas-Volumenströme bis zu 30 000 m³/h hergestellt. Ihr Meßbereich beträgt 1 : 10 bis 1 : 20. Der Verlauf der Fehlerkurve entspricht derjenigen der vorstehend beschriebenen Verdrängungszähler. Ausgangssignal des meßgrößenempfindlichen Elementes ist auch bei diesem Gerät die Drehzahl.

Zusammenfassend lassen sich die charakteristischen Merkmale der unmittelbaren Aufnehmer angeben.

Vorteile:
- kleine Meßabweichungen,
- kein Einfluß der Geschwindigkeitsverteilung auf den Meßwert,
- einsetzbar für Flüssigkeiten großer Viskosität (nur 7.2.1.1 und 7.2.1.2),
- kein Nachlauf bei Unterbrechung des Förderstroms (7.2.1.3).

Nachteile:
- merklicher Druckverlust,
- empfindlich gegen Verschmutzung,
- verschleißanfällig,
- Blockade der Leitungen im Stillstand.

7.2.2
Mittelbare Aufnehmer

Mittelbare Aufnehmer haben als meßgrößenempfindliches Element ein sich im Fluidstrom proportional zur Geschwindigkeit drehendes Flügelrad. Dieses Rad mit horizontal oder vertikal angeordneter Achse wird beim Turbinenzähler axial, beim Flügelradzähler dagegen tangential angeströmt.

7.2.2.1
Turbinenzähler

Turbinenzähler wurden in der Vergangenheit von den *Woltman-Zählern* durch die unterschiedliche Meßwertverarbeitung unterschieden. Bei Turbinenzählern (Bild 7.6)

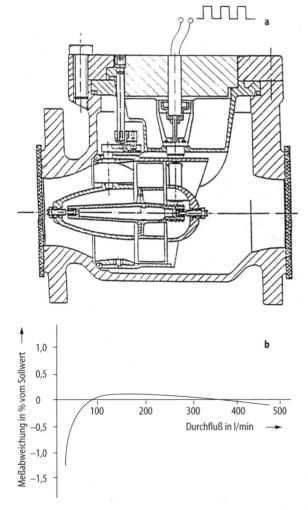

Bild 7.6. Turbinenzähler. **a** Schnittbild **b** Fehlerkurve

wurde die Drehzahlmessung rückwirkungsfrei durch ein elektronisches System vorgenommen. Im Gegensatz zu Woltman-
Zählern (Bild 7.7), bei denen die Drehzahl
des Turbinenrades über ein mechanisches
Getriebe und ein Zählwerk gemessen wurde.
Neuentwicklungen von Woltman-Zählern
erfassen die Drehzahl der Turbine ebenfalls
elektronisch (s. 7.2.3). Das wesentliche Unter-
scheidungsmerkmal zwischen Turbinen-
und Woltman-Zählern ist damit entfallen.

Turbinenzähler sind zum Einsatz in vollentwickelten turbulenten Strömungen vorgesehen. Sie benötigen wohldefinierte *Ein-
und Auslaufstrecken* von mindestens 10
Rohrdurchmessern (10 D) einlaufseitig
bzw. 5 D auslaufseitig. Die Meßspanne von
Woltman-Zählern für Flüssigkeiten beträgt
typisch 1 : 25 bis 1 : 50. Das Ausgangssignal
des meßgrößenempfindlichen Elementes
ist die Drehzahl.

Woltman-Zähler werden nur im Volu-
menstrombereich oberhalb von 15 m³/h
eingesetzt, während die Turbinenzähler sowohl für kleine als auch große Volumen-
ströme erhältlich sind.

In Turbinenzählern für Gas wird durch
einen Verdrängungskörper, der mit der
Gehäusewand einen Ringspalt bildet, der
freie Querschnitt zusätzlich verengt, damit
das Gas beschleunigt und die Kraftwirkungen auf das Turbinenrad vergrößert.

7.2.2.2
Flügelradzähler

Das im Gehäuse gelagerte Laufrad wird in
tangentialer Richtung angeströmt und in
Drehung versetzt. Beim Einstrahlzähler
(Bild 7.8) wird die Strömungsrichtung nur
wenig geändert, jedoch wird das Flügelrad
durch die Einwirkung der Strömung
asymmetrisch belastet. Beim Mehrstrahlzähler dagegen ändert sich die Richtung der Rohrströmung im Zählergehäuse
mehrfach, um die gleichmäßige tangentia-
le Anströmung des Flügelrades zu realisieren. Da der Zähler selbst störend auf die
Strömung einwirkt, stellen Flügelradzähler geringere Anforderungen an die
Länge der Ein- und Auslaufstrecken als
z.B. Woltman-Zähler. Der typische Fehler-
kurvenverlauf eines Mehrstrahlflügelrad-

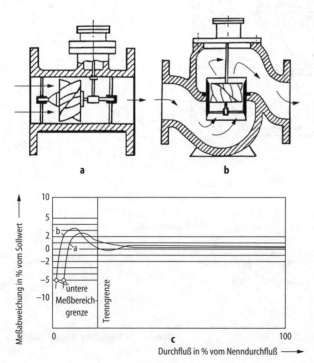

Bild 7.7. Woltmanzähler. **a** Bauart WP,
b Bauart WS, **c** Fehlerkurven

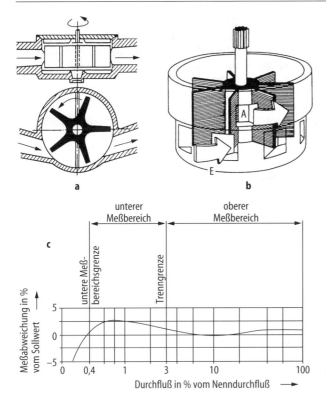

Bild 7.8. Flügelradzähler. **a** Einstrahlzähler, **b** Mehrstrahlzähler, **c** Fehlerkurve

zählers läßt sich ebenfalls aus dem Bild 7.8 entnehmen. Ausgangssignal des meßgrößenempfindlichen Elementes ist wiederum die Drehzahl.

Zusammenfassend lassen sich für die mittelbaren Aufnehmer folgende charakteristische Merkmale angeben:

Vorteile:
- kleine Meßabweichungen (Turbine),
- großer Temperaturbereich (bis ~300 °C Fluidtemperatur),
- einfacher robuster Flüssigkeitszähler (Flügelrad).

Nachteile:
- Meßsignal ist abhängig von der Viskosität,
- lange Ein- und Auslaufstrecken (Turbine),
- Pulsationen in der Strömung und Vibrationen der Rohrleitung beeeinflussen den Meßwert.

7.2.3
Anpassungsschaltungen für Aufnehmer für Volumina

Aus der Vielzahl der physikalischen Effekte, die sich zur Drehzahlmessung eignen, werden in den Anpassungsschaltungen für Aufnehmer für Volumina nur wenige, spezielle Ausführungsformen verwendet. Diese Anpassungsschaltungen wurden eingeführt, um die Aufnehmer in prozeßrechnergesteuerte Anlagen einbinden zu können, aber auch um ihren Meßbereich und ihre Empfindlichkeit zu vergrößern. Anpassungsschaltungen müssen preiswert sein, da die Nutzer der Geräte für die Kosten der eingesetzten Meßtechnik aufkommen.

Die folgend beschriebenen Anpassungsschaltungen sind stets in Kombination mit einem Aufnehmer für Volumina auf dem Markt erhältlich. Sie sind weder genormt noch untereinander zwischen den Aufnehmern verschiedener Hersteller austauschbar.

7.2.3.1
Induktive Anpassung („Pick-up"-Spule)

Grundlage für die Funktion der weit verbreiteten „Pick-up"-Spule ist das Induktionsgesetz [7.3]. Die zeitliche Änderung des magnetischen Flusses Φ durch eine Spule mit der Windungszahl n induziert eine Spannung U_{ind}. Die Spannung ist positiv, wenn der magnetische Fluß mit der Zeit abnimmt. Die Größe der Spannung nimmt mit der Änderungsgeschwindigkeit zu.

Die „Pick-up"-Spule besteht aus einem permanent-magnetisch angeregten Kreis (Magnet und Spule), der von einem beweglichen weichmagnetischen Teil beeinflußt werden kann. In den Volumenaufnehmern sind die weichmagnetischen Teile starr, z.B. mit der Flügelradachse verbunden (Bild 7.9) und verursachen bei der Rotation eine Änderung des magnetischen Flusses (Bild 7.10). Die Änderungen des magnetischen Flusses führen zu einer induzierten Spannung, die an den Ausgangsklemmen des „Pick-up" abgenommen werden kann.

Mit zunehmender Änderungsgeschwindigkeit des magnetischen Flusses nimmt die Ausgangsspannung zu und kann zur Messung der Drehzahl ausgenutzt werden.

Dabei ist zu beachten, daß die Größe des ausgangsseitigen Lastwiderstandes R_L den Verlauf der Kennlinie beeinflußt (Bild 7.10). Bei kleinen Werten für R_L wird die induzierte Spannung verringert.

7.2.3.2
Verstimmung gedämpfter Schwingkreise

Die Umwandlung der Drehzahl von mittelbaren Aufnehmern in ein elektrisches Sig-

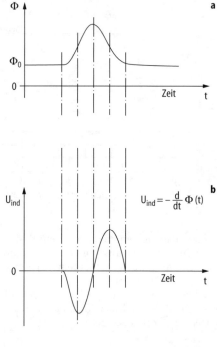

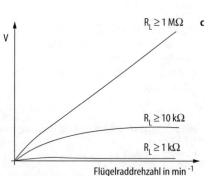

Bild 7.10. „Pick up"-Spule. **a** Magnetischer Fluß Φ in Abhängigkeit von der Zeit, **b** Induzierte Spannung U_{ind} in Abhängigkeit von der Zeit, **c** Ausgangsspannung V in Abhängigkeit von der Drehzahl (Parameter: Belastungswiderstand)

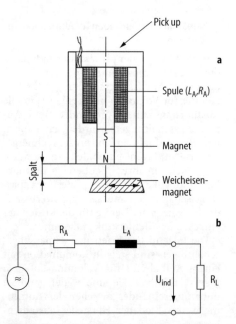

Bild 7.9. „Pick-up"-Spule. **a** Prinzipdarstellung, **b** Ersatzschaltbild

nal erfolgt bei dieser Anpassungsschaltung über drei symmetrisch um die Drehachse angeordnete Spulen (L_a, L_b, L_c). Diese Spulen bilden zusammen mit drei Kondensatoren drei Serienschwingkreise (Bild 7.11). Die Schwingkreise werden in vorgewählten zeitlichen Abständen durch einen Impuls aus einem Taktgenerator zu einer schwach gedämpften Schwingung (ca. 500 kHz) angeregt. Eine unterhalb der Spulen hindurchlaufende halbkreisförmige Dämpfungsscheibe, die fest mit der Drehachse des rotierenden Elementes verbunden ist, beeinflußt die Frequenz in jeweils mindestens einer der Spulen. Mit Hilfe von Dioden und Schmitt-Triggern werden die

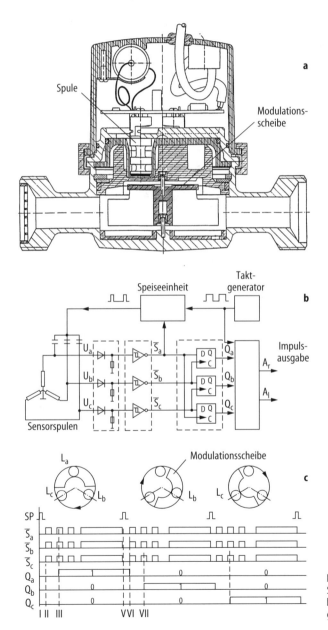

Bild 7.11. Verstimmung von Schwingkreisen. **a** Funktionsprinzip, **b** elektrische Schaltung, **c** Ablaufdiagramme

Amplitudensignale (S_a, S_b, S_c) der Schwingkreise ausgewertet. Über eine nachgeschal-
tete Kombination von drei D-Flip-Flops
wird auch die Phasendifferenz detektiert.
Bei einer Rechtsdrehung des Systems stehen an den Ausgängen Q_a, Q_b, Q_c der Flip-
Flops nacheinander die Signalfolgen an:

Q_a 1 0 0; Q_b 0 1 0; Q_c 0 0 1.

Nach Durchlaufen dieser Sequenz der Sig-
nalzustände gibt die Anpassungsschaltung
einen Impuls A_r für die Rechtsdrehung
proportional zum durchflossenen Volumen aus. Im Fall der Linksdrehung des Systems d.h. beim Rückwärtslauf des Aufnehmers würde die Signalfolge wie folgt
aussehen:

Q_a 0 0 1; Q_b 0 1 0; Q_c 1 0 0.

Nach Vollendung einer Umdrehung würde
die Anpassungsschaltung einen Volumen-
impuls ausgeben, der zu einer Abnahme des
bisher in einem elektronischen Zähler akku-
mulierten Volumens führt.

7.2.3.3
Beeinflussung elektrischer Feldverteilungen
Eine weitere Methode zur rückwirkungs-
freien Drehzahlerkennung beruht darauf,
gestörte Feldverteilungen zu detektieren.
Dazu werden in die Abdichtplatte, die den
Naßraum vom Trockenraum eines Aufnehmers trennt, drei Elektroden wasserdicht
eingesetzt (Bild 7.12). Unterhalb der Elektroden rotiert das Flügelrad. Während des
Betriebes mit Wasser im Aufnehmergehäu-
se bilden sich zwischen den Elektroden E_1-
E_2 und E_2-E_3 Widerstände R_3 und R_4 aus, die
durch zwei externe Widerstände R_1 und R_2
zu einer Brückenschaltung ergänzt werden.
Wird zwischen E_1 und E_3 die Brückenspan-
nung gelegt, so ist die Brücke im ungestörten Fall abgeglichen, wenn gilt:

$$\frac{R_1}{R_2} = \frac{R_3}{R_4}.$$ (7.1)

Bei sich ändernder Leitfähigkeit des Mediums bleibt das Verhältnis R_3/R_4 ungeändert. Damit ist dieses Drehzahlerkennungs-
verfahren unabhängig von der Leitfähigkeit
des Mediums und gleichermaßen geeignet
zur Messung von Brauchwasser, destilliertem Wasser oder für Öle.

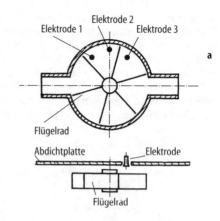

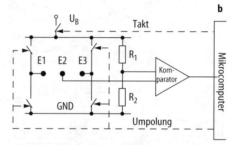

Bild 7.12. Beeinflussung der elektrischen Leitfähigkeit.
a Funktionsprinzip, **b** elektrische Schaltung

Wird durch Annäherung einer Flügelradschaufel an die Elektroden der Widerstand
zwischen ihnen geändert, so führt das zur
Verstimmung der Brücke. Es fließt ein
Strom, der zu einem drehzahlproportionalen
Ausgangssignal an E_2 führt. Dieses Signal
wird einem Komparator zugeführt und z.B.
mit der Mittelspannung zwischen den Fest-
widerständen verglichen. Zur Vermeidung
von Elektrolysevorgängen an den Elektroden wird die Polarität der Spannung regelmäßig getauscht. Bei sich ändernder Leitfähigkeit des Mediums bleibt das Verhältnis
R_3/R_4 ungeändert. Damit ist dieses Drehzahl-
erkennungsverfahren unabhängig von der
Leitfähigkeit des Mediums und gleichermaßen geeignet zur Messung von Brauchwasser, destilliertem Wasser oder für Öle.

7.2.3.4
Unterbrechung reflektierter Ultraschall-
impulse
Bei diesem Verfahren zur Drehzahlerkennung wird die Unterbrechung von mit hoher

Frequenz (~1,0 kHz) emittierten Ultraschallimpulsen durch die Flügelradschaufeln detektiert. In die Abdichtplatte eines Volumenaufnehmers ist außerhalb der Flügelradachse ein Ultraschallgeber eingebaut, der jeweils im Abstand von ~1 ms einen Ultraschallimpuls von ~0,5 µs Dauer abgibt (Bild 7.13). Die Ultraschallimpulse werden von einem Taktgenerator mit nachgeschalteter zeitaufgelöster Ablaufsteuerung generiert und über einen Sender dem Ultraschallgeber zugeführt. Der Ultraschallimpuls durchquert das Gehäuse des Volumenaufnehmers parallel zur Flügelradachse. Von der Bodenplatte wird das Ultraschallsignal reflektiert und erreicht nach einer Laufzeit von etwas mehr als 20 µs den zwischenzeitlich auf Empfang umgestellten Ultraschallgeber. Dieser kann reflektierte Signale (Echos) nur in einem Zeitraum von etwa 20 µs bis 40 µs (Fensterzeit) nach Abgabe des Ultraschallimpulses (Bild 7.13) empfangen. Das vom Empfänger abgegebene und verstärkte Signal lädt einen Kondensator auf, dessen Ladezustand von einem D-Flip-Flop registriert wird, je nach dem ob ein Echosignal (logisch „0“) oder kein Echosignal (logisch „1“) vorhanden ist. Das Auftreten eines Echosignals wird immer dann verhindert, wenn eine Flügelradschaufel den Bereich

des Ultraschallgebers durchquert. Der zeitliche Abstand von zwei aufeinanderfolgenden „Ausblendungen“ des Echosignals ist ein Maß für die Drehzahl des Flügelrades und damit auch, nach zeitlicher Integration, für das durch den Geber geflossene Volumen. Dazu werden die Ausgangssignale einem Teiler zugeführt bzw. in Impulsformerstufen so aufbereitet, daß sie ein Kontaktwerk zur Volumenerfassung ansteuern können.

7.3
Aufnehmer für den Durchfluß

7.3.1
Volumendurchfluß
Nach DIN EN 24006 ist der Volumendurchfluß Q_v derjenige Durchfluß Q, bei dem die betrachtete Menge das Volumen ist. Der Durchfluß Q ist definiert als der Quotient aus der durch den Leitungsquerschnitt fließenden Menge eines Fluids und der Zeit, die das Fluid dazu benötigt.

7.3.1.1
Wirkdruckaufnehmer
Bei der Verengung einer Rohrleitung durch eine *Drosseleinrichtung* (Einschnürung, Bild 7.14) ändern sich in der Strömung die Druckverhältnisse. Es kommt zum Auftreten des sog. Wirkdrucks, aus dem sich über die Durchflußgleichung der Durchfluß berechnen läßt. Unter Berücksichtigung der Kontinuitätsgleichung und Einführung des Öffnungsverhältnisses $m = A_2/A_1$ (A_1, A_2 Strömungsquerschnitte der Drosseleinrichtung) ergibt sich für die Abhängigkeit des Durchflusses vom Wirkdruck Δp

$$Q_v = A_1 v = m A_1 \sqrt{\frac{2\Delta p}{\varrho} \frac{1}{1-m^2}} \ . \qquad (7.2)$$

Dabei ist ϱ die Dichte des Fluids. Der Durchfluß ist proportional zu $\Delta p^{1/2}$. Im praktischen Betrieb auftretende Reibungsverluste des Fluids oder die Abhängigkeit des Wirkdrucks von gestörten Geschwindigkeitsverteilungen werden durch den sog. Durchflußkoeffizienten C_d in Gl. (7.2) berücksichtigt. Dessen Zahlenwert beträgt für das Klassische Venturi-Rohr und für Wasser $C_d = 0,995$ und ist der Gl. (7.2) als Proportionalitätsfaktor hinzuzufügen [7.4]. Bestimmte Bauarten von Wirkdruckauf

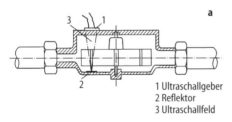

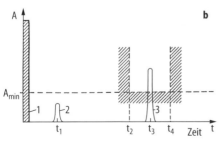

1 Ultraschallgeber
2 Reflektor
3 Ultraschallfeld

Bild 7.13. Störung von Ultraschallimpulsen. **a** mechanischer Aufbau, **b** Signal-Ablaufdiagramm; A: Amplitude

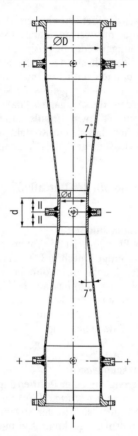

Bild 7.14. Klassisches Venturirohr

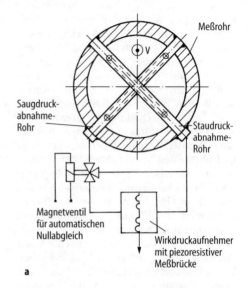

a

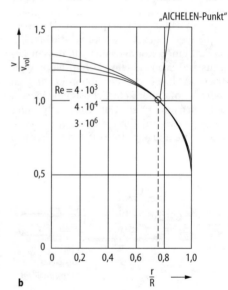

b

Bild 7.15. Staudruck-Aufnehmer. **a** Funktionsprinzip, **b** geometrischer Ort für die mittlere Geschwindigkeit einer Rohrströmung

nehmern sind in der DIN 1952 genormt, wie z.B. die Blende oder das Venturi-Rohr.

7.3.1.2
Staudruck-Aufnehmer

Mittels zweier gekreuzter Staurohre, in denen Bohrungen zur Druckmessung enthalten sind und zwar einmal der Strömung des Fluids entgegengerichtet und einmal von ihr abgewandt (Bild 7.15a), werden simultan gemessen:

– am ersten Staurohr:
  die Summe aus statischem und dynamischem Druck,
– am zweiten Staurohr:
  der statische Druck, abzüglich eines bleibenden Druckverlustes. Das Differenzsignal p_{dyn} wird z.B. mittels piezoresistiver Wirkdruckaufnehmer erfaßt,

ausgewertet und zum Volumendurchfluß in Beziehung gesetzt.

Die beiden Staurohre sind unter einem Winkel von 90° gekreuzt zueinander in das Rohr eingesetzt. Die beiden Öffnungen, die jedes der beiden Rohre enthält, befinden sich in den sog. „Aichelen-Punkten" [7.5], d.h. jeweils $\cong$ 0,76 R (R = Rohrradius) von der Rohrachse entfernt. In den „Aichelen Punkten" ist die Fluidgeschwindigkeit nahezu gleich der mittleren Geschwindigkeit und von der Re-Zahl unabhängig (Bild 7.15b).

Zusätzlich zu den Drucksignalen ist bei diesem Meßverfahren die *Temperatur* zu erfassen, um die notwendigen Korrekturen bei anderen Betriebsbedingungen als bei der Auslegung des Gerätes zugrunde gelegt, vornehmen zu können. Für eine korrekte Messung ist darauf zu achten, daß sich an der Meßstelle eine vollentwickelte, rotationssymmetrische, turbulente Geschwindigkeitsverteilung ausbildet. Diese kann nur entstehen, wenn genügend lange Einlaufstrecken vorhanden sind. Das Ausgangssignal dieses Aufnehmers ist der (Wirk-) Druck.

Der Vorteil der Wirkdruckaufnehmer liegt darin, daß sie keine bewegten mechanischen Teile besitzen und für Flüssigkeiten, Gase und Dämpfe in weiten Temperatur- und Druckbereichen einsetzbar sind. Nachteilig sind der quadratische Zusammenhang zwischen Durchfluß und Wirkdruck (kleine Meßspanne), die hohen Anforderungen an Ein- und Auslaufstrecken sowie ein nicht zu vernachlässigender, bleibender Druckverlust.

7.3.1.3
Schwebekörper-Aufnehmer
Die einfache Handhabung, die direkte Ablesbarkeit (auch bei Stromausfall), Wartungsarmut und Zuverlässigkeit belassen den Schwebekörper-Aufnehmern heute noch einen großen Marktanteil bei ihrem Einsatz in der Verfahrenstechnik [7.6]. Schwebekörper-Aufnehmer werden i.a. in vertikalen Rohrleitungen eingebaut. Auf den im konischen Rohr frei beweglichen, konisch ausgebildeten Schwebekörper (Bild 7.16) wirken die nach oben gerichteten Kräfte des strömenden Fluids F und der Auftrieb F_A. In der Gegenrichtung wirkt die Gewichtskraft F_K des Schwebekörpers. Im Gleichgewichtszustand ist

$$F_K = F + F_A \qquad (7.3)$$

und die sich dabei einstellende Hubhöhe ein Maß für den Volumenstrom. Eine direkte

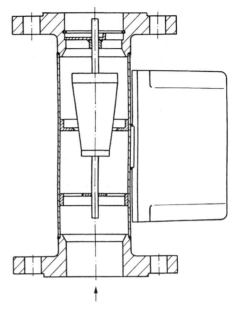

Bild 7.16. Prinzipskizze des Schwebekörper-Aufnehmers

Berechnung des Volumenstromes in Abhängigkeit von der Hubhöhe aus Gl. (7.3) ist nicht möglich. Jedes Gerät muß individuell kalibriert werden. Für diese einfachen Geräte bedarf es einigen Aufwandes, um von der Hubhöhe h des Schwebekörpers ein für die Automatisierungstechnik verwendbares elektrisches Durchflußsignal genügender Auflösung abzuleiten, (s. Abschn. 7.3.5).

7.3.1.4
Magnetisch-induktiver Durchflußmesser
Wird ein elektrischer Leiter mit der Geschwindigkeit $\underline{v}$ durch ein Magnetfeld $\underline{B}$ bewegt, so tritt an seinen Enden eine Spannung auf, generiert durch das elektrische Feld $\underline{E}$. Eine elektrisch leitfähige Flüssigkeit enthält keine freien Elektronen, jedoch frei bewegliche, hydratisierte Kationen und Anionen mit der Ladung q. Beim Durchqueren eines Magnetfeldes $\underline{B}$ unter der Wirkung der Lorentzkraft

$$\underline{F}_L = q(\underline{v} \times \underline{B}) \qquad (7.4)$$

werden die Ionen getrennt, bis die dabei entstehende Coulomb-Kraft

$$\underline{F}_L = q \cdot \underline{E} \qquad (7.5)$$

ihnen das Gleichgewicht hält. (Bild 7.17)

Ein wichtiges Merkmal des magnetisch-induktiven Durchflußmessers [VDI/VDE-2641] ist die direkte Proportionalität zwischen dem Spannungssignal U und der Geschwindigkeit bzw. dem Volumenstrom

$$U = D \cdot (\underline{B} \times \underline{v}) \qquad (7.6)$$

mit D Innendurchmesser.

Diese Gleichung gilt für ein vollständig homogenes Magnetfeld. Die Änderungen der Feldverteilung des Magnetfeldes zu den Rändern hin, wird durch einen Korrekturfaktor K ($0{,}9 \le$ K < 1) in Gl. (7.6) berücksichtigt

$$U = K \cdot D(\underline{B} \times \underline{v}) \qquad (7.7)$$

oder

$$U = K \cdot D \cdot B \cdot \overline{v} \qquad (7.7a)$$

mit dem in Bild 7.17 eingeführten Koordinatensystem. In einer radialsymmetrischen Geschwindigkeitsverteilung der Flüssigkeit ist die Meßspannung U der mittleren Geschwindigkeit $\overline{v}$ direkt proportional und unabhängig von den Stoffkonstanten wie Dichte, Zähigkeit oder der Temperatur. Ein Übergang der Strömung vom turbulenten zum laminaren Zustand verursacht keine Unstetigkeit in der Meßspannung. Der Abgriff des Meßsignals erfolgt durch galvanische oder kapazitive Kopplung. Meist wird mit galvanischer Kopplung gearbeitet, besonders wenn sich verschleißfeste, temperaturstabile und elektrisch widerstandsfähige Elektrodenmaterialien für den vorgesehenen Anpassungszweck haben finden lassen (z.B. Edelstahl, Platin/Iridium, Tantal, Titan etc.). In meßtechnisch schwierigen Anwendungsfällen erfolgt der Signalabgriff auf kapazitivem Weg über zwei in die Rohrauskleidung integrierte Flächen-Elektroden (Bild 7.17b).

Der *Innenwiderstand* des magnetisch-induktiven Durchflußmessers ist groß (im $M\Omega$-Bereich). Der Eingangswiderstand des nachfolgenden Signalverstärkers muß sehr hochohmig sein, z.B. als Operationsverstärker, (s. Abschn. C 3.4). Das Meßsignal selbst beträgt etwa 1 mV pro 1 m/s-Fluidgeschwindigkeit und liegt damit in derselben Größenordnung wie die Polarisationsspannungen an den Elektroden. Zu deren Ver-

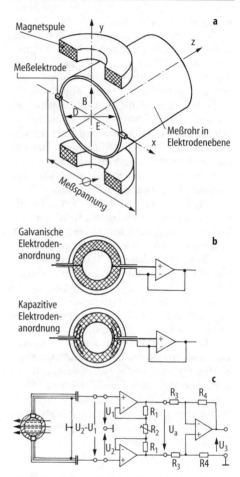

Bild 7.17. Magnetisch-induktiver Durchflußmesser. **a** Funktionsprinzip, **b** Elektrodenanordnungen, **c** Schaltbild eines Differenzverstärkers

meidung werden magnetisch-induktive Durchflußmesser mit verschiedenartigen *Wechselfeldern* betrieben. Mit schaltungstechnischem Aufwand lassen sich weitere Störeinflüsse durch Streufelder der Elektromagneten auf die Signalleitungen unterdrücken.

Die *Vorteile* des magnetisch-induktiven Durchflußmessers sind:

– weitgehende Unabhängigkeit des Meßsignals vom Zustand (Druck, Temperatur) und von den physikalischen Eigenschaften des Mediums wie z.B. der Viskosität,

– weitgehende Unabhängigkeit von der
  Geschwindigkeitsverteilung im Rohr,
– automatisierungsfreundliche Geräte,
– linearer Zusammenhang zwischen
  Durchfluß und der Meßgröße,
– bedingt geeignet zur Messung von Mehr-
  phasenströmungen.

Die *Einsatzgrenzen* sind gegeben durch

– die erforderliche Mindestleitfähigkeit
  von etwa 100 µS/cm im Fluid,
– Ablagerungen im Meßrohr, die das Meßsignal verändern.

7.3.1.5
Ultraschall-Durchflußmesser

Die Ausbreitungsgeschwindigkeit c eines
akustischen Signals in einem Medium relativ zu einem ruhenden Beobachter ist die
Summe aus der Schallgeschwindigkeit c_0
und der Strömungsgeschwindigkeit v des
Fluids (Bild 7.18). Unter Berücksichtigung
eines Neigungswinkels φ zwischen der Aus-
breitungsrichtung des Schalls und der Strömungsrichtung des Fluids gilt:

$$c = c_0 + v\cos\varphi \ . \tag{7.8}$$

Werden in einer Rohrleitung in einem Abstand L voneinander jeweils ein Ultra-
schall-Sender und -Empfänger eingebaut,
so läßt sich die Laufzeit t_0 eines Ultraschall-
Impulses

$$t_0 = \frac{L}{c_0 + v\cos\varphi} \tag{7.9}$$

aus Gl. (7.9) bestimmen [VDI/VDE 2642].
Wird die Funktion von Sender und Empfänger durch elektronische Umschaltung
vertauscht, ist die Bestimmung der Laufzeit
t_L eines Ultraschall-Impulses in Gegenrichtung möglich,

$$t_L = \frac{L}{c_0 - v\cos\varphi} \ . \tag{7.9a}$$

Für die Laufzeitdifferenz Δt ergibt sich

$$\Delta t = \frac{L \cdot 2 \cdot v\cos\varphi}{c_0^2\left(1 - v^2\cos\varphi/c_0^2\right)} \ . \tag{7.10}$$

Mit der Beziehung $v^2 \gg nc_0^2$ folgt für die
Fluidgeschwindigkeit

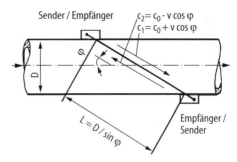

Bild 7.18. Funktionsprinzip eines Ultraschall-Durchfluß-
messers

$$v = \frac{c_0^2}{2L\cos\varphi}\Delta t \ . \tag{7.11}$$

Um in Gl. (7.11) die Temperaturabhängigkeit
der Schallgeschwindigkeit zu eliminieren,
wird folgende Näherung benutzt:

$$c_0^2 \approx \frac{L^2}{t_1 t_2} \ ; \tag{7.12}$$

woraus folgt

$$v = \frac{L}{2\cos\varphi}\frac{\Delta t}{t_1 t_2} \ . \tag{7.13}$$

Ein Meßverfahren, auf der Basis der
Gl. (7.13) heißt direktes *Laufzeitdifferenz-
Verfahren.*

Wird durch den an einem der Empfänger
einlaufenden Ultraschall-Impuls wiederum
ein weiterer Impuls vom Sender ausgelöst,
so lassen sich anstelle der Laufzeiten t_1, t_2
die Frequenzen f_1, f_2 messen. Aus der Fre-
quenzdifferenz ist die Fluidgeschwindigkeit
errechenbar

$$v = \frac{L}{2\cos\varphi}(f_1 - f_2) \ . \tag{7.14}$$

Eine Vielzahl von Meßpfad-Konfiguratio-
nen ist entwickelt worden (Bild 7.19) mit
dem Ziel, den Einfluß der Geschwindigkeitsverteilung des Fluids auf das Meßergebnis möglichst gering zu halten. In Rohre
mit kleinem Durchmesser werden mehrere
Reflektoren eingebaut, um die Schallwege
zu verlängern.

Ultraschall-Meßverfahren finden zunehmend mehr Verbreitung, insbesondere bei
Gasmessungen in kleinen Rohrdurchmessern. Ihre *Vorteile* sind darin zu sehen, daß
sie

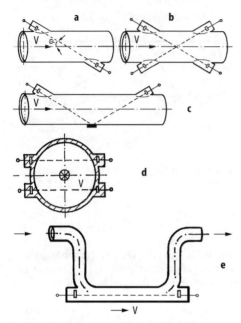

Bild 7.19. Bauarten von Ultraschall-Durchflußmessern. **a** Einpfad-Meßstrecke, **b** gekreuzte Meßstrecke, **c** gefaltete Meßstrecke, **d** Zweipfad-Meßstrecke, **e** U-Rohr-Meß-strecke

– keine mechanisch bewegten Teile ent-halten,
– keine Druckverluste erzeugen,
– kostengünstige Lösungen, insbesondere bei großen Rohrdurchmessern ermögli-chen,
– einen linearer Zusammenhang zwischen Durchfluß und Meßgröße aufweisen.

Nachteilig sind,

– die Abhängigkeit des Meßsignals von der Geschwindigkeitsverteilung im Fluid,

– daß Ablagerungen auf der Rohrwand sowie auf dem Sender/Empfänger das Meßsignal beeinflussen,
– daß durch Gasblasen Meßergebnisse ver-fälscht werden.

7.3.1.6
Wirbel-Durchflußmesser

Wird ein in einem Fluid plazierter Körper umströmt, so lösen sich von diesem in immer derselben Umgebung der Körper-kontur Wirbel ab [7.7]. Es bildet sich eine Wirbelstraße aus, die von Kármán unter-sucht und 1912 theoretisch beschrieben wurde. Hinter einem Kreiszylinder ist das Verhältnis von Querabstand a zu Längsab-stand b der Wirbel konstant (= 0,281), Bild 7.20. Da bei einem Kreiszylinder der Ablö-sepunkt des Wirbels nicht exakt definiert ist, werden als wirbelerzeugende Elemente in Meßgeräten deltaförmige Staukörper be-nutzt. Die Wirbelfrequenz f hängt mit der Fluidgeschwindigkeit v über die folgende Gleichung zusammen

$$f = \text{const}\, \frac{v}{d} \qquad (7.15)$$

d Durchmesser des Staukörpers;

der Proportionalitätsfaktor in Gl. (7.15) ist die Strouhal-Zahl Sr. In einer Rohrströ-mung ist für kantige Störkörper die Strou-hal-Zahl über einen großen Reynoldszahl-bereich konstant (Bild 7.21). Damit gilt für den Volumenstrom unter der Vorausset-zung einer vollentwickelten, rotationssym-metrischen Geschwindigkeitsverteilung des Fluids im Rohr

$$\dot{V} = \pi r^2 \left(\frac{d}{Sr} \right) f \ . \qquad (7.16)$$

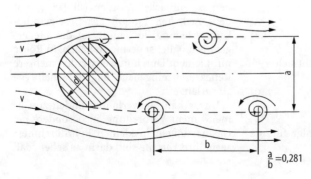

$\frac{a}{b} = 0{,}281$

Bild 7.20. Schematische Darstellung der Karmanschen-Wirbelstraße

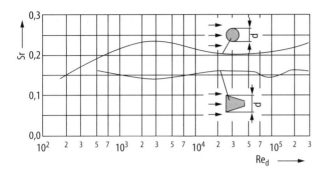

Bild 7.21. Strouhal-Zahl in Abhängigkeit von der Re-Zahl für runde bzw. deltaförmige Staukörper

Der Volumenstrom ist der Wirbelfrequenz direkt proportional. Das Frequenzsignal liegt von seiner Entstehung an in digitalisierter Form vor, so daß keinerlei Nullabgleich im Meßwertumformer erforderlich ist.

Vorteilhaft ist bei Wirbel-Durchflußmessern

– der lineare Zusammenhang zwischen Durchfluß und Wirbelfrequenz,
– daß die Geräte keine mechanisch bewegten Teile enthalten.

Nachteilig ist

– die Störung der Strömung durch den Staukörper,
– die Einschränkung in der Verwendung durch Viskositäteinflüsse.

7.3.1.7
Laser-Doppler-Velozimeter

Bei einem Laser-Doppler-Velozimeter (LDV) handelt es sich um ein optisches Verfahren zur Messung der Geschwindigkeit von Fluiden [7.8]. Liegt eine rotationssymmetrische Geschwindigkeitsverteilung im Fluid vor, kann durch Integration über die Querschnittsfläche aus der Geschwindigkeit der Durchfluß berechnet werden. Die Laser-Doppler-Velozimetrie ist ein berührungsloses, die Strömung nicht beeinflussendes Verfahren. Es ist daher geeignet, in den Aufgabenfeldern eingesetzt zu werden, die wegen zu großer mechanischer oder thermischer Beanspruchungen für andere Aufnehmer nicht geeignet sind, z.B. Messungen in Flammen, in Überschallströmungen oder in Verbrennungsmotoren. Zum

Meßort muß ein optischer Zugang (Fenster) möglich sein. Das zu untersuchende Fluid muß optisch transparent sein, (Bild 7.22a). Das Geschwindigkeitssignal wird abgeleitet vom reflektierten Licht der Teilchen, die in der Strömung mitgeführt werden. Das Ausgangssignal eines LDV ist eine der Fluidgeschwindigkeit direkt proportionale Frequenz.

Beim weitverbreiteten *Kreuzstrahlverfahren* werden zwei in ihren optischen Eigenschaften identische Lichtbündel zum Schnitt gebracht. Die Teilstrahlen sind aus einem Laserstrahl durch Strahlteilung gewonnen worden und werden von einer Fokussierungsoptik in deren Brennpunkt zum Schnitt gebracht. In dem Schnittpunkt bildet sich ein Interferenzstreifenfeld mit dem Streifenabstand

$$\Delta x = \frac{\lambda}{2 \sin \varphi} \qquad (7.17)$$

aus. 2φ ist dabei der Schnittwinkel der beiden Teilstrahlen, λ die Laserwellenlänge, (Bild 7.22b). Durchquert ein von der Strömung mitgeführter Partikel das Schnittvolumen der beiden Teilstrahlen, so entsteht ein moduliertes Streulichtsignal mit der Modulationstiefe η. Die Modulationsfrequenz f_D ist der Geschwindigkeitskomponenten v_x senkrecht zur Interferenzstreifenebene proportional

$$v_x = \Delta x f_D . \qquad (7.18)$$

Das rückwärts gestreute Licht wird mittels einer Empfangsoptik auf einen Photodetektor fokussiert und in ein elektrisches Signal umgewandelt. Die Geschwindigkeitsverteilung läßt sich ermitteln, wenn das Meßvolumen längs eines Rohrdurchmessers (senk-

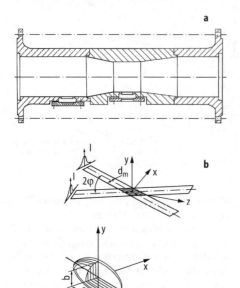

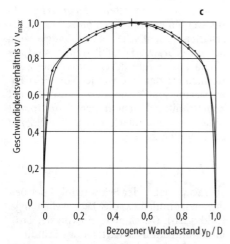

Bild 7.22. Optische Messungen von Rohrströmungen. **a** Fensterkammer, **b** Meßvolumen eines LDV, **c** Geschwindigkeitsverteilung einer Rohrströmung längs eines Rohrdurchmessers

recht zur Rohrachse) schrittweise traversiert wird. Als Ergebnis einer solchen Messung (Bild 7.22c) ist die relative Geschwindigkeit $v_D/v_{D,\max}$ in Abhängigkeit vom bezogenen Wandabstand des Rohres y_D/D (D Rohrdurchmesser) aufgetragen. Durch Bewertung dieser Geschwindigkeitsverteilung mit dem Rohrquerschnitt ist der gesuchte Durchfluß berechenbar.

Die *Vorteile* der Laser-Doppler-Velozimetrie sind

- die Berührungs- und Rückwirkungsfreiheit,
- die hohe zeitliche Auflösung.

Nachteilig sind, die Forderung nach

- optischem Zugang zur Strömung,
- optischer Transparenz der Strömung und
- die hohen Anforderungen an die Meßtechnik.

7.3.2
Massendurchfluß
7.3.2.1
Coriolis-Durchflußmesser

Zur Bilanzierung verfahrenstechnischer Prozesse oder ausgetauschter thermischer Energie ist die Masse bzw. der Massestrom die geeignete Meßgröße. Im Gegensatz zum Volumen ist die Masse unabhängig von der Temperatur, vom Druck und von der Dichte.

Coriolis-Durchflußmesser [7.9] nutzen zur Bestimmung der Masse bzw. des Massenstromes die Kraftwirkungen aus, die in rotierenden Systemen auf die sich mit der Geschwindigkeit v bewegende Flüssigkeitselemente ausgeübt werden. Auf ein eingespanntes, zu Schwingungen angeregtes U-Rohr, in welchem die Flüssigkeit strömt (Bild 7.23) wird durch die Wirkung der Corioliskraft ein Drehmoment M erzeugt. Das U-Rohr erfährt eine Verwindung, die von der Bewegungsrichtung der auslösenden Schwingung ω abhängt

$$M = 4 \cdot q_m \, \omega r \, . \tag{7.19}$$

Hier ist r die Entfernung zur Drehachse und q_m der Massenstrom. Da das Drehmoment M und der Drehwinkel Θ für kleine Auslenkungen direkt proportional sind, wird Θ bei der Messung ausgewertet (Bild 7.23b). Oder aber es wird zur Massenstrombestimmung die Zeitdifferenz Δt herangezogen, die verstreicht bis die beiden Rohrschenkel nacheinander die Nullage passiert haben

$$q_m = K \cdot \Delta t \, . \tag{7.20}$$

Coriolis-Durchflußmesser benötigen keine aufwendig zu erstellenden Ein- und Aus-

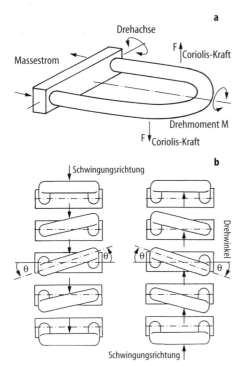

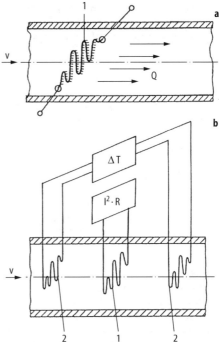

Bild 7.23. Coriolis-Durchflußmesser. **a** Prinzipdarstellung, **b** Drehwinkeländerungen pro Schwingungsperiode

Bild 7.24. Thermische Durchflußmesser. **a** Abkühlprinzip, **b** Konstanttemperatur-Prinzip. 1; Heizelemente, 2 Widerstandsthermometer

laufstrecken. Nachteilig ist die Empfindlichkeit der Geräte gegenüber Vibrationen im Rohrnetz und gegenüber Pulsationen in der Strömung selbst.

Der Einsatz von Coriolis-Durchflußmessern ist derzeit noch auf kleine Rohrnennweiten beschränkt.

7.3.2.2
Thermische Durchflußmesser

Thermische Durchflußmesser zur Bestimmung des Massenstromes von Fluiden [7.7] bestehen aus elektrisch beheizten Meßelementen und den zugehörigen Brückenschaltungen und Regeleinrichtungen. Die Geräte sind besonders automatisierungsfreundlich. Zwei in der Praxis verbreitete Verfahren leiten aus der Abkühlung eines in das Meßrohr eingeführten, beheizten Meßelementes das Signal für den Massenstrom ab (Bild 7.24). Dazu wird entweder der benötigte Heizstrom oder die Temperatur des beheizten Elementes konstant gehalten. Wird der zu messende Fluidstrom von

einem Heizelement erwärmt, so gilt für den Wärmestrom $\dot{Q}$ im Fluid

$$\dot{Q} = q_m\, c_p\, \Delta t \qquad (7.21)$$

mit

q_m Massenstrom des Fluids,
c_p spezifischer Wärmekapazität bei konstantem Druck,
Δt Temperaturerhöhung im Fluid.

Mit der Heizleistung $Q = I^2 R$ (I Strom durch das Heizelement, R Widerstand des Heizelementes) ergibt sich

$$q_m = \frac{I^2 R}{c_p\, \Delta t}\,. \qquad (7.22)$$

Zwischen zwei Meßelementen (Widerstandsthermometern) in Bild 7.24b befindet sich ein Heizelement. Die beiden Widerstandsthermometer stellen die Zweige einer Brückenschaltung dar. Das zum Massenstrom proportionale Brückensignal regelt die Heizleistung so, daß eine konstante Temperaturdifferenz aufrechterhalten wird.

Die *Vorteile* dieser Aufnehmer sind, daß sie

- besonders gut geeignet sind zur Messung kleiner Durchflüsse,
- eine geringe Trägheit aufweisen (bei Verwendung kleiner Meßelemente)
- einfach in Automatisierungsobjekte einzubinden sind.

Nachteilig ist, daß

- die Sonden durch die Fluide verändert werden (Korrosion, Alterung),
- es sich um ein nicht-eingriffsfreies System handelt.

7.3.3
Anpassungsschaltungen für Druckaufnehmer

Die folgend beschriebenen elektrischen Baugruppen sind Beispiele für üblicherweise zusammen mit den Aufnehmern benutzte Anpassungsschaltungen. Sie sind nicht mit jedem Aufnehmer eines Herstellers zu kombinieren.

7.3.3.1
Piezoelektrischer Effekt

Anpassungsschaltungen für die Meßgröße Druck oder Druckdifferenz unter Ausnutzung des piezoelektrischen Effekts [7.10] sind besonders geeignet, schnell sich ändernden Druckverhältnissen zu folgen. Bei nichtleitenden Festkörpern mit kristalliner Struktur läßt sich durch mechanische Verformung eine Ladungsträgerverschiebung erzwingen. Die Ladungsträgerverschiebung erzeugt ein elektrisches Feld. Zwischen Kraft F und damit auch dem Druck, sowie der Ladungsträgermenge Q besteht ein linearer Zusammenhang

$$Q = d\,F \qquad (7.23)$$

d heißt piezoelektrischer Koeffizient (z.B. für Quarz $2,3 \cdot 10^{-12}\ A \cdot s/N$).

Trotz des relativ kleinen Wertes für den piezoelektrischen Koeffizienten ist Quarz das bevorzugte Sensormaterial zur Messung von Kraft bzw. Druck. Vorteilhaft sind die geringe

Temperaturabhängigkeit von d (0,02%/K), die hohe Druckfestigkeit, die hohe Temperaturbeständigkeit (bis zu 300 °C) sowie der hohe Isolationswiderstand ($\sim 10^{13}\ \Omega$). Ein Sensor mit einer typischen Kapazität von $C \sim 200$ pF weist dann Entladezeiten von ~ 2000 s auf. Zur Erfassung der von den Piezokristallen abgegebenen Signale sind nur Geräte mit sehr hochohmigem Eingangswiderstand geeignet, z.B. sogenannte Spannungsverstärker (Elektrometerverstärker, s. Abschn. C 3.6), die ein weiterverarbeitbares elektrisches Signal generieren.

Piezoaufnehmer werden auch bevorzugt als Ultraschallgeber und -empfänger eingesetzt.

In Wirbel-Durchflußmessern können piezoelektrische Sensoren entweder direkt auf dem Staukörper oder auf einem zum Staukörper gehörenden beweglichen Flügel aufgebracht werden (Bild 7.25). Die durch die Wirbel ausgelösten Druckunterschiede im Fluid sind damit auswertbar.

7.3.3.2
Piezoresistiver Effekt

Wird ein elektrischer Leiter auf eine isolierende Membran aufgebracht, die einer Dehnung unterworfen wird, so ändert der Leiter seinen elektrischen Widerstand entsprechend den Dehnungen der Membran. Die

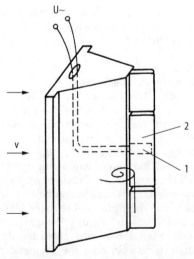

Bild 7.25. Staukörper mit piezoelektrischem Sensor 1 (Ausgangssignal U~) und beweglichem Flügel 2

relative Widerstandsänderung ist proportional zur relativen Längen- und Querschnittsänderung ($\Delta\ell$; Δr) des elektrischen Leiters

$$\frac{\Delta R}{R} \approx \frac{\Delta\ell}{\ell} - 2\frac{\Delta r}{r}\,. \qquad (7.24)$$

Dieser Effekt wird in Dehnungsmeßstreifen ausgenutzt (Bild 7.26), die z.B. in Form einer Rosette auf einer Membran fixiert sind. Verformt sich die Membran unter dem Einfluß einer Krafteinwirkung, so ändern sich die Widerstandswerte und damit die Diagonalspannung in einer zuvor abgeglichenen Brückenschaltung. Das Ausgangssignal der Meßbrücke ist proportional zu der zu messenden Kraft oder Druckdifferenz.

7.3.3.3
Kapazitives Prinzip

Für Differenzdruckmessungen besonders geeignet sind Anpassungsschaltungen, die als meßgrößenempfindliches Element einen Differentialkondensator benutzen (Bild 7.27). Zwischen zwei parallelen Kondensatorplatten ist eine bewegliche Mittelelektrode angeordnet. Wird die Mittelelektrode um dem Weg Δd verschoben, vergrößert sich z.B. die Kapazität des einen Kondensators C_1, während sich die Kapazität C_2 erniedrigt. Das Verhältnis der Kapazitäten C_1/C_2 erfüllt die Gleichung

$$\frac{C_1}{C_2} \approx 1 - 2\frac{\Delta d}{d} \qquad (7.25)$$

d Abstand der festen Platten.

Die technischen Ausführungen entsprechen in etwa dem in Bild 7.27b dargestellten

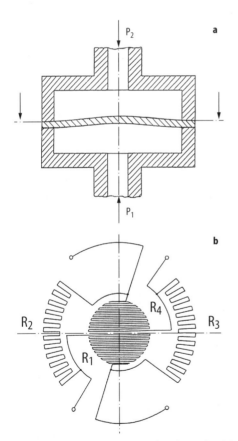

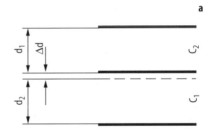

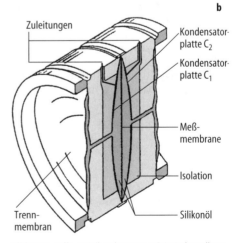

Bild 7.26. Membran mit Dehnungsmeßstreifen. **a** Schnittbild **b** Draufsicht, R_i: Brückenwiderstände

Bild 7.27. Differentialkondensator. **a** Prinzipdarstellung, **b** Technische Realisierung eines Differenzdruckaufnehmers

Differenzdruckaufnehmer. Die Meßmembran folgt der auf die Trennmembran ausgeübten Druckdifferenz und ändert die Kapazitäten der Kondensatoren, die von Meßmembran und Kondensatorplatten gebildet werden. Der Raum zwischen den Kondensatorplatten ist mit Silikonöl gefüllt. Die Auswertung der an den Zuleitungen anstehenden elektrischen Signale geschieht mittels einer Kapazitäts-Wechselspannungsmeßbrücke.

7.3.3.4
Widerstandsänderung von Thermistoren
Bei Wirbel-Durchflußmessern sind die durch die abgelösten Wirbel verursachten Druckunterschiede durch Thermistoren detektierbar (Bild 7.28). Zwei auf der Stirnseite des Staukörpers 1 angebrachte Thermistoren 2 werden wechselseitig durch die auf der Rückseite sich ablösenden Wirbel abgekühlt. Damit ändert sich ihr Widerstandswert im Rhythmus der Wirbelfrequenz. Die Vorzüge dieses einfachen Verfahrens sind geringer Einbauaufwand, störsichere Signalverarbeitung in einem einfachen Meßaufbau. Da die Thermistoren vom Fluid direkt umströmt werden, können Verschmutzungen den Wärmetransport beeinflussen und zu Signalveränderungen führen.

7.3.4
Anpassungsschaltungen für Laser-Doppler-Velozimeter
Das im Meßvolumen eines Laser-Doppler-Velozimeters erzeugte Streulichtsignal enthält in dessen modulierter Frequenz die Geschwindigkeitsinformationen über das Fluid. Zur Umwandlung des optischen in

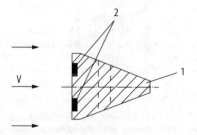

Bild 7.28. Staukörper (1) mit Thermistoren (2)

ein elektrisches Signal werden Fotovervielfacher oder Fotodioden verwendet [7.8].

7.3.4.1
Fotovervielfacher
Fotovervielfacher (Fotomultiplier, Sekundärelektronen-Vervielfacher) enthalten in einer evakuierten Glasröhre G eine lichtempfindliche Kathode K mit 8 bis 16 Dynoden D (Bild 7.29a). Aus der Kathode werden von der auffallenden Strahlung Elektronen ausgelöst („äußerer Fotoeffekt") und durch die Potentialdifferenz zur ersten Dynode hin beschleunigt. Die dort auftreffenden Elektronen schlagen aus der Dynodenoberfläche mindestens ein weiteres Elektron heraus und verstärken so den Elektronenstrom. Die von einem Netzgerät gelieferte Spannung U_V wird von Dynode zu Dynode in einem Spannungsteiler heruntergeteilt und sorgt für die stufenweise Verstärkung des ursprünglichen Elektronenstromes durch Sekundärelektronen um den Faktor 10^8 oder mehr. Der von der Anode A gelieferte Anodenstrom I_A fließt durch den Arbeitswiderstand R_a und kann nach Verstärkung als Ausgangssignal U_a des Fotovervielfachers weiterverarbeitet werden.

Das wesentliche, einen Fotovervielfacher kennzeichnende Maß ist die *Anodenstromanstiegszeit*, die Auskunft darüber gibt, welche Zeit benötigt wird, bis der Anodenstrom seine Amplitude vom 10%igen auf den 90%igen Wert geändert hat, wenn das die Elektronenlawine auslösende Signal eine Impulsfunktion ist (Bild 7.29b). Auf ihrem Weg von der Kathode zur Anode werden die nadelförmigen Eingangsimpulse mehr oder weniger stark verbreitert. Hochfrequente Eingangsinformationen können auf dem Weg zur Anode durch zu geringe Anstiegszeiten verloren gehen, weil sie zeitlich nicht mehr auflösbar sind.

7.3.4.2
Fotodioden
Fotodioden sind Halbleiterbauelemente, deren pn-Übergang (Sperrschicht) über ein geeignet angebrachtes Fenster durch optische Bestrahlung beeinflußt werden kann (Bild 7.29c). Dazu wird die Fotodiode in Sperrichtung mit einer Vorspannung betrieben. Die optische Strahlung löst im Be-

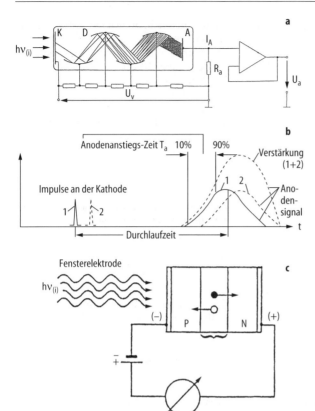

Bild 7.29. Fotoempfänger. **a** Fotovervielfacher, **b** Anodenanstiegszeit eines Fotovervielfachers, **c** Fotodiode
K Kathode
D Dynode
A Anode

reich der Sperrschicht Elektronenlochpaare aus, die durch das dort herrschende elektrische Feld getrennt werden und ungestört zu den Anschlußelektroden wandern können. Fotostrom und damit auch der Außenstrom, der zur weiteren Signalverarbeitung zur Verfügung steht, sind zur Belichtungsstärke proportional. Die Ansprechzeiten von Fotodioden betragen etwa 1 µs, das Maximum der spektralen Empfindlichkeit liegt bei ≈ 800 nm. Es können Frequenzen bis zu 100 MHz detektiert werden.

7.3.5
Anpassungsschaltungen für Schwebekörper-Aufnehmer
7.3.5.1
Diodenzeilen

Die Hubhöhe eines Schwebekörpers, der sich in einem transparenten Meßrohr bewegt, läßt sich mit optischen Mitteln bestimmen. In zwei prismatischen Kästen, die das Meßrohr umgeben, sind im vorgegebe-nen Abstand parallel zur Rohrachse eine Leuchtdiodenzeile und ihr gegenüber eine Fotodiodenzeile angebracht, (Bild 7.30b). Die Leuchtdiodenzeile ist gegenüber der Empfangsdiodenzeile versetzt angeordnet, um zu erzwingen, daß die Strahlung jeder Leuchtdiode auf zwei Empfangsdioden trifft. Die Schrittweite zwischen zwei Empfangsdioden wird auf diese Weise auf den halben Wert des Abstandes der benachbarten Empfangsdioden reduziert. Durch den sich in vertikaler Richtung bewegenden Schwebekörper wird die entsprechende Lichtschranken-Strecke unterbrochen. Das von der zugehörigen Fotodiode abgegebene „Meßsignal" läßt sich einer Hubhöhe und damit dem Volumenstrom zuordnen.

7.3.5.2
Differentialtransformator mit magnetischem Rückschluß

Schwebekörper-Aufnehmer für erhöhte Beanspruchungen durch Druck und Tempera-

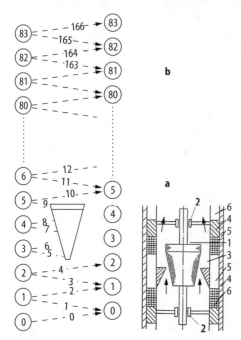

Bild 7.30. Schwebekörper-Aufnehmer mit **a** Differential-transformator, **b** Diodenzeilen

tur werden in Ganzmetallausführung gefertigt. Die Erfassung der Steighöhe des Schwebekörpers läßt sich durch einen Differentialtransformator (s. Abschn. 5.1.1.2) mit magnetischem Rückschluß (Rückschlußmantel) realisieren, (Bild 7.30a). Die beiden Primärspulen sind magnetisch über den weichmagnetische Teile enthaltenden Schwebekörper mit den in Differenzschaltung verknüpften Sekundärspulen gekoppelt. Die Differenzspannung zwischen beiden Sekundärspulen ist ein Maß für die Steighöhe und somit auch für den Volumenstrom.

7.3.6
Anpassungsschaltungen für thermische Durchflußmesser

In thermischen Durchflußmessern werden Widerstände als meßgrößenempfindliche Elemente benutzt. Die Widerstände ändern ihre Werte in Abhängigkeit von der Temperatur und damit auch in Abhängigkeit vom Durchfluß. Als zugehörige Anpassungsschaltungen werden Brückenschaltungen verwendet, weil diese einfach zu realisieren

sind und ausreichend genaue Meßwerte liefern (Bild 7.31).

Die durch die Spannung U_S gespeiste Meßbrücke enthält die beiden Spannungsteiler R_1/R_2 und R_3/R_4 in den entsprechenden Brückenzweigen. Die Diagonalspannung $U = U_1 - U_3$ ist das Meßsignal. Die Brücke ist abgeglichen, wenn der Wert der Diagonalspannung gleich Null ist. Die dazu notwendige Bedingung ist

$$\frac{R_1}{R_2} = \frac{R_3}{R_4}.$$

Die Empfindlichkeit einer Meßbrücke erreicht ihren maximalen Wert, wenn $R_1 \approx R_2$ und $R_3 \approx R_4$ ist.

7.4
Signalverarbeitung

Jeder Aufnehmer hat die Aufgabe, ein zum jeweiligen Meßwert proportionales *Ausgangssignal* zu erzeugen. Dieses in den meisten Fällen analoge Ausgangssignal ist im Bereich der Meß- und Regelungstechnik normiert, damit es ohne größeren Aufwand von unterschiedlichen Ausgabe- oder Steuergeräten übernommen werden kann. Das weltweit benutzte normierte Signal ist ein eingeprägter Gleichstrom im Bereich von 0 mA bis 20 mA (bzw. 4 mA bis 20 mA) mit

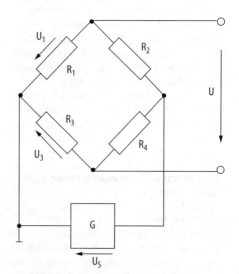

Bild 7.31. Wheatstonesche Brücke für thermische Durch-flußmesser

einer Bürde von 750 Ω bzw. 1000 Ω. Entsprechend normierte Spannungssignale im Bereich von 0 V bis 10 V werden ebenfalls benutzt.

Bei den Durchfluß-Meßgeräten wird zusätzlich zu den beiden oben genannten Ausgangssignalen oftmals noch eine Frequenz als Ausgangssignal bereitgestellt. Für den Durchflußbereich von 0% bis 100% wird eine Frequenz von 0 Hz bis 10 kHz generiert. Bei der weiteren Verarbeitung des Frequenzsignals ist darauf zu achten, daß Sender und Empfänger auf entsprechende Spannungsniveaus und Impulsbreiten eingestellt sind, sowie zueinander passende Impedanzen aufweisen. Die Ermittlung des Volumens aus dem Durchfluß erfolgt durch zeitliche Integration der zugehörigen Frequenzen in einem Zähler.

Nachteilig bei der analogen Meßwertausgabe ist die große Zahl der Verbindungsleitungen (jeder Signalausgang benötigt eine eigene Leitung) auf der nur ein Meßsignal weitergegeben wird. Eine oft wünschenswerte bipolare Kommunikation zwischen Aufnehmer und Steuergerät ist nicht möglich. Einen gewissen Standard zur Lösung dieser Problematik bietet das sogenannte *HART-Protokoll* (Highway Addressable Remote Transducer) mit dem Verfahren der Frequenzumtastung. Dem normierten analogen Ausgangssignal wird ein Digitalsignal überlagert, bei dem die Frequenzen 1200 Hz bzw. 2200 Hz den binären Informationen „logisch 0" bzw. „logisch 1" entsprechen (Bild 7.32). Die Modellierung des Signals übernimmt ein Modem, das in die Leitung zwischen Computer bzw. Signalempfänger und Aufnehmer eingesetzt werden kann. Der Signalmittelwert der aufgeprägten Frequenzen wird zu „Null" gewählt und beeinflußt somit nicht den Wert des analogen Ausgangssignals. Mit Hilfe dieser binär-codierten Signale ist z.B. die Parametrierung oder auch eine Fehlerdiagnose an einem im Einsatz befindlichen Gerät möglich. Wird zusätzlich noch eine Multiplexerschaltung zwischen mehreren Geräten eingesetzt, so lassen sich in der oben beschriebenen Art und Weise diverse Geräte von einem Zentralrechner aus parametrieren, justieren etc.

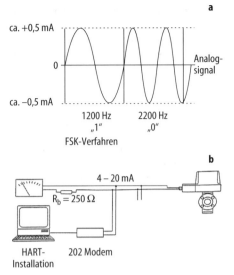

Bild 7.32. HART-Protokoll. **a** elektrisches Signalbild, **b** Prinzipaufbau

7.5
Elektromagnetische Verträglichkeit der Meßeinrichtungen (EMV)

Jedes Meßgerät und jedes aus mehreren Geräten zusammengestellte Meß- und Regelsystem, das elektrische Bauteile enthält, wird von den in der Umwelt vorhandenen *elektromagnetischen Feldern* beeinflußt (s. Abschn. A3.4). Die vorhandenen elektrischen Versorgungsnetze werden vergrößert und zunehmend mehr belastet. Die Anzahl und die Komplexität elektrischer und elektronischer Einrichtungen nimmt ständig zu. Zwar sinkt die von den elektronischen Bauelementen benötigte Energie, jedoch vergrößern sich sowohl die Zahl der Bauelemente pro Gerät als auch die Packungsdichte pro Bauelement.

Elektrische Meßgeräte werden also, sofern keine Vorsichtsmaßnahmen ergriffen werden, durch ihre Umwelt in ihrer Funktionsfähigkeit gestört (Senke) oder sie wirken im Betrieb selbst als Störer (Quelle) auf andere elektronische Einrichtungen.

Die EWG-Richtlinie über die elektromagnetische Verträglichkeit (EMV) vom 28.4.1992 [7.11], zwischenzeitlich in deutsches Recht überführt, bestimmt einheitliche Schutzziele für alle Geräte, die während ihres Betriebes elektromagnetische Störungen verursachen können oder deren Funktion durch elektromagnetische Störungen beeinträchtigt werden kann.

Es dürfen seit dem 1.1.1996 nur noch solche Geräte in Verkehr gebracht werden, bei denen

a) die Erzeugung elektromagnetischer Störungen soweit begrenzt wird, daß ein bestimmungsgemäßer Betrieb von Funk- und Telekommunikationsgeräten sowie sonstiger Geräte möglich ist,
b) die Geräte eine angemessene Festigkeit gegen elektromagnetische Störungen aufweisen, so daß ihr bestimmungsgemäßer Betrieb möglich ist.

Die Erfüllung der oben genannten Forderungen wird vermutet bei den Geräten, die den einschlägigen harmonisierten europäischen Normen entsprechen ($\hat{=}$ DIN-VDE … Normen).

Bei den durchzuführenden EMV-Prüfungen ist es notwendig, unbedingt den in der jeweiligen Norm vorgeschriebenen Aufbau und die Vorgehensweise bei der Durchführung der Prüfung einzuhalten. Nachstehend werden einige der durchzuführenden Prüfungen und die zu erfüllenden Anforderungen beschrieben.

Elektrostatische Entladung (ESD)

Diese Prüfung nach IEC 801-2 dient zur Beurteilung des Betriebsverhaltens von Geräten gegenüber elektrostatischen Entladungen (von Personen) auf das zu untersuchende Gerät selbst oder benachbarte Geräte. Zur Erfüllung der ESD-Anforderungen wurden verschiedene Schärfegrade definiert, die sich in der Prüfspannung unterscheiden (Tab. 7.1).

Bei der Durchführung der Versuche ist sicherzustellen, daß sich die Umgebungsbedingungen (z.B. Temperatur, Feuchte) nur in engen Grenzen ändern.

Burst

Die Burst-Prüfung nach IEC 801-4 (Tab. 7.2) dient der Feststellung der Störfestigkeit der Geräte gegenüber vorübergehenden elektromagnetischen Störgrößen, die von Schaltvorgängen herrühren (z.B. Unterbrechung induktiver Lasten, Prellen von Relaiskontak-

Tabelle 7.1. Prüfspannungen bei elektrostatischen Entladungen

Prüfspannung		
Schärfegrad	Kontaktentladung	Luftentladung
1	2 kV	2 kV
2	4 kV	4 kV
3	6 kV	8 kV
4	8 KV	15 kV
x	spezial	spezial

Tabelle 7.2. Prüfspannungen bei der Burst-Prüfung

Prüfspannung , Leerlaufspannung		
Schärfegrad	auf Stromversorgungsleitungen	auf E/A-, Signal-, Daten- und Steuerleitungen
1	0,5 kV	0,25 kV
2	1 kV	0,5 kV
3	2 kV	1 kV
4	4 kV	2 kV
x	spezial	spezial

Tabelle 7.3. Feldstärken bei der Prüfung mit hochfrequenten elektromagnetischen Feldern

Schärfegrad	Feldstärke
1	1 V/m
2	3 V/m
3	10 V/m
x	spezial

ten). Dabei ist es unerheblich, ob die Störungen auf Versorgungs-, Signal- oder Steuerleitungen einwirken. Für die Burst-Prüfung sind folgende Schärfegrade vorgesehen.

Eingestrahlte HF-Felder

Die HF-Einstrahlungs-Prüfung nach IEC 801-3 dient der Feststellung der Störfestigkeit von elektronischen Geräten gegenüber hochfrequenten elektromagnetischen Feldern im Frequenzbereich zwischen 26 kHz bis 1000 MHz (Tab. 7.3). Diese Frequenzen werden z.B. von tragbaren, mobilen und stationären, drahtlos arbeitenden Kommunikationseinrichtungen (Radio, CB-Funk, Fernsehen, Satellitenfernsehen) und von wissenschaftlichen und medizinischen Geräten (Induktionsschmelzöfen, HF-Chirurgie, Kurzwellentherapie) emittiert.

Die Durchführung dieser Prüfungen erfordert einen beträchtlichen finanziellen

Aufwand zur Beschaffung der meßtechnischen Ausrüstung.

Leitungsgebundene HF-Signale

Das Prüfverfahren nach IEC 801-6 dient der Feststellung der Störfestigkeit elektronischer Betriebsmittel gegenüber leitungsgeführten hochfrequenten Störgrößen (Tab. 7.4). Dieses Prüfverfahren gestattet gleichzeitig die Beurteilung der Störfestigkeit von Geräten gegenüber elektromagnetischen Feldern im Hochfrequenzbereich von 80 MHz bis ca. 230 MHz.

Spannungsschwankungen und -unterbrüche

Zweck dieser Tests ist es, die Störfestigkeit eines Gerätes gegenüber Schwankungen und Unterbrüchen der Versorgungsspannung zu bestimmen. Dabei wird z.B. unterschieden zwischen Unterbrechung der Speisespannung für die Dauer von

– 0,5 bis 50 Perioden (short interruption),
– einigen Sekunden (short term variation),
– einigen Minuten bis Stunden (long term variation).

Zusätzlich wird die Amplitude der Versorgungsspannung U_n als weiterer Parameter variiert (z.B. 0% U_n, 40% U_n, 70% U_n).

Transiente Überspannung (Stoßspannung)

Die Prüfung nach IEC 801-5 hat zum Ziel, die Störspannungsfestigkeit eines Gerätes gegenüber Stoßspannungen, die durch Schalthandlungen oder Blitzeinwirkungen auf den Versorgungsleitungen generiert werden, festzustellen (Tab. 7.5). Schärfegrade für die Prüfung werden in Abhängigkeit von der Art der Installation des Gerätes angegeben.

50 Hz-Magnetfelder

Diese Prüfungen nach DIN/VDE 0847-80 verfolgen den Zweck, die Störfestigkeit elektronischer Geräte gegenüber Magnetfeldern mit Netzfrequenz (50 Hz) nachzuweisen. Die Prüfschärfegrade hängen von der Feldstärke ab (Tab. 7.6).

In Ausnahmefällen können auch Prüfungen auf Störfestigkeit unter dem Einfluß von impulsförmigen Magnetfeldern sinnvoll sein, ebenso wie die Prüfung unter dem Einfluß von Permanent-Magnetfeldern.

Tabelle 7.4. Spannungen bei der Prüfung mit leitungsgebundenen, hochfrequenten Störungen

Frequenzbereich 150 kHz bis 80 MHz

Schärfegrad	Spannung (EMK) u_0 in dB µV	u_0 in V
1	120	1
2	130	3
3	140	10
x	spezial	spezial

Tabelle 7.5. Werte für transiente Überspannungen

Schärfegrad	Leerlaufspannung
1	0,5 kV
2	1 kV
3	2 kV
4	4 kV
x	spezial

Tabelle 7.6. Feldstärken für magnetische Felder mit 50 Hz-Netzfrequenz

Schärfegrad	magnetische Feldstärke
1	1 A/m
2	3 A/m
3	10 A/m
4	30 A/m
5	100 A/m
x	spezial

Zur Unterdrückung oder zur Reduzierung der Emission von Störungen, die von Geräten ausgehen, sind entsprechende Anforderungen wie zuvor angegeben zu erfüllen. Eine kurze schematische Gegenüberstellung der EMV-Anforderungen ist dem Bild 7.33 zu entnehmen.

Die EMV-Richtlinie fordert nicht nur Störfestigkeit der einzelnen Meß- und Regelgeräte, sondern stellt die gleichen Anforderungen auch an komplexe, aus vielen Gerätekomponenten bestehende Systeme. Es ist bekannt, daß der größte Teil der störenden Hochfrequenzen in die Meß- und Regelgeräte über die Anschlußleitungen, die als Antennen wirken, gelangt. Eine ungünstige Installation kann die vorhandene Störfestigkeit der Geräte in einer Anlage drastisch verschlechtern. Wirksame Gegenmaßnahmen zu entwickeln, ist die Hauptaufgabe des Anlagenplaners. Die im frühen Planungsstadium eingebrachten *Schutz-*

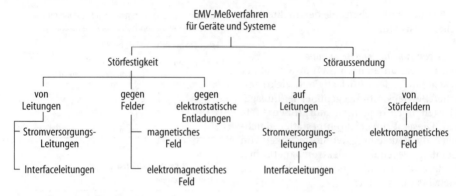

Bild 7.33. Übersicht über EMV-Meßverfahren

maßnahmen sind dabei am wirkungsvollsten und zugleich die preiswertesten. Besonders hervorzuheben sind

– *Abschirmungen* und geschickt gewählte Potentialanbindungen in einer Anlage, die die Möglichkeit reduzieren, daß Störsignale überhaupt eindringen können.
– Vorkehrungen, die die *Ausbreitung* bereits in die Anlage eingedrungener Störungen durch die Art der Leitungsführung, durch den Einsatz von Filtern oder durch Verwendung aufgabenspezifischer Kabel einschränken.
– Vorsichtsmaßnahmen zur *Vermeidung* von in der Anlage entstehender Störungen. Es sollten, wenn möglich, keine Frequenzumrichter, keine Phasenanschnittsteuerungen oder leistungsstarke Schütze installiert werden.

Störsichere Anlagen sind um so einfacher zu realisieren, je kleiner die Zahl der installierten Störquellen ist.

Literatur

7.1. Hogrefe W (1994) Handbuch der Durchflußmessung. Fischer&Porter, Göttingen

7.2. Phys.-Techn. Bundesanstalt (1992) Messen, Prüfen, Kalibrieren. Ref. ZÖ der PTB, Braunschweig

7.3. Gerthsen, Kneser, Vogel (1989) Physik, 16. Aufl. Springer, Berlin Heidelberg New York

7.4. DIN-Taschenbuch 229 (1993) Durchflußmessung von Fluiden in geschlossenen Leitungen mit Drosselgeräten. Beuth, Berlin Köln

7.5. Aichelen W (1947) Der geometrische Ort für die mittlere Geschwindigkeit bei turbulenter Strömung in glatten und rauhen Rohren. Z. f. Naturforschg. 2a/108–110

7.6. Strohrmann G (1994) atp-Marktanalyse Durchfluß- und Mengenmeßtechnik (Teil 2), Automatisierungstechnische Praxis 36/38–55.

7.7. Fiedler O (1992) Strömungs- und Durchflußmeßtechnik, Oldenbourg, München Wien

7.8. Ruck B (1990) Lasermethoden in der Strömungs-Meßtechnik. A-T, Stuttgart

7.9. Baker RC (1994) Coriolis-flowmeters: industrial practice and published information. Flow Meas. Instrum. 5:4/229–246

7.10. Niebuhr J, Lindner G (1994) Physikalische Meßtechnik mit Sensoren, Oldenbourg, München Wien

7.11. Richtlinie 92/031/EWG des Rates vom 28.4.1992 zur Änderung der Richtlinie 89/336/EWG zur Angleichung der Rechtsvorschriften der Mitgliedstaaten über die elektromagnetische Verträglichkeit, ABL. EG NR. L 126. S 11

8 ph-Wert, Redoxspannung, Leitfähigkeit

M. Ulonska

Der pH-Wert, die Redoxspannung und die Leitfähigkeit haben in der Chemie große und universelle Bedeutungen als Parameter, Führungsgrößen und Qualitätskennzahlen. Die In-Line-Messung ihrer Größen ist Betriebspraxis. Ein Abriß der Grundlagen und Probleme ihrer Meßwerterfassung werden dargestellt.

8.1
pH-Wert

8.1.1
Defintion

Der pH-Wert ist der mit (–1) multiplizierte dekadische Logarithmus der Aktivität des Zahlenwertes der (hydratisierten) *Wasserstoffionen*. Seine Definition beruht auf (thermodynamischen) Annahmen und wird auf vereinbarte Standard-Lösungen zurückgeführt. Die pH-Wert-Messung ist eine konventionelle Methode zur Wasserstoffionen-Aktivitätsbestimmung in *wäßrigen Systemen*.

8.1.2
Bedeutung

Wasserstoffionen bestehen, im Unterschied zu allen anderen Ionen, nur aus einem einzigen (positiven) Teilchen, dem Proton. Aufgrund dieser einmaligen Besonderheit nehmen sie an sehr vielen chemischen Reaktionen teil und (mit)bestimmen deren Geschwindigkeit und/oder Richtung wesentlich.

8.1.3
Einheit

Der pH-Wert hat die *SI-Einheit 1*. Die Benennung „pH" darf nicht wie ein Einheitenzeichen verwendet werden. Als Wertebereich gilt eine Skala von pH-Wert = 0–14.

Negative Werte und Werte über 14 sind definitionsgemäß zulässig und treten auch auf.

8.1.4
Grundlagen

In wäßrigen Systemen sind freie Wasserstoffionen H^+ praktisch nicht vorhanden. Sie liegen hydratisiert mit einem Wassermolekül H_2O als *Oxoniumion* H_3O^+ vor. Von dieser Tatsache wird im weiteren abgesehen. Der pH-Wert ist eine Aktivitätsgröße, d.h., statt der (analytischen) Konzentration beschreibt er die „wirksame Konzentration", die Aktivität. Die Aktivität ist gleich der analytischen Konzentration multipliziert mit dem Aktivitätskoeffizienten, der maximal 1 beträgt. Der Aktivitätseffekt kommt durch gegenseitige Ionenbehinderung zustande und bewirkt, daß nur ein Teil der anwesenden Ionen aktiv reagieren kann. Wasser unterliegt einer Eigen-Dissoziation, durch die Wasserstoffionen gebildet werden. Chemisch reines (neutrales) Wasser H_2O enthält bei 25 °C ca. $1 \cdot 10^{-7}$ mol/l Wasserstoffionen (H+) und ca. $1 \cdot 10^{-7}$ mol/l Hydroxidionen (OH–). Wegen der geringen Ionenkonzentrationen beträgt hier der Aktivitätskoeffizient praktisch 1, also sind die Konzentrationen (zahlenmäßig) gleich den Aktivitäten. Das *Produkt* aus Wasserstoff- und Hydroxidionen-Konzentration ist konstant aber temperaturabhängig, es beträgt bei 25 °C rund $1 \cdot 10^{-14}$ mol²/l² (Ionenprodukt). Chemisch reines (neutrales) Wasser hat definitionsgemäß bei 25 °C den pH-Wert 7. Wird solchem neutralen Wasser ein Stoff hinzugefügt, der Wasserstoffionen abdissoziiert, so wird die Wasserstoffionenaktivität erhöht, die Hydroxidionenaktivität entsprechend dem Ionenprodukt erniedrigt. Der pH-Wert wird kleiner als 7, das Medium *sauer* genannt. Wird umgekehrt durch Hinzufügen eines Stoffes die Hydroxidionenaktivität erhöht, so wird die Wasserstoffionenaktivität entsprechend dem Ionenprodukt erniedrigt. Der pH-Wert wird größer als 7, das Medium *basisch* genannt. Wegen der Temperaturabhängigkeit des Ionenproduktes ändert sich der pH-Wert von Wasser bei Temperaturänderung auch ohne Hinzufügen von Wasserstoff- oder Hydroxidionen. So beträgt der pH-Wert von chemisch reinem Wasser bei 0 °C:

7,5; 25 °C: 7,0; 50 °C: 6,6; 100 °C: 6,1; 150 °C: 5,9. Wegen dieser Tatsache und wegen des ebenfalls *temperaturabhängigen* Dissoziationsgrades hinzugefügter Stoffe, ist der pH-Wert temperaturabhängig. Auch Neutralsalze können durch Verschieben des Dissoziationsgleichgewichtes anderer, dissoziierter Stoffe den pH-Wert verändern.

8.1.5
Meßprinzip

Der wichtigste praktisch verwendete Sensor für die pH-Wert-Messung ist die *Glaselektrode*. An der Phasengrenze Glas/wäßrige Lösung bildet Glas an seiner Oberfläche eine silikatische, wasserhaltige Auslaug- oder Gelschicht aus. In dieser Gelschicht befindliche Alkaliionen werden bis zu einem Gleichgewichtszustand gegen Wasserstoffionen aus dem berührenden Medium ausgetauscht. Hierdurch herrscht in der Gelschicht eine bestimmte Wasserstoffionenaktivität. Wenn die Wasserstoffionenaktivitäten in der Gelphase und in der wäßrigen Phase verschieden voneinander sind, findet ein Wasserstoffionenübergang statt, der zur Einstellung eines entsprechenden Potentials in der Gelschicht führt. Wenn auf beiden Seiten des Glases, für das in seiner funktionellen Gesamtheit auch der Begriff „*Membran(glas)*" üblich ist, solche Vorgänge stattfinden, und die Wasserstoffionenaktivitäten (bzw. die pH-Werte) auf beiden Seiten verschieden sind, dann entsteht zwischen beiden Gelschichten eine Potentialdifferenz oder Spannung. Diese Spannung ist proportional zur Differenz der pH-Werte und kann zur pH-Wert-Bestimmung verwendet werden, wenn einer der beiden pH-Werte bekannt ist. Hierzu wird die Glas-(membran)elektrode (z.B. in Form eines kugelförmigen Gefäßes) mit einer (Bezugs-)Lösung mit bekanntem und (weitgehend) stabilem pH-Wert gefüllt. Für die elektronische Messung der Spannung an dem Ionenleiter Glas werden elektronenleitende Anschlüsse benötigt. Solche elektronenleitenden Anschlüsse werden mittels zweier, sogenannter Bezugselektroden hergestellt. Bezugselektroden haben (im Idealfall) ein konstantes, nur von ihrem Aufbau und der Temperatur nicht jedoch vom pH-Wert abhängiges Einzelpotential.

In der praktischen Ausführung einer Glaselektrode ist eine der beiden benötigten Bezugselektroden in die Glaselektrode integriert und im allgemeinen nicht ohne weiteres als solche erkennbar. Die zweite („eigentliche") Bezugselektrode wird entweder als separates Bauelement verwendet oder mechanisch mit der Glaselektrode zu einer Sensoreinheit verbunden. Die Zusammenschaltung dieser Sensoreinheit mit einem Meßwertumformer bildet eine pH-Wert-Meßeinrichtung.

8.1.6
Sensoren

Als Sensoreinheit, oder Sensor schlechthin, wird in der pH-Wert-Meßtechnik eine Kombination aus einer pH-Wert-sensitiven Meßelektrode (mit interner Bezugselektrode) und einer pH-Wert-unabhängigen (externen) Bezugselektrode verwendet. Diese Kombination heißt *Meßkette* und besteht entweder aus zwei diskreten Bauelementen oder aus einem Zusammenbau dieser zu einer sogenannten Einstabmeßkette, in die zusätzlich ein Temperaturmeßfühler integriert sein kann. Die Übertragungsfunktion einer pH-Meßkette wird von ihrem Nullpunkt, ihrer Steilheit und der Temperatur bestimmt. Der Nullpunkt ist gleich dem pH-Wert, bei dem die Meßkettenspannung 0 V beträgt (Nennwert meist pH = 7); die Steilheit ist gleich dem Quotienten aus den Änderungen von Meßkettenspannung und pH-Wert und beträgt theoretisch 59,2 mV/pH bei der Bezugstemperatur 25 °C (s. Bild 8.1).

8.1.6.1
Meßelektroden

Die weitaus am häufigsten verwendete pH-Meßelektrode ist die *pH-Glaselektrode*. Ihr eigentliches Sensorelement, die Glasmembran, überträgt die Meßgröße „pH-Wert" in eine elektrische Spannung. Der Quellwiderstand dieser Spannung beträgt zwischen einigen 10 und einigen 100 MΩ und steigt umgekehrt zur Temperatur stark (nichtlinear) auf Werte von über 1 GΩ an. Die Membranspannung ist mit $0,1984 \cdot \text{mV}/K \cdot T$ (T = absolute Meßtemperatur (K)) temperaturabhängig und beträgt bei 25 °C und einem pH-Wert-Unterschied von 1 zwischen dem Meßmedium (außerhalb der Glaselektrode) und der Bezugslösung (innerhalb der Glaselektrode) ca. 59,2 mV.

Als Bezugslösung ist meist eine Lösung mit dem pH-Wert 7 in der Glaselektrode enthalten. In einem Meßmedium mit dem pH-Wert 7 beträgt die Membranspannung somit 0 mV. Die Glaselektrode spricht sehr selektiv auf Wasserstoffionen an und wird durch reduzierende oder oxydierende Medien nicht beeinflußt. Die Übertragungsfunktion von praktischen Glaselektrodenmeßketten ist zwar nicht ideal, wird aber in der Praxis für mittlere pH-Werte (2 ... 12) als linear angesehen. Unterhalb eines pH-Wertes von etwa 1,5 reagiert die Glaselektrode mit einer kleinen *Unterfunktion* (Säurefehler), oberhalb etwa des pH-Wertes 12 muß mit einer hier mehr oder weniger großen Unterfunktion gerechnet werden, die als *Alkalifehler* bekannt ist. Er wird nicht durch den hohen pH-Wert an sich, sondern durch einen Austausch von Natriumionen verursacht und zutreffender auch Natriumfehler genannt. Der Säurefehler ist klein und weniger bedeutsam, der manchmal störende Natriumfehler kann nur durch die Verwendung besonders geeigneter Membranglassorten kleingehalten aber nicht ganz vermieden werden.

Eine andere, in der industriellen Meßpraxis eingesetzte Meßelektrode, ist die Email-Elektrode. Sie besteht im wesentlichen aus pH-sensitivem Email auf einem Stahlrohr. Ihr Funktionsmechanismus weicht von dem der Glaselektrode teilweise ab. Vorteilhaft ist ihre mechanische Stabilität, allerdings müssen bei ihrer Anwendung Einschränkungen im pH-Bereich und größere Meßunsicherheit als bei der Glaselektrode in Kauf genommen werden. Ihre Anwendung erfordert speziell geeignete Meßwertumformer. Für pH-Wert-Messungen in flußsauren Medien wird gelegentlich die Antimon-Elektrode eingesetzt. Sie ist eine Metalloxid-Elektrode und spricht somit nicht auf Wasserstoffionen sondern auf Hydroxidionen an, die jedoch negativ geladen sind, wodurch die Übertragungsfunktion (wieder) invertiert. Die Antimon-Elektrode ist nicht nur pH-Wert-, sondern auch (störend) reduktions-oxydations-empfindlich. Ihre Anwendung erfordert speziell ge-

eignete Meßwertumformer. Halbleiter-Sensoren haben, außer für sehr spezielle Mikro-Anwendungen und einfache „pH-Tester", in der pH-Meßtechnik keine Bedeutung.

8.1.6.2
Bezugselektroden

Die *interne* Bezugselektrode ist Bestandteil der Meßelektrode und wird hier nicht näher betrachtet. Die *externe* „eigentliche" Bezugselektrode hat eine besonders wichtige Bedeutung, da an ihr in der Praxis die häufigsten Meßprobleme auftreten. Bezugselektroden sollen ein vom Meßmedium unbeeinflußtes, stabiles Eigenpotential besitzen und eine elektrische Verbindung zwischen Ionenleitung (meßwertbildende Vorgänge) und Elektronenleitung (elektrische Meßtechnik) vermitteln. Sie bestehen aus einem Metall (Elektronenleiter), das mit einem schwerlöslichen Salz dieses Metalls beschichtet ist, das das gleiche Anion enthält, wie die (Bezugs-)Elektrolytlösung (Ionenleiter), in die dieses beschichtete Metall eintaucht. Beispiel hierfür ist die am meisten eingesetzte Silberchlorid-Elektrode: Silber(draht) beschichtet mit Silberchlorid, eintauchend in eine (silberchloridgesättigte) Kaliumchlorid-Lösung. Eine Elektrolytlösung wird verkürzt auch Elektrolyt genannt.

Das Eigenpotential solcher Elektroden ist nur von der Konzentration (und ungestörten Zusammensetzung) ihrer Elektrolytlösung und von der Temperatur abhängig, deren Einfluß bei der Zusammenstellung einer Meßkette und meßtechnisch berücksichtigt wird. Das Eigenpotential einer solchen Bezugselektrode bestimmt maßgeblich den *Nullpunkt* einer pH-Meßkette. Weitere Bezugselektroden sind die Quecksilberchlorid- („Kalomel"), die Quecksilbersulfat- und die Thalliumchlorid („Thalamid")-Elektrode, die jedoch weniger häufig eingesetzt werden. Ein nicht zum elektrochemischen Prinzip der Bezugselektrode gehörender, zusätzlich erforderlicher und sehr wichtiger Bestandteil eines Bezugselektrodensystems, ist die *Flüssigkeitsverbindung* zwischen der Elektrolytlösung der Bezugselektrode und dem Meßmedium. Diese Flüssigkeitsverbindung heißt

„Diaphragma" und hat die Aufgabe, ein Vermischen beider angrenzender Flüssigkeiten (weitgehend) zu verhindern, jedoch eine (ionenleitende) elektrische Verbindung zwischen ihnen herzustellen. Das Diaphragma besteht aus einer porösen, kapillaren oder spaltförmigen Engstelle in Form eines dochtartigen Stiftes, eines Faserbündels, einer Siebplatte oder eines Spaltes. Der Bezugselektrolyt füllt das Diaphragma aus und steht so mit dem Meßmedium in Verbindung. Am oder im Diaphragma treten mehr oder weniger große veränderliche Störspannungen auf, die nicht beseitigt oder kompensiert werden können. Solche sogenannten Diffusionsspannungen mitbestimmen wesentlich die pH-Wert-Meßunsicherheit. Ursache einer Diffusionsspannung sind die unterschiedlichen Beweglichkeiten von Kat- und Anionen (Ladungsträger) und deren dadurch bedingtes gegenseitiges, ladungstrennendes Vor- bzw. Nacheilen. Kaliumchlorid (KCl) wird vorzugsweise als Elektrolyt verwendet, weil sich die Ionenbeweglichkeiten von Kalium- und Chloridionen nur wenig unterscheiden. Besonders vorteilhaft sind hohe KCl-Konzentrationen, da hier die (fast gleichbeweglichen) Kalium- und Chloridionen überwiegend die Ladungen transportieren.

Die Beweglichkeiten von Wasserstoff- und Hydroxidionen sind wesentlich größer als die anderer Ionen und auch voneinander verschieden. Diffusionsspannungen von über 10 mV (pH-Wert-Meßunsicherheit ca. 0,2) können leicht auftreten. Auch unter günstigen Umständen muß mit einer pH-Wert-Meßunsicherheit durch Diffusionsspannungen von mehreren ΔpH 0,01 gerechnet werden. Verunreinigung des Diaphragmas durch eindringendes Meßmedium (auch Wasser) und/oder gar (Fast-)Verstopfung erhöhen die Probleme erheblich. Diaphragmakontaminationen können auch die Bezugselektrode (störend) pH-sensitiv machen. Änderungen der Zusammensetzung oder auch nur der Konzentration des Bezugselektrolyten ändern das Bezugspotential. Deshalb ist ein ständiger (minimaler) Ausfluß des Bezugselektrolyten in das Meßmedium sinnvoll. Bei drucklosem Meßbetrieb kann das der hydrostatische Druck des Bezugselektrolyten bewirken;

bei Messung unter Druck kann der Ausfluß des Bezugselektrolyten durch Druckbeaufschlagung erreicht werden. In jedem Falle ist in Zeitabständen oder kontinuierlich ein Nachfüllen des Bezugselektrolyten erforderlich. Durch Gel-Verfestigung des Elektrolyten soll bei manchen Elektroden das Nachfüllen vermieden werden. Solche Elektroden mit noch fließfähigem Bezugselektrolyten sind zwar wartungsarm, sind aber diffusionsempfindlich und haben häufig eine geringe Standzeit. Eine andere Ausführung von Elektrolytverfestigung wird durch Polymerisation des Bezugselektrolyten mit einem Polymer erreicht. Solche Elektroden sind wartungsfrei, verhältnismäßig druckfest, wenig verschmutzungsempfindlich und benötigen kein Diaphragma. Sie sind für den pH-Wert-Bereich 2 ... 12 geeignet, haben jedoch häufig ebenfalls eine eingeschränkte Standzeit.

Zum Schutz des Bezugselektrolyten (und des Diaphragmas) kann einer Bezugselektrode ein Hilfselektrolyt (mit einem eigenen Diaphragma gegenüber dem Meßmedium) vorgeordnet werden, der, abhängig vom mediumbedingten Störproblem, so auszuwählen ist, daß er sowohl mit dem Bezugselektrolyten, als auch mit dem Meßmedium störungsfrei verträglich ist (Elektrolytbrücke). Ein so ausgewählter Hilfs-(Schutz-)Elektrolyt hat keinen Einfluß auf das Potential der Bezugselektrode.

8.1.7
Temperatureinfluß

Die pH-Wert-proportionale Spannung der Glaselektrode ist mit $0,1984 \cdot$ mV/$K \cdot T$ (K) temperaturabhängig und beträgt bei 25 °C rund 59,2 mV/pH (pro pH: pro ΔpH = 1; Steilheit). Die Eigenpotentiale von Bezugselektroden sind ebenfalls, aber anders und voneinander verschieden temperaturabhängig. Um einen zusätzlichen Temperatureinfluß hierdurch zu vermeiden, sind kommerzielle Meßketten in diesem Sinne symmetrisch aufgebaut. Bei der Messung mit einer diskreten Bezugselektrode (z.B. in einer Elektrolytbrücke) sind Fehler durch Temperaturdifferenzen möglich.

Außer der Temperaturabhängigkeit der Steilheit kann durch ein unsymmetrisches thermisches Verhalten der Meßkette auch der Nullpunkt temperaturabhängig sein. Diese unter dem Stichwort „Isothermenschnittpunkt" bekannte Erscheinung (Schnittpunkt von Übertragungsfunktionsgraphen bei verschiedenen Temperaturen) wird in der Meßpraxis wenig beachtet, ist aber auch sehr problematisch. Der für ihre Berücksichtigung erforderliche Koordinatenwert U_{is} muß mit einigem experimentellen Aufwand ermittelt werden und ist veränderlich. Seine Berücksichtigung ist nur sinnvoll, wenn bei der Messung die gleiche thermische Geometrie gegeben ist wie bei seiner Ermittlung. Der Isothermenschnittpunktfehler guter kommerzieller Meßketten ist klein. Die Temperaturabhängigkeit der Übertragungsfunktion (ggf. auch mit Isothermenschnittpunkt-Kompensation) wird von pH-Meßwertumformern automatisch berücksichtigt. Die hierzu erforderlichen Informationen erhält der Meßwertumformer durch einen zusätzlich angeschlossenen Temperaturmeßfühler, bei Isothermenschnittpunktkompensation durch zusätzliche Eingabe des U_{is}-Koordinatenwertes. Als Temperaturmeßfühler werden überwiegend Platin-Widerstandsthermometer eingesetzt, die auch in die Meßkette integriert sein können. Die Temperaturabhängigkeit des pH-Wertes des Meßmediums wird nicht kompensiert; der Meßwertumformer müßte hierzu die meist unbekannte und durch viele Einflüsse veränderliche Temperaturabhängigkeit des pH-Wertes des Meßmediums berücksichtigen. Der gemessene pH-Wert ist stets der pH-Wert des Meßmediums bei der Meßtemperatur, die deshalb angegeben werden muß.

8.1.8
Übertragungsfunktion

Bei Zusammenfassung von Konstanten und mit der Definition des pH-Wertes kann als Übertragungsfunktion einer pH-Meßkette mit dem Bezugs-pH-Wert = 7 formuliert werden: $U = U_0 + 0{,}1984\,\mathrm{mV}/K \cdot T \cdot (7 - \mathrm{pH})$. U = Meßkettenspannung (bei pH-Wert und Temperatur des Meßmediums); U_0 = Meßkettenspannung bei pH-Wert = 7; $0{,}1984\,\mathrm{mV}/K$ = Zusammenfassung mehrerer Konstanten; T = absolute Meßtemperatur (K); pH = pH-Wert des Meßmediums.

Allgemein gilt auch: Meßkettenspannung = (Nullpunkt – pH-Wert) · Steilheit. Die Übertragungsfunktion ist (nicht nur temperaturabhängig) veränderlich. Daher ist es erforderlich, die pH-Wert-Meßeinrichtung, abhängig von der prozeßbedingten Veränderung der Übertragungsfunktion und der zulässigen Meßunsicherheit, mit Lösungen bekannten pH-Wertes (Pufferlösungen) zu *justieren*. Das Ausgangssignal einer pH-Meßkette beträgt maximal rund ±0,5 Volt im Bereich pH = 0 … 14, wobei 6 mV 0,1 pH-Stufen bei 25 °C entsprechen. Der wichtigste Parameter des Ausgangssignals ist sein *Quellwiderstand*, der meist einige 100 MΩ beträgt und umgekehrt zur Temperatur bis auf über 1 GΩ ansteigt. Die Meßkette ist polarisationsempfindlich, wodurch der zulässige Störstrom (des Meßwertumformers) begrenzt wird.

8.1.9
Meßwertumformer

Meßwertumformer enthalten einen Meßverstärker, (meist) eine Meßwertanzeige und alle Einrichtungen zur Parametrierung und Justierung der pH-Wert-Meßeinrichtung. Mikroprozessor-pH-Wert-Meßumformer sind Stand der Technik. Alle Prozeß-pH-Wert-Meßumformer stellen ein meßwertproportionales Ausgangssignal als Normstrom oder auch als digitales Signal (Rechner-, Bussystem-Schnittstelle) zur Verfügung, einige sind zusätzlich mit einem Regler ausgestattet. Ein Eingangssignal von ±2 V, wird mit einer Auflösung von $\geq 1 \cdot 10^{-3}$ V bei einer Meßunsicherheit von $\leq 1 \cdot 10^{-3}$ V linear übertragen. Weitere Parameter sind ein hoher Eingangswiderstand von $\geq 5 \cdot 10^{11}$ Ω (einschließlich der Isolationswiderstände der Anschlußtechnik), ein kleiner Störstrom von $\leq 10^{-12}$ A und ein kleiner Temperaturkoeffizient des Übertragungsfehlers. Die der Meßwertgröße „pH-Wert" proportionale Eingangsgröße „Spannung" wird entsprechend der Sensorfunktion als pH-Meßwert 3 1/2 stellig zur Anzeige gebracht und in ein pH-Meßwertproportionales Ausgangssignal übertragen (Bild 8.1).

Dieses Ausgangssignal ist entweder 0 … 20 mA bzw. 4 … 20 mA Stromschleifensignal mit hoher (Bürden-)Spannung von ≥ 10 V oder zusätzlich ein digitales Signal an

Meßkettenspannung U
[mV]

(Ausgangs-)Strom I
[mA]

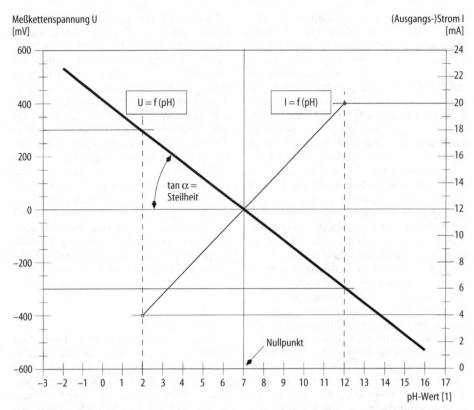

Bild 8.1. Übertragungsfunktion einer pH-Wert-Messung. Graph „$U = f(pH)$" (linke Ordinate): durch Justieren gefundene Übertragungsfunktion einer beispielhaft angenommenen pH-Meßkette mit den Bestimmungsgrößen Null-punkt = pH-Wert 7, Steilheit = 60 mV/pH. Graph „$I = f(pH)$" (rechte Ordinate): durch Parametrieren beispielhaft einge-stellte Übertragungsfunktion des Meßwertumformers für den (Ausgangs-)Strom mit der Zuordnung „Meßspanne pH-Wert 2 ... 12 ≡ Stromspanne 4 ... 20 mA (live zero Stromschleife).

einer (Digital-)Schnittstelle. Eine besondere Form der Signalübertragung ist die 2-Lei-tertechnik. Hier werden das Signal und die Hilfsenergie gleichzeitig innerhalb einer (Norm-)Stromschleife übertragen, wobei der Meßwertumformer als meßwertabhän-gige Stromsenke wirkt. Meßwertumformer stellen außer Normstrom und Digitalsignal weitere Ausgangssignale zur Verfügung, z.B. parametrierbare Melde-(Alarm-)Signale für Grenzwerte, Wartungsbedarf und Sensorü-berwachung. Die Eingangssignalverarbei-tung durch den Meßwertumformer erfolgt, nach A/D-Wandlung, durch einen eigenen Mikroprozessor, seltener durch reine Ana-logtechnik. Bei analoger Signalverarbeitung erfolgen Parametrierung und Justierung durch Betätigen von Stellgliedern und Schaltern, bei digitaler Signalverarbeitung

durch Software-Parametrierung mittels einer Tastatur und Mikroprozessor-Rechen-technik, wobei vollautomatische Betriebs-weise, auch über eine bidirektionale Digital-schnittstelle, möglich ist. Durch Bediener-führung mit Hilfe einer alphanumerischen Anzeige kann ein hohes Maß an Einfachheit und Sicherheit der Bedienung und damit auch der Messung erreicht werden. Eine gestaffelte Vergabe von Zugriffsrechten mit-tels Paßzahlen kann ungewollte Bedienung verhindern.

8.1.10
Justieren
Das Parametrieren von Meßeinrichtungen erfolgt zum Einstellen ihrer Funktionen entsprechend der meßtechnischen Aufga-be, ihr Justieren ist wegen der Veränderlich-

keit der Übertragungsfunktionen der Sensoren erforderlich. Justieren bedeutet Richtigstellen des Meßwertumformers entsprechend den aktuellen Sensoreigenschaften. Beim Justieren einer pH-Meßeinrichtung werden die aktuellen Werte von Nullpunkt und Steilheit der pH-Meßkette festgestellt und berücksichtigt. Hierzu werden die Meßkettenspannungen und Meßtemperaturen in zwei (Justier-Puffer-)Lösungen mit unterschiedlichen pH-Werten (2-Punkt-Justierung) gemessen, und die Übertragungsfunktion des Meßumformers entsprechend angepaßt. Bei analoger Signalverarbeitung geschieht das durch Betätigen von Stellgliedern, bei digitaler Signalverarbeitung automatisch durch Rechentechnik.

In der Prozess-Meßtechnik ist die Möglichkeit einiger Meßwertumformer vorteilhaft, im Betriebslabor (vor)gemessene Daten von Nullpunkt und Steilheit der Meßkette am Meßwertumformer (mittels Tastatur oder auch über Schnittstelle) direkt eingeben zu können. Besonders vorteilhaft kann auch eine sogenannte Probenkalibrierung sein, das ist eine Einpunktjustierung durch Eingeben des pH-Wertes einer im Labor gemessenen Mediumsprobe. Ein Ausbau der Meßkette ist hierbei nicht erforderlich. Alle Probleme der sehr sorgfältig durchzuführenden Justierung werden so in das Labor verlagert. In welchen Zeitabständen justiert werden muß, hängt von vielen Faktoren ab und kann nicht pauschal angegeben werden. Einfluß haben chemische Eigenschaften des Meßmediums, Temperatur, Druck und Verschmutzung sowie Eigenschaften der verwendeten Meßkette und die maximal zulässige Meßunsicherheit. Hier ist empirisch vorzugehen. Die zum Justieren verwendeten Lösungen bekannten pH-Wertes sind (pH-Wert-stabile) Pufferlösungen und so auszuwählen, daß ihre pH-Werte die Meßwerte einschließen. Die pH-Werte von Justier(puffer)lösungen sind temperaturabhängig; sie sind die Standards der pH-Meßtechnik.

8.1.11
Standards
Die pH-Meßtechnik ist eine konventionelle Methode. Ihre wichtigste Konvention stellt eine international anerkannte pH-Skale

dar, die durch eine Reihe sogenannter Standardpufferlösungen repräsentiert ist. Diese vom NIST (National Institut of Standards and Technology, vormals NBS), entwickelten Standard-Pufferlösungen sind in eine DIN-Norm übernommen worden. Die Verwendung von Standard-Pufferlösungen zur Erzielung kleinstmöglicher Meßunsicherheit ist nur bei besonderer methodischer Sorgfalt im Labor sinnvoll. Für die praktische Anwendung auch im Labor existiert eine Vielzahl sogenannter technischer Pufferlösungen, die an die Standard-Pufferlösungen angeschlossen und stabiler als diese sind. Wichtig ist die Berücksichtigung der Temperaturabhängigkeit der pH-Werte von Pufferlösungen, bei Mikroprozessor-Meßumformern geschieht das automatisch. Fehler der pH-Werte der Pufferlösungen (bei unverdorbenen technischen Pufferlösungen einige 0,01) gehen direkt in die Meßunsicherheit der pH-Wert-Messung ein, weswegen Pufferlösungen vor Verunreinigung, Verdünnen und Verdunsten geschützt und ihr Verfalldatum beachtet werden müssen.

8.1.12
Meßunsicherheit
Abgesehen von möglichen elektrischen Störungen (z.B durch Erdungsschleifen) hängt die Meßunsicherheit bei der pH-Wertmessung hauptsächlich ab einerseits von der Richtigkeit der Justierpufferlösungen, der Beachtung ihrer Temperaturabhängigkeit, der Sorgfalt beim Justieren, sowie andererseits vom Driftverhalten der Meßkette und von Diffusionsspannungen am Diaphragma der Bezugselektrode. Diffusionsspannungen tragen wesentlich zum Driftverhalten der Meßkette bei. Sie hängen von der Zusammensetzung, der Konzentration und der Temperaur des Meßmediums ab und können nicht grundsätzlich vermieden, sondern nur durch entsprechende Bezugselektroden-(Diaphragma-)Auswahl oder Schutzmaßnahmen wie z.B. Druckbeaufschlagung der Bezugselektrode oder eine Elektrolytbrücke kleingehalten werden. Bei Labormessungen kann mit einer Gesamt-pH-Wert-Meßunsicherheit von ca. 0,05, bei Betriebsmessungen von ca. 0,1 gerechnet werden. Die Anstiegszeit t_{90} einer pH-Mes-

sung kann bei einer pH-Wertänderung grob mit ca. 10 s, bei einer Temperaturänderung mit 1 min angenommen werden. Die Wartung einer pH-Meßeinrichtung betrifft den Justierzustand der Meßkette. Ihr Driftverhalten und die zulässige Meßunsicherheit bestimmen das Wartungsintervall, das empirisch gefunden werden muß. Unterschiedliche pH-Meßwerte eines Meßmediums bei unterschiedlichen Temperaturen beruhen nicht auf Meßfehlern sondern sind mediumsbedingt.

8.2
Redoxspannung

8.2.1
Definition

Das Redoxpotential wird hier definiert als das Potential einer chemisch indifferenten Metallelektrode in einem Reduktions/Oxidations-Gleichgewichtssystem bezogen auf die Standard-Wasserstoffelektrode. Da Reduktion und Oxidation nur wechselseitig möglich und Einzelpotentiale nicht meßbar sind, sondern nur die Differenz zweier Potentiale als Spannung gemessen werden kann (Redoxpotential/Bezugspotential), ist die Bennung Redoxspannung statt Redoxpotential sinnvoll.

8.2.2
Bedeutung

Die Redoxspannung kennzeichnet die Lage des chemischen Gleichgewichtes bei Reduktions/Oxidations-Reaktionen. Die Bedeutsamkeit von Reduktions/Oxidations-Reaktionen entspricht der von Säure/Base-Reaktionen. Sie treten häufig gemeinsam auf. Durch eine Redoxspannungsmessung wird keine Einzelionenaktivität, sondern das Verhältnis von reduzierenden zu oxidierenden Aktivitäten ermittelt. Die Redoxspannung ist insofern unspezifisch, als sämtliche anwesenden reduzierenden und oxidierenden Stoffe gemeinsam zum Meßergebnis beitragen.

8.2.3
Einheit

Die Redoxspannung (bzw. das Redoxpotential) hat die SI-Einheit Volt (gegenüber einem Bezugspotential, das angegeben werden muß). Anstelle der Angabe des Bezugspotentials wird häufig die Bezugselektrode bezeichnet, auf die die Redoxspannung (oder das Redoxpotential) sich beziehen. Da die meisten Redoxgleichgewichte pH-Wert-abhängig, und alle chemischen Gleichgewichte temperaturabhängig sind, müssen außerdem pH-Wert und Meßtemperatur angegeben werden. Beispiel für die Angabe eines Redox-Meßergebnisses: Die (Das) Redoxspannung (Redoxpotential) beträgt bei einem pH-Wert von xx,xx und einer Temperatur von xxx,x °C x.xxx V bezogen auf die SWE (Standard-Wasserstoff-Elektrode) oder … Volt, gemessen gegen Ag/AgCl, KCl 3 mol/l (Beispiel). Praktisch gemessene Redoxspannungen liegen zwischen –1 V und +1,5 V. Eine andere, wenig gebräuchliche Meßgröße für das Redox-Verhalten, ist der „rH-Wert" (s. Abschn. 8.2.13).

8.2.4
Grundlagen

Das Kunstwort „Redox" verbindet die Begriffe *Reduktion* und *Oxidation,* die nur gleichzeitig und gegenseitig ablaufen können. Der reduzierte Stoff ist Oxidationsmittel für den oxdierten und umgekehrt oder anders formuliert: Das Oxidationsmittel wird reduziert, das Reduktionsmittel wird oxidiert. Reduktion bedeutet Elektronenaufnahme (durch den reduzierten Stoff), Oxidation Elektronenabgabe (durch den oxidierten Stoff). Als Beispiel möge in einer Eisen(II/III)-Salz-Lösung die Oxidation (Reduktion) von zwei-(drei-)wertigem Eisen durch Abgabe (Aufnahme) eines Elektrons (e^-) zu drei-(zwei-)wertigem Eisen dienen: $Fe^{2+} - e^- \Leftrightarrow Fe^{3+}$ bzw. ($Fe^{3+} + e^- \Leftrightarrow Fe^{2+}$). Die Ionen Fe^{2+} und Fe^{3+} bilden ein Redox-Paar. Für den Reduktions/Oxidations-Vorgang insgesamt wird ein zweites Redox-Paar benötigt, das hier jedoch nicht betrachtet wird.

8.2.5
Meßprinzip

Elektronen sind in einer Lösung praktisch nicht existenzfähig, aber sie können ausgetauscht werden, wie im Beispiel zwischen Eisen(II) und Eisen(III). Eine Metallelektrode kann als Elektronenleiter Elektronen abgeben oder aufnehmen und so am Elektronenaustausch teilnehmen. Sie nimmt dadurch ein gleichgewichtsabhängiges Potential an, das als Maßzahl für das Redoxgleichgewicht dient. Eine (chemisch indifferente Edel-)Metallelektrode (deren Metall nicht merklich als Ionen in Lösung geht) kann in der betrachteten Eisen (II/III)-Salz-Lösung mit den Fe^{2+}- und den Fe^{3+}-Ionen Elektronen austauschen. Wären nur Fe^{2+}-Ionen anwesend, könnte die Metallelektrode von ihnen Elektronen aufnehmen, wodurch Fe^{2+}-Ionen zu Fe^{3+}-Ionen oxidiert und die Metallelektrode negativ geladen werden würde. Wären nur Fe^{3+}-Ionen anwesend, könnte die Metallelektrode an sie Elektronen abgeben, wodurch Fe^{3+}-Ionen zu Fe^{2+}-Ionen reduziert und die Metallelektrode positiv geladen werden würde. Bei gleichzeitiger Anwesenheit beider Ionenarten nimmt die Metallelektrode ein (Red/Ox-) Potential an, das vom Aktivitäts-Verhältnis und der Art der Ionen bestimmt wird. Zusätzlich sind Redoxpotentiale (meist) pH-Wert-abhängig. Zur Messung des Potentials der Metallelektrode wird eine Bezugselektrode benötigt, deren Eigenpotential nicht vom Redox-Gleichgewicht abhängt.

8.2.6
Sensoren

Ein Sensor zur Messung der Redoxspannung besteht aus der Zusammenschaltung einer chemisch nicht reagierenden, elektronensensitiven Edelmetallelektrode als Meßelektrode mit einer potentialstabilen, vom Redoxvorgang nicht beeinflußten Bezugselektrode zu einer Meßkette, die auch eine Einstabmeßkette sein kann. Als Elektrodenmetall wird meist Platin, seltener Gold, verwendet. Als Bezugselektroden dienen die gleichen Bezugselektroden (mit deren Problemen) wie zur pH-Wert-Messung. Das Ausgangssignal des Sensors beträgt maximal ± 2 V und darf maximal mit einer Bürde von $1 \cdot 10^{10}$ Ω und/oder einem (Stör-) Strom von $1 \cdot 10^{-10}$ A belastet werden.

8.2.6.1
Meßelektroden

Die Meßelektrode besteht aus einem Ring in Form eines Rohrabschnittes, einem Stift oder einem Blech aus Edelmetall, meist aus Platin. Das Edelmetall soll chemisch nicht mit dem Meßmedium reagieren und nur durch Elektronenabgabe oder -Aufnahme als elektronensensitive Elektrode wirken. Eine Edelmetallelektrode hat weitgehend unveränderliche Sensoreigenschaften, sofern sie metallisch blank und glatt(poliert) ist. An ihr können jedoch Fehlerpotentiale durch (oxidative) Aufladungen und durch Beläge und Adsorption auftreten. Eine Metallelektrode ist nicht „niederohmig", ihre Phasengrenzfläche Metall/Elektrolyt ist sehr polarisationsempfindlich. In sehr gering beschwerten (wenig stabilen) Redoxsystemen kann sich das Potential auch einer einwandfreien Redox-Elektrode sehr langsam (in Extremfällen in bis zu einer Stunde) einstellen.

8.2.6.2
Bezugselektroden

Sinngemäß gelten die im Abschnitt „pH-Wert" dargestellten Eigenschaften und Probleme von Bezugselektroden auch hier. Anders als dort muß bei der Messung der Redoxspannung jedoch das Einzelpotential der Bezugselektrode besonders beachtet werden, da es vollständig in den Meßwert eingeht. Das Redoxpotential ist (eigentlich) auf die sogenannte Standard-Wasserstoff-Elektrode (SWE) zu beziehen. Die SWE wird aber wegen ihrer komplizierten Betriebsweise nur für bestimmte Standard-Messungen verwendet und ist für die praktische Anwendung ungeeignet. Das Potential der SWE beträgt definitionsgemäß temperaturunabhängig 0 Volt. Die Potentiale der praktischen Bezugselektroden sind gegenüber der SWE und untereinander verschieden; sie sind von der Konzentration (mol/l) ihres Bezugselektrolyten und von der Temperatur abhängig. Jeder Angabe einer Redoxspannung muß daher die Angabe des Bezugspotentials beigegeben werden. Diese Angabe erfolgt entweder nach Addieren der (temperaturrichtigen) Bezugsspannung der verwendeten Bezugselektrode (gegen die SWE) zum Spannungsmeßergebnis durch die Hinzufügung „bezogen auf die SWE", oder durch die genaue Angabe der verwendeten Bezugselektrode durch die Hinzufügung „gemessen gegen Ag/AgCl, KCl 3

mol/l" (Beispiel, Bezugsspannung hier
+207 mV$_{25°C}$ gegenüber der SWE). Siehe
Bild 8.2.

Die Temperaturabhängigkeit der Redoxspannung kann wegen ihres Summencha-
rakters (und ihrer pH-Wert-Abhängigkeit)
praktisch nicht angegeben werden; die
Temperaturabhängigkeit des Bezugspotentials ist eine Sensoreigenschaft. Die Konstanz der Übertragungsfunktion einer Red-
oxmeßkette hängt neben der Sauberkeit
und Glattheit der Meßelektrode wesentlich
vom Zustand der Bezugselektrode ab. Hier
sind wie bei der pH-Wert-Messung die
Konzentration des Bezugelektrolyten und
Diffusionstörungen am Diaphragma wesentlich für das Driftverhalten.

8.2.7
Temperatureinfluß

Die Temperatur hat keinen Einfluß auf die
Meßelektrode, jedoch auf das Potential der
Bezugselektrode, das vollständig in den
Meßwert eingeht, von einigen Meßwertumformern aber auch automatisch berücksichtigt werden kann. Die Temperaturabhängigkeit des gemessenen Redox-Gleich-
gewichtes bleibt unberücksichtigt und geht
in den Meßwert ein. Die Angabe der Meßtemperatur ist erforderlich.

8.2.8
Übertragungsfunktion

Bei Zusammenfassung von Konstanten und
mit der Definition der Redoxspannung als
Maß für das Reduktions-/Oxidationsver-
hältnis, kann als Übertragungsfunktion
einer Redox-Meßkette formuliert werden:
$U = U_H - U_B = U_S + 0{,}1984$ mV/K · 1/n · T ·
log (a_{ox}/a_{red}).
U = Meßkettenspannung mit der verwendeten Bezugselektrode; U_H = Meßkettenspannung bezogen auf die SWE; U_B =
Spannung der verwendeten Bezugselektrode bezogen auf die SWE; U_S = Standard-
spannung des Redoxpaares (bezogen auf
die SWE, typisch für das Redoxpaar);
0,1984 mV/K = Zusammenfassung mehrerer Konstanten; n = Anzahl der vom Redox-
paar getauschten Elektronen (typisch für
das Redoxpaar); T = absolute Meßtemperatur (K); a_{ox}/a_{red} = (Verhältnis der) Aktivitäten der Ionen des Redoxpaares.

Besonders wichtig ist die Beziehung $U =
U_H - U_B$: (Eigentliche) Redoxspannung U_H
(bezogen auf die SWE) = Meßkettenspannung U + Bezugsspannung U_B (der Bezugselektrode bezogen auf die SWE).

Wegen des praktischen Summencharak-
ters der Redoxspannung gilt die obige
Funktion nur für ein modellhaft einfaches
Redoxsystem (Bild 8.2).

8.2.9
Meßwertumformer

Als Meßwertumformer für Redox-Span-
nungsmessungen werden fast immer pH-
Wert-Meßumformer eingesetzt, die entsprechend parametriert werden können.
Mikroprozessor-Meßwertumformer sind
Stand der Technik. Ihr Eingangsspannungs-
bereich beträgt ±2 V, ihre weiteren Ein-
gangsdaten (Widerstand, Offsetspannung
und Störstrom) übertreffen die Anforderungen der Redoxspannungs-Meßtechnik.
Einige Mikroprozessor-Meßwertumformer
sind mit einem Algorithmus zur automatischen Berücksichtigung der temperaturrichtigen Bezugsspannung ausgestattet.
Wenige sind darüber hinaus für die simultane pH-Wert- und Redoxspannungsmessung mittels einer Dreifachmeßkette (Glas-,
Metall- und Bezugselektrode) eingerichtet.
Eine simultane Temperaturmessung ist in
jedem Falle vorgesehen.

8.2.10
Justieren

Da die Redoxmeßelektrode keine justier-
fähige Funktion hat und zur an sich möglichen Justierung im Hinblick auf die an der
Meßwertbildung beteiligte Bezugselektrode, eine zweite Bezugselektrode mit bekannter Bezugsspannung erforderlich wäre
(gegen die ja dann auch direkt gemessen
werden könnte), entfällt insgesamt eine
„Redox-Justierung". Mit sogenannten Redox-Pufferlösungen als Standards ist eine
Prüfung der Redox-Meßkette möglich. Ob
Abweichungen der gemessenen von der
theoretischen Meßkettenspannung (in der
Prüflösung) von der Meß- oder der Bezugselektrode herrühren, kann jedoch mit ihrer
Hilfe nicht festgestellt werden. Wenn eine
zusätzliche Bezugselektrode mit bekannter
Bezugsspannung zur Verfügung steht, kann

Meßkettenspannung U
[mV]

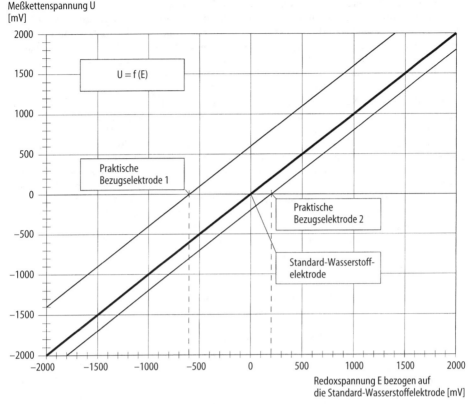

Bild 8.2. Übertragungsfunktion einer Redoxspannungs-Messung. Die beiden Graphen der praktischen Bezugselektroden zeigen beispielhaft deren Bezugsspannungen gegenüber der Standard-Wasserstoffelektrode (Verschiebung in Richtung der Abszisse) und deren dadurch jeweils bedingten additiven Einfluß auf eine gemessene Redoxspannung. Für die praktische Bezugselektrode 1 wird eine Bezugsspannung gegenüber der Standard-Wasserstoffelektrode (SEW) von −600 mV angenommen (entspricht etwa einer Thallium/Thalliumchlorid-Bezugselektrode mit $E_{25\,°C\,SWE} = -571$ mV). Eine (Redox-) Meßkettenspannung von z.B. 0 V zwischen dieser und z.B. einer Platinelektrode ergibt eine Spannung von −600 mV, bezogen auf die SWE (−600 mV addiert). Die praktische Bezugselektrode 2 entspricht der häufig verwendeten Bezugselektrode vom Typ Silber/Silberchlorid, KCl 3 mol/l. Hier sind zur Meßkettenspannung +200 mV (exakt: + 207 mV$_{25\,°C}$) zu addieren, um die Redoxspannung bezogen auf die SWE zu erhalten. Die Redoxspannung bezogen auf die SWE wird hier mit E bezeichnet.

die Bezugsspannung der fraglichen Bezugselektrode durch eine Spannungsmessung zwischen beiden z.B. in einer KCl-Lösung ermittelt werden.

8.2.11
Standards

Zur Kontrolle des Justierzustandes einer Redox-Meßeinrichtung sind sogenannte Redox-Pufferlösungen erhältlich. Sie enthalten ein *chemisches Gleichgewichtssystem* mit einem definierten Reduktions/Oxidations-Verhalten und einem definierten pH-

Wert. Die Temperaturabhängigkeit ihrer Redoxwerte ist tabelliert. Durch Sättigen von pH-Pufferlösungen mit Chinhydron (Redoxsubstanz) sind Redox-Prüflösungen leicht selbst herstellbar.

8.2.12
Meßunsicherheit

Redoxspannungsmessungen sind nicht selektiv, sie stellen einen Summenmeßwert aller anwesenden Redoxgleichgewichte dar. Die meisten Redoxreaktionen sind pH-Wert-abhängig. Bei Unklarheiten bei der

Bewertung von Meßergebnissen sollte stets der Einfluß des Bezugspotentials bedacht werden. An der Meßelektrode können Fehlerpotentiale durch Beläge, Adsorption und (oxidative) Aufladungen auftreten. Die Meßelektrode muß daher frei von Belägen und zur Verringerung von Adsorption glatt (blankpoliert) sein. Nach der Einwirkung starker Oxidationsmittel kann abklingend eine zu hohe Redoxspannung gemessen werden. Eine solche oxidative Aufladung kann durch Einwirken eines Reduktionsmittels (z.B. einer Natriumsulfit-Lösung) abgebaut werden.

Die Unsicherheit der Bezugsspannung neuwertiger Bezugselektroden beträgt ca. ±5 mV, sie kann sich durch Änderungen der Bezugselektrolytlösung auf mehrere 10 mV erhöhen. Eine (veränderliche) Diffusionsspannung am Diaphragma kann einen zusätzlichen Spannungsfehler bewirken. Er ist umso größer, je verschiedener Meßlösung und Bezugselektrolytlösung hinsichtlich Zusammensetzung und Konzentration sind. Abgesehen von den möglichen Störungen an der Meßelektrode, wird die Meßunsicherheit oder eine Drift des Sensorverhaltens wesentlich vom Verhalten der Bezugselektrode bestimmt. Die Einstellzeit der Redoxspannung kann sich in sehr schwach beschwerten („redox-gepufferten") Systemen in Extremfällen auf bis zu eine Stunde ausdehnen. Die Meßunsicherheit einer Redoxspannungsmessung wird in der Praxis kaum kleiner als ca. ±10 mV sein.

8.2.13
rH-Wert

Das Redoxverhalten einer Lösung wird korrekt beschrieben durch die Angabe der Spannung (Volt) einer chemisch indifferenten Metallelektrode bezogen auf die SWE sowie der Meßtemperatur und des pH-Wertes. Eine andere (wenig gebräuchliche) Meßgröße für das Redoxverhalten ist der rH-Wert. Er stellt eine aus dem Redoxverhalten, beschrieben durch den sogenannten pe-Wert, und aus dem pH-Wert zusammengesetzte Größe dar. Der rH-Wert hat die SI-Einheit 1 und wird auf einer praktischen rH-Skala von 0 ... 42 dargestellt. Der pe-Wert ist eine theoretische Hilfsgröße, die sich von der Redoxspannung bezogen auf die SWE

(U_H) um den Faktor $1/U_N$ unterscheidet. U_N ist der theoretische, sogenannte *Nernstfaktor*, d.h. praktisch das Produkt aus absoluter Meßtemperatur T (K) und dem Faktor 0,19841 mV/K (Zusammenfassung mehrerer Konstanten). Der rH-Wert kann wie folgt definiert werden: rH = (pe + pH) · 2 oder rH = (U_H/U_N + pH) · 2. Durch die Verknüpfung der Redoxspannung mit dem pH-Wert sollte ursprünglich eine pH-Wert-unabhängige Meßgröße für das Reduktions/Oxidations-Verhalten geschaffen werden. Später wurde erkannt, daß die theoretische pH-Abhängigkeit des Redoxverhaltens jedoch häufig gestört ist. Die Anwendbarkeit des rH-Begriffes ist daher problematisch und im Einzelfall sorgfältig zu prüfen.

8.3
Leitfähigkeit

8.3.1
Definition

Die spezifische elektrolytische Leitfähigkeit ist gleich dem Kehrwert des elektrischen Widerstandes einer Flüssigkeitssäule von 1 m Länge und 1 m² Querschnitt. Üblich und anschaulicher, weil praxisnäher, ist es, die Definition auf cm zu beziehen.

8.3.2
Bedeutung

Abgesehen von der Anwendung der Messung der spezifischen elektrolytischen Leitfähigkeit (kurz „Leitfähigkeit" genannt) für spezielle analytische Untersuchungen, liegt die praktische Bedeutung der Leitfähigkeitsmessung in ihrer Beziehung zur *Konzentration*. Leitfähigkeitsmessungen werden (mindestens implizit) im Sinne einer Konzentrationsmessung durchgeführt. Die Leitfähigkeit wird von der Konzentration von Ionen als Ladungsträger und von der Temperatur bestimmt. Die Leitfähigkeitsmessung ist insofern unspezifisch, als sämtliche anwesenden Ionen zum Meßergebnis beitragen.

8.3.3
Einheit

Die SI-Einheit der (spezifischen) Leitfähigkeit ist das Siemens pro Meter (S/m), übliche Einheiten sind das S/cm (mS/cm, µS/cm, nS/cm). Wegen der Temperaturabhängigkeit der Leitfähigkeit ist stets die Temperatur anzugeben, auf die der Meßwert bezogen ist. Der praktische Wertebereich der Leitfähigkeit reicht von einigen nS/cm bis ca. zwei S/cm. Als Formelzeichen für die spezifische elektrolytische Leitfähigkeit wird das kleine griechische „Kappa" κ verwendet.

8.3.4
Grundlagen

Die Messung der Leitfähigkeit als Maß für das Leitvermögen von Elektrolytlösungen erfolgt durch die Messung des elektrischen Widerstandes in einer *definierten Meßgeometrie*. Der Meßwert ergibt sich als Produkt aus dem elektrischen Meßergebnis und einer Kennzahl für die Meßgeometrie. In Elektrolytlösungen erfolgt die Leitung des Stromes als Ladungstransport durch Ionen, deren Art und Konzentration temperaturabhängig das Leitvermögen der Meßlösung beeinflussen. Die klassische Form der Meßgeometrie ist eine Flüssigkeitssäule von 1 cm Länge und 1 cm² Querschnitt. Eine (modellhafte) Realisation dieser Geometrie ist ein würfelförmiges, nichtleitendes Meßgefäß gleicher Abmessungen mit zwei gegenüberliegenden leitenden (Elektroden-) Flächen. Eine Widerstandsmessung an diesem Meßgefäß ergibt einen Widerstandsmeßwert R (Ω) bzw. seinen Kehrwert, den Leitwert G (Siemens). Der mit dem modellhaften Meßgefäß gemessene Leitwert ist spezifisch für diese Meßgeometrie. Der auf diese Meßgeometrie bezogene Leitwert heißt spezifische Leitfähigkeit (S/cm) und wird von Leitfähigkeitsmeßgeräten angezeigt.

Der Leitwert würde bei einer anderen Meßgeometrie mit größerer Länge der Flüssigkeitssäule abnehmen, mit größerem Querschnitt zunehmen. Zur Reduktion eines Leitwertmeßergebnisses auf die klassische (definitionsgemäße) Meßgeometrie wird das Verhältnis von Länge zu Querschnitt der Flüssigkeitssäule als Multiplikator verwendet und Zellkonstante genannt. Die Einheit der Zellkonstante ist 1/cm (cm/cm²). Die Leitfähigkeit steigt mit der Temperatur und der Anzahl transportierter Ladungen, also zunächst mit der Konzentration. Mit zunehmender Ionenkonzentration behindern sich die Ladungsträger (Ionen) jedoch gegenseitig, wodurch die Leitfähigkeit wieder abnimmt (Aktivitätseffekt). Nur bei (sehr) niedrigen Konzentrationen besteht ein (praktisch) linearer Zusammenhang zwischen Leitfähigkeit und Konzentration; bei mittleren und hohen Konzentrationen tritt häufig (mindestens) ein Maximum der Leitfähigkeit auf, wodurch der Zusammenhang mehrdeutig sein kann.

Temperaturerhöhung erhöht zwar die Leitfähigkeit durch Zunahme der Zahl der Ladungsträger (Zunahme der Dissoziation), die sich aber gegenseitig behindern können und wesentlich durch Zunahme ihrer Beweglichkeit (Abnahme der Viskosität des Lösungsmittels Wasser). Der Temperaturkoeffizient der Leitfähigkeit ist daher immer positiv. Da eine Messung mit Gleichstrom die Zusammensetzung der Meßlösung (durch Elektrolyse) verändern würde, werden Leitfähigkeitsmessungen mit *Wechselstrom* durchgeführt. Zur Messung verwendete Elektrodenanordnungen definierter Geometrie heißen Meßzellen. An deren Elektroden kann meßwertverfälschende Polarisation auftreten.

8.3.5
Meßprinzip

Die Messung der Leitfähigkeit durch *Wechselstromwiderstandsmessung* erfolgt z.B. durch die Messung des (leitwertproportionalen) Stromes durch die Meßzelle mittels Konstantspannung oder des zur Konstantregelung der Zellspannung erforderlichen Stromes oder durch Messung von Strom und Spannung mit Quotientenbildung. Die Meßzelle (zusammen mit ihrer Anschlußtechnik) stellt einen komplexen Wechselstromwiderstand dar, nur der Realteil des Wechselstromleitwertes ist gesucht. Durch Multiplikation mit der Zellkonstante ergibt sich die spezifische Leitfähigkeit.

Zur Kleinhaltung der Meßunsicherheit werden, abhängig vom Leitwert verschiedene Meßfrequenzen im Bereich von einigen 10 bis zu einigen 1000 Hz verwendet. Der erhaltene (angezeigte) Leitfähigkeitsmeßwert ist zunächst der aktuelle (tatsächliche) Leitfähigkeitswert bei der Meßtemperatur.

Durch eine (problematische) Temperaturkompensation kann dieser aktuelle Meßwert auf den Wert umgerechnet werden, der sich bei einer anderen Meßtemperatur ergäbe. Diese Umrechnung z.B. auf eine Bezugstemperatur von 25 °C soll den Vergleich bei verschiedenen Meßemperaturen erhaltener Meßwerte ermöglichen.

8.3.6
Sensoren

Der Sensor, auch Meßzelle genannt, verkörpert die erforderliche Meßgeometrie, die quantitativ durch die Zellkonstante beschrieben wird. Die Leitwertmessung erfolgt mittels der Meßzelle unter Stromfluß durch das Meßmedium. Der Stromfluß kann entweder mittels (elektronenleitender) Elektroden, die das Meßmedium galvanisch kontaktieren (galvanische Zellen) oder (elektrodenlos) durch (elektromagnetische) Induktion mittels (isolierter) Spulen (induktive Zellen) bewirkt werden. Galvanische Meßzellen sind als 2-Pol-Meßzellen oder als 4-Pol-Meßzellen ausgeführt. Bei 2-Pol-Meßzellen erfolgen Stromleitung und Spannungsmessung mittels der gleichen Elektroden. Das können zwei Elektroden oder auch mehrere (häufig drei) zu (2-Pol-) Gruppen zusammengeschaltete Elektroden sein. Bei 4-Pol-Meßzellen erfolgen Stromleitung und Spannungsmessung mittels getrennter Elektrodenpaare. An den strombelasteten Elektroden treten an den Phasengrenzen Metall/Meßlösung Polarisationsschichten auf, die zu einer Erhöhung des meßbaren Widerstandes und damit bei 2-Pol-Zellen zu einer scheinbaren Erniedrigung der Leitfähigkeit (oder Vergrößerung der Zellkonstante) d.h. zu einer Vergrößerung der Meßunsicherheit führen.

Da die Polarisation wesentlich von der Elektroden-Stromdichte bestimmt ist, wird konstruktiv durch entsprechende Wahl von Elektrodenfläche und -Abstand ein Kompromiß zwischen meßbarem Leitwert (Auflösung) und (polarisationsbedinger) Meßunsicherheit angestrebt. So werden 2-Pol-Meßzellen mit Zellkonstanten (Meßgeometrien) zwischen ca. 0,01 und 100 (1/cm) abhängig vom Leitwertbereich verwendet. Auch das Elektrodenmaterial hat Einfluß auf das Polarisationsverhalten der

Meßzelle, üblich sind u.a. Edelstahl, Platin, Graphit und platinierte (Platin-)Elektroden (mit feinstverteiltem, schwarzem Platin(moor) beschichtet). Letztere bedürfen besonderer Pflege und sind für die industrielle Anwendung kaum geeignet. Bei 4-Pol-Meßzellen dienen zwei Elektroden der Stromleitung und zwei weitere, zwischen ihnen angeordnete (stromfreie) Elektroden, der Spannungsmessung. Die an den Stromelektroden hier ebenfalls auftretende Polarisation kann jedoch durch eine entsprechende Meßtechnik unschädlich gemacht werden. Entweder wird der polarisationsbedingt niedrigere Spannungsabfall an den Spannungsmeßelektroden gegenüber einem Sollwert durch Nachregeln des Stromes konstant gehalten, wobei der Strom dem Leitwert proportional ist, oder aber es werden Strom und Spannung an beiden Elektrodenpaaren gleichzeitig gemessen wobei der Quotient Strom/Spannung dem Leitwert proportional ist.

Eine polarisationsbedingte Meßunsicherheit tritt bei 4-Pol-Meßzellen praktisch nicht auf. Zweipolmeßzellen müssen hinsichtlich ihrer Zellkonstante dem jeweiligen Leitwertbereich entsprechend ausgewählt und gewartet werden, mit Vierpolmeßzellen kann in einem sehr großen Leitwertbereich mit einer einzigen Meßzelle und minimalem Wartungsaufwand gemessen werden. Bei Zweipolmeßzellen wird die Zellkonstante (Abstand/Fläche) durch Elektrodenverschmutzung vergrößert und damit der Meßwert verfälscht, bei Vierpolmeßzellen ist der Verschmutzungseinfluß sehr gering. Die Messung besonders niedriger Leitfähigkeitswerte (unter ca. 10 µS/cm) ist problematisch und erfolgt mit (Z-Pol-) Durchflußmeßzellen mit besonders kleiner Zellkonstante (z.B. K = 0,01/cm).

Ein gemeinsames, weiteres Geometriemerkmal von Leitfähigkeitsmeßzellen betrifft die Feldausbreitung zwischen den Stromelektroden. Die elektrischen Feldlinien treten senkrecht aus einer Elektrodenoberfläche aus und streben auf kürzestem Wege den ebenfalls senkrechten Wiedereintritt (in die Oberfläche der Gegenelektrode) an. Hieraus ergibt sich, bauartabhängig, z.B. eine etwa tonnenförmige Felderstreckung, die Bestandteil der Meßgeometrie ist. Wird dieses Feld definiert und konstant begrenzt (eingeengt), z.B. durch ein einhüllendes Rohr, so ergibt sich eine Meßzelle, deren Zellkonstante von der Einbaugeometrie unabhängig ist. Entfällt ein solches Hüllrohr, dann kann die Einbaugeometrie die Zellkonstante einer solchen sogenannten Streufeldzelle mitbestimmen. Das Prinzip der sogenannten induktiven Meßzellen verwendet keine Elektroden, somit entfällt hier jede Polarisation(-sstörung), die ja nur an einer Phasengrenze auftritt. Bei induktiven Meßzellen wird von einer Ringkernspule in einer vom Meßmedium gebildeten Flüssigkeitsschleife eine Spannung induziert, die in der (ionenleitenden) Flüssigkeitsschleife einen leitwertabhängigen Strom hervorruft, der von einer zweiten, magnetisch isolierten, die Flüssigkeitsschleife ebenfalls umfassenden Ringkernspule einen Strom induziert, der dem Leitwert der Flüssigkeitsschleife proportional ist. Querschnitt und Länge der Flüssigkeitsschleife bestimmen auch hier die Zellkonstante. Induktive Meßzellen haben meist einen Streufeldanteil. Sie sind vollständig (isolierend) in Kunststoff eingebettet. Der Wegfall von Polarisationsstörungen, eine geringe Verschmutzungsempfindlichkeit, ein großer Meßbereich und der Fortfall von Metallkorrosion sind ihre besonderen Kennzeichen.

Die Verwendung besonders hochwertiger Fluorkunststoffe (PTFE, PFA) ermöglicht Messungen in stark korrosiven Medien. Die Übertragungsfunktion von Leitfähigkeitsmeßzellen ist unter der Voraussetzung vernachlässigbarer Verschmutzung praktisch konstant und der Meßwert mediumsbedingt nur mit der Temperatur veränderlich. Diese Temperaturabhängigkeit der Leitfähigkeit kann mittels eines in die Meßzelle integrierten Temperaturmeßfühlers durch den Meßwertumformer (kompromißhaft) berücksichtigt werden. Das Ausgangssignal des passiven Sensors Leitfähigkeitsmeßzelle ist ein Wechselstrom-Widerstand bzw. -Leitwert, der von der Zellkonstante abhängt.

8.3.7
Temperatureinfluß
Die Übertragungsfunktion der Meßzelle ist temperaturunabhängig, die Leitfähigkeit des Meßmediums steigt mit der Temperatur. Dieses Verhalten ist nichtlinear (es ist temperatur- und konzentrationsabhängig). Der Leitfähigkeitsmeßwert ist zunächst der aktuelle (wahre) Meßwert bei Meßtemperatur. Zur Herstellung von Vergleichbarkeit sollen jedoch häufig Leitfähigkeitsmeßwerte bei verschiedenen Meßtemperaturen auf einen Leitfähigkeitswert umgerechnet werden, der sich bei einer gemeinsamen (Bezugs-)Temperatur (meist 25 °C) ergäbe. Da die Temperaturabhängigkeit mit der Ionenart, der Konzentration und der Temperatur variiert, ist die Verwendung eines *Temperaturkoeffizienten* streng genommen unmöglich, sie ist jedoch Teil eines weitgehenden (aber vernünftigen) Kompromisses. Dieser Kompromiß besteht in der Verwendung eines angenommenen, mittleren Temperaturkoeffizienten, einer linearen Kompensation, der Beschränkung auf kleine Temperatur- und Leitfähigkeitsbereiche und (möglichst) der Verwendung der mittleren Temperatur des Temperaturbereichs als Bezugstemperatur. Die praktisch auftretenden Temperaturkoeffizienten variieren etwa zwischen 1 und 4%/°C, im Mittel betragen sie 2 … 3%/°C, sehr reines Wasser erreicht Werte über 7%/°C.

8.3.8
Übertragungsfunktion
Die Übertragungsfunktion einer Leitfähigkeitsmeßzelle lautet: $\kappa = G \cdot K$. κ = spezifische Leitfähigkeit (des Meßmediums); G = Wirkleitwert (1/ohmscher Anteil der Impedanz); K = Zellkonstante (Bild 8.3).

8.3.9
Meßwertumformer
Meßwertumformer für die Leitfähigkeitsmessung (*Konduktometer*) sind unabhängig von der Art der Meßzelle Wechselstromleitwertmesser (Impedanzmeter), die die Konduktanz (Wirkleitwert, 1/ohmscher Anteil) der Impedanz (multipliziert mit der Zellkonstante) als Meßwert direkt bzw. in ein Normsignal gewandelt ausgeben. Mikroprozessor-Meßwertumformer sind Stand der Technik. Wegen Besonderheiten der Meßtechnik mit induktiven Meßzellen sind für diese besondere Meßwertumformer oder besondere Meßmodule erforderlich. Meßspannung und Meßfrequenz wer-

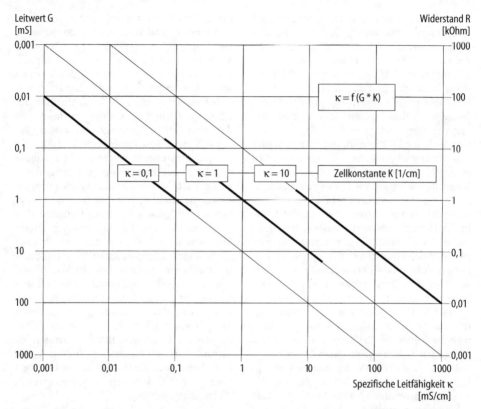

Bild 8.3. Übertragungsfunktion einer Leitfähigkeits-Messung. Die Graphen zeigen den multiplikativen Einfluß der Zellkonstante auf den Leitwert. Die mager dargestellten Teile der Graphen deuten die unzulässigen Bereiche für Zweipol-Meßzellen an. Die Widerstandsordinate soll das Verständnis erleichtern. In einer Lösung mit einer spezifischen Leitfähigkeit $\kappa = 1$ mS/cm wird mit einer Zelle mit der Zellkonstanten $K = 10$/cm ein Widerstand von 10 k$\Omega \equiv 0{,}1$ mS gemessen; durch Multiplikation des Leitwertes mit der Zellkonstante wird (wieder) der richtige Leitfähigkeitswert $\kappa = 1$ mS/cm erhalten.

den bei allen Leitfähigkeitsmeßumformern leitwertabhängig automatisch optimiert. Die Eingabe der Zellkonstante erfolgt meist (manuell) durch Dateneingabe; von einigen Meßwertumformern kann die Zellkonstante mit Hilfe einer Justierlösung auch selbsttätig ermittelt werden. Die Erfassung des wichtigen Parameters Temperatur zur Anzeige der Meßtemperatur oder zur Temperaturkompensation der Leitfähigkeit erfolgt mittels eines (oft in die Meßzelle integrierten) Temperaturfühlers. Der vom Meßwertumformer ausgegebene Leitfähigkeitsmeßwert ist zunächst der aktuelle (wahre) Meßwert (bei Meßtemperatur). Die Verwendung der (linearen) Temperaturkompensation stellt einen weitgehenden Kompromiß dar. Hierzu ist die Kenntnis der

Temperaturabhängigkeit der Leitfähigkeit erforderlich, die dem Meßwertumformer (durch Dateneingabe) mitgeteilt werden muß. Manche Meßwertumformer sind zusätzlich für ausgewählte *Zweistoffgemische* (ein Stoff in Wasser) mit einem Algorithmus und den erforderlichen Daten zur automatischen Umrechnung des Leitfähigkeitsmeßwertes in Konzentrationen ausgestattet. Für diese ausgewählten reinen Zweistoffgemische gelten die oben dargestellten Einschränkungen hinsichtlich Temperatur und Konzentration nicht, da für sie *dreidimensionale* Datensätze (Konzentration mit Bereichsvorwahl, Leitfähigkeit, Temperatur) im Meßwertumformer zur Verfügung stehen.

8.3.10
Justieren

Das Justieren einer Leitfähigkeitsmeßeinrichtung besteht in der Eingabe oder automatischen Feststellung der Zellkontante. Leitfähigkeitsmeßzellen ist stets die Angabe ihrer Zellkonstante (mit einer Unsicherheit von 1–2%) beigegeben. Bei Streufeldmeßzellen ist sie von der Einbaugeometrie abhängig und muß ggf. im Einbauzustand ermittelt werden. Da die Zellkonstante wesentlich geometrisch bestimmt ist, ändert sie sich praktisch nur durch Verschmutzen der Meßzelle. Das Reinigen der Meßzelle ist daher einem Nachjustieren vorzuziehen. Zur Feststellung oder Kontrolle der Zellkonstante werden Lösungen mit bekannter Leitfähigkeit verwendet. Manche Meßwertumformer sind mit entsprechenden Datensätzen zur automatischen Bestimmung der Zellkonstante mittels solcher Standards ausgestattet.

8.3.11
Standards

Wegen der weitgehenden Unveränderlichkeit der Übertragungsfunktion von Leitfähigkeitsmeßzellen, ist die Verwendung der vom Hersteller der Zelle angegebenen Zellkonstante im allgemeinen ausreichend, wenn Verunreinigungen der Meßzelle vermieden oder regelmäßig beseitigt werden. Die Verwendung von Justierlösungen ist, außer bei der Inbetriebnahme von Streufeldzellen in einer feldbegrenzenden Einbaugeometrie, selten erforderlich. Die *klassische Standardsubstanz* der Leitfähigkeitsmeßtechnik ist Kaliumchlorid (KCl). Die Leitfähigkeiten von KCl-Lösungen verschiedener Konzentrationen in Abhängigkeit von der Temperatur sind sehr genau bekannt und im Handel erhältlich. Auch andere Lösungen, deren Leitfähigkeit hinreichend genau bekannt ist, können für eine Justierung verwendet werden. Bei der Justierung mit Zweipolzellen ist deren empfohlene obere Meßbereichsgrenze zu beachten (Polarisationsfehler). Besonders einfach ist das Justieren mit Vierpolmeßzellen und induktiven Meßzellen, da sie nicht durch Polarisation gestört werden, und somit einfach herzustellende, gesättigte Lösungen verwendet werden können. Das Ju-

stieren im Bereich besonders niedriger Leitfähigkeiten ist problematisch und erfolgt häufig nur durch Eingabe der vom Hersteller der verwendeten Meßzelle angegeben Zellkonstante. Die genaue Beachtung der Temperatur ist in jedem Falle erforderlich.

8.3.12
Meßunsicherheit

Die Größe der Meßunsicherheit der nicht temperaturkompensierten Leitfähigkeit wird wesentlich von der Unsicherheit der Zellkonstante bestimmt und beträgt ca. 1–3% von Meßwert. Beim Messen mit Zweipolmeßzellen muß deren empfohlene obere Meßbereichsgrenze beachtet werden. Wegen der vielfältigen Einflüsse auf die Temperaturkompensation kann hier die Größe der Meßunsicherheit schwer eingeschätzt werden; eine Meßunsicherheit bis zu etwa 10% ist in der Praxis nicht ausgeschlossen. Die Standzeit des Justierzustandes von Leitfähigkeitsmeßeinrichtungen wird hauptsächlich vom Verschmutzungsgrad der Meßzelle bestimmt; eine Sensordrift ist nicht vorhanden. Selektivität ist prinzipiell nicht gegeben; sämtliche Ionen tragen zum Meßwert bei.

Allgemeine Literatur

Galster (1990) pH-Messung. VCH, Weinheim
Oehme, Jola (1982) Betriebsmeßtechnik, Hütig, Heidelberg
Schwabe (1976) pH-Meßtechnik, Th. Steinkopf, Dresden
Wedler (1985) Lehrbuch der Physikalischen Chemie, VCH, Weinheim
Brdicka (1972) Grundlagen der Physikalischen Chemie, Verlag d. Wissenschaften, Berlin
Oehme, Bänninger (1979) ABC der Konduktometrie, Sonderdruck, Chem. Rundschau
Leitfähigkeits-Fibel (1988) (Hrsg.) WTW, Weilheim
Galster (1979) Natur, Messung und Anwendung der Redoxspannung. Chemie f. Labor u. Betrieb 30:8/330-338
Haman, Vielstich (1981, 1985) Elektrochemie I u. II, VCH, Weinheim
DIN „pH-Messung". DIN 19260: Allgemeine Begriffe; DIN 19261: Begriffe für Meßverfahren mit Verwendung galvanischer Zellen; DIN 19263: Glaselektroden; DIN 19264: Bezugselektroden; DIN 19265: pH-Meßzusatz, Anfor-

derungen; DIN 19266: Standardpufferlösungen; DIN 19267: Technische Pufferlösungen, vorzugsweise zur Eichung von technischen pH-Meßanlagen; DIN 19268: pH-Messung von klaren, wäßrigen Lösungen

DIN IEC: „Angaben des Betriebsverhaltens von elektrochemischen Analysatoren". DIN IEC 746 Teil 1: Allgemeines; DIN IEC 746 Teil 2: Messung des pH-Wertes; DIN IEC 66D(CO)14: Oxidations-Reduktionsspannung oder Redoxspannung; DIN IEC 746 Teil 3: Elektrolytische Leitfähigkeit

9 Gasfeuchte

G. Scholz

9.1
Begriffe, Definitionen, Umrechnungen

9.1.1
Allgemeines

Unter der Feuchte eines Gases versteht man ganz allgemein den *Wasserdampf*, der in ihm in beliebiger Konzentration bis zum Sättigungswert enthalten sein kann. Wichtigster Spezialfall der Gasfeuchte ist die Luftfeuchte. Unter Wasserdampf sei hier und im folgenden immer das Wasserdampfgas verstanden, nicht Naßdampf im technischen Sinne, der ein Gemisch aus Kondensattröpfchen und Wasserdampfgas darstellt. Der historisch entstandene Sprachgebrauch kann hier zu Mißverständnissen führen.

Die Kenngrößen der Gasfeuchte (von der Vielzahl der theoretisch möglichen werden hier nur die wichtigsten aufgeführt) lassen sich in drei Gruppen einordnen:

a Größen zur Kennzeichnung der absoluten im Gas enthalten Menge an Wasserdampf

– der *Dampfdruck e*
– die *Taupunkttemperatur* t_d bzw. *Reifpunkttemperatur* t_i
– die *absolute Feuchte* d_v

b Größen, die das Mengenverhältnis von Wasserdampf und trockenem Gas kennzeichnen

– das *Mischungsverhältnis* (auch *Feuchtegrad*) r, x
– der *Volumenanteil des Wasserdampfes w*

c Größen, die durch Bezug auf den Sättigungswert bei gleicher Temperatur gekennzeichnet sind

– *relative Feuchte* U, φ

9.1.2
Definitionen und Bedeutung der Kenngrößen

Alle in 9.1.1 aufgeführten Kenngrößen sind wechselseitig ineinander umrechenbar. In die Umrechnungsbeziehungen gehen die Gastemperatur t und der Gesamtdruck p des feuchten Gases sowie der Sättigungsdampfdruck $e_w(t)$ bzw. $e_i(t)$ ein.

Bei den folgenden Ausführungen wird die Gültigkeit der *idealen Gasgesetze* für feuchte Gase vorausgesetzt, eine Annahme, die unter Normalbedingungen bis auf eine Abweichung von 0,4% gilt, bei hohen Drücken und extremen Temperaturen aber nicht mehr gerechtfertigt ist. Näheres hierzu in [9.4, 9.7].

Definitionen:

– der *Dampfdruck e* ist der Partialdruck des Wasserdampfes im feuchten Gas. Er spielt für das theoretische Verständnis der Feuchtemessung eine große Rolle, da die Einstellung von Dampfdruckgleichgewichten ein immer wieder auftretender Grundprozeß ist.
– der *Sättigungsdampfdruck* $e_w(t)$ bzw. $e_i(t)$ ist der bei gegebener Temperatur t maximal mögliche Dampfdruck im Falle der Sättigung bezüglich Wasser (Index w) oder Eis (Index i). Unterhalb von 0 °C ist zu unterscheiden zwischen Sättigung bezüglich unterkühltem Wasser und Eis, was bei einigen Meßverfahren zu Mehrdeutigkeiten und damit zu Meßunsicherheiten führt (Bild 9.1).

In sehr guter Näherung gelten, bezogen auf die Temperaturskale ITS-90, die Darstellungen nach Magnus

$$\ln e_w(t) = \ln 6.112 + \frac{17,62\, t}{243,12 + t} \qquad (9.1)$$

und

$$\ln e_i(t) = \ln 6.112 + \frac{22,46\, t}{272,62 + t} \qquad (9.2)$$

mit $t = t_{90}$.

Weitergehendes zum Sättigungsdampfdruck unter [9.8, 9.28].

– die *Taupunkttemperatur* t_d bzw die *Reifpunkttemperatur* t_i ist die Temperatur,

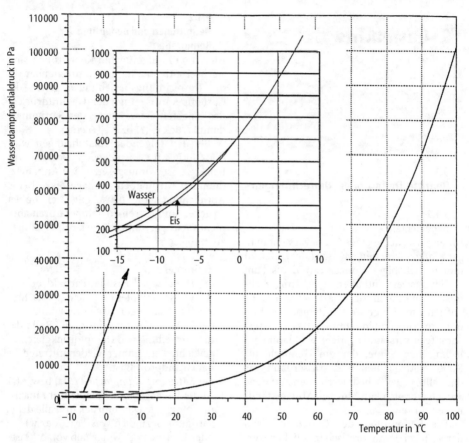

Bild 9.1. Dampfdruckkurve des Wassers

bei der ein gegebener Dampfdruck dem Sättigungsdampfdruck gleich ist

$$e = e_w(t_d) \quad \text{bzw.} \quad e = e_i(t_d). \quad (9.3)$$

Die Taupunkttemperatur kann mit Tauspiegelgeräten direkt gemäß ihrer Definition gemessen werden.

– die *absolute Feuchte* d_v ist die Massekonzentration des Wasserdampfes im feuchten Gas

$$d_v = \frac{m_v}{V} \quad (9.4)$$

mit

m_v Masse des Wasserdampfes,
V Volumen des feuchten Gases

– die *relative Feuchte* U ist das Verhältnis des Dampfdrucks e zum Sättigungs-dampfdruck e_w bei gegebener Temperatur, ausgedrückt in Prozent

$$U = \frac{e}{e_w(t)} 100\%. \quad (9.5)$$

– das *Mischungsverhältnis* r ist das Verhältnis aus der Masse des Wasserdampfes m_v und der Masse des trockenen Gases m_g. Die Bedeutung dieser Größe liegt darin, daß sie konstant bleibt, solange keine Kondensation oder Befeuchtung stattfindet, unabhängig von Änderungen von Druck und Temperatur. Der Bezug auf die Masse trockenen Gases gibt eine konstante Basis für Berechnungen in der Klimatechnik und Energiewirtschaft

$$r = \frac{m_v}{m_g}. \quad (9.6)$$

– der *Volumenanteil des Wasserdampfes* w_v, meist in ppm (parts per million) angegeben, wird nur im Bereich sehr geringer Feuchte (Spurenbereich) als Kenngröße verwendet, weil er mit verschiedenen Meßverfahren, die für diesen Bereich typisch sind, direkt gemessen werden kann

$$w_v = \frac{V_v}{V} 10^6 \text{ ppm} = \frac{e}{p} 10^6 \text{ ppm} \qquad (9.7)$$

V_v Partialvolumen des Wasserdampfes.

9.2
Allgemeines zur Feuchtemessung

Die Gasfeuchtemessung weist einige Besonderheiten auf, deren Beachtung für die Lösung von Meß- und Regelproblemen unerläßlich ist:

– Alle Gasfeuchtemeßverfahren beruhen letztlich auf einem der folgenden Prozesse: Einstellung von Phasengleichgewichten Wasserdampf-Wasser-Eis; Einstellung von Sorptionsgleichgewichten des feuchten Gases mit hygroskopischen Stoffen; Absorption elektromagnetischer Strahlung durch Wasserdampf. Gleichgewichtseinstellungen verlaufen nicht nach einem eindeutigen physikalischen Zusammenhang, sondern hängen ab von der Gaszusammensetzung, von Störkomponenten, von Verunreinigungen und vom materialspezifischen Verhalten. Vor allem Sorptionsgleichgewichte stellen sich sehr langsam ein. Endzustände werden erst nach sehr langer Zeit erreicht.
– Wasserdampf wird an allen Oberflächen einer Apparatur, eines Raumes in Abhängigkeit von Temperatur, Dampfdruck und Materialart absorbiert bzw. desorbiert. Ein ebenfalls langsam verlaufender Vorgang, der sehr wichtig ist für die Gestaltung der Meßanordnung. Besonders in der Spurenfeuchtemessung ist dies von dominierender Bedeutung.
– die metrologischen Kennwerte der Gasfeuchtemessung, Meßgenauigkeit, dynamisches Verhalten u.a. hängen sehr stark vom Meßwert, von der Temperatur und von den Meßbedingungen allgemein ab.

9.3
Verfahren der Gasfeuchtemessung

Es ist nicht sinnvoll, die Verfahren der Gasfeuchtemessung nach den gemessenen Kenngrößen zu unterscheiden, da nur wenige von ihnen eine Feuchtekenngröße direkt erfassen. Meist werden primär ein oder mehrere Parameter erfaßt, die in jede gewünschte Feuchtekenngröße umgewandelt werden können.

9.3.1
Tauspiegel-Hygrometer
Das Meßgas strömt über eine oberflächenveredelte, sehr blanke Metalloberfläche von wenigen Millimetern Durchmesser. Wird dieser „Tauspiegel" gekühlt, tritt bei Erreichen der Taupunkttemperatur Kondensat auf, das mit geeigneten Nachweisverfahren erkannt werden kann. Der Taunachweis wird genutzt, um eine Regelung anzusteuern, die letztlich den Tauspiegel auf die Taupunkttemperatur einregelt. Diese wird mit einem unmittelbar unter dem Tauspiegel befindlichen Temperatursensor über eine entsprechende Temperaturmeßschaltung erfaßt (Bild 9.2).

Tauspiegel-Hygrometer gehören zu den genauesten Gasfeuchtemeßgeräten. Unter optimalen Bedingungen sind 0,2 K Taupunkttemperatur als Meßunsicherheit realisierbar. Der Einsatzbereich reicht von unter –80 bis nahe an +100 °C Taupunkttemperatur.

Mögliche Geräteversionen: Sensorkopf wird vom Meßgas durchströmt (Meßkopf separat oder bauliche Einheit mit Grundgerät), Durchflußrate ca. 1 l/min; Sensor taucht in Meßgas ein, keine Zwangsbeströmung; Messung bei Überdrücken bis 100 bar; Messung in korrosiven Gasen; automatische thermische oder mechanische Spiegelreinigung bei laufendem Betrieb; Taunachweisverfahren optisch, auch kapazitiv möglich.

Tauspiegel-Hygrometer sind empfindlich gegen Verunreinigungen. Filter sind deshalb unerläßlich. Störend ist das Vorhandensein weiterer kondensierbarer Komponenten außer Wasserdampf.

Bei Taupunkttemperaturen knapp unter 0 °C (bis etwa –20 °C) ergeben sich störende

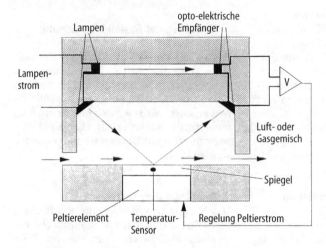

Bild 9.2. Sensorteil eines Tauspiegel-Hygrometers mit Peltierkühlung (nach General Eastern)

Instabilitäten, da hier das Kondensat als Eis, aber auch als unterkühltes Wasser auftreten kann. Plötzliche Umwandlungen zwischen beiden Phasen treten auf.

9.3.2
Psychrometer

Das psychrometrische Verfahren führt die Feuchtemessung auf die Messung zweier Temperaturen zurück, die Meßgastemperatur t und die sog. Feuchttemperatur t_w. Die Feuchttemperatur ist die Kühlgrenztemperatur, auf die sich ein Gas mit gegebenem Dampfdruck maximal infolge Verdunstung abkühlt, wenn es über eine Wasseroberfläche streicht und das Gesamtsystem Wasser-Gas thermisch perfekt isoliert ist. Es gilt die Beziehung

$$e = e_w(t_w) - A \cdot p(t - t_w) \qquad (9.8)$$

p Gasdruck,
A ein Koeffizient, der bauartspezifisch empirisch zu bestimmen ist.

Die praktische Realisierung des Verfahrens in einem sog. Psychrometer geschieht so, daß das Meßgas zwei Thermometer anströmt, von denen eines an seinem empfindlichen Teil befeuchtet wird (meist durch einen nassen Baumwollstrumpf) (Bild 9.3).

Psychrometer gibt es in sehr vielen konstruktiven Versionen für den Temperaturbereich von knapp unter 0 °C bis über 100 °C.

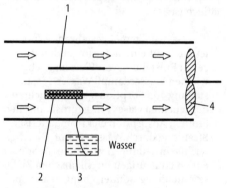

Bild 9.3. Grundprinzip eines kontinuierlich messenden Psychrometers
1 trockenes Thermometer, *2* feuchtes Thermometer, *3* Wasserreservoir, *4* Ventilator

Als Meßelemente für Regelzwecke sind Psychrometer einsetzbar, wenn die Temperaturmessung mit elektrischen Sensoren erfolgt und eine Dauerbefeuchtung des Feuchtthermometers gewährleistet ist. Die direkte Umwertung der Temperaturmeßwerte in die gewünschte Feuchtekenngröße erfolgte früher über geeignete Meßschaltungen (Kreuzspulinstrumente). Heute ist es üblich, mit Hilfe der Mikrorechentechnik die direkte Umrechnung per Gl. (9.8) durchzuführen.

Psychrometer sind robust im Betrieb, frei von Drift und Hysterese. Sie sind relativ unempfindlich gegen Schmutz, mit Ausnahme solcher Verunreinigungen, die den Dampfdruck am Feuchtthermometer beeinflussen (z.B. Salze).

Charakteristisch für Psychrometer ist ihr hoher Meßgasdurchsatz, der sich aus der Notwendigkeit ergibt, mindestens eine Strömungsgeschwindigkeit von 2,5 m/s am Feuchtthermometer zu gewährleisten. Daraus ergibt sich ein Gasdurchsatz von mehreren Kubikmeter je Stunde. Damit sind Psychrometer ungeeignet für lokale Messungen. Sie eignen sich für große Meßvolumina oder für Kanäle mit großem Gasdurchsatz.

Meßunsicherheiten von 1 bis 2% rel. Feuchte sind unter optimalen Bedingungen erreichbar (Bild 9.4).

Die *Zeitkonstante* hängt von der Art der Temperatursensoren, von der Feuchttemperatur, den Strömungsverhältnissen u.a. ab und bewegt sich im Bereich von 10 bis 180 s.

Ein für Regelaufgaben im Bereich hoher Feuchte und Gastemperatur interessanter Sonderfall ist das *Prallstrahl-Psychrometer* [9.10]. Das Meßgas trifft hier in einem dünnen Strahl auf ein kleines Wasserreservoir, an dem sich die Feuchttemperatur einstellt. Das Prallstrahl-Psychrometer ist sehr unempfindlich gegen Schmutz, da durch einen Überlauf am Reservoir ein Selbstreinigungseffekt erreicht wird.

9.3.3
Haar- bzw. Faserhygrometer

Die Länge entfetteten und speziell behandelten menschlichen Haares oder verschiedener hygroskopischer synthetischer Fasern ändert sich mit der relativen Feuchte. Die maximale Änderung kann bis zu 2,5% der Gesamtlänge betragen [9.15]. Die auf diesem Effekt beruhenden Haar- oder Faserhygrometer sind als anzeigende Geräte weit verbreitet. Als Sensorelemente für Regelzwecke sind sie geeignet, wenn zur Erhöhung der Stellkraft die Fasern oder Haare gebündelt werden und die Längenänderung umgeformt wird in (s. Kap. B 5)

– eine Widerstandsänderung (Potentiometerverstellung)
– eine Induktivitätsänderung (z.B. Verschiebung des Ferritkerns einer Spule)
– die Auslösung eines Mikroschalters bzw. wenn bei analog anzeigenden Geräten Schaltkontakte durch den Zeiger betätigt werden (Bild 9.5).

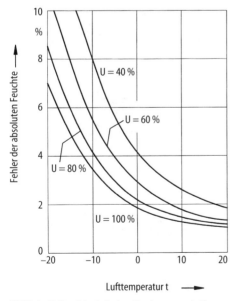

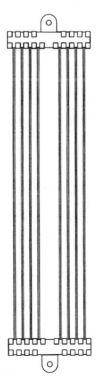

Bild 9.4. Meßunsicherheit eines Psychrometers bei konstanter Unsicherheit der Temperaturmessung (0,1 K) [9.5]

Bild 9.5. Sensorelement eines Feuchtereglers nach dem Prinzip des Faserhygrometers (Grillo)

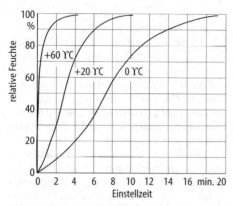

Bild 9.6. Abhängigkeit des dynamischen Verhaltens eines faserhygrometrischen Sensors von Temperatur und relativer Feuchte (Grillo)

Haar- und Faserhygrometer sind robuste Geräte für mäßige Genauigkeitsansprüche. Im günstigsten Falle lassen sich Meßunsicherheiten von 3 bis 5% rel. Feuchte erreichen. Hauptfehlerquelle sind irreversible Änderungen, Alterungsvorgänge, Hysterese.

Günstigster Einsatzbereich sind 50 bis 80% rel. Feuchte. Außerhalb dieses Intervalls werden die aufgeführten Fehlereinflüsse stärker wirksam. Typische Einstellzeiten sind in Bild 9.6 dargestellt.

Der Temperaturbereich reicht von unter 0 °C (bei stark ansteigender Anzeigeträgheit) bis +50 °C (Haar) bzw. über 100 °C (Faser). Der Temperaturkoeffizient der Anzeige ist mit <0,01% rel.F./K. sehr klein.

Verunreinigungen im Meßgas stören nur, wenn sie sich auf dem Haar oder der Faser niederschlagen und dadurch den Feuchteaustausch beeinträchtigen, wie z.B. Öldämpfe, Fette, Kunstharze.

9.3.4
Kapazitive Feuchtesensoren [9.13, 9.21]
Bei *Dünnschichtkondensatoren* mit einem hygroskopischen Dielektrikum hängt die Kapazität von der rel. Feuchte der Umgebung ab. Dieser Effekt ist die Grundlage für Feuchtesensoren, bei denen eine elektrische Kapazität (im Bereich 50–500 pF) in ein zur rel. Feuchte proportionales Strom- oder Spannungssignal gewandelt wird. Kapazitive Sensoren erlauben die

Feuchtemessung in einem weiten Feuchte- und Temperaturbereich, bauartspezifisch innerhalb der Bereiche von einigen Prozent relativer Feuchte bis nahe der Sättigung und von –40 bis +140 °C. Der Temperaturkoeffizient der Anzeige ist <0,15% rel. F./K. Es sind lokale Messungen mit hoher Empfindlichkeit durchführbar. Die Zeitkonstante liegt im Sekundenbereich (Bild 9.7).

Allerdings folgt einem sehr schnellen Reagieren auf Feuchteänderungen eine lange dauernde Angleichsphase an den Endwert, was bei Änderungen der Meß-

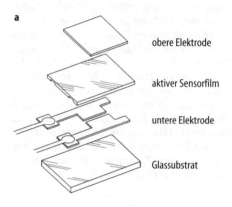

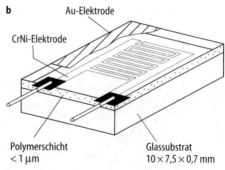

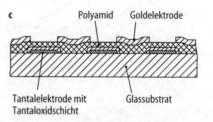

Bild 9.7. Beispiele für den Aufbau kapazitiver Feuchtesensoren. **a** Vaisala, **b** Mela, **c** Endress + Hauser

größe zu Hystereseerscheinungen führt. Kurzfristig erlauben kapazitive Sensoren Meßunsicherheiten <2% rel. Feuchte. Langfristig ist mit einer Kennliniendrift zu rechnen, die bauartspezifisch ist und stark von den konkreten Umgebungsbedingungen abhängt. Störend sind Lösungsmitteldämpfe, Rauch, Abscheidungen auf dem Sensorelement u.a.m. Eine Prüfung der Einflüsse ist gezielt für die jeweiligen Sensortypen vorzunehmen.

9.3.5
LiCl-Sensoren

LiCl-Sensoren führen die Feuchtemessung auf die Messung einer charakteristischen Temperatur zurück, die in definierter Beziehung zum Dampfdruck steht. LiCl-Sensoren erzeugen also ein Strom-/Spannungssignal, das proportional zum Dampfdruck bzw. zur absoluten Feuchte ist.

Die Wirkungsweise ist im Bild 9.8 erkennbar: Ein mit LiCl-Lösung getränktes Gewebe, das einen Temperatursensor umhüllt, wird an eine Spannungsquelle angeschlossen (Wechselspannung). LiCl nimmt als hygroskopisches Salz Wasserdampf auf, und die Lösung wird leitend. Der fließende Wechselstrom heizt die Lösung auf, und ihr Dampfdruck erhöht sich. Hieraus resultiert ein Regelmechanismus, der bewirkt, daß sich eine Temperatur der Lösung einstellt, bei der ihr Dampfdruck gleich dem zu messenden Dampfdruck ist. Die Messung dieser Temperatur erfolgt mit Pt-100 nach entsprechenden Schaltungen (s. Abschn. B 6.2.1.2).

Der Arbeitsbereich von LiCl-Sensoren ist im Bild 9.9 dargestellt. Die Meßunsicherheit liegt bei 1 K Taupunkttemperatur. Änderungen in der thermischen Belastung können zu Zusatzfehlern führen.

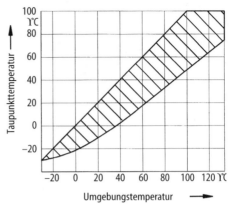

Bild 9.9. Arbeitsbereich eines LiCl-Sensors [9.5]

LiCl-Sensoren müssen im Dauerbetrieb laufen. Ein Ausfall der Versorgungsspannung führt zum Funktionsausfall. Verunreinigungen stören relativ wenig. Eine periodische Regenerierung der Sensoren (auswaschen und neu tränken), halbjährlich oder jährlich, verhindert ein Driften der Kennlinie (Bild 9.9).

Hydratumwandlungen des Lithiumchlorids führen zu Instabilitäten in der Umgebung der Taupunkttemperaturen –30, –10 und +40 °C.

Mit Hilfe indirekt beheizter Sensoren wurden Verbesserungen der meßtechnischen Eigenschaften erreicht [9.22].

9.3.6
Aluminiumoxid-Sensoren

Aluminiumoxid-Sensoren sind spezifisch für den Feuchtebereich unter 0 °C Taupunkttemperatur geeignet. Ähnlich wie bei den kapazitiven Sensoren ist das Meßelement ein kleiner Kondensator, dessen Impedanz von der Feuchte der Umgebung abhängt. Zwischen je einer Gold- und Aluminiumelektrode befindet sich eine speziell vorbehandelte Aluminiumoxidschicht, die sich im Gegensatz zu anderen hygroskopischen Stoffen auf ein Gleichgewicht mit der *absoluten Feuchte* der Umgebung einstellt.

Aluminiumoxid-Sensoren altern, d.h., sie müssen periodisch nachkalibriert werden. Störend wirken alle polaren Beimischungen im Meßgas wie Methanol, Ammoniak u.a.

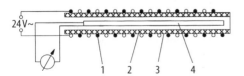

Bild 9.8. Aufbau eines konventionellen LiCl-Sensors 1 Heizelektroden, 2 Metallhülse, 3 LiCl-getränkte Gewebeschicht, 4 Temperatursensor [9.5]

a

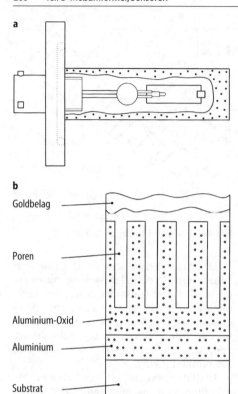

b

Goldbelag

Poren

Aluminium-Oxid

Aluminium

Substrat

Bild 9.10. Aluminiumoxid-Feuchtesensor. **a** mit Sensorelement, **b** für den Spurenbereich (Panametrics)

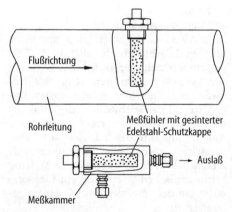

Flußrichtung

Rohrleitung

Meßfühler mit gesinterter Edelstahl-Schutzkappe

Auslaß

Meßkammer

Bild 9.11. Einbaubeispiele für Aluminiumoxid-Feuchtesensoren (Panametrics)

9.3.7
Sonstige Verfahren

Einige weitere Verfahren für die kontinuierliche Gasfeuchtemessung im on-line-Betrieb sind zu nennen:

Ein *Elektrolyseverfahren*, das auf der Absorption von Wasserdampf durch Phosphorpentoxid beruht und das zur Messung im Spurenbereich, auch in aggressiven Gasen eingesetzt wird [9.1].

Ein mit einer hygroskopischen Schicht bedeckter *Schwingquarz* weist eine von der Feuchte abhängige Eigenfrequenz auf. Ein Verfahren, das bis weit in den Spurenbereich hinein einsetzbar ist [9.26].

Absorption elektromagnetischer Strahlung kann in verschiedenen Wellenlängenbereichen zur Feuchtemessung genutzt werden, wobei primär die absolute Feuchte, vorwiegend im höheren Konzentrationsbereich, erfaßt wird [9.12, 9.20, 9.23].

Ein akustisches Verfahren nutzt die Abhängigkeit der *Schallausbreitung* von der Gasdichte und damit von der absoluten Feuchte zur Feuchtemessung [9.29].

Ein offener *Kondensator* erlaubt Feuchtemessungen im Bereich sehr hoher Feuchte und Temperatur [9.19].

Faseroptische Sensoren nutzen die Änderung der optischen Eigenschaften hygroskopischer Beschichtungen mit der Feuchte als Meßprinzip [9.27].

Literatur

9.1 Berliner AP (1980) Feuchtemessung. Verlag Technik, Berlin
9.2 Berliner P (1979) Psychrometrie. Müller, Karlsruhe
9.3 Fischer H, Heber K et al. (1990) Industrielle Feuchtemeßtechnik. Expert, Ehningen
9.4 Hebestreit A (1988) Beitrag zur indirekten Wasserdampftaupunktbestimmung in Hochdruckgasen. Dissertation A, TH Leipzig
9.5 Lück W (1964) Feuchtigkeit. Oldenbourg, München
9.6 – (1985) Moisture and Humidity. Proc. of the Intern. Symposium on Moisture and Humidity. Instrument Society of America, Washington D.C.
9.7 Wexler A (Hrsg.) (1965) Humidity and Moisture. Vol. 1 to 4. Reinhold Publishing, New York
9.8 Sonntag D (1982) Formeln verschiedenen Genauigkeitsgrades zur Berechnung des Sättigungsdampfdrucks. Akademie-Verlag, Berlin

9.9 Sonntag D (1966) Hygrometrie. Akademie-Verlag, Berlin

9.10 Böhm A (1986) Psychrometrische Feuchtemessung nach dem Prallstrahlverfahren. Technisches Messen tm 53:11/414–416

9.11 Breitsameter M, Moritz M (1984) Spurenfeuchtemessung in Gasen. Chemische Technik 37:1/1–6

9.12 Busen R, Buck AL (…) A high performance hygrometer for aircraft use. Report no 10. Institut f. Physik der Erde, Oberpfaffenhofen

9.13 Demisch U (1989) Dünnschicht-Feuchtesensoren. messen prüfen automatisieren 25:9/422–426

9.14 Fehler D (1986) Vollautomatische kont. Taupunktmessung in Verbrennungsgasen. Automatisierungstechnische Praxis atp 28:8/372–376

9.15 Fischer B (1974) Eigenschaften von Polyamidfaserstoffen als Feuchtemeßelemente in Hygrometern. Feingerätetechnik 23:9/ 414–415

9.16 Greiss HB (…) Untersuchungen zur Leistungsfähigkeit kommerzieller Hygrometer. Jül-2627. Berichte des Forschungszentrums Jülich

9.17 Hasegawa S, Stokesberry DP (1975) Automatic digital microwave hygrometer. Rev. Sci. Instrum. 46:7/867–873

9.18 Hebestreit A, Wolf J (1988) Messung der Wasserdampftaupunkttemperatur in Hochdruckgasleitungen. messen steuern regeln (msr) 31:9/403–404

9.19 Heber KV (1987) Humidity measurement at high temperatures. Sensors and Actuators 12/145-157

9.20 Hanebeck N (1984) Kontinuierliche Feuchtemessung in Reaktorhelium mit einem Prozeßphotometer. Chem. Ing. Tech. 56:4/308–310

9.21 Kulwicki BM (1991) Humidity Sensors. J.Am.Ceram.Soc. 74:4/697–708

9.22 Lück W (1987) Ein neues Feuchtemeßsystem. Chem.Ing.Tech. 59:11/875–877

9.23 Martini L et al. (1973) Elektronisches Lyman-Alpha-Feuchtigkeitsmeßgerät. Zeitschrift für Meteorologie 23:11–12/313–322

9.24 Mitschke F (1989) Fiber-optic sensor for humidity. Optics letters 14:17/967–969

9.25 Pragnell RF (1993) Dew and Frost formation on the condensation dew point hygrometer. Measurement and Control 26:10/ 242–244

9.26 Randin JP, Züllig F (1987) Relative humidity measurements using a coated piezoelectric quartz crystal sensor. Sensors and Actuators 11/319–328

9.27 Schwotzer G (…) Ein streckenneutrales faseroptisches Meßsystem für Feuchte- und Temperaturmessungen. Sensor 93. Kongreßband IV/105–111

9.28 Sonntag D (1990) Important new values of the physical constants of 1986, vapour pressure formulation based on the ITS-90 and psychrometer formulae. Zeitschrift für Meteorologie 40:5/340–344

9.29 Zipser L, Labude J (1989) Planarer akustischer Abluftfeuchtesensor. messen steuern regeln (msr) 32:6/268–270

10 Gasanalyse

G. WIEGLEB

10.1
Einleitung

Die Analyse von Gasen in technischen Prozessen ist eine wesentliche Voraussetzung für eine ökonomische und ökologische Anwendung in der Umwelt-und Verfahrenstechnik. Prinzipiell unterscheidet man zwischen der quantitativen und qualitativen Analyse. In der *qualitativen* Analytik wird eine bestimmte Komponente in einer mehr oder weniger komplizierten Matrix (Gemisch) nachgewiesen. Die *quantitative* Analyse liefert hingegen eine Aussage über die Konzentration einer definierten Komponente in einem Gemisch. In der technischen Anwendung wird in der Regel die quantitative Analyse eingesetzt, da die wesentlichen Komponenten in einem technischen Gemisch meistens bekannt sind. Die Konzentrationsangaben werden entweder auf Volumenanteile [%, ppm (parts per million), ppb (parts per billion)] oder Gewichtsanteile [g/m³] bezogen. Um eine eindeutige Aussage auf den Volumenbezug herzustellen, wird auch häufig eine Zusatzangabe gemacht (z.B. Vol.-% oder vpm).

Die Umrechnung zwischen beiden Angaben erfolgt mit folgender Formel:

1. Unter Normalbedingungen (273 K und 1013 mbar)

$$C_{g/m^3} = C_{Vol.\%} \cdot M \cdot 0,45 \ \left[g / m^3 \right]. \quad (10.1a)$$

2. Unter realen Bedingungen

$$C_{g/m^3} = C_{Vol.\%} \cdot M \cdot 0,45 \ \left[g / m^3 \right]$$

$$\cdot \frac{T_0}{T} \cdot \frac{p}{p_0} \quad (10.1b)$$

mit
M Molekulargewicht,
T Temperatur,

T_0 273 K,
P Druck,
P_0 1013 mbar .

Bezogen auf die Gasanalyse wurden im Laufe der Zeit spezielle Meßverfahren entwickelt, die je nach Anwendung modifiziert und optimiert wurden. Die Anwendungsgebiete für gasanalytische Geräte liegen dabei vor allem in der

- *Emissionsüberwachung*
  Kfz-Abgastest, Rollenprüfstände; Rauchgasanalyse, TA-Luft, BImSchV.

- *Immissionsüberwachung*
  Bodennah, Stratossphäre

- *Arbeitsschutz, Sicherheit*
  Raumluftüberwachung, MAK-Wert, Toxische Gase, EX-Schutz

- *Prozeßoptimierung und Regelung*
  Chemische Verfahrenstechnik, Biotechnologie

- *Medizintechnik*
  Capnographie, Diagnostik.

Im Bild 10.1 ist eine Zusammenstellung aller relevanten Meßverfahren dargestellt, die sich, bezüglich ihrer Einsatzfähigkeit, ergänzen. Grundsätzlich unterscheidet man zwischen rein physikalischen Verfahren (Spektroskopie/Stoffeigenschaften), bei denen die Meßkomponente ohne chemische Umwandlungen auf direktem Wege gemessen wird und den Verfahren, bei denen ein chemischer Vorgang (chemische Reaktion/ Ionisation/Umsetzung) zwischengeschaltet ist. Beispiele für die verschiedenen Kombinationsmöglichkeiten sind z.B. die Chemolumineszenz [10.16], Ionmobility [10.17] und bestimmte Halbleitereffekte [10.18], die sich aus den physikalischen und chemischen Verfahren ergeben.

Ein wesentliches Merkmal zur Beurteilung dieser Meßverfahren ist die *Selektivität*. Darunter versteht man die Fähigkeit, eine ausgewählte Gaskomponente (A) in Gegenwart anderer Gase (Xn), ohne Meßwertverfälschungen (Querempfindlichkeiten), zu bestimmen. Da in allen verfügbaren

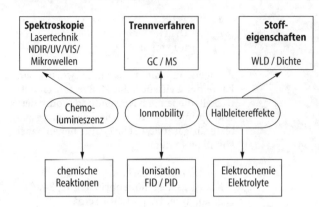

Bild 10.1. Einteilung der Meßverfahren für die Gasanalyse nach physikalischen Prinzipien (obere Reihe) und chemischen Prinzipien (untere Reihe) sowie den entsprechenden Kombinationen

Analysatoren mehr oder weniger große Querempfindlichkeiten auftreten, wird der Grad dieser Meßwertverfälschung als Selektivität definiert:

$$Selektivität = \frac{Empfindlichkeit\,(A)}{Empfindlichkeit\,(Xn)} \cdot \quad (10.2)$$

Die Empfindlichkeiten beziehen sich in diesem Fall immer auf die gleichen Konzentrationen.

Beispiel: Ein Analysengerät wurde für Kohlenmonoxid (CO) entwickelt und zeigt bei einer CO-Konzentration von 100 vpm CO Vollausschlag (= 100%) an. Wird das gleiche Gerät mit 100 vpm Kohlendioxid (CO_2) beaufschlagt, so zeigt das Gerät eine Fehlmessung von z.B. 2,47 vpm CO an. Die Selektivität beträgt nach Gl. (10.2) somit 100/ 2,47 = 40,48.

Besonders hohe Selektivitäten zeigen i.a. die spektroskopischen Meßverfahren (Elektromagnetische Wechselwirkung, s. Abschn. 10.2), während die Meßverfahren, in denen lediglich unspezifische physikalische Stoffeigenschaften (Wärmeleitfähigkeit, Dichte, usw.) ausgenutzt werden, eher geringere Selektivitäten aufweisen. Mit speziellen Trennverfahren (z.B. Massenspektrometer, Gaschromatographen, s. Abschn. 10.7) lassen sich, durch stoffspezifische Separierungen, dann wiederum erhebliche Selektivitätssteigerungen erzielen. Chemische Meßverfahren sind in dieser Hinsicht sehr unterschiedlich zu bewerten und erlauben daher keine generelle Aussage über die Meßqualität.

In den folgenden Ausführungen werden nun einige physikalische Meßverfahren und Geräte beschrieben, die für den Prozeßeinsatz geeignet sind.

10.2
Fotometrische Verfahren

Im Bild 10.2 ist der prinzipielle Aufbau einer fotometrischen Einrichtung dargestellt. Sie besteht aus einer Strahlungsquelle mit einer charakteristischen Intensitätsverteilung. In der Regel ist die Strahlungsquelle breitbandig, das heißt, es werden nicht nur Spektralanteile emittiert, die von dem zu analysierenden Gasgemisch absorbiert werden, sondern auch noch zusätzliche unerwünschte Anteile. Ausnahmen bilden hier

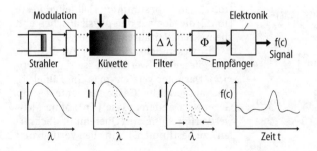

Bild 10.2. Prinzipaufbau eines Fotometers. Im unteren Teil des Bildes sind die dazugehörigen spektralen Informationen dargestellt. Die Strahlung der IR-Quelle ist breitbandig über einen größeren Bereich verteilt. Eine Absorption durch das Meßgas erfolgt in definierten Banden (gestrichelte Linie). Aus der Absorption wird dann elektronisch das zeitabhängige Ausgangssignal *f*(c) ermittelt.

Laser [10.1], Leuchtdioden [10.2] und selektive Strahler [10.3, 10.4]. In der Analysenküvette werden dann die für das Gas charakteristischen Anteile (Absorptionsbande/gestrichelte Linie) absorbiert. Mit einem Filter (nichtdispersiv) oder einem Monochromator (dispersiv) werden die unerwünschten Spektralanteile unterdrückt, so daß nur die selektive Strahlung auf den Emfänger trifft. Im Empfänger und in der nachfolgenden Auswerteelektronik wird das optische Signal dann in ein elektrisches Signal *f(c)* umgewandelt, das proportional zu der Konzentration in der Analysenküvette ist.

Der Zusammenhang zwischen der Konzentration und dem Ausgangssignal ergibt sich aus dem Lambert-Beerschen Gesetz [10.8]:

$$I(c) = I_0 \exp - \left[\mathrm{acl}\left(\frac{T_0}{T} \frac{p}{p_0} \right) \right] \qquad (10.3)$$

mit

I(c) Strahlungsintensität hinter der Küvette,
I_0 Strahlungsintensität vor der Küvette,
a Absorptionskoeffizient [cm⁻¹],
c Konzentration,
l Küvettenlänge [cm],
T Temperatur der Küvette (Meßgas),
p Druck in der Küvette (Meßgas) .

Man erkennt in Gl. (10.3) sofort, daß das Ausgangssignal von der Temperatur und dem Druck abhängig ist. In der Gerätetechnik werden diese Einflußgrößen entweder konstant gehalten (z.B. Thermostatisierung) oder mit einem zusätzlichen Sensor erfaßt und in der Auswerteelektronik gemäß Gl. (10.3) verrechnet (z.B. Barokorrektur = Korrektur der Luftdruckänderungen mit einem Drucksensor).

In der Auswertelektronik wird dann die Differenz (oder der Quotient) gebildet:

$$I_0 - I(c) = f(c) = \text{Ausgangssignal} \qquad (10.4)$$

bzw.

$$\frac{I_0 - I(c)}{I_0} = f(c) . \qquad (10.5)$$

NDIR (NichtDispersivInfraRot). Im Bild 10.3 ist eine konstruktive Ausführungsform eines Prozeßfotometers (URAS 10, Hartmann & Braun, Frankfurt a.M.) für den infraroten Spektralbereich von 2–10 µm dargestellt. In diesem Aufbau wird die Referenzmessung in einem separaten Meßpfad durchgeführt, wodurch man eine erhöhte Meßstabilität erreicht. Als Empfänger kommt hier ein sogenannter Luft-Detektor [10.5–10.7] zum Einsatz, der nach dem fotoakustischen Prinzip [10.9, 10.10] arbeitet. Er besteht aus einer Empfängerkammer, in der die Komponente des zu analysierenden Gases hermetisch dicht eingeschlossen ist. Die Infrarotstrahlung führt in der Empfängerkammer zu Druckschwankungen, die mit einem Membrankondensator detektiert werden. Befindet sich in der Meßseite der Analysenküvette kein Meßgas, so sind die Druckpulsationen zwischen dem Wechsel von Meß- auf Referenzstrahlung etwa gleich und kompensieren sich in der Empfängerkammer nahezu vollständig. Erst bei einer Vorabsorption in der Analysenküvette durch das Meßgas, wird aufgrund der dann auftretenden Energiedifferenz ein Signal generiert, das proportional mit der Konzentration des Meßgases ansteigt.

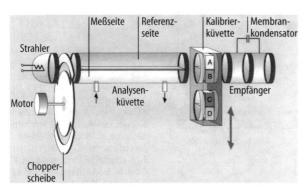

Bild 10.3. Aufbau eines Zweistrahl-IR-Fotometers mit integrierter Kalibrierküvette zur Kontrolle der Geräteempfindlichkeit. (URAS 10, Hartmann & Braun, Frankfurt a.M.)

Die Selektivität wird in diesem Aufbau ausschließlich durch den Empfänger, d.h. ohne zusätzliche Filtermaßnahmen realisiert. Ein weiterer Vorteil dieses Aufbaues ist eine integrierte Kalibrierküvette, die im Bedarfsfall durch einen elektromotorischen Antrieb in den Strahlengang geschoben wird. Die Küvette ist mit dem nachzuweisenden Gas gefüllt und ruft somit eine definierte Absorption hervor, die eine Kalibration des Gerätes ohne zusätzliche Prüfgase ermöglicht [10.11].

In der Tabelle 10.1 sind alle Gase mit den kleinsten Meßbereichen aufgelistet, die mit diesem Gerät erfaßbar sind.

NDUV (NichtDispersivUltraViolett). Für den ultravioletten Spektralbereich, der sich vor allem für Stickoxid-, Schwefeldioxid-, Chlor- und Schwefelwasserstoff-Messungen eignet, wird ein anderer Aufbau gewählt. Als Strahlungsquellen lassen sich hier z.B. Hohlkathodenlampen einsetzen, die aufgrund

ihrer Spektralkomponenten hochselektive Messungen ermöglichen [10.12]. Insbesondere Stickstoffmonoxid NO läßt sich mit einem solchen Aufbau sehr gut erfassen, da die erwähnte Strahlungsquelle eine intensive Resonanzstrahlung für NO im UV-Bereich um 226 nm produziert. Durch geeignete Filtermaßnahmen können aber auch andere Komponenten sicher erfaßt werden, wobei in solchen Fällen dann allerdings mit etwas höheren Querempfindlichkeiten zu rechnen ist.

In Bild 10.4 ist der komplette Aufbau einer solchen Einrichtung mit der dazugehörigen Auswerteelektronik zu sehen. In diesem Aufbau wird das Referenzsignal I_0 mit einem zweiten Empfänger E_1 detektiert. Durch das Blendenrad in der Modulationseinheit ME werden unterschiedliche spektrale Bereiche zeitlich nacheinander ausgeblendet, so daß verschiedene Gase (max. 3) simultan gemessen werden können.

Tabelle 10.1. URAS 10, erfaßbare Gase und kleinster Meßbereich

Komponente	chemische Formel	kleinster Meßbereich	Querempfindlichkeits-Komponenten
Kohlenmonoxid	CO	100 vpm	14% $CO_2 = \pm 2$ vpm
Kohlendioxid	CO_2	50 vpm	20 grd TP $H_2 = 1$ vpm
Schwefeldioxid	SO_2	200 vpm	2 grd TP = 38 vpm
Stickstoffmonoxid	NO	300 vpm	14% $CO_2 = 3$ vpm
n-Hexan	C_6H_{14}	500 vpm	10% $CO_2 = 1$ vpm
Wasserdampf	H_2O	5 g/m^3	-

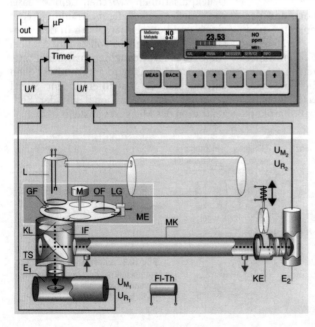

Bild 10.4. Aufbau eines Vierstrahl-UV-Fotometers (unterer Teil) mit Signalverarbeitung und Bedien- und Anzeigeelement (oberer Teil)(Hartmann & Braun, Frankfurt a.M.). L Hohlkathodenlampe, M Motor, TS Strahlteiler, MK Meßküvette, IF Interferenzfilter, E_1/E_2 Empfänger/Photomultiplier, KL Linse, ME Modulationseinheit, KE Kalibriereinheit, Fl-Th Flächenthermostat

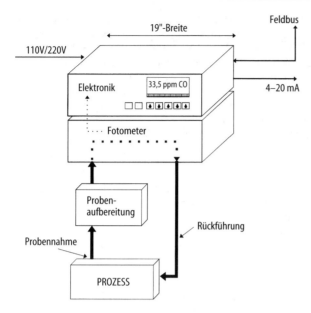

Bild 10.5. Integration des RADAS 2 in einer Prozeßmeßeinrichtung

Im Bild 10.5 ist der Gesamtaufbau des Analysengerätes (RADAS 2, H&B) als Wandmontage für eine Prozeßanwendung dargestellt. Im unteren Gehäuse befindet sich das Fotometer, während im oberen Teil die Auswerteelektronik untergebracht ist. Für Anwendungen in der chemischen Verfahrenstechnik lassen sich beide Gehäuseteile separat spülen, um den Analysator und die Elektronik gegen korrosive bzw. explo-sive Gasgemische, die durch Leckagen entstehen können, zu schützen.

FTIR (FourierTransformInfraRot). Eine weitere fotometrische Möglichkeit, im infraroten Spektralbereich Gase nachzuweisen, ist die FTIR-Technik [10.19]. Dieses aus der Laboranwendung kommende Verfahren wurde in den letzten Jahren zunehmend auch für den rauhen Prozeßeinsatz weiterentwickelt. Das Meßprinzip ist in Bild 10.6

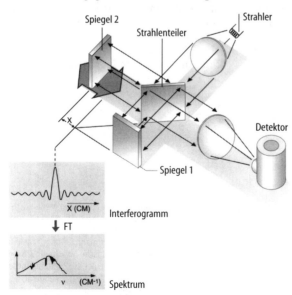

Bild 10.6. Prinzipieller Aufbau eines FTIR-Spektrometers

dargestellt und basiert auf einem interferometrischen Konzept. Die breitbandige Infrarotstrahlung des Strahlers wird an dem Strahlenteiler in zwei separate Bereiche aufgesplittet. Nachdem beide Teilstrahlen von den Spiegeln 1 und 2 reflektiert worden sind, werden diese Teilstrahlen durch den Strahlteiler wieder zusammengeführt und können nun miteinander vor dem Detektor interferieren. Das sich ergebende Interferenzmuster ist von der veränderbaren Position des Spiegels 2 abhängig. Zwischen dem Strahlteiler und dem Detektor wird i.a. die Küvette positioniert, durch die das Meßgas strömt. Durch das Meßgas werden dann aus dem gesamten Spektralbereich charakteristische (gasspezifische) Banden absorbiert. Als Ergebnis erhält man ein Interferogramm, in dem die Information des kompletten IR-Spektrums enthalten ist.

Durch Transformation des Interferogramms erhält man das Spektrum, das nun hinsichtlich einer gasanalytischen Aussage weiterverarbeitet werden muß. Da nach der Transformation das gesamte Spektrum vorliegt, lassen sich prinzipiell alle Gase (nur IR-aktive) simultan erfassen. Die Auswerteleistung wird durch mathematische Algorithmen mit einem Industrie-PC realisiert.

In Bild 10.7 ist eine komplette Emissionsmeßanlage (CEMAS) mit einem FTIR-Gerät (BOMEM, H&B) dargestellt. Mit dieser Anlage lassen sich alle wichtigen Komponenten (NO_X, HCl, SO_2, CO, CO_2, NH_3), die überwachungspflichtig sind, im Spurenbereich nachweisen [10.13]. Diese Anwendung wird u.a. durch eine Steigerung des Meßef-

fektes mit einer Multipass-Küvette von mehreren Metern optischer Weglänge (s. Gl. (10.3)) realisiert. Um Kondensationen von Meßkomponenten und damit Verfälschungen des Meßergebnisses zu vermeiden, wird der gesamte „Gasweg" von der Probennahme/Aufbereitung bis zur Analysenküvette auf eine Temperatur von 180–200 °C aufgeheizt.

Die Auswertung der Meßergebnisse erfolgt dabei mit einem Industrie-PC. Weiterhin sind in dem Elektronik-Schrank zusätzliche Steuer-, Regel- und Überwachungsfunktionen integriert.

10.3
Paramagnetische Sauerstoffmessung

Sauerstoff ist eines der wenigen Gase, das geringe magnetische Eigenschaften aufweist. Dieses Verhalten wird auch als *Paramagnetismus* bezeichnet und läßt sich zur selektiven Messung von Sauerstoffgehalten in Gasgemischen einsetzen. Im Bild 10.8 ist die Kenngröße für dieses paramagnetische Verhalten, die *magnetische Suszeptibilität*, bezogen auf Sauerstoff (= 100%), dargestellt. Neben dem Sauerstoff weisen nur die Stickoxide nennenswerte Suszeptibilitäten auf. Da die Stickoxide aber in der Regel nur im ppm-Bereich vorhanden sind, während der Sauerstoffgehalt zumeist im %-Bereich auftritt (z.B. im Rauchgas), kann man hier durchaus von einem selektiven Verfahren sprechen.

Im Laufe der Zeit haben sich nun verschiedene Verfahren zur Messung dieser

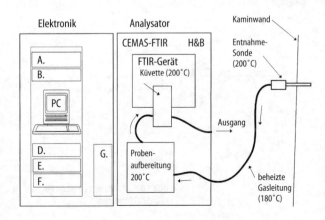

Bild 10.7. Aufbau einer Meßeinrichtung mit einem integrierten FTIR-Analysator zur Multikomponentenanalyse (BOMEM, Hartmann & Braun, Frankfurt a.M.). *A* Elektrische Absicherung, *B* Temperaturregler, *D* SPS-Steuerung, *E* O_2-Analysator, *F* $C_{Ges.}$-Meßgerät, *G* Klimagerät

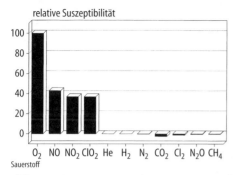

Bild 10.8. Relative Suszeptibilität für einige wichtige Gase

bedeutenden Größe herauskristallisiert, die sich grob in folgende Kategorien unterteilen lassen [10.15]:

A Magnetomechanisches Verfahren
B Thermomagnetisches Verfahren
C Magnetopneumatisches Verfahren

Die einzelnen Verfahren werden je nach Anwendung so eingesetzt, daß die spezifischen Eigenschaften der Geräte den Einsatzfall bestimmen.

Magnetomechanisches Verfahren. Das bedeutendste Prinzip für die Sauerstoffmessung ist das Magnetomechanische Verfahren. Im Bild 10.9 ist der prinzipielle Aufbau eines solchen Meßgerätes dargestellt. In einem inhomogenen Magnetfeld befindet sich hierbei eine nichtmagnetische Hantel, aus einzelnen Quarzglaskugeln, mit einer Stickstofffüllung. Diese Anordnung wird im Schwerpunkt zwischen den beiden Kugeln über ein Spannband gelagert. Befindet sich Sauerstoff in der Umgebung des Perma-

nentmagneten, so wird dieser, aufgrund der paramagnetischen Eigenschaften, in das Magnetfeld hineingezogen. Da sich dort aber die nichtmagnetischen Glaskugeln befinden, wird eine Kraft (Drehmoment) auf die Hantel ausgeübt. Durch eine Stromschleife, die um den Hantelkörper gelegt wird, läßt sich elektrisch ein Magnetfeld aufbauen, das eine genau entgegengesetzte Kraft ausübt, so daß die Hantel in der vorgegebenen Position verharrt. Die Position der Hantel wird über eine differentielle Reflexionslichtschranke detektiert, die Teil eines Regelkreises ist. Der Kompensationsstrom I_K, der dafür erforderlich ist, steigt dabei exakt linear mit der Sauerstoffkonzentration in der Meßkammer an. Da in das Meßergebnis ausschließlich die Suszeptibilität des Meßgases eingeht, bezeichnet man diese Geräte auch als *Suszeptometer*. Diese Geräteart wird hauptsächlich für exakte Meß-und Regelaufgaben in der Verfahrenstechnik eingesetzt.

Thermomagnetisches Verfahren. Das Thermomagnetische Verfahren nutzt die Eigenschaft der Temperaturabhängigkeit magnetischer Materialien aus. Mit zunehmender Temperatur verlieren magnetische Stoffe ihre spezifischen magnetischen Eigenschaften. Im Bild 10.10 ist der Aufbau einer solchen Meßzelle dargestellt. Sie besteht aus zwei identischen Bereichen, von denen der eine zur Messung und der andere zur Kompensation von Störeinflüssen dienen sollen. In beiden Teilhälften sind ringförmige Widerstände (W_1 und W_2) angeordnet, die zu einer Wheatstoneschen Meßbrücke zusammengeschaltet sind. Durch den Meßstrom

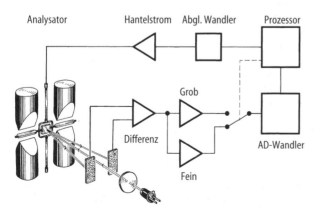

Bild 10.9. Prinzipieller Aufbau eines magnetomechanischen Sauerstoffanalysators (MAGNOS 6)

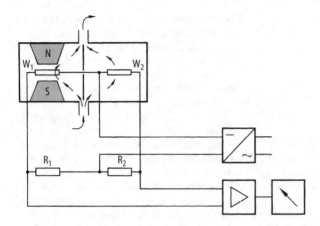

Bild 10.10. Prinzipieller Aufbau eines themomagnetischen Sauerstoffanaly-sators (MAGNOS 7)

$I_{Meß.}$ werden die Widerstände (W_1 und W_2) auf ca. 100 °C aufgeheizt. Einer dieser Ring-widerstände (W_1) befindet sich in einem in-homogenen Magnetfeld. Der Sauerstoff im Meßgas wird wiederum in das Magnetfeld gezogen und heizt sich an dem heißen Meß-widerstand auf, so daß er seine magneti-schen Eigenschaften verliert. Aufgrund des nachströmenden „kalten" Sauerstoffs, mit dem vorhandenen magnetischen Verhalten, wird dieser „heiße" Sauerstoff aus dem Ma-gnetfeld verdrängt. Durch diesen Mechanis-mus erhält man eine Zirkulation (Magneti-scher Wind) in der Kammer, die zu einer „Abkühlung" des Meßwiderstandes (W_1) führt. Da der Meßwiderstand aus einer Pla-tinwendel besteht, ändert er durch diese Temperaturänderung auch seinen Wider-standswert, der sich in der Meßbrücke wie-derum als Spannungssignal auswirkt. Der Referenzwiderstand (W_2) in der zweiten Kammerhälfte unterliegt allen Änderungen wie der Meßwiderstand, mit Ausnahme der magnetischen Einflüsse, da in dieser Kam-merhälfte kein Magnet angeordnet ist.

Dieses robuste Meßverfahren eignet sich vor allem für einfache Überwachungsauf-gaben, bei denen sich die Begleitkompo-nenten nicht wesentlich ändern. Da bei die-sem Verfahren, neben der Suszeptibilität, auch noch die anderen Stoffgrößen, wie z.B. die Wärmeleitfähigkeit, Zähigkeit usw. ein-gehen, ist die Selektivität nicht so hoch wie bei dem magnetomechanischen Verfahren.

Magnetopneumatisches Verfahren. Für An-wendungen in der chemischen Verfahrens-technik, bei denen korrosive Bestandteile des Meßgases häufig vorkommen, eignen sich die beschriebenen Verfahren nur be-dingt. Mit dem Magnetopneumatischen Ver-fahren lassen sich u.a. auch extrem *korrosive Gasgemische*, wie z.B. Sauerstoff in feuchtem Chlorgas, bestimmen. Im Bild 10.11 ist dieses

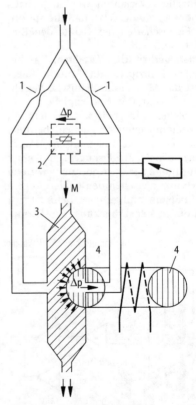

Bild 10.11. Prinzipieller Aufbau eines magnetopneuma-tischen Sauerstoffanalysators (OXYMAT 5)

Meßprinzip dargestellt. Das Gasgemisch gelangt hierbei in eine sehr flache Meßkammer (ca. 1 mm dick), die aus einem korrosionsbeständigen Material (z.B. Tantal) bestehen kann. Die Meßkammer (3) hat zusätzlich zwei seitliche Einlässe, durch die ein geringer Inertgasstrom (z.B. N$_2$) geleitet wird. An einer dieser Einlaßstellen befindet sich ein Elektromagnet (4), der mit einer Wechselspannung von ca. 8 Hz betrieben wird. Befindet sich Sauerstoff im Meßgas, so wird dieser mit der Modulationsfrequenz des Elektromagneten in diesen Bereich hineingezogen. Dadurch entsteht an der Einlaßöffnung eine Druckpulsation, die in dem symetrisch aufgebauten Gasweg zu einer Querströmung führt. Diese Querströmung wird mit einem Mikroströmungsfühler (2) detektiert. Auch in diesem Fall ist das Meßsignal aus der Strömungsmessung direkt proportinal zur Sauerstoffkonzentration in der Meßkammer. Da sich der Strömungsfühler permanent unter Inertgas befindet, ist die hohe Korrosionsfestigkeit ausschließlich durch das Kammermaterial gegeben.

10.4
Wärmeleitfähigkeitsanalysator

Die Gasanalyse nach dem Wärmeleitfähigkeits-Verfahren ist das älteste und zugleich einfachste physikalische Prinzip, das für industrielle Anwendungen eingesetzt wird. Der physikalische Effekt, der hierbei ausgenutzt wird, beruht auf der unterschiedlichen *Wärmeübertragung* durch die verschiedenen Gase. Im Bild 10.12 sind die Werte der Wärmeleitfähigkeit für einige

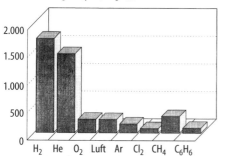

Wärmeleitfähigkeit [μW(cm grd,)]

Bild 10.12. Wärmeleitfähigkeit einiger wichtiger Gase

technisch relevante Gase dargestellt. Insbesondere Wasserstoff und Helium heben sich hier deutlich von den anderen Gasen ab. Es liegt also nahe, diese Komponenten mit dem Wärmeleitfähigkeits-Verfahren zu erfassen.

Die Gesetzmäßigkeiten für die Wärmeübertragung lassen sich aus dem Fourierschen Gesetz herleiten:

$$\frac{dQ}{dt} = \lambda F \frac{dT}{dx} \qquad (10.6)$$

mit

Q Wärmemenge,
λ Wärmeleitfähigkeit,
F Fläche,
t Zeit,
T Temperatur,
x Distanz .

Für Gasgemische, die aus mehreren Komponenten bestehen, läßt sich die Wärmeleitfähigkeit wie folgt berechnen:

$$\lambda_M = X_1\lambda_1 + X_2\lambda_2 + \dots X_n\lambda_n \qquad (10.7)$$

mit

λ_M Wärmeleitfähigkeit des Gasgemisches
$X_{1\dots n}$ Konzentration der Komponenten $1\dots n$
$\lambda_{1\dots n}$ Wärmeleitfähigkeit der Einzelkomponenten $1\dots$ n.

Der Aufbau einer Wärmeleitfähigkeitsmeßzelle ist in Bild 10.13 dargestellt. In dieser koaxialen Bauform befindet sich ein Widerstandsdraht (z.B. Platin, Durchmesser r_2) in einer runden Kammer mit dem Durchmesser r_1. Der Widerstand ist Teil einer Meßbrücke und heizt sich durch den Meßstrom I auf die Temperatur T_2 auf. Durch diese Aufheizung entsteht die Temperaturdifferenz $T_2 - T_1$, die einen Wärmestrom von dem heißen Draht zu der kälteren Kammerwand hervorruft. Je nach Gasart bzw. Gasgemisch ist diese Wärmeübertragung unterschiedlich, so daß sich im stationären Zustand eine konzentrationsabhängige Temperatur des Widerstandsdrahtes einstellt. Über $R(T)$ wird diese Temperaturänderung in der Meßbrücke in ein konzentrationsproportionales Signal umgewandelt.

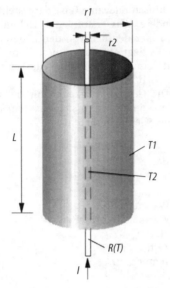

Bild 10.13. Prinzipieller Aufbau einer Wärmeleitfähig-keitsmeßzelle

In Bild 10.14 ist eine solche Meßzelle dargestellt. Der Platindraht ist in dieser Ausführungsform mit einer gasundurchlässigen Glasschicht, als Schutz gegen korrosive und brennbare Gase, überzogen. Diese Meßzelle wird z.B. für Chlormessungen in der chemischen Industrie, unter rauhen Prozeßbedingungen, eingesetzt.

Da der beschriebene Meßeffekt nahezu unabhängig von der absoluten Größe der

Zelle ist, läßt sich dieser Aufbau auch *miniaturisieren*. Im Bild 10.15 ist ein solcher Sensor zu sehen, der durch Anwendung der *Silizium-Mikromechanik* hergestellt wurde.

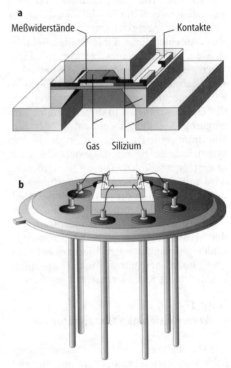

Bild 10.15. Aufbau eines Wärmeleitfähigkeitssensors in Silizium-Mikromechanik. **a** Querschnitt durch den Sensoraufbau, **b** komplett montierter Sensor

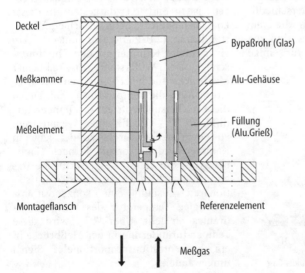

Bild 10.14. Ausführungsform einer konventionellen Wärmeleitfähigkeitsmeßzelle

Da die Zeitkonstante bei Wärmeleitfähig-keitsanalysatoren von der Kammergröße (Spülzeit) abhängt, lassen sich mit einem solchen Mikrosensor extrem kurze Ansprechzeiten im ms-Bereich realisieren. Die Anwendungsbereiche für diesen Sensor liegen vor allem bei zeitkritischen Prozessen, für die eine schnelle Regelung erforderlich ist.

10.5
Flammenionisationsdetektor FID

Meßgeräte für extrem geringe Kohlenwasserstoffkonzentrationen (wenige ppm), basieren zumeist auf dem sogenannten Ionisations-Verfahren. Ionisierte Gase lassen sich direkt durch eine *Strommessung* nachweisen, die sehr empfindlich ist, wodurch auch geringste Spuren nachweisbar sind. Die Ionisation des Meßgases läßt sich durch Strahlung (UV-Lampe oder radioaktive β-Strahler) und durch Flammen (FID) realisieren. Für die industrielle Anwendung hat sich der FID durchgesetzt, da die Genauigkeitsanforderungen und Nachweisgrenzen hier am günstigsten sind. Der grundsätzliche Aufbau eines FID ist in Bild 10.16 zu sehen. Die Flamme wird durch Wasserstoff, der aus einer Düse in Luft austritt, erzeugt. Dem Wasserstoff (Brenngas) wird, in einem definierten Verhältnis, Meßgas zugeführt, das in der heißen Wasserstoffflamme (Temperatur ca. 1000–2000 K) [10.8] verbrennt und dabei ionisiert wird. Zwischen der Austrittsdüse und der Elektrode wird eine Saugspannung von mehreren 100 V ange-

legt. An der Gegenelektrode kann man dann einen Ionisationsstrom $I_{Meß.}$ in der Größenordnung von 10^{-12} A als Meßsignal abgreifen.

Der Ionisationsstrom I läßt sich nach der folgenden Formel abschätzen:

$$I = q\frac{E}{t} = q[KW]Q \qquad (10.8)$$

mit

E Masse der Kohlenwasserstoffe,
t Zeit,
q Proportionalitätsfaktor,
$[KW]$ Konzentration der Kohlenwasserstoffe,
Q Volumenstrom

Unter konstanten Bedingungen (Volumenstrom) ist der Ionisationsstrom I wie folgt von den unterschiedlichen Kohlenwasserstoffen (unterschiedliche C-Anzahl) abhängig [10.16] :

$$I = A_1[C_1] + A_2[C_2] + \ldots A_n[C_n] \qquad (10.9)$$

mit

$[C_n]$ Konzentration des Kohlenwasserstoffs mit der C-Zahl n.

Die FID-Geräte der verschiedenen Hersteller zeigen dabei sehr unterschiedliche Abhängigkeiten von der Struktur der Verbindung, so daß teilweise Strukturfehler von bis zu 70% vom theoretischen Wert auftreten können [10.8]. Für bestimmte Anwendungen (z.B. Kfz-Prüfstand) sind diese Fehler viel zu groß. Durch Optimierung des konstruktiven Aufbaues der Meßzelle lassen sich diese Fehler auf unter ±5% drücken. Im Bild 10.17 sind einige Meßergebnisse dargestellt, die den Einfluß der Strukturabhängigkeit, bei unterschiedlichen Brennergeometrien, zeigt.

Eine wichtige Anwendung dieser Meßtechnik ist die Überwachung von geringen Kohlenwasserstoffkonzentrationen in Rauchgas. Bei diesen Messungen ist die Probenaufbereitung bzw. der Transport des Meßgases, von der Entnahmestelle (Kamin) zum Meßgerät (FID), für die Genauigkeit des gesamten Systems von ausschlaggebender Bedeutung. Daher werden sämtliche

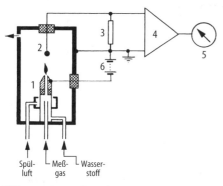

Spül- Meß- Wasser-
luft   gas   stoff

Bild 10.16. Prinzipieller Aufbau eines Flammenionisationsdetektors (FID)

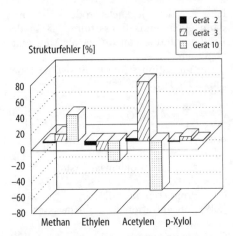

Bild 10.17. Strukturfehler von verschiedenen FID-Analysatoren bei unterschiedlichen Komponenten

gasführende Komponenten (Leitungen, Filter, Pumpen usw.) auf Temperaturen über 160 °C beheizt. Eine andere elegantere Lösung ist die direkte Installation des FID am Kamin, so daß eine aufwendige Probenaufbereitung entfällt. Im Bild 10.18 ist ein solcher Aufbau dargestellt. Der FID wird in dieser Anwendung direkt an die Entnahmesonde angeschlossen, wodurch eine abgeschlosse Einheit entsteht, die man dann als *Fernmeßkopf* bezeichnet.

Diese Art der Meßtechnik wird sicherlich in Zukunft an Bedeutung gewinnen, da viele Probleme, die im Zusammenhang mit der Probenaufbereitung enstehen, durch diesen Ansatz gelöst werden können.

10.6
Chemosensoren

Unter einem Chemosensor versteht man eine miniaturisierte Einheit, die aufgrund von chemischen und physikalischen Wechselwirkungen (reversibel), mit einer sensoraktiven Substanz, auf direktem Weg ein elektrisches Meßsignal generiert. Im Bild 10.19 ist ein solcher Sensor mit den einzelnen Funktionalitäten dargestellt.

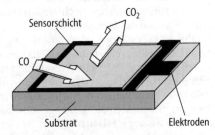

Bild 10.19. Prinzipieller Aufbau eines Chemosensors zur Messung von Kohlenmonoxid

1 Abgaskanal
2 Beheizter Entnahmefilter
3 Detektor
4 Versorgungsleitung zur Steuereinheit
5 Kalibriergasanschluß

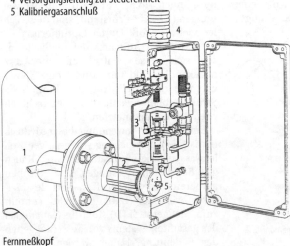

Fernmeßkopf

Bild 10.18. Fernmeßkopf mit integrierten FID (Multi-FID, Hartmann & Braun, Frankfurt a.M.)

Chemosensoren werden in der industriellen Praxis häufig nur für Überwachungen (Monitor-Funktion) und nicht für quantitative Messungen mit hohen Genauigkeitsabforderungen eingesetzt. Durch die voranschreitenden Entwicklungen auf dem Gebiet der Chemosensorik, sind in der Zukunft zunehmend Meßaufgaben durch Sensoren lösbar, die bisher mit konventionellen Techniken durchgeführt wurden.

Erste Anwendungsfelder für Chemosensoren lagen vor allem bei tragbaren Gasmonitoren für den *Personenschutz*. Durch die Kleinheit (→Gewicht) und geringe Leistungsaufnahme (→Batteriebetrieb) der Sensorik, eignen sich diese Komponenten besonders gut für eine handliche Geräteintegration.

Eine erweiterte Anwendung von Chemosensoren, für extrem genaue Messungen, ist in Bild 10.20 zu sehen. Dieser Aufbau wurde speziell zur Messung geringer HCl-Konzentrationen im Müllrauchgas entwickelt. Insbesondere bei dieser Meßaufgabe spielt die Probenaufbereitung eine entscheidende Rolle für die Meßqualität der gesamten Einrichtung. Aus diesem Grund wurde der Sensor in den Kopf der beheizten Entnahmesonde integriert. Durch diese Maßnahme, die nur durch den miniaturisierten Aufbau des Sensorelementes möglich ist, können Verschleppungen und Memory-Effekte vermieden werden.

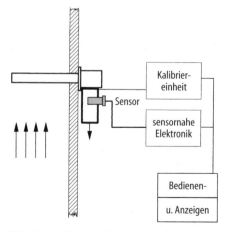

Bild 10.20. Aufbau einer Meßeinrichtung zur Erfassung von HCl-Konzentrationen an einem Abgaskamin

Das Sensorelement [10.14] besteht aus einem Festelektrolytmaterial (Silber β-Aluminat), das nach dem Nernstschen Gesetz eine EMK (Elektromotorische Kraft) gemäß:

$$EMK = (kT / 4)\ln p_{HCl} \qquad (10.10)$$

mit

EMK Elektromotorische Kraft,
k   Boltzmann-Konstante,
T Absolute Temperatur des Sensors,
p_{HCl} HCl Partialdruck im Meßgas,

erzeugt.

Mit einem solchen Aufbau lassen sich Meßbereiche von 0–10 ppm HCl realisieren. Die Nachweisgrenze für dieses Meßverfahren liegt im ppb-Bereich.

In der Tabelle 10.2 ist eine Auflistung der verschiedenen Prinzipien zu sehen, die für Chemosensoren relevant sind.

10.7
Gaschromatographie GC

Die Gaschromatograhie ist eine Meßtechnik, bei der die zu analysierenden Komponenten in einem Gasgemisch, vor der Analyse, getrennt werden. Durch diese Trennung erhält man eine erhöhte Selektivität, die vor allem in komplizierten Gemischen, wie z.B. einzelne Kohlenwasserstoffe in einem Benzindampfgemisch, benötigt wird. Der Vorteil einer solchen chromatographischen Trennung liegt darin, daß man für den Nachweis der einzelnen Komponenten durchaus einen unselektiven aber empfindlichen Detektor einsetzen kann. Der Aufbau eines Gaschromatographen ist in Bild 10.21 zu sehen. Die wesentlichen Komponenten sind der Injektor (*I*), die Trennsäule (*T*) und der Detektor (*D*). Die Gasprobe wird in den Injektor eingegeben (manuell oder auch automatisch) und über einen Trägergasstrom in die Trennsäule geleitet. Dort werden die einzelnen Gaskomponenten, aufgrund unterschiedlicher Absorption (stationäre Phase) und Desorption (mobile Phase), stoffspezifisch getrennt. Hinter der Säule gelangen die einzelnen Komponenten *zeitlich nacheinander* (Retentionszeit) als Peaks auf den Detektor. In dieser Zeitverschiebung

Tabelle 10.2. Zusammenstellung von relevanten Sensorprinzipien und Ausführungsformen auf dem Gebiet der Chemosensorik [10.18]

Bezeichnung	Beschreibung	Anwendung
Pellistoren (Wärmetönung)	Durch eine chemische Reaktion des zu messenden Gases mit der Umgebungsluft wird die freiwerdende Wärme zum Nachweis der Gaskonzentration genutzt.	Explosionsschutz
Halbleitereffekte	CHEMFET (Chemically sensitive field effective transistor) ISFET (Ion sensitive field effective transistor) GASFET (Gas sensitive field effective transistor) Mit Halbleiter-Oberflächenbauelementen lassen sich über eine chemische empfindliche Schicht, oberhalb des Kanalgebietes von Metalloxid-Feldeffekttransistoren (MOS-FETs), entsprechende Effekte ausnutzen. Je nach Aufbau und Anwendung unterscheidet man dann zwischen einem CHEMFET, ISFET und GASFET.	z.Z. geringe Anwendungsfelder
Festelektrolyte (ZrO_2, Na-b-Al_2O_3)	Mit Festelektrolyten als Ionenleiter lassen sich verschiedene Sensortypen aufbauen, die zur selektiven Detektion von Gasen geeignet sind. Im einfachsten Fall wird eine Spannung (EMK) generiert, die sich durch die Nernstsche Gleichung beschreiben läßt.	Lambda-Sonde Rauchgasanaylse
Flüssigelektrolyte (Essigsäure, NaOH)	Flüssigelektrolyte generieren durch eine chemische Reaktion in der Zelle eine Spannung, die proportional zu der Gaskonzentration ist. Durch Wahl der entsprechenden Elektrolyte läßt sich eine gewisse Selektivierung erzielen.	Raumluftkontrolle Rauchgasanalyse
Metalloxidsensoren (SnO_2, ZnO, In_2O_3)	Metalloxide ändern ihren elektrischen Widerstand in Gegenwart von bestimmten Gasen. Durch eine chemische Reaktion mit chemisorbiertem Sauerstoff an der Oberfläche bzw. Festkörper, wird ein Ladungsaustausch hervorgerufen, der zu der Widerstandsänderung führt.	Luftgütekontrolle, Umweltmeßtechnik
Ionensensitive Elektroden	Durch eine chemische Reaktion wird eine Potential-differenz zwischen einer Meß- und Referenzelektrode hervorgerufen, die potentiometrisch oder amperometrisch erfaßt werden kann.	pH-Messung
Wärmeleitfähigkeit	Durch eine unterschiedliche Wärmeleitfähigkeit der Gase lassen sich die Konzentrationsverhältnisse in einem Gasgemisch meßtechnisch erfassen, ohne eine chemische Reaktion auszunutzen.	Raumluftkontrolle Verfahrenstechnik

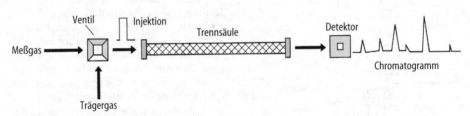

Bild 10.21. Prinzipieller Aufbau eines Gaschromatographen

(Chromatogramm) steckt nun die Information über die Komponente (qualitativ) selbst, während durch das Detektorsignal (Amplitude) eine quantitative Aussage getroffen werden kann.

Im Bild 10.22 ist ein einfaches isothermes Gaschromatogramm dargestellt. Der zeitliche Ablauf beginnt mit der Injektion der Probe in die Trennsäule zum Zeitpunkt EP (Einspritzpunkt). Nach der Trennung erscheinen die separierten Peaks 1–4 dann zu verschiedenen Zeiten. Neben der Lage des Peaks im Chromatogramm (qualitative Aussage) wird auch noch für quantitative Aussagen die Peakhöhe im Maximum sowie die Breite $b_{0,5}$ (Halbwertsbreite) oder b_B

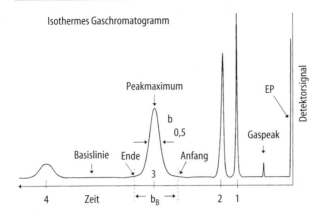

Isothermes Gaschromatogramm

Bild 10.22. Isothermes Gaschromatogramm

(Gesamtbreite) für weitergehende Berechnungen herangezogen.

Für Anwendungen in der Prozeßüberwachung und der Verfahrenstechnik muß der komplette Ablauf zur Aufnahme und Auswertung eines Chromatogramms natürlich automatisch ablaufen, um permanten Informationen (Meßergebnisse) über den Prozeßverlauf zu erhalten. Ähnlich wie bei den fotometrischen Analysengeräten ist der physikalische Teil von der Elektronik getrennt aufgebaut. Im oberen Teil befindet sich i.a. die Auswerteelektronik mit einem leistungsfähigen Prozessor, der sämtliche Berechnungen innerhalb kürzester Zeit durchführen kann. Im unteren Teil ist dann die Trennsäu-

le mit dem Detektor (Wärmeleitfähigkeit, Flammenionisation, Photoionisation, etc.) sowie die komplette Gasführung für die unterschiedlichen Probenströme, Trägergas, Spülgas usw. untergebracht.

Für Anwendungen, in denen die Probe in flüssiger Form vorliegt, wird eine entsprechende Einrichtung benötigt, die eine definierte Umwandlung in die Gasphase ermöglicht. Eine typische Anwendung ist z.B. die Überwachung von flüchtigen Kohlenwasserstoffen in Abwässern. Die Probe wird dabei in einem Verdampfer (Sparger) in die Gasphase überführt und dann wie oben bereits beschrieben mit einem Prozeß-GC analysiert (Bild 10.23). Zur Steigerung der

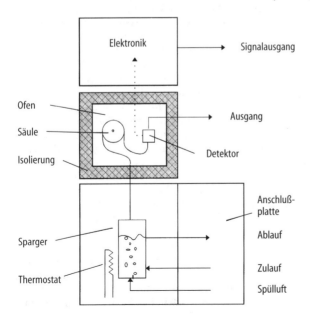

Bild 10.23. Analysensystem für flüssige Komponenten auf der Basis einer gaschromatographischen Messung

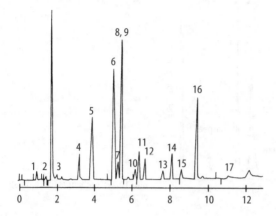

1. Chlormethan	10. Trichlorethen
2. Vinylchlorid	11. 1,2-Dichlorpropan
3. Chlorethan	12. Dichlorbrommethan
4. Methylenchlorid	13. Toluol
5. 1,1-Dichlorethan	14. 1,1,2-Trichlorethan
6. 1,1,1-Trichlorethan	15. Chlordibrommethan
7. Tetrachlorkohlenstoff	16. Chlorbenzol
8. Benzol	17. 1,1,2,2-Tetrachlorethan
9. 1,2-Dichlorethan	

Bild 10.24. Gaschromatogramm einer flüssigen Probe (Wasser) mit einem Optichrom Advance Sparger ermittelt

Meßempfindlichkeit kann man die gasförmige Probe in einer „Falle" (Trap) über mehrere Minuten anreichern. Durch schnelles Aufheizen wird die Probe dann ausgetrieben und kann dann mit einer wesentlich höheren Genauigkeit im ppb-Bereich nachgewiesen werden.

Im Bild 10.24 ist ein Chromatogramm dargestellt, das auf diesem Wege (Optichrom Advance Sparger, Hartmann&Braun Applied Automation) ermittelt wurde.

10.8
Analysensysteme (Anwendungen)

Komplexe Meßaufgaben im Bereich der Analysentechnik erfordern häufig unterschiedliche Meßverfahren, um eine umfassende Aussage über die Konzentrationsverhältnisse in einer Probe machen zu können. Zu diesem Zweck werden die einzelnen Geräte (z.B. paramagnetische O_2-Messung, Infrarot CO-Messung und FID Kohlenwasserstoff-Messung usw.) zu einem Meßsystem zusammengeschaltet.

Für Kalibrier- und Prüfzwecke werden zusätzliche Steuer- und Überwachungsfunktionen benötigt, die i.a. durch eine separate Einheit (z.B. SPS-Steuerung) reali-

siert werden. In einem Analysensystem sind weiterhin die Komponenten der Probenaufbereitung (Meßgaskühler, Filter, usw.) sowie Prüfgasflaschen, zur regelmäßigen Kontrolle der Geräteeigenschaften, integriert.

Der Trend bei diesen Meßeinrichtungen geht zunehmend in Richtung *Integration mehrerer Meßfunktionen* in einem Gerät. In diesen Kleinsystemen sind sowohl die Meßfunktionen als auch die Steuerfunktionen für einen Automatikbetrieb integriert. Neben einer deutlichen Volumenverkleinerung erhält man auch ein insgesamt zuverlässigeres Meßergebnis, das durch interne Kalibrierfunktionen unterstützt wird [10.11].

In der chemischen Verfahrenstechnik verzichtet man in der Regel auf derartige hochintegrierte Systeme, um die Verfügbarkeit zu erhöhen. Da bei Ausfall eines Meßgerätes u.U. die gesamte Meßinformation in einer hochintegrierten Einheit in Frage gestellt werden muß, setzt man in der chemischen Industrie, vorzugsweise in Meßsystemen, Einzelgeräte ein, die unabhängig voneinander arbeiten. Bei Ausfall eines Gerätes kann dann die Anlage (Chemischer Prozeß) trotzdem in einem sichereren Zustand gehalten werden. Für Mehrkomponentenanalysen werden aber auch in diesem Industriezweig zunehmend Multikomponentengeräte (FTIR, GC, usw.) eingesetzt, um die immer komplizierter werdenden Abläufe, innerhalb eines Prozesses, besser beherrschen zu können.

Extraktive Verfahren. Ein wesentlicher Bestandteil einer gasanalytischen Meßeinrichtung ist die *Probenaufbereitung*, die das Meßgas für die empfindlichen Analysengeräte konditioniert. In der Regel müssen Kondensatbestandteile (Wasserdampf, Säure, Staub, Aersole, usw.) dem Meßgas entzogen werden. Eine typische Meßkette ist im Bild 10.25 dargestellt. Das Meßgas wird durch eine Entnahmesonde aus dem Prozeß entzogen und über die Förder- und Aufbereitungselemente dem Analysengerät zugeführt.

Die Zuverlässigkeit dieser einzelnen Komponenten ist sehr unterschiedlich, wodurch sich die Wartungsintervalle hierfür ändern. Je nach Komponente können diese Intervalle von einigen Tagen bis zu mehreren Monaten reichen. Um eine optimale Wartung von Analysensystemen zu gewährleisten, geht man dazu über, die Informationen über den Wartungsbedarf mit einem *Feldbus* zu übertragen, um aus dieser Information u.U. eine Ferndiagnose bzw. Eigenüberprüfung (Kalibrierung) anzusteuern. Für diese Aufgabe müssen die peripheren Komponenten allerdings mit entsprechenden Sensoren ausgestattet sein.

In-situ-Verfahren. Alternativ zu dieser extraktiven Methode, kann man aber auch *direkt im Prozeß* (Rauchgaskanal/Kamin)

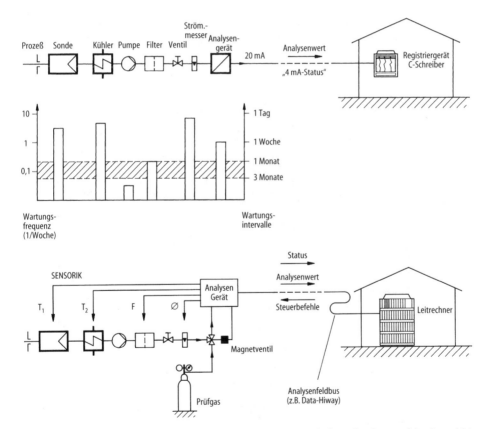

Bild 10.25. Aufbau einer gasanalytischen Meßeinrichtung mit einer externen Probenaufbereitung und den dazugehörigen Wartungsintervallen für die einzelnen Komponenten. Im unteren Teil des Bildes ist eine Lösung mit einer Überwachung der externen Einheiten, durch entsprechende Sensoren, aufgezeigt, die zu einer Verlängerung des Wartungsintervalls führt und einen gezielten Serviceeinsatz ermöglicht.

eine gasanalytische Messung vornehmen, ohne eine aufwendige und u.U. anfällige Probenaufbereitung zu installieren. Diese Art der Technik wird auch als In-situ – bzw. cross-stack-Messung bezeichnet. Insbesondere fotometrische Meßverfahren lassen sich für diese Meßtechnik optimal einsetzen. Im Bild 10.26 ist eine solche Einrichtung (GM30, Fa. Sick) dargestellt. Im linken Teil befindet sich ein UV-Spektrometer, mit der kompletten optischen Anordnung. Auf der gegenüberliegenden Seite (rechts) des Kamins ist lediglich ein Tripelreflektor angebracht, der die UV-Strahlung wieder zum Spektrometer reflektiert. Um Staubniederschläge an den Eintrittsfenstern am Kamin zu verhindern, ist zusätzlich eine entsprechende Spüleinrichtung erforderlich (im Bild 10.26 nicht dargestellt).

Mit der gezeigten Einrichtung läßt sich neben NO_x- und SO_2-Gehalt auch die Staubkonzentration (und Rauchdichte) bestimmen.

Die *Vorteile* der In-situ-Messung liegen vor allem in folgenden Punkten begründet:

– keine Probennahme, keine Entnahmeleitungen
– integrale Messung über den Kaminquerschnitt
– direkte Anzeige, ohne Verzögerungen der Probenentnahme
– einfache Wartung (wartungsarm).

Die *Nachteile* dieser Meßmethode sind:

– Meßbereiche sind vom vorgegebenen Kamindurchmesser abhängig, so daß bei einem kleinen Durchmesser nur große Meßbereiche möglich sind.
– ist nur für optische (akustische) Meßverfahren anwendbar. Andere wichtige Prinzipien (FID, O_2 usw.) lassen sich nur mit großem Aufwand integrieren.
– Kalibration der Meßeinrichtung kann nur indirekt erfolgen.

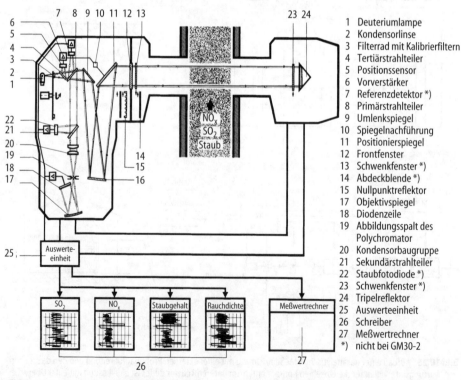

1 Deuteriumlampe
2 Kondensorlinse
3 Filterrad mit Kalibrierfiltern
4 Tertiärstrahlteiler
5 Positionssensor
6 Vorverstärker
7 Referenzdetektor *)
8 Primärstrahlteiler
9 Umlenkspiegel
10 Spiegelnachführung
11 Positionierspiegel
12 Frontfenster
13 Schwenkfenster *)
14 Abdeckblende *)
15 Nullpunktreflektor
17 Objektivspiegel
18 Diodenzeile
19 Abbildungsspalt des Polychromator
20 Kondensorbaugruppe
21 Sekundärstrahlteiler
22 Staubfotodiode *)
23 Schwenkfenster *)
24 Tripelreflektor
25 Auswerteeinheit
26 Schreiber
27 Meßwertrechner
 *) nicht bei GM30-2

Bild 10.26. In-situ-Meßeinrichtung (GM 30, Sick, Waldkirch) zur simultanen Erfassung von NO_x, SO_2, Staub und Rauchdichte

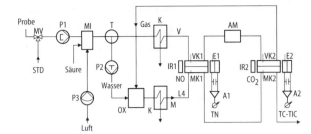

Bild 10.27. Prinzipieller Aufbau einer kombinierten TOC/TN-Meßeinrichtung. *MV* Magnetventil, *P* Pumpe, *STD* Kalibrierstandard, *MI* Mischgefäß, *T* Separator, *K* Gaskühler, *OX* Verbrennungsofen, *IR* Infrarotstrahler, *E* Empfänger, *MK* Meßküvette, *VK* Vergleichsküvette, *A* Verstärker, *AM* Absorber (für CO$_2$)

Je nach Anwendung, bzw. Anzahl der zu erfassenden Komponenten, wird die Entscheidung für eine extraktive oder In-situ-Messung ausfallen.

Abwasserkontrolle. Eine weitere interessante Anwendung für Gasanalysengeräte ist die TOC-(Total Organic Carbon) bzw. TN-(Total Nitrogen) Messung in Abwässern.

Im Bild 10.27 ist der prinzipielle Aufbau einer solchen Meßeinrichtung dargestellt.

Die Abwasserprobe gelangt über die Pumpe P_1 in das Mischgefäß *MI*. Dort wird die Probe auf einen konstanten pH-Wert mit HCl angesäuert, um die anorganischen Kohlenstoffverbindungen zu CO$_2$ (Kohlendioxid) umzuwandeln. In dem Separator T wird das Wasser von dem CO$_2$ und der Luft (Brennluft) getrennt. Mit der Pumpe P_2 wird die Wasserprobe dann in einen Verbrennungsofen (OX) tropfenweise dosiert. In diesem Ofen erfolgt die Umwandlung der organischen Kohlenstoff- bzw. Stickstoffverbindungen zu CO$_2$ und NO (Stickstoffmonoxid). Hinter dem Reaktor *OX* wird die gasförmige Probe mit einem Kühler vom Wasserdampf befreit und gelangt dann sofort in die Meßküvette (MK1) des Gasanalysators (URAS 10, Hartmann & Braun). Durch einen weiteren Meßkanal in dem Gasanalysator lassen sich sowohl die NO- als auch die CO$_2$-Konzentrationen erfassen, die proportional zu dem TOC- bzw. TN-Gehalt in der Wasserprobe sind.

Literatur

10.1 Grisar R et al. (1986) Monitoring of gaseous pollutants by tunable diode lasers. Proceedings of the International Symposium held in Freiburg, FRG, 13–14. November 1986

10.2 Wiegleb G (1985) Einsatz von LED-Strahlungsquellen in Analysengeräten. Laser und Optoelektronik 3:308–310

10.3 Wiegleb G (1986) Lampe zur Erzeugung von Gas-Resonanzstrahlung, Deutsches Patent DE 3617110 A1

10.4 Meinel H, Just Th (1973) A new analytical Technique for continuous NO-Detection in the range from 0.1 to 5000 ppm. Conference pre-print No. 125 „Atmospheric pollution by Aircraft Engines". AGARD, NATO

10.5 Luft KF (1943) Über eine neue Methode der registrierenden Gasanalyse mit Hilfe der Absorption ultraroter Strahlung ohne spektrale Zerlegung. Zeitschrift für technische Physik 24:97–104

10.6 Schaefer W (1961) Gasanalyse mit dem URAS bei kompliziert zusammengesetzten Gasgemischen. Chem.-Ing.-Techn. 33: 426–430

10.7 Kesseler G (1967) Über die Absorption ultraroter Strahlung in hintereinanderliegenden Schichten und ihre Bedeutung für die photometrische Gasanalyse. Dissertation, TU Clausthal

10.8 Verbesserung des Kohlenwasserstoffverfahrens. Abschlußbericht der VW-Forschung und Entwicklung (1980)

10.9 Hess P, Pelzl J (1988) Photoacoustic and Photothermal Phenomena. Series in Optical Sciences. Springer, Berlin Heidelberg New York

10.10 Schaefer W (1965) Bestimmung der Schwingungsrelaxationszeit von CO/N$_2$-Gasgemischen aus der Analyse des Frequenzganges eines Ultrarot-Gasanalysators. Z. angew. Phys. 19:55–60

10.11 Wiegleb G (1992) A new calibration technique for industrial gas analysers. Process Controll and Quality 3:273–281

10.12 Zöchbauer M (1983) Erweiterte Anwendungsmöglichkeiten des UV-Betriebsphotometers RADAS in der Prozeßüberwachung. Technisches Messen 50:417–422

10.13 Multicomponent FT-IR Gas Analyzer Model 9100. Data Sheet IMZ9458 March 1993. BOMEM, Quebec, Kanada

10.14 Schmäh N (1994) Dissertation, Universität Stuttgart

10.15 Wiegleb G, Marx WR (1994) Paramagnetische Verfahren zur Sauerstoffmessung Kap.B. tm-Serie: Industrielle Gasanalyse, Technisches Messen

10.16 Birkle M (1979) Meßtechnik für den Immissionsschutz. Oldenbourg, München

10.17 Bacon AT, Getz R, Reategui J (1991) Ion-Mobility Spectroscopy tackles through process Monotoring. Chemical Engineering Progress

10.18 Schaumburg H (1992) Werkstoffe und Bauelemente der Elektrotechnik. (Kap. 8: Chemische Sensoren, Göpel/Schaumburg). Teubner, Stuttgart

10.19 Johnston SF (1991) Fourier Transform Infrared a constantly evolving technology. Ellis Horwood, New York

Allgemeine Literatur

Clevet KJ (1986) Process Analyzer Technology. John Wiley&Sons

Hengstenberg J, Sturm B, Winkler O (1980) Messen, Steuern und Regeln in der Chemischen Technik, Bd. II (Betriebsmeßtechnik/Analytik). Springer, Berlin Heidelberg New York

Karthaus H, Engelhardt H (1971) Physikalische Gasanalyse, Hartmann & Braun, Frankfurt a.M., Fachbuch L 3410

Kronmüller H, Zehner B (1980) Prinzipien der Prozeßmeßtechnik, Bd. 2. Schnäcker, Karlsruhe

Nichols GD (1988) On-Line Process Analyzers. John Wiley&Sons

Richly W (1992) Meß-und Analysenverfahren. Vogel, Würzburg

Schaefer W, Zöchbauer M (1992) Wavelength Sensitive Detection. Sensors, 278–306

Schomburg G (1987) Gaschromatographie. 2. Aufl. VCH, Weinheim

Staab J (1991–1994) Industrielle Gasanalyse. tm-Serie, Technisches Messen

Wiegleb G (ab 1994) Industrielle Gasanalyse. tm-Serie, Technisches Messen

Wiegleb G (1986) Sensortechnik. Franzis, München

Allgemeines Abkürzungsverzeichnis

L. SCHICK

A Hilfsachse, Drehbewegung um X-Achse nach →DIN 66025

A Track A oder Spur A von Encoder bzw. Lagemeßgeber

AA Arbeits-Ausschuß

AACC American Automatic Control Council

AAE American Association of Engineers

AAI Average Amount of Inspection

AAL →ATM Adapter Layer

AALA American Association for Laboratory Accreditation

AAM Application Activity Modul, Aktivitäten-Modul für eine Prozeß-Kette von →STEP

AB Ausgangs-Byte, stellt eine 8 Bit breite Schnittstelle vom Automatisierungsgerät zum Prozeß dar

AB Aussetz-Betrieb z.B von Maschinen nach →VDE 0550

ABB →ASEA Brown Boveri

ABB Ausschuß für Blitzschutz und Blitzforschung im →VDE

ABC Asynchronous Bus Communication

ABC Automatic Brightness Control

ABCB Association of British Certification Bodies

ABEL Advanced Boolean Expression Language, Design-Hochsprache bzw. Sprachprozessor

ABI Application Binary Interface

ABIC Advanced →BICMOS

ABM Arbeitsgemeinschaft der Brandschutzlaboratorien der Materialprüfstellen

ABS Association Belge de Standardisation, Belgischer Normenverband (heute NBN)

ABT Advanced →BICMOS Technology

ABUS Automobile Bit-serielle Universal-Schnittstelle, serieller Bus, von VW entwickelt

AC Adaptive Control

AC Automatic Control, Steuer- und Regelungstechnik

AC Advanced →CMOS, Schaltkreisfamilie

AC Advisory Committee, beratendes Normen-Komitee

AC Alternating Current, Wechselstrom

ACC Analog Current Control

ACC Advisory Committee on Standards for Consumers

ACCESS Automatic Computer Controlled Electronic Scanning System

ACE Asynchronous Communication Element

ACE Advanced Computing Environment, Konsortium von →PC-Herstellern

ACE →ASIC Club Europe

ACEC Advisory Committee on Electromagnetic Compatibility

ACF Advanced Communication Function, Kommunikationssystem von →IBM

ACGC Advanced Colour Graphic Computer

ACIA Asynchronous Communications Interface Adapter

ACIA Advisory Committee on International Affairs

ACIS Association for Computing and Information Sciences

ACL Advanced →CMOS Logic, schnelle CMOS-Schaltkreisfamilie mit hoher Treiberfähigkeit

ACL Access Control Lists, Zugangsberechtigungsliste, z.B. für bestimmte Funktionen einer Steuerung

ACM Association for Computing Machinery, Verband der Computer-Industrie in den USA

ACM Automatic Copy Milling, System für die automatische →NC-Programmierung

ACOS Advisory Committee on Safety, beratendes Normen-Komitee für (Maschinen-)Sicherheit

ACR Advanced Control for Robots, Steuerungsfamilie von Siemens

ACRMS Alternating Current Root Mean Square, Effektivwert des Wechselstromes

ACSD Advisory Committee on Standards Development, beratendes Normen-Komitee für Entwicklungsfragen

ACSE Associaton Control Service Element, Übertragungsprotokoll für unterschiedliche Rechnersysteme von →ISO

ACT Advanced →CMOS Technology, →TTL-kompatible CMOS-Schaltkreisfamilie

ACTE Approvals Committee for Terminal Equipment, Zulassungskomitee für Endeinrichtungen der EGK

ACU Access Control Unit, Zugriffs-Regel-Einheit, z.B. für Speicher

ACU Arithmetic Control Unit, Steuer- und Rechenwerk eines Rechners

AD Addendum, Ergänzung zu einem →ISO-Standard

AD Address/Data, gemultiplexter Adress-/Datenbus auf Prozessor-Baugruppen

A&D Automatisierungs- und Antriebstechnik, Geschäftsbereich der SIEMENS AG, ehemals → AYT

ADAR Achsmodulare digitale Antriebsregelung

ADB Address Bus

ADB Apple Desktop Bus, Apple-System-Bus

ADC Analog Digital Converter, Analog-Digital-Umsetzer

ADCP Advanced Data Communications Control Procedure, Protokoll für die Datenübertragung auf Leitungen

ADEPA Association pour le Développement de la Production Automatisée, Verband für die Entwicklung der automatischen Produktion

ADETIM Association pour le Développement des Techniques des Industries Mécaniques, Verband für technische Entwicklung in der Maschinenindustrie

ADF Adressier-Fehler, bei Eingängen und Ausgängen der →SPS, Störungs-Anzeige im →USTACK der SPS

ADIF Analog Data Interchange Format, Standard-Programmiersprache

ADIS Automatic Data Interchange System, System zum automatischen Austausch von Daten

ADKI Arbeitsgemeinschaft Deutscher Konstruktions-Ingenieure

ADLNB Association of Designated Laboratories and Notified Bodies, Zusammenschluß zugelassener Laboratorien und gemeldeter Stellen unter der →EU-Richtlinie 91/263/EWG

ADM Add Drop Multiplexer

ADMA Advanced Direct Memory Access

ADMD Administration Management Domains, Mitteilungs-Verbund der Telekommunikation

ADO Ampex Digital Optical

ADP Advanced Data Path, Baustein des →EISA-System-Chipsatzes von Intel

ADPCM Adaptive Differential Pulse Code Modulation, Form der Sprachcodierung und -kompression

ADPM Automatic Data Processing System

ADR Address

ADr Anlaß-Drosselspule

ADS Analog Design System

ADS Allgemeine Daten-Schnittstelle, Kommunikations-Schnittstelle der →SINUMERIK

ADU Analog Digital Umsetzer

ADX Automatic Data Exchange

AE Auftrags-Eingang

AEA American Engineering Association

AEA American Electronic Association

AECMA Association of Europeen de Constructeurs de Material Aerospatiale

AED →ALGOL Extended Design

AEE Asociacion Electrotecnica Espanola

AEF Ausschuß für Einheiten und Formelgrößen im →DIN

AEI Associazione Elettrotecnica Italiana

AEI Association of Electrical Industries (USA)

AENOR Asociacion Espanola de Normalizacion y Certificacion

AFAQ Association Française pour l'Assurance de la Qualité

AFB Application Function Block

AFC Advanced Function of Communication, Datenübertragungssystem von IBM

AFG Arbritrary Function Generator

AFM Atomic Force Microscope

AFNOR Association Française de Normalisation

AFP Automatic Floating Point

AG Advisory Group

AG Automatisierungsgerät

AG Assemblée Générale, Generalversammlung, z.B. der →EU

AGM Arbeits-Gemeinschaft Magnetismus

AGQS Arbeits-Gemeinschaft Qualitäts-Sicherung e.V.

AGT Ausschuß Gebrauchs-Tauglichkeit im Deutschen Normenausschuß

AGV Automated Guided Vehicle

AGVS Automated Guided Vehicle Systems

AHDL Analog Hardware Description Language

AI Artificial Intelligence

AI Application Interface, Graphik-Software-Schnittstelle

AIC Application Interpreted Construct, Interpretierter Resourcenblock von →STEP

AID Automatic Industrial Drilling, Erstellung von Bohrlochstreifen für →NC-gesteuerte Bohrmaschinen

AIDS Automatic Integrated Debugging System

AIEE American Institute of Electrical Engineers, jetzt →IEEE

AIF Arbeitsgemeinschaft Industrieller Forschungsvereinigungen

AIIE American Institute of Industrial Engineers, amerikanischer Ingenieursverband

AIK Analog Interface Kit

AIM Application Interpreted Modul, aus der produktorientierten Normung von →STEP

AIN Advanced Intelligent Network, Oberbegriff für alle neuen softwaregesteuerten Netze

AIST Agency of Industrial Science and Technology (standards devision), Amt für industrielle Wissenschaft und Technologie in Tokio

AIT Advanced Information Technology in Design and Manufacturing, Forschungsverbund der europäischen Automobil- und Luftfahrt-Industrie

AIU Audio Interface Unit, Baustein für →ISDN

AIX Advanced Interactive Executive, Betriebssystem von IBM

AIZ Ausschuß Internationale Zusammenarbeit des →DAR

AJM Abrasive-Water-Jet-Machining, Abrasiv Wasserstrahl-Bearbeitung

AK Anforderungs-Klassen, z.B. nach nationalen Normen

AK Arbeits-Kreis

AKIT Arbeits-Kreis Informations-Technik im →ZVEI

AKPRZ Arbeits-Kreis Prüfung und Zertifizierung vom →ZVEI

AKQ Arbeits-Kreis Qualitätsmanagement im →ZVEI

AKQSS Arbeits-Kreis Qualitäts-Sicherungs-Systeme vom →ZVEI

AL Assembly Language, interaktives Programmiersystem, z.B. für Montage-Roboter

AL Ausfuhr-Liste, Handels-Embargo-Liste

ALDG Automatic Logic Design Generator, Rechnerunterstützter Schaltungsentwurf von IBM

ALE Address Latch Enable, Mikroprozessor-Signal zum Abspeichern der gemultiplexten Adressen

ALFA Automatisierungs-System für Leiterplatten-Bestückung mit flexibler Automaten-Organisation

ALGOL Algorithmic Language

ALI Application Layer Interface, Schicht vom Profibus

ALS Advanced Low Power Schottky

ALU Arithmetic Logic Unit

AM Amplituden-Modulation, Modulationsart zur Informationsübertragung

AM Asynchron-Motor

AM Arbitration Message, Arbitrierungs-Mechanismus

AM Amendment

AMA Arbeitsgemeinschaft Meßwert-Aufnehmer

AMB Ausstellung für Metall-Bearbeitung, internationale Werkzeugmaschinen-Messe

AMBOSS Allgemeines modulares bildschirmorientiertes Software-System

AMD Advanced Micro Devices, Halbleiter-Hersteller

AME Automated Manufacturing Electronics, internationale Fachmesse für automatisierte Fertigung

AMEV Arbeitskreis Maschinen- und Elektrotechnik staatlicher und kommunaler Verwaltungen von →DIN

AMF Analog Multi-Frequency, Monitortyp

AMI Alternate Mark Inversion, binärer Leitungscode

AMICE Architecture Manufacturing Integrated Computer European, europäisches Entwicklungsprogramm für Informationstechnik

AML A Manufacturing Language, von IBM entwickelte Programmiersprache für Roboter

AML Assembly Micro Library

AMLCD Active Matrix Liquid Crystal Display

AMM Asynchron-Motor-Modul von →SIMODRIVE-Geräten

AMNIP Adaptive Man-Machine Non-arithmetical Information Processing, Sprache für nichtarithmetische Informationsverarbeitung

AMP Associative Memory Processor

AMP Automated Manufacturing Planning

AMPS Advanced Mobile Phone System, US-Standard für Zellulartelefon

AMT Advanced Manufacturing Technologies

AMT Available Machine Time

AMX ATM-Multiplexer, Teil einer →ISDN Vermittlung

A/N Alpha-/Numerik-Modus des →VGA-Adapters

ANIE Associazione Nazionale Industrie Elettrotecniche

ANL Anlagen, auch Geschäfts-Bereich der Siemens AG

ANP Ausschuß Normen-Praxis in der →DIN

ANS American National Standard

ANSI American National Standards Institute

ANTC Advanced Networking Test Center, s.a. →EANTC

AOQ Average Outgoing Quality, durchschnittlicher Anteil fehlerhafter Bauelemente bei Lieferung

AOW Asia Oceania Workshop, asiatisches Normenbüro für Standards

AP Acknowledge Port, Schnittstelle von →PCs

AP Application Protocol, Anwendungs- und Implementierungs-Spezifikation in →STEP

APA Asien-Pazifik-Ausschuß der Deutschen Wirtschaft

APA All Points Addressable, Graphikmodus des →VGA-Adapters

APC Automatic Pallet Changer

APC Automatic Process Control

APEX Advanced Processor Extension, Computer von Intel mit mehreren Rechenwerken

APF All Plastic Fibre

API Application Programming Interface, Programmiersprachen-Schnittstelle von →ISDN

API Application Interface, Anwender-Schnittstelle

APL A Programming Language, höhere, dialogorientierte Programmiersprache

APM Advanced Power Management

APM Advanced Process Manager

APP Applikation, Datei-Ergänzung von →GEM

APS Advanced Programming System, Programmiersystem für die Offline-Programmierung von Robotern

APS Anwenderorientierte Programmier-Sprache

APS Automated Parts Stoking

APT Automatically Programmed Tools

APT Automatic Picture Transmission

APTS Automatic Program Testing

APU Arithmetic Processing Unit

APX Application Processor Extension, Software-Schnittstelle zwischen →CISC- und →RISC-Prozessor

AQAP Allied Quality Assurance Publication, Qualitätssicherungs-Normen der Alliierten (NATO)

AQL Acceptable Quality Level

AQS Ausschuß Qualitätssicherung und angewandte Statistik im →DIN, jetzt →NQSZ

AR Autonome Roboter, Firma, u.a. Hersteller
für automatische Transport-Systeme

ARB Arbitration(-Error), Entscheidung bzw.
Zuordnung z.B. von Bus-Zugriffen durch Prozessoren

ARB Arbitrary Waveform Generator

ARC Advanced →RISC Computing

ARC Attached Resource Computer, Rechner-Architektur

ARC Archivdatei, Datei-Ergänzung

ARCNET Attached Resource Computer Network, Rechner-Netzwerk

ARM Advanced (ACORN) →RISC Machine

ARM Application Reference Modul, Beschreibung eines Applikations-Protokolles von
→STEP

ARMP Allied Reliability and Maintainability
Publications, Zuverlässigkeits- und Instand-
haltungs-Normen der NATO

AROM Alterable →ROM

ARP Address Resolution Protocol, Netzwerk-
Protokoll

ARPA Advanced Research Projects Agency, For-
schungsinstitution des US-Verteidigungsmi-
nisteriums

ARQ Automatic Repeat Request

ART Advanced Regulation Technology, Regelung für hochgenaue Bearbeitung

AS Automatisierungs-System

AS Advanced Schottky, →TTL-Schaltkreis-Fa-
milie

AS Anschaltung, Bezeichnung von Koppel-Bau-
gruppen in der →SIMATIC

AS511 Anschaltung 511 für Programmiergeräte
von →SIMATIC S5

AS512 Anschaltung 512 für Prozeßrechner von
→SIMATIC 55

ASA American Standard Assoziation

ASA Antreiben Steuern Automatisieren, Fachmesse für Automatisierungs-Komponenten in
Stuttgart

ASB Associated Standards Body, assoziierte Organisation des →CEN

ASB Antreiben Steuern Bewegen, Fachmesse
für Antriebe

ASB Aussetz-Schalt-Betrieb, z.B. von Maschinen
nach →VDE 0530

ASC →ASCII-Datei, Datei-Ergänzung

ASCII American Standard Code for Information Interchange

ASCP Association Suiisse de Contrôle des In-
stallations sous Pression

ASE Association Suisse des Electriciens

ASEA Schwedischer Roboterhersteller

ASG Arbeitsausschuß Sicherheitstechnische
Grundsätze im →DIN

ASI Aktuator/Sensor-Interface

ASI Antriebs-, Schalt- und Installationstechnik,
Geschäfts- Bereich der Siemens AG

ASIC Application Specific Integrated Circuit

ASIS Application Specific Integrated Sensor

ASIS American Society for Information Science

ASM Application Specific Memory

ASM Asynchron Motor (Machine)

ASM Automation Sensorik Meßtechnik

ASM Assembler-Quellcode, Datei-Ergänzung

ASME American Society of Mechanical Engineers

ASN Abstract Syntax Notation

ASO Active Sideband Optimum

ASP Application Specific Processor

ASP Attached Support Processor

ASPLD Application Specific Programmable
Logic Device, programmierbares Gerät

ASPM Automated System for Production
Management

ASPQ Association Suisse pour la Promotion de
la Qualité

ASQC American Society for Quality Control

ASRAS Application Specific Resistor Arrays

ASRC Asyncronous Sample-Rate-Converter

ASSP Application Specific Standard Products

AST Asymmetrical Stacked Trench, Struktur für
Halbleiter-Speicherzellen

AST Active Segment Table

ASTA Association of Short-Circuit Testing Authorities (London), Vereinigung der Prüfstellen für Kurzschlußprüfung

ASTM American Society for Testing and Materials (Philadellphia, USA)

ASU Asynchron-Synchron-Umsetzer

AT Advanced Technologie

AT Anlaß-Transformator

ATB Antriebs-Technik Bauknecht, Antriebs-
Geräte-Bezeichnung der Firma Bauknecht

ATC Automatic Tool Changer

ATD Asynchronous Time Division, Netzwerk-
Verfahren

ATDM Asynchronous Time Division Multiplexing

ATE Automatic Test Equipment

ATF Automatic Track Finding

ATF →ASIC Technology File

ATG Automatic Test Generator

ATIS A Tool Integrated Standard, objektorientierte Schnittstelle

ATM Asynchronous Transfer Mode, Übertragungs-Modus für Breitband-→ISDN

ATM Abstract Test Method, abstrakte Test-Me-
thode

ATMS Advanced Text Management System,
Textverarbeitungssystem von IBM

ATN Attention, Adress- bzw Dateninterpretati-
on an der →IEC-Bus-Schnittstelle

ATPG Automatic Test Pattern Generation

ATS Abstract Test Suite, abstraktes Testverfahren

AUI Attachment Unit Interface, →Ethernet-
Schnittstelle

AUT Automatisierungstechnik, Geschäftsbereich der Siemens AG, heute A&D

AUT Automatic, z.b. Betriebsart der →SINU-
MERIK

AUTOSPOT Automated System for Positioning
of Tools

AV Arbeits-Vorbereitung

AVC Audio Video Computer

AVI Arbeitsgemeinschaft der Eisen und Metall
verarbeitenden Industrie

AVK Arbeitsgemeinschaft Verstärkte Kunststoffe, u.a. Ersteller der Datenbank für faserver-
stärkte Kunststoffe in Frankfurt

AVLSI Analog Very Large Scale Integration

AW Ausgangswort, stellt eine 16-Bit breite
Schnittstelle vom Automatisierungsgerät dar

AWC Absolut-Winkel-Codierer

AWF Ausschuß für Wirtschaftliche Fertigung
e.V.

AWG American Wire Gauge

AWK Aachener Werkzeugmaschinen Kolloquium

AWL Anweisungsliste, Darstellung von →SPS
(z.B. →SIMATIC)-Programmen in Form von
Abkürzungen

AWS Abrasiv-(Hochdruck-)Wasser-Strahl zur
Bearbeitung von Blechen und Kunststoffen

AWV Außen-Wirtschafts-Verordnung, Embar-
go-Bestimmungen

AZG Ausschuß für Zertifizierungs-Grundlagen
im →DIN

AZM Anwendungs-Zentrum Mikroelektronik
in Duisburg

AZR Arbeits-Zuteilung und -Rückmeldung,
Funktion einer echtzeitnahen Werkstattsteue-
rung

B Hilfsachse, Drehbewegung um Y-Achse nach
→DIN 66025

B Track B oder Spur B vom Encoder bzw. Lage-
meßgeber

BA-ADR Baustein-Absolut-Adresse im
→USTACK der →SPS, steht für den nächsten
Befehl des letzten Bausteins

BAC Bauelemente-Art-Code für Ausfallraten-
Prognosen

BAG Betriebsartengruppe, Betriebsartengrup-
pen fassen →NC-Kanäle und Achsen zusammen, die in einer eigenständigen Betriebsart
arbeiten

BAK Backup, Sicherungskopie, Datei-Ergänzung

BAM Bit-Serial Access Method

BAM Bitserieller Anschluß für Mehrfachsteue-
rungen, Übertragungsverfahren für Mehr-
fachsteuerungen

BAM Bundes-Anstalt für Materialforschung
und -prüfung

BANRAM Block Alterable Non-voltage →RAM

BAP Bildschirm-Arbeits-Platz

BAPS Bewegungs-Ablauf Programmier-Sprache
für Roboter

BAPT Bundesamt für Post und Telekommunikation

BAS Bildsignal, Austastsignal, Synchronisiersignal

BAS Basic-Quellcode, Datei-Ergänzung

BASEX →BASIC Extension, Erweiterung von
BASIC

BASIC Beginners All-Purpose Symbolic Instruction Code

BAT Batch-Datei, Stapel-Datei, Datei-Ergänzung

BAT Batterie, gebräuchliche Abkürzung

Baud Maßeinheit bei der Datenübertragung in
Bit/s

BAW Bundes-Amt für Wirtschaft

BAZ Bearbeitungs-Zentrum

BB Betrieb mit Batterien nach →DIN VDE
0558T1

BB1/2 Betriebs-Bereit 1 oder 2, Klarmeldung der
→SINUMERIK

B&B Bedienen und Beobachten

BBS Bulletin Board System, Mailbox-System

BBU Batterie Backup Unit

BCC Block Checking Character

BCD Binary Coded Decimal

BCDD Binary Coded Decimal Digit

BCF Befehls-Code-Fehler, Anzeige im
→USTACK der →SPS

BCI Binary Coded Information

BCMD Bulk Charge Modulated Device, Bildauf-
nehmer mit hoher Auflösung

BCO Binary Coded Octal

BCS British Calibration Service

BCT →BI-CMOS-Technology

BCU Bus Control Unit, Bussteuerung eines
Computers

BD Binary Decoder, binäre Dekodierschaltung

Bd Baud, Übertragungsrate in Bit/s

BDAM Basic Direct Access Method

BDE Betriebs-Daten-Erfassung

BDE Bundesverband der Deutschen Entsor-
gungswirtschaft e.V.

BDI Bundesverband der Deutschen Industrie
e.V. in Köln

BDI Base Diffusion Isolation, Transistor-Her-
stellungsverfahren

BDF Bedienfeld

BDL Business Definition Language, allgemeine
höhere Programmiersprache

BDM Basic Drive Module, Antriebs-Grund-
Modul, bestehend aus Stromrichter und Regelung

BDS Beam Delivery System, Laser-Strahl-
Führungs-System für Roboter

BDSB Betrieblicher Daten-Schutz-Beauftragter

BDSG Bundes-Daten-Schutz-Gesetz

BDU Basic Display Unit, Ein-/Ausgabeeinheit der Datenverarbeitung

BE Baustein Ende, Kennzeichnung des Programmendes in der →AWL des →SPS-Programmes

BE Bauelement

BEA Baustein Ende Absolut, Kennzeichnung eines absoluten Programmendes in der →AWL des →SPS-Programmes

BEAMA British Electrical and Allied Manufacturers Association

BEB Baustein Ende Bedingt, Kennzeichnung eines bedingten Programmendes in der →AWL des →SPS-Programmes

BEC British Electrotechnical Committee

BEF-REG Befehls-Register, enthält den zuletzt bearbeiteten Befehl im →USTACK der →SPS

BEM Boundary Element Methode

BER Bit Error Rate, Verhältnis zwischen fehlerhaften und fehlerfreien übermittelten Bits

BERT Bit Error Rate Test, Bit-Fehlerraten-Messung

BESA British Engineering Standards Association

BESY Betriebs-System

BEUG Bitbus European User Group

BEVU Bundesvereinigung mittelständischer Elektronikgeräte-Entsorgungs- und Verwertungs-Unternehmen e.V.

BF Beauftragbare Funktion, kleinste von außen abrufbare Funktion beim Informationsaustausch mit Arbeitsmaschinen nach →DIN 66264

BfD Bundesbeauftragter für den Datenschutz

BFS Basic File System

BG Berufsgenossenschaft

BG Baugruppe, →BGR

BGA Ball-Grid-Array, →PLD-Gehäuse für oberflächenmontierbare Bauelemente

BGFE Berufsgenossenschaft Feinmechanik und Elektrotechnik

BGR Baugruppe, →BG

BGT Baugruppen-Träger

BH Binary to Hexadecimal

BIA Berufsgenossenschaftliches Institut für Arbeitssicherheit

BICMOS Bipolar →CMOS, Halbleiter-Technologie mit hohem Eingangswiderstand, geringer Stromaufnahme und Bipolar-Ausgang

BICT Boundary In-Circuit-Test

BIFET Bipolar Field Effect Transistor

BIMOS Bipolar Metal Oxide Semiconductor

BIN Binärdatei, Ergebnis einer Kompilierung, Datei Ergänzung

BIN Belgisch Instituut voor Normalisatie (Brüssel), belgisches Normen-Gremium, →IBN

BIOS Basic Input Output System, Hardwareorientiertes Basis-Betriebs-System eines Rechners

BIS Business Instruction Set Befehlssatz für kommerzielle Rechnerprogramme

BIS Büro-Informations-System

B-ISDN Broadband-→ISDN, Breitband-ISDN

BIST Built-In Self Test, in Bauteilen oder Baugruppen integrierte →HW oder →SW zum Selbsttest ohne externe Unterstützung

Bit Binary Digit, binäre Informationseinheit

BIT Built-In Test, in Bauteilen oder Baugruppen integrierte →HW oder →SW zur Testunterstützung

BIX Binary Information Exchange

BJF Batch Job Foreground, Stapelverarbeitung aus dem Vordergrundspeicher

BKS Bezugs-Koordinaten-System von Werkzeugmaschinen und Robotern

BKZ Betriebsmittel-Kennzeichen

BL Block Lable, Kennzeichnung eines Datenblockes

BLD Bauelemente-Belegungs-Dichte bei der Entflechtung von Leiterplatten

BLE Block Length Error

BLE Betriebsmittel der Leistungs-Elektronik nach →VDE 0160

BLU Basic Logic Unit

BM Binary Multiply

BME Bundesverband Materialwirtschaft, Einkauf und Logistik e.V.

BMEF British Mechanical Engineering Federation

BMFT Bundes-Ministerium Forschung und Technologie

BMI Bidirectional Measuring Interface, genormte Schnittstelle für Meßdatenübermittlung

BMP Bitmap-Grafik, Datei-Ergänzung bei WINDOWS

BMPM Board Mounted Power Module, direkt auf Leiterplatten montierbare →DC/DC-Module

BMPT Bundes-Ministerium für Post und Telekommunikation

BMSR Betriebs-Meß-, -Steuerungs- und -Regelungstechnik

BMWI Bundes-Ministerium für Wirtschaft

BN Benutzeranleitung, z.B. Geräte-Dokumentation

BNM Bureau de Normalisation de la Mécanique

BO Binary to Oktal

BOF Bedien-Ober-Fläche

BOM Beginning of Message, Steuerzeichen für den Anfang einer Übertragung

BORAM Block-oriented →RAM, Speicher mit Block-Daten-Struktur

BORIS Block-oriented Interactive Simulation System

BOT Beginning of Tape

BOT Beginning of Telegram

BP Batch Processing

BPAM Basic Partitioned Access Method, Zugriffsverfahren auf gespeicherte Daten

BPBS Band-Platte-Betriebs-System
BPI Bits (Bytes) Per Inch
BPM Bundesministerium für Post- und Fern-
meldewesen
BPS Bits (Bytes) Per Second
BPSK Binary Phase Shift Keying
BPU Basic Processing Unit
BPU Betriebswirtschaftliche Projektgruppe für
Unternehmensentwicklung
BQL Basic Query Language
BRA Basic Rate Access
BRI Basic Rate Interface, Netzwerkschnittstelle
von →ISDN
BRITE Basic Research in Industrial Technolo-
gies for Europe
BS Betriebs-System
BS British Standard, britische Norm, auch Kon-
formitätszeichen
BS Bahn-Synchronisation
BS Boundary Scan, Chip-integrierte Test-Archi-
tektur
BS Backspace, Steuerzeichen von Rechnern und
Druckern
BSA British Standards Association (London)
BSAM Basic Sequential Access Method
BSC Binary Synchronous Communication, Pro-
tokoll für die byteserielle Datenübertragung
von IBM
BSC Base Station Controller
BSDL Boundary Scan Description Language,
Eingabe-Sprache für →BICT
BSEA Bedien- und Steuerdaten Ein-/Ausgabe
nach →DIN 66264
BSF Bahn-Schalt-Funktion von Robotern
BSI Bundesamt für Sicherheit in der Informati-
onstechnik
BSI British Standard Institute (London)
BSR Boundery-Scan-Register, Schiebekette mit
Boundery-Scan-Zellen
BSRAM Burst Static →RAM, schnelle statische
Schreib- und Lesespeicher
BSS Base Station Systems
BSS British Standard Specification
BST Binary Search Tree binärer Suchpfad in
einer Datenbank
BSTACK Baustein-Stack, Speicher in der →SPS
BST-STP Baustein-Stack-Pointer, Meldung im
→USTACK der →SPS über die Anzahl der im
→BSTACK eingetragenen Elemente
BT Bureau Technique
BT Bedien-Tafel, z.B. der →SINUMERIK
BTAM Basic Telecommunications Access Me-
thod
BTC Branch Target Cache
BTL Beginning Tape Label
BTR Behind the Tape Reader, Schnittstelle zwi-
schen Lochstreifenleser und Steuerung mit
direkter Dateneingabe durch Umgehung des
Lesers

BTS Base Transceiver Stations
BTS Bureau Technique Sectoriel, technisches
Sektorbüro des →CEN
BTSS Basic Time Sharing System, Betriebssy-
stem für Mehrrechner-Betrieb
BTX Bildschirm-Text, Fernseh-Informations-
System
BUB Bedienen und Beobachten
BUVE Bus-Verwaltung nach →DIN 66264
BV Bild-Verarbeitung
BVB Bundes-Verband Büro- und Informations-
Systeme e.V.
BVS Bibliothek-Verbund-System der Siemens AG
BWB Bundesamt für Wehrtechnik und Beschaf-
fung
BWM Bundes-Wirtschafts-Ministerium
B-W-N Bohrung-Welle-Nut, Meßzyklus in der
→NC für die Werkstück- und Werkzeug-Ver-
messung
BWS Berührungslos wirkende Schutzeinrich-
tung, Roboter-Schutz-Einrichtung nach
→VDI 2853
BZT Bundesamt für Zulassungen in der Tele-
kommunikation in Saarbrücken

C Hilfsachse, Drehbewegung um Z-Achse nach
→DIN 66025
C Höhere komfortable Programmiersprache
CA Conseil d'Administration, Verwaltungsrat,
z.B. der →EU
CA Computer Animation, Bewegungsabläufe
mittels Computer
CAA Computer Aided Advertising (Animation),
Methode zur Rechnerunterstützten Dokumen-
tation
CAA Computer Aided Assembling, Rechnerun-
terstütze Montage
CACEP Commission de l'Automatisation et de
la Conduite Electronique des Processus, Aus-
schuß für Automatisierung und elektronische
Prozeßsteuerung
CACID Computer Aided Concurrent Integral
Design, Hilfsmittel für simultanes Konstru-
ieren
CAD Computer Aided Design, Rechnerunter-
stützte Konstruktion von Produkten
CAD Computer Aided Drafting, Rechnerunter-
stütztes Zeichnen
CAD Computer Aided Detection, Rechnerun-
terstütztes Erkennen
CADAT Computer Aided Design and Test,
Rechnerunterstütztes Konstruieren und Te-
sten
CADD Computer Aided Design and Drafting,
Rechnerunterstütztes Konstruieren und
Zeichnen
CADE Computer Aided Data Entry, Rechner-
unterstütztes Datenerfassungssystem

CADEP Computer Aided Design of Electronic Products, Rechnerunterstütztes Entwickeln von elektronischen Produkten

CADIC Computer Aided Design of Integrated Circuits, Rechnerunterstütztes Entwickeln von integrierten Schaltungen

CADIS Computer Aided Design Interactive System, von Siemens entwickeltes →CAD-System für dreidimensionale Darstellungen

CAD-NT →CAD-Norm-Teile, Normung von Produkt-Daten-Formaten

CADOS →CAD für Organisatoren und Systemingenieure

CAE Computer Aided Engineering, Rechnerunterstützte Entwicklung. →DV-Unterstützung für die technischen Bereiche, mit Sicherstellung des kontinuierlichen Datenflusses vom Entwickler bis zum computergesteuerten Fertigungs- bzw. Prüfmittel

CAE Computer Aided Education, Rechnerunterstützte Ausbildung

CAE Computer Aided Enterprise

CAGD Computer Aided Geometric Design

CAH Computer Aided Handling, Rechnerunterstützte Handhabung

CAI Computer Aided Industry, Rechnereinsatz in der Industrie

CAI Computer Aided Illustration, Methode zur Rechnerunterstüzten Dokumentation

CAI Computer Assisted Instruction, programmierte Unterweisung

CAI Computer Aided Instruction, Rechnerunterstützte Unterweisung

CAL Computer Aided Logistics

CAL Common Assembly Language

CAL Computer Assisted Learning

CAL Computer Animation Language, Programmiersprache zur Erstellung beweglicher Computergrafiken

CAL Conversational Algebraic Language, höhere Programmiersprache für technisch-wissenschaftliche Aufgaben

CAL Calender-Datei, Datei-Ergänzung bei WINDOWS

CALAS Computer Aided Laboratory Automation System, Rechnerunterstützte Labor-Automatisierung

CALS Computer Aided Acquisition and Logistic Support, internationale Standardisierung für technische Dokumentation bzw. Vernetzung von Systemen

CAM Computer Aided Manufacturing

CAM Content Addressable Memory, Speicher für Netzwerke

CAM Central Address Memory, zentraler Speicher eines Datenverarbeitungssystemes

CAM Communication Access Method, Zugriffsverfahren bei der Daten-Fernübertragung

CAMAC Computer Automated Measurement and Control, automatisierte Meß- und Steuertechnik

CAMEL Computer Assisted Education Language, Programmiersprache für den Rechnerunterstützten Unterricht

CAMP Compiler for Automatic Machine Programming

CAMP Computer Assisted Movie Production, Rechnerunterstütztes Erzeugen von bewegten Bildern

CAN Control (Controller) Area Network

CANS Computer Assisted Network System, Rechnerunterstütztes Verwaltungssystem für Netze

CAO Computer Aided Office (Organization)

CAP Computer Aided Planning, Rechnerunterstützte Arbeitsplanung

CAP Computer Aided Publishing, Methode zur Rechnerunterstüzten Dokumentation

CAP Computer Assisted Production

CAPD Computer Aided Package Design, Methode zur Rechnerunterstüzten Dokumentation

CAPE Computer Aided Production Engineering

CAPE Computer Aided Plant Engineering, Rechnerunterstützte Planung

CAPI Common-→ISDN-→API, Anwenderprogramm-Schnittstelle

CAPIEL Comité de Coordination des Associations de Constructeurs d'Appareillage Industriel Electrique du Marché Commun

CAPM Computer Aided Production Management

CAPP Computer Aided Process Planning

CAPS Computer Assisted Problem Solving

CAPSC Computer Aided Production Scheduling and Control, Rechnerunterstützte Produktions-Planung und -Steuerung

CAQ Computer Aided Quality Control

CAQA Computer Aided Quality Assurance

CAR Computer Aided Robotic

CAR Computer Aided Repair

CAR Channel Address Register, Kanal-Adreß-Register einer Rechner-Zentraleinheit

CARAM Content Addressable →RAM, Speicher mit wahlfreiem Zugriff

CARE Computer Aided Reliability Estimation

CARO Computer Aided Routing System, internationale Vereinigung zur Erforschung von Computerviren

CAS Communication (Control) Access System

CAS Computer Aided Service

CAS Columne Address Strobe, Steuersignal für dynamische →RAM

CAS Computer Aided Simulation

CASCO Conformity Assessment Committee, →ISO-Rats-Komitee für Konformitätsbeurteilung

CASD Computer Aided System Design

CASE Conformity Assessment System Evaluation

CASE Computer Aided Software Engineering

CASE Computer Aided Service Elements, Teil der Schicht 7 des →OSI-Modelles

CAST Computer Aided Storage and Transportation

CAT Computer Aided Testing

CAT Computer Aided Technologies, Fachmesse für Computer-Anwendung

CAT Computer Aided Teaching

CAT Computer Aided Translation

CAT Computer Aided Telephony

CAT Connector Assembly Tooling(-Kit), Werkzeugsatz für die Montage von Glasfasersteckern

CAT Character Assignment Table

CATE Computer Aided Test Engineering, Rechnerunterstützte Entwicklung von Teststrategien

CATP Computer Aided Technical Publishing

CATS Computer Aided Teaching System

CATS Computer Automated Test System

CATV Community Antenna Television, Kabelfernsehen

CAV Constant Angular Velocity, Aufzeichnungsverfahren mit konstanter Rotationsgeschwindigkeit

CB Certification Body, Zertifizierungs-Institution

CB Circuit Breaker

CBB Conformance Building Block, Begriff aus der Industrie-Automation

CBC →CMOS-Bipolar-CMOS, Basis-Zellen einer Gate-Array-Technologie

CBC Cipher Block Chaining, Schlüsselblockverkettung von Daten

CBEMA Computer and Business Equipment Manufactures Association, Vereinigung der amerikanischen Computer-Hersteller

CBIC Cell Based →IC, Standard-Zellen-IC

CBN Cubic Bor Nitrid, kubisches Bor-Nitrid

CBT Computer Based Training

CBX Computerised Branch Exchange, Rechnergesteuerte Telekommunikationsanlage

CC Cyclic Check

CC Cable Connector, Kabelanschluß

CC Communication Controller, Ein-/Ausgabe-Steuerung von Rechnern

CCA →CENELEC Certification Agreement

CCC →CEN Certification Committee

CCC Consumer Consultative Committee, beratender Verbraucherausschuß bei der Europäischen Kommission in Brüssel

CCD Charge Coupled Devices

CCE Commission des Communautés Européennes, Kommission der Europäischen Gemeinschaft

CCE Configuration Control Element

CCEE Commission de Coopération Economique Européenne, Kommission für die wirtschaftliche Zusammenarbeit Europas

CCFL Cold Cathode Fluorescence Light, Anzeige-Technologie

CCG Certification Consultative Group des →IEC

CCH Coordination Committee for Harmonization, Koordinierungs-Ausschuß für Harmonisierung der →CEPT

CCI Comité Consultatif International de l'Union Internationale de Télécommunications, Internationales beratendes Komitee der Internationalen Fernmeldeunion

CCIA Computer and Communications Industry Association, Vereinigung der amerikanischen Computer- und Kommunikations-Industrie

CCIR Comité Consultatif International des Radiocommunications, internationaler beratender Ausschuß für den Funkdienst

CCITT Comité Consultatif International Télégrahique et Telephonique, internationales Komitee für Telegraphen- und Fernsprechdienst

CCL Commerce Control List, Liste der amerikanischen Handelsware

CCM Coordinate Measuring Machine

CCM Charge Coupled Memory, ladungsgekoppeltes Schieberegister (Halbleiterspeicher)

CCP Communication Control Program

CCT Comite de Coordination des Télécommunications, französische Organisation für Gütesicherung

CCU Central Control Unit, zentrale Steuereinheit eines Rechners

CCU Communication Control Unit, Kommunikations-Steuereinheit eines Rechners

CCU Concurrency Control Unit, externe Parallelverarbeitung beim Mikroprozessor

CCW Counter-Clockwise, im Gegenuhrzeigersinn

CD Collision Detection, Kollisions-Erfassung

CD Carrier Detect, →RS-232-Modem-Signal, das der Gegenstation mitteilt, daß es ein Signal empfangen hat

CD Compact Disk

CD Committee Draft, Vorschlag eines Dokumentes, das zur Abstimmung ansteht

CDA Customer Defined Array

CDC →CENELEC Decision Committee

CDC Compact Diagnostic Chamber, z.B. Absorberraum für →EMV-Messungen

CDE Common Desktop Environment, Standard-Bedienoberfläche von →UNIX

CDI Compact Disk Interactive, Optisches Speichermedium

CDIL Ceramic Dual In Line, Gehäuseform von integrierten Schaltkreisen, →CDIP

CDIP Ceramic Dual Inline Package, Gehäuseform von integrierten Schaltkreisen, →CDIL

CDL Comité de Lecture, Normenprüfstelle bei →CENELEC

CDM Charged Device Model, Prüf-Modell für die Entladung eines Bauteiles gegen Masse

CDM Complete Drive Module, komplettes Antriebs-Modul, z.B. für Wechselstrom-Motore

CDMA Code Division Multiple Access, Zugangsmethode zum Frequenzspektrum in der Mobilkommunikation

CDRAM Cached Dynamic →RAM, dynamischer Speicher

CD-ROM Compact Disk →ROM

CDTI Computer Dependent Test Instruments

CE Communauté Européenne, Konformitäts-Zeichen der →EU

CEB Comité Electronique Belge, belgisches Elektrotechnisches Komitee

CEBIT Centrum für Büro- und Informations-Technik, Messe in Hannover mit internationaler Beteiligung

CEC Commission of the European Communities, Kommission der Europäischen Gemeinschaft

CECA Communauté Européenne du Charbon et de l'Acier, Europäische Gemeinschaft für Kohle und Stahl (→EGKS)

CECAPI Comité Européen des Constructeurs d'Appareillage Electrique d'Installation, europäisches Komitee der Hersteller elektrischer Installations-Geräte

CECC →CENELEC Electronic Components Committee, Komitee für elektronische Bauelemente

CECIMO Comité Européen de Cooperation des Industries de la Machine-Outil, europäisches Komitee für die Zusammenarbeit der Werkzeugmaschinen-Industrie

CECT Center of Emerging Computer Technologies

CEDAC Cause Effect Diagram with Addition of Cards, →QS-Werkzeug, Kombination von Ursachen-, Wirkungsdiagramm, graphischer Darstellung und Maßnahmen

CEE International Commission on Rules for the Approval of Electrical Equipment, internationale Kommission für Regeln zur Begutachtung elektronischer Erzeugnisse. Seit 1985 in die →IEC integriert

CEE Communauté Economique Européenne

CEE Commission Economique pour l'Europe, Wirtschaftskommission für Europa der UN in Genf

CEEC Committee of European Economic Cooperation

CEF Comité Electrotechnique Française

CEI Comitato Elettrotecnico Italiano

CEI Commission Electrotechnique Internationale, entspricht →IEC

CELMA Committee of →EEC Lighting Manufacturers Association, europäischer Verband der Leuchtenhersteller in London

CEM Contract Electronics Manufacturer

CEM Compatibilité Electromagnétique, Elektromagnetische Verträglichkeit →EMC

CEMA Canadian Electrical Manufacturers Association, Verband kanadischer Hersteller elektronischer Geräte

CEMACO Constructeurs Européens de Matériaux de Connexion, →EU-Hersteller-Kommission für Verbindungsmaterial

CEMEC Committee of European Associations of Manufacturers of Electronic Components

CEN Comité Européen de Normalisation

CENCER →CEN Certification, CEN-Zertifizierung

CENEL Comité Européen de Coordination des Normes Electriques; Vorläufer von →CENELEC

CENELCOM Comité Européen de Coordination des Normes Electriques des Pays de la Communauté Economique Européenne, Koordinationsausschuß für elektrotechnische Normen der →EWG-Länder

CENELEC Comité Européen de Normalisation Electrotechnique, europäisches Komitee für elektrotechnische Normung

CEO Chief Executive Officer

CEOC Confédération Européenne d'Organismes de Contrôle

CEPEC Committee of European Associations of Manufacturers of Passive Electronic Components

CEPT Conférence Européenne des Administrations des Postes et des Télécommunications

CES Comité Electrotechnique Suisse

CES Critical Event Scheduling, Simulationsmethode für →PLDs

CESA Canadian Engineering Standards Associtacion

CFA Clock Frequency Adjusted, Leistungs-Analyse von Rechner-Systemen bei angepaßter Taktfrequenz

CFG Configuration, Setup-Info, Datei-Ergänzung

CFI →CAD Framework Initiative, →SW-Standardisierung für →CAE

CFP Color Flat Panel, Farb-Flach-Bildschirm

CFR Controlled Ferro Resonance, geregelte Stromversorgung

CG Character-Generator

CGA Color Graphics Adapter

CGI Computer Graphics Interface, Normung von Produkt-Daten-Formaten nach →ISO

CGM Computer Graphics Meta-File, Normung von Produkt-Daten-Formaten nach →ISO

CGMIF Computer Graphics Metafile Interchange Format

CHG Change

CHI Computer Human Interaction

CHILD Computer Having Intelligent Learning and Development, künstliche Intelligenz mit Lerneigenschaften

CHILL →CCITT High Level Language

CIA Computer Interface Adapter, Anpassungs-Adapter für Computer-Schnittstellen

CiA →CAN in Automation, Vereinigung der Industrieautomatisierung

CIAM Computer Integrated and Automated Manufacturing, Rechnerunterstützte Produkterzeugung

CIAS Computer Integrated Administration und Service

CIB Computer Integrated Business, Integriertes Gesamtkonzept von Entwicklung, Verwaltung, Fertigung, Service usw.

CID Computer Integrated Documentation

CID Computer Integrated Development

CID Contactless Identification Devices, kontaktlos arbeitende Identifikations-Schaltungen in ICs

CIGRE Conférence Internationale des Grands Réseaux Electriques, internationale Konferenz für Hochspannungsnetze in Paris

CIL Controllorate of Inspection Electrics

CIL Computer Integrated Logistics

CIM Computer Integrated Manufacturing

CIME Computer Integrated Manufacturing and Engineering →CIM

CIMEC Comité des Industries de la Mesure Electrique et Electronique, EWG-Hersteller-Komitee für elektrische und elektronische Meßtechnik

CIM-TTZ →CIM-Technologie-Transfer-Netz

CIO Computer Integrated Office

CIOCS Communications Input/Output Control System, Steuerung der Datenfernübertragung

CIP Compatible Independent Peripherals

CIP Computer Integrated Processing

CIPM Comité International des Poids et Mesures, Internationales Komitee für Maße und Gewichte

CIPS Common Information Processing Service von →CEN/CENELEC

CIS →CENELEC Information System

CIS Character Imaging Systems

CIS Communication Information System

CISC Complex Instruction Set Computer, Computer mit sehr umfangreichem Befehlssatz

CISPR Comité International Spécial des Perturbations Radioélectriques, Internationaler Ausschuß für Funkstörungen in Genf und London

CISQ Certificazione Italiana dei Sistemi Qualita delle Aziende, italienische Zertifizierungsstelle für Qualitäts-Management-Systeme

CIT Computer Integrated Telephony

CITT Computer Integrated Telephone and Telematics

CK Chloropren-Kautschuk

CKW Chlor-Kohlen-Wasserstoff

CL Control Language, Programmiersprache der Steuer-und Regelungstechnik

CL Cycle Language, zyklenorientierte Programmiersprache

CL800 Cycle Language 800, Programmiersprache von Siemens für die Erstellung von Bearbeitungszyklen auf dem Programmierplatz WS800

CLB Configurable (Combinational) Logic Block, kombinierbare Logik mit Speicherelementen bei →LCAs

CLC →CENELEC (Kurzform)

CLCC Ceramic Leaded Chip Carrier, Gehäuseform von integrierten Schaltkreisen in →SMD

CLCS Current Logic Current Switching, stromgesteuerter integrierter Schaltkreis

CLC/TC →CENELEC Technical Committee

CLDATA Cutter Location Data

CLF Clear File, Löschanweisung

CLM Closed Loop Machining

CLR Clear, löschen

CLT Communications Line Terminal, Datenendgerät

CLT Computer Language Translator

CLUT Color Look Up Table, Farben-(Speicher-)Such-Tabelle

CLV Constant Linear Velocity, Aufzeichnungsverfahren mit konstanter Datendichte

CM Common Modification, gemeinsame Abweichungen

CM Cache Memory, Hintergrundspeicher

CM Central Memory

CMC Certification Management Committee for Electronic Components, Komitee des →IEC-Gütebestätigungs- Systems für elektronische Bauelemente

CMI Coded Mark Inversion, binärer Leitungskode

CMI Cincinnati Millacron Incorporated, Werkzeugmaschinenhersteller der USA

CMIP Common Management Information Protocol →OSI-Netzwerk-Management-Protokoll

CMIS Common Manufacturing Information System

CML Current Mode Logic, →ASIC-Technologie mit hoher Treiberfähigkeit

CMM Coordinate Measuring Machine

CMMA Coordinate Measuring Machine Manufactures Association

CMMU Cache Memory Management Unit

CMOS Complementary Metal Oxide Semiconductor, Halbleiter-Technologie mit hohem Eingangswiderstand und geringer Stromaufnahme

CMOT →CMIP over →TCP/IP, Netzwerkmanagement für TCP/IP-Netze

CMRR Common Mode Rejection Ratio

CMS →CAN-based Message Specification, Sprache für die Beschreibung verteilter Anwendungen

CMS Computer Marking System

CMYK Cyan Magenta Yellow Black, Druck-Farb-Standard

CNC Computerized Numerical Control

CNET Centre National d`Etudes de Télécommunication

CNF Configuration, Setup-Info, Datei-Ergänzung

CNMA Communication Network for Manufacturing Applications

CNS Communications Network System, Telekommunikations-Netz

CNV Convertierungs-Datei, Datei-Ergänzung von WINDOWS

CO Central Office

COB Chip on Board

COB →COBOL-Quellcode, Datei-Ergänzung

COBOL Common Business Oriented Language

COBRA Common Object Broker Request Architecture, objektorientierte Schnittstelle

COC Coded Optical Character

COF Customer Oriented Function

COLIME Comité de Liaison des Industries Métalliques, Verbindungsausschuß der Verbände der europäischen metallverarbeitenden Industrien

COM Communication (-Bereich), Kommunikations-Bereich der →SINUMERIK, führt den Dialog mit der Bedientafel und den externen Komponenten durch

COM Computer Output Microfilm, Ausgabe alphanumerischer oder graphischer Daten über Mikrofilm-Aufzeichnungsgeräte

COM Command-Datei

COMEL Comité de Coordination des Constructeurs de Machines Tournantes Electriques du Marche Commun, europäische Vereinigung der Hersteller von rotierenden elektrischen Maschinen

COMFET Conductivity Modulated →FET

COMSEC Communications Security

COMSOAL Computer Method of Sequencing Operations for Assembly Lines

CONCERT European Committee for Conformy Certification

COO Cost of Ownerchip, Bausteinkosten

COOL Control Oriented Language

COP CO-Processor

COPICS Communications Oriented Production and Control System, Produktionskontrolle mittels Fernübertragung

COQ Cost of Quality, Qualitätskosten

CORA →CIM-orientierte Anfertigung, z.B. von Baugruppen

COREPER Comité des Représentants Permanents, Ausschuß der ständigen Vertreter der Mitgliedstaaten der →EU

COROS Control and Operator System, Bedien- und Beobachtungs-Konzept von →SIMATIC

COS Corporation for Open Systems, Zusammenschluß von Computer- und Kommunikations-Firmen

COS Cooperation for the Application of Standards for Open Systems (USA)

COS Chip On Silicon, Silizium- verdrahtete Schaltkreise

COSINE Cooperation for →OSI Networking in Europa

COSMOS Complementary Symmetric Metal Oxide Semiconductor

COSYMA Computerized System for Manpower and Equipment Planning

CP Communication Processor

CP Communication Phase, Übertragungsphase

CP Circuit Package, Gehäuse für integrierte Schaltkreise

CP Check Point, Anlaufpunkt nach Programmunterbrechung

CP Continuous Path (Controlled Path)

CP Card Punch, Lochkartenstanzer

CP Command Port, Schnittstelle am →PC

CPC →CENELEC Programming Committee

CPC Customer Programmable Cycles

CPC Computer Process Control

CPD Construction Products Directive

CPE Customer Premises Equipment, Kunden-Endgeräte, z.B. Telefone, Computer usw.

CPE Computer Performance Evaluation, Leistungsermittlung von Datenverarbeitungsanlagen

CPGA Ceramic Pin Grid Array, Bezeichnung von Logikbausteinen mit hoher Pin-Zahl in Keramik-Ausführung

CPI Cycles Per Instruction

CPI Clock Per Instruction

CPI Characters Per Inch

CPI Code-Page-Information, Zeichensatz-Tabellen-Datei, Datei-Ergänzung von →MSDOS

CPL Customer Programmable Language

CPLD Complex Programmable Logic Device, komplexe anwenderspezifische programmierbare Bausteine

CPM Critical Pass Methods

CPS Characters Per Second

CPU Central Prozessor Unit

CQC Capability Qualifying Components, Eignungstest bei Spezifikationen

CR Carriage Return, Wagen-Rücklauf

CR Central Rack

CRAM Card →RAM, Magnetkartenspeicher

CRC Cutter Radius Correction, Fräser- bzw. Schneiden-Radius-Korrektur von Werkzeugmaschinen-Steuerungen

CRC Cyclic Redundancy Check, spezielles Fehlerprüfverfahren zur Erhöhung der Datenübertragungs-Sicherheit

CRD Cardfile

CRDR Cyclic Request Data with Reply, zyklischer →RDR-Dienst

CRISP Complex Reduced Instruction Set Processor, Kombination von →RISC- und →CISC-Prozessor

CRL Communication Relations List, vom →PROFIBUS

CROM Control →ROM, Nur-Lese-Speicher für feste Abläufe

CRT Cathode Ray Tube

CRTC Cathode Ray Tube Controller, Video-Baustein (Prozessor) zur Monitor-Steuerung

CS Chip Select

CS Central Secretariat

CS Companion Standard, Begriff aus der Industrie-Automation

CSA Client Server Architecture

CSA Canadian Standards Association, kanadischer Normenausschuß, gleichzeitig Bezeichnung für Norm und Normenkonformitäts-Zeichen

CSB Channel Status Byte, Anzeige eines Prozessor-Ein-/Ausgabekanales

CSBTS China State Bureau of Technical Supervision, nationales chinesisches Normungsinstitut

CSC →CENCER Steering Committee

CSG Constructive Solid Geometrie, Volumen-orientiertes 3D-→CAD-Modell

CSIC Computer System Interface Circuit, Rechner-Schnittstelle

CSMA Carrier Sense Multiple Access, Mehrfach-Zugriff mit Signal-Abtastung

CSMA/CA Carrier Sense Multiple Access with Carrier Avoidance, Zugriffsverfahren, bei dem die Datenkollission durch Vergabe von Prioritäten verhindert wird

CSMA/CD Carrier Sense Multiple Access with Collision Detection, Mehrfach-Zugriff mit Signalabtastung und Kollisions-Erkennung. Ein Protokoll vom→ IEEE 802.3 für lokale Netze, z.B. →ETHERNET

CSMB Continuous System Modeling Program, Simulationsprogramm für Großprojekte

CSPC Companion Standard for Programmable Controller, offene Kommunikation für →SPS

CSPDN Circuit Sitched Public Data Network

CSRD Cyclic Send and Request Data, zyklischer →SRD-Dienst

CSTA Computer Supported Telecommunication Application, Standard für Rechner-Vernetzung per Telefon der →ECMA

CT Cordless Telephone

CTI Section on Communications Terminals and Interfaces, Arbeitsgruppe für Datenübertragungsgeräte und Schnittstellen

CTI Colour Transient Improvement, Schaltung zur dauerhaften perfekten Bildwiedergabe

CTI Computer Telephony Integration, Rechner-unterstütztes Telefonsystem

CTI Cooperative Testing Institute for Electrotechnical Products, Gesellschaft zur Prüfung elektrotechnischer Industrieprodukte GmbH

CTIA Cellular Telecommunications Industry Association, Herstellervereinigung in USA

CTP Composite Theoretical Performance, gesamte theoretische Rechner-Leistung

CTR Common Technical Regulations

CTRL Control

CTS Clear To Send, Meldung der Sende-Bereitschaft bei seriellen Daten-Schnittstellen

CU Central Unit

CUA Common User Access, Leitlinie für die Benutzeroberfläche von IBM

CVD Chemical Vapor Deposition

CVI C for Virtual Instrumentation, Meßtechnik-System für WINDOS und Sun

CVT Continuously Variable Transmission

CVW Codeview Debugger for WINDOWS

CW Clockwise

CW Continuous Wafe, Dauer-Sinussignal (Störimpuls)

CXC Controller Extension Connector

D Werkzeug-Korrektur-Speicher nach →DIN 66025

DA Digital to Analogue

DAA Data Access Arrangement

DAB Dauerlaufbetrieb mit Aussetz-Belastung, z.B. von Maschinen nach →VDE 0550

DAC Digital Analog Converter

DAC Design Automation Conference, wichtige →CAE-Messe

DAC Discretionary Access Control, Begriff der Datensicherung

DAC Dual Attachment Concentrator →FDDI-Anschluß

DAD Draft Addendum, Vorschlag eines →AD

DAE Deutsche Akkreditierungsstelle Elektrotechnik, Dienststelle der →EU

DAL Digital Access Line, Leitung zwischen Rechner und Peripherie zur Informationsübertragung

DAM Direct Access Memory

DAM Deutsche Akkreditierungsstelle Metall und verbundene Werkstoffe, Dienststelle der →EU

DAN Desk Area Network, optoelektronisches Netzwerk für die Vernetzung von →PCs

DAP Data Acquisition and Processing

DAP Deutsche Akkreditierungsstelle Prüfwesen, Dienststelle der →EU

DAPR Digital Automatic Pattern Recognition

DAQ Data Acquisition, Daten-Erfassung

DAR Deutscher Akkreditierungs-Rat, Dienststelle der →EU

DAS Data Acquisition System

DASET Deutsche Akkreditierungsstelle Stahl-
bau und Energie-Technik

DASM Drehstrom Asynchron Maschine

DASP Digital Array Signal Processor

DASSY Daten-Transfer und Schnittstellen für
offene, integrierte →VLSI-Systeme, →BMFT-
Projekt für →EDIF und →VHDL

DAST Direct Analog Storage Technology, direkte analoge Sprachspeicherung

DAT Digital Audio Tape

DAT Durating of Drive Telegram, Zeiteinheit
bei der Antriebs-Steuerung

DAT Data, Datei-Ergänzung

DATech Deutsche Akkreditierungsstelle Technik

DATEL Data Telecommunication (Telephonie,
Telegraph), Datenübertragung der Deutschen
Bundespost

DATEX Data Exchange Service, Dienst der
Deutschen Bundespost für Datenübertragung

DAU Digital Analog Umsetzer →DAC

DAV Data Valid, Anzeige der Datengültigkeit an
der →IEC-Bus-Schnittstelle

DB Daten Baustein bei →SIMATIC S5

DB Data Byte

DB Daten-Block, Anwenderdaten einer →BF
beim Informationsaustausch mit Arbeitsmaschinen nach →DIN 66264

DB Dauer-Betrieb

DB Drehstrom-Brückenschaltung

dB Dezibel

DB Digital to Binary

DBA Data Base Administration

DB-ADR Daten-Baustein-Adresse

DBC Data-Bus-Controller, Baustein des →EISA-
System-Chipsatzes von Intel

DBF DBASE-File, Datei-Ergänzung

DBL-REG Daten-Baustein-Länge-Register im
→USTACK der →SPS

DBMS Data Base Management System

DBP Deutsches Bundes-Patent(-Amt)

DBP Deutsche Bundes-Post

DBS Datenbank im →SQL-WINDOWS-Format,
Datei-Ergänzung

DBV Daten-Block-Verzeichnis, Adressentabelle,
die einer →BF die →DBs zuweist beim Informationsaustausch mit Arbeitsmaschinen nach
→DIN 66264

DC Direct Current

DC Direct Control, Steuerzeichen der Datenübertragung

DC Device Control

DCB Direct Copper Bonding, Verfahren zum
Verknüpfen von Keramik-Substraten in der
Halbleiter-Technik

DCC Digital Compact Cassette, digitales Auf-
zeichnungs- und Abspielsystem für Magnet-
tonbänder

DCC Display Combination Code, Funktion des
→VGA-Adapters zur Erkennung des Bildschirmtyps

DCCS Distributed Computer Control System

DCCU Detached Concurrency Control Unit,
Kontroll- bzw. Zähl-Register eines →RISC-
Prozessors

DCD Data Carrier Detect, Empfangs-Signal-
Pegel von seriellen Daten-Schnittstellen

DCE Data Circuit terminating Equipment

DCE Data Communications Equipment

DCE Distributed Computing Environment, Verarbeitung von Daten auf unterschiedlichen
Rechnern nach →OSF

DCI Display Control Interface, Standard in der
Video-Darstellung

DCLK Data Clock, Taktleitung von seriellen
Daten-Schnittstellen

DCM Data Communications Multiplexer, im
Multiplexverfahren gesteuerte Datenfernübertragung

DCN Data Communications Network

DCS Distributed Control System, dezentrale
Steuerung

DCS Digital Communication Service, Erweiterung des →GSM-Standards

DCS Data Communications System, Steuerung
der gesamten Datenübertragung eines Rechners

DCS Digital Cellular System →GSM-Standard
mit hoher Kapazität

DCT Discreet (Direct) Cosinus Transformation

DCT Dictionary, Lexikondatei, Datei-Ergänzung

DCTL Direct Coupled Transistor Logic, integrierte Schaltung mit direkt gekoppelten
Transistoren

DCU →DSP Chipselect Unit, Baustein-Auswahl
beim DSP

DD Double Density, doppelte Speicherdichte
einer Diskette

DDBMS Distributed Data-Base Management
System, Verwaltung einer Datenbank

DDC Direct Digital Control, Digitalrechner, der
direkt mit seinen Ein-/Ausgängen verbunden
ist

DDCMP Digital Data Communications Message
Protocol, Übertragungsprotokoll für Weitver-
kehrsnetze

DDE Dynamic Data Exchange, →SW-Paket für
den Datenaustausch bei WINDOWS

DDL Device Description Language, standardisierte, objektorientierte Metasprache

DDM Desting Drafting and Manufacturing,
Rechnerunterstütztes System für Konstruktion und Fertigung von GE

DDMS Design Data Management System,
Framework-Architektur für die Produkt-
Entwicklung

DDP Distributed Data Processing, Datenverteilung auf einem Mehrrechner-System

DDRS Digital Data Recording System, System zum Aufzeichnen digitaler Daten

DDS Digital Data Storage, Aufzeichnungs-Format von Laufwerken

DDS Data Display System, Daten -Anzeigegerät

DDT Data Description Table, Tabelle für Datenfestlegung

DDTE Digital Data Terminal Equipment, digitale Daten-Endeinrichtung

DDTL Diode Diode Transistor Logic, Schaltung für Verknüpfungslogik

DDTN Domain Divided Twisted Nematic, Flüssigkristall-Technik

DE Data Entry, Dateneingabe

DEC Decodierung

DECT Digital European Cordless Telephone, europäischer Standard für schnurlose Telefone

DEE Daten-Endeinrichtung, Empfangs-Station bei serieller Datenübertragung

DEEP Design Environment with Emulation of Prototypes, Projekt für Entwurfs-Rationalisierung am Fraunhofer Institut für Mikroelektronische Schaltungen und Systeme, Duisburg und Dresden IMS

DEF Definitionsdatei, Datei-Ergänzung

DEK Dansk Elektroteknisk Komite, dänisches Elektrotechnisches Komitee

DEKITZ Deutsche Koordinierungsstelle für Informations-Technik, Normen-Konformitäts-Prüfung und -Zertifizierung

DEL Delete, Löschen

DEMKO Danmarks Elektriske Materiel-Kontrol, dänische Elektrotechnische Prüfstelle

DEMVT Deutsche Gesellschaft für →EMV-Technologie, Vereinigung von EMV-Fachleuten

DES Data Encryption Standard →PC-Schlüssel-Algorithmus

DEVO Datenerfassungsverordnung

DF Disk File, auf Diskette gespeicherte Datei

DFA Design for Assembly, Methode zur Fehlervermeidung

DFAM Deutsche Forschungsgesellschsft für die Anwendung der Mikroelektronik e.V. in Frankfurt

DFG Deutsche Forschungs-Gemeinschaft

DFKI Deutsches Forschungszentrum für Künstliche Intelligenz

DFM Design for Manufacture

DFN Deutsches Forschungs-Netz, deutsche Netzwerk-Technologie

DFP Digital Fuzzy Processor

DFS Direct File System

DFT Design for Testability

DFT Discrete Fourier Transformation, Rechenverfahren zur Ermittlung der Zusammensetzung periodischer Signale

DFÜ Daten-Fern-Übertragung

DFV Daten-Fernverarbeitung in der Fernmeldetechnik

DFV Druckformatvorlage, Datei-Ergänzung

DGD Deutsche Gesellschaft für Dokumentation e.V.

DGFB Deutsche Gesellschaft für Betriebswirtschaft, deutscher Verband der Betriebswirte

DGIS Direct Graphics Interface Standard, Schnittstellen-Standard von Graphik-Prozessoren

DGPI Deutsche Gesellschaft für Produkt-Information

DGQ Deutsche Gesellschaft für Qualität, Vereinigung der deutschen Industrie für Qualitätsthemen

DGW Deutsche Gesellschaft für Wirtschaftliche Fertigung und Sicherheitstechnik

DGWK Deutsche Gesellschaft für Waren-Kennzeichnung GmbH

DH Decimal to Hexadecimal

DI Data Input, Daten-Eingabe, Betriebart der →SINUMERIK

DI Deutsches Industrieinstitut

DIA Display Industry Association, Vereinigung für Anzeigeeinheiten in der Industrie

DIANE Direct Information Access Network Europe

DIBA Dialog Basic, einfache, dialogfähige, höhere Programmiersprache

DIC Dictionary, Lexikondatei

DIF Design Interchange Format, Datenstruktur ähnlich →EDIF

DIF Data Interchange Format

DIHT Deutscher Industrie- und Handelstag

DIL Dual-in-line, Gehäuse für integrierte Schaltkreise

DIN Deutsches Institut für Normung e.V., ehemals Deutsche Industrie-Normen

DINZERT →DIN Zertifizierungsrat

DIO Data In/Out, Datentransfer, Betriebsart der →SINUMERIK

DIO Data Input Output, Datenleitungen der →IEC-Bus-Schnittstelle

DIO Digital Input/Output

DIOS Distributed →I/O-System, →SPS-System von Philips

DIP Dual-in-line Package, Gehäuse für integrierte Schaltkreise

DIR Directory, bei →PCs Auflistung des Datei-Verzeichnisses unter →DOS

DIR Data Input Register

DIS Distributed Information System

DIS Draft International Standard

DISPP Display Part Program

DITR Deutsches Informationszentrum für Technische Regeln des →DIN

DIU Data Interface Unit, Baustein für →ISDN

DIW Deutsches Institut für Wirtschaftsforschung in Berlin

DIX-Ethernet Digital/Intel/Xerox →Ethernet, Netz für hohe Übertragungsraten

DKB Dauerlaufbetrieb mit Kurzzeit-Belastung, z.B. von Maschinen nach →VDE 0550

DKD Deutscher Kalibrier-Dienst

DKE Deutsche Elektrotechnische Kommision, vertreten im →DIN und →VDE

DL Datenbyte Links, Operand im →SPS-Programm

DL Diode Logic, integrierte Schaltkreise mit Dioden-Logik

DL Data Length, Länge eines Datenbereiches

DLC Data Link Controller, →ISDN-Funktion

DLC Diamant-Like Carbon, Diamant-ähnlicher Kohlenstoff für die Werkzeugherstellung

DLC Duplex Line Control, Steuerung der Datenübertragung in beiden Richtungen

DLE Data Link Escape, Datenübertragungs-Umschaltung, Steuerzeichen bei der Rechnerkopplung

DLL Dynamic Link Library, Datei-Ergänzung

DLM Double Layer Metal, Halbleiter-Technologie

DLP Double Layer Polysilicium, zweilagige integrierte Schaltung

DLR Deutsche Forschungs-Anstalt für Luft- und Raumfahrt

DM Dreh-Melder, elektromagnetischer Positionsgeber mit analoger Ausgangsspannung

DMA Direct Memory Access

DMACS Distributed Manufacturing Automation and Control Software

DMC Digital Motion Control

DMC Digital Micro Circuit

DMD Digital Micro-mirror Device, Speicher-Spiegel-Chip für hochauflösende Bilder

DMDT Durating of Master Date Telegram

DME Design Management Environment, F ramework-Architektur für die Produkt-Entwicklung

DME Distributed Management Environment, →OSF-Standard für →PCs

DMF Digital Multi-Frequency, Monitortyp

DMI Deutsches Maschinenbau-Institut

DMIS Dimensional Measuring Interface Specification, Herstellerneutrale →CNC-Programme für Meßmaschinen

DMM Digital-Multimeter

DMOS Double Diffused MOS für Transistor mit kurzen Schaltzeiten

DMP Dezentrale Maschinen-Peripherie

DMS Data Management System

DMS Digital Memory Size

DMS Dehnungs-Meß-Streifen für Drucksensoren

DMST Durating of Master Telegram

DMT Design Maturing Testing

DNA Deutscher Normen-Ausschuß, Vorläufer des →DIN

DNAE Daten-Netz-Abschluß-Einrichtung

DNC Direct Numerical Control, Beeinflussung und Verkettung von →CNCs durch einen übergeordneten Leitrechner

DNC Distributed Numerical Control, verkettete numerische Steuerungen

DNC Digital Netwerk Control, über ein Netzwerk verbundene numerische Steuerungen

DNP Direct Numerical Processing, →DNC

DOC Decimal to Octal Conversion

DOC Document, Datei-Ergänzung

DOE Design of Experiments, Methode zur Fehlervermeidung

DOF Degree Of Freedom

DOMA Dokumentation Maschinenbau e.V.

DOPP Doppelfehler, Anzeige im →USTACK der →SPS bei Aktivierung einer aktiven Bearbeitungsebene

DOR Data Output Register

DOS Disk Operating System

DOT Dokument-Vorlage, Datei-Ergänzung

DP Draft Proposal, erster Schritt für →ISO-Normen

DP Data Port, Schnittstelle vom →PC

DPCM Differential Pulse Code Modulation

DPG Digital Pattern Generator

DPI Dots per Inch

DPL Design and Programming Language, höhere Programmiersprache zur Programmerstellung

DPLL Digital Phase Locked Loop

DPM Defects Per Million

DPM Dual Ported Memory, Speicher-Schnittstelle, →DPR und →DPRAM

DPMI →DOS Protected Mode Interface, PC-Standard zur Nutzung von 16 MByte Arbeits-Speicher

DPN Data Processing Network

DPR Dual Port →RAM, Speicher-Schnittstelle, →DPRAM und →DPM

DPRAM Dual Port →RAM, Speicher-Schnittstelle, →DPR und →DPM

DPS Data Processing System

DPSS Data Processing System Simulation

DQC Data Quality Control

DQDB Dual Queue Data (Dual) Bus für Breitband-→ISDN

DQDB Distributed Queue Dual Bus nach →IEEE 802.6

DQS Deutsche Gesellschaft zur Zertifizierung von Qualitäts-Sicherungs- und Management-Systemen mbH

DR Datenbyte Rechts, Operand im →SPS-Programm

DR (Test)-Data Register der Boundary Scan Architektur

DRAM Dynamic →RAM

DRC Design Rule Check, Überprüfung der Entwurfs-Regeln

DRF Differential Resolver Function

DROS Disk Resisdent Operating System, Betriebssystem auf Magnetplattenspeicher

DRT Digital Real Time

DrT Dreh-Transformator

DRTL Diode Resistor Transistor Logic, integrierte Schaltung mit Dioden, Widerständen und Transistoren

DRV Drive, Antrieb

DRV Driver, Treiber, Datei-Ergänzung

DRY Dry run, Probelauf-Vorschub der →SINUMERIK

DS Data Security, Datensicherung

DS Dansk Standardiseringsrad, dänisches Normen-Gremium

DS Disc Storage, Magnetplattenspeicher

DS Double Sided, beidseitig beschreibbare Diskette

DS Doppelstern-Schaltung

DSA Direct Storage Access, direkte Datenübertragung zwischen einem Gerät und einem Speicher

DSA Digital Signal Analysator

DSB Daten-Schutz-Beauftragter

DSB Decoding Single Block, Dekodierungs-Einzelsatz

DSB Dauerlauf-Schalt-Betrieb z.B. von Maschinen nach →VDE 0530

DSL Data Structure Language, höhere Programmiersprache für strukturierte Programmierung

DSM Deep Submicron Technology, Halbleiter-Technologie mit sehr feinen Strukturen, z.B 0,25 Mikrometer

DSMC Dynamic System Matrix Control, prädikatives Regelverfahren für hochgenaue Bahnbewegungen

DSN Distributed System Network, proprietäres Netzwerk von Hewlet Packard

DSO Digitales Speicher Oszilloskop

DSP Digital Signal Processor zur →HW-nahen Signalverarbeitung

DSR Data Set Ready, Meldung der Betriebs-Bereitschaft von seriellen Daten-Schnittstellen

DSS Decision Support System, Framework-Architektur für die Produkt-Entwicklung

DSS Daten-Sicht-Station

DSS Doppelstern-Schaltung mit Saugdrossel

DSSA Daten-Sicht-Station Ausgabe

DSSE Daten-Sicht-Station Eingabe

DST Digital Storage Tape

DSTN Double Supertwisted Nematic, gegensinnige Schichten in der →LCD-Technik

DSU Disc Storage Unit, Magnetplattenspeicher

D-Sub →Sub-D

DSV Deutscher Schrauben-Verband e.V.

DT Data Terminal, Datensichtgerät/-station

DTA Data, Datei-Ergänzung

DTC Desk Top Computer, Tischrechner

DTC Direct Torque Control, Regelungskonzept für Standard-Drehstromantriebe

DTC Data Transfer Controller, Datenübertragungs-Steuerung

DTD Dokument-Typ-Definition, deutsche Dokumentations-Norm

DTE Data Terminal Equipment, Daten-Sichtstation

DTE Daten-Transfer-Einrichtung

DTE Desk-Top Engineering →DTP mit →CAD verknüpfte Systeme

DTL Diode Transistor Logic, Logikfamilie, bei der die Verknüpfungen über Dioden erfolgt, mit einem Transistor als Ausgangstreiber

DTP Desk-Top Publishing

DTP Data Transfer Protocol

DTPL Domain Tip Propagation Logic, Technik zur Herstellung von →ICs

DTR Data Terminal Ready, Meldung der Betriebsbereitschaft des Daten-Endgerätes bei seriellen Daten-Schnittstellen

DTR Draft Technical Report

DTS Desk-Top System

DTV Deutscher Verband Technisch- Wissenschaftlicher Vereine

DUAL Dynamic Universal Assembly Language, maschinennahe Programmiersprache

DÜE Daten-Übertragungs-Einrichtung

DUSt Daten-Umsetzer-Stelle

DUT Device under Test

DÜVO Daten-Übertragungs-Verordnung

DV Daten-Verarbeitung von digitalen und analogen Daten

DVA Daten-Verarbeitungs-Anlage

DVE Digital Video Effects, digitale Beeinflussung bzw. Nachbearbeitung von Videoaufnahmen

DVI Digital Video Interaktive, Einbindung von Videofilmen und Fotos auf →PCs

DVI Design Verification Interface

DVM Digital-Volt-Meter

DVMA Direct Virtual Memory Access

DVN Device Number, Geräte-Nummer

DVO Durchführungs-Verordnung

DVS Digital Video System

DVS Doppelt Versetzt Schruppen, Bearbeitungsgang von Werkzeugmaschinen

DVS Daten-Verwaltungs-System

DVS Design Verification System →IC-Test-System

DVS Deutscher Verband für Schweißtechnik

DVSt Daten-Vermittlungs-Stelle

DVT Design Verification Testing

DW Daten-Wort, Operand im →SPS-Programm

DX Duplex, gleichzeitige Übertragung auf einer Leitung in beiden Richtungen

DXC Data Exchange Control, Datenaustausch zwischen Zentraleinheiten

DXF Drawing Exchange Format →PC-Dateiformat, Datei-Ergänzung

DYCMOS Dynamic Complementary →MOS
DZP Distanz zum Ziel-Punkt, Roboter-Begriff

E Programmierung des 2. Vorschubes nach
→DIN 66025
E Eingang, z.B. von der Maschine zur →SPS
E/A-Baugruppe, Binäre Ein-Ausgabe-Baugruppe
mit 24V-Schaltpegel und genormten Aus-
gangsströmen von 0,1A; 0,4A und 2,0A
EAC European Groups for the Accreditation of
Certification, europäische Organisation für
Akkreditierung und Anerkennung von Prüf-
und Zertifizierungsstellen
EACEM European Association of Consumer El-
ectronics Manufacturers, europäische Vereini-
gung der Fachverbände der Unterhaltungse-
lektronik
EAE Eingabe/Ausgabe-Einheit
EAFE Europäischer Ausschuß für Forschung
und Entwicklung
EAL European Accreditation of Laboratories,
Europäische Akkreditierung von Laboratori-
en
EAN Europäische Artikel-Norm, Norm über
maschinenlesbaren Kode z.B. Barcode
EANTC European Advanced Networking Test
Center
EAP Eingabe/Ausgabe-Prozessor, Rechner zur
Steuerung von Ein- und Ausgaben
EAPROM Electrically Alterable →PROM
EAR Eingabe/Ausgabe-Register, Zwischenspei-
cherung von Ein- und Ausgaben
EAROM Electrically Alterable →ROM
EASL Engineering Analysis and Simulation
Language, Programmiersprache für Analyse
und Simulation
EAST European Academy of Surface Technolo-
gy →EU-Bildungsinstitut für Oberflächen-
Montage
EB Electron Beam
EB Eingangs-Byte, z.B. 8-Bit-breite-Schnittstelle
vom Prozess- zum Automatisierungsgerät
EB Elektronisches/Elektrisches Betriebsmittel,
in der →DIN VDE gebräuchliche Bezeich-
nung eines elektrischen Gerätes
EB Erschwerter Betrieb, z.B. von Maschinen
nach →VDE 0552
EBB →EISA Bus Buffer, Baustein des EISA-Sy-
stem-Chipsatzes von Intel
EBC →EISA Bus Controller, Baustein des EISA-
System-Chipsatzes von Intel
EBCDIC Extended Binary-Coded Decimal In-
terchange Code, Zeichendarstellung in
Großrechnern
EBFE Europäische Behörde für Forschung und
Entwicklung
EBI Elektronisches Betriebsmittel zur Informa-
tionsverarbeitung nach →VDE 0160

EB-ROM Electronic Book-→ROM, Dokumenta-
tion auf →CD
EBV Elektronische Bild-Verarbeitung
EC Electromagnetic Compatibility →EMC
EC European Commission
EC European Communities →CE
EC Export Control, Handels-Embargo
ECA Economic Cooperation Administration,
Verwaltung für wirtschaftliche Zusammenar-
beit in Washington
ECAD Electronic-→CAD, Rechnerunterstütztes
Entwerfen von elektrischen Schaltungen
ECAP Electronic Circuit Analysis Program,
Analyse-Programm für passive und aktive li-
neare und nichtlineare Netzwerke
ECC Error Correction Code, Fehler-Korrektur-
Verfahren
ECCL Error Checking and Correction Logic, Er-
kennung und Korrektur von falschen Zeichen
bei der Datenübertragung
ECCN Export Control Classification Number
ECCSL Emitter Coupled Current Steering
Logic
ECDC Electro-Chemical Diffused Collector
ECE Economic Commission for Europe, Wirt-
schaftskommission der Vereinten Nationen
für Europa
ECHO European Commission Host Organizati-
on, europäische Datenbank in Luxemburg
ECI European Cooperation in Informatics, eu-
ropäische Informatiker-Vereinigung
ECIF Electronic Components Industry Federa-
tion, Verband der britischen Bauelemente-In-
dustrie
ECIP European →CAD Integration Project,
→ESPRIT-Projekt für →EDIF-Datenaus-
tauschformate
ECISS European Committee for Iron and Steel
Standardization, europäisches Komitee für
Eisen- und Stahlnormung
ECITC European Committee for Information
Technology Certification, europäisches Komi-
tee für Zertifizierung in der Informations-
technik
ECL Emitter Coupled Logic
ECM Electro Chemical Machining
ECM European Common Market
ECMA European Computer Manufacturers As-
sociation, Vereinigung der europäischen
Rechner-Hersteller in Genf
ECP Emitter Coupled Pair, emittergekoppeltes
Transistorpaar
ECPSA European Consumer Product Safety Or-
ganization, europäische Oraganisation für
Produkt-Sicherheit
ECQAC Electronic Components Quality Assu-
rance Committee, Komitee für Gütesiche-
rung von Bauelementen der Elektro-Indu-
strie

ECRC European Computer Industry Research Centre, von Bull, →ICL und Siemens gegründetes Forschungszentrum für Rechner

ECSA European Computing Services Association, europäische Vereinigung für Computer-Dienstleistungen

ECSEC European Council Security, Begriff der Datensicherung

ECSL Extended Control and Simulation Language

ECTC Europea Council for Testing and Certification, jetzt →EOTC

ECTEL European Telecommunication and Professional Electronics Industry, europäischer Verband für Telekommunikation und Elektronik

ECTRA European Committee for Telecommunications Regulatory Affairs, europäischer Verband für Telekommunikation

ECU European Currency Unit

ECU European Clearing Unit

ECUI European Committee of User Inspectoratres, Europäisches Komitee der Überwachungsstellen von Betreibern in London

ED →EWOS Document

ED Relative Einschalt-Dauer, z.B. von Maschinen nach →VDE 0550

EDA Electronic Design Automation, Entwicklungsumgebung für den rechnergestützten Entwurf von Produkten

EDAC Error Detection And Correction, Schaltkreis zur Erkennung und Korrektur von Fehlern in Speichersystemen

EDAC European Design Automation Conference

EDC Error Detection and Correction

EDDM Electric Design Data Model, Datenverwaltung für elektrische Verbindungen

EDI Electronic Data Interchange, Daten-Kommunikations-System, auch →CIM-Fachverband

EDI Emulator-Device-Interface, Schnittstelle von WINDOWS

EDIF Electronic Data (Design) Interchange Format, Internationaler Standard für Datenaustausch der Hersteller elektronischer Bauelemente

EDIFACT Electronic Data Interchange for Administration, Commerce and Transport, →OSI-Standard, elektronischer Datenaustausch für Verwaltung, Wirtschaft und Transport

EDIS Engineering Data Information System, Datenbank für technische Informationen

EDM Engineering Data Management

EDM Electrical Discharge Machining

EDMS Engineering Data Management System

EDO-DRAM Extended Data Out →DRAM, dynamischer Schreib- und Lesespeicher mit lange offenen Ausgängen

EDP Electronic Data Processing

EDPD Electronic Data Processing Device

EDPE Electronic Data Processing Equipment

EDPS Electronic Data Processing System

EDR Sternpunkt-Erdungs-Drosselspule

EDRAM Enhanced Dynamic →RAM, großer dynamischer Speicher

EDS Electronic Data Switching, Daten- und Fernschreib-Vermittlungstechnik

EDS Electronic Design System, Leiterplatten-Entflechtungs-System

EDT Editor

EdT Erdungs-Transformator

EDU Electronic Display Unit

EDV Electriktronische Daten-Verarbeitung

EDVA Electriktronische Daten-Verarbeitungs-Anlage

EDVS Electriktronisches Daten-Verarbeitungs-System

EE End-Einrichtung der Telekommunikation

EEA European Environmental Agency, europäische Umwelt-Agentur

EEA European Economic Area, Einheitliche Europäische Akte

EEC European Economic Community →EWG

EECL Emitter-Emitter Coupled Logic

EECMA European Electronic Components Manufacturers Association, Verband der europäischen Hersteller elektronischer Bauelemente

EEM Energy Efficient Motor

EEMS Enhanced Expanded Memory Specification, vergrößerter Erweiterungsspeicher vom →PC

EEN Environment Electromagnetic Noise, elektromagnetisches Rauschen

EEPLA Electrically Erasable Programmable Logic Array

EEPLD Electrically Erasable Programmable Logic Device

EEPROM Electrically Erasable Programmable →ROM

E2PROM →EEPROM

EEZ Erstfehler-Eintritts-Zeit, Zeitspanne, in der die Wahrscheinlichkeit für das Auftreten eines sicherheitskritischen Fehlers gering ist

EF Einzel-Funktion, selbständige Funktion einer →BF beim Informationsaustausch mit Arbeitsmaschinen nach →DIN 66264

EFDA European Federation of Data processing Associations, europäischer Verband der Vereinigung für Datenverarbeitung

EFIMA Europäische Fachmesse für Instrumentierung, Meß- und Automatisierungs-Technik

EFL Emitter Follower Logic

EFM Eight to Fourteen Modulation, Umsetzung 8-Bit-Code in 14-Bit-Code

EFQM European Foundation for Quality Management in Eindhoven, Niederlande

EFS Error Free Seconds, Maß für die Übertragungsqualität, entspricht bitfehlerfreien Sekundenintervallen

EFSG European Fire and Security Group, Europäische Gruppe Brandschutz und Sicherheitstechnik

EFTA European Free Trade Association, Europäische Freihandelszone

EG Erweiterungs-Gerät, Bezeichnung der →SIMATIC-Peripherie-Geräte für →E/A-Erweiterung

EG Expert Group, z.B. von Normen-Gremien

EG Europäische Gemeinschaft, jetzt →EU

EGA Enhanced Color Graphics Adapter →PC-Ausgabe-Standard

EGB Elektrostatisch gefährdete Bauelemente, internationale Bezeichnung →ESD

EGK →EG-Kommission

EGKS Europäische Gemeinschaft für Kohle und Stahl →CECA

EGMR EG-Maschinen-Richtlinie, Richtlinie des Rates der Europäischen Gemeinschaft für Maschinensicherheit

EGN Einzel-Gebühren-Nachweis der Telekommunikation

EHF Extremely High Frequencies, Millimeterwellen

EHKP Einheitliche höhere Kommunikations-Protokolle

EIA Electronic Industries Association, Normenstelle der USA, unter anderen für Schnittstellen und deren Protokolle, z.B. →RS-232-C, →RS-422, →RS-485 u.a.

EIAJ Electronic Industries Association of Japan, Verband der Elektronischen Industrie von Japan

EIAMUG European Intelligent Actuation and Measurement User Group, Anwendervereinigung für intelligente Bedien- und Meßmittel

EIB Electronical Installation Bus

EIBA Electronical Installation Bus Association

EIDE Enhanced Integrated Drive Electronics, Steuerelektronik für (Festplatten-) Laufwerke

EIJA →EIAJ

EIM Electronic Image Management

EISA Extended Industrial Standard Architecture, erweiterte Industrie-Standard-Architektur von Rechnern, z.B. auch für Standard-Bus

EITI European Interconnect Technology Initiative, Leiterplatten-Hersteller-Initiative für neue Technologien

EITO European Information Technology Observatory

EJOB European Joint Optical Bistability, europäisches Forschungsopjekt für einen optischen Rechner

EKL Elektronische Klemmleiste →SIMATIC-→E/A-Modul, das direkt an die Maschine montiert werden kann

EL Erhaltungs-Ladung nach →VDE 0557

ELD Electro-Lumineszenz-Display

ELF Extremely Low Frequencies

ELG Elektronisches Getriebe der →SINUMERIK

ELITE European Laboratory for Intellegent Techniques Engineering

ELKO Elektrolyt-Kondensator

ELOT Hellenic Organization for Standardization, griechisches Normen-Gremium

ELSECOM European Electrotechnical Sectoral Committee for Testing and Certification, europäisches Komitee für Prüfung und Zertifizierung elektronischer Systeme

ELSI Extra Large Scale Integration

ELTEC Elektro-Technik, Fachausstellung der Elektro-Industrie

ELTEX Electronic Time Division Telex, elektronische Übermittlung von Fernschreiben

ELV Extra Low Voltage

EMA Elektro-Magnetische Aussendung, Elektromagnetische Beeinflussung der Umwelt durch ein Betriebsmittel

EMA Enterprice Management Architecture, Netzwerkmanagement

EMail Electronic Mail, elektronische Versendung und Empfang von Nachrichten mittels →PC

EMB Elektromagnetische Beeinflussung, Funktionsstörung von elektrischen oder elektronischen Betriebsmitteln durch elektromagnetische Impulse

EMC Electromagnetic Compatibility, Elektromagnetische Verträglichkeit →EMV, →EC

EMD Electrical Manual Design, Methode zur Computerunterstüzten Dokumentation

EME Electromagnetic Emmission

EMI Electromagnetic Influence

EMI Electromagnetic Incompatibility

EMI Elektro-Magnetische Interferenzen (Störungen)

EMK Elektro-Motorische Kraft

EMM Expanded Memory Manager, →PC-Treiber für den Erweiterungs-Speicher

EMO Exposition Européenne de la Machine-Outil, auch Euro Mondial, europäische Werkzeugmaschinen-Ausstellung mit internationaler Beteiligung

EMP Electromagnetic Pulse

EMR Elektro-Magnetisches Relais

EMS Electronic Mail System, elektronisches Mitteilungs-System

EMS Expanded Memory Spezifikation, Speichererweiterung vom →PC

EMS Electronic Mail System, Integriertes Büro-Kommunikations-System

EMTT European →MAP/→TOP Testing

EMUF Einplatinen-Computer mit universeller Festprogrammierung

EMUG European →MAP Users Group, europäische MAP-Anwender-Vereinigung

EMV Elektromagnetische Verträglichkeit, darunter versteht man die Fähigkeit eines elektrischen Gerätes in einer vorgegebenen elektromagnetischen Umgebung fehlerfrei zu funktionieren, ohne dabei die Umgebung in unzulässiger Weise zu beeinflussen

EMVG →EMV-Gesetz der Bundesrepublik

EN European Norm, Europäische Norm, ersetzt in zunehmendem Maße die nationalen Normen

ENCMM →Ethernet Network Control- und Management-Modul

ENQ Enquiry, Sendeaufforderung, Steuerzeichen bei der Rechnerkopplung

ENV Europäische Norm zur versuchsweisen Anwendung bzw. Vornorm

EOA End Of Address

EOB End Of Block

EOD End Of Data

EOD Erasable Optical Disk, wiederbeschreibbare optische Speicherplatte

EOF End Of File

EOI End Of Interrupt, Prozessor-Register

EOI End Or Identify, Ende einer Datenübertragung an der →IEC-Bus-Schnittstelle

EOL End Of Line, Zeilenende

EOLT End Of Logical Tape, Ende eines Magnetbandes

EOM End Of Massage

EOQC European Organization for Quality Control, europäische Organisation für Qualitätskontrolle in Rotterdam

EOQS European Organization for Quality Systems, europäische Organisation für Qualitäts-Systeme

EOR End Of Record, Satzende bei der Daten-Fernübertragung

EOR End Of Reel, Band- oder Lochstreifenende

EOS European Operating System

EOS Electrical Over Stressed, Störspannung unter 100 V mit hoher Ladungsmenge

EOT End Of Tape, Lochstreifen-Ende

EOT End Of Telegram, Ende der Übertragung

EOT End Of Transmission, Ende der Übertragung, auch Steuerzeichen bei der Rechnerkopplung

EOTA European Organization for Technical Approvals, europäische Organisation für Technische Zulassungen

EOTC European Organization for Testing and Certification, europäische Organisation für Prüfung und Zertifizierung

EOQ European Organization for Quality, europäische Organisation für Qualität

EPA Enhanced Performance Architecture

EPA Event Processor Array, erweiterte →MAP-Architektur für Echtzeit-Kommunikation

EPA Europäisches Patent-Amt in München

EPD Electric Power Distribution

EPD Electrical Panel Design, Methode zur Computerunterstützten Dokumentation

EPDK Enhanced Postprocessor Development Kit, Entwicklungswerkzeug für →CAD-Postprozessoren

EPE European Power Electronics and Applications

EPG European Publishing Group

EPHOS European Procurement Handbook on Open Systems, europäisches Beschaffungs-Handbuch für offene Systeme

EPIC Enhanced Performance Implanted →CMOS, Halbleiter-Technologie auf →CMOS-Basis

EPLD Erasable Programmable Logic Devices, Bezeichnung für UV-Licht löschbare, anwenderprogrammierbare Bausteine

EPMI European Printer Manufacturers and Importers, Arbeitsgemeinschaft des →VDMA

EPO Europäische Patent-Organisation

EPP Expanded Poly-Propylen, Kunststoff für die Herstellung geschäumter Gehäuse

EPR Ethylene Propylene Rubber, Werkstoff für Leitungs- und Kabelmantel

EPROM Erasable Programmable →ROM, mit UV-Licht löschbarer und elektrisch programmierbarer nur Lesespeicher

EPS Encapsulated Post-Script, →PC-Datei-Format

EPS Electric Power System

EPS Elektronisch Programmierbare Steuerung, Variante der →SPS

EPS Entwicklungs-Planung und -Steuerung

EPTA Association of European Portable Electric Tool Manufacturers in Frankfurt

EQA European Quality Award, Selbstbewertung der Qualität nach →TQM- bzw. →EFQM-Modell

EQNET European Quality Network for System Assessment and Certification, europäisches Netzwerk für die Beurteilung und Zertifizierung von Qualitäts-Sicherungs-Systemen

EQS European-Committee for Quality System Assessment and Certification, europäisches Komitee für die Beurteilung und Zertifizierung von Qualitäts-Management-Systemen

ER Extension Rack, Erweiterungs-Rahmen z.B. der →SIMATIC S5

ER Erregung, z.B. von Gleichstrom-Antrieben

E/R Einspeise-/Rückspeise-Einheit der →SIMODRIVE-Antriebe von Siemens

ERA Electrical Research Association, Forschungsgesellschaft für Elektrotechnik in Leatherhead, GB

ERA Electronic Representatives Association, Verband der Vertreter elektronischer Erzeugnisse der USA

ERASIC Electrically Reprogrammable →ASIC

ERC Electrical Rule Check, Simulations-Programm

ERR Error, Fehlermeldung

ES902 Einbau-System 902

ESA Ein-Stations-Montage-Automat

ESB Electrical Standards Board, Ausschuß für elektische Normen in New York

ESC Engineering Standards Committee, Ausschuß für technische Normen des →BSI

ESC Escape

ESC European Sensor Committee, europäisches Komitee für Sensor-Technik

ESCIF European Sectorial Committee for Intrusion and Fire Protection, Europäisches Sektor-Normen-Gremium für Sicherheitstechnik und Brandschutz

ESD Electrostatic Sensitiv Device, Internationale Bezeichnung für elektrostatisch gefährdete Bauelemente →EGB

ESD Electro Static Discharge, Störspannung über 100V mit geringer Ladungsmenge, d.h. kurze Impulsdauer

ESD European Standards Data Base

ESDI Enhanced Small Devices Interface →PC-Controller-Schnittstelle

ESF European Standards Forum

ESF Extended Spooling Facility, Betriebssystem-Erweiterung von →DOS

ESFI Epitaxialer Silizium-Film auf Isolator zur Herstellung eines →IC

ESI European Standards Institution

ESK Edelmetall-Schnell-Kontakt(-Relais), eingetragenes Warenzeichen der Siemens AG

ESp Erdschluß-Lösch-Spule

ESPITI European Software Process Improvement Training Initiative, europäische Trainings-Initiative zur Verbesserung des Software-Erstellungs-Prozesses; Förderung durch die →EU

ESPRIT European Strategic Programme for Research and Development in Information Technology, Forschungs- und Entwicklungs- Rahmenprogramm der →EU

ESR Effective Serial Resistor (Widerstand), Vorwiderstand von Kondensatoren, mit dem bei hohen Strömen gerechnet wird

ESR Essential Safety Requirement, grundlegende Sicherheitsanforderung z.B. einer →EU-Richtlinie

ESRA European Safety and Reliability Association, europäischer Verband für Sicherheit und Zuverlässigkeit

ESSAI European Siemens Nixdorf Supercomputer Application Initiative, →SNI-Projekt mit Universitäten zur Förderung der Forschung für einen Supercomputer

ESSCIRC European Solid State Circuits Conference, europäische Halbleiter-Konferenz

ESSD Edge Sensitive Scan Design, Regeln beim →ASIC-Design-Test

ESVO Elektronik-Schrott-Verordnung

ETA Emulations- und Test-Adapter, Testsystem für Mikroprozessorsysteme

ETB Elektronisches Telefon-Buch

ETB Erweitertes Tabellen-Bild der →SINUMERIK-Mehr-Kanal-Anzeige

ETC Etcetera, z.B. Taste bei der →SINUMERIK zum Weiterschalten

ETCCC European Testing and Certification Coordination Council, Europäischer Rat für die Prüf- und Zertifizierungs-Koordination

ETCI Electro-Technical Council of Ireland, Verband der Elektrotechniker in Irland

ETCOM European Testing and Certification for Office and Manufacturing Protocols

ETEP European Transactions on Electrical Power Engineering

ETFE Ethylene Vinyl Flour Ethylene, Werkstoff für Leitungs- und Kabelmantel

ETG Energie-Technische Gesellschaft im →VDE

ETHERNET Lokale Netzwerk-Architektur, die einen Industrie-Standard darstellt

ETL Electrical Testing Laboratories Ltd., elektrische Prüflaboratorien der USA

ETL Electrotechnical Laboratory, staatliches elektrotechnisches Labor in Japan

ETS European Telecommunications Standard, europäische Telekommunikations-Norm

ETSI European Telecommunication Standard Institute, Europäisches Institut für Telekommunikationsnormen

ETT European Transactions on Telecommunications and Related Technologies

ETX End Of Text

ETZ Elektrotechnische Zeitschrift des →VDE

EU Europäische Union, Europäische Gemeinschaft, früher →EG

EU Extension Unit, Erweiterungsgerät, z.B. für Binäre →E/A-Baugruppen

EUCERT European Council for Certification, jetzt →EOTC

EUCLI European Communication Line Interface, europaweit zugelassener Schnittstellen-Baustein für öffentliche Netze

EUCLID Easily Used Computer Language for Illustration and Drawings, höhere Programmiersprache für die Erstellung von Zeichnungen und Illustrationen

EUFIT European Congress on Fuzzy and Intelligent Technologies, europäischer Kongreß für Fuzzy-Logik und neuronale Netze

EURAS European Academy for Standardization e.V., europäische Akademie für Normung in Hamburg

EUREKA European Research Coordination Agency, Koordination der Entwicklungsvorhaben von Frankreich und Deutschland

EUROLAB European Laboratories, europäischer Zusammenschluß von Prüflaboratorien

EUT Equipment under Test, z.B. Prüflinge bei →EMV-Messungen

EUUG European Unix-System User Group, Vereinigung der europäischen →UNIX-Anwender

EVA Ethylene Vinyl Acetate Copolymer, Werkstoff für Leitungs- und Kabelmantel

EVR Electronic Video Recording, elektronische Aufzeichnung von Bildern

EVT Engineering Verification Testing

EVU Elektrizitäts-Versorgungs-Unternehmen

EVz End-Verzweiger der Telekommunikation

EW Eingangswort, stellt eine 16 Bit breite Schnittstelle vom Prozess zum Automatisierungsgerät dar

EW Early Warning, Information, daß das Bandende folgt

EWA Europäische Wekzeugmaschinen-Ausstellung, Vorläufer der →EMO

EWG Europäische Wirtschafts-Gemeinschaft

EWH Expected Working Hours, angenommene Betriebszeit eines Gerätes

EWICS European Working Group for Industrial Computer Systems, europäischer Arbeitskreis für industrielle Rechner-Systeme

EWIV Europäische Wirtschaftliche Interessen-Vereinigung, Rechtsform der Europäischen Gemeinschaft

EWOS European Workshop for Open System, Arbeitsgruppe für offene Netze

EWR Europäischer Wirtschafts-Raum, →EWG und →EFTA

EWS European Workstation, Entwicklungsprojekt des →EOS

EWS Engineering Workstation

EWS Europäisches Währungs-System

EWS Elektronisches Wähl-System

EWSA Elektronisches Wähl-System Analog

EWSD Elektronisches Wähl-System Digital

EXACT Exchange of Authenticated electronic Component performance, Testdata, Internationale Organisation für den Austausch beglaubigter Prüfdaten über elektronische Bauelemente

EXAPT Extended Subset of →APT, Teile-Programmier-System, entwickelt an den Technischen Hochschulen Aachen, Berlin und Stuttgart. Untermenge von APT

EXAPT Exact Automatic Programming of Tools, Programmerstellung für numerisch gesteuerte Maschinen

EXE Externe Impulsformer Elektronik, Signalanpassung von Meßimpulsen an die Werkzeugmaschinen-Steuerung

EXE Executable-Datei, Programmdatei, Datei-Ergänzung

EXT Extension, Erweiterungs-Datei, Datei-Ergänzung

EXU Execution Unit, Baustein zur schnellen Interruptverarbeitung

EZS Eingabe Zwischen-Speicher

F Programmierung des Vorschubes nach →DIN 66025

FA Folge-Achse

FA Flexible Automation

FACT Fairschild Advanced →CMOS Technology, Hochgeschwindigkeits-CMOS-Schaltkreisfamilie

FACT Flexible Automatic Circuit Tester, Einrichtung zum Testen unterschiedlicher Schaltkreise

FAIS Factory Automation Interconnection System, japanisches Mini-→MAP-Konzept

FAMETA Fachmesse für Metallbearbeitung in Nürnberg

FAMOS Flexibel automatisierte Montage-Systeme, →CIM-orientierte Montage von Roboterkomponenten

FAMOS Flexible Automated Manufacturing and Operating System, Standard-Software für integrierte Werkstatt-Organisation

FAMOS Floating Gate Avalanche →MOS

FANUC, japanischer Hersteller von →NC- und →RC-Steuerungen sowie →SPS

FAPT Fanuc →APT, Teile-Programmier-Sprache der Fa. Fanuc, die den Sprachaufbau von APT verwendet

FAST Fairchild Advanced Schottky →TTL, Hochgeschwindigkeits-TTL-Schaltkreisfamilie

FAST Facility for Automatic Sorting and Testing, automatisches Prüf- und Sortiersystem

FAT File Allocation Table von →MS-DOS

FAW Forschungsinstitut für anwendungsorientierte Wissensverarbeitung (Umweltinformatik)

FB Funktions-Baustein, Anwenderfunktionen im →SPS-Programm

FB Funktions-Block, eine oder mehrere →BFs beim Informationsaustausch mit Arbeitsmaschinen nach DIN 66264

FBA Fehlerbaum-Analyse →FTA

FBAS Farb-Bildsignal Austastsignal, Synchronisiersignal, Monitor- Eingangs- Signal, bei dem Farbinformation, Bildinformation und Synchronisiersignal auf einer Leitung moduliert übertragen werden

FBD Funktion Block Diagram

FBG Flach-Bau-Gruppe, gebräuchliche Bezeichnung von Leiterplatten

FB-IA Fachbereich Industrielle Automation und Integration im →NAM

FB-MHT Fachbereich Montage und Handhabungs-Technik im →NAM

FBO Fernmelde-Bau-Ordnung

FBS Funktions-Baustein-Sprache nach →IEC 65 für →SPS
FC Fan Control
FCC Federal Communication Commission, USA-Bundesbehörde für Telekommunikation
FCI Flux Changes per Inch, Magnetisierungsdichte in Flußwechsel je Zoll, z.B. bei Magnetplatten
FCKW Fluor Chlor Kohlen Wasserstoff
FCPI Flux Changes Per Inch, Zahl der Flußwechsel pro Zoll auf einem Magnetspeicher
FCS Frame Check Sequence, Übertragungs-Sequenz mit Fehlerauswertung z.B. nach →CRC
FD Floppy Disk, magnetischer Datenträger für Rechner
FDAP Frequency Domain Array Processor
FDC Floppy Disk Controller
FDC Factory Data Collection
FDD Floppy Disk Drive
FDD Frequency Division Duplex, Variante der →FDMA, bei dem der Übertragung und dem Empfang je eine Trägerfrequenz zugewiesen ist
FDDI Fibre Distributed Data Interface, Glasfaser-Verteiler-Schnittstelle für die Datenübertragung
FDL Fieldbus Data Link Layer, Feldbus-Datensicherungs-Schicht
FDM Frequency Division Multiplexor, Einrichtung, die den Frequenzbereich in separate Kanäle aufteilt
FDMA Frequency Division Multiple Access, Netzzugangsverfahren für Frequenzbänder
FDOS Floppy Disk Operating System, Betriebssystem auf Diskette
FDX Full Duplex, Vollduplex, gleichzeitige Datenübertragung in beiden Richtungen
F&E Forschung & Entwicklung, →R&D
FEB Front End Processor, Vorschaltrechner zur Entlastung des Hauptrechners, z.B. zur Schnittstellenbedienung
FED Field Emission Display, elektronenemitierende Schicht in der →LCD-Technik
FED Fachverband Elektronik Design
FEEPROM Flash Electrical Erasable Programmable Read Only Memory, schnelle elektrisch programmierbare →EPROM
FEEI Fachverband der Elektro- und Elektronik-Industrie
FELV Functional Extra-Low Voltage
FEM Finite Elemente Methode, Simulation von Prozessen, bzw komplexe Rechner-unterstützte Berechnungsverfahren
FEN Förderverein für Elektrotechnische Normung e.V. der →CECC in Frankfurt
FEPROM Flash Erasable Programmable Read Only Memory, schnelle →EPROM
FET Field Effect Transistor
FF Flip Flop

FF Form Feed, Steuerzeichen für Seiten-Vorschub
FFA Fahren auf Fest-Anschlag, Arbeitsweise an Werkzeugmaschinen
FFM Fest-Frequenz-Modem
FFS Flexibles Fertigungs-System, Rechnergeführtes Produktions-System, mit dem beliebige Werkstücke in beliebigen Losgrößen gefertigt werden können
FFS Flash File System
FFS Fast File System
FFT Fast Fourier Transformation
FFZ Flexible Fertigungs-Zelle
FGA Future Graphics Adapter, Farbgraphik-Anschaltung für Monitore
FGEA Forschungs-Gemeinschaft Elektrische Antriebe
FGS Fördergemeinschaft SERCOS-Interface e.V.
FIFO First in/First out, Speicher, der ohne Adressangabe arbeitet und dessen Daten in der selben Reihenfolge gelesen wie gespeichert werden
FILO First in/Last out, Speicher, der ohne Adressangabe arbeitet und dessen Daten in der umgekehrten Reihenfolge gelesen wie gespeichert werden
FIM Field Induced Model, Simulations-Modell für →EGB
FIMS Flexible Intelligent Manufacturing System
FIP Factory Instrumentation Protocoll, Vorarbeit für Feldbus-Standard, →Flux d'Information (FIP)
FIP Feldbus Industrie Protokoll
FIP International Federation for Information Processing
FIP Flux d'Information du et vers le Processus
FIPS Federal Information Processing Standard
FIS Flexibles Inspektions-System, System zur frühzeitigen Erkennung von Störgrößen bei →FFS
FIT Failures In Time, Anzahl von Ausfällen je Zeiteinheit
FITL Fibre in the Loop, Glasfaser-Meßtechnik
FKM Forschungs-Kuratorium, Maschinenbau e.V.
FKME Fachkreis Mikroelektronik des →VDI/VDE
FL Fuzzy-Logic, zum Definieren mathematisch ungenauer Aussagen
FLAT Flat Large Area Television, ferroelektrisches →LC-Display
FLCD Ferro Liquid Crystal Display, Flüssigkristall-Display auf Eisen-Basis
FLOP Floating Octal Point, Oktalzahlen bei der Gleitkommarechnung
FLOPS Floating Point Operation Per Second
FLP Fatigue Life Prediction
FLR Fertigungs-Leit-Rechner
FLT Fertigungs-Leit-Technik
FLXI Force Local Expansion Interface, Schnittstelle zum →VME-Bus

FLZ Fertigungs-Leit-Zentrale(-Zentrum)
FM Frequenz-Modulation
FM Funktions-Modul, z.B. der →SIMATIC S5
FM Fachnormen-Ausschuß Maschinenbau
FMA Fieldbus Management
FMC Flexible Manufacturing Cell
FMC Fuzzy-Micro-Controller, Regelungsbaustein
FMEA Failure Modes and Effects Analysis
FMECA Failure Mode and Effect Criticality Analysis
FM-NC Funktions-Modul Numerical Control, Funktions-Modul der →SIMATIC für Numerische Steuerung
FMS Flexible Manufacturing System
FMS Fieldbus Message Specification, Spezifikation der Kommunikationsdienste nach →OSI Schicht 7
FMU Flexible Manufacturing Unit
FMV Full Motion Video
FNA Fachnormen-Ausschuß
FNC Flexible Numerical Controller
FND Firmen-Neutrales Datenübertragungs-Protokoll nach →DIN
FNE →FAIS Networking Event, Automatisierungs-Netzwerk
FNE Fach-Normenausschuß Elektrotechnik im Deutschen Normen-Ausschuß
FNIE Fédération Nationale des Industries Electroniques, nationaler französischer Verband der elektronischen Industrie
FNL Fach-Normenausschuß Lichttechnik
FOAN Flexible Optical Access Network, Glasfaser-Meßtechnik
FOL Fiber Optic Link
FOR →FORTRAN-Quellcode, Datei-Ergänzung
FORTRAN Formula Translator, höhere Programmiersprache
FOV Field of View
FP Flat Panel, Flach-Bildschirm
FP File Protect, Zugriffsschutz für Dateien
FP Fixed Point, Festpunkt
FPAD Field Programmable Adress Decoder, →PLA für Adreßdekodierung
FPAL Field Programmable Array Logic, vom Anwender programmierbare Logik-Arrays
FPD Fine-Pitch-Device, Leiterplatten-Entflechtung mit Raster <0,635 mm
FPD Flat Panel Display, Flachbildschirm
FPGA Field Programmable Gate Array, vom Anwender programmierbare UND-Arrays
FPL Fuzzy Programming Language, Makro-Sprache für Fuzzy-Technologie
FPLA Field Programmable Logic Array, vom Anwender programmierbare Logik-Arrays
FPLD Field Programmable Logic Device, vom Anwender programmierbare Logik
FPLS Field Programmable Logic Sequencer
FPM Field Programmable Micro-Controller, Anwenderorientierter Micro-Controller

FPM-DRAM Fast Page Mode-→DRAM, schnelle dynamische Schreib- und Lesespeicher
FPML Field Programmable Macro Logic
FPP Floating Point Processor
FPS Frei programmierbare Steuerung
FPS Forschungs- und Prüfgemeinschaft Software des →VDMA
FPT Fine Pad Technique, →SMD-Feinätztechnik
FPU Floting Point Unit, Gleitkomma-Rechnung für arithmetische Operationen
FQM Fachgesellschaft für Qualitäts-Management
FQS Forschungsvereinigung Qualitäts-Sicherung
FRAM Ferroelectrical →RAM, schneller nichtflüchtiger Schreib-Lese-Speicher
FRC Frame-Rate-Control, Verfahren zur Erzeugung von Graustufen auf →ELDs
FRED Fast Recovery Epitaxial Diode
FROM Factory Programmable →ROM, vom Hersteller eingestellter Festwertspeicher
FRK Fräser-Radius-Korrektur bei der Werkzeugmaschinen-Steuerung
FRN Feed Rate Number, Vorschubzahl, Schlüsselzahl für die Vorschubgeschwindigkeit
FRPI Flux Reversals Per Inch, Zahl der Flußwechsel pro Zoll auf einem Magnetspeicher
FS File Server, zentraler Speicher eines Rechnersystemes
FS Fernschreiber bzw. Fernschreiben
FS Field Separator, Steuerzeichen für die Fernübertragung
FS Full Scale
FSB Functional System Block, vordefinierter, layoutoptimierter →ASIC-Funktionsblock
FSK Frequency Shift Key, Frequenz-Modulations-Technik
FSR Full Signal Range
FST Flat Square Tube, flacher, fast rechteckiger Bildschirm
FST Feed Stop, Vorschub Halt, Maschinen-Steuer-Funktion der →SINUMERIK
FSTN Film Super-Twisted Nematic, Folien in der →LCD-Technik zum Farbausgleich
FSZ Fertigungs- und Service-Zentrum der Siemens AG in München; eigenständiges Dienstleistungs-Unternehmen
FT File Transfer, Programm zur Datenübertragung
FTA Fault Tree Analysis
FTAM File Transfer Access and Management, →OSI-Standard
FTK Fertigungs-Technisches Kolloquium
FTL Fuzzy Technologies Language, →HW-unabhängiges Beschreibungsformat
FTL Flash Translation Layer, →PCMCIA-Dateisystem-Standard
FTN Film Twinsed Nematic, →LC-Display-Technik

FTP File Tranfer Protocol, standardisierte Da-
   tenübertragung
FTP Foiled Twisted Pair, paarweise verdrillte
   Leitung mit Folienschirm
FTS Fahrerlose Transport-Systeme
FTS Flexible Toolhandling System, flexible
   Werkzeugverwaltung an Werkzeugmaschinen
FTZ Fernmelde-Technisches Zentralamt (Zu-
   lassung) der Bundespost
FTZ Fehler-Toleranz-Zeit, Zeitspanne, in der
   ein Prozeß durch Fehler beeinträchtigt wer-
   den kann
FU Frequenz-Umrichter
FUBB Funktion Unter-Bild-Beschreibung der
   →SINUMERIK-Mehr-Kanal-Anzeige
FuE Forschung und Entwicklung
FUP Funktions-Plan, Darstellung eines →SI-
   MATIC-Programmes mit Funktions-Symbo-
   len, ähnlich der Logik- Schaltzeichen
FVA Forschungs-Vereinigung Antriebstechnik
FVK Faser-Verbund-Kunststoff
FW Firmware, Hardware-nahe Software, z.B.
   Betriebssysteme
FWI Fachverband Werkzeug-Industrie
FZI Forschungs-Zentrum für Informatik in
   Karlsruhe

G Grinding, Steuerungsversion für Schleifen
G Wegbedingung im Teileprogramm nach
   →DIN 66025
GaAs Gallium-Arsenid
GAB Grundlastbetrieb mit zeitweise abgesenk-
   ter Belastung nach →DIN VDE 0558 T1
GAL Generic Array Logic, flexibles, elektrisch
   lösch- und programmierbares Gate-Array
GAM Graphic Access Methode, Zugriff auf ge-
   speicherte grafische Information
GAN Global Area Network
GARM Generic Application Reference Model,
   Spezifikations-Methode in →STEP
GASP General Analysis of System Performance
GATT General Agreement on Tariffs and Trade
GB Gleichrichter-Betrieb von Stromrichtern
GBIB General Purpose Interface Bus
GCI General Circuit (Computer) Interface,
   →ISDN-Protokoll
GCR Group Code Recording, Daten-Aufzeich-
   nungs-Verfahren mit hoher Dichte
GDBMS Generalized Data Base Management
   System, Verwaltung einer universellen Daten-
   bank
GDC Graphic Display Controller, Ansteuer-
   Einheit oder Baustein für Bildschirm-Ansteue-
   rung
GDDM Graphical Data Display Manager,
   Großrechner-Graphik-System
GDI Graphics Device Interface, Schnittstelle
   unter WINDOWS

GDM Graphic Display Memory, Graphik-Bild-
   Speicher
GDS Graphic Design System
GDT Global Descriptor Table, Descriptor-Tabel-
   le der Prozessoren 386 und 486 von Intel
GDU Graphic Display Unit, Graphik-Bildschirm
GE General Electric, amerikanischer Steue-
   rungs-Hersteller
GE Grinding Export, Exportversion der →SI-
   NUMERIK-Schleifmaschinen-Steuerungen
GEA Gesellschaft für Elektronik und Automati-
   on mbH
GEDIG German →EDIF Interest Group
GEF General Electric Fanuc, Werkzeugmaschi-
   nen-Vertriebs-Gesellschaft von →GE und
   →FANUC in den USA
GEMAC Gesellschaft für Mikroelektronik-An-
   wendung Chemnitz mbH
GEN Generator, Datei-Ergänzung
GENOA Generieren und Optimieren von Ar-
   beitsplänen, Arbeitsplanungs-Prozess mit
   →DV-Techniken rationalisieren
GEO Geometrie(-Datenverarbeitung)
GET →VDI-Gesellschaft Energie-Technik
GFI Gesellschaft zur Förderung der Elektri-
   schen Installationstechnik e.V.
GFK Glas-Faser-verstärkter Kunststoff
GFLOPS Giga Floating Point Operations Per Se-
   cond
GFO Gesellschaft für Oberflächen-Technik
   mbH
GFPE Gesellschaft für praktische Energiekunde
   e.V.
GGS Güte-Gemeinschaft Software, Zertifizie-
   rungsstelle für SW-Prüflabors
GHDL Genrad Hardware Description Langua-
   ge, Hardware- Beschreibungssprache für
   →VLSI von Genrad
GHz Giga-Hertz
GI Gesellschaft für Informatik e.V. in Bonn
GIF Graphics Interchange Format, Protokoll
   zum Austausch von Grafik-Daten, Datei-Er-
   gänzung
GIFT General Internal →FORTRAN Translator
GIM Generalized Information Management Sy-
   stem, Verwaltung von Datenbanken
GIRL Graphic Information Retrieval Language,
   Programmiersprache für das Wiederfinden
   grafischer Information
GIRLS Generalized Information Retrieval and
   Listing System, Programm für das Wiederfin-
   den grafischer Information
GIS Generalized Information System, Informationssystem von IBM
GISP Generalized Information System for Plan-
   ning, Informationssystem für die Planung
GKB Grundlastbetrieb mit zusätzlicher Kurzzeit-Belastung z.B. von Werkzeugmaschinen
   nach →DIN VDE 0558 T1

GKE Graphische Kontur-Erstellung, Simulations- und Schulungs-Software für Werkzeugmaschinen-Steuerungen

GKS Graphical Kernel System, Graphisches Kernsystem. Internationale Norm (→ISO 7942) für graphische Daten-Verarbeitung

GL Gleichrichter

GLATC Graphics and Languages Agreement Group for Testing and Certification

GLT Gebäude-Leit-Technik nach →DIN

GMA Gesellschaft Mess- und Automatisierungs-Technik des →VDI/VDE

GMD Gesellschaft für Mathematik und Datenverarbeitung mbH

GME Gesellschaft für Mikro-Elektronik des →VDE/VDI (alt)

GMF Gesellschaft für Mikro- und Feinwerktechnik des →VDI/VDE (alt), →GMM

GML Graphical Motion Control Language von Allen-Bradley

GMM →VDE/VDI-Gesellschaft Mikroelektronik, Mikro- und Feinwerktechnik

GMSK Gaussian Mean (Minimum) Shift Keying, Modulationstechnik zur Übertragung von digitalen Daten auf einer Funkfrequenz

GN General Numerik, gemeinsame ehemalige Vertriebsfirma von →FANUC und Siemens für Werkzeugmaschinen-Steuerungen in den USA

GND Ground, Bezeichnung für elektrische Bezugsmasse (oV)

GNS Global Network Service, Datenkommunikations-Dienst

GOL General Operating Language, Programmiersprache für die Bedienoberfläche

GOPS Giga Operations Per Second

GOS Global (Graphic) Operating System, Betriebssystem für Rechner

GOSIP Government Open System Interconnection Profile, standardisierte Computernetze

GPC General Policy Committee des →IEC

GPIB General Purpose Interface Bus, Meßgeräte-Bus nach →IEEE-488

GPL General Purpose Logic, applikationsorientierte Funktions-Logik

GPL Generalized Programming Language, allgemeine Programmiersprache

GPOS General Purpose Operating System, universelles Betriebssystem

GPPC General Purpose Power Controller, →C-CITT-kompatibler Schaltnetzteil-Regler

GPS Global Positioning System

GPSC General Purpose Control System, universelles Steuer- und Regelsystem

GPSL General Purpose Simulation Language, allgemeine Simulation von Netzen

GPSS General Purpose Simulation System, allgemeines Simulationssystem

GQFP Guarding Quad Flat Package, Gehäuseform von Integrierten Schaltkreisen mit hoher Pinzahl

GRID Graphic Interaktive Display, grafisches Datensichtgerät

GRIT Graphical Interface Tool, graphische →PC-Bedienoberfläche für Werkzeugmaschinen-Steuerungen

GRP Group, Gruppen-Datei, Datei-Ergänzung

GS Geprüfte Sicherheit, Konformitätszeichen für Sicherheit

GS General Storage

GSF Gesellschaft für Strahlen- und Umwelt-Forschung mbH

GSG Geräte-Sicherheits-Gesetz, Gesetz über technische Arbeitsmittel in Deutschland

GSM Group Speciale Mobile, Standard für digitale zellulare Mobil-Kommunikation

GSM Global System for Mobil-Communication

GSP Graphic System Processor, Graphik-Prozessor

GTI Graphics Toolkit Interface, 2D-/3D-Schnittstelle von Graphik-Prozessoren

GTO Gate Turn Off, abschaltbarer Thyristor

GTO Graduated Turn On, Groundbounce-Begrenzung bei →ICs

GTT Gesellschaft für Technologie-Förderung und Technologie-Beratung in Duisburg

GTW Gesellschaft für Technik und Wirtschaft e.V.

GTZ Gesellschaft für Technische Zusammenarbeit mbH

GUI Graphical User Interface, graphische Benutzer-Schnittstelle von →PCs

GUS Gesellschaft für Umwelt-Simulation bei Karlsruhe

GUUG German →UNIX User Group

GZF Gesellschaft zur Förderung des Maschinenbaus

GZP Gütegemeinschaft Zerstörungsfreie Werkstoff-Prüfung im →RAL

H Hexadezimalzahl

H High-Pegel, logischer Pegel = 1

H Programmierung einer Hilfsfunktion

HAL Hard Array Logic, allgemein gebräuchliche Abkürzung für festverdrahtete →PLDs

HAL Hardware Abstraction Layer

HAL Hot-Air-Levelling-Process, Prozeß zur Leiterplattenherstellung

HAR Harmonization Agreement for Cables and Cords

HART High Adressable Remote Transducer

HAST Highly Accelerated Stress Technique, Zuverlässigkeitsuntersuchung von Halbleitern

HAZOP Hazard and Operability Study, Untersuchung der Gefahrenquellen und der Bedienbarkeit, z.B. von Maschinen

HBM Human Body Model, Simulations-Modell für →EGB

HBT Heterojunction Bipolar Transistor, Transistor-Technologie

HBZ Hochgeschwindigkeits-Bearbeitungs-Zentrum

HC High Speed →CMOS, →HCMOS

HC High Current

HCMOS High Speed →CMOS, schnelle CMOS-Schaltkreisfamilie

HCR Host Control Register

HCS Host Chip Select, →IDE-Schnittstellen-Signal

HCT High Speed →CMOS Technology, →TTL-kompatible schnelle CMOS-Schaltkreisfamilie

HD Harmonization Document, Harmonisierungs-Dokument der →CEN/CENELEC-Norm

HD Hard Disk, magnetischer Datenspeicher, Festplattenlaufwerk von Rechnern

HD High Density, z.B. hohe Speicherdichte bei →FDs

HDA Head Disk Assemblies, Zugriffs-Mechanismen für Festplattenlaufwerke

HDCMOS High Density →CMOS, Schaltkreisfamilie mit sehr feiner Silicium-Struktur

HDD Hard Disk Drive, →PC-Festplatten-Laufwerk

HDDR High Density Digital Recording, Aufzeichnung digitaler Daten mit hoher Speicherdichte

HDI Haftpflichtverband der Deutschen Industrie

HDL Hardware Description Language, Hardware-Beschreibungssprache für →VLSI

HDLC High Level Data Link Control, von der →ISO genormtes Bit-orientiertes Protokoll für die Datenübertragung

HDSL High Bit-Rate Digital Subscriber Line, Übertragungstechnik auf Basis bestehender Telefonleitungen

HDTV High Definition Tele-Vision, Breitwand-Bildformat mit hoher Auflösung

HDX Half Duplex, Halbduplex, Datenübertragung in beiden Richtungen, jedoch nicht gleichzeitig

HDZ Hochschul-Didaktisches Zentrum der RWTH Aachen

HE Höhen Einheit, Angabe der Baugruppenhöhe im 19"-System. Eine HE = 44.45 mm

HELP Highly Extandable Language Processor, erweiterbarer Sprachprozessor

HEMT High Electron Mobility Transistor-Technology, leistungsfähiger →FET

HF High Frequencies

HFDS High Frequency Design Solution

HGA Hercules Graphic Adapter, Graphik-Anschaltung für Monitore

HGB Hoch-Geschwindigkeits-Bearbeitung

HGC Hercules Graphic Controller, →PC-Ausgabe-Standard

HGF Hochschul-Gruppe Fertigungstechnik

HGF Hoch-Geschwindigkeits-Fräsen

HGÜ Hochspannungs-Gleichstrom-Übertragung

HIC Hybrid Integrated Circuit, integrierte Schaltung mit diskreten Bauelementen

HICOM High Communication, Telefonanlage von Siemens

HIFO Highest In First Out

HIPER Hierarchically Interconnected and Programmable Efficient Resources

HIT Hamburger Institut für Technologie-Förderung

HKW Halogen-Kohlen-Wasserstoff

HL Halbleiter, auch Bereich der Siemens AG

HLC High Level Compiler, Übersetzung von Programmiersprachen

HLC Hot Liquid Cleaning, Leiterplatten-Reinigungsverfahren

HLCS High Level Control System

HLDA High Level Design Automation

HLDA Hold Acknowledge, Bestätigung der Halt-Anforderung vom Prozessor

HLG Hochlaufgeber

HLL High-Speed Low Voltage Low Power, →CMOS-Schaltkreisfamilie mit niedriger Versorgungsspannung (3,3 V)

HLL High Level Language, Hochsprache

HLM Heterogeneous →LAN Management, Netzwerkmanagement von IBM

HLP Help, Hilfe-Datei, Datei-Ergänzung

HLR Home Location Register

HLTTL High Level Transistor - Transistor Logik, bipolare Transistortechnik

HMA High Memory Area, Speicherbereich oberhalb der 1 MByte-Grenze bei →PCs

HMI Hannover Messe Industrie

HMOS High Performance →MOS, →NMOS-Technologie mit hoher Gatterlaufzeit

HMS High Resolution Measuring System, hochauflösendes Meß-System, z.B. der Istwertaufbereitung von Strom- oder Spannungs-Rohsignalen von Lagegebern

HMT Hindustan Machine Tools, indische Werkzeugmaschinen-Fabrik

HMTF Hub Management Task Force der →IEEE 802.3

HNI Heinz Nixdorf Institut der Universität Paderborn

HNIL High Noise Immunity Logic, Logik-Familie mit hoher Störsicherheit

HP Hewlett Packard, u.a. Hersteller hochwertiger Meßgeräte

HPFS High Performance File System von OS/2

HPG Hand-Puls-Generator, Elektronisches Handrad, auch →MPG

HPGL Hewlett Packard Graphic Language

HPMS High Performance Main Storage, zentraler Speicher mit kurzen Zugriffszeiten

HPU Hand Programming Unit, Programmier-Handgerät, z.B. für die Roboter-Programmierung

HRM High Reliability Module, Element mit hoher Zuverlässigkeit

HS Haupt-Spindel von Werkzeugmaschinen

HSA Haupt-Spindel-Antrieb, Antrieb der Arbeitsspindel von Werkzeugmaschinen

HSA Highest Station Address, höchste z.B. Feldbus-Adresse

HSA High Speed Arithmetic, schnelle arithmetische Recheneinheit

HSC High Speed Cutting, Hochgeschwindigkeits-Bearbeitung, →HSM

HSCX High- Level Serial Communication Controller Extended, leistungsfähiger 2-Kanal-→HDLC-Controller mit Protokoll-Unterstützung

HSD High Speed Data, Datenübertragung mit hoher Geschwindigkeit

HSDA High Speed Data Aquisition

HSDC High Speed Data Channel

HSEZ Hohl-Schaft-Einfach-Zylinder, Steilkegel der Werkzeugaufnahme für den automatischen Werkzeugwechsel

HSI High Speed Input, Controller-Funktions-Einheit

HSIO High Speed Input / Output, Controller-Funktions-Einheit

HSLN High Speed Local Network

HSO High Speed Output, Controller-Funktionseinheit

HSP High Speed Printer

HSK Hohl-Schaft-Kegel, Steilkegel der Werkzeugaufnahme für den automatischen Werkzeugwechsel

HSM High Speed Machining, Hochgeschwindigkeits-Bearbeitung, →HSC

HSM High Speed Memory, Speicher mit kurzer Zugriffszeit

HSS High Speed Steel, Hochleistungs-Schnellarbeits-Stahl für Zerspanungs-Werkzeuge

HSS High Speed Storage, Speicher mit kurzer Zugriffszeit

HST High Speed Technology, Übertragungs-Standard für hohe Datenraten

HSYNC Horizontal Synchronisiersignal, horizontale Bild-Synchronisation bei Kathodenstrahl-Röhren

HSZ Hohl-Schaft-Zylinder, Steilkegel der Werkzeugaufnahme für den automatischen Werkzeugwechsel

HT Horizontal Tabulator, Anzeige-Steuerzeichen

HTCC High Temperature Cofired Ceramic, Keramik für Multilayer-Leiterplatten für hohe Temperaturen

HTL High Threshold Logic, Logik-Familie mit höherer Versorgungsspannung (+15 V) und dadurch störsicherer

HTL High-Voltage Transistor Technology, Transistoren für Hochvolt-Anwendungen

HTML Hyper-Text Markup Language, Programmiersprache der →WWW -Benutzeroberfläche

HTTL High Power Transistor - Transistor Logik, bipolare Transistortechnik hoher Leistung

HV High Voltage

HVOF High Velocity Oxygen Fuel, Flammspritzen mit hoher Partikelgeschwindigkeit, über 300 m/s

HW Hardware, z.B. Geräte und Baugruppen von Rechen-Anlagen

Hz Hertz, Zyklen pro Sekunde

I Interpolationsparameter oder Gewindesteigung parallel zur X-Achse nach →DIN 66025

IACP International Association of Computer Programmers, internationaler Programmierer-Verband

IAD Integrated Access Device

IAD Integrated Automated Docomentation, per Programm erstellte Dokumentation

IAF Identification and Authentication Facility, Begriff der Datensicherung

IAM Institut für Angewandte Mikroelektronik e.V. in Braunschweig

IAO Institut für Arbeitstechnik und Organisation in Stuttgart

IAQ International Academy for Quality, internationale Akademie für Qualität in New York

IAR Integrierte Antriebs-Regelung

IAW Institut für Arbeits-Wissenschaft der RWTH Aachen

IBC Integrated Broadband Communication

IBC →ISDN Burst Transceiver Circuit, 2-Draht-Übertragungsbaustein bis 3 km

IBCN Integrated Broadband Communications Network

IBF Institut für Bildsame Formgebung der RWTH Aachen

IBI Intergovernment Bureau for Informatics, Büro für internationale Aufgaben der Informatik

IBM International Business Machines Corporation, Computerhersteller der USA

IBN Inbetriebnahme, z.B. von Werkzeugmaschinen, →IBS

IBN Institut Belge de Normalisation, belgisches Normen-Gremium, →BIN

IBS Inbetriebsetzung, z.B. von Werkzeugmaschinen, →IBN

IBST International Bureau of Software Test

IBU Instruction Buffer Unit, Befehlsaufnahme-Register eines Rechners

IC Integrated Circuit, Integrierte Halbleiterschaltung auf einem Chip

ICA Internationales Centrum für Anlagenbau, Teil der →HMI

ICAM Integrated Computer Aided Manufacturing, Integration von Fertigungs-, Handhabungs-, Lagerungs- und Transportsystemen

ICC →ISDN Communication Controller, Ein-Kanal-→HDLC-Controller

ICC International Computer Conference

ICC International Congress Center in Berlin

ICC International Conference on Communications, internationale Konferenz für Übertragungstechniken

ICC International Chamber of Commerce, Internationale Handelskammer in Genf

ICC Intelligent Communication Controller

ICC Inspectorate Coordination Committee von →IECQ

ICCC International Council for Computer Communication, internationale Vereinigung für Übertragungstechnik

ICD In Circuit Debugger

ICDA International Circuit Design Association, internationaler Verband für Schaltungstechnik

ICE In-Circuit Emulation, Testsystem für Mikroprozessorsysteme

ICE Integrated Circuit Engineering, amerikanisches Marktforschungs-Institut für →IC

ICIP International Conference on Information Processing, internationale Konferenz für Informationsverarbeitung

ICL International Computer Ltd., Computer-Hersteller von Großbritannien

ICO Icon, Datei-Ergänzung

ICP Interactiv Contour Programming

ICR Intermediate Code for Robots, Vereinheitlichung des Roboter-Steuer-Codes

ICR International Congress of Radiology, internationaler Kongreß für Strahlenschutz

ICRP International Commission on Radiological Protection, internationale Strahlenschutz-Kommission

ICS Integrierte Computerunterstützte Software-Entwicklungsumgebung

ICS Informations-Centrum Schrauben

ICT In Circuit Test, Testwerkzeug für →FBGs in der Produktion

ID Identifier, Kennzeichnung

IDA Intelligent Design Assistant, Expertensystem zur Unterstützung der Konstruktion

IDA Industrielle Datenverarbeitung und Automation

IDAS Interchange Data Structure, Schnittstelle des Manufacturing Design System (→MDS)

IDC Isolation Displacement Connector, Schneidklemmtechnik für Kabelkonfektionen

IDE Integrated Drive Electronics, Schnittstelle zur Ansteuerung eines Massenspeichers

IDE Integrated Disk Environment, Festplatten-Schnittstelle von →PCs

IDEA International Data Encryption Algorithmus, universeller Blockchiffrier-Algorithmus für die Datenübertragung und -speicherung

IDMS Integrated Data Base Management System, Programmsystem für Management-Aufgaben

IDN Integrated Digital Network

IDN Identification Number

IDP Integrated Data Processing, Programmablauf eines Rechners

IDPS Integrated Design and Production System, standardisierte →ASIC-Entwicklungs-Bibliothek

IDR Identification Register von Boundary Scan

IDS Information and Documentation Systems, Programm für Informationsverarbeitung und Dokumentation

IDT Institut für Datenverarbeitung in der Technik

IDT Interrupt Descriptor Table, Descriptor-Tabelle der Prozessoren 386 und 486 von Intel

IDTV Improved Definition Tele-Vision, 100Hz-Ablenktechnologie für flimmerfreie Darstellung

IEC International Electrotechnical Commission

IEC →ISDN Echo Cancellation(-Circuit), Voll-Duplex- Übertragungs- Baustein für Leitungen bis 8 km

IECEE →IEC-System for Conformity to Standards for Safety of Electrical Equipment

IECQ →IEC Quality Assessment System for Electronic Components

IEEE Institute of Electrical and Electronics Engineers, Verein der Elektro- und Elektronik-Ingenieure der USA

IEMP Internal →EMP, energiereiche Gammastrahlen als Störquelle in elektronischen Schaltungen

IEMT International Electronic Manufacturing Technology

IEN Instituto Elettrotecnico Nazionale, nationales italienisches Institut für Elektrotechnik

IETF Internet Engineering Task Force, Gremium für Netzwerkprotokolle

IEV International Electrotechnical Vocabulary

IEZ Internationales Elektronik Zentrum in München

IFA Internationale Funk-Ausstellung

IFAC International Federation of Automatic Control, internationaler Verband der Steuer- und Regelungstechniker

IFC Interface Clear, definiertes Setzen der →IEC-Bus-Schnittstelle

IFC International Fieldbus Consortium, Gremium für die Standardisierung des Feldbusses

IFE Intelligent Front End, intelligente Schnittstelle mittels Rechner

IFET Inverse Fast Fourier Transormation

IFF Interchange File Format, Standard für Graphik- und Text-Dateien

IFF Institut für Industrielle Fertigung und Fabrikbetrieb der Universität Stuttgart

IFFT Inverse Fast Fourier Transformation

IFG International Field-Bus Group

IFL Integrated Fuse Logic, freiprogrammierbare Bausteine in Sicherungstechnik

IFM Institut für Montage-Automatisierung

IFMS Integriertes Fertigungs- und Montage-System

IFOR Interactive →FORTRAN, dialogorientierte FORTRAN-Sprache

IFR International Federation of Robotics, internationale Vereinigung der Roboter-Anwender

IFSA International Fuzzy System Association, internationale Fuzzy-System-Vereinigung

IFSW Institut für Strahl-Werkzeuge, z.B. für Laser

IFT Institut für Festkörper-Technologie in München

IFU Institut für Umformtechnik der Universität Stuttgart

IFUM Institut für Umformtechnik und Umform-Maschinen in Hannover

IFW Institut für Fertigungstechnik und Werkzeugmaschinen in Hannover

IFW Institut für Werkzeug- Maschinen der Universität Stuttgart

IG Industrie-Gewerkschaft

IGD Institut für Graphische Datenverarbeitung in Darmstadt

IGES Initial Graphics Exchange Specification

IGFET Insulated Gate Field Effect Transistor

IGMT Interessenverband Gerätetechnik für Feinwerk- und Mikro-Technik in Chemnitz

IGBT Insulated Gate Bipolar Transistor, Leistungs-Bauelement, ansteuerbar wie ein →MOS-FET, mit niedrigem Durchlaßwiderstand

IGES Initial Graphics Exchange Specification Schnittstelle des Manufacturing Design System (MDS) nach →ANSI

IGW Interaktive Graphische Werkstattprogrammierung, Bedienoberfläche einer →CNC-CAD zur Erstellung eines Teileprogrammes direkt aus der Werkstückzeichnung mit graphischen Elementen

IHK Industrie- und Handels-Kammer

IHK Internationale Handels-Kammer in Paris

IIASA International Institute for Applied Systems Analysis

IIF Image Interchange Format

I²ICE Integrated Instrumentation and In-Circuit Emulation System, Testsystem für Mikroprozessorsysteme

I²L Integrated Injection Logic, bipolare Technik für Schaltungen mit hoher Bauteildichte und geringer Leistungsaufnahme

IIOC Independent International Organisation for Certification

IIR Infinite Impulse Response Filter, rekursives Filter

IIRS Institute for Industrial Research and Standards, Institut für industrielle Forschung und Normung in Dublin

IIS Institut für Integrierte Schaltkreise in Erlangen

IKA Interpolatorische Kompensation mit Absolutwerten, frühere Bezeichnung: Durchhang-Kompensation, z.B. bei Drehmaschinen

IKTS Institut für Keramische Technologie und Sinterwerkstoffe in Dresden

IKV Institut für Kunststoff- Verarbeitung in Aachen

IL Instruction List Language, Anweisungsliste

ILAB Irish Laboratory Accreditation Board, irische Akkreditierungsstelle für Labors in Dublin

ILAC International Laboratory Accreditation Conference, internationales System für die Anerkennung von Prüfstellen

ILAN Industrial Local Area Network

ILB Inner Lead Bonding, Bond-Kontakte von →SMD-Bauelementen

ILF Infra Low Frequencies

ILMC Input Logic Macro Cell, Gate-Array-Eingang

ILO International Labour Organization

IM Interface Modul, →SIMATIC-S5-Koppel-Baugruppe, z.B. zu Erweiterungsgeräten

IMD Inter-Modulation Distortion, Intermodulations-Verzerrungen, z.B. von →D/A-Umsetzern

IMECO International Measurement Confederation, Gesellschaft für Mess- und Automatisierungs-Technik, →GMA

IMIS Integrated Management Information System, Informationssystem für Führungs- und Entscheidungsdaten

IML Institut für Materialfluß und Logistik in Dortmund

IMMAC Inventory Management and Material Control

IMO Institut für Mikrostruktur-Technologie und Optokoppler in Wetzlar

IMP Integrated Multiprotocol Processor

IMPATT Impact Avalanche and Transit Time, Schaltverhalten von Dioden

IMQ Institute Italiano del Marchio di Qualita, italienische Zeichen-Prüfstelle

IMR Interaction-Modul Receive

IMS Interaction-Modul Send

IMS Information Management System, Datenbanksystem der IBM

IMS Intellectual Manufacturing System, Studie über Normen-Vereinheitlichung computerkontrollierter Fertigungsautomatisierung

IMS Institut für Mikroelektronische Schaltungen und Systeme in Duisburg

IMS Institut für Mikroelektronik Stuttgart, Stiftung des Öffentlichen Rechts

IMST Insulated Metal Substrate Technology, Halbleiter-Hybrid-Technologie

IMT Insert Mounting Technique, Technologie zur Widerstandsverarbeitung auf Leiterplatten

IMTS International Machine-Tool Show, Internationale Maschinen-Messe

IMTS International Manufacturing Technology Show, internationale Messe für Fertigungstechnik

IMW Institut für Maschinen-Wesen

IN Intelligent Network, Oberbegriff für alle Softwaregesteuerten Netze

INA Inkrementale Nullpunktverschiebung im Automatikbetrieb, bei konventionellen Impulsgebern

INC Incremental

INC Include-Datei, Datei-Ergänzung

IND Institut für Nachrichtentechnik und Datenverarbeitung der Universität Stuttgart

INF Informations-Datei, Datei-Ergänzung

INI Initialisierungs-Datei, Datei-Ergänzung

INL Integral Non-Linearity

INPRO Innovationsgesellschaft für fortgeschrittne Produktions-Systeme in der Fahrzeugindustrie mbH in Berlin

INRIA Institut National de Recherche en Informatique et en Automatique, französisches Institut für Informatik und Automatisierung

INT Interrupt, maskierbare Unterbrechungs-Anforderung an den Prozessor

INTA Interrupt Acknowledge, Bestätigung der Interrupt-Anforderung an den Prozessor vom Prozessor

INTAP Interoperability Technology Association for Information Processing in Japan

INTEL Integrated Electronics Corporation, Halbleiterhersteller der USA

INTERKAMA Internationaler Kongreß mit Ausstellung für Meßtechnik und Automation

INTUC International Telecommunication Users Group

I/O Input/Output-Interface, binäre Ein-/Ausgabe-Baugruppe mit 24V-Schaltpegel und genormten Ausgangsströmen von 0,1A, 0,4A und 2,0A

IOB →IO-Block, Ein-/Ausgabe der →LCAs

IOCS Input/Output Control System

IOE International Organization of Employers, Internationaler Arbeitgeber-Verband

IOM →ISDN Oriented Modular(-Interface)

IOP Input-Output Processor

IOR Input-Output-Register

IP Internet Protocol, Ebene 3 vom →ISO/OSI-Modell

IPA Institut für Produktionstechnik und Automatisierung in Stuttgart

IPC Institute for Interconnecting and Packaging Electronic Circuits, Institut für Verbindung und Gehäuse elektronischer Schaltungen der USA

IPC Industrie Personal Computer

IPC Integrated Process Control

IPC Inter-Process Communication, Kommunikation zwischen Steuerungs-, Regelungs-, Überwachungs- und Prozeßeinheiten

IPDS Intelligent Printer Data Stream

IPI Image Processing and Interchange, Bildverarbeitungs-Standard von →ISO/IEC

IPK Institut für Prozess- Automatisierung und Kommunikation

IPK Institut für Produktionsanlagen und Konstruktionstechnik in Berlin

IPM Inter-Personelle Mitteilungs-Dienstleistung der Telekommunikation

IPM Intelligent Power Modul

IPMC Industrial Process Measurement and Control

IPO Interpolation, funktionsmäßige Verknüpfung von →NC-Achsen

IPP Integrierte Produktplanung und Produktgestaltung, Begriff aus dem Produktmanagement

IPQ Instituo Portugues da Qualidada, portugiesisches Normen-Gremium

IPS Intelligent Power Switch, itelligente getaktete Stromversorgung

IPS Internal Backup System, automatisches Datensicherungs-System

IPS Interactive Programming System

IPS Inch Per Second, Maßeinheit für Verarbeitungsgeschwindigkeit

IPSJ Information Processing Society of Japan, japanische Gesellschaft für Informationsverarbeitung

IPSOC Information Processing Society of Canada, kanadische Gesellschaft für Informationsverarbeitung

IPT Institut für Produktions-Technologie in Aachen

IPU Instruction Processor Unit, Zentraleinheit des Prozessors, auch →CPU

IPX Internetwork Packet Exchange, Netzwerk-Protokoll

IQA Institute of Quality Assurance

IQM Integrated Quality Management

IQSE Institut für Qualität und Sicherheit in der Elektrotechnik des TÜV Bayern

IR Industrial Robot

IR Instruction-Register, z.B. der Boundary Scan Architektur

IR Internal Rules (Regulations)

IR Infra Red

IRDATA Industrial Robot Data, genormter Code zur Beschreibung von Roboter-Befehlen nach →VDI 2863

IRED Infra-Red Emitting Diode, Infra-Rot-Leucht-Diode

IRL Industrial Robot Language, Programmiersprache für Roboter

IROFA International Robotics and Factory Automation

IRPC →ISDN Remote Power Controller, →C-CITT-kompatibler Schaltnetzteil-Regler mit integriertem Schalttransistor

IS International Standard

IS Integrierte Schaltung, deutsche Bezeichnung für →IC

ISA International Federation of the National Standardizing Associations, internationaler Bund der nationalen Normenausschüsse

ISA Industry Standard Architecture, z.B. für Standard-Bus

ISAC →ISDN Subscriber Access Controller, Interface-Baustein für Sprach- und Daten-Kommunikation über 4-Draht-Bus

ISAM Index Sequential Access Method, Direktzugriffs-Datei nach einem Schlüssel

ISC International Standards Committee, Ausschuß für internationale Normung

ISDN Integrated Services Digital Network, öffentliches Netz zur Übertragung von Sprache, Daten, Bildern und Texten

ISEP Internationales Standard-Einschub-Prinzip für elektronische Baugruppen

ISF Institut für Sozialwissentschaftliche Forschung e.V. in München

ISFET Ion Sensitive Field Effect Transistor, Ionen-dotierter Feldeffekt-Transistor

ISI Institut für Systemtechnik und Innovationsforschung in Karlsruhe

ISI Indian Standards Institution, indisches Normen-Gremium

ISI Industrielles Steuerungs- und Informationssystem der →SNI

ISM Industrial Scientific Medical, Gerätekategorie mit eingeschränkten →EMV-Parametern

ISM Intelligent Sensor Modul, Sensor-Modul von Siemens

ISM Information System for Management, System für Steuerung und Verwaltung

ISO International Standard Organization, Internationale Organisation für Normung

ISONET →ISO Information Network

ISP Integrated System Peripheral(-Controller), Baustein des →EISA-System-Chipsatzes von Intel

ISP Interoperable Systems Project, Projekt zur Standardisierung des Feldbusses der Prozeßautomatisierung

ISPBX Integrated Services Private Branch Exchange

ISRA Intelligente Systeme Roboter und Automatisierung, Dienstleistungs-Unternehmen, daß sich mit Roboter-Programmierung befaßt

ISSCC International Solid State Circuit Conference, internationale Halbleiter-Konferenz

ISST Institut für Software- und System-Technik in Berlin

IST Institut für System-Technik und Innovationsforschung in Karlsruhe

ISTC Industry Science and Technology Canada

ISW Institut für Steuerungstechnik der Werkzeugmaschinen und Fertigungs-Einrichtungen der Universität Stuttgart

IT Information Technology

ITAA Information Technology Association of America, Verband der Informationstechnik der USA

ITAC →ISDN Terminal Adapter Circuit, Schnittstellen-Baustein für Nicht-ISDN-Terminals

ITAEGM Information Technology Advisory Experts Group Manufacturing, →IT-Beratungsgruppe Fertigungs-Technik

ITAEGS Information Technology Advisory Experts Group Standardization, →IT-Beratungsgruppe Normung

ITAEGT Information Technology Advisory Experts Group Telecommunication, →IT-Beratungsgruppe Telekommunikation

ITC Inter-Task-Communication

ITC International Trade Commission

ITG Informations-Technische Gesellschaft im →VDE

ITK Institut für Telekommunikation in Dortmund

ITM Inspection du Travail et des Mines, luxemburgisches Normen-Gremium

ITOS International Teleport Overlay System

ITQA Information Technology Quality Assurance

ITQS Information Technology Quality Systems

ITQS Institut für Qualität und Sicherheit in der Elektronik der Unternehmensgruppe TÜV Bayern

ITR Internal Throughput Rate, Bestimmung der internen Leistung eines Rechners von IBM

ITS Integriertes Transport-Steuerungs-System der Deutschen Bundesbahn

ITSEC Information Technology Security Evaluation Criteria, →EU-Standard für Datensicherheit

ITSTC Information Technology Steering Committee, →IT-Lenkungs-Komitee

IT&T Information Technology and Telecommunications

ITT International Telephon and Telegraph Corporation, Telefon- und Telegrafengesellschaft der USA

ITU International Telecommunication Union, Internationale Fernmeldeunion

ITUT Internationales Transferzentrum für Umwelt-Technik in Leipzig

IU Integer Unit

IUC Intelligent Universal Controller

IUT Implementation Under Test

IVPS Integrated Vacuum Processing System, Wafer-Handhabungs-System

IWF Institut für Werkzeugmaschinen und Fertigungstechnik der TU Berlin

IWS Incident Wave Switching(-Driver), Bus-Treiber von →TI

IWS Industrial Work Station, Industrie-Arbeitsplatz-Rechner

IZE Informations-Zentrale der Elektrizitätswirtschaft e.V.

IZT Institut für Zukunftsstudien und Technologiebewertung in Berlin

J Interpolationsparameter oder Gewindesteigung parallel zur Y-Achse nach →DIN 66025

JAN Joint Army Navy, eingetragenes Warenzeichen der US-Regierung, erfüllt MIL-Standard

JBIG Joint Bilevel Image Coding Group, Standard zur Komprimierung von →S/W-Bildern

JCG Joint Coordinating Group des →CEN/→CLC/→ETSI

JEC Japanese Electrotechnical Committee, japanisches elektrotechnisches Komitee

JEC Journées Européennes des Composites, Fachmesse für Verbund-Werkstoffe

JECC Japan Electronic Computer Center

JEDEC Joint Electronic Devices Engineering Council, technischer Gemeinschaftsrat für elektronische Anforderungen

JEIDA Japan Electronic Industrie Development Association, japanischer Normenverband

JESA Japan Engeneering Standard Association, japanischer Normenverband

JESSI Joint European Submicron Silicon Initiative, europäisches Forschungsprojekt der Elektroindustrie

JET Just Enough Test, Teststrategie für Leiterplatten

JFET Junction Field Effect Transistor, Feldeffekt-Transistor mit pn-Steuerelektrode

JGFET Junction Gate Field Effect Transistor, Feldeffekt-Transistor mit einem Gatter als Steuerelektrode

JIMTOF Japan International Machine Tool Fair, internationale Werkzeugmaschinenmesse in Osaka

JIPDEC Japanese Information Processing Development Center

JIRA Japan Industrial Robots Association, Verband der japanischen Roboter-Hersteller

JIS Japanese Industrial Standard, japanische Industrienorm, auch japanisches Konformitätszeichen

JISC Japanese Industrial Standards Committee, japanisches Normen-Komitee der Industrie

JIT Just-in-time Production, bedarfsorientierte Fertigung

JLCC J-Leaded (Ceramic) Chip Carrier, Gehäuseform von integrierten Schaltkreisen in →SMD

JMEA Japan Machinery Exporters Association, Verband der japanischen Maschinen-Exporteure

JMS Job Management System, Programm zur automatischen Bearbeitung von Aufträgen

JOG Jogging, Betriebsart von Werkzeugmaschinen, konventionelles Verfahren der Achsen

JOR Jornal-Datei, Datei-Ergänzung

JPC Joint Programming Committee

JPEG Joint Photographics Experts Group, Normen-Gremium für farbige Standbilder

JPG Joint Presidents Group des →CEN/→CLC/→ETSI

JSA Japanese Standards Association, japanischer Normenverband

JTAG Joint Test Action Group, Testverfahren für Baugruppen

JTC Joint Technical Committee, gemeinsames technisches Komitee von →ISO und →IEC für Kommunikationstechnik

JTPC Joint Technical Program Committee

JUSE Japanese Union Scientists and Engineers

JWG Joint Working Group

K Interpolationsparameter oder Gewindesteigung parallel zur Z-Achse nach →DIN 66025

KB →KByte

KB Kurzzeit-Betrieb, z.B. von Maschinen nach →VDE 0550

Kb Kilo-bit, 1024 Bit

KBD Keyboard, Tastenfeld, z.B. einer Bedien-Einheit

KBM Knowledge Base Memory, Fuzzy-System-Speicher

KByte Kilo-Byte; KByte werden im Dualsystem angegeben: 1 KByte = 1024 Byte

K-Bus Kommunikations-Bus, z.B. der →SIMATIC

KCIM Kommision Computer Integrated Manufacturing, Normungs-Kommision, die sich mit Rechnerunterstützter Fertigung befaßt

KD Koordinaten-Drehung, Funktion bei der →SINUMERIK-Teile-Programmierung

KDCS Kompatible Daten-Kommunications-Schnittstelle für Rechnersysteme von unterschiedlichen Herstellern

KDr Kurzschluß-Drosselspule

KDS Kopf-Daten-Satz

KDZ Kopf-Daten-Zeile

KEG Kommission der Europäischen Gemeinschaften

KEMA Keuring van Electrotechnische Materialen Arnheim NL, niederländische Vereinigung zur Prüfung elektrotechnischer Materialien

kHz Kilo-Hertz, tausend Zyklen pro Sekunde

KI Künstliche Intelligenz

KIS Kunden-Informations-System der Siemens AG

KMG Koordinaten-Meß-Gerät

KO Kathodenstrahl-Oszillograph

KOM Kommunikation, →SINUMERIK-Funktions-Komponente

KOP Kontakt-Plan, Darstellung eines →SPS-Programmes mit Kontakt-Symbolen

KpDr Kompensations-Drosselspule

KRST Kunden-Roboter-Steuer-Tafel der Siemens Robotersteuerungen →SIROTEC

KSS Kühl-Schmier-Stoff, Schmier-und Kühlmittel bei spanabhebenden Werkzeugmaschinen

KST Kunden-Steuer-Tafel, z.B. von Robotersteuerungen

KUKA Größter deutscher Roboter-Hersteller in Augsburg

KV Kreis-Verstärkung, Verstärkungsfaktor des gesamten Lageregel-Kreises

KVA Kilo-Volt-Ampere, Leistungseinheit

KVP Kontinuierlicher Verbesserungs-Prozeß, Verbesserungswesen der Deutschen Industrie mit direkter Umsetzung von Verbesserungen

KW Kilo-Watt, Leistungseinheit

KW Kilo-Worte

KW Kalender-Woche

L Unterprogramm-Nummer von Teileprogrammen für Werkzeugmaschinen-Steuerungen

L Low-Pegel, logischer Pegel = o bei TTL o.ä.

L Lasern, Steuerungs-Version für Lasern

LA Leit-Achse, z.B. einer Werkzeugmaschine

LA Lenkungs-Ausschuß z.B der →DKE oder des →DIN

LAB Logic Array Block, logische Schaltungseinheit

LAN Local Area Network, lokales Netz für die Verbindung von Rechnern, Terminals, Überwachungs- und Steuereinrichtungen sowie alle Automatisierungsgeräte

LANCAM Local Area Network →CAM

LANCE Local Area Network Controller for →Ethernet

LAP-B Link Access Procedure- Balanced, Protokoll der →OSI-Schicht 2

LAP-D Link Access Procedure-Data, Link-Layer-Protokoll für den D-Kanal von →ISDN

LASER Light Amplification by Stimulated Emission of Radiation

LASIC Laser-→ASIC, kundenspezifischer Schaltkreis für die Lasertechnik

LAT Lehrstuhl für Angewandte Thermodynamik der →RWTH Aachen

LBL Label-Datei, Datei-Ergänzung

LBR Laser Beam Recorder, Aufzeichnungsgerät mit Laser

LC Liaison Committee

LC Line Conditioner, Spannungsstabilisierung, z.B. für Computeranlagen

LC Line of Communication

LC Liquid Crystals, Flüssigkristall mit durch Spannung veränderbaren optischen Eigenschaften

LCA Logic Cell Array, umprogrammierbare Logik-Arrays in →CMOS-SRAM-Technologie

LCB Line Control Block, Steuerzeichen zur Zeilenfortschaltung

LCC Leaded (Leadless) Chip Carrier, Gehäuseform von integrierten Schaltkreisen in →SMD

LCC Life Cycle Costs, Lebenslauf-Kosten eines Produktes

LCCC Leaded (Leadless) Ceramic Chip Carrier, Gehäuseform von integrierten Schaltkreisen in →SMD

LCD Liquid Crystal Display, optoelektronische Anzeige mit Flüssigkristallen

LCID Large Color Integrated Display, Flüssigkristall-Anzeige

LCID Low Cost Intelligent Display, →LED-Anzeigen mit geringer Leistungsaufnahme von Siemens

L.C.I.E Laboratoire Central des Industries Electriques, Zentrallaboratorium der Elektroindustrie Frankreichs

LCP Liquid Cristal Polymer, Hochtemperaturbeständiger Kunststoff

LCR Inductance Capacitance Resistance, Schaltungsanordnung aus Induktivität, Kapazität und Widerstand

LCS Lower Chip Select, Auswahlleitung vom Prozessor für den unteren Adressbereich

LCU Line Control Unit, Steuerung einer Datenübertragungseinrichtung

LCV →LWL-Controller →VME-Bus, Steuerbaustein für Lichtwellenleiter

LD Ladder Diagram Language, Kontaktplan

LDI Laser Direct Imaging, Laser-Plotter-Prinzip zur Leiterplatten-Herstellung

LDT Local Descriptor Table, Descriptor-Tabelle der Prozessoren 386 und 486 von Intel

LED Light Emitting Diode, Leuchtdioden, farbiges Licht aussendende Halbleiterdioden

LEMP Lighting Electro-Magnetic Pulse, elektromagnetischer Blitzimpuls

LES Lesson, Lernprogramm-Datei, Datei-Ergänzung

LEX Lexikon-Datei, Datei-Ergänzung

LF Line Feed, Zeilen-Vorschub oder Kennzeichnung eines Satzendes im →NC-Programm

LF Low Frequencies, Kilometerwelle

LG Landes-Gesellschaft, Siemens-Vertretung im Ausland

LGA Land Grid Array(-Gehäuse) von hochintegrierten Schaltkreisen

LGA Landes-Gewerbe-Anstalt

LIC Linear Integrated Circuit

LIB Library, Bibliothek-Datei, Datei-Ergänzung

LIFA Lastabhängige Induktions- und Frequenz-Anpassung, z.B. von Frequenzumrichtern

LIFE Logistics Interface for Manufacturing Environment, logistische Schnittstelle des Manufacturing Design System (→MDS)

LIFO Last in / First out

LIFT Logically Integrated →FORTRAN Translator

LIGA Lithografie mit Synchrotronstrahlung, Galvanoformung und -abformung. Verfahren zur Herstellung von Mikrostruktur-Teilen

LIN Linear, z.B. Bewegung von Robotern

LIOE Local →IO Peripheral, Baustein des →EISA-System-Chipsatzes von Intel

LIPL Linear Information Processing Language, Programmiersprache für lineare Programmierung

LIPS Logical Inference per Second

LIS Language Implementation System, Programmiersprache für Systemprogramme

LISP List Processing Language, höhere Programmier-Sprache, vorwiegend im Bereich der "Künstlichen Intelligenz" eingesetzt

LIU Line Interface Unit, →ISDN-Funktion

LIW Long Instruction Word

LK Lochkarte, Speicherung durch Löcher auf einer Karte

LKA Lochkartenausgabe, Ausgabe von Information durch Stanzen von Löchern auf einer Karte

LKE Lochkarteneingabe, Eingabe von Information durch Lesen von Lochkarten

LKL Lochkartenleser, Gerät zum Lesen der Information von Lochkarten

LK/min Lochkarten pro Minute, Arbeitsgeschwindigkeit von Lochkarten-Ein- und Ausgabegeräten

LKST Lochkartenstanzer, Gerät zum Ausgeben von Information auf Lochkarten

LLC Logical Link Control, Teil des →ISO-Referenzmodells

LLCS Low Level Control System, Steuerungs-System mit niedriger Versorgungsspannung

LLI Low Layer Interface vom →PROFIBUS

LLL Low Level Logic, Logikschaltung mit niedriger Versorgungsspannung

LMA Logic Macro Cell, Gate Array Zelle

LMS Large Modular System, →SPS-System von Philips

LMS Linear-Meß-System, z.B. für Werkzeugmaschinen

LNE Laboratoire National d'Essais, nationales Forschungsinstitut Frankreichs

LO Local Oscillator, Überlagerungsoszillator in Mischstufen

LOG Logbuch von Backup (→DOS), Datei-Ergänzung

LON Local Operating Network

LOP Logik-Plan, Darstellung eines →SPS-Planes mit Logik-Symbolen

LOVAG Low Voltage Agreement Group unter →ELSECOM

LP Leiterplatte

LP Lean Production, schlanke bzw. optimierte Produktion

LP Load Point, physikalischer Punkt auf dem Magnetband

LP Line Printer, Drucker mit Zeilenvorschub, →LPT

LPA Lehrstuhl für Prozeß-Automatisierung der Universität Saarbrücken

LPC Link Programmable Controller

LPI Lines per Inch, Maß für den Zeilenabstand

LPM Lines per Minute

LPS Lines per Second

LPS Low Power Schottky, →LS

LPT Line Printer, Drucker mit Zeilenvorschub, →LP

LPZ Lighting Protection Zone

LQ Letter Quality, Korrespondenz-Qualität der Schrift bei Druckern

LQL Limiting Quality Level

LRC Longitudinal Redundancy Check, Fehlerprüfverfahren zur Erhöhung der Datensicherheit

LRQA Lloyds Register Quality Assurance

LRU Last Recently Used, Abarbeitung von Aufträgen

LS Lochstreifen, Speicherung durch Löcher auf einem Papierstreifen

LS Low Power Schottky, →TTL-Schaltkreis-Familie

LS Luft-Selbstkühlung von Halbleiter-Stromrichter-Geräten

LSA Lochstreifenausgabe (-gerät), Gerät zum Ausgeben von Information auf Lochstreifen

LSB Least Significant Bit

LSD Least Significant Digit

LSE Lochstreifeneingabe(-gerät), Gerät zum Lesen von Information auf Lochstreifen

LSI Large Scale Integration, Bezeichnung von integrierten Schaltkreisen (→IC) mit hohem Integrationsgrad

LSL Langsame Störsichere Logik, Logik-Familie mit hohem Störabstand, die mit 15V betrieben werden kann

LSP Logical Signal Processor

LSS Lochstreifenstanzer, Gerät zum Ausgeben von Information auf Lochstreifen

LSSD Level Sensitive Scan Design, Regel für →ASIC-Design-Test

LST Liste, Datei-Ergänzung

LSZ Lochstreifen-Zeichen, Informationseinheit auf Lochstreifen

LT Leistungs-Transformator

LTCC Low Temperature Cofired Ceramik, Keramik für Multilayer-Leiterplatten für niedrige Temperaturen

LTPD Lot Tolerance Percent Defective, Rückzuweisende Qualitätslage

LU Logical Unit

LUF Umluft-Fremd-Lüftung von Halbleiter-Stromrichter-Geräten

LUM Luminaires Components, Agreement Group unter →ELSECOM

LUS Umluft-Luft-Selbstkühlung von Halbleiter-Stromrichter-Geräten

LUT Look Up Table, (Speicher-)Such-Tabelle

LUW Umluft-Wasserkühlung von Halbleiter-Stromrichter-Geräten

LVD Low Voltage Directive, Niederspannungs-richtlinie der →EU

LVE Liefer-Vorschriften für die Elektische Ausrüstung von Maschinen, maschinellen Anlagen und Einrichtungen des →NAM

LVE Low Voltage Equipment, Agreement Group unter →ELSECOM

LVM Lose-verketteter Mehrstations-Montage-Automat

LVS Lager-Verwaltungs-System, z.B. durch ein Fertigungsleitsystem

LWL Licht-Wellen-Leiter, sie dienen der Daten-Übertragung in Kommunikations-Netzen und sind aus Glas- oder Kunststoff-Fasern hergestellt

LZB Liste der zugelassenen Bauelemente vom →BWB

LZF Laufzeit-Fehler, Anzeige im →USTACK der →SPS bei Fehlern während der Befehlsausführung

LZN Liefer-Zentrum Nürnberg der Siemens AG

M Zusatzfunktion nach →DIN 66025, Anweisung an die Maschine

M Milling, Steuerungsversion für Fräsen

M Merker, Speicherplatz in der →SPS

MA Montage-Abteilung

MAC Multiplexed Analogue Components

MAC Multiplier Accumulator

MAC Man and Computer, Mensch und Maschine

MAC Measurement and Control

MAC Macintosh-Computer von Apple

MAC Media Access Control, Element von →FDDI für die Paket-Interpretation, Token Passing und Paket-Framing

MAC Mandatory Access Control, Begriff der Datensicherung

MACFET Macro Cell →FET

MAD Mean Administrative Delay, mittlere administrative Verzugsdauer

MADT Mean Accumulated Down Time, mittlere addierte Unklardauer

MAK Maximale Arbeitsplatz-Konzentration (von Schadstoffen), Begriff aus dem Umweltschutz

MAN Metropolitan Area Network, spezielle →LAN-Version für den innerstädtischen Verkehr

MAN Manchester, binärer Leitungscode

MANUTEC Manufacturing Technology, Roboter-Hersteller, Siemens-Tochter-Firma

MAP Manufacturing Automation Protocol, Standardisierung der Kommunikation im Fertigungsbereich nach →ISO

MAP Main Audio Processor, →ISDN-Funktion

MAPL Multiple Array Programmable Logic, programmierbare Mehrfach-Logik-Bausteine

MAR Manufacturing Assembly Report, Bericht aus der Fertigung

MARC Machine Readable Code, maschinenlesbarer Code

MARS Marketing Activities Reporting System, Marktbeobachtungs-System

MARS Multiple Aperatured Reluctance Switch, Verzögerungsschalter

MAS Microprogram Automation System, mikroprogrammiertes Steuerungssystem

MAT Machine Aided Translation, Maschinengestützte Übersetzung

MAU Medium Attachement Unit, Medienanschlußeinheit nach →IEEE oder Transceiver für Ethernet

MAX Multiple Array Matrix

MB →MByte

MB Merker Byte, Speicherplatz mit 8-Bit-Breite in der →SPS

MB Mail-Box, Daten-Briefkasten

MB Magnet-Band, elektomagnetisches Speichermedium

Mb Mega-bit, 1048576 Bit

MBC Multiple Board Computer, auf mehreren Baugruppen untergebrachter Rechner

MBD Magnetic Bubble Device, Magnetblasen-Speicher, früher in Steuerungen verwendet

MBF Mini-Bedien-Feld, z.B. einer Steuerung

MBG Magnetband-Gerät, Gerät zur Informationsspeicherung

MBV Maschinenbau-Verlag in Stuttgart

MBX Mailbox, elektronischer Briefkasten

MByte Mega-Byte, MByte werden im Dualsystem angegeben: 1 MByte = 1048576 Byte

MC Milling Center, Steuerungsversion Fräszentrum

MC Magnetic Card

MC Memory Card, Speicherkarte

MC Marks Committee, Prüfzeichen-Komitee von →CENELEC

MC Micro Computer, Zentraleinheit eines Rechners

MC Management Committee

MC Micro Controller, programmierbarer Rechnerbaustein

MC Machine Check, Maschinen- bzw. Anlagen-Überprüfung

MC Maschinen Code, maschinell lesbarer Code

MC Mode Control, Betriebsarten-Steuerung

MC5 Maschinen Code der Step 5-Sprache

MCA Micro Channel Architecture, →PC-System-Bus

MCA Multiplexing Channel Adapter, Steuerungsanschluß an einen Multiplexkanal

MCAD Mechanical Computer Aided Design

MCAE Mechanical Computer Aided Engineering. DV-Unterstützung für die technischen Bereiche, mit Sicherstellung des kontinuierlichen Datenflusses vom Entwickler bis zum computergesteuerten Fertigungs- bzw. Prüfmittel

MCB Moulded →CB

MCB Multi-Chip-Bauelement, mehrere integrierte Schaltungen in einem Gehäuse

MCC Motor Control Center

MCD Memory Card Drive, →RAM-Speicher-Laufwerk

MCI Moulded Circuit Interconnect, Bezeichnung von dreidimensionalen Leiterplatten bzw. Schaltungsträgern

MCI Machine Check Interruption, (Maschinen-) Programmunterbrechung zwecks Überprüfung der Anlage

MCM Magnetic Card Memory, Speichermedium Magnetkarte

MCM Magnetic Core Memory, Speichermedium Magnetkern

MCM Monte Carlo Method, Methode zur Ermittlung des Systemverhaltens

MCM Modular Chip Mounting, Bezeichnung einer →SMD-Bestückungs-Maschine

MCM Multiple Chip Module, Integration von →ICs auf einem Modul, z.B. Komplettrechner auf einem Modul

MCP Master Control Program, Grundprogramm einer Steuerung

MCPR Multimedia Communication Processing and Representation, Forschungs- und Rahmenprogramm der →EU zum Thema Kommunikation

MCR Multi Contact Relay, Relais mit mehreren Kontakten

MCR Molded-Carrier-Ring, Anschlußtechnik von →ICs

MCS Maintenance Control System, Wartungs-Steuer-System

MCS Mega Cycles per Second, →MHz

MCS Micro Computer System, Rechner-System

MCS Modular Computer System, modular aufgebauter Rechner

MCS Midrange Chip Select, Auswahlleitung vom Prozessor für den mittleren Adressbereich

MCT →MOS-Controlled Thyristor, abschaltbarer MOS-gesteuerter Thyristor

MCU Machine Control Unit, Maschinen-Steuereinheit oder Maschinen-Steuertafel

MCU Microprogram Control Unit, programmierbare Steuerung

MCU Motion Control Unit, Antriebs-Steuer- und Regeleinheit

MD Maschinen Daten, Maschinen-relevante Daten in der →NC

MD Magnetic Disk, Magnetplatte als Speichermedium

MDA Manual Data Input/Automatic, Handeingabe/Automatik, Betriebsart der →SINUMERIK

MDA Monochrom Display Adapter, →SW/WS-Anschaltung für Monitore

MDA Manufacturing Defect Analyzer, System zur Untersuchung von Leiterplatten auf Fertigungsfehler

MDA →MOS Digital Analogue, Bibliothek von spezifizierten analogen und digitalen Standardzellen von Motorola

MDE Manufacturing Data Entry, Betriebsdaten-Erfassung

MDE Maschinen-Daten-Erfassung

MDI Manual Data Input, Handeingabe der Steuerungs-Daten, Betriebsart von Werkzeugmaschinen-Steuerungen

MDI-PP Manual Data Input Part Program, Handeingabe des Teile-Programmes, Betriebsart der →SINUMERIK

MDI-SE-TE Manual Data Input Setting Data Testing Data, Handeingabe der Werkzeugkorrekturen, Nullpunktverschiebungen und Maschinendaten; Betriebsart der →SINUMERIK

MDRC Manufacturing Design Rule Checker

MDS Maschinen-Daten-Satz, z.B. einer →SPS

MDS Magnetic Disc Store, Magnetplattenspeicher, →MD

MDT Mean Down Time, gesamte Ausfallzeit eines Systems oder Gerätes, von der Fehlererkennung bis zum Wiederanlauf

MDT Master Data Telegram

ME Milling Export, Exportversion der →SINUMERIK-Fräsmaschinen-Steuerungen

MEEI Magyar Elektronikal Egyesuelet Intzet, ungarisches Institut für die Prüfung elektronischer Erzeugnisse in Budapest

MELF Metal Electrode Face-Bonding, mit ihrer Metalloberfläche auf der Leiterplatte befestigte Bauelemente

MEM Memory, Speicher

MEPS Million Events Per Second, Meßgröße für die Bewertung der Geschwindigkeit von Simulatoren

MEPU Measure Pulse, Meßpuls, z.B. Eingang einer Werkzeugmaschinen-Steuerung

MES Mechanical Equipment Standards

MES Mikrocomputer-Entwicklungs-System

MESFET Metal Semiconductor Field Effect Transistor, mittels elektrischem Feld steuerbarer Transistor

MEU Menügruppe, →DOS-Shell-Datei-Ergänzung

MEZ Mehrfachfehler-Eintritts-Zeit, Zeitspanne, in der die Wahrscheinlichkeit für das Auftreten von kombinierten Mehrfachfehlern gering ist

MF Multi-Function(-Tastatur)

MF Medium Frequencies, Hektometer-Welle, (Mittelwelle)

MFC Multi Function Chip (Card)

MFC Metallschicht-Flach-Chipwiderstand, →SMD-Bauteil

MFD Microtip Fluorescent Display, flacher Kathodenstrahlröhren-Bildschirm

MFLOPS Million Floting-Point Operations per Second

MFM Modified Frequency Modulation, →PC-Controller-Schnittstelle

MFS Material-Fluß-System

MG Magnet-Band(-Gerät)

MGA Multimedia Graphics Architecture

MHI Messe Hannover Industrie, größte Industrie-Messe der Welt

MHI Montage Handhabung Industrie-Roboter, Fachgemeinschaft der →VDMA und Messe für Industrie-Roboter

MHT Montage- und Handhabungs-Technik, Roboter-Fachbereich des →NAM

MHS Message Handling System

MHz Mega-Hertz, Million Zyklen pro Sekunde

MIB Management Information Base, Netzwerk-Management

MIC Media Interface Connector, optischer Steckverbinder

MICR Magnetic Ink Character Recognition

MICS Manufacturing Information Control System

MICS Mechanical Interface Coordinate System

MID Moulded Interconnection Device, Bezeichnung von dreidimensionalen Leiterplatten bzw. Schaltungsträgern

MIGA Mikrostrukturierung, Galvanoformung, Abformung, Herstellung von Chip-Aufnahme-Kunststoff-Formen

MIL STD Military Standard, Militär-Standard, Norm für Produkte der Rüstungs-Industrie

MIM Metal-Isolator-Metal, Technologie einer Flüssigkristall-Anzeige

MIMD Multiple Instruction-Stream, Multiple Data-Stream, Rechner-Klassifizierung von Flynn

MIPS Million Instructions Per Second

MIPS Microprocessor without Interlocked Pipeline Stages

MIPS Most Insignificant Performance Standard

MIS Mikrofilm Information System, Informationssystem per Mikrofilm

MISD Multiple Instruction-Stream Single-Data-Stream, Rechner-Klassifizierung von Flynn

MISP Minimum Instruction Set Computer, Rechner mit geringem Befehlsvorrat

MIT Massachusetts Institute of Technology, Forschungseinrichtung der USA

MITI Ministry of International Trade and Industry, japanisches Industrie- und Handels-Ministerium

MIU Multi Interface Unit

MK Magnet-Karte, →MC

MK Metallisierter Kunststoff-Kondensator

MKA Mehr-Kanal-Anzeige am Bildschirm der →SINUMERIK

MKS Maschinen-Koordinaten-System, z.B. von Werkzeugmaschinen

MKT Metall Kunststoff Technik, Polyester-Kondensator

ML Machine Language, Rechnerinterne Maschinensprache

ML Markierungs-Leser, Erkennung von Strichmarkierungen

MLB Multi Layer Board, Mehrlagen-Leiterplatte, →MLPWB

MLD Mean Logistic Delay, Mittlere Logistische Verzugsdauer

MLFB Maschinenlesbare Fabrikate-Bezeichnung

MLP Multiple Line Printing, gleichzeitiger Druck von mehreren Zeilen

MLPWB Multi Layer Printed Wiring Board, Mehrlagen-Leiterplatte, →MLB

MLZ Mobiles Laser-Zentrum, gegründet von Daimler Benz

MM Milling/Milling, Steuerungsversion für Doppelspindel-Fräsmaschine

MMA Microcomputer Managers Association, Verband von PC-Spezialisten

MMC Man Machine Communication, z.B. Bedienoberfläche von Werkzeugmaschinen-Steuerungen für Bedienen, Programmieren und Simulieren, siehe auch MMK

MMC Multi-Micro-Computer

MMC Memory-Cache-Controller, Speicher-Verwaltung

MMFS Manufacturing Message Format Standard

MMG Multibus Manufacturing Group, technisches Komitee

MMH Maintenance Man-Hours, Instandhaltungs-Mann-Stunden

MMI Manufacturing Message Interface, Schnittstelle von Kommunikationssystemen im Fertigungsbereich

MMI Man Machine Interface, Schnittstelle Mensch-Maschine

MMI Memory Mapped Interface, Speicher-Schnittstelle

MMIC Monolithic Microwave Integrated Circuit

MMK Mensch-Maschine-Kommunikation, z.B. Bedienoberfläche von Werkzeugmaschinen-Steuerungen für Bedienen, Programmieren und Simulieren, →MMC

MMS Manufacturing Message Specification, Kommunikationssystem zwischen intelligenten Einheiten im Fertigungsbereich

MMS Mensch-Maschine-Schnittstelle, z.B. Bedienoberfläche von Werkzeugmaschinen-Steuerungen

MMSI Manufacturing Message Specification Interface, Schnittstelle von Kommunikationssystemen im Fertigungsbereich

MMU Memory Management Unit, Speicherverwaltungseinheit für den virtuellen Adreßraum

MNLS Multi National Language Supplement, Begriff der Datensicherung

MNOS Metal Nitride Oxide Semiconductor, unipolarer Halbleiter

MNP Microcom Networking Protocol, fehlertolerantes Kommunikationssystem von Microcom

MNPQ Meß-, Normen-, Prüf- und Qualitätsmanagementwesen

MNT Menue-Table, Datei-Ergänzung

MO Magneto Optical (Diskette), →MOD

MO Memory Optical, optisches Speichersystem

MOD Modul

MOD Magneto Optical Disk, Speicher mit magnetischer Lese- und optischer Schreibeinrichtung

MODEM Modulator und Demodulator, Umsetzer für die Datenübertragung in der Nachrichtentechnik

MOP Monitoring Processor, Test-/Hilfs-Prozessor zur Analyse von Multiprozessor-Systemen unter Echtzeit-Betrieb

MOPS Million Operations per Second

MOS Metal Oxide Semiconductor (Silizium), Halbleiter-Technologie mit hohem Eingangswiderstand und geringer Stromaufnahme

MOS Modular Operating System

MOSAR Method Organized for a Systematic Analysis of Risks, Analyse von Gefährdungs-Situationen z.B. an Maschinen

MOSFET Metal Oxide Semiconductor Field Effect Transistor, →MOS und →FET

MOST Metal Oxide Semiconductor Transistor, unipolarer Transistor in →MOS-Technik

MOT Motor

MOTBF Mean Operating Time Between Failure, →MTBF

MOTEK Montage- und Handhabungs-Technik, Fachmesse

MP Magnet-Platte, Speicher in Plattenform

MP Metall-Papier-Kondensator

MP Mikro-Prozessor, Recheneinheit auf einem Chip

MP Multi-Prozessor, mehrere zusammenarbeitende Recheneinheiten

MPA Material-Prüfungs-Amt

MPC Multi-(Media-)Personal-Computer, →PC für den Netz-Verbund

MPC Multi-Port-Controller, Steuereinheit für mehrere verknüpfte Schnittstellen

MPC Message Passing Coprocessor, Schnittstellenprozessor für Multibus II

MPCB Moulded Printed Circuit Board, Bezeichnung von dreidimensionalen Leiterplatten bzw. Schaltungsträgern

MPEG Motion (Moving) Picture Experts Group, Normen-Gremium für bewegte Videobilder

MPF Main Program File, Teileprogramm von Werkzeugmaschinen-Steuerungen

MPG Manual Pulse Generator, Elektronisches Handrad, auch →HPG

MPI Micro-Processor Interface, →ISDN-Funktion

MPI Man Process Interface, Schnittstelle zwischen Mensch und Prozeß

MPI Multi Processor Interface, Schnittstelle im Rechnerverbund

MPI Multi Point Interface, mehrpunktfähige Schnittstelle

MPIM Multi Port Interface Modul von →ETHERNET

MPLD Mask Programmed Logic Device

MPM Metra Potential Methods, Management- und Planungs-Verfahren mit Computerunterstützung

MPR Multi Port →RAM, Speicherschnittstelle von Rechnereinheiten, z.B. zum Bussystem

MPS Magnet-Platten-Speicher

MPS Materialfluß-Planungs-System

MPS Meter per Second

MPSS Mehrpunktfähige Schnittstelle z.B. der →SIMATIC S5

MPST Multi-Processor Control System for Industrial Machine Tool, Mehrprozessor-Steuersystem für Arbeitsmaschinen nach →DIN 66264

MP-STP Mehrprozessor-Stopp, Störungs-Anzeige im →USTACK der →SPS bei Ausfall einer Prozessor-Einheit

MPT Multi Page Technology, →PC-Datei-Format

MPU Micro-Processor Unit, Teileinheit eines Rechners

MQFP Metal Quad Flat Pack, Gehäuse für integrierte Schaltkreise mit einer Leistungs-Auf-
nahme von max. 10 W

MQW Multi Quantum Wells, alternierende
dünne Lagen von Halbleitern

MRA Mutual Recognition Arrangement, gegenseitige Anerkennungsvereinbarung von Zerti-
fikaten, z.B. unter →EOTC

MRP Machine Resource Planning

MRP Manufacturing Resource Planning

MRP Material Requirements Planning

MRT Mean Repair Time, mittlere Instandhal-
tungsdauer

MS Microsoft, Softwarehaus, vor allem für
→PC-Programme

MS Message Switching, Speicher-Vermittlungs-
Technik

MS Mobile Station

MSB Most Significant Bit

MSC Manufacturing Systems and Cells

MSC Mobile Switching Center

MSD Machine Setup Data, Maschinen-Einrich-
te-Daten, auch Maschinendaten oder Maschi-
nen-Parameter genannt

MSD Most Significant Digit

MSD Machine Safety Directive, Maschinen-
Richtlinie 89/392/EWG

MSDOS Microsoft-→DOS, →PC-Betriebssy-
stem

MSG Message, Meldungen, Datei-Ergänzung

MSI Medium Scale Integration, Bezeichnung
von integrierten Schaltkreisen (→IC) mit
mittlerem Integrationsgrad

MSNF Multi System Networking Facility von
IBM

MSP Machine System Program, Betriebssystem

MSPS Mega Samples Per Second

MSR Messen Steuern Regeln, Normbezeich-
nung in →DIN und →VDE

MSRA Multi-Standard Rate Adapter, Adapter
zum Anschluß an →ISDN-Netzwerke

MST Maschinen-Steuer-Tafel, →MSTT

MST Micro System Technologies, Hochintegra-
tion von elektrischen und nichtelektrischen
Funktionen

MSTT Maschinen- Steuer- Tafel, →MST

MSV Medium Speed Variant, zeichenorientier-
tes Protokoll von Siemens für Weitverkehrs-
netze

MSZH Magyar Szabvanyügyi Hivatal, nationales Normeninstitut von Ungarn

MT Magnetic Tape

MTBF Mean Time Between Failure, Mittlere Be-
triebsdauer (Zeit zwischen zwei Fehlern, Ausfällen). Sie gilt nur für reproduzierbare Hard-
warefehler und Bauteileausfälle, für Serien-
produkte, bezogen auf die Gesamtzahl der ge-
lieferten Produkte und bei 24-Stunden-Be-
trieb

MTBM Mean Time Between Maintenance

MTBR Mean Time Between Repair

MTE Multiplexer Terminating Equipment,
Funktion von →SDH

MTF Mean Time to Failures

MTF Message Transfer Facility

MTOPS Million Theoretical Operations per Second

MTM Maschinen Temperatur Management, Erfassung und Verarbeitung der thermischen
Einflüsse bei Werkzeugmaschinen

MTR Magnetic Tape Recorder

MTS Multi Tasking Support, Betriebssystem für
Standard-→PC

MTS Machine Tool Supervision

MTS Mega-Transfer per Second

MTSO Mobile Telephone Switching Office

MTTF Mean Time To Failure

MTTFF Mean Time To First Failure

MTTR Mean Time To Repair (Restoration),
mittlere Reparaturzeit. Sie kennzeichnet die
Zeit, die zur Lokalisierung und Behebung
eines Hardwarefehlers benötigt wird

MUAHAG Military Users Ad Hoc Advisory
Group, Liste der für den militärischen Bereich
zugelassenen Bauelemente

MULTGAIN Multiply Gain, Multiplikations-
Faktor für die Sollwertausgabe der →SINU-
MERIK

MUT Mean Up Time, mittlere Klardauer

MUX Multiplexer, u.a. →ISDN-Funktion

MVI Metallverarbeitende Industrie

MVP Multimedia-Video-Processor

MW Merker Wort, Speicherplatz 16-Bit in der
→SPS

MXI Multisystem Extension Interface, Stan-
dard-Bus-Schnittstelle

N Negativ

N Satznummer von Teileprogrammen nach
→DIN 66025

N Nibbling, Steuerungsversion für Nippeln

NACCB National Accreditation Council for Certification Bodies, nationaler britischer Akkre-
ditierungsrat für Zertifizierung in London

NAGUS Normen-Ausschuß Grundlagen des
Umwelt-Schutzes

NAK Negative Acknowledge, Negative Rück-
meldung, Steuerzeichen bei der Rechnerkopplung

NAM Normen-Ausschuß Maschinenbau

NAMAS National Measurement Accreditation
Service, nationales britisches Akkreditierungssystem für das Meßwesen, Kalibrierstel-
len und Prüflaboratorien

NAMUR Normen Arbeitsgemeinschaft Meß-
und Regeltechnik der chemischen Industrie in
Deutschland mit Sitz in Leverkusen

NAPCTC North American Policy Council for →OSI Testing and Certification

NAS Network Application Support, Client-Server-Strategie von Digital Equipment

NAT Network Analysis Technique

NATLAS National Testing Laboratory Authorities, nationale englische Behörde für Prüflabors

NB Negativ-Bescheinigung des →BAW für Exportgüter

NBS National Bureau of Standards, Department of Commerce, nationales Normen-Büro der USA unter →ANSI

NC Network Computer

NC No connected, z.B. nicht angeschlossene Pins von →ICs

NC Numerical Control, Numerische Steuerung. Numerisch heißt "zahlenmäßig", das heißt die einzelnen Befehle werden einer Werkzeugmaschine mit Hilfe einer "Zahlen verstehenden Steuerung" eingegeben

NC National Committee von →CENELEC

NCAP Nematic Curvilinear Aligned Phase, Flüssigkristall-Technologie

NCB Network Control Block, Nachrichtenträger auf Datennetzen

NCC National Computing Conference, nationale Computerkonferenz in USA

NCMES Numerical Controlled Measuring and Evaluation System, Programmiersystem für die maschinelle Programmierung von Meßmaschinen

NCP Network Control Program, Programm zur Steuerung von Datennetzen

NCRDY NC-Ready, Klarmeldung von Werkzeugmaschinen-Steuerungen

NCS Norwegian Certification System, norwegisches Zertifizierungs-System

NCS Network Computing System

NCS Numerical Control Society, Vereinigung von NC-Maschinen-Anwendern der USA

NCS Numerical Control System

NCSC National Computer Security Council, Begriff der Datensicherung

NCVA →NC-Daten-Verwaltung und -Aufbereitung nach →DIN 66264

NDAC Not Data Accepted, Daten-Annahme-Verweigerung an der →IEC-Bus Schnittstelle

NDIS Network Driver Interface Specification, Schnittstelle von Computernetzen

NDT Non Destructive Testing

NE Nibbling Export, Exportversion der →SINUMERIK-Nippel-Steuerungen

NE Normenstelle Elektrotechnik, eigenständige Normenstelle des →BWB

NEC National Exhibition Centre, Messezentrum in Birmingham

NEC Nederlands Elektrotechnisch Comite, niederländisches Normen-Gremium

NEC Nippon Electric Corporation, japanischer Halbleiter- und Geräte-Hersteller

NEK Norsk Elektroteknisk Komite, norwegisches Elektrotechnisches Komitee

NEMA National Electrical Manufacturers Association, Notionalverband der Elektroindustrie der USA

NEMKO Norges Elektriske Materiellkontroll, norwegisches Prüfinstitut für elektrotechnische Erzeugnisse in Oslo

NEMP Nuclear Electro-Magnetic Pulse, elektomagnetischer Impuls, der von einer Atom-Explosion ausgeht

NEP Noise Equivalent Power

NET Norme Européenne de Telecommunication, europäische Fernmelde-Norm

NET Noise Equivalent Temperature

NF Normes Françaises, Herausgeber →AFNOR und →UTE, zugleich Normenkonformitätszeichen Frankreichs

NFM Network File Manager, Netzwerk-Dateiverwaltung

NFS Network File System, Netzwerk-Dateiverwaltung von SUN

NI Normenausschuß Informations-Verarbeitungs-Systeme von →DIN und →VDE

NI Network Interworking

NIC Network Interface Card, Netzwerk- oder →LAN-Adapter-Karte

NIN Normenausschuß Instandhaltung, vertreten im →DIN

NIPC Networked Industrial Process Control

NIST National Institute of Standards and Technology, amerikanisches Normenbüro für Standards

NK Natur-Kautschuk, Werkstoff für Leitungs- und Kabelmantel

NL New Line, Zeilenvorschub mit Wagenrücklauf

NLM Netware Loadable Module, Gateware-Software zur Verbindung von →SINEC-H1 und Novell-Teilnehmern

NLQ Near Letter Quality, Drucker-Schönschrift

NLR Non Linear Resitor, nichtlinearer Widerstand

NMC NUMERIK Motion Control, Siemens-NUMERIK-Vertriebs-Gesellschaft in den USA

NMF Network Management Forum

NMI Non Maskable Interrupt, nicht maskierbare Unterbrechungsanforderung an den Prozessor

NMOS →N-Channel-→MOS, Halbleiter-Technologie

NMR Normal Mode Rejection

NMS Network Management Station (System), zum Verwalten, Warten und Überwachen von Netzwerken

NMT Netzwerk-Management, →NMS

NNI Nederlands Normalisatie Instituut, niederländisches Normen-Gremium

NORIS Normen-Informations-System der Siemens AG

NOS Network Operating System

NP Negativ-Positiv, Struktur von Halbleitern

NPL New Programming Language, Programmiersprache, →PL1

NPN Negativ-Positiv-Negativ(-Transistor), Halbleiteraufbau

NPR Noise Power Ratio, Rauschleistungsabstand von Meßgeräten

NPT Netzplantechnik, graphische Darstellung zeitlicher Abläufe

NPT Non-Punch-Through

NPX Numeric Processor Extension, Erweiterung mit einem numerischen Prozessor

NQC National Quality Campaign, Aktion zur Verbesserung des Qualitätsgedankens in Großbritannien

NQSZ Normenausschuß Qualitätsmanagement, Statistik und Zertifizierungsgrundlagen

NRFD Not Ready For Data, Unklarmeldung zur Datenübernahme an der →IEC-Bus-Schnittstelle

NRM Natural Remanent Magnetization, Restmagnetismus

NRZ Non-Return to Zero, Übertragungsverfahren mit Information per Spannungspegel

NS National Standard

NSAI National Standard Authority of Ireland, irisches Normen-Gremium in Dublin

NSC National Semiconductor, Halbleiter-Hersteller

NSF Norges Standardiserings-Forbund, norwegisches Normen-Gremium in Oslo

NSI National Supervising Inspectorate, vergleichbar mit der →VDE-Prüfstelle

NSM Normenausschuß Sach-Merkmale im →DIN

NSTB National Science and Technology Board, behördliche Organisation für Wissenschaft und Technologie in Singapur

NT Nachrichten-Technik

NT Network Termination

NT New Technologies

NTC Negative Temperatur Coeffizient, Heißleiter, Widerstandsabnahme bei Temperaturanstieg

NTG Nachrichten-Technische Gesellschaft

NTSC National Television Standards Committee, →TV-Standard mit 30 Bildern pro Sekunde

NTT Nippon Telegraph and Telephone, japanische Telefon- und Telegrahpengesellschaft

ntz Nachrichten-Technische Zeitschrift

NUA Network User Address, Telefonnummer eines Datex-P-Teilnehmers

NUI Network User Identification, Kennung eines Datex-P-Teilnehmers

NUM NUMERIK, französischer Steuerungs-Hersteller

NURBS Non Uniform Rational Base Spline, nicht uniforme rationale B-splines, mathematische Methode für Freiformflächen in →CAD-Systemen

NV Nullpunkt-Verschiebung, Eingabe im Anwenderprogramm

NVLAP National Voluntary Laboratory Accreditation Programme der USA

NVS Norsk Verkstedsindustris, Norwegian Engineering industries in Oslo

NWIP New Work Item Proposal, Vorschlag für eine neue Arbeit in →IEC

NWM Normenausschuß Werkzeug-Maschinen

OA Office Automation, Büro-Automatisierung

OACS Open-Architecture-→CAD-System von Motorola

OATS Open Area Test Sites, Freifeld-Meßgelände für →EMV

OAV Ost-Asiatischer Verein, Träger des →APA

OB Organisations-Baustein, Organisations-Teil im →SPS-Anwenderprogramm

OBJ Objekt-Code-Datei, Datei-Ergänzung

OC Open Collector, Ausgang von ICs mit offenem Kollektor des Ausgangstransistors

OC Operation Code, Befehlskode von Rechnern

OC Operation Control, (automatische) Prozeß-Steuerung

OCG →OSTC Certification Group

OCI Online Curve Interpolator, Funktion von Werkzeugmaschinen-Steuerungen

OCL Operation Control Language, Programmiersprache für die Prozeß-Steuerung

OCL Over Current Limit, Stromüberwachung

OCP Operators Control Panel, Bedientafel bzw. -pult, z.B. von Werkzeugmaschinen

OCP Over Current Protection

OCR Optical Character Recognition, optische Zeichenerkennung, Maschinenlesbarkeit von gedruckten Zeichen

OCS Office Computer System

OCW Operating Command Word

OD Optical Disk

ODA Office Document Architecture, →OSI-Standard

ODCL Optical Digital Communication Link, optische digitale Kommunikation

ODI Open Datalink Interface, Datenschnittstelle

ODIF Open Document Interchange Format, standardisierte Form von Dokumenten

OEC Output Edge Control, Schaltung zur Verminderung von Störungen

OECD Organization for Economic Cooperation and Development, Organisation für Europäische Wirtschaftliche Zusammenarbeit und Entwicklung

OEEC Organization for European Economic Cooperation, Organisation für Europäische Wirtschaftliche Zusammenarbeit in Paris

OEM Original Equipment Manufacturer, Hersteller von Geräten für Anlagen und Systeme, z.B. Hersteller von Steuerungen für Maschinen

OF Öl-Fremdlüftung, z.b. von Halbleiter-Stromrichter-Geräten

OIC Optical Integrated Circuit

OIML Organisation Internationale de Mesure Légale, Internationale Organisation für gesetzliches Meßwesen in Frankreich

OIW →OSI Implementors Workshop in →NIST

OLB Outer Lead Bonding, Bond-Kontakte von →SMD-Bauelementen

OLD Old-Datei, alte Datei, Datei-Ergänzung

OLE Object Linking and Embedding, Verbindung von →PC-Anwender-Dateien

OLIVA Optically Linked Intelligent →VME-Bus Architecture

OLM On-Line Monitor, Direktsteuerung bzw. -überwachung

OLMC Output Logic Macro Cell, Gate-Array-Ausgang

OLP Off-Line-Programming, Anwendung bei der Roboter-Programmierung

OLTP On-Line Transaction Processing, Fehlertolerantes Computer-System

OLTS On-Line Test System, mitlaufendes Fehlererkennungs-System

OM Operational Maintenance, Wartung während des Betriebs

OME On-board Module Expansion, Schnittstelle für Multibus II Module

OMG Object Management Group, Herstellervereinigung für objektorientierte Datenbanksysteme

OMI Open Microprocessor Initiative, Bibliotheks-Programm zum Projekt →ESPRIT der →EU

OMP Operating Maintenance Panel, Wartungsfeld, z.B. einer Werkzeugmaschinen-Steuerung

OMP Operating Maintenance Procedure

ON Österreichisches Normungsinstitut

ÖN Österreichische Norm

ONA Open Network Access

ONC Open Network Computing

OnCE On Chip Emulation

ONE Optimized Network Evolution

ONI Optical Network Interface, Schnittstelle für Glasfaser-Kabel

ONPS Omron New Production System, neues Produktionssystem

OOA Object Oriented Analysis, Analyse von objektorientierten Lösungen

OOD Object Oriented Design, an der Analyse orientiertes Entwickeln

OOP Object-Oriented Programming, Programmierung mit projektorientierten, gekapselten Daten

OP Operators Panel, Bedientafel z.B. von Werkzeugmaschinen-Steuerungen

OPAL Open Programmable Architecture Language, Hardware-Entwicklungs-Software von →NSC

OPC Operating-Code, Befehlsverschlüsselung

OPPOSITE Optimization of a Production Process by an Ordered Simulation and Iteration Technique, Produktions-Optimierung durch Simulations-und Iterationstechniken

OPT Optimized Production Technology, detailliertes Netzwerk eines Fertigungsmodelles

OPV Operations-Verstärker

ÖQS Österreichische Vereinigung zur Zertifizierung von Qualitätssicherungs-Systemen

ORCA Optimised Reconfigurable Cell Array, →FPGA mit automatischer Plazierung und Verdrahtung der Schaltung

ORGALIME Organisme de Liaison des Industries Métalliques Européenes, Verbindungsstelle der europäischen Maschinenbau-, metallverarbeitenden und Elektro-Industrie in Brüssel

ORKID Open Real Time Kernel Interface Definition, Standardisierung verschiedener Betriebssysteme

OROM Optical →ROM, optischer nur Lese-Speicher

ORT Ongoing Reliability Testing

OS Operating System

OS Öl-(Luft)-Selbstkühlung von Halbleiter-Stromrichter-Geräten

OSA Open Systems Architecture

OSACA Open System Architecture for Controls within Automation systems, Gremium der Werkzeug-Maschinen-Steuerungs-Hersteller zur Erarbeitung eines Steuerungs-Standards

OSC Oscillator, →OSZ

OSD On Screen Display, Bedienerführung am Bildschirm

OSE Open System Environment

OSF Open System (Software) Foundation, graphische Bedienoberfläche für →PCs auf →UNIX

OSI Open Systems Interconnection, →ISO-Referenzmodell für Rechner-Verbundnetze

OSITOP →OSI Technical and Office Protocols

OSP Operator System Program

OSP Organic Solderability Protection, Feinleitertechnik zur Erzielung flacher Bestückoberflächen

OSTC Open Systems Testing Consortium

OSZ Oszillator, →OSC

OT Optical Transceiver, optischer Leitungsverstärker

OTA Open Training Association, Verein namhafter Hersteller von Informations- und Automatisierungsgeräten

OTDR Optical Time Domain Reflectometer, Meßgerät für Rück-Streumessung von Lichtwellenleitern

OTL OSI Testing Liason Group

OTP One Time Programmable, Bezeichnung von →EPROMs ohne Lösch-Fenster

OTPROM One Time Programmable Read Only Memory

OUF Öl-Umlauf-Fremdlüftung von Halbleiter-Stromrichter-Geräten

OUS Öl- Umlauf- Luft- Selbstkühlung von Halbleiter-Stromrichter-Geräten

OUT Output

OUW Öl-Umlauf-Wasserkühlung von Halbleiter-Stromrichter-Geräten

OVD Outside Vapor Deposition, Verfahren zur Herstellung von Glasfasern für Lichtwellenleiter

ÖVE Österreichischer Verband für Elektrotechnik

OVFL Over-Flow, Überlauf von Speichern oder Registern, auch Störungsanzeige im →U-STACK der →SPS

OVG Obere Vertrauens-Grenze, →UCL

OVL Over Voltage Limit, Spannungsüberwachung

OVL Overlay-Datei, Datei-Ergänzung

ÖVQ Österreichische Vereinigung für Qualitätssicherung

OW Öl-Wasserkühlung von Halbleiter-Stromrichter-Geräten

OWG Optical Waveguide Cables

P Dritte Bewegung parallel zur X-Achse nach DIN 66025

P Positiv

P Pressing, Steuerungsversion für Pressen

PA Polyamid, Werkstoff für Leitungs- und Kabelmantel

PA Prüfstellen-Ausschuß des →VDE

PAA Prozess-Abbild der Ausgänge, z.B. einer →SPS

PABX Private Automatic Branch Exchange

PAC Programmable Array Controller

PAC Project Analysis and Control

PAC Personal Analog Computer

PACE Precision Analog Computing Equipment, analoger Präzisionsrechner

PACS Peripheral Address Chip Select, Prozessor-Register

PACT Programmed Automatic Circuit Tester, automatisches Testgerät für elektronische Schaltungen

PAD Packet Assembly Disassembly facility, telefonischer Zugangspunkt zum Datex-P-Netz der →DBP

PADT Programming and Debugging Tool

PAE Prozess-Abbild der Eingänge, z.B. einer →SPS

PAG Programm-Ablauf-Graph, Hilfsmittel für Problementwurfs- und SPS-Programmierung

PAG Siemens Protokoll Arbeits-Gruppe

PAI Polyamidimide, hochtemperaturbeständiges Thermoplast

PAL Programmable Array Logic, allgemein gebräuchliche Abkürzung für anwenderspezifische Bausteine mit programmierbarem UND-Array

PAL Phase Alternation Line, Farbfernsehsystem, Phasenwechsel von Zeile zu Zeile

PAM Puls-Amplituden-Modulation

PAMELA Produktorientiertes Auskunftsystem mit einheitlichem Datenpool für Lieferstellen und Abnehmer im →SIMATIC-Geschäft

PAR Polyacrylate, hochtemperaturbeständiges Thermoplast

PAS Process Automation System

PAS Pascal-Quellcode, Datei-Ergänzung

PASS Personal Access Satellite System, Telekommunikationssystem per Satellit der NASA

PATE Programmed Automatic Test Equipment, programmierbare automatische Testeinrichtung

PB Programm-Baustein, Teil des →SPS-Anwenderprogrammes

PB Peripherie Byte, Peripherie-Abbild 8 Bit in der →SPS

PB Puffer-Betrieb, z.B. von Maschinen nach →VDE 0557

PBM Puls-Breiten-Modulation

P-Bus Peripherie-Bus z.B. der →SIMATIC

PC Parity Check, Paritätsprüfung, z.B. bei der Daten-Übertragung

PC Personal-Computer, allgemeine Bezeichnung von Einzelplatz-Rechnern

PC Programmable Control, alte Bezeichnung der →PLC (→SPS)

PC Printed Card, gedruckte Schaltung, auch Flachbaugruppe

PC Punched Card

PC Process Control

PC Production Control

PC Program Counter

PC Programm Committee des →CEN

PCA Programmable Logic Control Alarm, →PLC-Alarme

PCA Policy Group on Conformity Assessment des →IEC

PCB Printed Circuit Board, Leiterplatte, gedruckte Schaltung usw.

PCC Process Control Computer, Prozeßrechner

PCC Plastic Chip Carrier, Gehäuseform von integrierten Schaltkreisen

PCD Poly-Crystalline Diamond, Schneidwerkzeug für →CNC-Werkzeugmaschinen, →PKD

PC-DOS Personal Computer – Disk Operating System, Betriebssystem für Personal Computer

PCE Process Control Element

PCF Plastic Cladded Silica Fibre, Glasfaser-Kabel

PCG Printed Circuit Generator, Programm für die Schaltungs-Entflechtung

PCI Personal Computer Instruments, Meßgerät auf →PC-Basis

PCI Peripheral Component Interconnect, Prozessor-unabhängiges Bussystem

PCI Peripheral Components Interface

PCI Programm Controlled Interrupt

PCIM Power Conversion and Intelligent Motion, Kongreßmesse der Elektronik

PCL Programmable Control Language, Programmiersprache von →GE für integrierte Anpaßsteuerungen

PCL Printer Command Laguage, Drucker-Steuer-Sprache, z.B. für Schriftenanwahl, Blocksatz usw., Datei-Ergänzung

PCM Pulse Code Modulation

PCM Plug Compatible Manufacturing, Herstellung von steckkombatiblen Einheiten

PCM Process Communication Monitor, Steuerung und Überwachung der Prozeß-Kommunikation

PCMC →PCI, Cache and Memory Controller, PCI-Chipset

PCMCIA Personal Computer Memory Card International Association, PC-Karten-Standard

PCMS Programmable Controller Message Specification, offene Kommunikation für →SPS

PCN Personal Communications Network, europäische Norm für drahtlose Telefone

PCP Programmable Control Programm, →SPS-Programm in Maschinen-Code

PCS Peripheral Chip Select, Auswahlleitungen für Prozessor-Peripherie mit definierter Byte-Länge

PCS Process Control System

PCS Personal Communication Services, Dienste für mobile Sprach- und Datenkommunikation

PCTE Portable Common Tool Environment, Schnittstelle für Software-Entwicklungssysteme

PD Peripheral Device

PD Proportional-Differential(-Regler)

PDA Percent Defective Allowed, maximal erlaubter Ausfallprozentsatz

PDA →PCB Design Alliance

PDA Personal Digital Assistant, tragbares Rechner-Kommunikationssystem

PDE Personal-Daten-Erfassung

PDC Plasma Display Controller, Steuerung der Plasma-Display-Anzeige

PDDI Product Data Definition Interface, Schnittstelle zwischen Konstruktion und Fertigung

PDES Product Data Exchange Spezifikation, Normung von Produkt-Daten-Formaten nach →NBS

PDIF Product Definition Interchange Format

PDIP Plastic Dual In-line Package, Gehäuseform von integrierten Schaltkreisen

PDK Postprocessor Development Kit, Entwicklungswerkzeug für →CAD-Postprozessoren

PDL Page Description Language, Seiten-Beschreibungs-Sprache für Drucker

PDM Produkt-Daten-Management, Verwaltung von Produkt-Informationen

PDN Public Data Network, öffentliches Paketvermittlungsnetz für die Datenübertragung

PDP Plasma Display Panel

PDR Processing Data Rate, Rechnerleistung nach Millionen Bit pro Sekunde

PDS Produkt-Daten-Satz, Produkt-Parameter-Programmierung einer →SPS

PDU Protocol Data Unit, Software-Schnittstelle von →MAP

PDV Prozeß-Daten-Verarbeitung

PE Polyäthylene, Werkstoff für Leitungs- und Kabelmantel

PE Protective Earth, Schutzleiter-Kennzeichnung

PE Peripheral Equipment

PE Phase Encoding, phasenkodiertes Aufzeichnungs-Verfahren

PEARL Process and Experiment Automation Real Time Language, Programmiersprache für die Prozeßdaten-Verarbeitung

PEB Peripherie-Extension Board, externe Erweiterungs-Einheit

PEEL Programmable Electrically Erasable Logic, →PALs und →PLAs in →EEPROM-Technik

PEG Produkt-Entwicklungs-Gruppe

PEI Polyetherimide, hochtemperaturbeständiges Thermoplast

PEIR Process Evaluation and Information Reduction

PEK Polyetherketone, hochtemperaturbeständiges Thermoplast

PEL Picture Element (→PIXEL), Bildpunkt eines →VGA-Monitors

PELV Protective Extra Low Voltage, Schutz durch Funktionskleinspannung mit "Sicherer Trennung"

PENSA Pan European Network Systems Architecture

PEP Planar Epitaxial Passivated, passivierter Planar-Transistor

PERT Program Evaluation Review Technic, Management- und Planungs-Verfahren mit Computer-Unterstützung

PES Polyethersulfon, hochtemperaturbeständiges Thermoplast

PES Programmierbares Elektronisches System, Begriff aus →IEC-Normen

PET Patterned Epitaxial Technology, Herstellungs-Verfahren für →ICs

PEU Peripherie Unklar, Störungs-Anzeige im →USTACK der →SPS

PF Power Factor

PFC Power-Factor-Correction, Eingangsschaltung von Stromversorgungen zur Leistungsfaktor-Korrektur

PFM Pulse Frequency Modulation

PFM Postsript Font Metric, Schriftinformation, Datei-Ergänzung

PFU Prozeß-Fähigkeits-Untersuchung, Begriff der →SMT-Technik

PG Programmier-Gerät, z.B. für eine →SPS

PGA Programmable Gate Array, allgemein gebräuchliche Abkürzung für hochkomplexe Logikbausteine

PGA Pin Great Array, Bezeichnung von Logikbausteinen mit hoher Pin-Zahl

PGC Professional Graphics Controller, Video-Baustein von IBM für Vektorgraphik

PHA Preliminary Hazard Analysis, vorläufige Fehlerquellen-Analyse

PHF Parts History File, Qualitäts-Sicherungs-Programm der →CNC

PHG Programmier-Hand-Gerät, z.B. für Roboter-Steuerungen

PHIGS Programmers Hierarchical Interactive Graphics System, Norm der →ANSI, USA, für den Austausch von graphischen Programmen

PHP Personal Handy Phone, Standard für digitale schnurlose Telefone

PHY Physical Layer Control, Element von →FDDI für Kodierung/Dekodierung und Taktgeber

PI Polyimide, hochtemperaturbeständiges Thermoplast

PI Programm-Instanz, →STF-ES-Protokoll

PI Proportional-Integral(-Regler)

PIA Peripheral Interface Adapter, Schnittstellen-Anpassung

PIC Programmable Interrupt Controller

PIC Personal Intelligent Communication

PIC Programmable Integrated Circuit

PICS Protocol Implementation Confirmance Statement

PICS Production Information and Control System, Produktions-Steuerung und -Information von IBM

PID Proportional-Integral-Differential(-Regler)

PIF Program Information File, Datei-Ergänzung

PIM Personal Information Manager, →EDV-Datenbank-Manager

PIN Personal Identification Number, Paßwort, z.B. von Rechner

PIN Positive Intrinsic Negative, Diode mit der Zonenfolge P-I-N

PIO Parallel Input Output, →E/A-Ports von Mikroprozessor-Schaltungen

PIP Picture in Picture

PIPS Production Information Processing System

PIU Plug In Unit

PIXEL Picture Element, kleinstes darstellbares Bildelement oder kleinster Bildpunkt

PIXIT Protocol Implementation Extra Information for Testing

PKD Poly-Kristalliner Diamant, Schneidwerkzeug für →CNC-Werkzeugmaschinen, →PCD

PKP Produkt Konzept Planung, Begriff aus dem Produktmanagement

PKS Produkt Komponenten Struktur, Begriff aus dem Produktmanagement

PL1 Programming Language 1, ursprünglich NPL "new PL". Höhere Programmier-Sprache mit Elementen von →ALGOL, →COBOL und →FORTRAN, von IBM entwickelt

PLA Programmable Logic Array, allgemein gebräuchliche Abkürzung für anwenderspezifische, programmierbare UND/ODER-Array

PLC Programmable Logic Controller, Speicherprogrammierbare Steuerung (→SPS)

PLCC Plastic Leaded Chip Carrier, Gehäuseform von integrierten Schaltkreisen in →SMD

PLD Programmable Logic Device, allgemeine Abkürzung für anwenderspezifische, programmierbare Bausteine

PLE Programmable Logic Element, Oberbegriff für programmierbare Bausteine

PLL Phase Locked Loop

PL/M Programmimg Language for Microcomputer, Programmiersprache für Mikrocomputer

PLP Physical Layer Protocol, →FDDI-Standard für die Festlegung von Takt, Symbolsatz sowie Kodierungs- und Dekodierungsverfahren

PLR Programming Language for Robots

PLS Programmable Logic Sequencer

PLS Prozeß-Leit-System

PLT Prozeß-Leit-Technik

PLV Production Level Video, Video-Daten-Kompressions-Algorithmus

PM Preventive Maintenance

PM Process Manager

PMAG Project Management Advisory Group, Gruppe des →ISO/TC

PMC Programmable Machine Controller, →FANUC-SPS

PMD Physical Medium Dependent, Element der FDDI für die Festlegung der Wellenformen optischer Signale und der Verbinder in →ISO DIS 9314-3

PML Programmable Macro Logic, Anwenderspezifische, mit Makro-Funktionen programmierbare Schaltkreise

PMMU Paged Memory Management Unit

PMOS →P-Channel-→MOS, Halbleiterbauelement in MOS-Technologie

PMS Process Monitoring System

PMS Project Management System

PMS Peripheral Message Specification

PMT Parallel Modul Test, Verfahren zum Testen von Speichern

PMU　Processor Management Unit

PMU　Parameter Measuring Unit, Prüfautomat zur Messung analoger Parameter

PN　Positiv-Negativ, pn-Struktur von Halbleitern

PNA　Project Network Analysis, projektabhängige Netzplantechnik

PNC　Programmed Numerical Control, numerisch gesteuerte Maschine

PNE　Présentation des Normes Européennes, Gestaltung von Europäischen Normen

PNO　Profibus-Nutzer-Organisation

PNP　Positiv-Negativ-Positiv(-Transistor), pnp-Struktur von Halbleitern

POF　Plastic Optical Fiber

POH　Path Over-Head, Funktion von →SDH

POI　Point of Information, Informations-Zentrale

POL　Process Oriented Language

POL　Problem Oriented Language, Problemorientierte Programmiersprache

POS　Program Option Select, →BIOS-Programm zur Lokalisierung des Bildschirmtyps bei →PS/2-Computern

POSAT　→POSIX Agreement Group for Testing and Certification

POSI　Promotion Group for →OSI, Normungsgruppe japanischer Computer-Hersteller

POSIX　Portable Operating System Interface Unix, Arbeitsgruppe des →IEEE für →UNIX-Standards

POST　Power On Self Test, →BIOS-Programm zum Test des →VGA-Adapters bei →PS/2-Computern

POTS　Plain Old Telephone Service, analoges stationäres Telefon

PP　Part Program, Teile-Programm von Werkzeugmaschinen-Steuerungen

PP　Peripheral Processor

PP　Polypropylene, Werkstoff für Leitungs- und Kabelmantel

PPAL　Programmed →PAL, allgemein gebräuchliche Abkürzung für festprogrammierte PALs

PPC　Production Planning and Control

PPC　Parallel Protocol Controler, Baustein vom Futurebus +

PPDM　Puls-Pausen-Differenz-Modulator z.B. von →D/A-Wandlern

PPE　Polyphenylenether, hochtemperaturbeständiges Thermoplast

PPE　Produkt-Planung und -Entwicklung

PPH　Produkt-Pflichten-Heft

PPI　Pixels per Inch, Pixeldichte in →PIXEL pro Zoll

PPM　Part per Million

PPM　Puls-Phasen-Modulation

PPP　Point to Point Protocol, Zugangs-Software für →WWW-Netze

PPP　Produkt Profil Planung, Begriff aus dem Produktmanagement

PPS　Parallel Processing System, System zur parallelen Bearbeitung von Programmen

PPS　Polyphenylensulfid, hochtemperaturbeständiges Thermoplast

PPS　Produktions-Planung und -Steuerung

PPS　Production Planning and Control-System

PPSS　Produktions-Planung und -Steuerungs-System

PQFP　Plastic Quad Flat Package, Gehäuseform von integrierten Schaltkreisen

PR　Prozeß-Rechner

PR　Printer, Drucker

PRAM　Programmable →RAM, programmierbare RAMs mit wahlfreiem Zugriff

PRBS　Pseudo Random Binary Signal

PRCB　Printed Resistor Circuit Board, Leiterplatten oder Keramiksubstrate mit Widerstands-Paste

PRCI　→PC Robot Control Interface, schnelle Kopplung zwischen Personal-Computer und Roboter-Steuerung

PRD　Printer Definition, Datei-Ergänzung

prEN　preliminary European Norm, europäischer Normentwurf

prENV　preliminary European Norm Vornorm, europäischer Vornorm-Entwurf

PRG　Programm-Quellcode, Datei-Ergänzung

prHD　preliminary Harmonization Document, Harmonisierungs-Dokument-Entwurf

PRI　Primary Rate Interface, Nutzer-Netzwerk-Schnittstelle von →ISDN

PRI　Precision Robots International

PRISMA　Permanent reorganisierendes Informations-System merkmalorientierter Anwenderdaten

PRN　Printer, Druckertreiber, Druck-Datei, Datei-Ergänzung

PRO　Precision →RISC Organization, Interessengemeinschaft der RISC-Anwender

PROFIBUS　Process Field Bus, Normbestrebung achtzehn deutscher Firmen für einen Standard im Feldbusbereich

PROFIT　Programmed Reviewing Ordering and Forecasting Inventury Technique, Lagerverwaltungs-Programm

PROLAMAT　Programming Language for Numerically Controlled Machine Tools

PROLOG　Programming in Logic, höhere Programmier-Sprache für "Künstliche Intelligenz"

PROM　Programmable Read Only Memory, allgemeine Abkürzung für anwenderspezifische Bausteine mit programmierbaren ODER-Array

PRPG　Pseudo Random Pattern Generator

PRS　Prozeß-Regel-(Rechner) -System

PRT　Partial Data Transfer, Transfer-Kommando

PRZ　Prüfung und Zertifizierung, Arbeitsgruppe des →ZVEI

PS　Programming System

PS Programmable Switch, programmierbarer Schalter

PS Power Supply

PS Proportional-Schrift, Schriftart, bei der jedes Zeichen nur den Platz einnimmt, den es benötigt

PS/2 Personal System/2, Personal Computer von IBM

PSC Process Communication Supervisor, Steuerung von Prozeß-Daten

PSD Position Sensitive Device

PSD Programmable System Device, programmierbare Systembausteine

PSDN Packet Switched Digital Network, Netz für die Paketvermittlung

PSO Power Supply O.K., Klarmeldung der →SI-NUMERIK-Stromversorgung

PSP Produkt Strategie Planung, Begriff aus dem Produktmanagement

PSP Program Segment Prefix, Datenstruktur z.B. im →PC

PSPDN Packet Switched →PDN, →PSDN

PSPICE →SPICE der Firma Microsim

PSRAM Pseudo Static Random Access Memory

PST Programmable State Tracker, Baustein des →EISA-System-Chipsatzes von Intel

PST Preset Actual Value, Istwertsetzen, Betriebsart von Werkzeugmaschinen-Steuerungen

PSTN Public Switched Telephone Network, öffentliches Telefon- und Telekommunikationsnetz

PSTS Profile Specific Test Specification

PSU Polyphenylensulfon, hochtemperaturbeständiges Thermoplast

PSU Power Supply Unit

PT Punched Tape

PT Punch-Through

PTC Positive Temperatur Coeffizient, Kaltleiter, Widerstandszunahme bei Temperaturanstieg

PTB Physikalisch Technische Bundesanstalt in Braunschweig

PTE Path Terminating Equipment, Funktion von SDH

PTFE Poly Tetra Flour Ethylene, Werkstoff für Leitungs- und Kabelmantel sowie Leiterplatten-Material

PTH Plated Through Hole

PTM Point to Multipoint

PTMW Platin-Temperatur-Meß-Widerstand, präziser temperaturabhängiger Widerstand

PTP Point to Point

PTP Paper Tape Punch

PTZ Post-Technisches Zentralamt

PU Peripheral Unit

PV Photo Voltaic

PV Prozess-Verwaltung

PVC Polyvinyl Chloride, Werkstoff für Leitungs- und Kabelmantel

PVR Photo-Voltaik-Relais

PVT Process Verification Testing, Prüfung des Fertigungs-Prozesses während der Entwicklung

PW Pass-Wort, dient dazu, ein Programm oder Dateien vor unbefugten Zugriffen zu schützen

PW Peripherie Wort, Peripherie-Abbild 16 Bit in der →SPS

PWB Printed Wiring Board

PWG Preparatory Working Group, vorbereitende Arbeitsgruppe im →IEC

PWM Pulse Width Modulation, Puls-Weiten-Modulation z.B. im Regelkreis von Stromversorgungen

PWR Puls-Wechsel-Richter

PZI Prüf- und Zertifizierungs-Institut im →VDE

Q Dritte Bewegung parallel zur Y-Achse nach →DIN 66025

Q0-7 Qualitätsstufen 0 bis 7

QA Quality Assurance

QA Quality Audit, Begutachtung der Wirksamkeit einer Qualitätssicherung

QAP Quality Assurance Program

QB Quittungs-Bit der Rechner-Kopplung

QBASIC Quick-→BASIC

QC Quality Control, Qualitätskontrolle

QDES Quality Data Exchange Specification

QFD Quality Function Deployment, Methode zur qualitätsgerechten Prozeß-Entwicklung

QFP Quad Flat Package, Gehäuseform von integrierten Schaltkreisen in →SMD

QG Qualitäts-Gruppen

QIC Quarter Inch Cartridge, Magnetband in Viertelzoll-Diskette

QIC Quarter Inch Compatibility, Interessengemeinschaft zum Standardisieren von Laufwerken

QIS Qualitäts-Informations-System, z.B. einer Produktionseinheit

QIS Quality Insurance System

QIT Quality Improvement Team, Qualitäts-Prüf-Gruppe

QLS Quiet Line State, Meldung einer freien Leitung

QM Quality Management

QMI Quality Management Institute in Kanada

QML Quality Manufacturers List, Liste zugelassener Hersteller

QMS Quality Management System

QP Questionnaire Procedure, Umfrage-Verfahren bei Normungs-Instituten

QPL Qualified Products List, Liste zugelassener Produkte

QPS Qualitäts-Planung und -Sicherung

QS Quality System

QSA Qualitäts-Sicherung Auswertung

QSM Qualitäts-Sicherung Mitschreibung

QSM Quality System Manual, Qualitäts-Richtlinien

QSOP Quality Small Outline Package, Gehäuseform von integrierten Schaltkreisen in →SMD mit geringem Pinabstand

QSS Quality System Standard

QSS Qualitäts-Sicherungs-System

QSV Qualitäts-Sicherungs-Verfahren(-Vereinbarung)

QTA Quick Turn Around-(→ASIC), Anwenderspezifischer Schaltkreis mit den positiven Eigenschaften von Gate-Arrays und →EPLDs

QUICC Quad Integrated Communication Controller, integrierter Multiprotokoll-Prozessor

QVZ Quittungsverzug beim Datenaustausch mit der Peripherie; Störungs-Anzeige im →U-STACK der →SPS

QZ Qualität und Zuverlässigkeit, Zeitschrift vom Carl Hanser Verlag

R Dritte Bewegung parallel zur Z-Achse oder Eilgang in Richtung Z-Achse nach →DIN 66025

R Encoder Reference Signal R, Nullmarke, Signal von Wegmeßgebern

R20mA Linienstromquelle des Empfängers bei seriellen Daten-Schnittstellen →TTY

RA Recognition Arrangement

RAC Random Access Controller, Speicher-Steuerung

RACE Research and Development in Advanced Communications Technologies for Europe, Forschungs- und Entwicklungs-Rahmenprogramm der →EU

RAD Radial, Zusatzbezeichnung bei Bauteilen mit radialen Anschlußdrähten, z.B. →MKT-RAD

RAID Redundant Array of Inexpensive Disk, fehlertoleranter Speicher von Rechnern

RAL Reichs-Ausschuß für Lieferbedingungen und Gütesicherung in Bonn

RAL Reprogrammable Array Logic, mehrfach programmierbare anwenderspezifische Bauelemente

RALU Registers and Arithmetic and Logic Unit, Speicher und Operationseinheit von Rechnern

RAM Random Access Memory, wahlfreier Schreib-und Lesespeicher

RAPT Robot-APT, Roboter-Programmiersystem auf Basis von →APT

RARP Reverse Address Resolution Protocol, Variante der Netzübertragung

RAS Reliability Availability Serviceability (Safety)

RBP Regitered Business Programmer, Programmierer in den USA

RBW Resolution Bandwidth, Auflösungsbandbreite von Analysatoren

RC Redundancy Check, Prüfung einer Daten-Information auf Fehlerfreiheit

RC Remote Control

RC Resistor Capacitor, Widerstands-Kondensator-Schaltung

RC Robot Control, Roboter-Steuerung z.B. von Siemens

RCA Row Column Address

RCC Remote Center Compliance, Komponente des Roboter-Greifwerkzeuges

RCD Residual Current Protective Device

RCD Resistor Capacitor Diode, Widerstands-Kondensator-Dioden-Schaltung

RCM Robot Control Multiprocessing, Roboter-Steuerung von Siemens

RCP Robot Control Panel, Roboter-Steuertafel

RCTL Resistor Capacitor Transistor Logic, schnelle Logikfamilie mit Widerstands-Verknüpfungen und Ausgangs-Transistor

RCWV Rated Continuous Working Voltage, Nennspannung

R&D Research and Development

RD Reference Document

RDA Remote Database Access, Datenzugriff

RDA Remote Diagnostic Access, Zugriff über Diagnose-Software

RDC Resolver-/ Digital-Converter, Analog-/Digital-Umsetzer von Lagegebern

RDK Realtime Development Kit

RDPMS Relational Data Base Management System

RDR Request Data with Reply, Daten-Anforderung mit Daten-Rückantwort beim →PROFI-BUS

RDRAM Rambus Dynamic →RAM, Speicherverwaltung für dynamische RAMs

RDTL Resistor Diode Transistor Logic, Schaltkreisfamilie mit Widerstand-Diode-Transistor-Schaltung

RECI Recycling Circle der Universität Erlangen-Nürnberg

REF Reference Point Approach, Referenzpunkt anfahren, Betriebsart von Werkzeugmaschinen-Steuerungen

REK Rechnerkopplung

REL-SAZ Relativer →SAZ, Enthält im →U-STACK der →SPS die Relativ-Adresse des zuletzt bearbeiteten Befehls

REM Raster-Elektronen-Mikroskop

REN Remote Enable, Einschaltung des Fernsteuerbetriebes der am →IEC-Bus angeschlossenen Geräte

REPOS Repositionierung, Zurückfahren an die Unterbrechungsstelle, z.B. bei numerisch gesteuerten Werkzeugmaschinen

REPROM Reprogrammable →ROM, mehrfach programmierbares →PROM, →EPROM

REQ Request

RES Residenter Programmteil, Datei-Ergänzung

RF Radio Frequency, Bereich der elektromagnetischen Wellen für die drahtlose Nachrichtenübertragung

RFI Radio Frequency Interference, englischer Ausdruck für →EMV

RFS Remote File Service, Netzwerkprotokoll, mit dessen Hilfe Rechner auf Daten anderer Rechner zugreifen können

RFTS Remote Fiber Testing System, Glasfaser-Testsystem

RFZ Regal-Förder-Zeuge

RGB Rot-Grün-Blau, RGB-Schnittstelle zur Monitor-Anschaltung

RGP Raster Graphics Processor

RGW Rat für gegenseitige Wirtschaftshilfe der 8 Staaten des ehemaligen Warschauer Paktes

RI Ring Indicator, ankommender Ruf von seriellen Daten-Schnittstellen

RIA Robot Industries Association, Verband für Industrie-Roboter

RID Rechner-interne Darstellung, Darstellung eines realen Objektes im Speicher eines Rechners

RIOS →RISC Operating System

RIOS Remote →I/O-System, →SPS-System von Philips

RIP Routing Information Protocol, Netzwerk Protokoll zum Austausch von Routing-Informationen

RIS Requirements Planning and Inventury Control System, Bedarfsplanung und Bestands-Steuerung

RISC Reduced Instruction Set Computer, schneller Rechner mit geringem Befehlsvorrat

RIU Rate Adaption Interface Unit, Baustein für →ISDN

RK Rechner-Kopplung, →RKP

RKP Rechner-Kopplung z.B. über die Schnittstellen →V24, →RS-422, →RS-485, →SINEC usw.

RKW Rationalisierungs-Kuratorium der Deutschen Wirtschaft e.V. in Eschborn

RLAN Radio →LAN, funkgestütztes lokales Netzwerk

RLE Run Length Encoded, Datei-Ergänzung

RLG Rotor-Lage-Geber, Rotatorisches Meßsystem zur Bestimmung der Lage von Werkzeugmaschinen-Schlitten

RLL Run Lenght Limited, →PC-Controller-Schnittstelle

RLT →RAM-Logic-Tile, Gate-Array-Zellen

RLT Rückwärts leitender Thyristor

RMOS Refractory Metal Oxide Semiconductor, hitzebeständiger Metalloxyd-Halbleiter

RMS Root Mean Square

RMW Read Modify Write, Schreib-Lese-Vorgang

RNE Réseau National d'Essais, nationaler französischer Akkreditierungsverband für Prüflaboratorien

ROBCAD Roboter-→CAD, CAD-System zur Programmierung von Schweißrobotern bei BMW von Tecnomatix

ROBEX Programmier-System für Roboter von der Universität Aachen

ROD Rewritable Optical Disk

ROM Read Only Memory

ROSE Remote Operation Service, Serviceleistung im Rechner-Netz

ROT Rotor-Lagegeber von Werkzeugmaschinen-Achsen

ROV Rapid Override, Eilgang-Korrektur einer Werkzeugmaschinen-Steuerung

RPA R-Parameter Aktiv, z.B. bei einer Werkzeugmaschinen-Steuerung

RPC Remote Procedure Call, Betriebssystem-Erweiterung für Netzwerke

RPK Institut für Rechneranwendung in Planung und Konstruktion der Universität Karlsruhe

RPL Robot Programming Language, Programmier-Sprache für Roboter von der Universität Berlin

RPP →RISC Peripheral Processor

RPS Repositioning, Wiederanfahren an die Kontur, Betriebsart von Werkzeugmaschinen-Steuerungen

RPSM Resources Planning and Scheduling Method, Methode der Betriebsmittel-Planung und Verfahrens-Steuerung

RS Reset-Set, Rücksetz- und Setzeingang von Flip-Flops

RS Recommended Standard, empfohlener Standard von →EIA

RS-232-C Recommended Standard 232 C, Serielle Daten-Schnittstelle nach →EIA Standard RS-232

RS-422-A Recommended Standard 422 A, Serielle Daten-Schnittstelle nach →EIA Standard RS-422

RS-485 Recommended Standard 485, Serielle Daten-Schnittstelle nach →EIA Standard RS 485

RSL Reparatur-Service-Leistung der Siemens AG für Werkzeugmaschinen-Steuerungen

RSS Rotations-Symmetrisch Schruppen, Bearbeitungsgang von Werkzeugmaschinen

RST Roboter-Steuer-Tafel

RSV Reparatur-Service-Vertrag der Siemens AG für Werkzeugmaschinen-Steuerungen

RT Regel-Transformator

RTC Real Time Clock

RTC Real Time Computer

RTC Real Time Controller

RTD Real Time Display

RTD Resistance Temperature Detector

RTE Regenerater Terminating Equipment, Funktion von →SDH

RTF Rich Text Format, Dokumentenaustausch, Datei-Ergänzung

RTK Real Time Kernel, applikationsbezogenes Betriebs-System

RTL Real Time Language, Programmiersprache für Echtzeit-Datenverarbeitung

RTL Resistor Transistor Logic, Logikfamilie mit Widerstands- Verknüpfungen und Ausgangs-Transistor

RTP Real Time Program

RTS Real Time System

RTS Request To Send, Sendeteil einschalten, Steuersignal von seriellen Daten-Schnittstellen

RTXPS Real Time Expert System

RUMA Reuseable Software for Manufacturing Application, mehrfach verwendbare Software

RvC Raad voor de Certificatie, holländischer Rat für die Zertifizierung

RWL Rest-Weg-Löschen, Funktion der →SINU-MERIK

RWTH Rheinisch Westfälische Technische Hochschule in Aachen

RxC Receive Clock, Empfangstakt von seriellen Daten-Schnittstellen

RxD Receive Data, Empfangs-Daten von seriellen Daten-Schnittstellen

S Spindel-Drehzahl nach DIN 66025

S5 →SIMATIC 5, →SPS der Siemens AG

S7 →SIMATIC 7, →SPS der Siemens AG

SA Structured Analysis, Software-Spezifikationstechnik

SAA System Application Architecture, Schnittstelle von →IBM

SAA Standards Association of Australia, Normenverband von Australien

SABS South African Standards Institution, südafrikanisches Normenbüro, zugleich Bezeichnung für Norm und Normenkonformitätszeichen

SAC Single Attachment Concentrator, →FDDI-Anschluß

SADC Sequential Analog-Digital Computer, Computer für serielle Bearbeitung von analogen und digitalen Daten

SADT Structural Analysis and Design Tool (Technique)

SAF Scientific Arithmetic Facility, sichere numerische Berechnung

SAM Serial Access Memory, Bildspeicher-Baustein

SAN System Area Network

SAP System Anwendungen Produkte in der Datenverarbeitung

SAP Service Access Point, Software-Schnittstelle von →MAP

SAP Schnittstellen-Anpassung der Centronics-Schnittstelle am Siemens-Drucker PT88

SAQ Schweizerische Arbeitsgemeinschaft für Qualitätsförderung

SASE Specific Application Service Elements, Teil der Schicht 7 des →OSI-Modelles

SASI Shugart Association Systems Interface, →SCSI

SAST System-Ablauf-Steuerung nach →DIN 66264

SAZ Step- Adress- Zähler, enthält im →U-STACK der →SPS die Absolut-Adresse des zuletzt bearbeiteten Befehls

SB Schritt-Baustein, Steuerbaustein des →SPS-Programmes

SB Steuer-Block, Speicherbereich (16 Byte) im Übergabespeicher beim Informationsaustausch mit Arbeitsmaschinen nach →DIN 66264

SBC Single Board Computer, Einplatinen-Computer

SBI Serial Bus Interface

SBQ Stilbenium Quarternized, Fotopolymer-Siebdruckverfahren

SBS Siemens Bauteile Service, Dienstleistungsbetrieb der Siemens AG

SC Serial Controller, →IC für serielle Schnittstelle, z.B. →RS-232, →RS 422 usw.

SC System Controller, System-Steuerung

SC Symbol Code, Zeichen-Verschlüsselung

SC Sub-Committee, Unter-Komitee, z.B. in Normen-Gremien

SCA Synchronous Communications Adapter, Schnittstelle für synchrone Datenübertragung

SCADA Supervisory Control and Data Aquisition

SCAN Serially Controlled Access Network

SCARA Selective Compliance Assembly Robot Arm, Schwenkarm-Montage-Roboter

SCAT Single Chip →AT(-Controller), →PC-Steuerbaustein

SCB Supervisor Circuit Breaker, Stromkreis-Überwachung und -Abschaltung

SCB System Control Board, →PC-Überwachungs-System

SCC Standard Council of Canada, nationales Normungsinstitut von Kanada

SCC Serial Communication Controller, serielle Steuerung von Information

SCFL Source Coupled Fet Logic, →ASIC-Zellen-Architektur

SCI Scalable Coherent Interface, →IEEE-Standard-Schnittstelle für schnelle Bussysteme

SCI Siemens Communication Interface, Informations-Schnittstelle von Siemens

SCIA Steering Committee Industrial Automation, Lenkungskomitee für industrielle Automatisierung von →ISO und →IEC

SCL Structured Control Language, Programmier-Hochsprache z.B. für →SPS

SCM Streamline Code Simulator, rationeller Kode-Simulator

SCN Siemens Corporate Network, Siemens-Dienststelle für Kommunikation mit öffentlichen Netzen

SCOPE System Cotrollability Observability Partitioning Environment, integrierter Schaltkreis mit Testpins

SCOPE Software Certification Programme in Europe

SCP System Control Processor, Rechner für die System-Steuerung

SCPI Standard Commands for Programmable Instruments, Befehls-Sprache für programmierbare Meßgeräte

SCR Silicon Controlled Rectifier, Thyristor

SCR Script-(Screen-)Datei, Datei-Ergänzung

SCS Siemens Components Service, Siemens Bauteile Service, →SBS

SCS Service Control System

SCSI Small Computer System Interface, Parallele E/A-Schnittstelle auf System-Ebene. Nachfolger von SASI

SCT Screen-Table, Datei-Ergänzung

SCT Surface Charge Transistor, ladungsgekoppelter Transistor

SCT System Component Test

SCTR System Conformance Test Report

SCU Scan Control Unit

SCU Secondary Control Unit, Hilfs-Steuereinrichtung

SCU System Control Unit, System-Steuereinheit

SCXI Signal Conditioning Extensions for Instrumentation, Meßgeräte-Standard

SD Super Density -Disk, Massenspeicher mit Phase-Change-Verfahren

SD Structured Design, Software-Spezifikationstechnik

SD Setting Data, maschinenspezifische Daten der →NC

SD Shottky Diode

SD Standard

SDA Send Data with Acknowledge, Daten-Sendung mit Quittungs-Antwort beim →PROFIBUS

SDA System Design Automation

SDAI Standard Data Access Interface, in der →ISO spezifizierter Mechanismus für den Datenaustausch zwischen Rechnern

SDB Silicon Direct Bonding, Direktverdrahtung von Halbleiter-Chips auf der Leiterplatte

SDC Semiconductor Distribution Center, Halbleiter-Service von Siemens

SDF Standard Data Format, Datei-Ergänzung

SDH Synchronous Digital Hierarchy, Telekommunikations-Standard

SDI Serial Data Input

SDI Serial Device Interface

SDK Software Development Kit, Software-Entwicklungswerkzeug von WINDOWS

SDL System Description Language, systembeschreibende Programmiersprache

SDLC Synchronous Data Link Control, Bitorientiertes Protokoll zur Datenübertragung von →IBM

SDN Send Data with No Acknowledge, Daten-Sendung ohne Quittungs-Antwort beim →PROFIBUS

SDRAM Synchronous Dynamic →RAM zur Ausführung von taktsynchronen speicherinternen Operationen

SDU Service Data Unit, Software-Schnittstelle von →MAP

SE Setting, maschinenspezifische Daten der →NC

SE Software Engineering, Software-Betreuung bzw. -Beratung

SE Simultaneous Engineering

SE Societas Europea, europäische Aktiengesellschaft, Rechtsform der Europäischen Gemeinschaft

SEA Setting Data Activ, →NC-Settingdaten aktiv

SEB Sicherheit Elektrischer Betriebsmittel, Sektorkomitee der →DAE

SEC Schweizerisches Elektrotechnisches Comitée

SECAM Sequential Couleur a Memory, TV-Standard mit 25 Bildern pro Sekunde

SECT Software Environment for →CAD Tools

SEDAS Standardregelungen Einheitlicher Daten-Austausch-Systeme

SEE Software Engineering Environment, Software-Entwicklungs-Bereich

SEED Self Electro-Optic Effect Device, optischer Schalter

SEK Svenska Elektriska Kommissionen, schwedische elektrotechnische Kommission in Stockholm

SELV Safety Extra-Low Voltage

SEMI Semiconductor Equipment and Materials International, internationaler Handelsverband

SEMKO Svenska Elektriska Materialkontrollanstanten, schwedische Prüfstellen für elektrotechnische Erzeugnisse in Stockholm

SEP Standard-Einbau-Platz im →ES902- System mit 15,24 mm Breite

SERCOS Serial Realtime Communication System, offenes, serielles Kommunikations-System, z.B. zwischen →NC und Antrieb

SESAM System zur elektronischen Speicherung alphanumerischer Merkmale

SESAM Symbolische Eingabe-Sprache für Automatische Meßsysteme

SET Standard d'Echange et de Transport, Normung von Produkt-Daten-Formaten nach →AFNOR

SET Software Engineering Tool, Software-Entwicklungs-Werkzeug

SEV Schweizerischer Elektrotechnischer Verein

SF Schalt-Frequenz, z.B. von Stromversorgungen

SFB System Field Bus

SFC Sequentual Function Chart, sequentielle Darstellung der Funktion

SFDR Spurous Free Dynamic Range, Dynamik von A/D-Umsetzern

SFE Société Française des Electriciens, französische Gesellschaft für Elektrotechniker

SFS Suomen Standardisoimiliito, finnischer Normenverband , zugleich finnische Norm und Normenkonformitätszeichen

SFU Spannungs-Frequenz-Umsetzer

SG Strategie Gruppe, z.B. in Normen-Gremien

SGML Standard Generalized Markup Language, Standard-Programmiersprache für die Datenverwaltung

SGMP Simple Gateway Monitoring Protocol, Netzwerk-Management-Protokoll von Internet

SGS Studien-Gruppe für Systemforschung in Heidelberg

SGT Silicon Gate Technology, Halbleiter-Herstellungsverfahren

S&H Sample & Hold, Baustein zum Speichern von Analog-Spannungen

SHA Sample- and Hold- Amplifier, S&H-Verstärker

SHF Super High Frequency, Zentimeterwellen (Mikrowelle)

SI International System of Units, internationales Einheiten-System

SIA Semiconductor Industry Association, Verband der Halbleiter-Hersteller

SIA Serial Interface Adapter, Anpassung serieller Schnittstellen

SIA Siemens Industrial Automation, Siemens AUT-Tochter in USA

SIBAS Siemens Bahn-Antriebs-Steuerung

SIC Semiconductor Integrated Circuit, Halbleiter-Schaltung

SICAD Siemens Computer Aided Design, Siemens-Programmsystem zur Rechnerunterstützten Darstellung von graphischen Informationen

SICOMP Siemens Computer

SIG Sichtgerät

SIG Special Interest Group, z.B. Normen-Arbeits-Gruppe

SIGACT Special Interest Group on Automation and Computability Theory, Arbeitsgruppe des →ACM für Automatisierung

SIGARCH Special Interest Group on Computer Architecture, Arbeitsgruppe des →ACM für Rechner-Architektur

SIGART Special Interest Group on Artificial Intelligence, Arbeitsgruppe des →ACM für Künstliche Intelligenz

SIGBDP Special Interest Group on Business Data Processing, Arbeitsgruppe des →ACM für kommerzielle Datenverarbeitung

SIGOMM Special Interest Group on Data Communications, Arbeitsgruppe des →ACM für Datenübertragung

SIGCOSIM Special Interest Group on Computer Systems Inatallation Management, Arbeitsgruppe des →ACM für Computer-Installation

SIGDA Special Interest Group on Design Automation, Arbeitsgruppe des →ACM für Entwurfs-Automatisierung

SIGDOC Special Interest Group on Documentation, Arbeitsgruppe des →ACM für Dokumentation

SIGGRAPH Special Interest Group on Computer Graphics, Arbeitsgruppe des →ACM für Computergraphik

SIGIR Special Interest Group on Information Retrieval, Arbeitsgruppe des →ACM für Informations-Speicherung und -wiedergewinnung

SIGLA Systema Integrato Generico per la Manipolacione Automatica, von Olivetti entwickelte Programmier-Sprache für Montage-Roboter

SIGMETRICS Special Interest Group on Measurement and Evaluations, Arbeitsgruppe des →ACM für Messen und Auswerten

SIGMICRO Special Interest Group on Microprogramming, Arbeitsgruppe des →ACM für Mikroprogrammierung

SIGMOND Special Interest Group on Management of Data, Arbeitsgruppe des →ACM für die Datenverwaltung

SIGNUM Special Interest Group on Numerical Mathematics, Arbeitsgruppe des →ACM für numerische Mathematik

SIGOPS Special Interest Group on Operating Systems, Arbeitsgruppe des →ACM für Betriebssysteme

SIGPC Special Interest Group on Personal Computing, Arbeitsgruppe des →ACM für →PC

SIGPLAN Special Interest Group on Programming Language, Arbeitsgruppe des →ACM für Programmiersprachen

SIGRAPH Siemens-Graphik, maschinelles Programmier-System für Dreh- und Fräsbearbeitung

SIGSAM Special Interest Group on Symbolic and Algebraic Manipulation, Arbeitsgruppe des →ACM für Symbol- und algebraische Verarbeitung

SIGSIM Special Interest Group on Simulation, Arbeitsgruppe des →ACM für Simulation

SIGSOFT Special Interest Group on Software Engineering, Arbeitsgruppe des →ACM für die Software-Erstellung

SII The Standard Institution of Israel, israelisches Normen-Gremium

SIK Sicherungs-Kopie (Datei), Datei-Ergänzung

SIL Safety Integrity Level, sicherheitsbezogene Zuverlässigkeits-Anforderung

SIM Simulation (Simulator)

SIMATIC Siemens-Automatisierungstechnik

SIMD Single Instruction-Stream Multiple Data-Stream

SIMICRO Siemens Micro-Computer-System

SIMM Single Inline Memory Modul, Speicher, die auf einer Platine aufgebaut sind

SIMOCODE Siemens Motor Protection and Control Device, elektronisches Motorschutz- und Steuergerät von Siemens

SIMODRIVE Siemens Motor Drive, Siemens-Antriebs-Steuerung

SIMOREG Siemens Motor Regelung

SIMOVIS Siemens Motor Visualisierungs-System

SIMOX Separation by Implantation of Oxygen, Silicium-Wafer für hohe Temperaturen

SIMP Simulations-Programm

SINAL Sistema Nationale di Accreditamento di Laboratorie, nationales Akkreditierungssystem für Prüflaboratorien von Italien

SINAP Siemens Netzanalyse Programm

SINEC Siemens Network Communication, lokale Netzwerk-Architektur mit Busstruktur von Siemens

SINET Siemens Netzplan

SINI System-Initalisierung nach →DIN 66264

SINUMERIK Siemens Numerik, Werkzeug-Maschinen- und Roboter-Steuerungen der Siemens AG

SIO Simultaneous Interface Operation

SIOV Siemens Over Voltage, Überspannungs-Ableiter (Varistor) von Siemens

SIP Single In-line Package, Gehäuseform von integrierten Schaltkreisen

SIPAC Siemens Packungs-System, mechanisches Aufbausystem für Elektronik-Baugruppen

SIPAS Siemens Personal-Ausweis-System, Ausweis-Lese- und Auswerte-System

SIPE System Internal Performance Evaluator, Programm zur Bestimmung der Rechnerleistung

SIPMOS Siemens Power →MOS, Leistungs-Transistor

SIPOS Siemens Positionsgeber, Lagegeber für Werkzeugmaschinen-Steuerungen

SIRL Siemens-Industrial Robot Language, Hochsprache von Siemens für die Programmierung von Robotern

SIROTEC Siemens Roboter Technik

SIS Standardiserinskommissionen i Sverige, schwedische Normenkommission, zugleich Bezeichnung für Norm und Normenkonformitätszeichen

SISCO Siemens Selftest Controller, Baustein für Baugruppen-Test von Siemens

SISD Single Instruction-Stream Single Data-Stream

SISZ Software Industrie Support Zentrum, Zentrum für offene Systeme

SITOR Siemens Thyristor

SIU Serial Interface Unit, Einheit für serielle Übertragung

SIVAREP Siemens Wire Wrap Technik, Siemens Verdrahtungs-Technik

SK Soft Key, Software-Schalter oder -Taster

SKP Skip, Satz ausblenden, Betriebsart von Werkzeugmaschinen-Steuerungen

SKZ Süddeutsches Kunststoff-Zentrum (Zertifizierungsstelle)

SL Schnell-Ladung, z.B. von Batterien nach →VDE 0557

SLDS Siemens Logic Design System

SLIC Subscriber Line Interface Circuit

SLICE Simulation Language with Integrated Circuit Emphasis, Sprach- oder Befehls-Simulation mit →IC-Unterstützung

SLIK Short Line Interface Kernel(-Architecture)

SLIMD Single Long Instruction Multiple Data

SLIP Serial Line Internet Protocol, Zugangs-Software für →WWW-Netze

SLP Selective Line Printing

SLPA Solid Logic Process Automation, Automatisierung der →IC-Herstellung

SLS Selective Laser Sintering, Sinterprozeß mit Laser-Unterstützung

SLT Solid Logic Technology, →IC-Schaltungstechniken

SM Surface Mounted, Oberflächen-montierbar, →SMA, →SMC, →SMD, →SME, →SMP, →SMT

S&M Sales and Marketing

SMA Surface Mounted Assembly, Herstellungs-Prozeß von Leiterplatten in →SMD

SMC Surface Mounted Components, →SMD

SMD Surface Mounted Device, Oberflächen-montierbare Bauelemente

SME Surface Mounted Equipment, Geräte für die Montage von Leiterplatten in →SMD

SME Siemens-Mikrocomputer-Entwicklungssystem

SME Society of Manufacturing Engineers, schwedischer Maschinenbau-Verband

SMI Small and Medium Sized Industry

SMIF Standard Mechanical Interface, mechanische Standard-Verbindungstechnik

SMM System Management Mode

SMMT Society of Motor Manufacturers and Traders

SMP Surface Mounted Packages, Oberbegriff für alle Gehäuseformen von →SM-Bauelementen

SMP Symmetric Multi Processing, Multiprozessor-Architektur

SMS Small Modular System, →SPS-System von Philips

SMT Surface Mounted Technology, Technologie der Oberflächen-montierbaren Bauelemente

SMT Station Management, Element von →FDDI für Ring-Überwachung, -Management, -Konfiguration und Verbindungs-Management

SMTP Simple Mail Tranfer Protocol, einfaches Mail-Protokoll

SN Signal to Noise, Pegelabstand zwischen Nutz- und Rauschsignal

SN Siemens Norm, verbindliche Festlegungen über alle Siemens-Bereiche

SNA System Network Architecture, Kommunikationsnetz von →IBM

SNAK Siemens-Normen-Arbeits-Kreis

SNC Special National Conditions, besondere nationale Bedingungen, z.B. in der Normung

SNI Siemens Nixdorf Informationssysteme AG

SNMP Simple Network Management Protocol, Verwaltung von komplexen Netzwerken

SNR Signal to Noise Ratio, Signal-Rausch-Abstand z.B. von D/A-Umsetzern

SNT Schalt-Netz-Teil, getaktete Stromversorgung

SNV Schweizerische Normen-Vereinigung

SO Small Outline (Package), Gehäuseform von integrierten Schaltkreisen in →SMD, →SOP

SOEC Statistical Office of the European Communities, Büro für Statistik der →EU in Luxemburg

SOGITS Senior Officials Group Information Technology Standardization, Gruppe hoher Beamter für Informations-Technik der →EU

SOGS Senior Officials Group on Standards, Gruppe hoher Beamter für Normen der →EU

SOGT Senior Officials Group Telecommunication, Gruppe hoher Beamter für Telekommunikation der →EU

SOH Start Of Header, Übertragungs-Steuerzeichen für den Beginn eines Vorspannes

SOH Section Over-Head, Funktion von →SDH

SOI Silicon on Insulator, Material für hochintegrierte Halbleiter und Leistungs-→ICs

SOIC Small Outline Integrated Circuit, SMD-Bauelement im Standard-Gehäuse

SOL Small Outline Large (Package), Gehäuseform von integrierten Schaltkreisen in →SMD

SONET Synchronous Optical Network, Standard für schnelle optische Netze

SOP Small Outline Package, Gehäuseform von integrierten Schaltkreisen in →SMD, →SO

SOS Silicon on Saphire, Halbleiter-→MOS-Technologie

SOT Small Outline Transistor, →SMD-Transistor-Gehäuse

SPAG Standard Promotion and Application Group, →ISO Standardisierungs-Organisation

SPAG Strategic Planning Advisory Group, Gruppe des →ISO/TC

SPARC Scalable Processor Architecture, Standardisierung bei →RISC-Prozessoren

SPC Stored Program Controlled, Programmgesteuerte Einheit

SPC Statistical Process Control, Statistische Prozeßregelung

SPDS Smart Power Development System, Entwicklungs-Tool für Smart-Power-→ICs

SPDT Single-Pole Double-Throw

SPEC Systems Performance Evaluation Cooperative, Konsortium namhafter Computer-Hersteller

SPF Sub Program File, Unterprogramm

SPF Software Production Facilties, Software-Häuser bzw. -Fabriken

SPICE Simulation Program Circuit with Integrated Emphasis, Simulation von elektronischen Schaltungen

SPIM Single Port Interface Modul von →ETHERNET

SPM Stopping Performance Monitor, Nachlaufzeit-Überwachung z.B. von Werkzeugmaschinen

SPP System Programmers Package, →SW-Entwicklungs-Werkzeug

SPS Speicher-programmierbare Steuerung, z.B. →SIMATIC S5 von Siemens

SPS Siemens Prüf-System

SPT Smart Power Technology, →BICMOS-Prozeß von Siemens

SpT Spar-Transformator

SQ Squelch, Rauschsperre zur Ausblendung des Grundrauschpegels

SQA Selbstverantwortliches Qualitätsmanagement am Arbeitsplatz

SQA Software Quality Assurance

SQC Statistical (Process) Quality Control

SQFP Shrink Quad Flat Package, Gehäuseform von integrierten Schaltkreisen in →SMD

SQL Structured Query Language

SQS Schweizerische Vereinigung für Qualitäts-Sicherungs-Zertifikate in Bern

SQUID Superconduction Quantum Interference Device, Sensor für magnetische Signale

SR Set-Reset, Setz- und Rücksetz-Eingang von Flip-Flops

SR Switched Reluctance, vektorgesteuerter AC-Motor

SRAM Static →RAM, statischer Schreib-Lese-Speicher

SRCL Siemens Robot Control Language, Programmiersprache für Siemens Roboter-Steuerungen

SRCLH Siemens Robot Control Language High-Level, verbesserte Programmiersprache →SRCL

SRCS Sensory Robot Control System

SRCI Sensory Robot Control Interface, schnelle Kopplung zwischen Personal-Computer und Roboter-Steuerung

SRD Send and Request Data, Daten-Sendung mit Daten-Anforderung und Daten-Rück-Antwort beim →PROFIBUS

SRG Stromrichtergerät, z.B. Antriebssteuerung von Werkzeugmaschinen

SRI Stanford Research Institut, amerikanisches Roboterlabor mit Niederlassung in Frankfurt

SRK Schneiden Radius Korrektur, Funktion einer Werkzeugmaschinen-Steuerung

SRPR Standard Reliability Performance Requirement

SRQ Service Request, Datenanforderung durch die Geräte am →IEC-Bus

SRTS Signal Request To Send, Steuersignal zum Einschalten des Senders bei seriellen Daten-Schnittstellen

SS Simultaneous Sampling

SS Schnitt-Stelle

SSDD Solid-State Disk Drive

SSFK Spindel-Steigungs-Fehler-Kompensation, Funktion einer Werkzeugmaschinen-Steuerung, auch Maschinendaten-Bit

SSI Small Scale Integration, Bezeichnung von integrierten Schaltkreisen mit niedrigem Integrationsgrad

SSI Synchron Serial Interface, Istwertschnittstelle von Werkzeugmaschinen

SSM Shuttle Stroking Method, Verzahnungs-Methode auf Werkzeugmaschinen

SSO Spindle Speed Override, Spindel-Drehzahl-Korrektur, Funktion einer Werkzeugmaschinen-Steuerung

SSOP Shrink Small Outline Package, Gehäuseform von Integrierten Schaltkreisen in →SMD

SSP Super Smart-Power(-Controller), Mikro-Controller und Leistungsteil auf einem Chip

SSR Solid State Relais

SSS Sequential Scheduling System

SSS Switching Sub-System

SST Schnittstelle, allgemeine Bezeichnung in der →SW und →HW

ST Steuerung

ST Strukturierter Text, Sprache der →SPS

STC Scientific Technical Committee

STD Synchronous Time Division, Netzwerk-Verfahren

STEP Standard for the Exchange of Product, Normung von Produkt-Daten-Formaten nach →ISO

STEPS Stetige Produktions-Steigerung, Baustein von →TQM

STF SINEC Technologische Funktion, Ebene 7-Protokoll, funktionskompatibel zu →ISO 9506

STF-ES →SINEC Technologische Funktion-Enhanced Syntax

STFT Short Time Fast Fourier Transformation

STG Synchronous Timing Generator

STL Schottky Transistor Logic, Schaltkreistechnik

STL Short Circuit Testing Liaison

STM Scanning Tunneling Microscope

STM Synchronous Transfer Mode, synchroner Transfer-Modus

STM Synchronous Transfer Mode, Übertragungs-Modus der Telekommunikation

STN Super Twisted Nematic(-Display), Flüssigkristall-Anzeige

STP Statens Tekniske Provenaen, staatliche dänische technische Prüfanstalt zur Prüfstellenanerkennung

STP Steuer-Programm

STP Stop-Zustand der →SPS, Störungs-Anzeige im →USTACK

STP Shielded Twisted Pair, geschirmte verdrillte Doppelleitung

STS Ship To Stock, Ware ohne Eingangsprüfung aufgrund guter Qualität

STUEB Baustein-→STACK-Überlauf, Anzeige im →USTACK der →SPS

STUEU Unterbrechungs-→STACK-Überlauf, Anzeige im →USTACK der →SPS

STW Steuerwerk

STX Start of Text, Anfang des Textes, Steuerzeichen bei der Rechnerkopplung

SUB-D Subminiatur-Stecker Bauform D, genormte Stecker

SUCCESS Supplier Customer Cooperation to Efficiently Support mutual Success, Logistik-Programm für die Auftragsabwicklung von Siemens

SV Strom-Versorgung

SUT System Under Test

SVID System V Interface Definition, Schnittstelle von AT&T für →Unix

SVRx System V Release x, aktuelle Version von →Unix

SW Soft-Ware, Gesamtheit der Programme eines Rechners

SWINC Soft Wired Integrated Numerical Control, numerische Steuerung von Maschinen mit festverdrahteten Programmen

SWR Standing Wave Ratio, Stehwellenverhältnis zwischen Sende- und Empfangsimpedanz

SWT Sweep Time, Zeit für einen vollen Wobbeldurchlauf bei Signal- und Frequenzgeneratoren

SW/WS Schwarz/Weiß, z.B. Darstellung auf dem Bildschirm

SX Simplex, Datenübertragung in einer Richtung

SYCEP Syndicat des Industries de Composants Electroniques Passifs, Verband der französischen Hersteller passiver Bauelemente

SYNC Synchronisation

SYMAP Symbolsprache zur maschinellen Programmierung für →NC-Maschinen von der ehemaligen DDR

SYMPAC Symbolic Programming for Automatic Control, symbolische Programmierung für Steuerungen

SYS System

SYS Systembereich der →SINUMERIK-Mehr-Kanal-Anzeige

SYS Systeminformations-Datei, Datei-Ergänzung

SYST System-Steuerung, oberste hierarchische Ebene in einem →MPST-System nach →DIN 66264

T Werkzeugnummer im Teileprogramm nach →DIN 66025

T Turning, Steuerungsversion für Drehen

TA Terminal-Adapter, Endgeräte-Adapter

TA Technischer Ausschuß, z.B. von Normen-Gremien

TAB Tabulator, Taste auf Schreibmaschinen und auf der Rechner-Tastatur, mit der definierte Spaltensprünge durchgeführt werden können

TAB Tape Automatical Bonding, Halbleiter-Anschlußtechnik; Begriff aus der →SM-Technik

TACS Total Access Communication System

TAE Telekommunikations-Anschluß-Einheit

TAP Test Access Port, Schnittstelle der Boundary Scan Architektur

TAP Transfer und Archivierung von Produktdaten, Normung auf dem Gebiet der äußeren Darstellung produktdefinierender Daten bei der rechnergestützten Konstruktion, Fertigung und Qualitäts-Kontrolle

TB Technologie-Baustein, →SIMATIC-Baustein zur Anbindung von →FMs

TB Technisches Büro

TB Technische Beschreibung

TB Time Base, Zeitbasis

TB Terminal Block, Anschlußblock für Binär-Signale, z.B. einer →SINUMERIK- oder →SIMATIC-Steuerung

TBG Test-Baugruppe

TBINK Technischer Beirat für Internationale Koordinierung, Leitungsgremium der →DKE

TBKON Technischer Beirat Konformitätsbewertung, Gremium der →DKE

TBM Time Based Management, Zeitbasis-Management

TBS Textbaustein, Datei-Ergänzung

TC Technical Committee

TC Turning Center, Bezeichnung z.B. von Dreh-Automaten

TC Tele Communication

T&C Testing and Certification, Testen und Zertifizieren, auch Typprüfung

TC ATM Technical Committee on Advanced Testing Methods to →TC MTS, technisches Normen-Komitee

TC-APT Teile-Programmier-System auf Basis von →APT

TCAQ Testing Certification Accreditation Quality-Assurance

TCB Trusted Computing Base, Begriff der Datensicherung

TCC Time-Critical Communications

TCCA Time-Critical Communications Architecture

TCCE Time-Critical Communications Entities

TCCN Time-Critical Communications Network

TCCS Time-Critical Communications System

TCE Temperature Coefficient of Expansion, Wärmedehnungskoeffizient

TCIF Tele-Communication Industry Forum

TCMDS Timer Counter Merker Data Stack, Laufzeit-Datenbereich einer →SPS

TC MTS Technical Committee on Methods for Testing and Specification, technisches Komitee

TCP Tool Centre Point, Arbeitspunkt des Werkzeuges bei Robotern

TCP Transmission Control Protocoll, Ebene 4 vom →ISO/OSI-Modell

TCS Tool Coordinate System, Werkzeug-Koordinaten-System

TCT Total Cycle Time

TDCS Transaction- and Dialog-Communication-System

TDD Timing Driven Design, Verarbeitung zeitkritischer Signale im IC

TDED Trade Data Elements Directory

TDI Trade Data Interchange

TDI Test Data Input, Steuersignal vom Test Access Port

TDID Trade Data Interchange Directory

TDL Task Description Language, Roboter-spezifische Programmiersprache

TDM Time Division Multiplexor, Gerät, das mehrere Kanäle zu einer Übertragungleitung zusammenfaßt

TDMA Time Division Multiple Access, Zugangsmodus für ein Frequenzspektrum beim Halbduplex-Betrieb

TDN Telekom-Daten-Netz

TDO Test Data Output, Steuersignal vom Test-Access-Port

TDR Time Domain Reflectometer, Impedanz-Meßgerät z.B. für →EMV-Messungen

TE Teil-Einheit, Angabe der Baugruppenbreite im 19"-System. Eine TE = 5,08 mm

TE Testing, z.B. maschinenspezifische Test-Daten der →NC

TE Turning Export, Exportversion der →SINUMERIK-Drehmaschinen-Steuerungen

TE Teil-Entladung bei Hochspannungs-Prüfungen

TE Test Equipment, Testeinrichtung

TEDIS Trade Electronic Data Interchange Systems

TELEAPT 2 Teile-Programmier-System von →IBM auf Basis von →APT

TELEX Teleprinter Exchange, öffentlicher Fernschreibverkehr

TEM Transmissions-Elektronen-Mikroskop

TEMEX Telemetry Exchange, Datenübermittlungsdienst zur Maschinen-Fernüberwachung

TF Technologische Funktion

TFD Thin Film Diode, Foliendioden in der →LCD-Technik

TFEL Thin Film Electro-Lumineszenz, Technologie für Displays

TFM Trusted Facility Management, Begriff der Datensicherung

TFS Transfer-Straßen, Verbund von Werkzeugmaschinen für die Bearbeitung eines Werkstückes oder gleicher Werkstücke

TFT Thin Film Transistor, Transistor in Dünnschichttechnik

TFT Thin Film Technology, Dünnfilm-Technologie für die Halbleiter-Herstellung

TFTLC Thin Film Transistor Liquid Crystal

TFTP Trivial File Transfer Protocol

Tfx Telefax

TGA Träger-Gemeinschaft für Akkreditierung GmbH, Dienststelle der →EU in Frankfurt

TGL Technische Normen, Gütevorschriften und Lieferbedingungen, ehemaliger DDR- Qualitäts-Standard

THD Total Harmonic Distortion, Klirrfaktor z.B. von →D/A-Umsetzern

THZ →TEMEX-Haupt-Zentrale

TI Texas Instruments, u.a. Halbleiter-Hersteller

TIF Tagged Image File, Scanformat, Datei-Ergänzung

TIFF Tag Image File Format, →PC-Datei-Format

TIGA Texas Instruments Graphics Architecture, Graphik-Software-Schnittstelle

TIM Temperature Independent Material, Temperatur-unabhängiges Material

TIO Test Input Output, Prüfung der Ein-Ausgabe-Funktion

TIP Transputer Image Processing, Konzept für Echtzeit-Verarbeitung

TIP Texas Instruments Power, Industrie-Standard-Bauelemente von Texas Instruments

TK Tele-Kommunikation

TK Temperatur-Koeffizient oder -Beiwert, z.B. von Bauelementen

TKO Tele-Kommunikations-Ordnung

TLM Triple Layer Metal, Halbleiter-Technologie

TM Tape Mark, Bandmarke, z.B. eines Magnetbandes

TM Turing Machine, von Turing entwickelte universelle Rechenmaschine

TMN Telecommunication Management Network, Rechnerunterstützte Netzwerke

TMP Temporäre Datei, Datei-Ergänzung

TMR Triple Modular Redundancy, dreifach modulare Redundanz

TMS Test Mode Select der Boundary-Scan-Architektur

TMSL Test and Measurement Systems Language, Programmiersprache für Prüf- und Meßsysteme

TN Technische Normung

TN Twisted Nematic(-Display), Flüssigkristall (-Anzeige)

TN Task Number, Auftrags-/Bearbeitungs-Nummer

TNAE →TEMEX-Netz-Abschluß-Einrichtung

TNC The Network Center

TNV Telecommunication Network Voltage, Fernmelde-Stromkreis

TO Tool Offset, Werkzeug-Korrektur, z.B. bei Werkzeugmaschinen-Steuerungen, auch Steuerungs-Eingabe

TOD Time of Day Clock, Uhrzeit-Anzeige eines Rechners

TOP Technical and Office (Official) Protocol, Konzept zur Standardisierung der Kommunikation im technischen und im Büro-Bereich, auch Schnittstelle für Fertigungs-Automatisierung

TOP Tages-Ordnungs-Punkt

TOP Time Optimized Processes, zeitoptimierte Prozesse von Entwicklung bis Vertrieb der Siemens AG

TOPFET Temperature and Overload Protected →FET

TOPS Total Operations Processing System, Betriebssystem von →IBM

TOT Total Outage Time

TP Totem Pole, Ausgang von →ICs

TP Tele Processing

TP Transaction Processing, Übertragung und Verarbeitung von Aufgaben, Programmen usw.

TPC Transaction Processing Council, Ausschuß für die Themen des Transaction Processing

TPE Transmission Parity Error, Paritätsfehler bei der Datenübertragung

TPI Tracks Per Inch, Pulse pro Zoll, z.B. bei Wegmeßgebern

TPL Telecommunications Programming Language, Programmiersprache für Daten-Fernübertragung

TPS Technical Publishing System, Dokumentations-System, auch →SW zur Handhabung von Normen

TPT Transistor-Pair-Tile, Gate-Array-Zellen

TPU Time Processing Unit

TPV Transport-Verbindung der Rechner-Kopplung

TQA Total Quality Awareness

TQC Total (Top) Quality Control

TQC Total Quality Culture, absolute Qualität

TQFP Thin Quad Flat Pack, Gehäuseform von integrierten Schaltkreisen

TQM Total Quality Management, gesamtes Qualitäts-Management eines Betriebes

TR Tape Recorder, Tonband-Gerät
TR Technical Report, Technischer Bericht
TR Technische Richtlinie
TRAM Transputer-Modul
TRANSMIT Transformation Milling Into Turning, Funktions-Transformation, um auf einer Drehmaschine Fräsarbeiten durchzuführen
TRL Transistor Resistor Logic, Schaltungs-Technologie mit Transistoren und Widerständen
TRM Terminal-Datei, Datei-Ergänzung
TRON The Realtime Operating System Nucleus, Rechner-Architektur mit Echtzeit-Betriebs-System
TS Tri-State, Ausgang von →ICs mit abschaltbarem Ausgangstransistor
TSL Tri-State Logic, →TS-Schaltkreis-Technologie
TSN Task Sequence Number, Auftrags-/Bearbeitungs-Nummernfolge
TSOP Thin Small Outline Package, Gehäuseform von integrierten Schaltkreisen in →SMD
TSOS Time Sharing Operating System, Zeit-Multiplex-Verfahren, →TSS
TSS Task Status Segment, Descriptor-Tabelle der Prozessoren 386 und 486 von Intel
TSS →TEMEX-Schnittstelle
TSS Time Sharing System, Zeit-Multiplex-Verfahren, →TSOS
TSSOP Thin Shrink Small Outline Package, Gehäuseform von integrierten Schaltkreisen in →SMD
TST Time Sharing Terminal, Sichtgerät für mehrere Benutzer
TSTN Triple Super Twisted Nematic, Flüssigkristall-Anzeige
TT Turning/Turning, Steuerungsversion für Doppelspindel-Drehmaschine
TTC Telecommunications Technology Committee in Japan
TTCN Tree and Tabular Combined Notation
TTD Technisches Trend Dokument, von der →IEC herausgegeben
TTL Transistor Transistor Logic, mittelschnelle digitale Standardbaustein-Serie mit 5V-Versorgung
TTLS Transistor Transistor Logic Schottky, schnelle →TTL-Bausteine mit Schottky-Transistor
TTRT Target Token Rotation Time
TTX Teletex
TTY Teletype, Fernschreiber-Schnittstelle mit 20mA-Linienstrom von Siemens
TU Tributary Unit, Funktion von →SDH
TUG Tributary Unit Group, Funktion von →SDH
TÜV Technischer Überwachungs-Verein, Prüfstelle für Geräte-Sicherheit
TÜV-Cert →TÜV-Certifizierungsgemeinschaft e.V. in Bonn
TÜV-PS →TÜV-Produkt Service, TÜV-Filialen im Ausland

TV Television
TVB →TEMEX-Versorgungs-Bereich
TVX Valid Transmission Timer, Überwachen, ob eine Übertragung möglich ist
TW Type-Writer, Schreibmaschine
TX Telex
TxC Transmit Clock, Sendetakt von seriellen Daten-Schnittstellen
TxD Transmit Data, Sende-Daten von seriellen Daten-Schnittstellen
TxD/RxD Transmit Data/Receive Data, Sende- und Empfangs-Daten von seriellen Daten-Schnittstellen
TXT Text-Datei, Datei-Ergänzung
TZ →TEMEX-Zentrale

U Zweite Bewegung parallel zur X-Achse nach →DIN 66025
U -Peripherie, →SIMATIC-Peripherie-Baugruppen der U-Serie
UA Unter-Ausschuß, z.B. von Normen-Gremien
UA Unavailability, Unverfügbarkeit, z.B. eines Systems bei dessen Ausfall
UALW Unterbrechungs-Anzeigen-Lösch-Wort, Anzeige im →USTACK der →SPS
UAMK Unterbrechungs-Anzeigen-Masken-Wort, Anzeige im →USTACK der →SPS
UAP Unique Acceptance Procedure, einstufige Annahmeverfahren
UART Universal Asynchronous Receiver Transmitter, Schnittstellen-Baustein für die asynchrone Datenübertragung
UB Unsigned Byte
UBC Universal Buffer Controller, universelle Puffer-Steuerung
UCIC User Configuerable Integrated Circuit, Anwender-Schaltkreis
UCIMU Unione Costruttori Italiano di Maccine Ustensili, Union der Werkzeugmaschinen-Hersteller Italiens
UCL Upper Confidence Level, →OVG
UCP Uninterruptable Computer Power
UCS Upper Chip Select, Auswahlleitung vom Prozessor für den oberen Adressbereich
UD Unsigned Doubleword
UDAS Unified Direct Access Standard, Standard für den direkten Datenzugriff
UDI Universal Debug Interface
UDP User Datagram Protocol, Protokoll zum Versenden von Datagrammen
UDR Universal Document Reader, Gerät für maschinenlesbare Zeichen
UHF Ultra High Frequency
UI User Interface, Benutzeroberfläche bzw. Schnittstelle zum Benutzer
UIDS User Interface Development System, Framework- Architektur für Produktentwicklung

UIL User Interface Language, Programmiersprache für Anwender-Schnittstellen

UILI Union Internationale des Laboratoires Indépendants, internationale Union unabhängiger Laboratorien in Paris

UIMS User Interface Management System, Framework-Architektur für die Produkt-Entwicklung

UIT Union Internationale des Télécommunications, internationale Fernmeldeunion in Genf

UK Unter-Komitee von →DKE

UL Underwriters Laboratories, Prüflaboratorien der amerikanischen Versicherungs-Unternehmen. UL ist ein Gütezeichen der US-Industrie

ULA Universal (Uncommitted) Logic Array, allgemein gebräuchliche Abkürzung für einen universell einsetzbaren Kundenschaltkreis

ULSI Ultra Large Scale Integration, Bezeichnung von integrierten Schaltkreisen mit sehr hoher Integrationsdichte

ULSI User →LSI, Anwender-spezifische LSI-Schaltkreise

UMB Upper Memory Block, höherer Speicherbereich beim →PC

UMR Ultra Miniatur Relais, Kleinst-Relais

UNI User to Network Interface, Nutzer-Netzwerk-Schnittstelle von →ISDN

UNI Unificazione Nazionale Italiano, italienisches Normen-Gremium

UNICE Union des Industries de la Communauté Economique, Union der Industrie-Verbände der →EU

UNIX Betriebs-System für 32-Bit-Rechner von AT&T

UNMA Unified Network Management Architecture

UP Under Program, Unterprogramm, z.B. vom Anwenderprogramm

UP User Programmer

UPI Universal Peripheral Interface

UPIC User Programmable Integrated Circuit

UPL User Programming Language

UPS Uniterruptable Power Supply

USA User Specific Array, ähnlich einem Standard-Zell-Design

USART Universal Synchronous / Asynchronous Receiver / Transmitter, Ein-Ausgabe-Baustein zur seriellen Datenübertragung. Anwendung bei den Normschnittstellen →RS232-C, →RS422 und →RS485

USASI United States of America Standards Institute, Vorgänger von →ANSI

USB Universal Serial Bus, serieller →PC-Bus

USC Under-Shoot Corrector, Unterschwingungs-Dämpfung bei →ICs

USIC Universal System Interface Controller, Multifunktions-Controller für serielle und paralelle Schnittstellen

USIC User Specific →IC, andere Bezeichnung für →ASIC

USTACK Unterbrechungs-STACK, Speicher in der →SPS zur Aufnahme der Unterbrechungs-Ursachen

USV Unterbrechungsfreie Strom-Versorgung

UTE Union Technique de l'Electricité, französische Elektrotechnische Vereinigung

UTP Unshielded Twisted Pair, ungeschirmte →ETHERNET-Leitungen

UUCP Unix to Unix Copy, weltweites Netz für den Datenaustausch zwischen →UNIX-Rechnern

UUG →UNIX User Group, Vereinigung der UNIX-Anwender

UUT Unit Under Test

UVEPROM Ultra Violet Eraseable Programmable Read Only Memory, mit UV-Licht löschbares →EPROM

UVV Unfall-Verhütungs-Vorschrift der Berufsgenossenschaften

UW Unsigned Word

UZK Zwischenkreisspannung, z.B. von Stromrichtern

V Zweite Bewegung parallel zur Y-Achse nach →DIN 66025

V.24 Schnittstelle vom →CCITT für die serielle Datenübertragung. Weitgehende Übereinstimmung mit →RS-232-C

VA Value Analysis, →WA

VA Volt Ampere

VAC Voltage Alternating Current

VAD Value Added Distributor

VAL Variable Language, Programmier-System für Roboter von Unimation USA

VAN Value Added Network, Daten-Fernübertragung

VANS Value Added Network Services, Daten-Fernübertragungs-Service

VAR Variable

VAS Value Added Services, Daten-Übertragungs-Service

VASG →VHDL Analysis and Standardization Group im →IEEE

VBG Vorschrift der Berufs-Genossenschaft

VBM Verband der Bayerischen Metallindustrie

VBMI Verein der bayerischen metallverarbeitenden Industrie

VC Validity Check, Gültigkeitsprüfung

VCCI Voluntary Control Council for Interference by Data Processing Equipment and Electric Office Machines in Japan

VCE Virtual Channel Extension, Optimierung der Pin-Zuordnung von →FBG-Testern

VCEP Video Compression/Expansion Processor

VCI Verband der Chemischen Industrie e.V. Deutschlands

VCO Voltage Controlled Oscillator

VCPI Virtual Control Program Interface, PC-Standard zur Nutzung von 16 MByte Arbeits-Speicher

VCR Video Cassette Recorder, Videorecorder

VDA Verband der Automobil-Industrie e.V., erstellt u.a. auch Vorschriften für →SPS-Anwendung

VDA-FS →VDA-Flächen-Schnittstelle, Normung von Produkt-Daten-Formaten nach →DIN für die Automobil-Industrie

VDA-IS →VDA-Iges-Subset, nach →VDMA/VDA 66319

VDA-PS →VDA-Programm-Schnittstelle, nach →DIN V 66304

VDC Voice Data Compressor/Expander, Baustein für →ISDN

VDC Voltage Direct Current

VDE Verband Deutscher Elektrotechniker e.V., Normen-Verband, zugleich auch sicherheitstechnisches Konformitätszeichen

VDEPN Vereinigung der Deutschen Elektrotechnischen Prüffelder für Niederspannung e.V.

VDE-PZI VDE-Prüf- und Zertifitierungs-Institut in Offenbach

VDEW Vereinigung Deutscher Elektrizitätswerke e.V.

VDI Verein Deutscher Ingenieure, Normen-Verband, vorwiegend für die Industrie tätig

VdL Verband der deutschen Leiterplatten-Industrie

VDMA Verband Deutscher Maschinen- und Anlagenbauer e.V. in Frankfurt / M

VDR Voltage Dependent Resistor

VDRAM Video →DRAM, Video-Speicher mit serieller und paralleler Schnittstelle

VDT Video (Visual) Display Terminal, Daten-Sichtgerät, →VDU

VdTÜV Vereinigung der Technischen Überwachungs-Vereine e.V.

VDU Visual Display Unit, Daten-Sichtgerät, →VDT

VDW Verein Deutscher Werkzeugmaschinen-Hersteller

VEA (Bundes-)Verband der Energie-Abnehmer in Hannover

VEE Visual Engineering Environment, Symbole für die Softwareumgebung von Entwicklung und Prüffeld

VEI Vocabulaire Electrotechnique International, internationales technisches Wörterbuch

VEL Velocity, Geschwindigkeit, →VELO

VELO Velocity, Geschwindigkeit, auch Einheit von Maschinendaten bei Werkzeugmaschinen-Steuerungen

VEM Vereinigung Elektrischer Montageeinrichtungen, Vereinigung von ehemaligen DDR-Firmen, u.a. NUMERIK Chemnitz

VERA →VME-Bus and Extensions Russian Association, russische VME-Bus-Vereinigung

VESA Video Electronics Standard Association, Zusammenschluß führender Graphikfirmen

VFC Voltage Frequency Converter

VFD Virtual Field Device

VFD Vakuum Fluoreszenz Display

VFEA →VME Futurebus+Extended Architecture, Bussystem für Multiprozessor-Systeme

VG Verteidigungs-Geräte-Norm, Bauelemente-Norm der NATO

VGA Video Graphics Adapter, Farbgraphik-Anschaltung für Monitore

VGAC Video Graphics Array Controller, Baustein (Prozessor) zur Ansteuerung von Farb-Monitoren

VGB (Technische) Vereinigung der Großkraftwerk-Betreiber

VHDL →VHSIC Hardware Description Language, Hardware-Beschreibungssprache für →VLSI

VHF Very High Frequency, Meterwellen

VHSIC Very High Speed Integrated Circuit, Bezeichnung einer Schaltkreisfamilie mit sehr hoher Verarbeitungsgeschwindigkeit

VID Video-Treiber, Datei-Ergänzung

VIE Visual Indicator Equipment, optische Anzeige-Einrichtung

VIK Vereinigung Industrielle Kraftwirtschaft e.V.

VIMC →VME-Bus Intelligent Motion Controller

VINES Virtual Networking Software, Netzwerk-Betriebssystem auf →UNIX-Basis

VIP Vertically Integrated →PNP, Technologie für extrem schnelle monolithische integrierte Schaltungen

VIP Vertical Integrated Power, Bezeichnung für verschiedene "smart power"-Technologien

VIP Visual Indicator Panel

VIP →VHDL Instruction Processor, Netzwerk von VHDL-Beschleunigern

VISRAM Visual →RAM

VIT Virtual Interconnect Test, Virtueller In-Circuit-Test

VITA →VME-Bus International Trade Association, internationale Vereinigung der VME-Bus-Betreiber

VKE Verknüpfungs-Ergebnis im →SPS-Anwender-Programm

VLB →VESA Local Bus

VLD Visible Laser Diode

VLF Very Low Frequencies

VLIW Very Long Instruction Word-Architecture, gleichzeitige Verarbeitung von mehreren gleichartigen Befehlen in einem Prozessor

VLN Variable Header with Local Name

VLR Visitor Location Register

VLSI Very Large Scale Integration, Bezeichnung von integrierten Schaltkreisen (IC) mit sehr hohem Integrationsgrad

VMD   Virtual Manufacturing Device
VME   Versa Module Europe, Bussystem für Platinen im Europaformat
VMEA   Variant Mode and Effects Analysis, Planung und Kontrolle von Teile- und Produkt-Varianten
VML   Virtual Memory Linking
VMM   Virtual Memory Manager, virtuelle Speicherverwaltung
V-MOS   Vertical →MOS
VMPA   Verband der Material-Prüfungs-Anstalten Deutschlands
VNS   Verfahrens-neutrale Schnittstelle für Schaltplandaten nach →DIN 40950
VO   Verordnung
VPS   Videomat Programmable Sensor
VPS   Voll Profil Schruppen, Bearbeitungsgang von Werkzeugmaschinen
VPS   Verbindungs-programmierte Steuerung
VR   Virtual Reality, Interaktive Computer-Simulation
VRAM   Video Random Access Memory, Video-→RAM von PCs
VRC   Vertical Redundancy Check, Fehlerprüfverfahren zur Erhöhung der Datenübertragungs-Sicherheit
VRMS   Volt Root Mean Square
VS   Virtual Storage
VSA   Vorschub-Antrieb, z.B. einer Werkzeugmaschine
VSD   Variable Speed Drives
VSI   Verband der Software-Industrie Deutschlands e.V.
VSM   Verein Schweizerischer Maschinen-Industrieller
VSO   Voltage Sensitive Oscilloscop
VSOP   Very Small Outline Package, Gehäuseform von integrierten Schaltkreisen in →SMD
VSS   →VHDL System Simulation
VSYNC   Vertical Synchronisation, vertikale Bild-Synchronisation bei Kathodenstrahlröhren
VT   Video Terminal, Daten-Sichtgerät
VTAM   Virtual Telecommunications Access Method, Netware-Router durch Mainframes
VTCR   Variable Track Capacity Recording, Steuerung der variablen Spurkapazität von Festplatten
VTW   Verlag für Technik und Wirtschaft
VXI   →VME Bus Extension for Instrumentation, Untermenge vom VME-Bus für die Meßtechnik
VXI   Very Expensive Instrumentation, Standard in der Meßtechnik

W   Zweite Bewegung parallel zur Z-Achse nach →DIN 66025
W   Encoder Warning Signal, Verschmutzungs-Signal vom Lage-Meßgeber

WA   Wert-Analyse, →VA
WAN   Wide Area Network, Weitverkehrsnetz
WARP   Weight Association Rule Processor, Fuzzy-Controller-Baustein
WATS   Wide Area Telecommunications Services, Datenübertragungs-Dienste von AT&T
WB   Wechselrichter-Betrieb von Stromrichtern
WCM   World Class Manufacturing
WD   Winchester Disk, Festplatten-Datenspeicher für Rechner
WD   Working Draft, Normen-Arbeitsgruppe
WDA   Werkstatt-Daten-Auswertung über die →CIM-Kette
WDD   Winchester Disk Drive
WECC   Western European Calibration Cooperation, Zusammenschluß der →EU- und →EFTA-Staaten, mit Ausnahme von Island und Luxemburg
WECK   Weckfehler, Anzeige im →USTACK der →SIMATIC bei Weckalarmbearbeitung während der Bearbeitung des →OB 13
WELAC   Western European Laboratory Accreditation Cooperation
WEM   West European Metal Trades Employers Associations, Vereinigung der Arbeitgeber-Verbände der Metall-Industrie in West-Europa
WF   Werkzeugmaschinen-Flachbaugruppen der →SIMATIC
WFM   World Federation for the Metallurgic Industry, Weltverband der Metall-Industrie
WFMTUG   World Federation of →MAP/TOP User Groups
WG   Working Group, Bezeichnung der Normung-Arbeitsgruppen
WGP   Wissenschaftliche Gesellschaft für Produktionstechnik
WI   Work Item
WIP   Work In Process
WK   Werkzeug-Korrektur, Eingabe im Anwenderprogramm
WKS   Werkstück-Koordinaten-System, z.B. von Werkzeugmaschinen
WLAN   Wireless Local Area Network, drahtlose →LANs, z.B. für portable →PCs
WLB   Wechsel-Last-Betrieb z.B von Maschinen nach →DIN VDE 0558
WLRC   Wafer Level Reliability Control
WLTS   Werkzeug-,Lager- und Transport-System
WMF   WINDOWS Meta File, →PC-Datei-Format, Datei-Ergänzung
WOIT   Workshop on Optical Information Technology, Nachfolger der →EJOB
WOP   Wort-Prozessor
WOP   Werkstatt-orientierte (optimierte) Programmierung, Funktion von Werkzeugmaschinen-Steuerungen
WOPS   Werkstatt-orientiertes Programmiersystem für Schleifen, Funktion von Werkzeugmaschinen-Steuerungen

WORM Write Once Read Multiple (Many), optischer Speicher, der nur einmal beschrieben werden kann

WP Word Processing, Textbe- und -verarbeitung

WPABX Wireless Private Automatic Branch Exchange, Anwendung der schnurlosen Telefonie, z.B. bei →DECT

WPC Wired Program Controller, festverdrahteter (-programmierter) Rechner

WPG Wordperfect-Grafik, Datei-Ergänzung

WPL Wechsel-Platten-Speicher

WPP Wirtschaftlicher Produkt-Plan zur Beurteilung der Wirtschaftlichkeit anhand der Marginalrendite

WPD Work Piece Directory, Werstückverzeichnis, z.B. von numerisch gesteuerten Werkzeugmaschinen

WR Wagen-Rücklauf, →CR

WR Wechsel-Richter, Stromrichter in der Antriebstechnik

WRAM WINDOWS-→RAM, spezielle →VRAMs für WINDOWS

WRI (WINDOWS-)Write, Textdatei, Datei-Ergänzung

WRK Werkzeug Radius Korrektur, Funktion von Werkzeugmaschinen-Steuerungen

WS Wait State, Wartezeit beim Speicherzugriff

WS Work Station, Arbeitsplatz-Rechner

WS Work Scheduling, →DV-Arbeitsvorbereitung

WS800 Work Station 800, Programmierplatz von Siemens, zur Erstellung von Bearbeitungszyklen für eine numerisch gesteuerte Werkzeugmaschine

WSG Winkel-Schritt-Geber, Lagegeber für Werkzeugmaschinen-Steuerungen

WSP Wende-Schneid-Platten für Zerspanungs-Werkzeuge

WSS Werkstatt-Steuer-System

WSTS World Semiconducdor Trade Statistics, Marktforschungszweig des Welt-Halbleiterverbandes

WT Werkstatts-Technik, Zeitschrift für Produktion und Management vom →VDI

WTA World Teleport Association

WUF Wasser- Umlauf- Fremdlüftung von Halbleiter-Stromrichter-Geräten

WUW Wasser-Umlauf-Wasserkühlung von Halbleiter-Stromrichter-Geräten

WVA Welt-Verband der Metall-Industrie

WW Wire Wrap, Verdrahtungstechnik durch Drahtwickelung

WWW World Wide Web, Multimediafähige Computer-Benutzer-Oberfläche

WYSIWYG What you see is what you get, Darstellung am Bildschirm, wie sie über Drucker ausgegeben wird

WZ Werkzeug

WZFS Werkzeug-Fluß-System z.B. an Werkzeugmaschinen

WZK Werkzeugkorrektur, Funktion von Werkzeugmaschinen-Steuerungen

WZL Werkzeugmaschinen- und Betriebe-Lehre, Studienfach an der RWTH in Aachen

WZM Werkzeugmaschine

WZV Werkzeugverwaltung

X Bewegung in Richtung X-Achse nach →DIN 66025

XENIX Hardware-unabhängiges Betriebssystem von Microsoft

XGA Extended Graphic Adapter (Array), neuer Graphik-Standard von →IBM

XLC Excel-Chart, Datei-Ergänzung

XLM Excel-Makro, Datei-Ergänzung

XLS Excel-Worksheet, Datei-Ergänzung

XMA Expanded Memory Architecture, Architektur des →PC-Erweiterungs-Speichers

XMS Extended Memory Specification, →PC-Standard zur Nutzung von 16 MByte Arbeits-Speicher

XNS Xerox Network System, →Ethernet-Protokol

XT Extended Technology, →PC-Technologie

Y Bewegung in Richtung Y-Achse nach →DIN 66025

YAG Yttrium-Aluminium-Granat(-Laser)

YP Yield Point, Sollbruchstelle

Z Bewegung in Richtung Z-Achse nach →DIN 66025

ZAM Zipper Associative Matrix, assoziative Reißverschlußmatrix für Datenbanken

ZCS Zero Current Switching

ZD Zeitmultiplex-Daten-Übertragungs-System

ZDE Zentralstelle Dokumentation Elektrotechnik e.V. beim →VDE

ZDR Zeilen-Drucker, →LPT

ZE Zentral-Einheit, z.B. eines Rechners

ZER Zertifizierungsstelle

ZF Zero Flag, Bit vom Prozessor-Status-Wort

ZFS Zentrum Fertigungstechnik Stuttgart

ZG Zentral-Gerät, z.B. der →SIMATIC

ZG Zeichen-Generator, Baustein auf Video-Baugruppen

ZGDV Zentrum für Grafische Daten-Verarbeitung in Darmstadt

ZIF Zero Insertion Force

ZIP Zigzag In-line Package, Gehäuseform von integrierten Schaltkreisen

ZIR Zirkular, z.B. Bewegung von Robotern

ZK Zwischenkreis, z.B. Spannungs-Zwischenkreis von Stromrichtern

ZKZ Zeit-Kenn-Zahl, Roboter-Begriff

ZLS Zentralstelle der Länder für Sicherheitstechnik

ZN Zweig-Niederlassung, Siemens-Vertretung
im Inland

ZO Zero Offset, Nullpunkt-Verschiebung bei
Werkzeugmaschinen-Steuerungen

ZPAL Zero Power PAL, →PAL mit geringer
Stromaufnahme

ZRAM Zero Random Access Memory, Halblei-
ter-Speicher mit Lithium-Batterie

ZS Zertifizierungs-Stelle, akkreditierte Prüflabors

ZST Zeichen-Satz-Tabelle

ZV Zeilen-Vorschub, →LF

ZVEH Zentralverband der Deutschen Elektro-
handwerke

ZVEI Zentralverband Elektrotechnik- und
Elektroindustrie e.V.

ZVP Zuverlässigkeits-Prüfung

ZVS Zero Voltage Switching

ZWF Zeitschrift für wirtschaftlichen Fabrikbetrieb vom Carl Hanser Verlag

ZWSPE Zwischen-Speicher-Einrichtung der Telekommunikation

ZYK Zykluszeit überschritten, Störungs-Anzeige im →USTACK der →SPS

ZZF Zentralamt für Zulassungen im Fernmel-
dewesen

Sachverzeichnis

Druck: Mercedes-Druck, Berlin
Verarbeitung: Buchbinderei Lüderitz & Bauer, Berlin